ISBN 978-0-666-47318-9
PIBN 10574179

FB &c Ltd, Dalton House, 60 Windsor Avenue, London, SW19 2RR.
Company number 08720141. Registered in England and Wales.

For support please visit www.forgottenbooks.com

Jahresbericht

der

Königl. Schwedischen Akademie der Wissenschaften

über die Fortschritte

der

Botanik

im Jahre 1828.

Der Akademie übergeben am 31. März 1829

von

Joh. Em. Wikström.

Uebersetzt und mit Zusätzen versehen

von

C. T. Beilschmied.

Breslau,
in Commission bei J. Max & Comp.
1835.

Gedruckt bei M. Friedländer in Breslau.

Inhalt.

2. Floren.

Bei Prüfung der Literatur der Zoologie, und der der Botanik noch mehr, findet man bald, dass die Freunde dieser Wissenschaften gewöhnlich drei Perioden ihrer wissenschaftlichen Bahn durchlaufen. In der ersten studirt der jüngere Freund die Formen der Naturwesen; diese beschäftigen lange und fast ausschliesslich seine Aufmerksamkeit, und es scheint zuweilen, als stellte er sich in dieser Zeit vor, sein Studium bestehe in Beschreibungen der Formen, welche jetzt den Gegenstand seiner Beschäftigung und seiner Freude ausmachen. Er hat wohl ein System und folgt ihm auch, als einem Leitfaden für seine Bestimmungen, welcher die Formen, die er studirt, verknüpft; aber dieses System macht in diesem Zeitpunkte öfters so zu sagen einen Glaubensartikel für ihn aus, der gleichsam ausserhalb des Kreises seines Forschens und seiner Kritik gestellt sei. — Wenn er sich dann viele Kenntniss der Formen und äussern Eigenschaften der Naturgeschöpfe erworben hat, so betritt er die zweite Periode seiner Bahn. Er fängt an die Organisation dieser Wesen zu studiren, ihre Natur im Einzelnen zu untersuchen, von ihren eigenthümlichen inneren Eigenschaften Kenntniss zu nehmen; er untersucht ihre Verhältnisse zu einander, zu dem Lande, das sie bewohnen, oder zum Boden der sie ernährt; er prüft und vergleicht seine eigene und Anderer Erfahrung und zieht daraus seine Schlüsse, die zum Bauen neuer Systeme oder zum Verbessern anderer dienen können. Kurz, er betrachtet jetzt die Anatomie, Physiologie und Geographie der Naturwesen, und die Systeme, die er nun aufzustellen wagt, bezeugen, dass er wenigstens glaubt, in den Kern seines Studiums selbst eingedrungen zu sein. — In dem Maasse, wie er nun Erfahrung über die Geschöpfe nach allen ihren Einzelheiten gewonnen hat, gelangt er in die dritte oder letzte Periode seines Studiums: er bemühet sich, mit seinen erworbenen Kenntnissen der menschlichen Gesellschaft, deren Mitbürger er ist, zu nützen, und er wendet seine Erfahrungen zum allgemeinen und des Einzelnen Besten an.

I. PHYTOGRAPHIE.

Linné's Sexual-System.

Dr. Sprengel d. j. hat den Vten Band zu seines Vaters *Systema Vegetabilium* herausgegeben. Er besteht nur aus einem Register über die in dem Werke [Vol. I.—IV. Gotting. 1825—1827] befindlichen Gattungen und Arten, nebst den dabei angegebenen Synonymen und kann auch für sich als Nomenclator dienen[1]).

Der jüngere Sprengel hat auch ein Supplement zu seines Vaters *Systema Vegetabilium* geliefert: es enthalt Arten, die in den letzten Jahren entdeckt worden sind[2]).

Schultes d. ä. und d. j. gaben 1827 eine Mantissa zum III. Bande von Römer's und Schultes's *Systema Vegetabilium*. Sie enthält zuerst Nachträge zu dem Bande, welcher die Tetrandria enthält, worauf zahlreiche Zusätze zu den Mantissen der 1., 2. und 3. Classe folgen[3]).

Jussieu's natürliches Pflanzensystem.

Das wichtigste unter den im Jahre 1828 erschienenen Werken ist gewiss der III. Theil von De Candolle's *Prodromus*[4]). Er enthält 26 Familien der *Calyciflorae*. 3 kleinere Familien machen den Anfang: *Calycantheae* Lindl., *Granateae* Don und *Memecyleae* DC. Dann folgen *Combretaceae* DC. (*Myrobalaneae* Juss. & RBr.); *Vochysieae* Hil.; *Rhizophoreae*; *Onagrariae*, letztere in 6 Tribus: *Montinieae*, *Fuchsieae*, *Onagreae* (*Epilobium* und *Oenothera* sind von Seringe bearbeitet); *Jussieveae*; *Circaeeae* (*Lopezia* & *Circaea*); *Hydrocarya* Link: *Trapa*. —

---

1) Car. Linnaei Systema Vegetabilium Editio XVI. Cur. C. Sprengel &c. Vol. V. sistens indicem Generum, Specierum et Synonymorum, auctore Antonio Sprengel, &c. Gottingae. 1828. 8. 749 pp.

2) Tentamen Supplementi ad Systematis Vegetabilium Linnaei Editionem decimam sextam. Auctore Antonio Sprengel, Ph. D. Gottingae, 1828. 8. pp. 33.

3) Mantissa in Volumen tertium Systematis Vegetabilium Caroli à Linné ex editione J. J. Roemer & J. A. Schultes. Curantibus J. A. Schultes & Jul. H. Schultes. Stuttgardtiae. 1827. 8. pp. 412.

4) Prodromus Systematis Naturalis Regni Vegetabilis vel Enumeraio contracta &c. Auctore Aug. Pyram. De Candolle. Pars tertia, sistens Calyciflorarum Ordines XXVI. Parisiis. 1828. 8. pp. 496.

Halorageae RBr. in 3 Trib. getheilt: *Cercodianae*, *Callitrichinae* & *Hippurideae*. *Ceratophylleae* Gray enth. nur *Ceratophyllum*. *Lythrariae*. *Tamariscinae* (*Tamarix* & *Myricaria* Desv.). Die *Melastomaceae* enthalten eine Menge neuer Entdeckungen und Beobachtungen. *Alangieae*; *Philadelpheae* Don; *Myrtaceae*. *Cucurbitaceae* durch Seringe bearbeitet. *Passifloreae*; *Loaseae*; *Turneraceae* DC.; *Fouquieraceae*; *Portulaceae*. Die *Paronychieae* sind in 7 Teil. getheilt: *Telephieae*, *Illecebreae*, *Polycarpeae*, *Pollichieae*, *Scleantheae*, *Queriaceae*, *Minuartieae*. *Crassulaceae*. *Ficoideae*: *Mesembrianthemum* ist in 8 Subdivis., diese in 54 Sectionen getheilt und zählt hier 316 Species. *Cacteae*. *Grossularieae*; nur aus *Ribes* bestehend. — Der neuen Species sind unglaublich viele, besonders unter den *Onagrariae*, *Lythrar.*, *Melastomac.*, *Myrtaceae*, *Cucurbit.*, *Passifloreae*, *Crassulac.*, *Ficoideae* und *Cacteae*.

Fuhlrott hat einen Ueberblick der natürlichen Pflanzensysteme Jussieu's und De Candolle's, verglichen mit andern und dem Linnéischen Systeme, herausgegeben. [S. Regensb. bot. Zeit. 1831: Lit.-Ber. No. 6] [5]).

Acotyledoneae.

Fungi. — Persoon hat sein Werk über die europäischen Pilze, *Mycolog. europ.*, fortgesetzt. Die erschienene 1. Abtheil. der IIIten Sectio enthält hauptsächlich die Gattung *Agaricus* mit 492 Arten. Auf den 7 grösstentheils illuminirten Tafeln sind *Agaricus*-Arten abgebildet [6]).

Von kleineren Schriften über Pilze sind zu nennen Lasch's Abhandlung über die *Agaricus*-Arten der Mark Brandenburg [7]); die von Eysenhardt: über *Phragmidium* und *Puccinia Poten-*

---

5) Jussieu's und De Candolle's natürliche Pflanzen-Systeme, nach ihren Grundsätzen entwickelt und mit den Pflanzenfamilien von Agardh, Batsch und Linné, so wie mit dem Linné'schen Sexual-System verglichen. Für Vorlesungen und zum Selbstunterricht, von Carl Fuhlrott. Mit einer Vorrede von Dr. C. G. Nees v. Esenbeck. Mit vollstandigem Register und einer grossen tabellar. Uebersicht. Bonn, 1828. 8.

6) Mycologia europaea &c. elab. a C. H. Persoon. Sectio tertia. Particula prima c. tab. VII. coloratis, s. Monographia Agaricorum, comprehendens enumerationem omnium specierum huc usque cognitarum elaborata a C. H. Persoon &c. Erlangae. 1828. 8. pp. 232.

7) Linnaea; IIIr B. 2s H. S. 153—162, 4s H. S. 378—430.

tillae in Bezug auf Bildungsgesetze erläutert 8); und Schwabe's „zur Entwickelungsgeschichte von Puccinia Rosae und Rubi" 9).

Eine reichhaltige Inaugural-Dissertation über giftige Pilze schrieb Dr. Ascherson zu Berlin 1827. Sie hat 2 Abtheilungen: die 1ste handelt von giftigen Pilzen im Allgemeinen; die 2te darüber speciell, besonders mit Rücksicht auf die um Berlin vorkommenden, mit Angabe der Resultate der Versuche des Verf. mit giftigen Schwämmen an Thieren 10).

Algae aquaticae. — v. Schlechtendal hat eine von Eysenhardt verfasste Monographie des *Fucus vesiculosus* mitgetheilt, worin der Verf. besonders das Aeussere und den Bau in den verschiedenen Entwickelungsstufen betrachtet 1).

Aus Eysenhardt's Nachlasse hat v. Schlechtendal auch dessen Beobachtungen über den Bau von *Fucus fastigiatus*, *Conferva mutabilis* und *Nostochium muscorum* mitgetheilt 2).

Prof. Schübler in Tübingen hat eine neue Art *Hydrurus*: *H. crystallophorus*, beschrieben 3).

Im Innern der Hauptstämme des gallertartigen Gewächses fand der Verf. zwei verschiedene Arten von Körnern: grössere weisse, eckige, von krystallinischen Formen, die schon dem blossen Auge sichtbar sind, und kleinere nur durch das Mikroscop erkennbare abgerundete eiförmige Körperchen. Die grösseren krystallisirten finden sich vorherrschend in dem Hauptstamme und den grösseren Aesten, und liegen gewöhnlich 1/4, 1/2 bis 1. Linie von einander entfernt; in sehr dicken Stämmen bilden sie, dichter stehend, zusammenhängende Reihen; in dünnern Zweigen werden sie seltener und fehlen endlich. Die kleinern rundlichen Körner sind am häufigsten in den feineren Endigungen der Aeste, wodurch diese gewöhnlich dunkler trübgrün werden; stark vergrössert erscheinen sie im Sonnenlichte klar und durchsichtig; im Hauptstamme in der Nähe der krystallisirten Körperchen sind sie seltner; in Reihen erscheinen sie gewöhnlich nur in den feineren Spitzen. — Die krystallinischen Körner zeigen sich unter dem Mikroskope aus vielen kleinen eckigen, zuweilen Rhomboëdern

---

8) Linnaea III. 1s H. S. 84—114. Tab. I. fig. A—F.

9) Linnaea III. 3s H. S. 277, 278. Tab. II. Fig. 4—8.

10) De Fungis venenatis. Dissert. inaug. medica &c. in Universitate liter. Berolinensi praemio aureo ornata &c. Publice defensurus est Mauritius Ascherson. Berol. 1827. pp. VIII. & 55. 8.

1) Linnaea, IIIr Bd. (1828) 3s H. S. 279—308.

2) Linnaea, III. 2s H. S. 174—193.

3) Regensb. Bot. Zeit. 1828. I. S. 65—80. Mit Abbildung.

und Tetraëdern, etwas ähnlichen Körnchen zusammengesetzt. Sie bestehen aus kohlensaurem Kalke. Diese Kalkkrystalle unterscheiden sich von denen der unorganischen Natur durch minder regelmässige, oft etwas abgerundete Formen; die Krystallisationskraft scheint hier schon durch die Vegetation der Pflanze eine Störung und Abänderung erlitten zu haben. Der Verf. sagt, dass das Wasser keinen kohlensauren Kalk aufgelöst enthalte und als Tuff absetze, wohl aber der Untergrund solchen enthalten dürfte; er erinnert, dass auch bei andern Pflanzen kohlensaurer Kalk in Krystallform gefunden worden, namentlich bei *Charen*, bei diesen setzt sich jedoch der Kalk an die Wände der einzelnen Röhren an und ist mehr mit Incrustationen zu vergleichen, womit aber die krystallinischen Bildungen des *Hydrurus* nicht vergleichbar sind.

Dieser Abhandlung hat der Verf. noch Bemerkungen folgen lassen und führt dabei zuletzt Agardh's Aeusserung über diesen *Hydrurus* und seine Krystallbildung an. Agardh erwähnt, er habe in seiner *Synopsis Algarum Scand.* p. 129 und im *Syst. Alg.* p. XXIX. bei *Chaetophora* eine kurze Beobachtuug über solide krystallinische Körper mitgetheilt, *Ch. elegans* sei oft so mit kryst. Körpern erfüllt, dass sie hart und körnig werde, und *Ch. pisiformis* var. *tuberculosa* sei ein solcher krystallinischer Zustand; desgl. finden sich solche Krystalle bei *Ch. endiviifolia*, in *Rivularia calcaria* Engl. Bot. und bei *R. Pisum* var. *dura.* Agardh bemerkt, diese innern Krystalle seien nicht selten, ihre Bestimmung sei aber nicht klar, bei *Chaetophora* dienen sie deutlich zur Grundlage neuer Individuen, ob dieses aber nothwendig oder zufällig sei, bleibe ungewiss [4]).

De Candolle, Colladon-Martin und Macaire-Princep haben Beschreibungen und chemische Untersuchungen einer neuen Art *Oscillatoria*, *O. rubens* DC., mitgetheilt; diese Alge bedeckt den Murtener See und giebt ihm eine rothe Färbung vom November an bis März oder April; die Pflanze enthält einen rothen Farbestoff, einen grünen harzigen Stoff, ein eigentliches Harz, Gallert, einige Erden- und alkalische Salze und Eisenoxid [5]).

Algae lichenosae. — Schärer gab die 3te Section seiner Schrift über Schweizer-Flechten nebst dem 7. und 8. Hefte der sie begleitenden Flechten-Sammlung heraus [6]).

---

4) Bot. Zeit. 1828. II. S. 577 — 587.

5) Mém. de la Soc. de Physique et d'Hist. nat. T. III.

6) Lichenum helveticorum Spicilegium, Auctore L. E. Schärer. Sectio III. Bernae, 1828. — Lichenum helvet. exsiccatorum Fasc. VII. & VIII.

Prof. **Flörke** hat eine Monographie der *Cladonia*- oder *Cenomyce*-Arten begonnen. Ref. sah sie nicht [7].

Unter den lichenologischen Schriften zeichnen sich v. **Flotow's** Beobachtungen über die Flechten als sehr instructive und reichhaltige Abhandlungen aus und sind bekannt [8].

Musci. — **De Brebisson** hat seine Sammlung der Moose der Normandie fortgesetzt. — Es sollen 8 Hefte werden, jedes 25 Moose enthaltend, mit gedruckten Namenzetteln [9].

Schwägrichen gab die 2te Section des 1sten Bandes vom III. Supplemente zu **Hedwig's** *Species Muscorum* heraus. Darin sind mehrere neue Gattungen und Arten beschrieben; die 25 Tafeln dazu enthalten 41 illuminirte Abbildungen von Moosarten [10].

Funck hat eine neue Ausgabe seines Moos-Taschen-Herbariums besorgt; es enthält 390 deutsche Moosarten. Darunter kommen z. B. von *Phascum* 16 Arten vor, von *Sphagnum* 9, *Gymnostomum* 16, *Encalypta* 6, *Weisia* 21, *Grimmia* 18, *Trichostomum* 18, *Dicranum* 30, *Orthotrichum* 13, *Bartramia* 7, *Bryum* 20, *Mnium* 14, *Leskea* 12, *Hypnum* 78, *Polytrichum* 18 u. s. w. [alle auf gr.-Octavblätter aufgeklebt, oft viele Arten einer Gattung auf einem Blatte, mit Namen bezeichnet. In Futteral. Preis 12 Thlr.]

Filices. — **Desvaux** hat eine Uebersicht dieser Familie herausgegeben. Er theilt sie in 5 Hauptgruppen: *Marsileae*, *Lycopodieae*, *Osmundeae*, *Marattieae*, *Filiceae*; in diesen sind viele Gattungen neu aufgestellt; 18 Arten sind abgebildet [1].

---

7) Univ. Lit. Rostochiens. h. t. Rector Henr. Gustav Floerke, dies festos Jesu Christi nati anniversarios pie sancteque agendos civibus academicis indicit. Inest: De Cladoniis difficillimo Lichenum genere commentatio prima. Rostochii, 1827. 8. p. 1 — 46. — Univ. Lit. Rost. Rect. H. G. Floerke &c. Sacra paschalia ritu Christiano celebranda civibus academicis commendat. Inest: De Cladoniis &c. Comment. secunda. Rostochii, 1828. 8. pp. 47 — 108.

8) Regensb. Bot. Zeit. 1828. II. 38. p. 593—608., 40. p. 625—640., 43 p. 673 — 685., 44 p. 689 — 704., 46. p. 721 — 736., 47. p. 737 — 751.

9) Mousses de la Normandie, recueillies et publiées par L. Alphonse de Brebisson. IId Fascicle. Caen, 1828.

10) Joh. Hedwig Species Muscorum frondosorum etc. Supplementum tertium, scriptum a Fridr. Schwægrichen. Vol. I. Sect. II. Tab. CCXXVI — CCL. Lipsiae. 1828. 4.

1) Ann. de la Soc. Linnéenne de Paris. Vol. VI. p. 171—213.

Hooker und Greville haben ihre *Icones Filicum* fortgesetzt. Der IIIte Fascikel enthält 20 *Filices*, welche abgebildet sind. (No. 41 — 60)[2].

Bischoff hat sein Werk über die Cryptogamen fortgesetzt. Das 2te Heft enthält die *Rhizocarpeae* und *Lycopodiaceae*, Ref. sah es nicht[3]. — [Die Iste Lieferung dieses schönen Werks (Nürnb., bei Schrag. 1828. X. und 60 Seiten) enthielt die *Chareen* und *Equiseteen* mit 6 fein ausgeführten Kupfertafeln: T. 1. und 2: *Chara*-Arten mit ihrem anatom. Baue, den Blüthe- und Fruchttheilen, und ihrer Keimung. T. 3 — 5: ebenso *Equiseta*, T. 6: fossile Ueberreste beider Familien; in Lief. II.: Tab. 7 und 8: *Pilularia*, *Marsilea* und *Isoëtes* ebenso mit Zergliederungen, dabei Keimung der *Pilularia*; Taf. 9: *Salvinia* ebenso. Taf. 10 — 12: *Lycopodien* und *Bernhardia* ebenso. Taf. 13: fossile *Lycopodiaceae*. Der Text enthält ausser dem Descriptiven auch Literaturgeschichte.]

Funck hat auch das 34ste Heft seiner Sammlung getrockneter Cryptogamen herausgegeben. Diese Sammlung enthält nun 700 Arten, die Exemplare sind sorgfältig gewählt[4]).

Greville hat eine sehr interessante Sammlung Cryptogamen von den ionischen Inseln beschrieben; zwischen einer Menge bekannter Arten kommen auch viele neue vor, die hier auch abgebildet sind; sie sind vom Grafen Guilford gesammelt[5]). [Vgl. Linnaea III. 3 S. 131. und Eschweiler's Bot. Literatur-Blätter II. Bd. Nürnb. 1829. S. 68.]

Monocotyledoneae.

Cyperoideae. — C. G. Nees v. Esenbeck hat aufklärende Bemerkungen und Berichtigungen zu Sieber's Agrostothek oder der von S. herausgegebenen Sammlung von *Cyperoideae*, *Grami-*

---

2) Icones Filicum &c. By W. J. Hooker and R. K. Greville. Fasc. III. Londini, 1827.

3) Die kryptogamischen Gewächse, mit besonderer Berücksichtigung der Flora Deutschlands und der Schweiz, organographisch, phytonomisch und systematisch bearb. IIte Lieferung, Rhizokarpen und Lycopodeen. Von Gottl. Wilh. Bischoff. Mit 3 Kupfer- und 4 lithogr. Tafeln. Nürnb. 1828. S. 61 — 131. gr. 4.

4) Cryptogamische Gewächse, besonders des Fichtelgebirgs. Gesammelt von H. Chr. Funck. 34s Heft. Leipzig, 1828.

5) The Transactions of the Linn. Soc. of London. Vol. XV. Sect. 2. p. 335 &c.

neae, *Junceae* und *Restiaceae* mitgetheilt: N. v. E. erhielt nämlich 1826 eine Sammlung von Sieber's Gräsern zur Bestimmung, nach welcher dann Sieber die übrigen, in den einzelnen Sammlungen seiner Agrostothek befindlichen Exemplare selbst bestimmte; indess hat sich Sieber dabei zuweilen geirrt, so dass auch verschiedene Arten unter demselben Namen laufen. Nees v. Esenbeck berichtigt diese und beschreibt die neuen Arten [6]).

Dr. Weihe hat seine getrocknete Sammlung deutscher Gräser mit dem 13. und 14. Hefte fortgesetzt. Jedes Heft enthält 25 Arten. Diese Sammlung umfasst *Cyperoideae*, *Gramineae* und *Junceae* [7]).

Auch Dewey hat seine *Caricography* über die nordamerican. *Carices* fortgesetzt; unter den hier aufgeführten sind zu nennen *C. Wormskioldiana* Horn., abgeb. in Fig. 56, und *C. aquatilis* Wbg. aus den weissen Bergen [8]). [Vgl. Jahresb. 1833, S. 21.]

Asparagi. — Sabin Berthelot hat sehr interessante Nachrichten über *Dracaena Draco* L. mitgetheilt [9]). — Dieses Gewächs kommt auf den canarischen Inseln wild vor, es ist aber noch ungewiss, ob der ostindische Drachenbaum dieselbe Art ist. Auf den canarischen Inseln scheint es längs der Seeküsten am besten zu gedeihen, steigt aber bis auf Höhen von 400 — 500 Toisen über dem Meere. Der Verf. giebt eine Schilderung vom Ansehn des Baumes in verschiedenen Altern und Bemerkungen über seine Art zu blühen. Der Baum blüht nicht alle Jahre; die Blüthen öffnen sich bei Sonnenuntergang; er erzeugt in höherem Alter eine Art drüsiger Auswüchse, sowohl in seinem Innern als auf den Aesten. Diese Auswüchse erlangen oft bedeutende Stärke, sind in der Gestalt unregelmässig, mit markartigen Fäden erfüllt; sie sind mit Hülfe anderer Fädchen befestigt, welche besonders auf der Rinde der Aeste bemerkbar sind, die sie gänzlich bekleiden. Der Verf. fragt, ob diese Auswüchse unentwickelte Zweige sein könnten? — Der Baum wird sehr alt. Bei der Eroberung von Teneriffa im Jahre 1496 hielt man den be-

---

6) Regensb. Bot. Zeit. 1828. I., 19. S. 289 — 303, 21, p. 329 — 335.

7) Deutsche Gräser für Botaniker und Oeconomen. Von Dr. A. Weihe. 13te und 14te Sammlung. 1828.

8) Silliman's American Journ. of Science &c. Vol. XIV. No. 2. 1828. p. 351 &c.

9) Nova Acta phys.-med. Acad. Nat. Curiosor. T. X. P. II. p. 773 sqq. c. Tab. 53 — 59. — Annales des Sciences naturelles, Juin 1828. p. 137 — 147 c. tab.

rühmten Drachenbaum im Jardin de Franques bei der Stadt Orotava schon für sehr alt; die Höhe dieses Baumes ist gegen 70 — 75 Fuss; sein Umfang am Grunde des Stammes beträgt 46 Fuss. Der Baum giebt das bekannte Drachenblut genannte Harz, welches vom frühsten Alter des Baumes an, je älter er aber wird, sich häufiger erzeugt; indess giebt er in hohem Alter weniger und schlechteres Harz.

Junci. — De la Harpe hat eine Monographie der eigentlichen *Junceae* geschrieben [10]). — Der Verf. führt in Kürze die Geschichte der *Junceae* an, giebt die Merkmale der Familie und die der Gattungen *Juncus*, *Luzula* und *Abama*, vereinigt *Marsippospermum* und *Cephaloxys* wieder mit *Juncus*, prüft nachher den Werth der Speciesmerkmale und glaubt, dass die Form, Dimension und Structur der Kapsel, das Längenverhältniss der Foliola perigonii unter sich oder gegen die Kapsel und auch die Staubfäden die sichersten Kennzeichen gewähren. Der Verf. betrachtet darauf die verwandten Familien und giebt die Unterschiede an und handelt dann die Gattung *Juncus* ab, welche er in 6 auf den Habitus, den Bau des Stengels und der Blätter, die Stellung der Rispe und die Vertheilung der Blumen gegründete Sectionen eintheilt. Sect. I. *Junci.* culmo nudo, foliis rotundatis sine diaphragmate, panicula pseudolaterali, floribus segregatis. II. Foliis rotundis sine diaphragmate, panicula terminali, floribus aggregatis in fasciculos paucifloros, staminibus 6. III. Culmo folioso, foliis rotundatis sine diaphragmate, panicula terminali, floribus segregatis, staminibus 6. IV. Culmo folioso diaphragmatibus intercepto, panicula terminali, floribus fasciculatis segregatis. V. Culmo nudo aut folioso, foliis canaliculatis. VI. Foliis rotundatis, canaliculatis l. compressis, floribus paucis, solitariis l. capituliformibus. — Nach ihrer geogr. Verbreitung sind die 78 hier aufgenommenen *Juncus*-Arten über die Erde so vertheilt: Europa hat 51 Arten, Nord-America 26, Neuholland 12, die Berberei und die canarischen Inseln 14, Asien 8, das Cap d. g. H. 7, die Alpen und Lappland 10, endlich gehören 14 Europa und Nord-America gemeinschaftlich an und 3 bewohnen ohne Unterschied alle Zonen und Klimate, nämlich *J. communis* Mey. (*J. effusus* & *conglomeratus* L.), *maritimus* Lam. und *bufonius* L. — Bei der Beschreibung der Arten kommt zuerst ihr Character, dann Synonyme, latein. Beschreibungen, Heimath und Standort, und Noten in franz. Sprache. 16 neue Arten sind hier beschrieben.

---

10) Mém. de la Soc. d'Hist. nat. de Paris. T. III. p. 89 — 181.

Die Gattung *Luzula* ist eben so bearbeitet; sie hat 20 Species, keine neue. Davon besitzt Europa 13 Arten, Nord-America 4, die canar. Inseln 1, Grönland und die Polargegenden 2 oder 3, endlich kommt 1 Art in allen Zonen und auf allen Höhen vor, nämlich *L. campestris*. — Der Verf. theilt *Luzula* in 4 Sectionen: I. Floribus solitariis; seminibus appendice falciformi terminatis, sine filamento basilari. II. Floribus fasciculatis 2—6, seminibus sine appendice, basi filamentosis. III. Floribus aggregatis, cymis 5—20-floris, seminibus apice inflatis, obtusis, basi lacunosis. IV. Floribus spicatis, seminibus appendiculatis, basi lanosis. — Der Verf. bringt auch *Abama* (*Narthecium americanum* Pursh) zu den *Junceae*.

Irides. — Tausch hat die oft verwechselten *Iris florentina* L. und *pallida* Lam. näher bestimmt, und glaubt, dass es eigentlich die letztere ist, von welcher die Veilchenwurzel der Apotheken kommt[1]). [Vgl. Jahresb. 1833. S. 22 f.]

Dicotyledoneae.

Plantagineae. — Rapin hat eine Monographie der *Plantagineae* geschrieben. Er untersucht 1) ihre Vegetationsorgane: Keimung, Wurzel, Stengel, Blätter; 2) Reproductionsorgane: Blüthenstand, Blumenstiele, Blüthe und Früchte; 3) ihre natürliche Verwandschaft; 4) Heimath, wo der Verfasser ihre geogr. Verbreitung kurz abhandelt. Er beschreibt 101 Arten, in zwei Gruppen getheilt: I. *Plantago*, deren Arten in 4 Sectionen gebracht sind: 1) foliis latis utplurimum ovatis; 2) foliis plus minusve lanceolatis; 3) fol. linearibus, basi rarius angustatis nec petiolatis; 4) fol. dentatis laciniatis aut pinnatifidis. 2. *Psyllium*. — Darauf wird die Gattung *Litorella* beschrieben[2]).

In Bezug hierauf ist die Berichtigung anzuführen, welche Schrader vom Gattungscharacter der *Plantago* gegeben hat. Er sagt, dass der Kelch, welcher gewohnlich als 4-partitus oder 4-fidus beschrieben wird, aus foliolis besteht, welche sich, besonders im fruchttragenden Zustande, leicht trennen lassen. Er stellt den Character der *Plantago* wie folgt: Calix tetra- rarius triphyllus. Corolla hypocrateriformis, limbo 4-partito aequali patentissimo. Stamina 4, longissima. Capsula corollà persisten-

1) Regensb. Bot. Zeit. 1828. II. 42. S. 670—672. Vgl. Regensburg. Bot. Zeit. I. Nr. 15. S. 234 — 237.

2) Mém. de la Soc. Linn. de Paris. Vol. IV. p. 437 sqq.

te vestita, circumscissa, in 2 l. 4 loculos divisa ope sporophori demum mobilis: loculis mono- di- aut polyspermis. — In dieser Abhandlung beschreibt Schrader ausserdem die Gattung *Blumenbachia* (*B. insignis*), die zu den *Loaseae* gehört, und noch einige Pflanzenarten, worunter auch *Plantago lanceolata* mit ihren Varietäten [3].

Scrofulariae. — Wydler hat eine Monographie der Gattung *Scrofularia* geschrieben [4]. [S. Jahresber. 1829, S. 23. und 1832, S. 79.]

Solaneae. — Eine Dissertation über *Nicotiana* schrieb Heutzfeld zu Berlin; Ref. sah sie nicht [5].

Gentianae. — Eine von v. Bunge schon vor längerer Zeit geschriebene Monographie der russischen Arten von *Gentiana* ist erst neulich den Botanikern bekannt geworden; diese Abhandlung enthält eine Menge Arten, von welchen auch Abbildungen beigefügt sind [6]. [Auszug und Uebersicht der Arten s. in Guillemin's *Arch. de Bot.* I. 1. (1833): Der Verf. sagt, von den 100 Species in R. & Sch. *Syst. Veg.* besitze Europa 42, Asien 29, Nord-America 10, Süd-America 28, Neuholland 2; 1 ist nur in Africa; von den 42 europ. sind 30 ausschliesslich europäisch; von den asiatischen sind 15 in Sibirien und dem Caucasus. v. Bunge stellt 11 neue auf]. — Ueber diese Abhandlung haben v. Schlechtendal und v. Chamisso aufklärende Bemerkungen mitgetheilt; einige neue Arten werden zu schon bekannten gebracht [7].

Dr. Schmidt (aus Stettin) hat eine Monographie der *Erythraea* geschrieben [8]. Er handelt zuerst von der Gattung im

---

3) Blumenbachia, novum e Loasearum Familia genus; adjectis observationibus super nonnullis aliis rarioribus aut minus cognitis plantis. Auctore Henr. Adolph Schrader. Cum Tab. 4 aeneis. Gotting. 1827. 4.

4) Essai monographique sur le genre Scrofularia. Par Henri Wydler. Genève. 1828. 4 pp. 50. Avec 5 pl.

5) De Nicotiana. Diss. inaug. quam publice def. Herm. Heutzfeld. Berolini, 1828. 8. pp. 29.

6) Mém de la Soc. d'Hist. Nat. de Moscou Vol. VII. [oder Nouv. Mém. &c. T. I. (1829) p. 199 sqq.] Auch besonders abgedruckt mit dem Titel: Conspectus generis Nicotianae imprimis Specierum Rossicarum. Auctore A. de Bunge. 4to. pp. 60. Tab. VIII — XI.

7) Linnaea, IIIr Bd.: Literatur-Bericht S. 155.

8) De *Erythraea.* Diss. inaug. botanico-medica, quam &c. palam defensurus est Auctor Guil. Ludw. Ewald Schmidt. Acced. tab. III. aeneae. Berol. 1828. pp. X & 30. 4to.

Allgemeinen und ihren Kennzeichen und beschreibt dann die Arten, deren hier 18 sind: 1. *E. Centaurium* Pers. (hierzu kommen als Spielarten: *E. grandiflora* R. & Sch., *capitata* W., *linariifolia* P., *compressa* Hayne, *angustifolia* Lk., *uliginosa* Schrad. und *litoralis* Fr.; auf der ersten Tafel sind diese vielen Abänderungen abgebildet); 2. *E. grandiflora* Bivona; 3. *major* Lk.; 4. *E. chilensis* Pers.; 5. *latifolia* Sm.; 6. *spicata* P.; 7. *australis* RBr.; 8. *emarginata* Waldst. & Kit.; 9. *pulchella* Fries (hierzu *ramosissima* und *inaperta*.) 10. *tenuiflora* Lk.; 11. *arenaria* Presl; 12. *maritima* P. (*E. lutea*); 13. *E. occidentalis* R. & Sch.; 14. *portensis* Lk.; 15. *caespitosa*; 16. *cochinchinensis* Spr.; 17. *uliginosa* Lapeyrouse; 18. *E. triphylla* Willd. Herb., n. sp. ex Hispania. ⊙ (t. II.)

Apocyneae. — Sells hat Nachrichten über die giftigen Eigenschaften der *Echites suberecta* L. oder der sogenannten *Savanna-Flower of Jamaica* mitgetheilt. Diese *Echites* schlingt sich um die Bäume bis 15, 20 Fuss Höhe; ½ Loth ausgepresster Saft der Pflanze tödtete einen Hund in 8 Minuten. Ein Theil dieses Saftes war zufallig in einen trocknen Trog gefallen, aus welchem sonst Maulthiere tranken; das Gefäss ward später voll Regenwasser, und als die Thiere dann von diesem Wasser tranken, kam eine Menge um. Man hatte auch mit Rum ein grosses Gefäss gefüllt, dessen Oeffnung mit einer Hand voll Blätter dieser Pflanze geschlossen war; von diesem Rum tranken 2 Personen, die schnell davon starben. Die Wurzel ist auch giftig, 6 Gran frisch gepulverter Wurzel tödteten einen Hund in 3 Stunden. Thiere fressen die Pflanze nicht frisch, wohl aber zuweilen wenn sie mit dem Grase getrocknet worden, und dann sterben sie immer [9].

Compositae. — Tausch hat eine Monographie der Gattung *Hieracium* geschrieben [10]. Nach einigen allgemeinen Bemerkungen über das *Hieracium* der älteren Autoren meint der Verfasser, der von Linné gegebene Gattungscharacter sei gut, bedürfe aber doch einiger Einschrankung, wodurch mehrere Arten mit Recht zu *Crepis* kommen müssen. Er giebt dann folgenden Character: *Hieracium: Anthodium* imbricatum. Receptaculum nudum. Pappus sessilis multiplex pilosus rigidus (fragilis) rufescens persistens. Semina striata apice marginata, (margine integro aut dentato). Hierauf theilt er die Gattung in 2 Sectionen: *Pilosella* und *Aurella*, deren Kennzeichen er angiebt. Dann wird der

---

9) The Quarterly Journ. of Sc. &c. Apr.-Jul. 1828. p. 302.

10) Regensb. Bot. Zeit. 1828. I.: Ergänz.-Bl. S. 49 — 77.

Abänderungen gedacht, welchen die Arten in Vegetation und Fructification unterworfen sind; so wird z. B. erwähnt, dass *H. alpinum* oft mit nacktem und einblümigem Stengel, aber auch oft mit beblättertem ein-, bis mehrblüthigem Stengel vorkommt; auch *H. umbellatum* ein- und mehrblumig. *H. pulmonarium* Sm., *Halleri* W. und *incisum* Hp. seien nur Varietäten des *H. nigrescens* W., und wolle man endlich dieses nur als eine Alpenvarietät von *H. murorum* ansehen, so dürfte man nach dem Verf. nicht sehr irren. Darauf folgen Definitionen, Synonyme und Bemerkungen über die Arten. Unter *H. murorum* L. werden citirt: *β. sylvaticum* W., Fl. D. t. 1113., Engl. Bot. t. 2031.; *δ. incisum*: a) *H. murorum β.* Linn. Sp. b.) *H. vulgatum* Fries. Bei *H. umbellatum* wird bemerkt, das *H. boreale* Fr. scheine, wenigstens nach T. 871. der Fl. Dan., eher eine ästige Varietät des *H. umbellatum* zu sein, und Engl. Bot. t. 349. gehöre zu *H. sylvestre* Tausch (*sabaudum* T. olim & fere omn. Auct.) Bei *H. prenanthoides* Vill. wird gesagt, dass das *H. prenanthoides* der Engl. Bot. t. 2235. wegen der zu sehr herzeiförmigen obern Blätter kaum hierher gehöre, sondern mehr mit *H. hirsutum* Tausch verwandt zu sein scheine. 67 Arten sind hier aufgeführt.

Tausch hat auch eine Uebersicht der Gattungen *Crepis*, *Crepidium* (*C. Dioscoridis* L. & *aspera* L.), *Borkhausia* Böhm., *Tolpis* und *Wiebelia* Röhl. (*Hier. stipitatum* Jacq.) beigefügt. Für *Crepis* giebt er folgenden Character: Anthodium polyphyllum basi squamis auctum. Receptaculum nudum. Pappus sessilis multiplex pilosus mollis niveus d e c i d u u s. Semina uniformia, apice saepe attenuata. Der Verfasser meint, *Hieracium praemorsum* und *paludosum* L. seien unter *Crepis* zu bringen [1]).

Derselbe Autor hat auch eine Monographie der europäischen *Arnica*- und *Doronicum*-Arten geschrieben [2]). Er sagt, die meisten früher neben *Arnica montana* in der Gattung vereinigten Arten, wenigstens die europäischen, seien davon zu trennen. Er giebt folgenden Character für *Arnica*: Anthodium cylindraceum, squamis duplici ordine aequalibus (discum aequantibus): Flosculis radii staminibus 5 castratis. Receptaculum planum hirtum. Pappus pilosus sessilis. Dazu gehören *A. montana* L. und *alpina* Sw. (*angustifolia* Vahl). Nach dem Verfasser unterscheiden sie das anthodium cylindraceum und stamina radii castrata von *Doronicum*. Hierauf beschreibt er *Doronicum* monographisch; es kom-

---

1) Regensb. Bot. Zeit. S. 77 — 81.
2) Ebendas. 1828. I. S. 177 — 186.

men darunter: 1. *D. Clusii* T. (*Arn. Doronicum* Jacq., *glacialis* Wulf.); 2. *D. Halleri* T. (*A. scorpioides* L.); 3. *D. Jacquini* (*A. scorpioides* Jacq.); 4. *corsicum* T. (*A. corsica* Lois.); 5. *austriacum* Jacq. (*D. Pardal.* α L.); 6. *Pardalianches* (*Pardal.* β. L. Sp. Pl., *macrophyllum* Berrh.); 7. *Matthioli* T. (*D. Pardal.* Jacq. Austr. p. 26. t. 350.); 8. *orientale* W., 9. *Columnae* Ten. (*Arn. cordata Wulf.*); 10. *D. caucasicum* MB.; 11. *scorpioides* W.; 12. *plantagineum* L. — *Bellidiastrum*: *B. Michelii* T. (*Doronicum Bellid.* L.)

Tausch beschrieb auch einige merkwürdigere *Solidago-* und *Helianthus*-Arten, z. B. *H. tuberosus* L. (Erdbirne, Erdartischocke), deren Heimath Brasilien ist [3]).

Von manchen Fabrikwaaren wird die Bereitungsart geheim gehalten, so auch die der Cigarren aus der Havana. Man hat erfahren, dass eine wohlriechende Pflanze anf Cuba, *Trébel* oder *Trével* genannt, bei Bereitung der besten Cigarren von Havana mit angewandt wird. Kunth hat nun in Blättern, Blüthen und Frucht dieser Pflanze die *Piqueria trinervia* Cav. Ic. Pl. rar. Fasc. III. p. 19. t. 225. erkannt [4])

Ranunculaceae. — Tausch hat eine Abhandlung über mehrere mit einander verwechselte Arten von *Paeonia* geliefert. Er giebt Charactere, Synonyme und Beschreibungen derselben: 1. *P. officinalis* (*offic.* L. *feminea* L., *peregrina* γ DC.); 2. *promiscua* T. (*feminea* Miller, *peregrina* α DC., excl. plur. syn.) & * flore pleno (*P. hirsuta* Mill.); 3. *festiva* T. (*offic.* flore simplici DC. excl. syn.); * flore pleno: major et minor (*offic.* Retz. Obs. (excl. Linn.), W. Sp. Pl.; *offic.* β. fl. pl. rubro W. Enum., *offic.* fl. pl. DC.); β. *versicolor*; 4. *P. lusitanica* Mill. (*paradoxa* α DC.); * flore pleno; 5. *humilis* Retz. 6. *cretica* T.; 7. *corsica* Sieb. [5]).

Lasch hat die in der Mark Brandenburg wachsenden *Pulsatillae* beschrieben: 1. *P. patens* Mill.; 2. *intermedia* Lasch; 3. *vernalis* Mill.; 4. *propinqua* Lasch; 5. *vulgaris* Mill.; 6. *affinis* Lasch; 7. *pratensis* Mill. [6]).

Vites. — Prof. Dierbach hat eine systemat. Anordnung der vorzüglichsten in den Rheingegenden cultivirten Varietäten des Weinstocks verfasst. Es sind deren 42 [7]).

---

3) Regensb. Bot. Zeit. 1828. II. S. 497 — 506.
4) Journal de Pharmacie 1828, Juin. p. 306.
5) Regensb. Bot. Zeit. 1828. I. S. 81 — 89.
6) Linnaea, IIIr Bd. 2s Heft, S. 163 — 168.
7) Ebendas. S. 142 — 152.

Cisti. — Sweet hat sein Werk über die *Cistinae* fortgesetzt; Ref. sah nur das 16te Heft; dieses enthält Beschreibungen und Abbildungen von *Helianthemum punctatum* P., *apenninum* DC., *Cistus creticus* L. und *Hel. vulgare β. multiplex* [8]).

Koch hat eine kritische Untersuchung der Ansichten der verschiedenen Autoren über *Viola canina* und *montana* L. angestellt, ohne indess bestimmt entscheiden zu können, welche Art Linné's *V. montana* gewesen [9]).

Caryophylleae. — Bouché hat die oft verwechselten Arten *Cerastium vulgatum* L. (*viscosum* Sm., und Schlecht.) ♃, *viscosum* L. (*ovale* Pers., *vulgatum* Spr. ⊙; und *C. semidecandrum* L. näher zu bestimmen gesucht [10]).

Grossularieae. — Berlandier schrieb eine Monographie dieser Familie; Referent sah sie nicht [1]).

Melastomaceae. — De Candolle's Abhandlung über diese Familie enthält vorzüglich allgemeine Bemerkungen über dieselben, über ihre Verwandtschaften, einzelnen Tribus, geogr. Verbreitung der Arten, ihre Gattungen und Beschreibung einiger Arten [2]). [Vgl. a. Eschw. Bot. Literaturbl. II. S. 315—322.] — Linné kannte 21 Arten der *Melastomaceae*, die er in 4 Gattungen brachte: *Rhexia*, *Osbeckia*, *Melastoma* und *Blakea*. Aublet fügte *Tibouchina*, *Tococa*, *Fothergilla* und *Maieta* (Aubl. *Hist. des Pl. de la Guiane*) und Swartz *Meriania* hinzu. Ruiz & Pavon stellten *Miconia* und *Axinaea* und Jussieu *Tristemma* auf. Willdenow nahm 1799 in seine *Sp. Plant.* 109 Arten Melastomaceen in den 5 von Linné und Swartz bestimmten Gattungen auf; Persoon i. J. 1805 in s. *Synopsis* Pl. 154 Arten. v. Humboldt und Bonpland, welche auf ihren Reisen 61, fast durchgängig neue Arten bemerkt hatten, begannen diese Familie in dem eigenen Werke *Monographies des Melastoma & autres genres de cet Ordre* zu bearbeiten; sie theilten sie in 2 Gattungen: *Rhexia* und *Melastoma*; dieses Werk enthält 121 Arten. Raddi beschrieb 1820 2 dazu gehörende Gattungen: *Leandra* und *Bertolonia*. 1823 lieferte Don in *Mem. of the Wernerian Soc.* eine Uebersicht der *Melastomaceae*,

---

8) Cistineae. By Rob. Sweet No. XVI. Lond. 1828. 8.

9) Regensb. Bot. Zeit. 1828. I. S. 1 — 15.

10) Linnaea, IIIr Bd. (1828) 1s Heft, S. 64 — 68.

1) Mém. de la Soc. de Phys. & d'Hist. nat. de Genève, T. III. P. 2. p. 43 sqq.

2) Mémoire sur la famille des Mélastomacées. Par A. P. De Candolle. Avec X planches. Paris, 1828. 4to. pp. 84.

wodurch man die Familie vollständig kennen lernt; er stellte 18 Gattungen derselben auf und beschrieb viele neue Arten. Sprengel führt in seinem *Syst. Veg.* (1825) 287 Species, ohngefähr wie bei Willdenow classificirt, auf. Auch Seringe gab eine Uebersicht der *Melastomaceae*, nahm einige von Don's Gattungen an, brachte aber die übrigen unter *Rhexia* und *Melastoma*. v. Martius sah und sammelte in Brasilien 257 *Melastomaceae*, wovon 205 neu waren. De Candolle gelangte dazu, 730 Arten zu bestimmen; er theilt diese in 69 Gattungen, unter 4 Tribus: *Lavoisiereae*, *Rhexieae*, *Osbeckieae*, *Miconieae*.

Ueber ihre geographische Vertheilung sagt der Verfasser: 1) sie fehlen in der nördlichen Hemisphäre im ganzen nördlichen Europa, im ganzen nördlichen und gemässigten Asien, im nördl. Africa nordwärts von der Sahara, und in der südlichen in ganz Chili und dem südlich von Brasilien gelegenen Theile America's, im ganzen extratropischen Africa und in Neuholland; 2) ausserhalb der heissen Zone findet man nur 8 Arten *Rhexia* in Nord-America, 3 in China und 3 in Australien; 3) in der heissen Zone zählt man 78, in Ostindien und dem indischen Archipel; 12 in Africa oder auf südafricanischen Inseln und 620 in America; 4) hinsichtlich ihrer Vertheilung in America zählt man: 295 in Brasilien; 74 in Guiana, 115 auf den Antillen, 73 in Columbien, 88 in Peru, 12 in Mexico und 8 in Nordamerica. — Der Verf. findet es merkwürdig, dass bei dieser grossen Anzahl americanischer Arten nur wenige mehreren Ländern gemeinschaftlich angehören, nämlich einige, die man in Guiana und den angränzenden Theilen von Brasilien findet, welche ohnehin einander gleichend nur durch künstliche Gränze geschieden sind; ausser diesen fand der Verf. nur folgende als mehreren Ländern gemeinsam: *Spennera aquatica*, *Osbeckia glomerata*, *Clidemia crenata*, *C. spicata*, *lanata*, *Diplochita Fothergilla*, *Miconia racemosa*, *holosericea*, welche auf den Antillen in Guiana und in Brasilien wachsen, *Heteronoma diversifolium* in Peru und vielleicht Mexico. Ein ähnliches Verhalten sieht man auch in der alten Welt. Alle Species der african. und asiat. Inseln sind von denen der Continente verschieden. Vergleicht man die antillischen Arten, so sieht man, dass die *Melastomaceae* der einzelnen Inseln nicht selten ganz verschiedene Arten sind; man hat oft irrig geglaubt, auf allen Antillen dieselben Arten zu finden. — Die verschiedenen Gattuugen scheinen bestimmten Himmelsstrichen zugewiesen zu sein, und nur wenige sind von einander abgelegenen Ländern gemein. — Die der alten Welt angehörenden Gattungen sind. *Oxyspora*, *Tristemma*, *Melastoma*, „*Rousseauxia*,“ *Medinillia*,

Kibessia, *Astronia*; alle übrigen gehören der neuen Welt an, mit wenigen Ausnahmen, als: *Osbeckia* zerfällt in 4 Sectionen, wovon eine in der alten Welt, 3 in der neuen einheimisch sind, letztere dürften eine oder drei besondere Gattungen bilden. *Conostegia glabra*, die einzige der Gattung, wächst auf den Südseeinseln. Aus mehreren americanischen Gattungen findet man alle Arten in denselben Ländern vorkommend, so alle *Rhexiae* in Nord-America, alle *Axinaeae* in Mexico, alle Arten von *Calycogonium*, *Tetrazygia* und *Charianthus* auf den Antillen, und von sehr vielen alle in Brasilien.

Rosaceae — Dr. Wallroth hat eine Monographie der Gattung *Rosa* geschrieben. In der Vorrede theilt er das Historische ihrer Bearbeitung und die Gründe für die Aufstellung ihrer Arten mit, deren Linné 12 annahm, welche aber Trattinnick auf 240 steigerte, Wallroth jedoch in Folge seiner Untersuchungen auf 24 herunterbringt. Im ersten Cap., de *Rosa* generatim, berührt der Verfasser, wie die Rose seit den ältesten Zeiten gefeiert und ihre Entstehung von Dichtern gepriesen worden; im 2. Cap. folgt nähere Beschreibuug und Erklärung der einzelnen Theile des Gewächses, so wie vom Habitus des Strauches, der Beschaffenheit der Rinde, Ueberzug, Waffen, Krankheiten u. s. w., dann folgen die Beschreibungen der vom Verf. angenommenen 24 Arten mit ihren Spiel- und Abarten, nebst ausführlicher Synonymie 3).

Folgende Werke liessen sich in Obigen noch nicht einreihen:

[Haworth beschreibt in Taylor's und Phillips's *Philosophical Magazine*, Band I. 1827, neue Saftpflanzen, meist aus Südafrica von Bowie geschickt, darunter n. gen. *Bowiea* (*Aloinae*) u. *Phacosperma* (neben *Tetragonia*). Dann p. 271. ff. andre dgl. vom Cap; dann in Bd. II. p. 344 ff. viele *Aloinae*, mit krit. Bemerkungen; in Bd. III. p. 183 ff. Saftpflanzen aus vielen Gattungen; und IV. p. 261 ff. mehrere *Echeveriae* und *Mesembrianthema*.]

Von Presl's *Reliquiae Haenkeanae* ist der 3te Fascikel er-

3) Rosae Plantarum generis historica succincta, in qua Rosarum species tum suae terrae proventu tum in hortis notas suppositicias secundum normas naturales ad Stirpium besses tres primitivos revocat inque speciminum ratorum fidem rhodologorum et rhodophilorum captui accomodat Freder. Guil. Wallroth, &c. Nordhusae, 1828. 8.

schienen. Es haben mehrere Autoren die hierin abgehandelten Familien bearbeitet: Presl die *Taccead*, Opiz die *Piperaceae*, wovon hier eine Menge neuer Arten beschrieben sind, Presl die *Cyperaceae*, auch mit vielen neuen Arten. Die Pflanzen waren von Hänke auf seinen weiten Reisen, besonders in America, gesammelt worden 4).

Risso's Naturgeschichte der wichtigsten Erzeugnisse Süd-Europa's enthält im 1sten Bande die geologische und physicalische Beschreibung der Seealpen; im IIten Beschreibung der im südlichen Europa angebauten Gewächse, worunter 8 Baumarten; die 3 übrigen Theile betreffen Zoologie 5).

Gaudichaud, welcher Freycinet auf seiner Entdeckungsreise begleitete, hat 4 Hefte Beschreibungen der auf dieser seiner Reise gesammelten Pflanzen herausgegeben 6). — Den Beschreibungen der Arten gehen allgemeine Skizzen der besuchten Floren voran: so kommen in den ersten 3 Heften physiographische Gemälde von Gibraltar, Rio de Janeiro, dem Cap, Isle de France und Bourbon, der Seehundsbai auf Neuholland, von Timor, den Papus-, Carolinen-, Sandwichs- u. a. Inseln, von Neuholland, dem Feuerlande und den Falklandsinseln. Bei jeder Flora werden die Species, die Eigenschaften der nützlichen und bei mehreren ihre geographische Vertheilung angegeben. So ist die Flor der Sandwichsinseln in 3 Regionen getheilt: 1) die der cultivirten und der Strandpflanzen, 2) die Vegetation über diesen bis zur gewöhnlichen untern Wolkengränze, 3) Gebirgsgewächse innerhalb der Wolkenregion. Die Falklandsinseln, alles Anbaues unfähig, tragen nur kümmerliche, gleichsam niedergedrückte Vegetation, wo kaum 2 oder 3 Arten sich über die andern erheben; nur Torfgewächse gedeihen üppig. Die vorherrschenden Familien sind: *Lichenes*, *Musci*, *Filices*, *Gramineae*, *Cyperaceae*, *Compositae*, *Ranunculaceae*; keine *Chenopodeae*, *Labiatae*, *Borragineae* und *Leguminosae* [s. unten D'Urville unter Ab-

4) Reliquiae Hankeanae &c. Fasciculus tertius. c. tab. XI aeri incisis. Pragae, 1828 Fol.

5) Histoire naturelle des principales productions de l'Europe méridionale et particulièrement de celles des environs de Nice et des Alpes maritimes. Par A. Risso. Vol. I — V., ornés de 46 planches en taille douce et de 2 cartes géologiques. 1828. 8. [67½ Frcs., m. col. Kpf. 135 Fr.]

6) Voyage autour du monde, exécuté sur les corvettes l'Uranie et la Physicienne, sous les ordres du Cap. Freycinet, en 1817 — 1820. Partie botanique par Ch. Gaudichaud. Paris, 1826 & 1827. 4to. avec Atlas in Fol. de 120 pl. [Jede Livraison 14 Frcs.]

schnitt II. Pfl.-Geogr.] — Das 4te Heft enthält *Algen*beschreibungen von Agardh; *Fungi* von Persoon. *Amphibolis zosterifolia* Ag. wird in Betracht ihrer, auf t. 40 dargestellten, männlichen Organe zu den *Aroideae* gestellt.

Tausch hat botanische Beobachtungen über Species mehrerer Gattungen mitgetheilt: von *Clematis*, *Picris*, *Carduus* [*Carduus Acarna* wird n. G. *Chamaeleon*], *Salsola Kali* &c. *Plantagines* &c.; [*Carex Sieberi* Op. vom Glockner sei *C. Davalliana* var. *androgyna*, *C. vaginata* sei auch auf Island; *Phyteuma Sieberi* Spr., Rchb. Icon., sei *Ph. cordatum* Vill]. *Teucrium* trennte schon Mönch in 2 Gattungen, *Teucrium* und *Scorodonia;* Tausch nimmt diese an und characterisirt sie und trennt ausserdem *T. Laxmanni* als n. g. *Phlebanthe* . . . [7]).

v. Schlechtendal und v. Chamisso haben fortgefahren, die vom Letzteren auf Kotzebues Entdeckungsreise gesammelten Gewächse zu beschreiben [8]). In den 4 Heften der Linnäa 1828 kommen folgende Familien vor: *Scrofularinae. Orchideae arcticae* (auctore solo Ad. de Chamisso): Auf Kamtschatka fand Ch. folgende Arten; *Orchis latifolia?* var. *Beeringiana*, *camtschatica* Cham., *Norna borealis* (*Orchidium b.*), *Cypripedium macranthum* Sw. und *Corallorrhiza innata* RBr. Unalaschka's Einöden sind geschmückt mit 11 Arten: *Orchis latifol.* var. *Beeringiana*, *Habenaria borealis*, *Schischmareffiana* & *Chorisiana* Cham., *viridis* RBr.; *Spiranthes Romanzoffiana* Ch.; *Listera cordata* RBr.; *Eschscholtziana* Ch.; *Cypripedium guttatum* Sw.; *Malaxis diphyllos* Ch.; *Corallorrhiza innata* (*nemoralis* Sw.) — *Polygoneae.* Auf den arktischen Inseln und Küsten fand Ch.: *Konigia islandica* L. (auf Unalaschka), *Polygonum Bistorta*, *viviparum*, *Oxyria reniformis; Rumex domesticus* Hartm.? gemein auf Unalaschka und allen arktischen Inseln: v. Ch. sah nur blühende Exemplare, die es ungewiss liessen, ob es wirklich *R. domesticus* sei; die Vff. sagen: habitus et species omnis *R.* nostri *crispi*, in macilentis sitientibus provenientis. — *Hypericinae. Valerianeae. Orobancheae. Caprifoliaceae*: auf den arktischen Inseln dies- und jenseits der Behrings-Strasse sah v. Ch.: *Linnaea borealis* (auf Kamtschatka; Unalaschka und Chamisso's-Insel); *Lonicera coerulea* am Peter-Paulshafen (*L. hispida* Fisch. e Camtschatca) und *Cornus suecica* (Peter-Paulshafen, Chamisso'sinsel und Unalaschka). — *Lorantheae. Rubiaceae* Sectio I. *Stellatae*: auf den arktischen Inseln dies- und jenseit der Beehringsstrasse

7) Regensb. Bot. Zeit. 1828 I. S. 321 — 329.
8) Linnaea III, S. 1—63, 115—141, 199—233, 309—377.

fand v. Ch.: *Galium trifidum, G. Aparine* & *suaveolens* Wbg. (*triflorum* Mx.) auf Unalaschka. Sect. II. *Spermacoceae.*

Junceae. (Auct. Ern. Meyer): auf den arktischen Inseln dies- und jenseit der Behringsstrasse wurden bemerkt: *Juncus compressus* H. & K. *β.* (*J. Hänkei* Mey. Junc. p. 10) & *γ.* Mey. auf Unalaschka, *ensifolius* Wikstr. ebendas., *triglumis* in Kamtschatka, *biglumis* (sinus St. Laurentii & Bonae spei), *castaneus* Sm. („cis & trans fretum Beering. inde ab Unalaschka usque ad fret. Eschsch.") — *Luzula melanocarpa* Desv.) ad Promont Espenbergii et sinum Bonae spei), *β. fastigiata* Mey. (*L. fastigiata* Mey. Luz. p. 9) auf Unalaschka. *L. arcuata* Sw. foliis complicato-canaliculatis, capitulis paucifloris: Wahlenb. Fl. Lapp. tab. IV. (Unalaschka & ins. St. Laurentii); *β.* foliis planiusculis, capitulis multifloris (*Junc. camp.* var. Fl. Dan. VIII. t. 1386): ins. St. Pauli & St. Laurentii; *γ. procerior:* foliis planis, capitulis multifloris (*L. hyberborea* RBr. Mellv.): sinus Bonae spei & ins. Chamissonis; Labrador. *L. campestris* DC. *β. nemorosa* Mey.: Camtsch. & Unalaschka; *β. pallescens*: Camtsch.; *γ. congesta*: Unalaschka, sinus Eschscholtzii & Bonae spei; *S. alpina*: sinus St. Laurentii et prom. Espenbergii. *L. spicata* DC.: Unalaschka. — Diese vortrefflichen Abhandlungen sind wichtig für das System.

v. Martius hat den IIten Theil seiner brasilischen Reise herausgegeben [9]). Er ist sowohl in statistischer und geologischer, als auch naturhistorischer Hinsicht reichhaltig und belehrend. M. und Spix haben die bedeutende Strecke von 15 Breitengraden und von eben so vielen Längengraden durchreiset. In Bezug auf Botanik führen wir Folgendes an. — Der Diamanten-District bietet noch dieselbe Vegetation, die Campos-Flora (Flora der Flächen) des Hochlandes, dar, aber beim Herabsteigen von dieser Hochebene nordwärts zeigt sie einige Veränderung. Auf der Hochebene zwischen den Flüssen Jequetinhonha und Arassuahy wird viel Baumwolle gebaut, über deren Culturart lehrreiche Nachrichten gegeben sind. Nach dem Verf. ist das Manjoc-Gewächs, aus dessen Wurzel die Americaner ihre Cassave bereiten, aus Africa eingeführt; man hat es nirgends wild in America gefunden, und die Americaner behaupten selbst, es sei vor mehrern Jahrhunderten ein unternehmender weisser Mann zu ihnen

---

9) Reise in Brasilien, auf Befehl Seiner Majestät Maximilian Joseph I. in den Jahren 1817 — 1820, gemacht von weiland Dr. Joh. Bapt. v. Spix, und Dr. Carl Friedr. Phil. v. Martius. IIr Theil. Bearbeitet und herausgegeben von C. F. P. v. Martius. 1828. 4to.

gekommen und habe sie diese Pflanzen kennen gelehrt. Während der Reise längs des Flusses S. Francisco lernten die Verf. alle öconomischen Culturgewächse der anwohnenden Colonisten kennen, darunter 2 wenig bekannte *Cucurbitaceae: Cucurbita ceratoceras* Haberle und *Cucumis macrocarpos* Wend. Der Verf. beschreibt nun eine Menge Arzneigewächse, nebst den Waaren die sie liefern und ihrem Nutzen: ein wichtiger Beitrag zur Materia medica. In der Gegend des Francisco-Flusses findet man die Vegetation sehr verschieden sowohl von der der Küsten als auch von der der Ebenen oder der Urwälder; man sieht hier vorzüglich Gewächse aus den Familien *Terebinthaceae*, *Nopaleae*, *Malvaceae*, *Solaneae*, *Labiatae*, *Euphorbiaceae*, *Scrofularinae*, *Verbenaceae* und *Convolvulaceae*, doch nähert sie sich der der Ebene (der Campos-Flora) durch gewisse Species der *Anonaceae*, *Dilleniaceae*, *Amarantaceae*, *Begoniaceae*, *Melastomeae*, *Myrsineae*, *Styracinae* u. *Sapoteae*, wie sie auch in die der Urwälder durch andere Arten der *Bignoniaceae*, der *Rubiaceae*, *Capparideae*, *Nyctagyneae*, *Urticeae* übergeht. Zu den merkwürdigsten Bäumen, die man in jenen Gegenden antraf, gehörte *Pourretia tuberculata* Mart., welche 60 — 70 Fuss Höhe erreicht und deren Stamm in der Mitte oft 15 Fuss Durchmesser hat. Die Reisenden begaben sich darauf nach Bahia de todos os Santos, der Hauptstadt der Provinz Bahia, und von da nach Porto de San Feliz an der Küste. Der Verf. sagt viel vom starken Thau der heissen Länder und seinen Wirkungen. Es kommen wichtige Nachrichten über Brasiliens Handelsartikel aus dem Pflanzenreiche vor, über Zucker, Kaffee, Tabak, Baumwolle und Schiffsholz, besonders über den Zucker, welcher der Hauptartikel des Landes zu sein scheint. Nachdem die Reisenden die Stadt San Salvador und deren Gegend besucht, begaben sie sich in die Comarca dos Ilheos und wieder nach Bahia, ferner über Joazeiro durch einen Theil der Provinz Pernambuco nach der Stadt Oeyras in der Provinz Piauhy. Um Bahia ist das Klima europäischen Gemüsen günstig; die Beschaffenheit der hier befindlichen Zuckerplantagen wird ausführlich behandelt. Nachher reiseten sie in die Provinz Maranhao, darauf zur See nach Para, womit dieser Theil schliesst. Der folgende soll die Reise auf dem Amazonenstrome bis zum Rio negro und nach Ega und von da bis in die Nähe der spanischen Besitzungen enthalten.

Von St. Hilaire's *Plantes usuelles des Brésiliens* sind das XII. und das XIII. Heft erschienen. Jedes Heft hat 5 Tafeln und kostet 5 Francs. Dies Werk enthält medicinische und ökonomisch wichtige Gewächse 10).

Floren.

Prof. Hornemann hat eine *Nomenclatura Florae Danicae* herausgegeben 1). Zuerst erzählt der Verf. die Geschichte der *Flora Danica.* Ihre Herausgabe ward 1761 auf Staats-Unkosten durch G. C. Oeder begonnen; als diese 1771 aufhörte, waren X Fascikel, 600 Tafeln enthaltend, heraus. 1772 übernahm O. F. Müller die Herausgabe; unter seiner Aufsicht erschienen Fasc. XI — XV. mit Tab. 601 — 900. Im Jahre 1788 schritt Vahl an die Fortsetzung; er gab 6 Fasc. mit Tab. 901 — 1260 heraus. Mit d. J. 1805 übernahm Hornemann das Werk und hat nun (bis 1828) 11 Fascikel (XXII — XXXII.) mit Tab. 1261 — 1920 herausgegeben; das Werk bildet nun so X Vol. und 2 Fasc. — Der Verf. nimmt an, dass Dänemark 1600 Phanerogamen und gegen 3200 Cryptog., zusammen 4800 Pflanzenarten besitze; davon sind $^3/_4$ der Phanerog. und etwas über $^1/_4$ (900) der Cryptogamen in der *Fl. Dan.* bereits abgebildet. Hornemann's *Nomenclatura* enthält übrigens Register dieser darin abgebildeten Gewächse. [Ueber den Reichthum einzelner Pflanzen-Familien in Dänemarks Flora vgl. Botan. Zeitung 1825, II. S. 537 ff.]

Von Sturm's Deutschland's Flora in Abbildungen nebst Beschreibung sind unten genannte Hefte neu erschienen 2).

Dr. Detharding hat ein Verzeichniss der Pflanzen Mecklenburg's, dessen nördliche und niedrige Lage, Wasserreichthum und Meeresnähe manche Eigenheit der Vegetation bedingen, geliefert 3). Die Anordnung folgt Linné's Systeme; bei den seltnen Pflanzen sind Standörter und Beschreibungen beigefügt; zu den merkwürdigen gehören: *Sagina maritima* Don, *Jasione perennis*

---

10) Plantes usuelles des Brésiliens. Par Aug. de St. Hilaire, Adr. de Jussieu et J. Cambessèdes. Livrais. XII. & XIII. Paris, 1828. 4.

1) Nomenclatura Florae Danicae emendata cum indice systematico et alphabetico. Auctore J. W. Hornemann. Hafniae, 1828. 8.

2) Deutschland's Flora &c. Von J. Sturm. Iste Abth. 51s u. 52s Heft; IIIte Abth. 6s und 7s Heft Nürnb. 1828. 12.

3) Conspectus Plantarum Magniducatuum Megapolitanorum phanerogamarum. Conscriptus a Georg. Gust. Detharding. Cum 2 tab. lithogr. Rostochii, 1828. 8.

Lam., *Campanula bononiensis* L., *Juncus maritimus* Lam., *balticus* W., *bottnicus* Wbg., *Alisma natans* & *parnassifolium*, *Dianthus arenarius*, *Nymphaea pumila* Timm, *Pedicularis Sceptrum*, *Linnaea bor.*, *Ulex europ.*, *Pisum marit.*, *Astragalus arenarius Tussilago spuria* Retz. — *Nymphaea pum.* und *Potamogeton flexicaulis* sind lithographirt.

Becker's Frankfurter Flora giebt erst einen Ueberblick des Linn. Systems, dann die Gattungs-Charactere der dortigen Pflanzen, hierauf einen Grundriss des natürlichen Systems, dann folgen die Species (nach nat. Familien) mit ihren Kennzeichen, von *Najades* an, mit *Rosaceae* schliessend; alles in deutscher Sprache [4]).

Prof. Dierbach gab untengenanntes Werk heraus [5]).

Von Cürie's Flora des mittl. und nördl. Deutschlands erschien eine neue Auflage; die 1ste erschien 1823. Voran kommt Terminologie und botanische Systematik; dann folgt die Pflanzen-Bestimmung in Tabellenform [6]).

Dr. Pappe's Leipziger Flora handelt zuerst von der Gegend, ihren pflanzenreichsten Stellen und den frühern Autoren über ihre Gewächse. Dann werden 965 Phanerogamen nach ihren Namen, Standörtern und Blüthezeit aufgeführt [7]).

Pastor Homann hat eine Flora von Pommern in deutscher Sprache herauszugeben angefangen; auch die cultivirten Gewächse sind aufgenommen [8]).

Ekart's deutsch geschriebene Flora von Franken und Thüringen enthält kurze Beschreibungen, einige Synonyme bei jeder Pflanze, ihre Blüthezeit, Dauer und Standörter. Zum I. Hefte

---

4) Flora der Gegend um Frankfurt am Mayn. Von Joh. Becker. I. Abth. Phanerogamie. Frankfurt a. M. 1828. 8.

5) Beiträge zu Deutschlands Flora, gesammelt aus den Werken der ältesten deutschen Pflanzenforscher, von Dr. J. H. Dierbach. Ir und IIr Bd. 1828. 8. [mit den Bildn. von Tragus und Fuchs. — Fortsetz. siehe in den Jahresb. über 1830 und 1833.]

6) Anleitung, die im mittl. und nördl. Deutschland wachsenden Pflanzen auf eine leichte und sichere Weise durch eigene Untersuchung zu bestimmen. Von P. F. Cürie. 2te, sehr verbess. Aufl. Görlitz 1828. 8.

7) Synopsis Plantarum phanerogamarum Agro Lipsiensi indigenarum. Cura Car. Guil. Lud. Pappe. Lipsiae, 1828. 8.

8) Flora von Pommern &c. Herausgeg. von G. G. J. Homann. Ir Bd., enthaltend die 10 ersten Klassen des Linn. Pflanzen-Systems. Cöslin, 1828. 8.

sind auf 2 Foliotafeln 15 *Trifolium*-Arten, und zwar ein Theil der Pflanze und die Blüthentheile, abgebildet [9]).

Lejeune und Courtois geben eine Flora von Belgien heraus, wovon der 1ste Theil erschienen ist [10]).

J. E. Smith hat kurz vor seinem Tode den IV. Theil seiner *English Flora* herausgegeben [1]), welcher die Classen Gynandria bis Polygamia und von Cryptogamia die *Filices* enthalt. Die Gattung *Orchis* besteht aus den Arten, die Linné und Swartz darunter gebracht. *Herminium* und *Goodyera* werden angenommen. In der Gattung *Ophrys* kommt eine neue Art, *O. fucifera* Sm. vor, zu welcher der Verf. Rudb. Elys. II. 205. f. 25: Orchis fucum referens Burs. bringt. Rudbeck's Abbildung war nach Exemplaren in Burser's Herbarium gemacht. Unter *Listera* kommen vor: 1) *ovata* Br., 2) *cordata* Br., 3) *L. Nidus avis* Hook. Flor. Scot. — *Epipactis*, *Malaxis* und *Corollarrhiza* sind aufgenommen. Der Verf. beschreibt eine neue Art von *Epipactis*: *E. purpurata*, welche ihren Platz zwischen *E. latifolia* und *palustris* bekommt, aber sie scheint nach dem Art-Character wenig von der ersteren verschieden zu sein: *E. purpurata*: foliis ovato-lanceolatis; bracteis linearibus flore duplo longioribus, labello calyce breviore, integerrimo, germine pubescente. *E. latifolia* soll sich also foliis ovatis, labello acuto unterscheiden. An der Monoecia kommt zuerst die Gattung *Euphorbia*. *Carex* hat 62 Arten. *C. Leucoglochin* Ehrh. und *elongata* L. sind in England selten, letztere nur an einem Orte gefunden. Der Verf. behält die Namen *C. curta* Good. (*C. canescens* L.) und *ovalis* Good. (*leporina* L.) bei. Eine neue Art ist *C. spirostachya* Wbg.: Scheiden kürzer als die Blüthenstiele; fruchtbare Achren („Kätzchen") gegen 3; entferntstehend, aufrecht, eiförmig, dicht, vielblüthig; Frucht eiförmig, dreieckig, gerippt, kahl, mit tief gespaltenem Schnabel, an der Mündung häutig. Aus Schottland (*C. distans* H. Dan. tab. 1049). Der Verf. sagt, Wahlenberg habe diese Art unrichtig für C. binervis Sm. genommen *). Eine

---

9) Frankens und Thüringens Flora in naturgetreuen Abbildungen, von T. P. Ekart Is Heft, mit einem Theile der Kleearten. Bamberg und Aschaffenburg, 1828. 8.

10) Compendium Florae Belgicae. Auct. A. L. S. Lejeune et R. Courtois. Vol. I. Liège, 1828. 8.

1) The English Flora. By Sir James Edward Smith. Vol. IV. Lond. 1828. 8.

*) Prof. Hoppe sagt hierüber: „diese neue *C. speirostachya* Wbg. (vielmehr Smith?) ist laut Beschreibung und der Citation der Flora

andere neue Art, welche der Verf. für der *C. salina* Wbg. nahe hält, wird so bestimmt: *C. phaeostachya:* Scheiden kürzer als die Blüthenstiele; fruchttragende Aehren 2, entfernt stehend, aufrecht, eiförmig; Frucht eiförmig, dreieckig, kahl, mit gespaltenem Schnabel; Schuppen der unfruchtbaren Aehre gespitzt, die der fruchtbaren stumpf. — Aus Schottland.

C. capillaris, *rariflora* Sm., *ustulata* Wbg. und *pulla* Good. kommen in Schottland vor.

C. binervis Sm.: Scheiden röhrig, verlängert, kürzer als die Blüthenstiele; fruchtbare Aehren cylindrisch, entfernt stehend, zum Theil zusammengesetzt; Schuppen gespitzt; Stengel kahl; Frucht mit zwei Hauptrippen.

In der Gattung *Salix* sind die Arten zu sehr verdoppelt, denn ihre Anzahl ist hier 64. Smith bemerkt, dass, welche Art auch Wahlenberg in der Fl. Lapp. als *S. nigricans* habe, doch nicht die tab. 1053. der Flora Danica zu Smith's *S. nigricans*. Engl. bot. T. XVII. tab. 1213 (*S. phylicifolia β.* Linn. Sp. pl., Fl. Lapp. Nro. 350 t. 8. f. c.) gehören könne. Bei *S. phylicifolia* wird Wahlenb. Fl. Lapp. p. 270, tab. 17. f. 2 **) mit ? citirt und gesagt, dass Fl. Dan. tab. 1052 keine Aehnlichheit mit der Art besitze, welche Smith für die wirkliche *S. phylicifolia* L. Sp. pl. et Fl. Lapp. Nro. 351 t. 8. f. 5. ansieht. — Der Verf. bemerkt, dass tab. 1052. der Fl. Danica eher der *S. Borreriana* Sm. entspreche. — *S. phylicifolia* Willd. wird als eine neue Art bestimmt: *S. Davalliana* Sm., und Smith meint, dass Fl. Dan. t. 1052. allenfals dazu gehören könne. — *S. tenuifolia* Sm. et Afzel. in Linn. Fl. Lapp. ed. 2 p. 292 Nro. 352, t. 8. f. e. (Engl. Bot. T. 31 t. 2186) wird aufgenommen, und bei *S. malifolia* heisst es, sie sei von der *S. hastata* L. genug verschieden. Smith tadelt es, dass Wahlenberg hierher die *S. Arbuscula* Linn. Fl. Lapp. Nr 360. t. 8. f. m.

Danica t. 1049. nichts anders als *C. Hornschuchiana* Hpp. i. e. *C. Hostiana* Dec. Vgl. Flora 1830. S. 568."]

[**) Dies ist nach Fries Mantissa I. ad Novit. Fl. Sm. die *S. nigricans β.* Fries = *S. Ammanniana* Willd; seine *nigricans* überhaupt ist nach Citat = *S. phylicifolia β.* L. = *S. phylicifolia* Koch, seine *nigricans* a. ist *nigricans* Sm.; aber Wahlenbergs *S. nigricans* zieht Fries zum Theil — und dessen Abbildung davon t. 17. f. 3. bestimmt zur *S. phylicifolia* (a) Linn., Sm., Laestad., Hartm. Sc. 2. &c. Fries, welche nach Fries = *S. Arbuscula* Koch (non Linn.) s. *S. Weigeliana* W., Wimm., ist. Vgl. Jahresb. üb. 1832, S. 177. u. 1829, S. 36.]

gezogen *), auch ist, sagt er, *S. tenuifolia* nur entfernt mit dieser verwandt; er meint auch, dass Wahlenberg's Fl. Lapp. t. 16. f. 5. keiner von beiden und keiner Form der *S. hastata* oder *malifolia* entspreche. Er äussert hierüber schlüsslich, 3 unähnlichere Arten, als *S. malifolia*, *tenuifolia* Sm. und *Arbuscula* L. könnten nicht leicht zusammen kommen. Bei *S. Arbuscula* L. (auch Fries's) werden citirt Linn. Fl. Lapp. Nr. 360. ed. 2. p. 297. t. 8. f. m. Sp. pl. p. 1445 *γ*. Engl. Bot. T. XIX. t. 1366. Wahlenb. Fl. Lapp. p. 263. t. 16. f. 22. (excl. synon. Linn Fl. Lapp., welches *S. tenuifolia* ist). Der Verf. bemerkt, das Linné in den Sp. pl. mit der *S. Arbuscula* zwei andere sehr verschiedene Arten vereinigte, nämlich die *S. tenuifolia* und *S. foliolosa* Sm. Linn. Fl. Lapp. ed. Sm. Nr. 356; die kurze, eiförmige Gestalt der Kätzchen trägt wesentlich zur Auszeichnung der *S. Arbuscula* L. bei; das Kätzchen in Wahlenberg's Fl. Lapp. t. 16. f. 2. ist zweimal länger als bei Smith's *S. Arbuscula* und mehr laxum, auch stimmen die Blätter nicht überein. — Bei *S. livida* Wbg. wird Wbg. Fl. Lapp. p. 272. t. 16. f. 6. mit Ausschliessung aller Synonyme citirt. Bei *S. Stuartiana* Sm. wird bemerkt, dass die *Salix Lapponum* der Fl. Dan. tab. 1058. vielleicht dazu gehöre? aber die wahre *S. Lapponum* die tab. 197. der Fl. Dan. sei, und Smith halt sie für verschieden von der *S. glauca* L. Der Verf. ist sehr im Irrthume, wenn er zu *S. arenaria* Linn. (*S. limosa* Wbg.) Linn. Gottl. Resa S. 206. anführt; dieses ist *S. repens β. argentea*, wie Wahlenberg vollkommen bewiesen; die wirkliche *S. limosa* ist sicherlich nicht diesseits Upsala gefunden, sondern wohl eigentlich ein nordisches Gewächs. — Dass Smith die schwedischen *Salices* nicht richtig kannte, ist gewiss, und dass Linné nicht alle seine schwedischen Exemplare von *Salix*-Arten richtig bestimmt hatte, weiss man mit Sicherheit, daher die Namen in seinem Herbarium nicht immer zuverlässig sind; Smith's Irrthum ist also zu entschuldigen, besonders da er glaubte, sich mehr auf das Herbarium als auf Angaben aus Schweden verlassen zu müssen, obgleich das letztere richtiger gewesen wäre. — Im Nachtrage wird *Arenaria rubella* Sm. (*Alsinella rubella* Sw.), als auf den schottischen Hochlanden gefunden, angeführt.

Lindley (welcher neulich zum Professor der Bot. an der

[*) Mit dieser *S. Arbuscula* Linn. vereinigt Fries die *S. prunifolia* Sm. (& Koch) als synonym.]

Londoner Universität ernannt worden) hat eine Synopsis der britischen Pflanzen, nach natürl. Familien, geschrieben [2]).

Duby hat nach De Candolle's Herbarium und Notaten den 1sten Theil einer neuen und sehr vermehrten Auflage von De C's. *Synopsis Fl. Gall.* herausgegeben; er enthält die Charactere der [mehr als 3600] *Phanerogamen* und *Filices* Frankreichs nach nat. Fam. geordnet [3]). [P. II., *Cryptog.*, erschien bald darauf, s. Jahresb. über 1830.] Die erste Auflage war 1806 erschienen.

1806 und 1807 gab Loiseleur-Deslongchamps eine Flora gallica, latein., heraus, die nur ein Compendium ausmachte, nach dem Linn. Systeme; sie ward viel gebraucht und war beliebt bei Excursionen. 1810 gab der Verf. ein Supplement unter dem Titel: *Notice sur les Plantes à ajouter à la Flore de France*, und 1827 theilte er in den *Annales de la Soc. Linnéenne de Paris*, Vol. VI. p. 396 — 432 noch einen Nachtrag mit: (*Nouvelle notice sur les Plantés à ajouter à la Fl. de Fr.*) In der letztern Abth. kommen noch 148 Arten hinzu, worunter viele neu sind. Endlich gab der Verf. 1828 eine neue Auflage seiner *Flora gallica*, worein alle neuern Entdeckungen aus den Supplementen aufgenommen sind [4])

Boisduval hat auch eine franz. Flora in 3 Bänden herausgegeben. Sie bildet zugleich den 2ten Theil von Boitard's *Manuel complet de Botanique*, welches Werk wiederum zur bot. Abtheilung der zu Paris erscheinenden *Encyclopédie des Sciences et des Arts* gehört [5]).

---

2) A Synopsis of the british Flora; arranged according to the Natural Orders; containing Vasculares or Flowering Plants. By John Lindley. London, 1828. 12.

3) Aug. Pyr. De Candolle Botanicon gallicum, s. Synopsis Plantar. in Flora gallica descriptarum. Editio 2da. Ex Herbariis et schedis Caudollianis propriisque digestum a J. E. Duby, V. D. M. Pars I. Paris. 1828. pp. XII. & 544. 8.

4) Flora gallica seu Enumeratio Plantar. in Gallia sponte nascentium sec. Linnaeanum Systema digestarum, addita familiarum nat. Synopsi. Auctore J. L. A. Loiseleur-Deslongchamps. Editio 2da, aucta et emendata. Vol. I., II. Paris. 1828. 8. cum 31 tabb. [16 Frcs.]

5) Flore Française ou description synoptique de toutes les plantes phanerog. & cryptogames qui croissent naturellement sur le sol français, avec les characteres des genres et l'indication des principales espèces. Par J. A. Boisduval. Paris, Roret 1828. 3 Vol. in 18. 347, 370 & 396 pp. 10 fr.

Loiseleur-Deslonchamps hat mit Andern noch ein andres Werk über Frankreichs Flora [mit Abbild.] begonnen. Es erscheint Heftweise; 2 Hefte sind heraus. Ref. kennt es nicht. Es giebt eine Octav- und eine Quart-Ausgabe [erstere zu 6 Fr., letztere 12 Fr. jedes Heft. Die 3 ersten H., jedes mit 12 Tafeln, enthalten die *Ranunculaceae*. Vgl. Jahresb. 1829, S. 42.] [6]).

Dubois gab eine Flora von Orleans heraus [7]).

Der Prediger Gaudin zu Lyon schreibt eine Flora der Schweiz. 3 Bände sind erschienen. [S. die Jahresber. über 1829, 1830, 1833.] [9]).

Zollikofer's Alpenflora, wovon das Iste Heft erschien, bietet Abbildungen von Schweizer-Pflanzen dar, mit ausführl. Beschreibungen derselben in latein. und deutscher Sprache. Dies Iste Heft enthält: *Veronica saxatilis* Scop., *Valeriana Tripteris* L., *Campanula pusilla* Hänk., *C. barbata*, *Rhododendron ferrugineum* & *hirsutum*, *Potentilla frigida* Vill., *Anemone narcissiflora*, *Hieracium hyoseridifolium* Vill. [10]).

Dr. Lanfossi hat ein Pflanzenverzeichniss der Gegend von Mantua mitgetheilt: es enthält 700 Species (*Phanerog.* und *Filices*) mit Standort-Angaben und Bemerkungen [1]).

Tenore gab 1826 die *Appendix quinta ad Florae Neapolitanae Prodromum* heraus. Sie enthält 214 Species mit Bemerkungen über die italiän. Pflanzen in Sprengel's *Systema Vegetabilium*.

Sardinien war in botan. Hinsicht noch fast unbekannt. Man hatte nur ein unvollständiges Verzeichniss darüber von Allioni vom J. 1769. Seit 1824 hat der König von Sardinien auf seine Kosten bot. Reisen, durch Bertero und Moris unternehmen lassen; der Letztere hat jüngst ein Werk über die Gewächse des Landes begonnen; es besteht aus einem Verzeichnisse, als Pro-

---

6) Flore générale de France ou Iconographie descriptive et histoire de toutes les pl. phanerog., cryptog. & agames qui croissent dans ce royaume, disposées suivant les familles nat.; par MM. Loiseleur-Deslongchamps, Persoon, Gaillon, de Brebisson et Bois-Duval. Paris, 1828.

7) Méthode de Botanique éprouvée ou Flore d'Orléans. Par Dubois. 1828. 8. [Vgl. Jahresb. über 1833. S. 69.]

8) Histoire de la Bot. de Bourgogne. Par Vallot. Dijon, 1828. 8.

9) Fl. Helvetica. Auct. J. Gaudin. T. I — III. Turici, 1828. 8.

10) Versuch einer Alpenflora der Schweiz in Abbildungen, auf Stein nach der Natur gezeichnet und beschrieben von Dr. C. F. Zollikofer. Is Heft, m. 10 Stdrtaf. 1828. 4.

1) Giornale di Fisica, Chimia, Storia naturale &c. Dec. II. T. X.: Bimestre I. & II. 1827. T. X: Bim. V. p 730 & Bim. VI. p. 417. (1827.)

dromus einer künftigen Flora 2). Der Iste Fascikel enthält 1250 Pflanzen, nach nat. Familien nach De Candolle geordnet, mit Angabe der Standörter und einigen Synonymen; bei neuen Arten ist der Character beigefügt. — Der Verf. hat die Insel in mehreren Richtungen durchreiset; aber ungesundes Klima und eine Menge von Räubern nöthigen, manche Gegenden zu vermeiden. — Der II. Fasc. enthält 192 Pflanzen, so sind es zusammen 1442. 1826 u. 1827 ward auf Kosten des Würtembergischen Reisevereins eine bot. Reise veranstaltet, welche Hr. Müller unternahm; und die Hrn. Prof. Hochstetter und Dr. Steudel haben aus Müllers Sammlungen Nachträge zu Moris's Arbeiten geliefert, besonders wichtige Beiträge zur Mooskunde Sardiniens 3). Die sardinische Flora besitzt viele Pflanzen, die eigentlicher Portugal, Spanien und der Berberei anzugehören scheinen. — Von den *Ranunculaceae* kommen im 1sten 33 Arten vor. *Berberis vulg.* wächst nur auf der höchsten Spitze des Monte Genargentu, des höchsten Berges der Insel. *Cruciferae* sind 53 Species, *Cistinae* 13; *Caryophylleae* 44, worunter *Spergula subulata* Sw.; *Malvaceae* 17; *Leguminosae* 150; *Rosaceae* 27; *Tamarix africana* Desf.; *Ficoideae* 3: *Glinus lotoides*, *Mesembrianthemum crystallinum* und *nodiflorum*. *Crassulaceae* 18; *Umbelliferae* 57; *Rubiaceae* 25; *Compositae* 133; von *Apocyneis*: *Nerium Oleander*, u. a.; *Solaneae* 18, z. B. *Celsia cretica*, *Datura Metel*, *Physalis somnifera*, *Solanum sodomeum*, (letztere 3 nach Ref. wohl nur verwildert aus Gärten); *Antirrhineae* 22; *Labiatae* 43, z. B. *Lavandula Stoechas*; *Chenopodieae* 22; *Polygoneae* 19; *Thymelaeae* 4: *Daphne glandulosa* Bert., *D. Gnidium*, *Passerina hirsuta* L. u. *Tartonraira* Schrad.; *Amentaceae* 16; *Coniferae* 6, z. B. *Pinus Pinaster* & *halepensis* Ait. u. *Juniperus phoenicea*. *Alismaceae* 13: *Al. Damasonium*, *Ruppia maritima* & *spiralis*, *β. recta*. *Orchideae* 43; *Irideae* 9: *Gladiolus byzantinus* Gawl., *Iris alata* Poir., *foetidissima* L., *pallida* L., &c. *Amaryllideae* 7, z. B. *Leucoium autumnale*, *Narcissus serotinus* & *Tazetta*, *Pancratium marit.* & *illyricum* L., *Sternbergia lutea* Ker. *Liliaceae* 26: *Lilium candidum*, *Ornithogalum arabicum*; *Junceae* 12; *Palma* 1: *Chamaerops humilis*; *Aroideae* 8; *Cyperac.* 22; *Gramineae* 100. *Filices* 19, z. B. *Cheilanthes odora* Sw., *Gymnogramme leptophylla* & *Nothochlaena lanugi-*

---

2) Stirpium Sardoarum Elenchus. Auctore Jos. Hyac. Moris. Fasc. I. & II. Carali, 1827. 4. [Vgl. a. (Eschweiler's) Literaturbl. f. reine u. angew. Bot. Bd. I. H. 2. S. 26 — 45, u. 197 ff.]

3) Eschw. Literaturbl. f. reine u. angew. Bot. Ir Bd. 2s H. S. 46 ff.

nosa Desv., *Ophioglossum lusitan.*, *Scolopendrium Hemionitis.* Am zahlreichsten sind also Arten der *Leguminosae* (150), dann *Compositae* und *Gram.* — Unter den von Müller gefundenen *Cryptogamen* bemerkt man *Asplenium obovatum* Viv., *Phascum rectum* Dicks. *Gymnostomum curvisetum* Schwägr., *Hymenostomum Mülleri* Brnch, *Weisia verticillata*, *Entosthodon Templetoni* Schw., *Zygodon conoideus*, *Bartramia affinis* Hk., *Targionia hypophylla*, u. a. Müller's Moose hat Apoth. Bruch in Zweibrücken bestimmt; es sind viele neue Sp. darunter.

Dr. Gussone hat den I. Theil eines Prodromus einer sicil. Flora herausgegeben. Obschon Presl eine sehr reichhaltige Flora dieser Insel geschrieben, so enthält doch G's. Flora in den ersten 12 Classen 80 neue Species. Die Pflanzen sind nach dem Linn. Systeme geordnet und mit vieler Kritik bestimmt[4].

Rochel, welcher seit langen Jahren die Gewächse Ungarns untersucht hat, gab ein Werk über die des Banats [um 45° n. Br.] heraus, mit schwarzen Abbildungen[5]. Es zerfallt in fünf Sectionen; voran: Ratio operis. Sect. I. handelt von der Geogr. und Physiographie des Banats, in dieser Folge: Divisio politica; Div. naturalis; secundum regiones plantarum; Extensio, situs, limites; Solum; Procreatio; Clima; Aquae; Montes; Sylvae; Administratio; Incolae; Lingua; Aëris in sanitatem influxus. Sect. II. enthält die Orographie und Hydrographie: Jugum montium principale; Terra nubigera; Altalpes: Sarko, Gugo, Muraru, Godjan; Alpes; Alpis Semenik; Ditiones Semenik; Terra montifera; T. anomala; Colles arenosi *Bielo-Berdo* (eine sandige Steppe); Valles; Specus; Paludes, loca turfacea, uliginosa; Aquae minerales; Fontes, torrentes, fluvii &c. Sect. III., phytographica, enthält: Historia Florae; Termini vegetationis; Vegetationis diversitas pro ratione distantiae locorum ab alpibus centralibus; Veg. diversitas sec. conditiones adhuc magis locales; de indole rupium eorumque „opinato" effectu in veget.; Flora comparativa & Calculus Florae compar. arithmeticus: [diese (p. 26 — 30, am

4) Florae Siculae Prodromus, sive Plantarum in Sicilia ulteriori nascentium enumeratio, sec Syst. Linnaeanum. Auctore Joanne Gussone. Vol. I. Neap. 1827. 8.

5) Plantae Banatus rariores, iconibus et descript. illustratae, praemisso tractatu phytogeogr. et subnexis Additamentis in Terminologiam bot. Auct. Aut. Rochel. Acced. tabulae bot. XL. et Mappae II. Lithographtae. Pestini, 1828. pp. (18 &) 84. fol. maj.

wichtigsten,) geben an, wieviel und welche Pflanzen diese südl. Provinz allein besitzt (118 Sp. u. Ver.), wieviel sie mit Siebenbürgen, dem ebneren Ungarn, der Krim und dem Caucasus, den nördl. Karpathen, der Schweiz, Frankreich oder mehreren davon gemein hat, (Deutschland ist nicht erwähnt, von den 118 eigenen wachsen aber doch mehrere auch in Süddeutschland und den westl. russischen Provinzen); allen den genannten Floren gemein sind nur 438 von den 1600 Sp. und Hauptvarietäten der ganzen Banater Flora]. Sect. IV. [p. 31 — 80.] enthält Beschreibungen der 87 Arten und Var., welche abgebildet sind. Sect. V.: Additam. in Terminol. bot., durch 80 Figuren [auf der XLten Taf.] erläutert. — [Hier mag nun Einiges aus p. 27 — 29 folgen: IV. Plantae banaticae, quas flora Galliae sola gignit: *Acanthus mollis*, *Achillea crithmifolia*, *Campanula Scheuchzeri*, *Carlina acanthifolia*, *Centaurea pectinata*, *Convolvulus althaeoides*, *Gnaphalium fuscum* Sm., *Helianthemum grandiflor.*, *Hieracium pyrenaicum*, *Luzula sudetica*, *Lysimachia punctata* L. b. *villosa* Rchl.; *Oenanthe crocata*, *Panicum Crus corvi*; *Plantago alpina* Vill.; *Pyrethrum alpinum* b. *glabrescens* Rchl., *Quercus Robur* b. *lanuginosa* Rchl., *Ranunc. Villarsii*; *Rumex Acetosa* b. *arifolius* Rchl., *Scabiosa centaureoides*, *Viola lutea*.

VI. Plantae banaticae tantum in Carpatho septentrionali occurrentes: *Arundo laxa* Schult., *Carduus arctoides*, *C. collinus* W. & K. *Gnaphalium norvegicum*; *Laserpitium Archangelica* Jacq.; *Leontodan nigricans* K., *Luzula albida* b. *cuprina* Rchl., *Sesleria albicans* Kit., *Verbascum Lychnitis* b. *carpath.* Rchl.

VII. Plantae banaticae in Helvetia solum obviae: *Cucubalus alpinus* Lam., *Rosa pyrenaica*. *Salix Ammanniana* W., *Scorzonera hispanica* b. *intermedia* Rchl., *Valantia glabra* b. *ramosa* Rchl., *Viola banatica* W. K., *V. saxatilis* Sm.

XI. Plantae banaticae in Hungaria planiori & in Helvetia occurrentes: *Reseda mediterranea* L., *Viola parviflora* K., ...

Calculus Florae comparativae arithmeticus: In Banatu species et aberrationes mihi erant obviae junctim 1600. Ex his proveniunt in Transylvania 1280; in Gallia 1220; in Hungaria planiori 1150; in Helvetia 1110; in Tauria et Caucaso 850; in Carpatho septentrionali seu principali 780.]

Guillemin, Intendant der Herbarien Delessert's, hat zwei Decaden Abbildungen australischer Gewächse, welche er mit Beschreibungen begleitet hat, herausgegeben; die Zeichnungen, in

Steindruck, hatte Delessert besorgt; sie werden gelobt; [Analysen vermisst man] [6].

Prof. v. Schlechtendal hat eine Flora der Insel St. Thomas in Westindien [zwischen 18° u. 19° n. Br.] gegeben [7]. Der Verf. hat ein von C. Ehrenberg d. j. das. gesammeltes Herbarium untersucht. Er erwähnt zuerst der frühern Beiträge West's und Oldendorp's zur Flora dieser Insel und theilt dann das Geographische davon mit. Sie ist theils gebirgig, theils voll kleiner Hügel; der höchste Berg ragt 433 Toisen ü. M, auf seinem Gipfel baut man auch Zuckerrohr. Die Insel hat auf den Höhen hier und da dicke Wälder oder Gebüsche von *Croton*-Arten, mit *Cerbera Thevetia* und *Mimos*en gemischt; an den Wegen und Zäunen wachsen *Malvaceae*, *Amarantaceae*, niedrigare *Compositae*, *Gramina*, *Leguminosae*; an feuchteren oder niedrigen Stellen: *Rhizophora*, *Conocarpus*, *Anona palustris* und grössere Gräser. In den nördlichen Gegenden eine *Corypha*, nebst *Agave*, *Bromeli*en, *Cacti*, *Panicum divaricatum* und einigen Schlingpflanzen. — Auf Aeckern wird Zuckerrohr gepflanzt; *Cajanus* wird der Samen wegen statt der Erbsen zur Speise gebaut. Der Weinstock kommt in den Gärten vor und giebt grosse, grüne, aber nicht sehr süsse Beeren von Moschusgeschmack. *Panicum polygamum* Sw. (*Guinea-Grass*) wird als Viehfutter gebaut. — Die warme Luft der heissen Zone wird hier durch Seewinde gemildert; die Nächte sind temperirt und feucht, zuweilen kalt während der Regenzeit. Nach vom Januar bis April 3mal täglich angestellten Beobachtungen scheint die mittl. Temp. dieser Monate 75°, 7 Fahr. zu sein. — Hierauf folgen Beschreibungen und Bemerkungen über die Pflanzen, die nach nat. Familien geordnet sind. Es sind grösstentheils die auf den kleinen Antillen gewöhnlichen Arten. Hier, wie überall auf den Antillen, sind die *Sida*-Arten zahlreich.

[Ludw. C. Beck, Prof. der Bot. zu Albany in Nord-America, schrieb Beiträge zu einer Flora der Staaten Illinois und Missuri. Die Pflanzen sind nach Linné's Systeme geordnet und reichen a. a. O. bis zur Monadelphia [7b]].

Lang und Szowits haben die Fortsetzung ihrer Sammlung:

---

6) Icones lithographicae Plantarum Australasiae rariorum, Decades duae. Auct. J. B. A. Guillemin. Paris. 1828. (kl. fol.)

7) Linnaea, III. S. 251 — 276. [Fortges. in Linnaea, V. (1831.)]

[7b) The American Journal of Sc. &c. conducted by Silliman. Vol. IX. (June 1825) p. 167. X. No. 2. (Febr. 1826) p. 257 — 264. XIV. 1. (Apr. 1828) p. 112 sqq.]

Herbar. Fl. ruthenicae, wovon die Iste Centurie früher erschienen, herausgegeben, und zwar Cent. II. Sect. 1., 50 Species (Nr. 101 — 150.) enthaltend, grösstentheils seltne u. interessante 8).

Beschreibungen und Cataloge botanischer Gärten.

Die Herrn Young zu Epsom bei London ziehen die grösste Sammlung von Kräutern (Plantae herbaceae), die es in London's Nähe giebt; sie haben jüngst einen alphabet. Catalog derselben, mit Angabe der resp. Pflanzenfamilien, der Dauer, der Standörter und des Bodens, ausgegeben. Der I. Th. enthält 4000 Arten 9).

Nachdem die Herrn Link und Otto ihr Werk: Abb. auserlesener Gewächse des Königl. bot. Gartens zu Berlin, mit dem 10ten Hefte geschlossen, haben sie nun ein neues, auch Beschreib. und illum. Figuren von neuen oder merkw. Pflanzen des Berliner bot. Gartens enth., begonnen. Jedes Heft enthält 6 Pflanzen 10).

Prof. Lehmann hat eine Sammluug der Pflanzen-Beschreibungen herausgegeben, welche die jährl. Samen-Cataloge des Hamburger bot. Gartens seit 1821 begleitet hatten. Die Pflanzen sind alle neu, meist aus andern Welttheilen 1).

Den Gartenbau betreffend 2) sind, wie gewöhnlich, sehr

---

8) Herbarium Florae ruthenicae. Centuriae II. Sectio Ia. Curantibus A. F. Lang et A. J. Szowitz. 1828.

9) Hortus Epsomensis, or a Catalogue of Plants cultivated in the Epsom Nursery. Part I. By Ch., Jam. & Pet. Young, Nurserymen. Lond. 1828. 55 pp. 12.

10) Abbildungen neuer und seltener Gew. des Königl. Bot. Gartens zu Berlin. Nebst Beschreibungen und Anleituug sie zu ziehen. Von H. F. Link und F. Otto. Ir Bd. 1s u. 2s Heft. Berlin, 1828. 8.

1) Index Scholarum in Hamburgensium Gymnasio acad. a pascha 1828 usque ad pascham 1829 habendar., ed. ab Joann. Georg. Christ. Lehmanno &c. Continetur his plagulis Pugillus novarum quarund. Plantarum in bot. Hamburgensium Horto occurrentium. Hamb. 1828. 4.

2) Der Waidbau, &c. von Ackermann. Carlsruhe. 8vo.

Verhandlungen des Vereins zur Beförd. des Gartenbaus in den Königl. Preuss. Staaten. 8te Lief. Berlin, 1828. 4.

Katechismus der Obstbaumzucht. Von E. L. Seitz. München, 1828. 8.

Ueber die Pflege der Camellien. Vom Chev. Soulange-Bodin. Aus dem Franz. frei bearb. u. verm. v. Fr. A. Lehmann. Dresd. 1828. 8.

Vollst. Handbuch der Gartenkunst, &c. Von Louis Noisette. Aus dem Franz. von G. C. L. Siegwart. IIIr Bd. 1s u. 2s Heft. Stuttg. 1827. IV. Bds. 1r Th. (7te Lief.) 1828. 8.

viele Schriften erschienen. Sie stehen hier ihren Titeln nach aufgeführt.

Neues allgem. Garten-Magazin &c. Herausgeg. von B. und V. IIIr Bd. (1 — 6s Stück). Weimar, 1828. 4.

Journal des rheinland. Weinbaues. Von J. Hörter. 1 — 3s Hft. IIr Jahrg. 1s Heft. 8vo.

Der teutsche Fruchtgarten &c. Vr Bd. 4 — 10s Stück. VIr Bd. 1 — 10s Stück. VIIr Bd. 1 — 4s Stück. Weimar, 1827 u. 1828. 8.

Tabelle der Obstbaumzucht oder Uebersicht zur Erziehung, Pflanzung und Wartung der Obstbaume. 2te Aufl. 1828.

Immerwahr. Garten-Kalend., &c. Von G. F. Schulz. Stuttg. 1828. fol.

Die Geheimnisse der Blumisterei &c. Von J. E. v. Reider. 2r Bd. Nürnb. 1828. 12.

Annalen der Blumisterei &c. 3r Jahrgang. (1 — 4s Heft.) Von J. E. v. Reider. Nürnb. 1828.

Das Ganze des Levkoien-Anbaues, oder über die Cultur u. Pflege der Sommer- und Winter-Levkoien, &c. Von J. F. Eichstadt. 1828. 8.

Taschenb. f. Stuben- u. Wintergärtner &c. Von J. H. Gruner. 1828. 8

Kurze und gründl. Anweisung zur Cultur der beliebtesten Zwiebelgewächse zum Zimmer- und Gartenflor für angehende Blumenfreunde. Von H. C. Kleemann. 8.

Handb. der Blumenzucht &c. Von J. E. v. Reider. Nürnb. 1828. 8.

Annales de la Soc. d'Horticulture de Paris et Journal spécial de l'état et des progrès du Jardinage. T. I. Livrais. I — IV. T. II. Livr. V — XI. Paris, 1828.

Cours de Culture et de Naturalisation des Végétaux. Par André Thouin; publié et annoté par Oscar Leclerc. Vol. I — III. 8. Avec Atlas de 65 pl. Paris, 1827.

Essai sur l'éducation et la culture des Arbres fruitiers pyramidaux, précédé de considerations sur les causes qui se sont opposées et s'opp. encore aux succès de cette culture dans la plûpart des Jardins. Par Prévost, fils. Rouen, 1828. 8. pp. 58.

De la culture des Plantes dites de Terre de bruyères et de leur introduction en grand dans les Jardins paysagers. Par Soulange-Bodin. Paris, 8.

Manuel de l'Amateur de Melons, ou l'Art de reconnaître et d'acheter de bons Melons; précédé d'une hist. de ce fruit, avec un Traité sur la culture et une Nomenclature de ses diverses espèces et variétés. Paris, 1828. 8. pp. 156 & 4 pl.

Le bon Jardinier pour l'année 1828. Par Poiteau et Vilmorin. Paris, 1828. 8.

Taille raisonnée des Arbres fruitiers, et autres opérations relatives

Botanische Lehrbücher.

Dr. Meisner hat De Candolle's *Organographie végé-*

à leur culture, démontrées de leurs différentes natures et de leur manière de végéter et de fructifier. Par C. Butret. Ed. 16. Paris, 1828. 8. pp. 84.

Le Guide des Propriétaires et des Jardiniers pour le choix, la plantation et la culture des Arbres, *&c.* Par Stanisl. Barnier. Ed. nouv. Paris, 1828. 8. pp. 250.

Essai sur la culture, la nomenclature et la classification des Dahlia. Par MM. Jacquin frères. Paris, 1828. ppl. 51.

Catalogue des Roses. Par Vallet, ainé. Rouen. 1828. 12. ppl. 42.

Culture des Rosiers écussonnés sur Eglanteriers. Par Alfred de Tarade. Paris, 1828. pp. 31.

Journal des Jardins, ou Révue horticulturale; par une Société d'Horticulteurs, parmi lesquels on remarque MM. Noisette, Hardy et Boitard. 1r Cahier. Paris, 1828. 8.

De la Théorie actuelle de la Science agricole et des améliorations dont elle est susceptible; ouvrage présentant un mode d'enseignement pratique et formant 3 parties distinctes, savoir l'école de Bot., celle d'Hortic. et de culture forestière. Par G. Klynton. T. I. l'École de Botanique. Gand, 1828.

Traité de la culture du Murier et de l'éducation des vers à soie. Par E. Boitard. T. I. Paris, 1828. 8.

De la culture du Murier. Par Matthieu Bonafous. 3me édition. Paris, 1827. 8.

Étude, culture et propagation du Murier en France, ouvrage suivi d'un traité sur l'éducation des vers à soie, *&c.* Par Madiot. Lyon, 1827. pp. 75.

Bibliothèque du propriétaire rural, contenant l'application des Sciences aux procédés de l'Economie rurale, domestique et industrielle. Par Thiébaut de Berneaud. Paris, 1827 *&* 1828.

Essai sur la culture du Ris sec de la Chine. Trad. de l'Italien du Dr. J. Gussone. Paris, 1828. 8.

The pomological Magazine. No. III — XVI. Lond. 1828. 8.

The art of promoting the growth of the Cucumber and Melon; in a series of directions for the best means to be adopted in bringing them to a complete state of perfection. London. 8.

Circle of the Seasons, and perpetual key to the Calender and Almanach ... being a compendious illustration of the history, antiquities and natural Phenomena of each Day of the year. Lond. 12.

Dendrologia; or a Treatise on Forest Trees, with Evelyn's Sylva revised, corrected and abridged. By J. Mitchell. Lond. 8.

tale ins Deutsche übersetzt und in Noten einige Bemerkungen hinzugefügt [3]).

Transactions of the botanical and horticult. Soc. of the Counties of Durham, Northumberland and Newcastle upon Tyne. Vol. I. P. I. 8.

A Letter to Sir Walter Scott exposing certain fundamental Errors in his late Essay on the planting of waste land, *&c.* By W. Withers. Lond. 1828. 8.

Hints to the Farmers of the Baronies of Forth and Bargy on the cultivation of Mangold-Wurtzel, Beans, Carrots, and Parsneps. By Arthur Meadows. Wexford, 1828. 8.

On the culture and use of Potates. By Sir John Sinclair. 1828. 8.

The Hot-House and Green-House Manual; or bot. cultivator, giving full practical instructions for the management and cultivation of all Plants, Shrubs, *&c.* By Rob. Sweet. 3d Edit. Lond. 1828. 8.

Flora domestica; or the portable Flower-Garden, with directions for the treatment of Plants in Pots and illustrations from the works of the Poëts. 2d Edit. Lond. 1828. 8.

Sylvan Sketches; or a Companion to the Park and the Shrubbery.

The practical Gardener and modern Horticultuist, *&c.* By Charles Mc Intosh. Part I — VI. Lond. 1828. 8.

Practical instructions for the formation aud culture of the Tree Rose. Lond. 1828. 8.

Transactions of the Horticultural Society of London. Vol. VII. Part. II. London, 1828. 4.

The Gardener's Magazine. Conducted by J. C. Loudon. Vol III. *&* IV. (Part XI — XVIII.)

A Dissertation on the nature of Soils and the properties of Manure, *&c.* Edinb. 8vo. pp. 66.

Beta depicta, or remarks on Mangold-Wurtzel, with an exposition of its utility, reduced from pract. experiments, and with full directions for its culture and the management in feeding of Cattle. By Thom. Newby. Lond. 1828. 8.

The Kitchen-Garden Directory; or a treatise on the cultivation of such Vegetables, as are grown in the open air, alphab. arranged, with observ. on the formation of Kitchen-Gardens. By John Saunders. Lond. 1828. 12.

The Domestic Gardeners Manual *&c.* By a Horticultural Chemist. London, 1828. 8.

Miscellanies on ancient and modern Gardening, *&c*. By S. Felton. London. 1828. 8.

Practical Instruction for the formation and culture of the Tree-Rose. Lond. 1828. 12mo. pp. 31.

Dr. Thon hat ein Lehrbuch der angewandten Bot. herausgegeben. Es ist eine deutsche Bearbeitung von Brierre's und Pottier's *Élemens de Botanique* (Paris, 1825). Voran kommen Grundzüge der Lehre vom Baue und vom Leben der Pflanzen, darauf bot. Systematik, dann der praktische Theil, worin die Pfl. nach den Familien geordnet sind 4).

Stephenson und Churchill haben ihre *Medical Botany* fortgesetzt, wovon monatl. 1 Heft, welches 3½ Schill. kostet, herauskommt 5). Die H. I—XII. erschienen 1827. Jedes Heft enthält 4 illum. Abbildungen nebst Text dazu. No. XIII. tab. 49: *Inula Helenium*. 50. *Ricinus communis*; er wächst fast in jedem Theile von Ost- und Westindien, Südamerica und China. In Africa erreicht diese 1jähr. Pflanze die Höhe eines ansehnlichen Baumes. Clusius sah in Spanien einen Stamm von Mannsdicke und 15 — 20 Fuss Höhe. Ray versichert, in Sicilien sei er so gross, wie *Sambucus nigra*: baumartig u. mehrjährig. 51. *Althaea offic.* 52. *Strychnos Nux vomica*, wild auf der Küste Coromandel. Die narkotisch scharfen Samen werden nach Roxburgh in Ostindien beim Destilliren von Brandweinen benutzt, diese noch berauschender zu machen. No. XIV. t. 53 — 56:

A treatise on the Insects most prevalent on Fruit-Trees and Garden-Produce, &c. By Josua Major.

On the Portraits of English Authors on Gardening. By S. Felton. Lond. 1828. 8vo. pp. 36.

Elenco degli Alberi principali che possono servire all Ornamento dei Giardini &c. Torino. 8.

Amministrazione economica della Foglia de'Gelsi nella coltivazione de' Bachi da Seta. Milano. 8.

3) A. O. De Candolle's Organographie der Gewächse, oder krit. Beschreibung der Pflanzen-Organe. Eine Fortsetzung und Entwickelung der Anfangsgr. der Bot. und Einleitung zur Pflanzen-Physiologie und der Beschreibung der Familien. Mit 60 Steintafeln. A. d. Franz. übers. und mit einigen Anmerk. versehen von Dr. C. Fr. Meisner. Ir Band. Stuttg. u. Tub. 1828. 8.

4) Die Botanik in ihrer prakt. Anwendung auf Gewerbskunde, Pharmacie, Toxicologie, Oekonomie, Forstcultur und Gartenbau. Eine Anleit. zur Kenntniss derjen. Gewächse, welche für Künstler u. Handw., f. Aerzte, Apoth. &c. wichtig sind. Frei nach dem Franz. bearb. von Dr. Th. Thon. Ilmenau, 1828. XVI u. 424 S. 8.

5) Medical Botany &c. By John Stephenson et James Morss Churchill. No. XIX — XXIV. Lond. 1828. 8.

Fraxinus Ornus; *Valeriana offic.*: in Derbyshire, wo sie zu medic. Gebrauche gebaut wird, schneidet man die Spitzen ab, um das Blühen zu verhindern, welches sie schwächt; um Michaëlis sammelt man die Wurzel; *Delphinium Staphisagria*; *Daucus Carota*. XV. t. 57 — 60: *Punica Granatum*: der Saft der Frucht ist adstringirend; *Artemisia Absinthium*; *Carum Carvi*; *Convolvulus Scammonia*. XVI. t. 61 — 64: *Linum usit.*; *Cephaëlis Ipecacuanha*..; *Oxalis Acetosella*; *Bryonia dioeca*: die Wurzel giebt durch Auswaschen des scharfen Saftes ein Satzmehl wie Kartoffeln. XVII. t. 65 — 68. *Daphne Mezereum*; *Canella alba*; *Spartium scoparium*, dessen Stengelschossen als laxirend und urintreibend gerühmt wurden; *Aesculus Hippocastanum*. XVIII. t. 69 — 73: *Roccella tinctoria* Ach..; *Cetraria islandica*, wovon viel über Hamburg nach England geht, zum Brauen und zu Schiffszwieback, welches dann nicht von Würmern leidet..; *Colchicum autumnale*; *Ruta graveolens*; *Krameria triandra*: in Portugal wird die *Ratanha*wurzel auch benutzt, Weinen Farbe und Geschmack des Portweins zu verleihen. No. XIX. enthält: *Pinus sylvestris*, *balsamea*, *Abies* und *Larix*. XX.: *Acacia Catechu*; *Ac. vera*..; *Mercurialis perennis*, *M. annua* XXI.: *Rhodolendron chrysanthum*; *Swietenia febrifuga*; *Ranunculus acris*; *Angelica Archangelica*; *Melaleuca Cajuputi*; *Menyanthes trifoliata*. XXII.: *Tamarindus indica*; *Cicuta virosa*; *Guajacum offic.*; *Arbutus Uva ursi*. XXIII.: *Citrus medica*; *Pyrola umbellata*; *Coriandrum sat.*; *Eugenia caryophyllata*. XXIV.: *Zingiber offic.*; *Anthemis Pyrethrum*; *Pastinaca Opopanax*; *Rosa gallica*.

Behlen hat eine neue und vermehrte Auflage von Bechstein's Taschenbl. der Botanik, welche Beschreibungen der in Deutschland wilden und cultivirten Baum- und Straucharten, nach dem Linn. Systeme geordnet, enthalten, bearbeitet. Der Verf. hat Synonyme, Angabe der Heimath, der Standörter und der Zeit der Blüthe und der Fruchtreife hinzugefügt 6).

In des Prof. Reichenbach unten genanntem Lehrbuche sind die Pflanzen nach einem natürl. Systeme geordnet 7).

---

6) Taschenblätter der Forstbotanik. Die in Deutschland einheimischen und acclimatisirten Baume, Sträucher und Stauden enth. Ein bewahrtes Hulfsmittel beim Botanisiren von Joh. Math. Bechstein. 2te sehr verm. Aufl., bearb. von Steph. Behlen. Weimar. 1828. 8.

7) Botanik für Damen, Künstler u. Freunde der Pflanzenwelt überh., enth. eine Darstellung des Pflanzenreichs in s. Metamorphose, eine Anleit. zum Studium der Wissenschaft und zum Anlegen von Herbarien. Ein Versuch von H. G. L. Reichenbach. Leipzig, 1828. 8.

Brandt's u. Ratzeburg's sehr sorgfältig ausgearbeitetes Werk über Giftgewächse gehört zu den besten der Art. Das Iste Heft enthält: *Lolium temulentum*, *Fritillaria imperialis*, *Narcissus Pseudo-Narc.*, *Colchicum autumnale* und *Veratrum album* [8]).

Prof. Göbel's pharmac. Waarenkunde ist ein für Botaniker und für Apotheker nützliches Werk. Es liefert Abbild. von rohen in Apotheken gebräuchlichen Pflanzentheilen mit beschreibendem und mehrfach belehrendem Texte. Im IIIten Hefte beginnt Zenker's Abh.: Kryptogam. Gewächse auf den in Apotheken befindlichen Rinden; mit Abbild. derselben; nach allgem. Betrachtungen über die Flechten werden ihre Arten beschrieben. Die bisherigen 4 Hefte enthalten sonst offic. Rinden [9]).

Muhl in Trier schrieb unten genanntes bot. Lehrbuch [10]).

Von Guimpel's und v. Schlechtendal's Werke über die Gewächse der preuss. Pharmacopöe sind das 2te u. 3te Heft erschienen. Jedes Heft enthält 6 illum. Abbildungen von Arzneigewächsen nebst Beschreibung [1]).

Von Hayne's, Brandt's und Ratzeburg's Werke über die Pflanzen der preuss. Pharmacopöe erschien das II. Heft. Die Kupfer sind nur neue Abdrücke der in Hayne's älterem grössern Werke: Getreue Darstellung &c. enthaltenen Tafeln, aber mit neuem Texte. Jedes Heft hat 10 Tafeln [2]).

Die übrigen unten genannten Werke sah Ref. nicht [3]).

---

8) Abbildung und Beschreibung der in Deutschland wild-wachsenden, in Gärten und im Freien ausdauernden Giftgewachse, nach nat. Familien erläutert von Dr. J. T. Brandt u. Dr. J. T. C. Ratzeburg. Heft I. Berlin, 1828. 8.

9) Pharmaceutische Waarenkunde, mit illum. Kupfern. Von Dr. Fr. Göbel. Ir Bd. 1 – 4s Heft. Eisenach, 1827, 1828. 4.

10) Das Pflanzenreich nach naturl. Familien. Ein Leitfaden beim pflanzenkundigen Unterrichte auf Schullehrer-Seminarien, hohern und niedern Bürgerschulen. Von Servat. Muhl. Trier, 1828. 8.

1) Abbildung und Beschr. aller in der Pharmacopoea borussica aufgeführten Gewächse. Herausg. v. Fr. Guimpel &c. Text von D. F. L. v. Schlechtendal. Heft II. u. III. Berlin, 1827. 4.

2) F. G. Hayne's Darstellung und Beschr. der Arzneigewächse, welche in die neue preuss. Pharm. aufgenommen sind, nach nat. Familien geordnet und erlautert von Dr. J. F. Brandt u. Dr. J. Th. Chr. Ratzeburg. 2te Lief. Berl. 1827. 4.

3) Encyclopad. Pflanzen-Wörterbuch aller einheimischen und fremden Vegetabilien &c. Von Joh. Kachler, Wien, 1828. 8.

Richard's Grundriss der Botanik. Aus d. Franz. Nürnb. 1828. 8.

Im J. 1808 befahl Napoleon dem franz. Institute, eine Geschichte der physischen Wissenschaften seit der Revolution abzufassen. Cuvier schrieb dies Werk; 2 Bände sind erschienen, der 1ste schon in 2ter Auflage, und beide in Deutschland übersetzt worden [4]. [S. Jahresb. über 1829.]

Von Nees v. Esenbeck's d. j. Werke über Arzneipflanzen, mit color. Abbildungen, erschien die XVIIte Lieferung [5].

Das Weimar. Wörterb. der Naturgesch. ward fortgesetzt [6].

Bot. Zeitschriften und periodische Werke.

Die botanische Gesellschaft zu Regensburg [Prof. Hoppe] gab den 11. Jahrg. ihrer Zeitung heraus, welche Original-Abhandlungen, Recensionen und mannigfaltige lit. Nachrichten enthält [7].

Dieselbe [Dr. Eschweiler] hat auch eine besondere, sehr interessante Zeitschrift für Recensionen und Auszüge botanischer Werke begonnen [8].

Von Edwards's *botanical Register*, welches Lindley nun herausgiebt, erschien der XIVte Band. Unter den hierin abge-

---

Cour d'Histoire nat. pharmaceutique, ou hist. des substances usitées dans la thérapeutique, les arts et l'économie domestique. Par A. L. A. Fée. T. I. & II. Paris, 1828. 8.

Méthode analyt. comparative de Bot. appliquée aux Plantes phanérogames, qui composent la Flore française. Par B. L. Peyre. Paris. 1828. 4.

4) Rapport historique sur le progrès des sciences natur. depuis 1789 et sur leur état actuel, présenté au Gouvernement le 6 Fevr. 1808. Redigé par M. G. Cuvier. T. I. Nouv. édit. Paris, 1828. T. II. 1828. 8. — Geschichte der Forstchr. in den Naturwissensch., seit 1789 bis auf den heut. Tag. Vom Baron G. Cuvier. Ir Th. Aus dem Franz. Von F. A. Wiese. Leipz. 1828. 8.

5) Vollständ. Sammlung officineller Pflanzen. Von Th. Fr. L. Nees v. Esenbeck. 17te Lief. Düsseldorf, 1827. fol.

6) Worterbuch der Naturgesch., dem gegenw. Stande der Bot., Mineralogie u. Zool. angemessen. IVr Bd. 2te Halfte. Vr Bd. 1te H. Weimar, 1828. 8vo. — Atlas zum Wörterb. der Naturgesch. 8te, 9te Lief. Weimar, 1828. 4to.

7) Flora oder bot. Zeitung, &c. XIr Jahrg. I. u. II. Bd. Regensburg, 1828. 8. m. 1 Taf.

8) Literaturblatter für reine u. angewandte Bot. Zur Ergänzung der Flora, herausg. von der Königl. bot. Gesellsch. in Regensburg. Ir Bd. 1 — 4s Quartalheft. Nürnb. 1828. 8.

bildeten Gewächsen befinden sich auch: *Renanthera coccinea* Lour. Fl. Coch., *Pentastemon diffusus* Dougl., *Castilleja coccinea* Spr., *Inula Oculus Solis*, *Amaryllis intermedia* Ldl., *Calochortus macrocarpus* Dougl., *Brunsvigia ciliaris* Ker (*Amaryllis c.* L.), *Gesneria rutila* Ldl., *Combretum comosum* Don, *Eschscholtzia californica* Cham., *Cattleya crispa* Ldl., *Streptocarpus Rhexii* Hook., *Berberis repens* Ldl., *Billbergia pyramidalis* Ldl., *Gesnera macrostachya* Ldl., &c. Jeder Band kostet 2 Pfd. 9 Shill. [9]).

Hooker hat seine *exotic Flora* geschlossen, wovon 3 Bände erschienen sind (38 Nummern); es sind 229 Pflanzen darin abgebildet; vgl. Jahresber. 1827 [10]).

Hooker setzt jetzt Curtis's *bot. Magazine* oder die neue Reihe dieses Werks seit 1827 fort. Jährlich erscheinen 12 H., jedes enthält 7 illum. Abbild. ausgezeichneter Gewächse und kostet illum. $3\frac{1}{2}$ Shill., schwarz 3 Shill. 1828 erschien der IIte Band der neuen Series [1]). Darin sind unt. a. abgebildet: *Adansonia digitata*, vom Senegal, Abyssinien und Aegypten. Adanson fand am Senegal einen Stamm von 77 Fuss Umfang, mit 110 Fuss langer Wurzel; die Aeste breiten sich mit den Enden überhängend vom Gipfel aus, bedeckt mit gelappten Blättern, so dass sie eine, fast kugelrunde Masse von Grün, von 140 bis 150 Fuss Durchm. u. 60—70 F. Höhe bilden. [Vgl. Jahresb. 1829 u. 1831.] Die Neger an der Westküste Africa's höhlen den Stamm aus und schliessen ihre Todten, die nicht gewöhnliches Begräbniss erhalten, darin ein und diese sollen darin wahre Mumien werden, völlig trocken und ohne weitere Zubereitung wohl verwahrt. Die Frucht ist das Nützlichste vom Baume. *Nepenthes destillatoria*.. *Arum campanulatum*, von Java und Madagascar; in Ostindien und auf den ostind. Inseln wird es, wie in Europa Kartoffeln und in Westindien Yam, angebaut, die Wurzeln bilden starke Knollen (zu 4 bis 8 Pf.). *Cycas circinalis*.. *Oxalis rosea* (*O. floribunda* Ldl., die man für die schönste der Gattung hält. *Artocarpus integrifolia*.. Ausserdem viele schöne Blumenpflanzen. — Ref. holt hier nach, dass die Palme, welche die doppelten Cocosnüsse giebt (Bd. I. der neuen R. dieses *Mag.*,

9) The botanical Register, &c. The designs by Sydenham Edwards, and others. Vol. XIV. Lond. 1828. 8.

10) Exotic Flora, &c. By W. Jackson Hooker. Part 26—38. Edinb. 1828. 8.

1) The botanical Magazine. By W. Curtis. New Series. Edited by Dr. Hooker. T. II. No. XIII—XXIV. Lond. 1828. 8.

Jahresb. 1827.), die *Lodoicea Sechellarum* ist, die auf den Sechellen-Inseln an der NO-Küste von Madagascar wächst.

Von **Loddiges's** *botan. Cabinet* erschieu der XV. Band. Er enthält sehr viele schöne Blumengewächse, auch durch ihre Seltenheit ausgezeichnete europäische. Bemerkenswerth sind vorzüglich: „*Anigosanthos*" [*Anoectanthos*] *flavida*, *Pimelca decussata*, *Catalpa syringifolia*, *Erica rigida*, *Oxytropis camp.* (*Astrag.* c. L.), *Callistemon scaber* & *lophanthus*, *Mesembrianth. formosum*, *Lobelia corymbosa*, *Arabis petraea* var. *hastulata*, *Bauera rubiifolia*, *Euphorbia Caput Medusae*, *Cypriped. insigne*, *Potent. splendens*, *Azalca calendulacea*, *Digitalis canar.*, *Aloë reticulata*, *Ferraria atrata*, &c. [2]).

Sweet hat s. *Flora australasica* fortgesetzt [3]). Diese enthält Abbildungen der merkwürdigsten australischen Pflanzen in englischen Treibhäusern. Monatlich erscheint 1 Heft mit 4 Abb. nebst Text und kostet illum. 3 Shill. Ueber die ersten 6 Hefte vgl. d. Jahresb. über 1827; das 7te erschien im Decbr. 1827: es enthält *Pittosporum fulvum*, *Leschenaultia formosa*, *Hakea saligna* und *Eutaxia pungens*. In den Heften von 1828 sind besonders schön: *Callistemon lophanthus*, *Cassia Barclayana*, *Pittosporum tomentosum*, *Mirbelia speciosa*, *Pomaderris discolor*, *Acacia lunata* & *myrtifolia*, *Hakea linearis*, *Boronia alata*, *Dryandra formosa*, *Banksia dryandroides*. Mit dem H. No. XIV., für Juli 1828, kam Titelblatt und Register, wonach diese 14 H. einen Band ausmachen, und man vermuthet, dass das Werk für jetzt aufhört. Die Zeichnungen sind trefflich und der Text correct.

Sweet setzt auch seinen *British Flower-Garden* fort, enth. illum. Abbild. solcher Gewächse, die sich in England grösstentheils im Freien ziehen lassen. Es erscheint monatlich 1 Heft, 4 Abb. enthaltend (Preis 3 Shill.). No. LIX. war das Jan.-Heft 1828. Unter die schönern aufgenommenen Pflanzen gehören: *Phlox pyramidalis*, *Chelone atropurp.*, *Lathyrus amphicarpos*, *Bidens striata*, *Scyphanthus elegans*, *Cypripedium spectab.*, *Amorpha fragrans*, *Argemone ochroleuca*, *Dianthus Fischeri*, dieser ungemein wohlriechend, zugleich schön-blühend; *Phlox scabra*, prächtig; *Rhodod. arboreum*, *Yucca puberula*, *Oenothera speciosa*, *Primula glaucescens*, *Cinerar. aurant.*, *Salpiglossis picta*, *Lupinus toment.*, *Alströmeria Simsii*, *Rheum australe* Don s.

---

2) The botanical Cabinet. By Conr. Loddiges & Sons. Vol. XV. London. 1838. 4to & 8vo.

3) Flora Australasica. By Rob. Sweet. No. VII — XIV. London. 1827, 1828. 8.

Emodi Wall., wovon die ächte Rhabarberwurzel kommt, dies wächst auf Höhen 11,000 F. ü. M. im Himalaja (31°) und bis 40° n. Br..; *Tropaeolum tricolor, Echeveria grandifolia* u. a.[4]).

Das dritte period. Werk Sweet's [5]) ist eigentlich für Blumisten und Gärtner bestimmt; monatlich kommt 1 H. mit 4 illum. Taf. (3 Shill.) heraus. Man findet hierin nur zahlreiche Spielarten von *Dianthus Caryoph.*, *Primula Auricula*, *Hyac. orient.*, *Tulipa Gesner.*, *Ranunc. asiat.*, *Georg. variabilis.*.

Maund's period. Blumenwerk [6]) ward auch fortgesetzt. Monatlich erscheint 1 Heft mit 4 illum. Abbildungen schöner Blumengewächse und kostet 1½ Shill. Die Auswahl derselben zu zeigen, nennt Ref. hier die des Januarhefts Nr. XXXVII.: *Anemone palmata*, *Melissa grandifl.*, *Campan. Speculum*, *Lychnis coronata*; ausserdem sind in den Heften von 1828 viele interessante, wie *Rubus arcticus*, *Spiraea trif.*, *Buphth. grandifl.*, *Primula cortusoides*, *Potent. formosa* Don (*nepatensis* Hk., *colorata* Lehm.); in H. XL. auch *Nicotiana Tabacum*, richtiger *Nicotia*, nach dem franz. Gesandten am portug. Hofe Jean Nicot, welcher 1564 zuerst Samen von Lissabon nach Paris sandte; *Tabacum* kommt vom indischen *tabacca*. Der Verf. tadelt den Gebrauch des Tabaks, aber ein Rec. in *the Gardener's Mag.* No. XIV. sagt: „Jedermann muss sich einer Art der Zerstreuung überlassen, und die Allgemeinheit des Gebrauchs dieses Krautes zeigt, dass etwas darin zum Menschen auf seiner jetzigen Civilisationsstufe passt (*is congenial*).“ *Liatris scariosa*, *Scilla bifol.*, *Erythronium americ.*, *Phlox divaricata* &c.

Es kommt in England noch ein medic.-bot. Werk „*Flora medica*“ heraus, und zwar monatlich 1 Heft, für 2½ Shill. Mit d. J. 1828 waren 15 H. erschienen; mit dem 28sten soll es complett sein. Ein Rec. nennt die Figuren schön und den Text botanisch-richtig (*Gard. Mag.* XX. Jun. 1829.) [7]).

Von Reichenbach's *Iconogr. bot.* [8]) ward der ersten 6 Decaden im Jahresb. 1827 gedacht. Aus den folgenden Dec. VII — X. dürften folgende Species schwed. Botaniker interessi-

4) The British Flower-Garden &c. By Rob. Sweet. No. LIX — LXX. London. 1828. 8.

5) The Florist's Guide and Cultivator's Directory, &c. By Rob. Sweet. No. VII — XVIII. London, 1828. 8.

6) The botanic Garden. By B. Maund. No. 37 — 48. Lond. 1828. 4.

7) Flora Medica &c. No. I — XV. Lond. 1827, 1828. 8.

8) Iconographia botanica, seu Pl. criticae. Auct. H. G. L. Reichenbach. Cent. V. Dec. VII — X. (s. XLVII — L. totius operis). Lips. 1828. 4.

ren: Tab. 470. *Orobanche major* L.; t. 471. *Amarantus Blitum* L.: dies ist nicht die in Schweden in Gärten und auf Aeckern vorkommende Art, sondern folgende: (t. 472.) *A. adscendens* Lois. ist die um Stockholm und in Schonen gefundene.. 481 f. *Monotropa Hypopitys* L. und *hypophegea* Wallr. (M. *Hypoxya* Spr.) letztere angenehmer riechend; t. 491 — 496: *Polygonum Persicaria* L. (*biforme* Wbg.), welches Linné in *Fl. suec.* mit *lapathifol.* und *nodosum* vermengt, später aber allein unter *P. Persic.* verstanden zu haben scheine; ferner *P. laxum* Rchb., *minus* Ait., *Hydropiper* L., *lapathifol.* Ait., *nodosum*... Meisner habe zwar in s. *Monogr. g. Polygoni* (1825) *P. lapathif.* und *nodosum* mit *P. Persicaria* vereinigt und so unter letzterem Namen Scheiden von *Persicar.* mit Blüthen von *nodosum* auf t. III. f. 7. abgebildet, die Natur bringe solche aber nie zusammen. Tab. 497. *Cuscuta europaea; Cuscuta* sei zwischen *Phytolacceae* und *Amaranteae* zu stellen; 498 ff.: *C. monogyna* Vahl, *Epithymum* Murr. u. *Epilinum* Weihe.

Der Baron Férussac fährt fort, sein *Bulletin univ.* herauszugeben, wovon monatlich ein grosses Heft, Recensionen neuerer Werke enthaltend, erscheint [9]).

Prof. v. Schlechtendal hat 1828 den III. Band seines Journals Linnaea in 4 Quartalheften herausgegeben. Es enthält reichhaltige Original-Abhandlungen und mehr oder minder ausführliche Recensionen neuerer Werke; die ersteren werden in diesem [wie in folgenden] Jahresberichten berührt [10]).

Bory de St. Vincent hat auch die *Annales des sc. naturelles* fortgesetzt, worin manche botan. Abhandlungen vorkommen [1]).

II. PFLANZEN-GEOGRAPHIE.

Mirbel hat in einer Abhandlung seine „Untersuchungen über die Verbreitung der phanerogam. Gewächse in der alten Welt, vom Aequator bis zum Nordpole" mitgetheilt [2]). [Die dazu ge-

9) Bulletin universel des Sciences et de l'Industrie &c. Par Mr. le Bar. de Férussac. Pour l'Année 1828. Paris, 1828. 8

10) Linnaea. Ein Journal fur die Bot. in ihrem ganzen Umfange. Herausg. von D. F. L. v. Schlechtendal. IIIr Bd. Jahrg. 1828. Berl. 8.

1) Annales des Sciences nat. T. XVIII. Paris, 1828. 8.

2) Mémoires du Muséum d'Histoire naturelle. T. XIV. (Année 1827. Cah. 11, 12.) p. 350 — 477. [Ebendas. im T. XIII. hatte Mirbel

hörige grosse Tabelle in Fol. hat Eschweiler in den Bot. Literaturbl. I. (Nürnb. 1828.) Heft 1. mitgetheilt und einen Auszug derselben Beilschmied in s. Schrift: Pflanzengeogr. nach Al. von Humboldt, (Bresl. 1831) 3te Beilage.]

Das Pflanzenleben, sagt der Verf., gedeiht bei einer jeden Art innerhalb eines bestimmten Maximums und Minimums von Wärme, Licht und Zeit; man hat meistens nur eine von beiden Gränzen, die Temperatur des Winters oder die des Sommers als bedingend betrachtet; dass aber auch ihr wechselseitiges Verhältniss von Wichtigkeit ist, zeigt das Vorkommen des *Pistaci*enbaumes und des *Oleander* bei Casbin und Peking, obgleich sie bei Paris, wo der Winter viel gelinder, nicht im Freien ausdauern; die Ursache ist die grössere Hitze des dortigen Sommers, wodurch das Holz besser reift und der Kälte besser zu widerstehen vermag. Die Pflanze geräth im Winter in eine Art von Erstarrung, welche, vom Winterschlafe der Thiere ganz verschieden, nach der Vollendung ihrer jährlichen Entwickelungsperiode ihre Lebensfunctionen ganz aufhält und mehreren Gewächsen eine allmählige Annäherung zum Nordpol gestattet. — Wenn so in Neu-England mehrere Bäume einer Kälte von 49° od. 50° C., in Sibirien einer von 53 bis 54° C. widerstehen, so hat dagegen der Sommer in diesen nördl. Zonen wegen der Länge des Tages einen doppelten Einfluss, indem (ausser der Sonnenhitze) auch zugleich während der längeren Tage das Uebermaass von Licht eine frühzeitige Erhärtung und Reife des Holzes herbeiführt und so die Kleinheit und Stärke der Polar-, wie der Alpenpflanzen bedingt. — Unsre Aufgabe ist das Verhältniss der Pflanzenwelt zu den Klimaten; daher ist das Verbreitungsvermögen eines Gewächses nicht nach s. Ausdehnung über einen mehr oder minder weitern Erdstrich, sondern nach der Verschiedenheit der klimat. Verhältnisse, worunter es gedeiht, zu beurtheilen: so ist es nicht die weite Verbreitung, die den Weinstock auszeichnet, sondern seine Ausdauer in den Ebenen Hindostans und Arabiens in 13° — 15° der Breite, an den Ufern des Rheins und Mains unter 51° Br. und in Tübet 32° Br. in 5400 Fuss Höhe.

Man zählt in der alten Welt 150 bis 160 Familien der Phanerogamen; alle kommen zwischen den Wendekreisen vor; unter 48° d. Br. haben nur die Hälfte, unter 65° nur 40, in der Nähe des Polareises nur 17 derselben ihre Repräsentanten.

---

schon eine Abh. über die Verbreitung der *Coniferae* und eine über die den Menschen begleitenden fast auf der ganzen Erde heimischen *Chenopodiaceae* gegeben.]

Wie es scheint, ist zwischen den Tropen die Zahl der holzigen Arten, d. i. Bäume, Sträucher und Suffrutices, eben so gross, wo nicht grösser, als die der krautartigen; von da an nehmen die erstern ab, wogegen unter den krautartigen die perennirenden zahlreicher werden, [bis zu = 24: 1 gegen die obigen holzigen]. Ganz dieselben Verhältnisse findet man an den Abhängen der Gebirge. M. hält diese Aehnlichkeit (zw. Polnähe und dem Aequator näheren Gebirgshöhen) für so vollkommen, dass er die bei den Gebirgen bestimmten Pflanzenzonen auf die beiden Erdhälften überträgt, diese so wie zwei enorme Gebirgskegel betrachtend. [Nur dass in südlichen Gebirgen ausser den kürzern Sommertagen und der geringern Differenz zwischen Sommer- und Wintertemperatur (vgl. Jahresb. 1832, S. 123. f. 127.) die Temperatur-Abnahme während des Ruhens der Vegetation rascher vor sich geht, während in polnäherer Ebene das Steigen der Temperatur während des Erwachens der Vegetation und letzteres selbst rascher geht als dort]. — Der Verf. unterscheidet demzufolge in der nördl. Erdhälfte 5 Pflanzen-Zonen: die Aequatorialzone, die gemässigte Uebergangszone, die gemässigte Z., die Uebergangs-Eiszone und die Eiszone. Die 2te derselben hört nördlich mit dem Oelbaume auf, die 3te mit der gemeinen Eiche, die 4te mit der gem. Kiefer im Occident, mit dem Lerchenbaume im Osten; die 5te Zone, die in 3 Welttheilen nur eine Flora ausmacht und keinen Baum hervorbringt, geht bis an den ewigen Schnee und zerfällt in 2 Gürtel, wovon der nördliche selbst weder Stauden noch Sträucher hat. — Hierauf giebt der Verf. eine [die oben citirte] Tabelle über den Artenreichthum der nat. Familien an holzigen Arten, an perenn. und an 1- und 2jährigen krautartigen Pflanzen in den genannten Zonen mit Ausnahme der in dieser Hinsicht zu wenig bekannten äquatorialen.

Die Aequatorialzone ist da begränzt, wo die verminderte Temperatur die Mehrzahl der ihr eigenen Formen zurückdrängt. Die eigenthümlichsten Formen gehen nicht über 22° — 23° d. Br. hinaus. An den Ufern der Flüsse in sumpfigen Ebenen dauert hier die Vegetation ununterbrochen, aber in den trocknen Ebenen, den Caatingas Brasiliens, hat die Hitze denselben erstarrenden Einfluss wie bei uns die Winterkälte. Die nördl. Gränze dieser Zone wird mannigfaltig durch örtliche Verhältnisse verschoben. In China drängen das Milin-Gebirge und das östliche Continentalklima die tropische Vegetation zurück. Hindostan wird von Tübet durch den Himálaja getrennt, dessen beide Abhänge 2 verschiedenen Zonen angehören; im Westen von Nepal trennen grosse Sandwüsten die Flora von Hindostan und Kabulistan;

so ziehen Gebirge und Sandwüsten durch Persien, Arabien, Aegypten, die Berberei, bis ans atlantische Meer. Wo Arabien und Palästina sich berühren, zwischen 28° und 33° Br., bemerkt man die Vereinigung der Aequ.- und der Uebergangszone: *Asclepias gigantea*, *Guilandina Moringa*, *Cassia planisiliqua*, *Cordia Myxa*, *Tamarindus indica* und die Dûmpalme der Wüste (*Cucifera thebaica*) gesellen sich mit *Lawsonia alba*, *Phoenix dactyl.*, *Citrus Aurantium* u. *medica*, *Cactus Opuntia*, *Saccharum offic.* &c. Die Dattelpalme geht bis 44° 50′, der Orangenbaum etwas weiter.

Die Uebergangszone wird gegen S. im Westen der alten Welt durch eine Linie von Mogador über den Kamm des Atlas, über Cairo, den Gipfel des Tabor, Bagdad, Schiras, Kelat, Multan, bis zu den Quellen des Hydraotes begränzt; nördlich steigt sie mit dem Oelbaume bis 46° d. Br. in Kärnthen, bis 44° am Terek beim caspischen Meere. In der Ebene ist das Maximum der mittlern jährlichen Temperatur 22° — 23°, das Minimum 14° [Centigr.]. Im südlichen Theile dieser Zone kommen 6 krautartige Pfl. gegen 1 holzige vor, während im höchsten Norden auf 1 Halbstrauch 26 Kräuter kommen. Die Flora des Mittelmeers zählt venigstens 240 Bäume, die gemässigte Z. 75, die Uebergangs-Eiszone 27 bis 30. Die meisten Bäume und Sträucher der heissen Zone sind nie ganz entlaubt; dies gilt in der Mittelmeersflora nur von 300 Arten, welche 1/4 der Holzvegetation, ausmachen; die gemässigte Zone hat nur 40 immergrüne Arten, die Uebergangs-Eiszone etwa 24, der südliche Strich der Eiszone höchstens 10. — In der Flora des Mittelmeers, welche zur Uebergangszone gehört, bilden die *Compositae* und *Leguminosae* den grössten Antheil, zus. 1/4 der Arten; dann folgen *Cruciferae*, Gräser, *Labiatae*, *Caryophylleae* und *Umbelliferae*; ferner die *Scrofularinae*, *Rosaceae*, *Liliaceae*, *Cisteae*. Die *Compositae*, *Cruciferae*, *Labiatae*, *Caryoph.*, *Umbellif.*, *Rosaceae*, *Ranunculaceae* und *Cisteae* entwickeln ihre eigenthümlichsten Formen in der Uebergangszone und ihre in der heissen Zone vorkommenden Arten wachsen nur in Thälern und auf Bergen. — In der ganzen Uebergangsz. machen *Amentaceae* und *Coniferae* die Hälfte der Wälder aus; nach ihnen folgen an Häufigkeit die *Rosaceae*, *Legum.*, *Terebinthaceae*, *Rhamneae*, *Jasmineae*, *Caprifoliaceae*, *Cisteae*, *Ericinae*, *Labiatae*. Das Auffallendste in der Physiognomie dieser Zone ist aber die Verschwisterung verschiedener Arten aus 3erlei Heimath: aus der tropischen, der nordischen und jener zwischen 30° oder 32° und 44° od. 45° d. Br.; die letztere nimmt zwar den grössern Theil der Zone ein, aber die andern bilden einzelne Colonien, die um so blühender sind, je mehr sie sich dem Mutterlande nähern. Der Dattelbaum, die Zwergpalme (*Chamaerops hum.*), und, wie es heisst, selbst die Doumpalme in Galiläa, Zuckerrohr, *Sorghum*, *Agave*, *Cactus Opuntia*, Orangen- und Citronenbäume, *Asclepias gigantea* und andre baumartige *Apocyneen*, mehrere *Mimosen* und *Acacien* aus Africa und Asien, stellen in den Ebenen die tropische Flora vor, während auf den Bergen *Quercus*, *Alnus*, *Fagus*, *Carpinus*, *Betula*, *Fraxinus*, *Taxus*, *Pinus Abies*, *P. taxifolia* und *sylvestris* an die nordischen Ebenen erinnern. Mit beiden hat die Veget. der Uebergangszone Aehnlichkeit, ohne sich jedoch mit ihnen zu vermischen; sie besitzt Feigen- und Maulbeerbäume, *Liquidambar*, *Juglans*, *Pistacia Lentiscus* (Mastix) & *Terebinthus*, *Rhus*-Arten, Oelbaum, Myrte, Granatbaum, *Syringae*, *Styrax*, *Laurus nob.*, *Tamarices*, *Diospyros*, *Mimosa Julibrissin*, *Ceratonia Sil.*, *Cercis Siliquastrum*, Oleander, immergrüne Eichen &c.

Nun giebt der Verf. eine lange tab. Uebersicht der Verbreitung von 241 der vorzüglichsten Holzarten nach den Ländern des westl. Theils der gemässigten Uebergangszone der alten Welt: (Ländern West-Asiens, Nord-Africas und Süd-Europa's) [zu finden in Bot. Lit.-Blätt. I. S. 10 — 29.]. — Dann folgt eine Reihe phytogeogr. Gemälde der Floren einzelner Länder derselben Zone. Hier nur einige Hauptzüge:

K a b u l i s t a n, vom Himalaja bis Beludschistan, von der Mündung des Indus (24° Br.) bis zum Oxus (37°) sich erstreckend, hat wenig Pflanzen Indiens, aber viele europäische. Weinstock, Pfirsich- und Aprikosenbaum sind einheimisch; die Wälder erfüllt von *Pinis*, Cedern, Cypressen und Eichen; auf den Bergen *Juglans*, *Pistacia vera* & *Terebinthus*; in den Ebenen *Morus*, *Tamarindus*, *Platanus*, *Populus*, *Salices*. Man baut Zuckerrohr, Baumwolle, Indigo, Melonen, *Sorghum spicatum* und *vulgare*, *Sesamum orient.*, Reis, Getreide, Gerste. Mais, Runkelrüben &c. — B e l u d s c h i s t a n's sandige Küsten tragen ausser den genannten hohe *Mimosen* und *Zizyphi*, *Ficus Sycomorus* & *religiosa*, Dattelpalme, Tamarinde, *Melia Azedarach*, *Mangifera indica*, *Dalbergia Sissoo*. — K a s c h e m i r hat von indischen Bäumen nur *Morus*; Zapfenbäume bedecken die Höhen, Pappeln und Weiden die Thäler. — Das Thal des I n d u s trägt noch *Pistacia vera* & *Lent.* und Oliven. — Die Umgebung von Peschauer ist reich bebaut, die Dörfer unter Obstbäumen, Feigen, Orangen, Granaten versteckt. — Die Länder in NW.: Herat, Dhei-Molla, Chiwa, Bockhara, Samarkand, gleichen, von öden Wüsten umgeben, den Oasen Aegyptens; hier gedeihen alle genannten Obst- und Getreidearten in Fülle.

Persien bildet von dort bis zu den Quellen des Euphrat einen weit minder fruchtbaren Landstrich; die westl. Gebirge sind mit Birken, Cypressen, Mastix, Pistacien, Eichen, besonders *Querc. infectoria* &c. bedeckt. *Lawsonia*, Citronen, Orangen, kommen in den westl. Gebirgen bis 30° n. Br. vor. Im Norden des Sees Baghteghion, wo Persepolis blühte, erscheint die Dattel zum letztenmal. In der grossen Strecke zwischen den südl. Gebirgen von Kerman und denen des Elbruz und Turrück herrscht ewige Dürre, aber hinter den Elbruz-Gebirgen am caspischen Meere ist üppige Vegetation. Die hohen Gebirge von Masanderan sind mit europäischen Bäumen bedeckt, unter welchen sich unzählige *Filices* und Lianen verbergen; an sie schliesst sich die Cultur der Orangen, Citronen, des Zuckerrohrs, der Olive, Baumwolle, Feige, Weinrebe und aller Obstbäume Europa's und des Pontus; aber weder Kiefern noch Tannen sieht man. Das im Norden hochgelegene Aderbidschan mit vieler Fruchtbarkeit und minder heissem Sommer hat nur Erndten von Reis, Flachs, Tabak und nördl. Früchten. Am Fusse des Caucasus ist reiche Flora. Tiflis hat fast keinen Winter; aber näher dem Gebirge, in Imerete, reifen Pfirsich und Maulbeere nicht mehr. Auch an diesem Schneegebirge bemerkt man noch die Uebergangszone [s. Jahresb. 1833, S. 73f., 211f.] Am 2408 Toisen hohen Kasbek findet man auf 450 — 550 T. Höhe *Quercus Robur* und *Hippophaë rhamn.*; 912 T. h. *Pinus sylvestris*; in 1020 T. Höhe Gersten- und Hafer-Cultur; 1000 — 1200 T. h. *Iuniperus oblonga*, *Betula alba* und *Azalea pontica*; 1200 — 1300 T. h. *Sorbus aucup.* und *Salix caprea*; 1300 — 1400 T. h. *Rhododendron caucas.*, *Vaccinium Myrtill.* & *Vitis idaea*, bis in 1650 T. H. die Schneelinie eintritt. Die Uebergangszone endet in Tscherkassien bei 44° Br. am Terekfl., kaum reift hier noch die Feige; doch sollen in Tsch. trotz eines Minimums der Temperatur von — 27°,3 der Oelbaum u. a. seiner Genossen gedeihen. — Die Dattelpalme steigt am Euphrat und am Tigris hinan östlich bis Bagdad 33° 19′ n. Br., nördl. bis Tekrid 34° 40′ Br., in W. bis Palmyra. Bagdad hat wegen einer mittl. Wintertemperatur von — 2°,5, ungeachtet des heissen Sommers, doch nur die Vegetation der nördl. Gränze der Uebergangszone. — Palästina und das südl. Syrien, am Mittelmeere, zeigen die merkwürdigste Verpaarung der Gewächse warmer und gemässigter Striche. Die Dattelpalme, das Zuckerrohr, *Lawsonia*, die Banane (*Musa*), Orange. Citrone, Pistacie, Oel- und Johannisbrodtbaum, *Cordia Myxa*, *Guilandina Moringa*, *Tamarindus indica*, *Melia Azedarach*, *Acacia nilotica* & *Farnesiana* sind hier mit fast allen Waldbäumen Italiens und Griechenlands vereinigt. Die östl. Ufer des Jordans und seiner Nebenflüsse sind mit Eichen, Tannen, Oliven, Mandeln, Oleander bedeckt. Von Sinope bis zu den Dardanellen findet sich kein Oelbaum, erst hier erscheint er wieder. In der asiat. Türkei findet man unsre Waldbäume und die Mutterstämme unserer Obstarten.

Das Mittelmeer theilt die Uebergangszone in 2 Striche: den nördlichen und den südlichen. Im erstern sind nur die Oasen und Flussufer fruchtbar; ausserhalb derselben erinnern nur Versteinerungen an eine dagewesene Vegetation; Fettpflanzen und Salzpfl. herrschen vor; Südfrüchte werden gebaut, Dattel, Doum (*Cucifera*), *Acacia vera* sind charakteristisch, während die Gewässer des Nils manche tropischen Pflanzen nach N. mitbringen. *Mimosae*, *Acaciae*, baumartige *Apocyneae*, zeichnen Aegypten aus, unsre Weiden und Pappeln zieren die Gärten, wo *Ulmus* nur Strauchhöhe erlangt. Die Gebirge der Cyrenaica sind mit Myrten und Oliven bedeckt. Auf den Stufen des Atlas erscheinen zahlreiche Eichen, Cypressen, *Pinus halepensis*, &c. Die Flüsse von Tunis und Algier sind von Tamarisken, Weiden, Oleander beschattet, Lorbeer, Myrten, Zwergpalme, *Rhus*, *Jasminum fruticans* bedecken Ebenen und Hügel.

Die Vegetation Nord-Africa's zählt 2100 bis 2200 Species: von 60 vorkommenden Bäumen und 234 Sträuchern sind etwa 100 dem Lande eigenthümlich; 16 — 18 gehören der tropischen Flora an, die übrigen, worunter 30 Bäume, sind auch in Europa und im Orient. Die krautartigen Pflanzen tragen, selbst wenn sie Africa eigen sind, dennoch europäisches Gepräge. Etwa die Hälfte der Pflanzen Aegyptens, Libyens und der westl. Berberei kommen auch an den übrigen Ufern des Mittelmeers vor. Nord-Africa zählt an Bäumen 24 *Cruciferae*, 11 *Leguminosae*, 5 — 6 *Terebinthac.*, 4 — 5 *Rosaceae*, auch *Ricinus* ist hier ein grosser Baum. Das Verhältniss der baumartigen zu den krautartigen ist beinahe 1 : 6, unter den letztern das der perennirenden zu den 1- und 2jährigen wie 7 : 9; die unzureichende Kenntniss der Flora des Atlas mag dies abweichende Ergebniss veranlassen. Von Tripoli bis Murzuk fand Dr. Oudney dieselben Pflanzen wie in der Berberei [vgl. hiermit R. Brown Verm. bot. Schr. IV. S. 3 ff.].

In Griechenland [vgl. Jahresb. 1833, S. 138 ff.] fehlt auffallenderweise die Dattelpalme fast gänzlich, während Orangen und Citronen bis dem Olymp nahe üppig gedeihen und *Opuntia* Vertheidigungshecken bildet. Nach der Veget. zu schliessen sind die westl. Küsten wärmer als die östlichen. Gr. erzeugt nur wenige der grossen charakteristischen Arten der Uebergangszone, die nicht auch ausserhalb vorkämen. Diese Flora zieht sich von Epirus nach Illyrien, aber wenige Stunden von der Küste macht sie der der gemässigten Zone Platz.

Siciliens und Italiens Floren sind viel beschrieben [vgl. Jahresber. 1832, S. 103 ff.] Während Sicilien noch die südl. Gewächse trägt, versuchte man bei Rom vergeblich die Cultur des Zuckerrohrs. Die Orange verträgt nicht mehr das Klima von Samnium. Die Zapfenbäume werden schon in den Abruzzen so zahlreich, als sie in Calabrien selten sind. Nach Tenore zeigt die Flora der östl. Küste Neapels Aehnlichkeiten mit der von Griechenland und der Levante; während die westl. Flor jener des südwestl. Europa fast gleich ist; $^2/_3$ von Neapels Flora gehören zur atlantischen, dasselbe gilt von den südl. Küsten Frankreichs und Spaniens.

Spanien gehört mit Ausnahme der nördl. Küste am Golf von Gascogne ganz zur Uebergangszone, aber die Flora gleicht im Ganzen mehr der der atlantischen Inseln als jener der Ufer des Mittelmeers. Der Süden erinnert an Syriens Klima. *Erythrina Corallodendron*, *Schinus Molle*, *Phytolacca dioeca* aus Südamerica und *Musa* sind häufig am Guadalquivir. Alle Südfrüchte wachsen wie in ihrer Heimath. Früher wurde Zucker gebaut und unter der französ. Invasion sah man den Kaffeebaum, Indigo, *Bursera gummifera* (*gommier*) gedeihen, während die Trägheit der Einwohner grosse Strecken der Zwergpalme überlässt. Die Dattel geht an der Ostküste bis 40°, der Oelbaum bis 42°, die Orange ist bei Oporto (41°) noch häufig, wie *Agave* bei Tarragona (41° 5' Br.). Viele americanische Gewächse sind durch zufällige Aussaat verbreitet. Spaniens Inneres ist traurig, aus Gebirgen und wüsten *parameras* bestehend.

Fasst man das östl. Europa, die asiat. Türkei, Persien und den Caucasus zusammen, so erhält man 7300 Pflanzen-Arten, wovon 6000 (darunter jedoch 2000 Gebirgspfl.), in Nord-Africa nicht vorkommen. Von jenen 7300 sind etwa 2000 Europa und dem Oriente gemein, 3800 gehören Europa und 1500 dem Orient an; indess beweiset dies Missverhältniss nur die mangelhafte Kenntniss der aussereurop. Flora. Unter den 7300 verhalten sich die perennirenden zu den 1- und 2jährigen wie $1^3/_5$ zu 1, während ihr Verhältniss in Nordafrica gleich 7 zu 9 ist. Diese Verschiedenheit hat nach dem Verf. 2 Gründe: die Gebirge des nördl. Theils der Zone und die höhere Breite, indem das Verhältniss mit der Breite und der Höhe wächst. Nimmt man daher alle krautartigen Pfl. Griechenlands zusammen, so ist das Verh. der perennirenden zu den 1- und 2jährigen wie 1⅜ zu 1 oder fast 11 : 8; zieht man aber die Gebirgsflor ab, so ist es = 7 : 8. Ebenso giebt die Gegend von Rom, bei Ausschlusse der Apenninen, 4 : 5; die Ebenen des südl. Frankreichs haben beide fast in gleicher Anzahl. In der gemässigten Zone ist endlich die Zahl der perenn. grösser: um Berlin und Paris fast die doppelte der übrigen krautartigen. [Vgl. Pflanzengeogr. n. A. v. H. &c. S. 153.] — Die Holzigen unter obigen 7500 verhalten sich zu den Krautartigen wie 1 zu 6 (in Nordafrica ebenso). Es kommen etwa 220 — 240 Bäume vor, worunter 2 *Palmae*, 23 — 25 *Coniferae*, 60 — 65 *Amentaceae*, 4 *Ulmac.*, 7 — 8 *Urticeae*, 3 *Elaeagneae*, 1 *Laurina*, 1 *Verbenacea*, 6 — 10 *Jasmineae*, 2 *Ericinae*, 1 *Ebenacea*, 1 *Styracea*, 1 *Apocynea*, 6 — 8 *Caprifoliac.*, 4 — 5 *Portulaceae*, (*Tamariscinae*), 2 *Myrtac.*, 40 — 45 *Rosaceae*, 4 — 5 *Leguminosae*, 10 — 12 *Terebinthac.*, 14 — 16 *Rhamneae*, 9 — 10 *Acerinae*, 1 *Meliacea*, 2 *Aurantiac.* und 3 *Tiliaceae*. — Noch sind von obigen 7300 Arten wenigstens 5000 dem mittlern Europa und dem gemässigten Asien am caspischen Meere ganz fremd.

Im östl. Asien trennt der Himálaja Völker, Thiere und Pflanzen des Nordens und Südens; obgleich 30 bis 9⁰ vom Wendekreise entfernt, steigt die Schneelinie bis 2500 Toisen H. wegen der hinaufsteigenden heissen Luftströme; daher gehört das Gebirge gewiss zur Aequatorialzone [vgl. Jahresb. 1833, S. 147 &c.] Nepals und Butans immergrüne Thäler haben Indiens Vegetation; Südfrüchte und unsre Obstbäume werden dort cultivirt. Auf den Stufen des Himálaja erscheinen Wälder von *Shorea robusta*, *Cedrela*, *Dalbergia*, zwischen 300 — 400 Toisen H. erscheinen *Pinus longifolia* und *Mimosa Catechu*. Bis zu den Thälern von 500 — 700 Toisen Höhe werden Zuckerrohr, Ananas, Bambus, Reis gebaut, gegen 800 — 1000 T. hoch [und bis weit höher, a. a. O. S. 144 ff.] nur Gerste, Hirse; der Weinstock gedeiht aber gut bis 1300 T. H., was gewiss die strahlende Wärme in solcher Höhe bewirkt. Auf 2000 T. H. [und höher] sind die letzten Dörfer, hier endigen die grossen *Pinus*-Wälder. Von 2000 bis 2200 Toisen findet man noch Gruppen von *Pinus*, *Betula*, *Ribes*, *Rhododendron*, *Vaccinium*, dann folgen die kleinern Alpenpflanzen, Moose und Flechten, einzelne Blüthen erscheinen noch über 2500 T. H., aber diese Flor ist derjenigen unsrer Alpengipfel, der Andes u. s. w. ganz analog und ähnlich. — Die Ebenen des südlichen Tübet sind öde und leer, sie gehören zur gemässigten Zone; doch werden bis 1500 T. H. Reis, Getreide, Mohn und Maulbeerbäume gebaut, Apfel-, Nuss- und

Aprikosenbäume bilden Wälder und die Weintraube wetteifert mit der von Kabulistan. Tübets Gebirge sind mit europäischen Holzarten bedeckt.

In China geht die Aequatorialflor nicht über 27° d. Br. hinauf. In diesen südl. Provinzen sind die Früchte Indiens mit denen Kleinasiens vermischt: Cocos, Thee, Orange, Zuckerrohr, Weinstock, Kastanie, &c.; aber nördlich vom Milin-Gebirge (25°—27° n. Br.) bis zum gelben Flusse (35°) herrscht volllends die Uebergangsvegetation: alle genannten Bäume, aber keine Palmen, noch Bananen (Pisang); in den Ebenen wachsen *Phyllanthus Niruri*, *Melia Azedarach*, *Thea*, die ölbringende *Sasanqua* &c. An den reichen Ufern des blauen Flusses *Camphora*, *Stillingia sebifera*, *Castanea*, neben *Pinus*-Arten, *Cupressus* und *Thuia*, deren dunkles Ansehen mit der reichen Vegetation contrastirt. Die *Nelumbo* breitet die Blüthen auf dem Wasser aus und *Bambus*rohr bildet ganze Wälder. In Kiang-si sind ganze Hügel mit *Camellia Sasanqua* bedecht, um die Stadt Thong-Kiang aber mit Orangen, die bis 34½° Br. reichen. Der Theestrauch geht bis über 32° Br. hinauf, Zuckerrohr nur bis 30°. Erstere scheint durch hohe Sommerhitze gegen jede Winterkälte geschützt zu sein. Sonach scheint der gelbe Fluss und der Hoei-ho die Uebergangszone von der gemässigten zu scheiden. — In Japan endigt die Uebergangszone mit den Inseln Kiusü, Sikokf und dem südl. Theile Nipon's. Auf diesen sind die Höhen schon mit Nadelhölzern bedeckt, während im südlichen Japan die Pflanzen der heissen Zone, *Camelliaceae*, *Sapindac.*, *Ternströmiac.*, *Magnoliac.*, *Bignoniaceae*, *Palmae* &c. vorkommen. Von 754 Phanerogamen, die Thunberg in Japan sammelte, sind 240 dem alten Continente eigen; einige 30 gehören Nord-America an.

Hierauf stellt der Verf. sehr ausführlich die Verbreitung der vorzüglichsten Holzarten als nördlichen Theils der alten Welt dar. (Zum Schlusse folgen Abbildungen 8 neuer südmexic. &c. *Amentaceae* und 1 ältern, nämlich *Salices*, *Fagi*, *Myrteae*, dabei erweiterter Character von *Fagus*). Das Ganze höchst lehrreich.

Dr. Stirbes hat Einiges aus Alex. v. Humboldts phytogeogr. Werken [meist nur aus Dessen Physiognomik der Gewächse in s. „Ansichten der Natur"] mitgetheilt. Ein Rec. in der bot. Zeitung 1828. Erg.-Bl. S. 53 ff. tadelt diesen Auszug als dürftig, die Hauptsache kaum berührend und durch Druckfehler entstellt [3]).

Perrot hat eine vergleichende Uebersicht der Höhen der

3) Ansichten der Pflanzen-Geographie des Herrn Alex. v. Humboldt im Auszuge herausg. von Dr. Stirbes. Berlin, 1827. 12.

wichtigsten Gebirge herausgegeben, die man zu den vollständigsten und instructivsten der Art rechnet[4]).

Cambessèdes hat die balearischen Inseln selbst besucht und ihre bisher wenig gekannte Vegetation beschrieben[5]). Nur Anton Richard hatte sie bereiset, seine Angaben sind Linné's Werken einverleibt, doch dort irrig auch pyrenäische Pflanzen für balearisch ausgegeben, wie Cambessèdes nun erst bei Durchsicht von Richard's Sammlung gefunden. C. brachte nur den Frühling und Sommers-Anfang auf den Inseln zu, erhielt aber auch reiche Sammlungen von Dr. Fernandez zu Mahon auf Minorca und von Dr. Trias auf Majorca. — In der Einleitung handelt der Ref. von Klima und Boden dieser Inseln und den nahen Küsten. — Im Allgemeinen herrscht an den Küsten des Mittelmeers grosse Uebereinstimmung der Vegetation, wie des Klima's und Bodens: fast überall erscheint derselbe Jurakalk, bald in nackten Hügelreihen, bald mit wilden Oelbäumen, *Pinus halepensis*, Eichen, Pistacien, Myrten und zahlreichen *Cistin*en bewachsen. Nur an den südlichen Küsten kommt die Dattelpalme vor, die Zwergpalme noch weiter nördlich in Spanien und Neapel. Die Aleppo-Kiefer bewohnt die sandigen Steppen und Gestade des Meeres, abwechselnd mit Eichen und Oelbäumen, denen sich an felsigen Küsten Myrten, Pistacien u. a. immergrüne Bäume zugesellen. Der Johannisbrodbaum, dessen Vaterland man noch nicht kennt, obschon Denham nnd Clapperton ihn bis ins Innere Africa's verfolgten, wird an allen südl. Küsten häufig gebaut. *Opuntia* und *Agave americ.* reichen aus dem Süden bis in die Provence und Roussillon. *Labiatae* gehören zu den vorherrschenden Pflanzen. Im Osten verknüpft *Lagonychium Stephanianum* unsre Flora mit der mimosenreichen des glücklichen Arabiens; dort kommen noch *Scirpus lateralis*, *Rubia tinctor.*, *Fagonia cretica*, *Capparis spinosa* vor; auch der Oelbaum reicht bis dahin, er findet sich nach Elphinstone noch auf Kabul's Höhen und Bruce fand ihn auf dem Berge Taranta unter 15° n. Br. Von Aegypten gehört nur das Delta hierher, aber vom übrigen nördl. Africa ein breiter Saum bis zum Atlas. Die canar. Inseln

---

4) Tableau comparatif des hauteurs des principales montagnes et des lieux remarquables du Globe au dessns de la mer, par Perrot. Paris, 1828. fol. Avec description.

5) Mém. du Muséum d'Hist. nat. Vol. XIV. p. 173—339. (Année 1827, Cahier IX., X., avec 5 planches): Enum. Plantarum, quas in insulis balearicis collegit J. Cambessèdes, earumque circa mare mediterraneum distributio geographica.

haben noch einen Theil der mittelländ. Flora: von 560 Arten die v. Buch auf denselben zählte, gehören 144 den balear. Inseln gemeinschaftlich an, *Hypericum canariense* wächst nur auf diesen beiden Inselgruppen, *Succowia balearica* ausserdem nur noch in Sicilien. Von dort kann man die Spuren der Flora die Küsten Portugals entlang und bis zu Belgiens Sandufern verfolgen.

Majorca, nördlich durch eine Gebirgskette geschützt, geniesst immerwährenden Frühling, welcher Orangen- und Baumwolle-Cultur erlaubt. In den Ebenen zeigen sich in ganzer Fülle *Ceratonia* und der Oelbaum, der bis 500 Meter Höhe steigt; nach diesem bildet *Pinus halep.* die Masse der Waldung bis 700 Meter Höhe, die Eiche reicht bis 800 M. Auf dem 1463 M. H. erreichenden Puig-de-Forella und dem 1115 M. hohen Puig-major, einer Höhe, wo in den Pyrenäen die Alpenflor beginnt, stehen hier noch die Pfl. der Ebene: *Clematis cirrosa*, *Hypericum balear.* bilden das Gesträuch; wegen beständiger Trockne daselbst fehlt der Insel ein Fluss gänzlich. *Chamaerops humilis* bedeckt die Küsten und niedern Gebirge, unter sich *Cyclamen*, *Polygala*, *Ononis*, *Anthyllis* bergend. *Arundo Donax* giebt den Mauleseln gutes Futter; die Bauern verbrennen deshalb die Eichen- und Tannenwälder auf den Höhen, die sich sogleich mit *Ar. Donax* bedecken, wodurch *Cist*een und *Pistaci*en verdrängt werden. In den Ebenen werden Getreide und Hülsenfrüchte, Mandeln und Feigen gebaut; der Maulbeerbaum noch wenig; Weinreben bedecken die amphitheatralischen Gebirgsabhänge. Bemerkenswerth ist die Cultur der *Anona Cherimolia*, welche sehr faftreiche Früchte bringt. — Minorca, im N. weniger geschützt, ist auch minder fruchtbar; Oelbaum und *Ceratonia* verschwinden fast gänzlich. — Iviza, ehemals der Nadelhölzer wegen Pityusa genannt, bietet jetzt andern Anblick; sie würde bei gehörigem Anbaue so fruchtbar sein, wie Majorca, das Klima nähert sich schon dem der Berberei; *Juniperus phoenicea*, *Fagonia cret.*, *Cissus Clusii*, *Pinus Pinea* sind häufig. — Dasselbe gilt von Formentera.

Ramond hat die Vegetation des Gipfels des [8958′ hohen] Pic du Midi in den Pyrenäen, welchen er in 15 Jahren 35mal erstiegen hat, beschrieben 6). Er betrachtet das Klima dieses Gipfels als das Product der Breite (42° 56′) und der Höhe, welche letztere er zu 1500 Toisen annimmt. Das Thermometer steigt im Sommer bis auf 16° bis 17° C., fällt gleichzeitig bei Nacht unter 0°; doch schmilzt der Schnee im Juni: ein Klima ähnlich dem zwischen 65° und 70° n. Br. — Ein Gebirgskamm

6) Mém. du Museum d'Hist. nat. XIII. p. 217. (Ann. 1827, 4. cah.)

aus Glimmerschiefer, 18 bis 20 Fuss lang, 5' bis 6' breit, bildet von O. nach W. laufend die höchste Spitze, neben welcher sich eine etwas niedrigere mehr benetzte von Urkalk mit Gneissadern erhebt; beide zusammen bilden den Pic, dessen Flora von oben bis 50 Fuss abwärts der Ref. schildert. — Im Juli erscheinen zuerst *Primulaceae* und *Veronicae*; im August herrscht die reichste Flor, die sich auch durch den Sept. erhält; nur einige Blüthen sind dem letztern eigen; in der ersten Hälfte des Octbr. verschwinden alle. Unter den 133 Arten sind 62 Cryptog. und 71 Phanerogamen, alle aus 50 Gattungen in 23 Familien; Flechten sind 51, einige wohl nur Varr.; 7 Moose, 4 *Filices*. Die *Compositae* machen 1/6 der Phanerog. aus, *Gramineae* und *Cyperaceae* zus. 1/7, *Cruciferae* 1/12, *Caryophylleae* 1/12; *Primulaceae*, *Sedeae*, *Saxifrageae*, *Rosaceae*, *Leguminosae*, je 1/18; die übrigen Familien bieten nur 1 oder 2 Arten. Von der das Verzeichniss schliessenden *Salix retusa*, der einzigen Holzpflanze, sagt der Verf.: „ein Baum nach ihrem Baue, ein Strauch im Wuchse, ein Kraut an Grösse und Aussehen, der einzige Repräsentant ihrer Familie auf einer Höhe, die alle grossen Pfl. weit unter sich lässt, welche den Stürmen auf jenen Höhen nicht zu widerstehen vermöchten." — Der Dauer nach sind unter den 71 Phanerog. nur 5 einjährig, eine zweijährig, 65 perennirend. — Der Verf. zählt dann die Pflanzen einzeln auf, beschreibt darunter 3 neue Flechten und vergleicht endlich damit die Vegetation der nächsten andern Gipfel und dann die auf der arktisch-american. Melville-Insel unter 74° n. Br., [welche bei mehr Luftfeuchtigkeit mehr Moose, auch mehr *Cyperac.*, *Gramin.*, *Saxifr.* und *Cruciferae*, erzeugt, dagegen *Compositae*, *Primulaceae* und *Leguminosae* auf jenem Pic häufiger sind. — Das Verzeichniss &c. s. in Eschw. bot. Lit.-Blätt. I. S. 50—54.].

Bois-Duval, welcher die Cryptogamen der Alpen untersuchte, schrieb einen Versuch über deren geogr. Vertheilung. Er theilt die Alpen danach in 3 Zonen: 1) die der *Rhododendra*, wo man schon eigenthümliche Cryptog. nebst fruchttragenden Exemplaren der den feuchten Wäldern und den Felsen angehörenden findet; 2) Zone der *Pinus*arten nebst *Larix*, wo man noch einige den Vogesen, dem Jura und dem Mont d'or eigenthümliche Arten unter andern den Alpen und Pyrenaen zugehörigen antrifft; 3) Schneezone, welche keine rindenbewohnende Cryptog. mehr, sondern nur Flechten, wie *Lecanora ventosa*, *Squamaria rubina* & *electrina* und *Gyrophora reticulata* erzeugt[7].

---

7) Hist. de la Soc. Linn. 1827. p. LXIII.

Tenore hat eine Uebersicht der physischen und botan. Geographie des Königreichs Neapel gegeben [8].

In P. Partsch's Bericht über das Detonations-Phänomen auf der Insel Meleda bei Ragusa (Wien, 1826.) wird auch der Pflanzen-Producte der Insel erwähnt. Sie ist die südöstlichste Insel Dalmatiens, 4 d. Meilen von Ragusa, 42° 41′ bis 42° 48′ n. Br.; ist durchaus bergig, mit Gipfeln zu 1800′ Höhe; der nördl. Abhang viel steiler als der südliche. Mitteltemp. durch 1 Herbstmonat 15 Oct. bis 15 Nov. 1825 war + 14°, 5 C. Süsses Wasser ist selten; Bäche fehlen. Das Gebirgsgestein einförmig: nur der jüngere Kalk Dalmatiens. — Die Fruchtbäume sind vorzüglich, der Oelbaum, Feigen-, Mandel-, Granatbaum; weisse Maulbeerb. fangen erst an sich zu verbreiten; von Früchten des mittl. Europa zieht man nur Birnen und *Sorbus domestica*. Dattelpalmen und Citronenbäume gedeihen nur in Gärten. — *Pinus maritima* bildet besonders auf der Westseite der Insel ansehnliche Strecken hochstämmigen Waldes; einzeln findet man *Quercus Ilex* und *Cerris*. Als Seltenheit einige Pinien, die in Italien zwar gemein sind, in Dalmatien aber kaum vorkommen. Auch Cypressen und Lorbeer nur wenig. Von kleinen Bäumen und Sträuchern sind *Pistacia Lentiscus* & *Terebinthus* gemein, desgl. *Arbutus Unedo*, deren Früchte man indess wenig schätzt, *Myrtus comm.*, einige *Cisti*, Johannisbrod &c. Der Weinstock gedeiht wie in Dalmatien gut. An Getreide baut man Waizen, Gerste, Mais und *Sorghum vulg.* & *saccharatum*; von Küchengewächsen ist der Kohl die gewöhnliche Speise des Landmanns, wie in Dalmatien. Kartoffelbau stockt noch, durch Vorurtheile. — Die felsigen Küsten sind durch den heftigen Wellenschlag bis mehrere Klaftern ü. M. ganz unfruchtbar; nur *Statice reticulata* und *Crithmum maritimum* erhalten sich an solchen den Balanen und Patellen willkommenen Stellen.

Dr. Zantedeschi hat die, durch 10 Monate im Jahre von Schnee bedeckten, brescianischen Alpen besucht und Bemerkungen darüber mitgetheilt. Die seltensten Pflanzen sind: *Hieracium aurant.*, *Pteris crispa*, *Laserpitium simplex*, *Euphrasia nana*, *Lonicera pyrenaica*, *Arnica glacialis*, *Anemone baldensis*, *Bupleurum ranunculoides*, *Ranunc. rutifolius* & *Seguieri*,

8) Essai sur la Géographie physique et bot. du Royaume de Naples. Par M. Tenore. Naples, 1827. pp. 130. 8. [Das ital. Original ist: Cenno di Geografia fisica e botanica del regno di Napoli. 1827. m. 2 Charten. — S. Beilschmied: Pflanzengeogr. nach A. v. Humboldt &c. S. 65 f.]

Phaca alpina, *Arabis lucida* (früher nur in Ungarn gefunden), *Saxifraga oppositif.*, *Arenaria recurva* 9).

Dr. Heuffel schrieb 1827 eine Abhandlung über die geogr. Verbreitung der Pflanzen im Pesther Comitat Ungarns 10). Er giebt zuerst eine topogr. und geogr. Beschreibung im Allgemeinen; dann eine orycto-geognostische des Bodens in der Gebirgsgegend, der Hügelkette und der Ebene; dann die Gewässer; das Klima und sein monatl. Verhalten. Viele Pflanzen blühen, besonders in den trockenen Strichen, 2mal im Jahre, da der milde, lange, feuchte Herbst neues Hervorsprossen nach der Sommerdürre erlaubt. Ende März blühen die ersten Frühlingspflanzen. Der Sommer ist heiss; Ende Junius ist die Erndte beendet. Sept. u. October sind regenbringend aber warm; das Thermometer fällt vor Ende Novbr. nicht zum Gefrierpunkte. Im Jan. und Febr. herrscht Kälte und die Wässer gefrieren zu. Das Mittel zwischen der grössten Wärme im Schatten (+ 28° R.) und der grössten Kälte ebendaselbst (— 16° R.) nach mehrjähr. Beobachtung ist + 6° R. [indess ist die jährl. Mitteltemp. doch höher, + 8°, 4 R. (zu Ofen)]. Der Verf. giebt dann das Verhältniss der ganzen Pflanzenmenge dieser Gespannschaft (gegen 1490 sp.) zu der von ganz Ungarn, Croatien; den Karpathen an; die Verh. nach dem Boden; das Verh. der Gattungen zu den Arten in ganz Ungarn, = 1: 5,13; im Pesther Comitate = 1: 3,27; in den Karpathen = 1: 3,04; darauf die Verh. der einzelnen Familien zur ganzen Vegetationsmasse. Endlich werden die in Sadler's *Flora comit. Pestiensis* (Pest. 1825, 1826. pp. 335 & 598 8.) noch nicht enthaltenen Pflanzen aufgezahlt und beschrieben. [Das Verzeichniss der letzteren s. a. in Linnæa 1828: Lit.-Ber. S. 42.]

Dr. Brunner hat botanisch-geographische Bemerkungen über das von ihm 1826 besuchte östl. Ligurien, Sicilien &c. mitgetheilt 1).

Winch hat eine neue und vermehrte Auflage seiner Schrift über die geogr. Verbreitung der Pflanzen in den Grafschaften Northumberland, Cumberland und Durham besorgt. Diese besitzen

---

9) Commentarj del Ateneo di Brescia per 1825. Giorn. di Fis. e Stor. nat. Dec. II.: T. X. p. 329. (1827).

10) Diss. inaug. medico-botanica de distrib. plantar. geographica per comitatum Hungariae Pestiensem, quam &c. submittit Joann. Heuffel. Pestini, 1827. pp. 40. 8. [Nicht mehr zu erlangen.]

1) Streifzug durch das östliche Ligurien, Elba, die Ostküste Siciliens und Maltha zunächst in Bezug auf Pflanzenkunde im Sommer 1826. Von S. Brunner. Winterthur, 1828.

1037 Phanerog. und 1283 Cryptogamen; unter jenen 249 Mono- und 788 Dicotyledon. [Darunter sind 94 *Gramineae* (1/11 aller Phan.), 42 *Crucif.*, 43 *Leguminosae*, 17 *Asperifoliae*; 36 *Labiatae*, 17 *Personatae*, 48 *Umbellif.*, 94 *Compos.*, 20 *Orchideae*, 17 *Liliac.*; der Dauer nach 28 Baumarten, ausser noch 20 *Salices*. — [Uebersetzer theilt das Meiste daraus nächstens in der bot. Zeitung mit.] 2) Vgl. Jahresb. 1833, S. 151 f.

[Graham hat nach einer bot. Excursion in Sutherland im nördlichsten Schottland Bemerkungen darüber mitgetheilt 2b). Dort kommen u. a. vor: *Utricularia intermedia*, *Schoenus nigricans*; *Drosera anglica* viel häufiger als *D. longif.* und *rotundifolia* im nördl. und westl. Schottland. *Cherleria sedoides* auf allen Bergen Schottlands sehr häufig; *Astragalus uralensis*; *Apargia alpina*, „vielleicht nur var. der *A. autumnalis*" &c.]

Mac Culloch hat Bemerkungen über die Naturalisation von Pflanzen und den Gartenbau auf der Insel Guernsey, südlich von England, geschrieben 3). Als Beleg fur die Milde jenes [Küsten]-Klima's führt der Verf. an, dass *Fuchsia coccinea*, *Hypericum crispum* & *ericifol.*, strauchebildende *Veronica decussata*, *Thea viridis*, *Correa speciosa*, *Magnolia grandiflora*, *tetraptera*, *conspicua*, *purpurea* u. a. völlig acclimatisirt sind; *Georgina variab.* ist als Unkraut verbreitet; *Camellia japon.* wird 20 Fuss hoch und blüht üppig; *Leptospermum lanigerum*, *pubesc.*, *myrtif.* u. *acutifolium* u. alle *Diosmae* werden zu Bäumen; *Aloysia citriodora* sieht man zu 20 Zoll Umfang und 20 Fuss Hohe; auch *Mimosa paradoxa* wird stark und pflanzt sich durch Samen fort. Verf. meint, dass vielleicht alle Sträucher von Neu-Süd-Wales hier im Freien fortkämen. Auch mehrere andere *Mimoseae*, ein *Argophyllum*, 3 *Sophorae* noch ausser *S. tetraptera*, die gleichsam einheimisch geworden ist, mehrere *Proteae*, *Oleae*, *Clethra arborea*, *Daphne collina*, *Bignonia collina* & *Pandorana* &c. werden mit Erfolge cultivirt und *Heliotropium peruv.* bildet grosse samentragende Büsche. — Viele eigentliche Kräuter sind acclimatisirt, z. B. *Yucca filamentosa* und *aloifol.*, mehrere *Cacti*, *Cobaea scandens*, *Phormium*, *Agapanthus*, alle *Ixiae*, *Lobelia cardinalis*, *Polyanthes*, *Amaryllis formos.* u. a. *Amaryll.* &c.. *Ananas* gedeihen ohne künstl. Hitze. Eine *Hortensia* trug 1054

---

2) An Essay on the geogr. distribution of Plants through the Counties of Northumberland, Cumberland and Durham. By N. J. Winch. 2d. Edit. Newcastle, 1825. pp. 54. 8.

[2b) Edinb. new philos. Journ. Oct. — Dec. p 195.]

3) Quarterly Journ. of Science. No. XIII. p. 200.

Blumenballen; diese sind auf hohen Standorten gewöhnlich blau, am Meerufer roth. Orangen tragen im Freien reichliche Früchte. — Wein, im innern England noch reifend, gedeiht hier nicht mehr, wegen Mangels an Licht [und an Sommerwärme], weshalb auch Getreide selbst an Schottlands Ostküste eher reift als an der feuchten Westküste... Geringere Aengstlichkeit beim Pflanzen ins Freie bekam gut; desgl. Zucht aus Samen, z. B. bei *Psidium cajetianum* &c. und so hofft Verf. auch für den Wein u. a. Gedeihen u. Abhärtung bei Zucht aus Samen [vgl. Mac Culloch in Bot. Lit.-Bl. Bd. III. 747 ff.]. Wohlriechende Pflanzen haben nach dem Vf. in England schwächern Geruch als in Frankreich.

Der Italiäner Brocchi, welcher Sennaar besuchte, aber ein Opfer des Klima's wurde, hinterliess Manuscripte, woraus Manches 4) mitgetheilt worden. — Fast 8 Monate des Jahrs ist der Boden traurig unfruchtbar. Auf unübersehbaren mit Sande bedeckten Flächen erblickt man nur wenige vertrocknete Pflanzen, und die Spuren von Grün sind nur Disteln und Oshar; auch die Gebüsche bieten düstern Anblick. Im April und Mai ist die Pflanzenwelt todt u. die Baume laublos, wie bei uns im Winter; aber mit dem Eintritte der Regenzeit ist die Scene wie durch Zauber umgeschaffen; die Sandfelder werden Wiesen mit üppigstem Grün; Gräser bieten den Heerden Futter dar; die Wälder zeigen sich in ihrer Pracht und beschatten Kameel- und Rindviehheerden; unermessliche Felder sind mit Getreide (*Sorghum*) bedeckt. — Aber nicht erfolgt gleichzeitig Belebung der menschlichen Kräfte: ein drückender feuchter, die ganze Regenzeit wehender Westwind lähmt den Appetit, die Kräfte, den Geist; der stets trübe Himmel und unzählige Insectenschwärme vermehren das Unangenehme; dabei fehlen Früchte und Küchengewächse. — Der Pflanzenteppich besteht hauptsächlich aus nur 3 oder 4 Pflanzenarten: *Trianthema pentandrum*; *Boerhaavia repens*, *Tribulus terrestris* und der Zwerg-*Convolvulus* mit kl. weissen Blüthen.

Cailliaud hat dem 4ten Bande seiner Reise nach Meroë phytogeographische Bemerkungen einverleibt 5). Er sagt, man bemerke eine grosse Aehnlichkeit der Producte von Ober-Nubien und Senegal, so dass die Länder Darfur und Bornu eine ununterbrockene Reihe derselben Gewächse darbieten; daher zu vermuthen sei, dass die weite Strecke vom 10° bis 18° n. Br. u. vom arabischen Meerbusen bis zum Senegal dieselben Organismen trage,

4) Biblioteca italiana. Aprile 1828.

5) Voyage à Méroé, au fleuve blanc &c. Par F. Cailliaud. T. I—IV. Paris, 1825—37. 8vo. Avec 2 tomes de planches. fol.

die von denen des nördlich angränzenden Erdstrichs meist verschieden sind. — Cailliaud's Reise enthält auch eine bot.-geogr. Schilderung der Oase von Siwah (mit der Stadt Siwah, unter 29° 12′ 29″ n. Br., 23° 18′ ö. L. von Paris): sie erstreckt sich $2\frac{1}{2}$ Lieuen von O. nach W., auf beiden Seiten von Bergen umgeben, und höchstens $\frac{5}{4}$ L. von N. nach S. Ein 300 — 600 Fuss hohes Kalkgebirge, eine Menge Fossilien einschliessend, bildet die nordwestliche, und die sich sanfter hebende Hochebene der Wüste die südliche Gränze [vgl. Ehrenberg's Reise]. Der östliche Theil des Landes ist der fruchtbarste, er hat 2 Dörfer, dichtbelaubte Dattelpalmen u. a. Fruchtbäume bedecken die Felder. Ein Theil des Landes enthält Salz in Menge, welches fast überall hervorbricht. Alle Seen sind salzhaltig, aber mitten zwischen ihnen entspringen Quellen süssen Wassers, welches sich in schmalen Bächlein durch die Palmenhaine schlängelt. Die Oase erzeugt Datteln, Oliven, Aprikosen, Granaten; seltner Feigen, Pflaumen, Aepfel; die in den südlichen Oasen so gemeine Dumpalme (*Cucifera*) fehlt hier. Mit den Datteln, die in den Oasen überhaupt besser gedeihen, als an den Ufern des Nil, wird bedeutender Handel getrieben; man unterscheidet 5 Sorten: Gazaly, Freyeh, Sayd, El-ka'yby und Waedy, die letztern dienen nur den Kameelen, Eseln &c. zur Nahrung; die ägyptischen Karawanen bringen dafür Weizen, Bohnen, Linsen u. a. Hülsenfrüchte, Tabak &c. nach Siwah. Auch Oliven führt man aus; aber ausser etwas Aprikosen, Pflaumen und Weintrauben, die man ausführt, werden die übrigen Producte im Lande selbst verbraucht. An Gartenfrüchten finden sich sehr kleine Wassermelonen, Gurken, weisse Zwiebeln &c.; Weizen und Gerste werden wenig, Reis gar nicht gebaut, obschon Brown letzteres behauptet.

Die Pflanzen, welche Cailliaud auf seiner african. Reise gesammelt, hat Raffeneau-Delile in einem eigenen Werke (*Centurie de Plantes d'Afrique du voy. à Méroé, recueill. par C.* — oder: *Voy. à Méroé &c. Partie botan.* Paris, 1826. 8vo. m. lith. Abb.) beschrieben. $\frac{1}{3}$ der Arten sind neu, so wie 2 Gattungen: *Xeropetalum* und *Bistella*.

Hilsenberg's Bemerkungen über die Vegetation von Madagascar hat Sieber mitgetheilt [6]). — Die ganze organische Natur zeigt sich hier in ausserordentlicher Pracht und Ueppigkeit. Die Waldungen bestehen hier wie auf Isle de France aus ungeheuern Riesenbäumen; Lianen, *Epidendra*, *Filices*, Palmen, ma-

6) Nouv. Annales des Voyages. Fevr. 1829. [Ausz. in Eschweil. bot. Lit.-Bl. I. S. 349 — 352.]

chen die meisten Gegenden undurchdringlich. Auch der *Nepenthes destillatoria* begegnet man. Die Hauptstadt Tamarive scheint, nach der Vegetation, höher zu liegen, als der Pouce auf Mauritius ist, also über 700 Toisen ü. M.; die übrigen Gebirgsspitzen sind noch weit höher. Der Verf. behauptet, dass die Insel nicht ungesund oder, wie man gemeint, das Grab der Europäer sei, welcher Glaube dadurch veranlasst worden, dass man ungeschickt, nur um eines nahen Hafens willen, Niederlassungen in der Ebene und zwischen Morästen gegründet habe. Madagascar bringt Reis, alle Arten von Früchten und Gewürzen und, durch den Fleiss der Bewohner, jetzt Kaffee und Zucker. Sie eignet sich zum Anbaue aller sogen. Colonialwaaren. Wälder bedecken ihre Flächen und reichen zu den höchsten Gebirgen hinauf, deren oberster Rücken treffliche Alpenweide darbietet. — Die Vegetation auf den Höhen ist ungemein schön, und H. sagt, er habe bei etwas höherem Ansteigen in den Gebirgen Salzburgs und Tyrols zu sein geglaubt, denn eine Menge Gattungen (zwar in ganz andern Species), die er für nur in Europa einheimisch hielt, fand er dort wild, z. B. Arten von *Galium*, *Veronica*, *Poa*, *Festuca*, *Saxifraga*, *Campanula*, *Alchemilla*, *Cerastium*, *Ranunculus*, *Lamium*, *Draba*, *Trifolium* &c. — In niedrigern Gegenden findet sich, da wo die tropische Flora zurücktritt, der ausgezeichnete Character der capischen Flora. Bekannt ist, dass die Spitze des Berges Pouce bei Port Louis 3 Arten *Gnaphalium* besitzt. In der Nähe von Tamarive entdeckte H. sogar 20 neue Sp. dieser am Cap so artenreichen Gattung. Die Insel beherbergt und vereinigt eine höchst ausgezeichnete tropische Vegetation mit der Flora des Cap's und Europa's.

D'Urville, welcher in d. J. 1822 — 1825 den Capit. Duperrey auf seiner Entdeckungsreise begleitete, hat eine Uebersicht der Vegetation der Malouinen oder Falklandsinseln [vor Südamerica, 51° s. Br., zus. 300 □Meilen gross] gegeben[7]). Am 30. Oct. 1822 verliess man die Rhede von St. Catharina und ankerte am 18. Nov. im Meerbusen der Insel Soledad. Der Botaniker sah sich aus der herrlichsten Flora Brasiliens auf einmal in Einöden aus gränzenlosen Flächen und kahlen Hügeln, ohne Baum oder Strauch, versetzt; indess ist der Pflanzenteppich dicht: die meisten Pflanzen und Halbsträucher haben kriechende Wurzeln und Ausläufer, die sich dicht unter einander verschlin-

[7) Mém. de la Soc. Linnéenne de Paris. IV. p. 775 &c. — Längern Auszug s. in Eschweiler's bot. Lit.-Blatt. I. H. 2. S. 9 — 19. — Vgl. a. oben S. 18.]

gen, wodurch jene gegen die verheerenden Winde beschützt werden. — Auf 12 botan. Wanderungen während 28tägigen Aufenthalts erlangte der Verf. 108 Species Phanerogamen und er glaubt, dass man durch Suchen in andern Jahreszeiten nur etwa $1/4$ mehr gewinnen und so die Summe der eigenen Gewächse der Insel gegen 140 betragen dürfte. Diese Flora hat doch mehrere Berührungspunkte mit der europäischen; so liefern z. B. die sandigen Ufern des Meerbusens von Soledad *Apium graveolens*, *Statice caespitosa*, *Triticum junceum*, *Lolium perenne*. *Arundo pilosa*, *Avena redolens*, *Aira flexuosa* und *Festuca erecta* bilden allein meilenweit vortreffliche Viehweiden. *Cerastium vulgatum*, *Alsine media*, *Sagina procumbens*, *Senecio vulgaris*, *Veronica serpyllif.*, *Rumex Acetosella* u. a. schienen durch Menschen hingekommen zu sein, waren aber höchst häufig und, nun wenigstens, wie einheimisch. Die Gattungen *Carex*, *Scirpus* L., *Alopecurus*, *Juncus*, *Plantago*, *Anagallis*, *Empetrum*, *Cacalia*, *Gnaphalium*, *Galium*, *Ranunculus*, *Brassica*, *Viola*, *Stellaria*, *Montia*, *Bulliarda*, *Myriophyllum* werden durch Species vertreten, die den europäischen sehr ähneln, und unter den 80 Gattungen dieser Flora sind kaum 20 Europa ganz fremd. Der grössere Theil der Pflanzen dieser Insel ward schon früher von Commerson an den Küsten der Magellans-Strasse und von Forster an der des Feuerlandes bemerkt. Der Verf. fragt, ob man danach nicht die Falklandsinseln für ein von Süd-America's Südende abgetrenntes Stück ansehen könne? Der Boden ist torfartig, schwammig; im Innern der Insel ist das Torflager mächtiger als an der Küste; es giebt durch seine Erhöhung von fern den täuschenden Anblick von Mauern oder Schanzen; zahlreiche Bäche durchziehen überall diese Inseln und die Küsten besitzen gedrängten Pflanzenwuchs. Schöne Landseen und Teiche sind in der Ebene zerstreut und fehlen bis auf den Berggipfeln nicht. Die meisten Pflanzen sind harzig oder mit glänzendem Firniss überzogen, der sie vor schädlicher Wirkung der Nässe schützt. — Die Inseln sind heftigen Stürmen ausgesetzt, denen die Pflanzen meist durch die dichtverschlungenen Rasen, theils auch durch biegsame Zweige widerstehen. Ueberall begegnet man zahlreichen Schwärmen von Enten, Gänsen, Schnepfen u. a.; eine Menge Kaninchen untergräbt den Boden; Heerden von Rindern, Pferden und Schweinen, von Menschen hierher gebracht, pflanzen sich erstaunlich fort. Neulich sind einige Bewohner von Buenos Ayres hieher gegangen, um sich anzusiedeln.

Der Verf. besuchte den Berg Chatellux auf Soledad, den höchsten der Insel, 2340 F. ü. M. hoch. Je mehr man landeinwärts kommt, desto einförmiger wird die Vegetation; meilenlange Strecken sind fast allein mit *Festuca erecta*, *Arundo antarctica* und *pilosa*, den 3 gemeinsten Gräsern der Inseln, bedeckt. Sobald man aber aufwärts zu steigen beginnt, wird die Flora reicher. Auf dem Berge Ch. fand der Verf. beinahe alle Pflanzen der frühern Stationen mit einander; nur 5 Arten schienen den grössten Höhen allein anzugehören, nämlich *Asplenium mohrioides*, *Nassavia repens*, *Drapetes muscoides*, *Valeriana sedifolia* Urv. und *Cenomyce vermicularis*. *Lomaria magellanica* ist auf Steintrümmern aller Bergabhänge gemein. *Usnea melaxantha* bewohnt vorzüglich die den Südwestwinden ausgesetzten nackten Felsen. — D'Urville hat ohngefähr 50 Pflanzen mehr auf den Falklandsinseln gefunden, als vorher Gaudichaud; höchstens 30 davon sind neu; er zählt zusammen 120. Von 41 Pflanzen-Familien, wohin sie gehören, ist keine Europa fremd. *Compositae*, *Gramineae* und *Cyperaceae* zählen 51 Species, also fast $1/2$ aller; beinahe alle grössern Gewächse und wenigstens $3/4$ aller die grüne Decke der Insel bildenden Individuen gehören hierunter. Die Gräser spielen hier eine Hauptrolle, im Contraste mit ihrer Individuenzahl in den tropischen Ländern. Zunächst an Zahl kommen *Caryophylleae*, *Umbelliferae* und *Ranunculaceae*; dann *Junceae*, *Rhamneae* und *Cruciferae*; die übrigen 32 Familien zählen nur 1 oder 2 Arten. Keine Gattung ist artenreich, denn nur die 4: *Carex*, *Festuca*, *Juncus* und *Azorella* zählen 3, die übrigen nur 1 oder 2 Species; die meisten sind ausdauernd und höchstens 20 sind 1jährig. — Bory de St. Vincent hat D'Urvilles gesammelte *Cryptogamen* untersucht. Die Insel hat 67 Arten, wovon Gaudichaud 25 bemerkt hatte. Die merkwürdigsten sind *Macrocystis communis*, welche alle Küsten bedeckt und oft kleinen Schiffen den Zugang erschwert; *Urvillea utilis* Bory, die unter 40° s. Br. häufig auf dem atlant. Ocean schwimmt und in Chili ärmern Leuten zur Nahrung dient; *Iridea micans* durch schönes Farbenspiel von roth und blau ausgezeichnet; *Lessonia flavicans* &c. — *Lichenes* sind 37 auf Soledad gefunden, zur Hälfte auch europäisch; am häufigsten sind: *Sticta endochrysa* auf Kräutern und Halbsträuchern wachsend, *St. gilva* auf verwesenden Kräutern, *Parmelia lugubris* an nackten sonnigen Stellen, *Cenomyce vermicularis* auf Pflanzenresten der Berggipfel, *C. deformis* auf blosser Erde, *C. rangiferina* auf trocknen Hügeln, *Usnea melaxantha*, *aurantiaco-atra* und *Ramalina flaccidissima* an nackten Felsen. Unter den 5 *Muscis hepaticis* sind 2 europäische, unter 11 *M. frondosis* 6 solche. Die 2 hiesigen Lycopodia scheinen Varr. zu seyn; unter den 6 *Filices* sind 2 magellanische. — 217 Pflanzen wurden als Summe der Malouinen-Flora gezählt.

Der Zoologe Lesson, welcher bei Duperrey's Expedition war, hat auch über die Vegetation von Soledad geschrieben 8). Er meint, die Temperatur der Insel habe gewiss ihre Veränderungen, obschon Bougainville sagt, dass Leute bei jahrelangem Aufenthalte keinen auffallenden Unterschied zwischen Sommer und Winter bemerkten. Bei L.'s Ankunft zu Anfange des Sommers war die Kälte Morgens und Abends sehr fühlbar und auf dem Berge Chatellux fror es sogar; während seines 1monatlichen Aufenthalts gab es nichts von schöner Jahreszeit, wohl heisse Tage an geschützten Stellen, doch keinen ohne schwarze Wolken durch einzelne Stunden, oder Sturm, Regen, auch Hagel. — Das Geripp der Malouinen gehört zur ältern Intermediar-Formation; eine starke Unterlage von Schieferthongemenge (phyllade) ist mit einem sehr quarzhaltigen Sandsteine bedeckt, woraus die Berge bestehen; der zusammenhängende Boden im Innern besteht aus einem Schieferthongemenge in Thonschiefer übergehend; auf jenem ruht ein schieferiger Sandstein, oder jener bildet, in grossen Platten sich trennend, einen allmähligen Uebergang zwischen beiden. — Torf bedeckt die ganze Oberfläche, bald trocken, bald als Moortorf. Der erstere, an den Küsten, ist ein Verwandlungsproduct der Wurzeln klettender und dürrer Pflanzen; *Arbutus*- und *Empetrum*-Arten dienen, ihn zu vermehren. Der Moortor findet sich auf den Marschfeldern und feuchten Wiesen des grössten Theils der Insel; er ist tiefschwarz, ohne unzersetzte Pflanzentheile; er entsteht noch fortdauernd aus Gräsern, *Filices*, Moosen und Flechten; auch die aus Wasserpflanzen, z. B. *Caltha palustris* und *Gunnera magellanica* bestehenden Wiesen bilden einen gleichartigen festen Torf. Der trockne Torf wird durch aufgenommenen Sand oft Haideland ähnlich. — Auch L. hält die Inseln für durch einen Durchbruch von America abgetrennt, (weil sie dieselbe geognost. Beschaffenheit, dieselben Thiere und Pflanzen haben), wohl durch dieselbe Katastrophe, welche Staatenland und Feuerland abriss und an der Südspitze Inseln zersplitterte, vielleicht auch Neuschottland und Südgeorgien absonderte. Von 230 Pflanzen der Malouinenflora sind über 80 auch in Magellanien, dort durch Banks, Solander, Forster und Commerson gesammelt, z. B. *Ancistrum lucidum*, *Plantago patagonica*, *Empetrum rubrum*, *Juncus grandiflorus*, *Caltha sagittata*, *Perdicium* u. a.

8) Zoologie du Voyage autour du Monde du Capit. Duperrey. Vol. I. p. 196.

Der Verf. traf die meisten Pflanzen in der Blüthe und die endlosen Auen hatten bei fast alpenartiger Vegetation besondern Reiz; überall, selbst auf Felsen, zeigen sich Rasenpartien. Etwa 10 — 12 Gräser bedecken die Ebenen, ihre Zwischenräume sind mit niedrigen *Filices* und mit Rennthierflechte ausgefüllt; *Misandra dioeca* bekleidet den Rand der mit *Caltha* bedeckten Gewässer. Die sandigen Gipfel der kleinen Gebirgsketten zeigen nur *Usnea melaxantha*, die sich immer nach der gewöhnlichen Richtung des Sturmes lagert. Die in der Soledad-Bai liegenden Inseln sind mit einem eigenen Grase, *Dactylis caespitosa* Forst. (*Festuca flabellata* Lam.), bedeckt, dessen Wuchs dem mancher Palmenarten ähnelt. — Die Hügel und trocknen Küsten sind in ein Dickicht von *Empetrum* und *Arbutus* gehüllt. Am Fusse der Berge wächst der an Farbe und Wuchs dem Rosmarin ähnliche *Amellus diffusus* W., die einzige Blume mit weissen Strahlenbl. auf Soledad. Die aus trocknem Torf bestehenden Fluren sind mit Pflanzen von schönem Anblicke geschmückt, z. B. *Calceolaria Fothergillii*, *Epipactis Lessoni* Urv., *Primula farinosa*, *Oxalis enneaphylla*, *Sisyrinchium filifolium* Gaudich., *Myrtus nummularia*, *Juncus grandifl.*, einer *Luzula*, Arten von *Viola*, *Perdicium*, *Ancistrum* u. a. — In den Spalten der Sandstein-Felsen und Trümmer wachsen *Dalibarda geoides*, *Cacalia albescens*, *Nassavia Gaudichaudii* Cass., *Lomaria magellan.* &c. Am merkwürdigsten ist *Bolax Glebaria* Commers. (*B. gummifer* Spr.), dessen unförmliche Halbkugeln den Boden mit einem grünen weichen Ueberzuge bedecken. — Man findet aber hier nur unbedeutende und kümmerliche, einigen Vögeln zur Nahrung dienende Früchte: doch giebt eine Art *Myrtus* eine duftende und zarte Frucht; die Drosseln suchen die Beeren von *Empetrum rubrum* auf; *Apium antarcticum* Soland. und die jungen Schosse der *Dactylis glomerata* bieten wohlschmeckenden Salat; Bougainville's Bierpflanze ist *Baccharis magellanica*. Die scharfen Blätter der *Oxalis enneaphylla* helfen gegen Scorbut. Vielleicht wäre auch das aus den Blumen des *Bolax* schwitzende Gummi benutzbar. — Die französische Bai mit ihren zahlreichen Buchten scheint ein mehrere Meilen weites Sumpfland zu bilden, so weit reicht nämlich die *Laminaria pyrifera* und hemmt die Einfahrt der Schiffe. Die vielen Tang-Arten, z. B. *Urvillea utilis*, *Lessonia flavicans* Bory, die Ulven welche die Felsen bedecken und einer Menge Robben zum Lager dienen, verbergen zahllose Mollusken. Dort fand Verf. auch die zahlreichen *Ascidien*, die zierlichen *Holothurien*, die *Serpula*-Arten &c.

Dierbach hat historische Untersuchungen angestellt um das

Vaterland des *Acorus Calamus* zu bestimmen, wovon er, weil die ältern Botaniker: Brunfels, Tragus, Fuchs, Val. Cordus Matthiolus, Clusius u. A. seiner fast nur als Handelswaare oder als in Gärten gezogen erwähnen..., geneigt ist anzunehmen: er sei in Asien und einem Theile des südl. Europa zu Hause, erst im 16ten Jahrhunderte in Deutschland u. a. Ländern in Gärten eingeführt (z. B. durch v. Busbeck aus Constantinopel nach Wien gesandt) worden und dann verwildert [1]. [Indess liesse sich dagegen wohl einwenden, dass die ältern Händler vielleicht um des Vortheils willen bei uns den einheimischen Ursprung der geschätzten Wurzel verheimlicht haben könnten.]

III. PFLANZEN-ANATOMIE.

In der letzten Zeit sind zahlreiche die Pflanzen-Anatomie und Physiologie betreffende Schriften erschienen, ich stehe aber nicht an, zu sagen, dass die meisten Ansichten darin blosses Phantasiespiel sind, oft in so undeutlicher Weise dargestellt, dass man sieht, wie die Sache dem Verf. selbst nicht klar gewesen. Ich möchte fast wagen zu behaupten, dass seitdem die Societät der Wissenschaften zu Göttingen die bekannten Preisschriften von Rudolphi, Link und Treviranus i. J. 1806 gekrönt hat, wenig wahrhaft Neues, den bewährten Wissenschafts-Vorrath Vermehrendes, gesagt worden ist. Ob z. B. wohl Ritgen's Ansicht von der Pflanzen-Entwickelung die Pflanzen-Physiologie im geringsten fördert? Seine Abhandlung kann indess in Vergleichung mit den vielen übrigen, zum Theil ganz ungereimten, noch verständlich erscheinen.... Noch dürfte bis daher [1828] wohl Sprengel's Buch „von dem Bau und der Natur der Gewächse [1812]" das zuverlässigste Werk in Pfl.-Anatomie und Physiologie sein, mit Ausnahme einer und der andern Ansicht; und wer etwas sehr Instructives über die Gefässe (vasa) der Pflanzen lesen will, ist an Prof. Wahlenberg's Abhandlung darüber im Magazin der Gesellschaft naturforschender Freunde zu Berlin zu verweisen.

Prof. Ritgen hat Bemerkungen über den Bau der Pflanzen, besonders im Vergleich mit dem der Thiere mitgetheilt [2].

C. H. Schultz in Berlin hat Bemerkungen über die Orga-

---

1) Regensb. bot. Zeitung, 1828. II. S. 545 — 552.

2) Regensb. bot. Zeitung 1828, I. 241 — 251, 305 — 318, 369 — 378.

nisation des Pistills mitgetheilt 3). Dieses ist durch Theile, die zum Fruchthüllensysteme gehören, gebildet, entweder 1) durch eine Verlängerung der künftigen Fruchthüllenklappen über die Samenträger und die Höhle des Germens hinaus, oder 2) durch eine Verlängerung der Samenträger selbst über die Fruchthüllenklappen hinaus; der erste Fall ist der gewöhnlichste, z. B. bei den *Leguminosae*, *Liliaceae*, *Rosaceae*, *Ranunculaceae*, doch auch der letztere nicht selten, man findet ihn bei den *Caryophylleae*, *Umbellif.*, *Cruciferae*, *Rhododendra*; noch liesse sich 3) der Fall anführen, wo zugleich die Verlängerungen der Klappen und der Samenträger zur Stempelbildung beitragen: bei *Geraniaceae*. — Was den innern Bau betrifft, so hielt schon Malpighi den Stempel für eine Röhre; Sch. stimmt bei. Der Griffelkanal ist nach seiner ganzen Länge auf der innern Fläche mit Nervenpapillen besetzt, zuweilen so stark, dass die Höhlung wie geschlossen scheint. ... Die Papillen auf der Narbensausbreitung sind nicht wesentlich davon verschieden und variiren bei den verschiedenen Familien nur an Form, Grösse und Menge....

IV. PFLANZEN-PHYSIOLOGIE.

Von Klinkhardt's hier anzuführender Schrift 4) sagt ein zuverlässiger Recensent, dass der Verf. in diesem Buche, welches so wichtige Dinge zu erklären durch den Titel verspricht, nichts erklärt habe.

C. H. Schultz zu Berlin hat sich in den letzten Jahren mit dem Studium des Pflanzensaftes beschäftigt [vgl. frühere Jahrgänge dieser Jahresberichte]. Jüngst hat er eine Darstellung seiner neuesten Ansichten über die Gefässe der Pflanzen und die Saftbewegung mitgetheilt 5). [Ueber letztere vgl. ausser Schultz's Werken: Meyen in Linnaea, 1827. S. 632 — 670; dessen Phytotomie (Berl. 1830) S. 175 ff., 277—302; nebst Mohl's Rec. in bot. Zeit. 1831: Lit.-Ber. No. 14 — 19; Meyen: Ueber die Beweg. der Säfte in den Pfl. (Berl. 1834. 20 S. 8.).

3) Ebendas. S. 353 — 366.

4) Betrachtung des Pflanzenreichs: oder Erklärung des Wachsthums und der Ausbildung der Pflanzen. Nebst einem Anhange über die ursprüngl. Entstehung der Gewächse. Von G. H. Klinkhardt. Berlin, 1828. VIII u. 257 S.; 8. [S. Linnaea 1828: Lit.-Ber. S. 172.]

5) Regensb. bot. Zeit. 1828; I. S. 17 — 28, 33 — 43.

Neuere Lehrb. von Zenker &c. Slack &c. in bot. Zeit. 1834, I: Beibl. Treviranus Physiol. d. Gew. Wie der sogen. Lebenssaft nicht mit dem Blute der Thiere zu vergleichen sei, s. a. Salzb. med.-chir. Zeitung 1825, Nr. 11.] — Nach Verschiedenheit der Erscheinungen der Säftebewegungen werden 2 Haupttypen unterschieden, nach welchen die Functionen der Pfl. geschehen: der eine bei den unvollkommnern Pfl. (*plantae cellulosae* DC.), die Schultz in Rücksicht ihrer Functionen *pl. axylae*, holzlose Pflanzen, nennt; der andre bei den höhern Pfl. oder *pl. vasculares* De C., *pl. xylinae* bei Schultz, wozu Jussieu's *Mono-* und *Dicotyled*onen und die *Filices* gehören. In beiden Formen seien die Lebensfunctionen zusammengesetzter, als man neuerdings geglaubt, so dass man, wie im organischen Leben der Thiere, überall die Function der Assimilation, die der Circulation und die der Bildungen unterscheiden müsse.... Die Ausübung dieser 3 Functionen ist aber, sagt der Verf., in den beiden genannten Pflanzenklassen verschieden, indem bei den *pl. xylinae* für jede Function besondre innere Organe vorhanden sind: 1) für die Assimilation des rohen Pflanzensaftes: das Holz, vorzüglich die Spiralgefässe desselben; 2) für die Circulation, wodurch die Bildungen erfolgen: die Rinde, vorzugsweise die Lebensgefässe, *vasa laticis*, nach dem darin sich bewegenden Lebenssafte vom Verf. so genannt; 3) das Zellgewebe, von welchem man die damit bisher vermengten Lebensgefässe wohl unterscheiden müsse, ist das Organ der Bildungen, Secretionen, z. B. des Harzes, der ätherischen Oele &c., die keine Lebensbewegungen zeigen; zugleich ist das Zellg. der Boden, worin die übrigen Organe liegen, und vermittelt den Zusammenhang der Pflanzenorganisation. — Die Spiral- und die Lebensgefässe sind bei den verschiedenen Pflanzenordnungen dieser Klasse verschiedentlich im Zellgewebe gelagert und vertheilt: bei den einen findet sich im Stengel ein Holz- und Rindenkörper und da bei diesen die ursprüngl. Gliederbildung im Alter verschwindet und sich Holz- und Rindenringe bilden, so nennt Sch. diese Ringpflanzen (*plantes annulaires*, *Exogenae* DC.). Die andern behalten die Gliederbildung durch das ganze Leben und erhalten ihre äussere Festigkeit durch die Knotenbildung, daher Verf. diese Knotenpfl. nennt (*pl. noueuses*, = *Endogenae* DC.). Bei den Ringpfl. ist die innere Organisation vollkommener; bei den Knotenpfl. haben sich die zerstreuten Gefässbündel noch nicht zu einer Einheit verbunden.

Diese 3 Functionen, mit besondern Organen bei den Holzpflanzen, vereinigen sich bei den *pl. axylac* in den Verrichtungen eines durchaus einfachen gleichförmigen Gewebes, worin die zerlei Organe und Functionen der Holzpfl. noch unentwickelt enthalten sind. In letzterem Betracht ist das Gewebe dieser Pfl. nicht mit dem Zellgewebe der Holzpfl. zu vergleichen, welches das blosse Organ der Secretionen ist, und Schultz nennt deshalb das der *pl. axylae*: Schlauchgewebe (contextus utriculosus), und die einzelnen Zellen, in deren jeder, wie in der ganzen Pfl., die Lebensbewegungen vor sich gehen: Schläuche, *utriculi.* Hierher gehören alle spiralgefässlosen *Acotyledoneae*, *Filices* ausgeschlossen.... Der Verf. handelt nun: A. „von der Bewegung des Holzsaftes (Lymphe, *succus xylinus*)" der Holzpflanzen, giebt seine Eigenschaften und Unterschiede vom Lebenssafte an..., Er werde nur von den Spiralgefässen des Holzes eingesogen und fortgeleitet; nur seien im alten Holze die sogen. grossen getüpfelten Gefässe keine Spiralgefässe, sondern blosse Zellen, wie schon Mirbel bemerkt; die wahren Spiralgefässe sind in die *Fistulae ligneae* Malpighi's übergegangen. — .... Der Holzsaft ist die noch rohe Pflanzennahrung, doch auf dem Uebergange zur innern Organisation.... Er erleidet bei seinem Uebergange in die Lebensgefässe der Rinde doppelte Veränderung. 1). quantitativ durch Verdünstung wässriger Theile; 2) qualitativ durch Entsauerstoffung, damit Bindung des Kohlenstoffs (in tropfbar-flüssigen und festen Stoffen †)... — Dann folgt: B. Bewegung des Lebenssaftes....

Anm. Die Wahrheit der Gegenstände und somit der Werth dieser Abhandlung ist theilweise bestritten oder bezweifelt und die Deutung der Erscheinungen von Lebenssaftsbewegung mitunter für Phantasiespiel erklärt worden. [Treviranus Physiol. I. 349.]

Prof. Mayer's unten genannte Schrift [6]) wird als im höchsten Grade überspannte Ideen und Ansichten von der Saftcirculation darbietend beurtheilt, wovon eine Recension in der Regensb. bot. Zeit., 1828: II. S. 401—415, 465—476. Belege beibringt....

In Meyen's Abhandlung über die eigene Saftbewegung in den Pflanzenzellen findet man, dass der Verf. bei *Vallisneria spiralis*, wie auch in den Wurzelhaaren und den Parenchymzellen der *Hydrocharis Morsus ranae* eine deutliche Kreis- oder spiralförmige Bewegung ihres Inhalts bemerkt hat, wie schon früher Viele an *Chara* und Corti bei der *Caulinia* gesehen. Er beschreibt die Beschaffenheit dieser Bewegung und fügt Abbildungen zu besserer Veranschaulichung bei [7]). [Vgl. hierzu und zum Folgenden

---

6) Supplemente zur Lehre vom Kreislaufe; von Dr. A. F. T. C. Mayer. Is Heft. Supplemente zur Biologie des Blutes und des Pflanzensaftes. Mit 1 illum. Kpft. Bonn, 1827. 78 S. 4.

7) Nov. Act. Acad. Caes. Leop. Carol. Nat. Cur. X. 2. p. 839. tab. 45.

Slack's und Varley's Beob. der Saftbewegung bei *Chara*, *Hydrocharis*, *&c.* [8])]

Lebaillif's Beobachtungen über Saftbewegung bei *Chara hispida* bestätigen die frühern Beob. derselben bei *Chara*-Arten weiter. Der Verf. fand bis zu 62 Kugeln in einem einzigen Internodium. Sie entfernen sich wenig von dem Orte, wo die spiralförmigen Linien sich kreuzen; sie kreisen eine um die andere; zuweilen bersten sie und ihr Inhalt geht zum Circulationsstrome über; sie sind schwer, so dass sie bei gewechselter Lage immer allmählig nach unten sinken [9]).

Dutrochet's Untersuchungen über die Bewegungen des Pflanzensaftes und ihre Ursachen haben die Aufmerksamkeit der Naturforscher rege gemacht, obschon seine Theorie Manches gegen sich hat, auch unklar ausgeführt ist [10]). [Eine vollständige Darlegung und Recension von D's Werke hierüber: (*L'agent immédiat du Mouvement vital dévoilé dans sa nature et dans son mode d'action chez les végétaux et chez les animaux; par H. Dutrochet &c.* Paris & Londres, 1826. VII. & 226 pp. gr. 8.) gab Dr. Kittel in Eschweil. bot. Literaturbl. I. S. 461—492; II. 149—152, 385—396; III. 173—197, 278—301. Vgl. a. De Candolle's Pflanzenphysiol. I. 83 f. Physikal. Erläuterungen gab Poggendorff in Pogg. Ann. der Phys., Bd. 28. Nr. 2. (1833, H. 6.).] — D. glaubt gefunden zu haben, dass die Ursache der Saftbewegung in der Wurzel liege; er meint, in den Würzelchen und den an ihren Enden befindlichen Bläschen oder Schwämmchen (*spongiolae*) sei die den Saft treibende Kraft zu suchen. Diese *Spongiolae* communiciren direct mit Saftgefässen, die im Stamme hinauf gehen; sie bestehen aus Zellgewebe, dessen Centraltheile längliche Zellen sind, Elemente der Lymphgefässe, durch welche der Saft aufsteigt. — Diese Organe haben, sagt er, das Vermögen, in ihre Höhlungen und durch ihre Seiten kräftig das Wasser einzuführen, welches mit ihrer äussern Oberfläche in Berührung kommt, während aus ihrer Höhlung ein Theil der Substanzen, die sie früher enthielt, sich nach aussen mittheilt. D. hält diese Action für electrisch und nennt sie *Endosmose* oder Drang von aussen nach innen; sie findet statt wenn das Fluidum in den Bläschen specifisch schwerer ist, als das Fluidum ausserhalb. Ist die Flüssigkeit innerhalb der Höhlung

[8) Regensb. bot. Zeit. 1834, I: Beiblätter.]

9) Bullet. des Sciences nat. Tom. XII. p. 321.

10) Nach der engl. Mittheilung in: The Edinb. Journ. of Science. No. XVII. Juli 1828, p. 103 &c. No. XVIII. p. 317 &c.

leichter als das äussere, so wird jenes innere mit gleicher Schnelligkeit ausgetrieben, als es im erstern Falle hineingetreten wäre. Diese Action nennt er *Exosmose* oder Impuls von innen nach aussen. Die Reizung von eingezogenem Wasser nöthigt die Höhlung zum Austreiben. — Turgidität ist eine nothwendige Folge der Endosmose, welche des Saftes Aufsteigen veranlasst. Die Höhlung der Blasen wird von eingezogenem Wasser ausgedehnt, die Wände wirken zurück auf das eingeschlossene Fluidum und zwingen es aufwärts.

D. zieht folgende Resultate aus seiner Theorie: 1) es gebe bei den Pflanzen keine Circulation, sondern nur einen aufsteigenden und einen absteigenden Strom nebst einer seitlichen Ergiessung (*lateral diffusion*); 2) der Saft steige durch cylindrische Röhren hinauf, sowohl durch den Splint als durch das alte Holz; 3) der im Laube ausgearbeitete Saft (*juice*) werde durch eine Erstreckung von, meist in der Rinde befindlichen, länglichen Zellen geleitet; 4) die Seitenvergiessung des rohen Saftes (*sap*) und des ausgearbeiteten (*juice*) werde durch die das Zellgewebe bildende organische Membran verursacht; 5) diese Bewegungen seien Wirkungen unterschiedlicher electrischer Strömungen, wovon die eine, die Endosmose, die Einführung von Flüssigkeit in die Zellen und Capillarorgane der Gewächse, die andre ihre Austreibung verursacht; 6) durch Endosmose steige der Saft, seiner natürl. Schwere entgegen und unabhängig vom contractilen Vermögen der ihn einschliessenden Gefässe, zur Spitze der Bäume auf; 7) die Secretion bei den Pflanzen und folglich die Nutrition hänge völlig von electrischer Thätigkeit ab.

Rob. Brown hat eine physiologische Abhandlung, deren Inhalt die grösste Aufmerksamkeit erregt hat, gedruckt vertheilt. Er hat Beobachtungen über Partikeln oder Körnchen (und noch kleinere Molecüle) im Pollen angestellt und zu finden geglaubt, dass diese Theilchen „active" Wesen seien, deren Bewegungen in Wasser er ausführlich beschreibt; dieser berühmte Autor meinte aber noch mehr entdeckt zu haben, weil er dann in den meisten, auch trocknen, organischen und unorganischen Stoffen, selbst in Metallen, nach dem Pulverisiren derselben, unter gleichen Umständen im Wasser bewegliche Theilchen unter dem Mikroskope ebenso sah 1). — Manche Naturforscher haben eine Gesichtstäu-

1) A brief account of microscopical observations made in the months of June, July und August, 1827, on the Particles contained in the Pollen of plants; and on the general existence of active Molecules in organic and inorganic bodies. By Rob. Brown. (Not published.) Lond.

schung hierbei vermuthet. [Strömungen der Flüssigkeit, durch Verdunstung, Licht und dadurch ungleiche Wärme &c. erregt, können die Erscheinung veranlassen. — Vgl. Jahresb. üb. 1829, S. 77 f.; in dem daselbst auch angeführten Nachtrage R. Brown's (*additional remarks* &c., welcher auch in Eschw. Annalen d. Gewächsk. IV. S. 162 — 172 übersetzt ist), erklärt R. Br. deutlicher, dass er unter „active" nicht etwa thierische Belebtheit verstanden habe.]

Dr. Adolph Brongniart hat zu gleicher Zeit Beobachtungen am Pflanzen-Pollen angestellt und auch die Gegenwart von Infusionsthierchen darin zu beweisen gesucht, und er hält dafür, dass die Befruchtung, die das Pollen bewirkt, nur durch diese Infusorien geschieht. [Seine reichhaltige grosse Abhandlung darüber hat Präs. Nees v. Esenbeck zur Vergleichung mit verwandten Arbeiten a. u. a. O. deutsch mitgetheilt] 2).

Lecoq's Schrift über die Fortpflanzung der Gewächse 3) handelt im 1sten Abschnitte von den verschiedenen Arten ihrer Befruchtung. Der Verf. nimmt auch bei den Moosen ein Analogon des Pollens an, welches sich in dem Knoten unten am Stiele der Mooskapsel befinde, während diese selbst die Ovula enthält. Der 2te Abschnitt handelt von den Mitteln, wodurch die Natur den Mangel der Befruchtung ergänzt, von Knospen, Zwiebeln &c.; der 3te von der Bastarderzeugung.

V. FLORA DER VORWELT.

Die fortgesetzten Forschungen über die verschiedentliche Beschaffenheit der Erdoberfläche in verschiedenen Ländern und die

1828.) 8vo. pp. 16. — Kurze Nachricht von mikroskop. Beobachtungen, die in den Mon. Juni, Juli und August 1827 gemacht wurden, über die Theilchen, welche im Pollen der Pflanzen enthalten sind, &c. Von R. Brown. Uebers. von Beilschmied. In Eschw. Literaturblätt. f. reine und angew. Botanik, I. Bd. S. 253 — 278; auch in bes. Abdrücken. — [Auch übers. von C. G. Nees v. Esenbeck in: R. Brown's verm. bot. Schriften, Bd. IV.]

2) In mehrern Zeitschriften [und in R. Brown's verm. bot. Schriften, herausg. von C. G. Nees v. Esenbeck: Bd. IV. S. 167 — 326 (mit Abbild.): Die Zeugung u. Entwicklung des Embryo in den phanerog. Pflanzen, von Ad. Br.].

3) Recherches sur la reproduction des Végétaux. Par M. Lecoq. Clermont, 1827. pp. 30. 4to. (m. 1 lith. Taf.)

Untersuchungen der in ihrem Schoosse aufbewahrten Geschöpfe zeugen mehr und mehr von den bedeutenden Veränderungen, welche die Erdrinde von Zeit zu Zeit erfahren, und geben die Mittel zu einer wahrscheinlichen Geschichte ihrer Revolutionen an die Hand.

Ad. Brongniart hat einen Vorläufer einer Geschichte der fossilen Gewächse herausgegeben 4). — Gewiss ist, wie der Verf. in der Einleitung sagt, die Geschichte der zu verschiedenen Zeiten in den Erdschichten begrabenen Gewächse, die Bestimmung ihres Verhältnisses zu den jetzt die Erde bewohnenden, und die Art, wie die verschiedenen Pflanzenformen seit den längst vergangenen Zeiten, aus welchen her wir Spuren ihres Daseins finden, bis zu unsern Tagen auf einander gefolgt sind, einer der interessantesten Zweige der Naturkunde. Auch hat seit länger als einem Jahrhunderte die Gegenwart von Pflanzenabdrücken in den besondern Erdschichten die Aufmerksamkeit der Gelehrten erregt, und die geringe Analogie zwischen vielen derselben und den in unsern Klimaten wachsenden hatte Verwunderung erweckt. Anton v. Jussieu war einer der Ersten, die den Unterschied der in den Steinkohlengruben vorfindlichen Pflanzen von denen unserer Klimate und dagegen die Analogie jener mit denen der Aequatorial-Gegenden bemerkten (*Mém. de l'Acad. des Sc.* 1718.). — Im vergangenen Jahrhundert wurden viele hierher gehörige Facta in einigen Gesellschaftsschriften bekannt gemacht. Mehrere Schriftsteller, die das Oryctognostische von Ländern, die viele Petrefacten besitzen, beschrieben, gaben von diesen auch, im Ganzen sehr unvollständige, Abbildungen, z. B. Luyd, Mylius, Volkmann u. A. Scheuchzer behandelte sie als Gegenstand eines besondern Studiums; sein *Herbarium diluvianum* enthält, oft sehr genaue Abbild. einer grössern Zahl fossiler Gewächse. Aber bei dem unvollkommenen Zustande der Botanik und dem Mangel einer Geologie blieb jenes Studium eine Wissenschaft ohne allgemeines Interesse. — Hierauf erschien fast ein halbes Seculum keine Schrift von Wichtigkeit hierin. Erst i. J. 1804 gab v. Schlotheim ein Werk über Pflanzenpetrificate 5) heraus und machte so aufs Neue aufmerksam darauf. Vollkommnere Abbildungen, wichtige botanische Beschreibungen, einige Vergleichungen

---

4) Prodrome d'une Histoire des Végétaux fossiles. Par M. Adolphe Brongniart. Paris, 1828. pp. 223. 8.

5) Beschreibung merkwürdiger Krauter-Abdrücke und Pflanzen-Versteinerungen; ein Beitrag zur Flora der Vorwelt, von E. F. v. Schlotheim. Gotha, 1804. 68 S. 4to. m. 14 Kpft. [5 Thlr.]

mit noch lebenden Gewächsen, zeigten, dass diese Forschung einer ähnlichen Bearbeitung, wie die übrigen Naturgeschichtsfächer, fähig ist, und hätte Schlotheim seinen Pflanzenbeschreibungen eine Nomenclatur zu Grunde gelegt, so wäre sein Werk die Basis aller späteren über diesen Stoff geworden. — Indess fand wieder einige Jahre kein Fortschreiten statt. Bald aber fingen Naturforscher an, dieses Studium in verschiedenen Ländern zu bearbeiten. In Deutschland erschienen Werke darin vom Grafen Sternberg 6), Rhode 7), v. Martius 8), und v. Schlotheim gab Nachträge zu seinem frühern Werke [vgl. Jahresb. 1832, S. 142] 9). In England erschienen Werke von Parkinson 10) und Artis 11) [s. a. Jahresb. 1833 S. 168 ff.] und viele Abhandlungen in Schriften gel. Gesellschaften. In Schweden: Nilsson's und Agardh's Abhandlungen; in America Steinhauer's; in Frankreich mehrere von Brongniart.

Der Verf. sagt, die fossilen organischen Körper lassen sich unter 3 verschiedenen Gesichtspunkten betrachten: 1) nach ihrer systemat. Bestimmung und Classification; 2) hinsichtlich ihrer Aufeinanderfolge in den verschiedenen Erdschichten; 3) insofern sie den Zustand der Erde zur Zeit ihres Lebens, ihre Temperatur, die Grösse der Continente und der Meere, die Beschaffenheit des Bodens und der Atmosphäre, die ihnen zur Nahrung gedient, andeuten. — Die Untersuchungen des Verf. sind daher von 2erlei Art: botanisch und geologisch. — Im I. Cap. handelt Br. von

---

6) Versuch einer geognostisch-botan. Darstellung der Flora der Vorwelt. Von Casp. Graf v. Sternberg. I—IV. Heft. Prag (u. Leipz.) 1820 — 1826. Fol. m. Abbild. [bis 1834 6 Hefte, à 8 Thlr.] — Franz Ausg. durch Graf v. Bray: Essai d'un exposé geogn.-bot. &c. Prague.

7) Beiträge zur Pflanzenkunde der Vorwelt nach Abdrücken in Kohlenschiefer und Sandstein in schles. Steinkohlenwerken. Leipz. 1820 — 1823. 4 Lief. à 20 Gr.

8) De plantis nonnullis antediluvianis, ope specierum inter Tropicos nunc viventium illustrandis. Auctore Martio. Ratisb. 1822.

9) Petrefactenkunde. Gotha, 1820. (mit 15 Kpft.) — Nachträge zur Petrefactenkunde. 1822, 23. (m. 37 Kpft.)

10) Organic Remains of a former World; by Jam. Parkinson. Lond. 1811. 3 Vol.

11) Antediluvian Phytology, illustrated by a collection of the fossil remains of plants peculiar to the coal formation of Great Britain. By Edmund Tyrell Artis. London, 1825. pp. XIII. & 24. c. tabb. XXIV. [S. Rec. u. systemat. geordneten Ausz. in Flora od. bot. Zeit. 1827, S. 129 — 143.]

der Bestimmung und bot. Geschichte der fossilen Gewächse. Diese kommen fast nie in ganzem Zustande zu Tage, wodurch ihre systemat. Bestimmung sehr erschwert wird. Sie müssen nach den Gewächs-Classen und nach der Natur der Organe bestimmt werden. — Sie lassen sich in 4 oder 5 grosse Classen eintheilen, wovon 4 sehr ausgezeichnet sind und den grössten Theil der jetzt lebenden Arten ausmachen, nämlich: *Agamae*, *Cryptog.*, *Mono-* und *Dicotyledoneae.* Die Organe können in 2 Ordnungen unterschieden werden: 1) die zur Ernährung des Individuums und 2) die zur Fortpflanzung dienenden. — Bei den jetzt lebenden Pflanzen sind die Charactere der Gattungen, Familien und Classen fast ganz auf ihre Fortpflanzungsorgane gegründet. Im fossilen Zustande hingegen findet man oft nur die Vegetationsorgane, vorzüglich Stämme und Blätter: dann muss man zusehen, ob man sich aus den Nutritions-Organen die der Fortpflanzung mit einiger Sicherheit vorstellen kann. — Bei gewissen Pflanzen ist der Bau der Veget.-Organe, z. B. der Blätter, intimer, wenigstens deutlicher, mit einem bestimmten der Befruchtungsorgane, verknüpft, bei den Cryptogamen mehr als bei den Monocotyledonen, bei diesen mehr als bei den Dicotyledonen, auf die Weise, dass die Form und Vertheilung der Nerven uns bei den ersteren oft zum Erkennen der Gattungen oder Arten, bei den folgenden zur Unterscheidung der Familien, bei den letztern aber nur in seltenen Fällen zu solchem Resultate führen kann. — Die Befruchtungsorgane, auf welche bei den Phanerogamen Gattungen und Arten gegründet sind, leiten uns, wenn sie gut erhalten sind, beim Bestimmen sicherer, als irgend ein anderes Organ. — Bei den Cryptogamen kann man Familien und zuweilen selbst Gattungen leichter aus den Merkmalen der Stengel und Blätter bestimmen. Bei den Phanerog. kann man meistens nur mit Hülfe der Früchte u. a. Befruchtungstheile genau bestimmen. Man darf aber in beiden Fällen nicht bei einer äusserlichen Vergleichung, bei Analogie der äussern Formen, stehen bleiben, denn letztere täuschen oft.

Die Pflanzen sind, mit Ausnahme der Agamen und einiger Cryptogamen, aus Zellgewebe und aus von Fasergewebe begleiteten Gefässen, die das wirkliche Holz der Organe ausmachen und ihre wesentl. Formen bestimmen, welche durch das Zellgewebe oft verdeckt werden, gebildet. Man muss daher auf die Anordnung der fibro-vasculären Bündel, welche die Blattnerven und die faser- oder fadenartigen Theile des Holzes ausmachen, besonders Acht haben, um die wahren Verhältnisse unter Pflanzen zu ermitteln. Dies Studium ist bei lebenden Gewächsen schwer, aber bei den fossilen meistens noch schwerer: hier muss man in den äussern Formen Andeutungen der Vertheilung jener Gefässe zu finden suchen; und auf diese Anzeichen oft mehr Gewicht legen, als auf andre sichlichere Merkmale.

Man muss ausserdem im Untersuchen fossiler Gewächse Uebung haben, so dass man Irrungen vermeidet, die bei den Veränderungen, welche die Pflanze beim Uebergange in fossilen Zustand erfahren, entstehen können. Man muss: 1) die Veränderungen bestimmen, welche durch den Druck verursacht worden; 2) untersuchen, ob dem Exemplare nicht Theile fehlen, die im lebenden Zustande zu dieser Pflanzenportion gehört haben, ob z. B. die Rinde vorhanden ist oder man nur den innern unvollständigen Kern vor sich hat; 3) ob das Exemplar die Pflanze selbst, oder ihren Abdruck in umgebenden Felsen darstellt. — Dann muss man zu ermitteln suchen, welchen Theil der Pfl. man hat, ob es nur der Stamm ist oder ob mit den Blättern, ob es Blätter, Blüthen, Früchte oder Samen sind. — Dann untersucht man in der Vertheilung der Gefässe, oder in der äussern Form, die sie den Organen verleihen, die Merkmale, die zur Erkennung der grossen Classen im Pflanzenreiche dienen. Die Bestimmung der Familien und Gattungen beruht auf eignen Merkmalen. Wenn es deutlich zu sehen ist, dass das Gewächs mit einer noch lebenden Art einerlei ist, so lässt der Verf. ihren Namen bestehen mit dem Epitheton *fossilis*. — Wenn die fossile Pflanze hinlänglich sie auszeichnende Merkmale hat, sich aber von den lebenden Arten nicht mehr unterscheidet, als diese unter einander, so nimmt der Verf. sie für eine neue Art derselben Gattung; wenn indess die Unterschiede etwas grösser sind, das Organ aber, welches sie darbietet, nicht wichtig genug ist, um den Verf. zu überzeugen, dass diese Pflanze sich von andern derselben Gattung durch alle ihre wesentliche Organe unterscheide, so ändert der Verf. nur die Endung des Gattungsnamens in *-ites*, z. B. *Zamia*, *Zamites*; *Thuia*, *Thuiites*; *Lycopodium*, *Lycopodites*. — Unterscheidet sich ferner ein Gewächs in seinen fossilen Organen von andern bekannten Gattungen so, wie diese Gattungen sich unter einander, so sieht sie der Verf. für eine eigne Gattung an. — Zuweilen ist man auch genöthigt, künstliche Gattungen zu bilden, wenn man keine solchen Merkmale findet, die zum Feststellen von Gattungen bei noch lebenden Pflanzen dienen. Endlich findet man auch fossile Pflanzentheile, die man wohl unter eine der grossen Pfl.-Classen bringen kann, jedoch ohne sie der Familie nach bestimmen zu können: sie werden dann ans Ende der Classe gestellt.

Des Verf. Aufstellung der Classen, Familien und Gattungen ist folgende: Istes Cap. Bestimmung und bot. Geschichte der fossilen. Gewächse. — Iste Classe: AGAMAE. 1 — 2te Fam.: *Conferyae*, *Algae*. IIte Cl. CRYPTOGAMAE CELLULOSAE: 3te Fam. *Musci*. IIIte Cl. CRYPTOG. VASCULOSAE: 4 — 8te Fam. *Equisetaceae*, *Filices*, *Marsileac.*, *Characeae*, *Lycopodiaceae*. IVte Cl. PHANEROGAMAE GYMNOSPERMAE: 9, 10te Fam. *Cycadeae*, *Coniferae*. Vte Cl. PHANEROG. MONOCOTYL. 11 — 14te Fam. *Najades*, *Palmae*, *Liliaceae*, *Cannae*; dazu: *Monocotyled.*, deren Familie unbekannt ist. VIte Cl. PHANEROG. DICOTYLEDONEAE. 15 — 18te Fam.: *Amentaceae*, *Juglandeae*, *Acerinae*, *Nymphaeace*; dazu *Dicotyled.*, die nicht der Fam. nach bestimmbar sind. Endlich Pflanzen, deren Classe ungewiss ist.

IItes Cap. Verbreitung der fossilen Pflanzen in den verschiedenen Erdschichten. — Der Verf. giebt die Charactere der Classen, Familien und Gattungen an und zählt die Arten mit ihren wichtigsten Synonymen auf. Bei den Familien sind Vergleichungen zwischen den jetzt lebenden Gattungen und ihre und der fossilen geogr. Verbreitung beigefügt, z. B. wohnen die jetzt lebenden *Sargassum*-Arten um 43° n. Br. an den Küsten Spaniens und des Mittelmeers [vgl. Jahresb. 1830, S. 8.], die fossilen Arten aber findet man bis unter die Breite von Schonen. Die jetzigen *Caulerpae*, die sich den fossilen am meisten nähern, finden sich nur in den tropischen Meeren oder in der südlichen Hemisphäre, dagegen man eine fossile Art bis nach Schonen hinauf antrifft.

Nach Brongniart's Werke sind folgende 16 Pfl.-Petrificate in Schweden gefunden: [s. Jahresber. 1829, S. 95 f.; 1831, S. 179 f.] *Algae*: 1) *Fucoides septentrionalis* Ad. Brongn. Hist. des Vég. foss. T. I. p. 50. t. 11. f. 24. Prodr. d'hist. d. Vég. foss. p. 19. *Sargassum septentr.* Ag. Act. Holm. 1823. p. 108. t. 2. — 2) *Fucoides circinnatus* Br. Hist. I. 83. t. 3. f. 3. Prodr. p. 22. — 3) *Fuc. Nilssonianus* Br. Hist. I. 76. t. 2. f. 22, 23. Prodr. 21. (Hab.: in Schisto bituminoso bei Hör in Schonen.) — *Filices*: 4) *Glossopteris Nilssoniana* Br. Srodr. 54. *Filicites Nilssonianus* Brongn. in Ann. des Sc. nat. T. IV. p. 218. t. 12. f. 1. Bei Hör in Schonen (grès de lias?). — 5) *Pecopteris Agardhiana* Br. Prodr. 58. *Filicites Agardh.* Br. in Ann. d. Sc. n. IV. 218. t. 12. f. 2. — Im Grès du Lias? bei Hör in Schonen. Obs. Dubia sp. sec. Brongn. — 6) *Clathropteris meniscioides* Br. Prodr. 62. *Filicites menisc.* Br. in Ann. d. Sc. n. IV. 218. t. 11. Im Grès de lias bei Hör. — 7) *Filicites ophioglossiformis* Ag. — *Lycopodiac.*: 8) *Lycopodites patens* Br. in Ann. d. Sc. n. IV. p. 208. Prodr. p. 84. Grès du lias? bei Hör. — *Cycadeae*:

9) *Cycadites Nilssonianus* Br. Prodr. 93. *C. Nilssonii* Br. l. c. p. 204. *Phyllites*, Nilsson in Act. Holm. 1824. I. p. 147. t. 2. f. 4, 6. Craie inférieure in Schonen. — 10) *Pterophyllum majus* Br. in Ann. d. Sc. n. IV. t. 12. f. 7. Prodr. p. 95. Grès du lias? bei Hör (wie die 4 folgenden). — 11) *Pteroph. minus* Br. l. c. t. 12. f. 8. — 12) *Pteroph. dubium* Br. Prodr. 95. *Nilssonia? aequalis* Br. Ann. d. Sc. n. IV. 219. t. 12. f. 6. Species dubia. — 13) *Nilssonia brevis* Br. Ann. d. Sc. n. IV. 218. t. 12. f. 4. Prodr. 95. — 14) *Nilssonia elongata* Br. l. c. 218. t. 12. f. 3. Prodr. 95. — *Najades*: 15) *Zosterites Agardhianus* Br. Prodr. p. 115. *Amphibolis septentr.* Ag. in Act. Holm. 1823. p. 111. t. 2. f. 8. Hab.: formation de lias? bei Höganäs in Schonen. — *Monocot.* unbest. Fam.: 16) *Culmites Nilssoni* Br. Prodr. p. 195. bei Hör in Schonen.

Der Verf. stellt im 2ten Cap. die Verbreitung der fossilen Pfl. in verschiedenen Erdschichten dar, wobei er die darin gefundenen Arten aufzählt und die Fundörter angiebt. Er nimmt folgende Erdschichten an (bei mehreren davon mögen hier die schwedischen Petrefacten genannt werden; vgl. damit Jahresb. 1831, S. 179 f. nach Hisinger): 1. Terrain de transition: darin *Fucoides circinnatus*. 2. Terrain houiller. 3. T. du calcaire penéen et des schistes bitumineux: *Fucoides septentr.* & *Nilssonianus*, *Zosterites Agardhianus*. 4. Terrain du grès bigarré. 5. Calcaire conchylien. 6. Terr. du Keuper, des marnes irisées et du lias: *Glossopteris Nilssoniana*, *Pecopteris Agardhiana*, *Clathopteris meniscioides*; *Lycopodites patens*; *Pterophyllum majus*, *minus* & *dubium*, *Nilssonia brevis* & *elongata*; *Culmites Nilssoni*. 7. Terrain jurassique. 8. Terr. crétacé: *Cycadites Nilssoni*. 9. Terr. marno-charbonneux. 10. T. calcaire grossier. 11. T. lacustre palaeotherien. 12. T. marin supérieur. 13. T. lac. supérieur. 14. Terrains de formation contemporaine.

— Bei der Steinkohlenformation (*T. houiller*) geht der Verf. in ausführliche Prüfung ihrer veget. Beschaffenheit ein. Es dürfte, wie er sagt, in der Geologie wenige so merkwürdige Phänomene geben, wie diese unermessliche Anhäufung von Gewächsen, welche Stoff zu Kohlenlagern sehr bedeutender Mächtigkeit und die oft in grosser Anzahl über einander ruhen, dargeboten haben, was noch mehr auffällt, wenn man bedenkt, dass diese ungeheure Masse pflanzl. Brennmaterials fast das erste Indicium ist, welches sich vom Dasein des Pflanzenreichs auf der Erde erhalten hat, dass ferner die Gewächse, die in so weiten Strecken niedergelegt sind, nur 5 oder 6 Pflanzenfamilien angehört haben und in viel geringerer Artenzahl dagewesen sind, als sich jetzt in den eingeschränktesten und in dieser Hinsicht am wenigsten begünstigten Ländern finden. — Der Verf. vergleicht die Zahl der Gewächsarten dieser Formation mit der der nur bis jetzt (1828) bekannten lebenden Arten:

	Zur Bildungszeit d. Kohlenformation.	Gegenwärtig:
1. *Agamae*	0	7000
2. *Cryptogamae cellulosae*	0	1500
3. *Cryptog. vasculosae*: *Equisetac.* 14; *Filices* 150; *Marsileac.* 7; *Lycopodiac.* 68.	219	1700
4. *Phanerogamae gymnospermae*	0	150
5. *Phanerog. monocotyled.*: *Palmae* 3; *Canna* 1; unbestimmte 14.	18	8000
6. *Phanerog. dicotyled.*: bestimmte		32000
Pflanzen, deren Classe unbestimmt ist	21	
	258	50350

Aus dieser Tab. ergiebt sich der Unterschied zw. der Vegetationsperiode der Kohlenformation und der jetzigen: die Flora jener bestand grösstentheils aus *Cryptog. vasculosae* oder *Filices* und verwandten Familien, welche 5/6 der Totalsumme jener Zeit ausmachten, dagegen sie jetzt 1/30 der Vegetatiou bilden; die *Dicotyledonen*, welche jetzt 3/5 der lebenden Pfl. ausmachen, existirten zu jener Zeit kaum oder sie bildeten, vorausgesetzt, dass jene 21 unsicher hingestellten dazu gehören, nur 1/12 der ganzen Vegetation. — Die *Phanerog. monocotyledoneae*, deren Zahl der Verf. für ziemlich hoch in s. Verzeichnisse angenommen hält, machen nur 1/14 des Ganzen, während sie jetzt gegen 1/6 der bekannten Pfl.-Arten ausmachen. — Aeusserst verschiedenartige Gattungen gab es damals gegen die jetzigen, z. B. *Calamites*, *Neuropteris*, *Odontopteris*, *Sphenophyllum*, *Lepidodendron*, *Noggerathia* und *Zygophyllites*, die zu bestimmten bekannten Familien gehören; aber *Phyllotheca*, *Rotularia* und *Asterophyllites* sind unserer Veget. ganz fremde Gruppen. — Unter den *Cryptogamen* zeichnen sich die jener Zeit von den jetzigen durch ansehnlicheren Wuchs, grössere Entwickelung aller Organe, besonders der Stämme, aus, welche Entwickelung gegenwärtig ein Resultat höherer Temperatur und eines feuchteren Klima's ist.

Bemerkenswerth ist die grosse Arten-Einerleiheit in den verschiedensten und abgelegensten Ländern. Die Gewächse der Kohlenformation NAmerica's sind grösstentheils dieselben, wie die in Europa und alle gehören zu denselben Gattungen. Einige Exemplare aus Grönland sind auch zu den *Filices* zu bringen, analog denen in europäischen Kohlengruben, und dieselben Arten scheinen im Innern der Baffinsbai von Parry gefunden zu sein. — Man hat erst wenig Kunde von den fossilen Pflanzen der Kohlenformationen der tropischen und der australischen Länder [s. aber nun Jahresb. 1833, S. 170.]. Der Verf. hat 3 fossile Gewächsarten aus Neuholland gesehen: 2 waren *Filices*, die 3te hatte quirlständige Blätter; sie gehören nach dem Verf. zu denselben Fam., wie die Pfl. der Kohlenformation in der nördlichen Hemisphäre, obschon der Art oder selbst Gattung nach davon verschieden. — Der Verf. sah auch 2 Arten aus der Kohlenformation in Indien: eine ein Farrenkraut, fast eine Var. einer der neuholländ. Arten; die andre scheint eine eigne, gewiss zu den Palmen gehörende Gattung zu sein. — Auch im tropischen und südlichen America, in Columbien, Peru und Chili giebt es Kohlenformationen; der Verf. sah aber ihre fossilen Gewächse nicht.

Jener Zeitraum scheint also eine gleichartigere oder einförmigere Vegetation besessen zu haben. Die Vegetation, welcher die Kohlenformation in der nördl. Halbkugel, und vielleicht auf der ganzen Erde, ihr Entstehen verdankt, hat 2 wesentliche Charaktere: 1) die ansehnliche Zahl der *Cryptog. vasculosae*, 2) die grosse Ausbildung dieser Gewächse. — Viele *Monocotyledonen* oder baumartige vasculäre *Cryptogamen* scheinen jener Zeit angehört zu haben; solche findet man jetzt nur in den wärmsten Erdstrichen. Daraus ist wahrscheinlich, dass das Klima in den Ländern, wo jene Gewächse damals vegetirten, wenigstens ebenso warm war, als das der Aequatorialgegenden, vielleicht noch wärmer, weil wir sehen, dass diese Gewächse gegenwärtig um desto grössern Wuchs zeigen, je wärmer das Klima ist, und die jener frühern Zeit angehörenden an Grösse die mächtigsten Arten, die jetzt die Erde bewohnen, übertreffen. — Jene Pflanzenwelt scheint am meisten der geglichen zu sahen, die sich jetzt auf weit von Continenten abgelegenen Inseln befindet. *Filices* und *Lycopodiaceae* haben daselbst nach R. Brown und D'Urville zahlreichere Arten in Folge der höhern und besonders gleichmässigen (Se-klima-)Temperatur und einer feuchten Luft, woraus folgt, dass wegen dieser Umstände jene Pflanzen bei gleich günstigen Localitäten in der Aequatorialzone zahlreicher sind als in kälteren Zonen, dass sie aber in derselben Zone auf Inseln häufiger sind als auf Continenten. In den hierin günstigsten Theilen des europ. Continents ist ihr Verhältniss zu den Phanerogamen = 1 : 40, während bei sonst gleichen Umständen ihr Verhältniss in tropischen Continentalländern wie 1 : 20 und in minder günstigen Fällen 1 : 26 ist. Unter gleicher Breite wird ihr Verhältniss auf den Inseln grösser. Auf den Antillen scheint das Verb. der *Filices* zu den *Phanerog.* nahe 1 : 10, statt 1 : 20, als desjen. der günstigsten Theile des americ. Continents, zu sein; auf den Südseeinseln $\frac{1}{4}$ oder $\frac{1}{3}$ statt des indischen oder neuholländ. Verb. von 1 : 26; auf St. Helena und auf Tristan d'Acunha 2 : 3; auf Ascension ist die Zahl der wirklich einheimischen Phanerog. der der vasculären Cryptogamen gleich. — Wenn es damals den genannten gleiche Inseln einsam auf dem Erdballe mitten in weitem Meere gab, so war gewiss das Verhältniss der *Filices* noch grösser. Die *Cryptog. vascul.* scheinen dort die Phanerog. an Zahl weit übertroffen zu haben. Dies ist auch das Verh. in der Kohlenformation. Die Pflanzen, welche diesen Niederlagen ihren Ursprung gaben, wuchsen wahrscheinlich auf Inseln weniger weit ausgedehnter Archipele. Sternberg und Boué waren auch der Meinung, dass zur Zeit der Kohlenbildung die Continente weniger ausgedehnt gewesen und die Meere einen grössern Theil der Erde bedeckt haben, als jetzt.

Die Geologie und die Botanik stimmen darin überein, dass damals das trockne Land auf Inseln von geringer Weite, im Schoosse grosser Meere gelegen, eingeschränkt gewesen und auf diesen Inseln Pflanzen vegetirt haben, deren Reste sich in der Steinkohlenformation finden. Sie wuchsen gewiss an den Stellen, wo man sie jetzt findet, oder wenig davon entfernt. Die Art, wie die Pflanzen in den, Kohlenlager einschliessenden, Gebirgen aufbewahrt sind, und das Vorkommen von senkrechten Stämmen, wie solche in ihrem Leben gestanden haben mussten, überzeugen davon.

Die oft gleiche Dicke der Kohlenlager, ihre Lagerung, selbst die Natur dieser Substanz, bestimmen Brongniart, De Luc's Meinung beizutreten, dass jene Lager als weit ausgedehnte Torflager (*tourbières*), die durch mancherlei Umstände unter Schichten andrer Substanzen begraben worden, anzusehen seien. Am sichersten dürfte bei Betrachtung der Kohlenlager die Vermuthung leiten, dass mehr oder minder grosse Inseln mit Pflanzen sehr kräftigen Wuchses, durch warmes und feuchtes Klima begünstigt, bedeckt waren, dass diese Gewachse bei ihrer Zerstörung in den gegen das Meer geöffneten Thälern mehr oder minder ausgedehnte Torflager von verschiedentlicher Dicke bildeten, die in mehrfacher Hinsicht den noch in Gebirgsthälern befindlichen analog sind; dass diese Torfbette bei ihrer Bildung mit Ablagerungen von Sand und Thon abwechseln konnten.

Solches sind die Ursachen, welche die Vegetation beschleunigen, sie in einer Hinsicht vom Boden unabhängig machen, dann die Zerstörung der von abgestorbenen Pflanzen herrührenden vegetabil. Masse hemmen konnten. Unter die verschiednen Umstände, die dazu beitragen, rechnet der Verf. noch besonders folgenden von ihm als wahrscheinlich angenommenen. Er findet es klar, dass die jetzt lebenden Wesen, dass Depôts brennbarer Fossilien aus allen Perioden, dass alle bituminösen Kalkmassen eine ansehnliche Menge Kohlenstoff [z. Th. als Kohlensäure] einschliessen, welche vor der Existenz der Wesen, welche sie aufgenommen enthielten und sie in die Erdschichten niedergelegt haben, in der Natur in einem solchen Zustande haben vorhanden sein müssen, dass sie von diesen Wesen leicht assimilirt werden konnte. Man könne annehmen, dass dieser Kohlenstoff im Zustande der Kohlensäure (in viel grösserer Menge als jetzt) in der Atmosphäre verbreitet gewesen sei und die Gewächse ihn in diesem Zustande zuerst aufgenommen haben, um ihn dann (als Nahrung) den Thieren mitzutheilen. — Nach Th. v. Saussure's Versuchen ist das Verhältniss der Kohlensäure in unsrer Atmosphäre weit entfernt, das günstigste für das Pflanzenleben zu sein; eine viel beträchtlichere Menge: bis zu 2, 3, 4, ja bis zu 8 Theilen auf 100 mache das Wachsthum thätiger, wenn die Pflanzen dem Einflusse der Sonne ausgesetzt sind. Daher musste ein grösserer Antheil Kohlensäure, als jetzt in der Atmosphäre befindlich ist [jetzt kaum $1/2000$], das Pflanzenleben thätiger und mehr von dem, damals noch sterilen und erst wenig durch Humus fruchtbar gewordenen, Erdreiche unabhängig machen, indem so den Pflanzen möglich gemacht war, fast ganz auf Kosten der Atmosphäre zu leben. Die Gegenwart dieser grössern Menge K. in der Luft musste andererseits, wenigstens theilweise, der Zersetzung todter Pflanzen und ihrer Verwandlung in Dammerde (*terreau*) welche fast nur durch Hinwegführung von Kohlenstoff durch Sauerstoff der Luft erfolgt, entgegenwirken. Das Holz u. alle todten Pflanzenreste mussten so länger ausdauern oder nur ihre wässrigen Theile verlieren und sich so in einen Stoff verwandeln, der reicher an Kohlenstoff, als die Dammerde, und dem Torfe mehr gleichartig ist und den Ursprung des Kohlenlagers gebildet haben dürfte. — Ohne diese Hypothese vom Dasein von mehr Kohlensäure in der Luft zur Zeit der Bildung des ersten *terrain de sédiment* kann man, sagt Br., den Ursprung aller der festen Kohle in den organisirten fossilen und lebenden Körpern nicht erklären; sie stimmt auch gut dazu, dass früher Landgewächse da gewesen, als Thiere mit Luftathmung, für welche letztern diese Menge Kohlens. tödtend gewesen wäre. Erst nachdem mehrere Generationen die Atmosphäre vom Ueberflusse an Kohlenstoff befreit und ihn im Boden im Zustande von Kohle oder andern brennbaren Fossilien (auch als Humus) niedergelegt, konnten anfänglich Amphibien und nachher auch Säugethiere auf der Erde leben. Sie führten dann das Gleichgewicht zwischen der Respiration der Pflanzen und der Thiere herbei, welches den jetzigen Zeitraum charakterisirt und vielleicht eine der Ursachen der Stetigkeit der Formen der lebenden organisirten Wesen ist.

Die Vegetation zur Zeit der Kohlenbildung war also durch ein Uebergewicht der vasculären Cryptogamen an Zahl und Grösse ausgezeichnet; dies deutet auf eine viel höhere Temperatur als die jetzige unsrer gemässigten Erdstriche; ferner waren nach Br. damals nur wenig ausgedehnte Landstrecken mitten in weiten Meeren vorhanden; die Pflanzen wuchsen da, wo man ihre Reste jetzt findet; endlich stimmt ihre Vegetationskraft und ihr leichter Uebergang in eine Art Torf, als Ursprung der Kohle, vollkommen mit der Annahme der wahrscheinl. Gegenwart einer grössern Menge Kohlensäure in der Luft zu jener Zeit überein.

Der Verf. schliesst sein Werk mit folgender Untersuchung der Veränderungen, welche die Vegetation durch Zeiträume erlitten, und der Ursachen derselben. — Er sagt, man könne die im vorhergehenden Cap. durch geologische Formationsepochen dargestellten verschiedenen Floren unter 4 verschiedene Vegetations-Perioden bringen, worunter Br. Zeiträume versteht, in deren jedem das Total-Verhältniss der Familien oder Classen unter einander sich nicht bedeutend verändert hat. — Die 1ste von den ersten Vegetationszeichen an, die sich in einigen Uebergangs-Terrains zeigen, bis zur Bildung von Kohlenlagern oder bis zum rothen Sandstein. Sie zeichnet sich durch jenes Ueberwiegen der vasculären Cryptogamen in Zahl und Grösse aus. — Die 2te entspricht der Ablagerung des bunten Sandsteins und scheint von der vorhergehenden durch Bildungen unterschieden zu sein, denen es entweder an Pflanzen fehlt, oder die nur Abdrücke von Seegewächsen einschliessen, wie *le grès rouge* und *le calcaire penéen*. Diese Periode ist noch nicht genug nach auszeichnenden Merkmalen bekannt. — Die 3te beginnt mit der Zeit des *calcaire conchylien* und reicht bis zur Absetzung der Kreide. Sie ist durch Häufigkeit der *Cycadeae* in Verbindung mit *Filices* und *Coniferae* ausgezeichnet. — Die 4te entspricht der Zeit, wo Schichten, die jünger als die Kreide sind, oder *terrains de sédiment supérieurs* sich lagerten, und ist ausgezeichnet durch das Uebergewicht der Zahl der *Dicotyledoneae* und den Mangel an von der jetzigen Pflanzenwelt abweichenden Formen. — Der Verf. giebt eine Tabelle der Unterschiede der Vegetation in diesen 4 Perioden und in jetziger Zeit: [in dess. Vfs. Abh.: Allgem. Betracht. üb. die Vegetation, welche die Erdoberfläche in den versch. Epochen ihrer Rindenbildung bekleidete, in *Ann. d. Sc. nat.* 1828, Nov. (im Ausz. in Bot. Lit.-Bl. II. 230 — 241; s. a. Poggendorffs Ann. der Phys. Bd. XV. H. 3.) ist eine durch Fam. und Gattungen ausgeführte Tabelle der foss. Pflanzen jener Periode gegeben, nebst einem Summarium, welches folgender Tab. fast gleich ist, jedoch in der 3ten Periode 18 *Agamae* zählt, dann in der 1sten oder ältesten Per. noch 22 *Pl. incertae sedis* nennt.]

Namen der Classen.	1. Per.	2. Per.	3. Per.	4. Per.	Gegenw.
1. *Agamae* . . .	4	7	3	13	7000
2. *Cryptog. cellulosae*	—	—	—	2	1500
3. *Cryptog. vasculares*	220	8	31	7	1700
4. *Phanerog. gymnosp.*	—	5	35	17	150
5. *Phan. monocotyl.*	16	5	3	25	8000
6. *Phan. dicotyled.*	—	—	—	100	32000
	240	25	72	164	50350

Die Anzahl für die 4te Periode ist nur annähernd, besonders bei den *Mono-* und *Dicotyledonen*, deren Arten nicht genau bestimmt und gewiss zahlreicher sind; örtliche Umstände haben auch Einfluss ausgeübt, besonders auf die vierte Classe, deren Zahl wahrscheinlich daher rührt, dass Lignitbildungen grösstentheils von Resten aus Nadelholzwäldern gebildet sind, unter welchen man überhaupt wenig andre Gewächse findet. — Die Veget. der jetzigen Periode kann man als Fortsetzung derjenigen, die unmittelbar nach dem Ablagern der Kreide begonnen hat, betrachten.

Diese Perioden sind fast immer durch Bildungen von einander geschieden, welche keine Landfossilien enthalten und wovon sich deshalb annehmen liesse, dass sie die vorherige Veget. gänzlich zerstört und das Vorspiel einer neuen Pflanzenschöpfung gemacht haben. Solche sind *le grès rouge*, *le calcaire conchylien*, und vorzüglich die Kreide.

Die Ausbildung des Pflanzenreichs von den ältesten Zeiten bis jetzt lässt Folgendes bemerken: In der 1sten Periode findet man fast nur *Cryptogamen*, Pflanzen einfacheren Baues als in den folg. Pflanzen-Classen. In der 2ten Per. wird die Artenzahl aus den 2 folgenden Classen verhältnissmässig bedeutender. In der 3ten herrschten vorzüglich *Phanerog. gymnospermae* (*Cycadeae* und *Coniferae*) vor, deren Auftreten auf der Erde dem der Menge andrer (*mono-* und *dicotyl.*) *Phanerogamen*, die erst in der 4ten Periode herrschend werden, vorangeht. — Die einfachsten Gewächse sind also denen zusammengesetzteren Baues vorangegangen und die Natur hat nach und nach die vollkommneren Wesen geschaffen, wie solches auch bei den Thieren erfolgt ist..

Die grossen Veränderungen der Flora und der Fauna haben auch fast gleichzeitig stattgefunden. So werden die Amphibien nicht früher zahlreich als zu Anfange der 3ten Pflanzenperiode, in der Bildungszeit des Keupers, die dem Erscheinen der *Cycadeae* entspricht; das der Säugethiere knüpft sich an den Anfang der 4ten Periode, indem vollkommner organisirte Thiere zu derselben Zeit zu leben oder wenigstens gemein zu werden anfingen, wie die *dicotyledon*ischen Gewächse, die auch sonach als die vollkommensten erscheinen. — Diese successiven Veränderungen der organisirten Wesen sind wahrscheinlich Folgen der Veränderungen, die der Erdball erfahren. — Die meisten Naturforscher sind darin einstimmig, dass die Erde in den früheren Zeiten ihrer Bildung eine höhere Temperatur besessen, als die jetzige ist. Die Natur und Stärke der fossilen Gewächse in der Kohlenformation sprechen am meisten dafür; und die allmählige Abnahme dieser Temp. ist ohne Zweifel eine der Ursachen, die auf die Aenderungen der Vegetation von jenen Zeiten an bis gegenwärtig Einfluss gehabt haben. Wenn die Vegetation auf jenen in weiten Meeren (ohne grosse Continente) zerstreuten Inseln ihren Anfang genommen, so gehört solche Beschaffenheit der Erdoberfläche zu den Hauptursachen jener Art der Flora. Haben sich dann diese Inseln zu Bildung grösserer Continente vereinigt, so musste das Land für das Wachsthum mannigfaltigerer Gewächse geeignet werden, bis zu endlicher Analogie mit denen, welche die Floren der Continentalländer bilden. — Eigentlich hat erst nach Bildung der Kreide die Veget. den Character bekommen, den wir continental nennen können, und von diesem Zeitpunkte an lässt sich annehmen, dass die Erdoberfläche frei oder trocken geworden sei und Continente gebildet habe.

Der Verf. bemerkt, dass wenn die Hypothese von früherem grössern Kohlensäuregehalt der Atmosphäre gegen jetzt der Wahrheit gemäss sei, dann auch die allmählige Abnahme dieses Gases als solches grossen Einfluss auf die Natur der zu den verschiedenen Zeiten lebenden Wesen gehabt haben müsse.

Dieses Werk **Br's.** ist das wichtigste bisher über Pfl.-Petrificate erschienene und höchst lehrreich. [Die Annahme der von **Br.** scharf unterschiedenen 4 Perioden bestreitet **Fr. Hoffmann** (in **Poggend.** Ann. der Phys. Bd. XV. H. 3.); er weiset Uebergänge von der 1sten zur 2ten Veget.-Formation, von dieser zur 3ten &c. nach; sie seien keinesweges überall durch ganz versteinerungsleere Schichten getrennt; auch dürfte Br's. 4te Pflanzen-Classe vielmehr zwischen die 5te und 6te gehören. H's. Hauptsätze sind am Schlusse: 1) dass es keine unter den allgemeiner verbreiteten Formationen seit dem ersten Erscheinen organ. Geschöpfe gebe, in welcher nicht auch zugleich die Reste einer gleichzeitig fortbestehenden Land-Vegetation vorkommen; 2) dass die versch. Perioden der vorweltl. Vegetation zwar stufenweise, von der ältesten bis zur jüngsten, durch das fortgesetzte Eintreten von neuen, immer vollkommener organisirten Pflanzen-Familien bezeichnet werden, dass aber damit keinesweges ein völliges Verschwinden aller in den vorhergehenden Perioden vorhandenen Arten verbunden sei; 3) dass sich die Arten der am vollkommensten entwickelten Classe der *Dicotyl.* bereits in der Bildungsepoche der Flötzformation einstellen und dass sich die ersten Spuren ders. schon in den ältesten Schichten des Flötzgebirges nachweisen lassen, während sie in den darauf folgenden an Häufigkeit ununterbrochen zunehmen." — Hierzu sagt Berzelius (im Jahresb. der phys. Wissensch. 10. Jahrg. S. 260 der Uebersetz.), welcher ebendas. Brongniart's Theorie ohne Einwendung referirt, Folgendes: „Ein solches Verhältniss (einer einzigen progressiven Bildungsperiode, nach Hoffmann), wenn es durch künftige fortgesetzte Forschungen bestätigt wird, stimmt weder mit dem überein, was wir von der gegenwärt. Periode erfahren haben, in der nichts, so viel wir wissen, ausstirbt oder zu dem Vorhandenen hinzukommt, noch mit dem Verhältn. dieser Periode zur vorhergehenden, deren Organisation man als ganz vergangen und von einer völlig neuen vertreten betrachtet." — Graf Sternberg würde eher nur 3 Veget.-Perioden, und diese minder scharf, unterscheiden. — Gegen plötzliche Aenderungen und Katastrophen, die alle Uebergänge zwischen solchen Perioden ausschlössen, erklären sich auch v. Hoff, Link (in: die Urwelt und das Alterthum; durch die Naturkunde erläutert. 2. Aufl. I. Bd.) und Lyell.]

Ad. Brongniart hat auch die Herausgabe einer ausführlichen Geschichte oder Beschreibung der foss. Pflanzen begonnen [1]). Dies ist ein Prachtwerk, welches aus 2 Bänden in gr. 4. mit 180—200 Tafeln, welche die meisten fossilen Pfl. darstellen, bestehen soll; es wird 12 oder 15 Hefte ausmachen; jedes Heft enthält 15 Tafeln und kostet 13 Francs. 1828 erschienen 2 H.; [einen Ausz. s. in Bot. Literaturbl. I. S. 293 — 329.] — Der

1) Histoire des Végétaux fossiles ou Recherches botaniques et géologiques sur les Végétaux renfermés dans les diverses couches du Globe, par M. Ad. Brongniart. T. I., II. Paris, 1828. gr. 4.

Verf. giebt zuerst die Geschichte dieses Zweiges der Wissenschaft. Steinhauer habe zuerst systematische Namen und eine wissenschaftl. Terminologie eingeführt, seine Classification gleiche aber noch der der ältern Schriftsteller und sei unvollkommen (*Transact. of the Amer. Philos. Soc.*). Graf Sternberg und der Verf. haben beide zugleich, aber unbewusst und unabhängig von einander, Gattungs- und Artenabtheilungen versucht, welche zwar in den Benennungen von einander abweichend, im Umfange der Gattungen aber übereinstimmend seien, welches die Richtigkeit der Bestimmungen zu beweisen scheine. v. Martius und Artis scheinen nach dem Verf. die Pflanzen der Vorwelt noch nicht in allen Zuständen vielseitig genung untersucht zu haben, als sie an ihre Vergleichungen derselben, Jener mit lebenden, Dieser mit andern fossilen Pfl., geschritten seien, woraus denn auch einige zu gewagte Schlüsse auf Analogien hervorgangen. — Br's. Eintheilung der foss. Pfl. ward schon oben erwähnt (S. 78). — Bei jeder Familie wird von den Merkmalen der lebenden Arten und ihrer geogr. Verbreitung gesprochen, worauf der Verf. die der fossilen ebenso betrachtet und kritische Untersuchungen darüber im allgemeinen anstellt; es folgen dann Gattungs- und Species-Charactere und Abbildungen der fossilen Arten. — Zuerst werden die *Confervae* abgehandelt; dann „*Algae*" [ungegliederte]: hier die Gattung *Fucoides* in 10 Sectionen; darauf *Musci*, deren nur wenige fossil gefunden. — In's Detail dieses höchst wichtigen Werkes lässt sich hier nicht eingehen. [Das III. Heft (1830) enth. *Equisetaceae*: *Equisetum* 5 sp. und *Calamites* 18 sp. — s. darüber Eschweil. [Ann. der Gewächsk. Bd. IV. S. 4—9; V. S. 437 — 447. Das IV. u. folg. H. enth. *Filices*: s. Jahresh. üb. 1830, S. 109 f., desgl. Jahresh. üb. 1831 u. ff.]

In Gideon Mantell's *Illustrations of the Geology of Sussex* (Lond. 1827. 4to. m. 20 Taf.) kommen Beschreibungen fossiler Pfl. jener Provinz vor. [M. spricht auch im *Edinb. new phil. Journ.* 1830, Apr. p. 313. von thier. und vegetab. Resten in der Kreide.]

Dr. Hildreth hat Nachricht von bei Gallipolis im Staate Ohio in Nordamerica gefundenen Baumstämmen gegeben 2). Diese kommen im Sandstein vor; einige scheinen mit den Gipfeln den Fluss abwärts, andre entgegengesetzt gerichtet zu liegen, einige schief &c.; sie haben 8 — 10 Zoll Durchmesser und gleichen der Ulme; schimmern rothbraun; zwischen ihren Lamellen bemerkt

2) Silliman's American Journ. of Sc. and Arts. Vol. II. P. 2. (Juni 1827). [Bot. Lit.-Blätt. Bd. I. H. 2. S. 2 — 4.]

man häufig Quarzkrystalle oder auch dünne Lagen von Steinkohle; diese Stellen enthalten offenbar viel Eisen, denn die Oberfläche wird im Feuer ganz roth. Die Rinde scheint nicht so leicht in Versteinerung übergegangen zu sein, als das Holz, da sie von den Stämmen leicht trennbar und zerbrechbar ist. Der Verf. schliesst, dass diese Stämme in jener Zeit, wo das Ohio-Thal noch ein Theil des Oceans war, vom Wasser an diese Stelle gebracht und durch ein grosses Naturereigniss von einem gewaltigen Sandlager bedeckt wurden, das dann erhärtete. Verf. meint, dass, wäre eine grössere Menge zusammengelagerter Bäume vorhanden gewesen, sich wahrscheinlich ein Steinkohlenlager gebildet hätte, wie sich auch ein solches in demselben Hügel, nicht fern von jenen Bäumen, befindet.

Dr. Anton Sprengel hat eine Abhandlung über die sogen. Staarsteine oder *Psarolithen*, wovon man gewöhnlich bloss Bruchstücke, oft nur von Wurzelstöcken oder dem untersten Theile des Stammes antrifft, geschrieben [3]. — Die Staarsteine sind wahre Steine des Anstosses für die Naturforscher gewesen und man hat sie der nat. Familie nach nicht sicher bestimmen können. Als man in neuern Zeiten vom innern Baue der foss. Gewächse mehr Notiz nahm, glaubte man in ihnen *Monocotyledonen* aus der Fam. der Palmen zu sehen. Spr. hat sie genau untersucht und gezeigt, dass auch *Filices* darunter vorkommen. — Im I. Cap. spricht der Verf. von Petrefacten im Allgem. und giebt eine Uebersicht der Systeme der foss. Pflanzen von Schlotheim und von Brongniart (*in Mém. du Mus.*) Im II. Cap. werden die versch. Meinungen über die *Psarolithen* erzählt. Im III. Cap. folgt die Beschreibung derselben nach Brongniart's erstem Systeme. Sie werden unter die Gattung *Endogenites* gebracht, welche der Verf. als am nächsten zu den *Filices* gehörend betrachtet: 1. *E. Psarolithus*; 2. *E. Solenites*; 3. *E. Asterolithes*; dieser gehört nach dem Verf. zu einer noch unbekannten Familie, die den *Filices* am nächsten steht; 4. *E. Helmintholithes*, zu den *Filices*; 5. *E. Palmacites*, für eine Palme zu halten; 6. *E. Didymosolen*, von Aehnlichkeit mit der Cycadeengattung *Zamia*. — In Folge dieser Untersuchung erscheint es nun unzweifelhaft, dass es unter den Staarsteinen aus der ältern Koh-

3) Commentatio de *Psarolithis*, ligni fossilis genere. Auctore Antonio Sprengel, Ph. Dr. Halae, 1826. C. 1 tab. aen. pp. 42. [Ausz. s. in Regensb. bot. Zeit. 1839, S. 97—105.]

lenformation *mono*- und *dicotyledon*ische Gewächse giebt; durch Erforschung ihrer innern Organisation, meint der Verf., könne man sie der Familie und selbst der Gattung nach bestimmen.

VI. LITERATURGESCHICHTE DER BOTANIK.

Nachdem die deutschen Naturforscher und Aerzte bei ihrer Versammlung zu München im Sept. 1827 Berlin zum Versammlungsorte für 1828 bestimmt und den Baron Alex. v. Humboldt zum Geschäftsführer u. den Prof. der Zoologie Lichtenstein zum Secretär gewählt hatten, wurden beide Herren durch ein Schreiben der vorigen Geschäftsführer der letzten Zusammenkunft, der Hrn Döllinger und v. Martius, davon in Kenntniss gesetzt und ersucht, die Genehmigung des Königs von Preussen zur Versammlung in Berlin auszuwirken. Letztere ward vom Könige bewilligt. Das Königl. Preuss. Ministerium der geistlichen und Unterrichtsangelegenheiten und mehrere andre Autoritäten beförderten diese Zusammenkunft aufs zweckmässigste, und mit der grössten Liberalität von Seiten des Staats ward alles eingeleitet, diese Versammlung so lehrreich als möglich zu machen.

Den Statuten nach begannen die Sitzungen am 18. Sept.; 462 Personen, worunter 199 Berliner, wohnten ihnen als Mitglieder bei. Die öffentlichen allgem. Versammlungen fanden im grossen Saale des Gebäudes der Singakademie statt, das gemeinschaftl. Mittagsmahl täglich im neuen Exercirhause am Karlsplatze, wobei Männer gleichen Faches sich an besondere Tische gruppiren konnten. — Die allgem. Sitzungen fingen Vormitt. 10 Uhr an und dauerten bis spätestens 2 Uhr. Die Sectionen für die einzelnen Wissenschaften kamen meist früh 8 — 10 Uhr in Sälen und Zimmern des Café royal zusammen. — In der botanischen Section wurden Hornemann und Link zu Vorsitzern gewählt. Nachmittags wurden Sammlungen von Natur- und Kunstproducten und wissenschaftl. und Wohlthätigkeitsanstalten in und ausser der Stadt besucht, und die Abende wurden theilweise auf besondere Einladungen bei Gelehrten Berlins zugebracht.

Es hatten sich nicht wenige ausländische wissenschaftliche Männer eingefunden. Aus Stockholm Prof. Berzelius, die Herrn Hisinger, Wahlberg, Elliot und Palmstedt, ausserdem von der Universität Upsala die Prof. Walmstedt und Rudberg, von der Univ. Lund die Prof. Nilsson und Fries, welche auf Kosten des Staats reisten, und von der Königl. Akad. der Wiss.: Profess

Retzius, auf Kosten derselben. — Aus Dänemark: die Prof. Hornemann und Oersted und Dr. Forchhammer; aus England Hr. Sabine, Prof. Babbage; aus Holland: Prof. Reinwardt; aus Norwegen: Lector Keilhau.

Botaniker waren 55 zugegen. — . . .

A. v. Humboldt eröffnete die erste allgem. Sitzung mit einer vortrefflichen Rede, worauf der Secretär die 1822 zu Leipzig abgefassten Statuten vorlas. Jene Rede ist auch in folgendem später herausgegebenen Berichte gedruckt zu finden: „Amtlicher Bericht über die Versamml. deutscher Naturf. u. Aerzte zu Berlin im Sept. 1828, erstattet von den damaligen Geschäftsführern A. v. Humboldt und H. Lichtenstein. Nebst einer lithogr. Sammlung eigenhändiger Namenszüge der Theilnehmer. Berl. 1829. 55 u. 40 S. gr. 4. [1 Thlr.]. — Sowohl in den allgem. Versammlungen als auch in denen der Sectionen wurden Abhandlungen vorgetragen, worüber in den Sectionen discutirt ward. Auch die Hrn. Berzelius, Nilsson, Fries und Wahlberg hielten Vorträge. Die bot. Abh. hier anzuführen würde zu weitläuftig. — Am 19. Sept. Nachm. besuchte ein grosser Theil der Gesellschaft den botan. Garten. — Am 22. Sept. ward in der allg. Sitzung Heidelberg zum Versammlungsorte für 1829 und Prof. Tiedemann zum Geschäftsführer und Prof. L. Gmelin zum Secretär gewählt. — Am 23sten ward die Leistung eines Geldbeitrags zur Veranstaltung einer emendirten Ausgabe von Plinii *Historia naturalis* und vorgängiger Vergleichung von Handschriften zu Oxford, beschlossen, indem gleichzeitig der König von Baiern Codices zu Florenz, Paris, der König von Sachsen solche im Escurial und zu Toledo vergleichen liessen. — v. Martius hielt zum Schlusse im Namen der Versammlung eine dankende Anrede an die Geschäftsführer.

Es ward zur Erinnerung an die Versammlung eine Denkmünze von Loos geprägt; sie führt das Bild der Natur (der Isis), zu deren Füssen die ruhende Sphinx, die den ägyptischen Tempelsaal bewacht, mit der Umschrift: Certo digestum est ordine corpus; und auf der Rückseite folgende Worte: In memoriam Conventus Naturae Scrutatorum totius Germaniae septimum celebrati, Berolini MDCCCXXIII. mense Septembri. — Ausser mehreren vorgetragenen Abhandlungen, die dann (so wie die Eröffnungsrede) gedruckt vertheilt wurden, namentlich 2 botanischen von v. Martius und Reinwardt [5]) u. m. a., und einer (bei

4) Alex v. Humboldt: Rede, gehalten bei der Eröffnung der Versamml. deutscher Naturf. u. Aerzte in Berlin, am 28. Sept. 1828. 9 S. 4to.

Tische), vom Verf. ausgetheilten Charte [6]) erschienen anderwärts 2 Schriften über die Versammlung selbst [7]).

Nekrolog. — Die Wissenschaft hat i. J. 1828 folgende von ihren Förderern verloren:

Sam. Elias Bridel v. Brideri, Geh. Legations-Rath, geb. 1761 zu Cressig im Canton Waadt in der Schweiz, starb zu Gotha d. 7. Januar 1828.

James Edw. Smith, M. D., Präsid. der *Linnaean Society* zu London, geb. zu Norvich am 2. December 1759, starb ebendas. d. 17. März 1828.

Joh. Nepomuk Gebhard, Intendant des Goldbergwerks zu Zell im Zellerthale, geb. zu Freysingen d. 23. Juli 1774, starb zu Grätz d. 9. Juni 1828. [s. bot. Zeit. 1828. II.]

Louis Bosc, Prof. des Gartenbaues am Jardin du Roi zu Paris, Ritter der Ehrenlegion, starb d. 10. April.

Georg Weber, M. D., Conferenzrath, Prof. der Med. an der Univ. Kiel, Ritter des Dannebrog-Ordens, starb zu Kiel den 25. Juli, 76 Jahre alt.

Carl Peter Thunberg, M. D., Medicinae & Botanices Prof. an der K. Univ. zu Upsala, Commandeur des Kön. Wasa-Ordens, geb. zu Jönköping am 11. Nov. 1743, starb auf seinem Landgute Thunaberg bei Upsala d. 8. Aug. 1828.

Gust. Casten Aspegren, Kronbäcker, geb. zu Carlscrona den 17. Aug. 1791, starb daselbst d. 11. Juli 1828.

Carl Jeunet Duval, Prof., geb. zu Roie in der Picardie 1751, starb auf dem Schlosse Irlbach in Baiern d. 10. Sept. 1828.

Clas Eric Mellerborg, Bergwerksarzt bei Uddeholm in Wermland, geb. in der Gemeine Lenna des Stifts Strengnäs den 27. März 1773, starb in Jassinga auf Java d. 31. Dec. 1828.

C. G. Reinwardt: Ueber den Character der Vegetation auf den Inseln des indischen Archipels. 4to. 2 Bogen. [Ansz. s. in Beilschmied's Schrift: Pflanzengeogr. nach A. v. Humboldt &c. S. 176 ff.]

C. P. v. Martius: Ordinum Plantar. characteres stenographice exponere conatur C. Martius. 1/2 Bog. 4to.

5) Uebersichtskarte der Länder und Stadte, welche Abgeordnete zu der Versammlung in Berlin gesendet haben. (Vom Maj. Oesfeld.) fol.

6) Fr. Buchholz: Ueber die Zusammenkünfte der Physiker unserer Zeit. Aus: Neue Monatsschr. f. Deutschl. 1828. Sept. abgedr. 8.

Die Versammlung der deutschen Naturforscher und Aerzte in Berlin, kritisch beleuchtet. Leipz. 1829. 8. 58 S. 12mo.

Felix Avellar Brotero, ehemaliger Prof. der Bot. zu Coimbra, starb zu Lissabon i. J. 1828.

J. Freder. Maratti, Prof., starb zu Rom 1828, 93 Jahre alt.

Biographie des Ritters Sir James Edw. Smith, M. Dr., Präsid. der Linn. Societät zu London.

Im Ausz. [aus Taylor & Phillips' *Philos. Magaz. and Ann. of Phil.* Nr. 18. Mai 1828.] übersetzt mit Noten [über Linné's Sammlungen &c.] von Wikström. [Hiermit ist zu vgl. nöthig: Jahresb. 1832, S. 149 — 162; u. 1833, S. 192 — 200].

James Edward Smith ward zu Norwich d. 2. Dec. 1759 geboren. Diese Stadt ist seit 200 Jahren wegen ihrer Botaniker und Blumenfreunde berühmt gewesen. Hier wohnte Sir Thom. Browne, der Verf. der „*Vulgar Errors*“ und „*The Garden of Cyrus.*“ Einem Weber dieses Handelsortes gebührt die Ehre der Erste gewesen zu sein, der ein *Lycopodium* aus Samen aufzog, wie in Manchester es ein Weber war, der eine der seltensten *Jungermannien* zum Blühen brachte. In der Mitte des vorigen Jahrhunderts hatten Rose, Verf. der *Elements of Botany*, Pitchford, Bryant und Crowe im botan. Wissen dort den Vorrang: diese brachten dem jugendl. Gemüthe Smith's glühende Neigung zur Botanik und Geübtheit im Unterscheiden der Species bei. — Nach Benutzung des Schulunterrichts in der Vaterstadt ging Smith 1780 auf die Universität Edinburg, wo er auch seine botan. Studien fortsetzte, auch eine goldne Medaille erhielt, als der, der die grössten Fortschritte darin gemacht. — Seine Studien zu beschliessen, ging er nach London, wo er bald mit Sir Joseph Banks bekannt wurde; diese Bekanntschaft und der damit verbundene Zutritt zu gelehrten Männern verstärkten noch seine Neigung zur Botanik.

Um diese Zeit, am 1. Nov. 1783, war der jüngere Linné gestorben, und seine Mutter und Schwestern trugen einige Wochen darauf dem Ritter Joseph Banks die Linnéischen Sammlungen nebst Bibliothek, Manuscripten &c. für 1000 Guineen zum Verkauf an. Dieser lehnte den Kauf ab, rieth ihn aber dem jungen Smith stark an, als seinem Geschmacke zusagend und ihn ehrend. — Smith beschloss den Handel einzugehen und gab dies dem Prof. Acrel, der den Verkauf für die Erben leitete zu erkennen; sein Gebot ward angenommen. Die Erben fingen aber nun an einzusehen, dass sie den Handel zu sehr übereilt, indem ihnen aus Russland ein unbedingtes Angebot zukam, auch Prof. Sibthorp zu Oxford zu kaufen bereit war, um die schon berühmten Schätze von Oxford zu vermehren. Sie wünschten deshalb, den Handel mit Smith abzubrechen; aber Acrel hielt es für eine Ehrensache, dies nicht zuzugeben, und die Erben gaben ihm nach [8]). — Wegen Zurückbehaltung eines vom jüngern Linné

7) Mehrere Förderer der Wissenschaft in Schweden fingen auch an einzusehen, welchen Verlust das Vaterland durch den Weggang der Sammlungen erlitte. Der Baron Clas Alströmer und der Director Staaf in Gothenburg erboten sich sie für dieselbe Summe zu erkaufen, welche Smith zahlen wolle; aber vergebens: man erklärte den Handel für abgemacht und unabänderlich. — Der Bergrath Dr. Dalberg, stets beeifert für Förderung der Naturkunde im Vaterlande, schrieb nun an einen Freund, der den König Gustavo III. auf seiner Reise im Auslande begleitete, ihn auffordernd, dem Könige über diesen Handel zu berichten und ihn aufmerksam zu machen, welchen Verlust und Unehre das Hinweggehen dieser classischen Sammlungen ausser Landes, Schweden zuzöge. Der König liess bald Befehl an die Linnéischen Erben ergehen, den Handel bis zu seiner Nachhausekunft einzustellen; dieser Befehl kam zu spät, denn schon waren die Sammlungen unterwegs nach England; [hiergegen vgl. Jahresb. 1833, S. 194 ff. 198.] Als der König bei seiner Zurückkunft in Schonen dies erfuhr, befahl er bald, eine Kriegsbrigg von Gothenburg auslaufen zu lassen, die Sammlungen einzuholen; das Schiff mit den letztern hatte aber viel Vorsprung und entkam; [ebenso: Jahresber. 1833, S. 194; aber De Candolle läugnet dies gänzlich; ebend. S. 198.] — Es ist nicht leicht, bestimmt zu sagen, was den Prof. Acrel veranlasst habe, diesen Handel so geheim und eilig abzuschliessen. Man muss glauben, dass er als Bevollmächtigter der Erben zu ihrem Vortheile die Sache habe bald abmachen wollen, aus Furcht, dass beim Könige ein Verbot des Verkaufens der Samml. ins Ausland ausgewirkt werden und die Erben dann sie unter dem Werthe zu verkaufen genöthigt sein könnten. Inzwischen hat man auch andre Vermuthungen über diesen Mangel an Patriotismus gehegt, welchen Acrel hier gezeigt, besonders da Alströmer und Staaf dieselbe Summe geboten wie Smith. Wer die Verhältnisse in der medicin. Facultät zu Upsala bald nach des jüngern Linné's Tode kennt, dem ist es nicht schwer, die möglichen Gründe zu Acrel's Handlungsweise in dieser Sache zu erkennen. — Prof. Acrel hatte übrigens keinen so grossen Vortheil hierbei; man sagt, er habe von Smith 70 Ducaten für seine Bemühung erhalten [vgl. dazu Jahresb. 1833 S. 196: 6 pCt. der Kaufssumme von den Erben], ausserdem widmete ihm Smith auch sein Werk *Reliquiae Rudbeckianae* mit folgender verbindlichen

vor Ererbung des väterlichen Herbar's angelegten kleinern Herbarium's, welches zu Tilgung einer Schuld (eines dem j. Linné zu seiner ausländ. Reise gemachten Vorschusses, der nun zurückgefordert ward,) dem schwed. Baron Clas Alströmer übermacht wurde, geschah ein Abzug von 100 Guineen vom Kaufgelde. — Sobald Gustav III. von seiner ausländ. Reise zurückkam, und den Handel erfuhr, sandte er ein Schiff zur Verfolgung nach, welches aber zu spät kam [9].

Die Linn. Sammlungen kamen im Oct. 1784 zu London an, in 26 grosse Kisten verpackt. Die ganzen Kauf- und Frachtkosten machten zusammen 1029 Pf. Sterl.; auf Ansuchen bei der Schatzkammer ward Zollfreiheit dafür bewilligt [vgl. 1832, S. 157]. Die Sammlungen bestehen aus allem, was Naturkunde und Medicin angeht. Die Bibliothek zählt gegen 2500 Bände. Des Archiater Linné's Herbarium enthält die in den *Species Plantarum*

Dedication: *Johanni Gustavo Acrel, M. D., quo palam virtutis suae, scientiae atque animi, in rebus omnibus a se invicem tractatis, probi incorrupti, firmique, existimationem testetur, opus hoc insigne popularis sui Illustrissimi Rudbeckii, gratissima voluntate, summa observantia et amore, dat, dicat J. E. Smith.* — Vielleicht dürfte sich auch Mancher wundern, dass Prof. Thunberg den Verkauf der Linn. Sammlungen nicht ernstlich zu verhindern suchte. Ich hatte Gelegenheit, Thunberg's Gedanken über diese Samml. zu hören. Er meinte, dass er selbst ein fast eben so grosses Herbarium, wie das Linné'sche, und welches auch bessere Exemplare enthielte, nach Hause gebracht hatte, und dass es, da man jetzt Systeme besässe, wonach man Pflanzen leicht bestimmen könne, in jeder Hinsicht gleichgültig sein könne, ob jene Sammlungen im Lande blieben oder nicht. Bei aller Achtung vor dem Andenken des edlen und ehrwürdigen Manns kann man doch hierin seine Ansichten nicht theilen. *W.*

8) Man erzählt, Dr. Smith habe zur Erinnerung hieran eine Denkmünze prägen lassen, die auf einer Seite das Schiff mit den Linn. Sammlungen, von einem schwed. Kriegsschiffe verfolgt, darstelle, mit der Umschrift: *The Pursuit of the Ship containing the Linnaean collection by order of the King of Sweden.* Diese Seite der Denkmünze mit der Umschrift ist auch als Vignette unter Smith's Bildnisse in Schrader's Journ. f. d. Bot. 1800, II. Bd., und in Smith's *Compendium Florae Britannicae*, edit. Hoffmanni (Erlang. 1801.) zu sehen. — Indessen zweifeln viele Numismatiker am Dasein einer solchen Denkmünze. Sie ist wahrscheinlich in keiner schwedischen Sammlung zu finden und gewiss sehr rar, falls sie wirklich geprägt worden sein sollte. Smith's Biograph erwähnt derselben nicht. *W.*

beschriebenen Pflanzen mit Ausnahme von etwa 500 Arten (ungerechnet *Fungi* und *Palmae*, welche fehlen); und als es verkauft würde, enthielt es vielleicht noch über 500 noch unbeschriebene Species. — Das Herbar, welches der jüngere Linné in späterer Zeit gesammelt, scheint sorgfältiger eingerichtet und die Pflanzen auf besseres Papier geklebt sein: es besteht aus den meisten der in seinem *Supplem. Plantarum Systematis Veget.* beschriebenen Pflanzen und ausserdem gegen 1500 schönen Exemplaren aus Commerson's Sammlung; von Dombey, Lamarck, Pourret, Goüan, Smeathman, Masson, Thunberg, Sparrman u. A. und eine erstaunliche Menge von Jos. Banks; welcher ihm Doubletten von fast jeder Pflanze sowohl von Aublet's Sammlung als auch seiner eigenen aus Westindien nebst vielen von den auf seiner eigenen Reise um die Erde gesammelten mitgetheilt. — Die Insectensammlung ist nicht so reich, besteht aber aus den meisten der von Linné beschriebenen und aus vielen neuen. — Die Conchylien betragen fast 3mal so viel, als deren im *Syst. Naturae* beschrieben sind. — Die Mineralien sind auch zahlreich, aber meistens in schlechten Stufen und in üblem Zustande. — Die Anzahl der Manuscripte ist sehr gross. Alle eignen Werke Linné's sind mit Papier mit häufigen Bemerkungen durchschossen, besonders das *Syst. Naturae*, die *Species Plantar.*, *Materia medica*, *Philosophia bot.*, *Clavis medicinae* u. a. Sein *Iter lapponicum* hat Smith herausgegeben (*Tour to Lappland.* 1810). *Iter dalecarlicum* und ein Tagebuch über Linné's Leben, durch ohngefähr 30 Jahre geführt. Der Briefe an Linné sind gegen 3000; Smith hat davon die *Selection of the Correspondence of Linnaeus &c.* herausgegeben 10).

9) Ueber die Beschaffenheit von Linné's Herbarium hat Dr. Nöhden in Schrader's neuem Journ. f. d. Bot. II. Bd. 1799. 1m Stück, S. 178 f., Einiges mitgetheilt, wie folgt: „Das Linn. Herbarium befindet sich in 2 grossen, aber nicht breiten Schränken. Auf ihren Thüren sind die versch. Blattformen in Blech angenagelt, wonach Linné die Terminologie demonstrirt haben soll. Die Pflanzen selbst sind auf einzelne halbe Bogen geklebt; unten steht der Name geschrieben und auf der Rückseite der *locus natalis* nebst einigen Bemerkungen. Es sind öfters Doubletten dabei, und zwar von mehrern Orten, von woher sie an L. gesandt worden. Im Ganzen sind sie noch sehr gut erhalten, wenigstens in Verhältn. zu ihrem Alter.“ — Ebendas. 1800, I. Bd. 2. St. S. 225. spricht Nöhden ausführlicher darüber: „Der cryptogamische Theil der Sammlung ist gering und unvollständig, selbst im Verhältnisse zu dem Grade und der Weise, wie dieser Zweig der Bot. damals

Nachdem Smith nun Besitzer dieser kostbaren Sammlungen geworden, beschloss er, seine Studien ex professo der Botanik zu widmen. Er erklärte, er betrachte sich nur als einen Verwalter der Sammlungen für das Publikum und zu dem Zwecke, sie der Welt und besonders der Naturkunde nützlich zu machen. — 1785 übersetzte er die Vorrede zu Linné's *Museum Regis Adolphi Friderici*, welche köstliche Betrachtungen über das Studium der Natur gedrängt enthält. 1786 unternahm er eine ausgedehnte Reise auf dem Continente; sein Zweck war, nach dem Zustande

---

cultivirt worden. Es sind viele Arten darin, wie ich sah, nicht mit Namen bezeichnet. Unter den Flechten, die wie die übrigen Pfl. aufgeklebt sind, hat die Samml. einige seltne ausländische Arten, und viele mit Fructificationstheilen versehen, wo sie sonst äusserst selten vorkommen." — S. 257: Der ausserordentl. Werth dieser Naturaliensammlung für die Naturgeschichte und besonders für die Botanik ist nicht zu verkennen. Es werden dadurch viele Zweifel gelöset, Irrthümer entdeckt und vermieden, welchen wir sonst nothwendig ausgesetzt wären."

1825 sah Prof. Schultes die Linn. Sammlungen bei Dr. Smith zu Norwich und äussert darüber in der bot. Zeit. 1825, I. Bd. 1. Beil. S. 4 Folgendes: „Linné's Bücher, an den Rändern mit dieses unsterbl. Mannes eigenhändigen Anmerkungen vollgeschrieben, viele kostbare noch nicht herausgegebene Manuscripte, sein Herbarium in derselben Ordnung und sogar noch in denselben Schränken, wie es früher zu Upsala aufgestellt gewesen, dieses zweiten Naturschöpfers Insecten-, Conchylien- und Mineralien-Sammlung, werden in Sir James's Museum mit einer Sorgfalt und Gewissenhaftigkeit aufbewahrt, die fast an religiöse Verehrung gränzen. Muhammed's Gebeine können in der Kaaba zu Mecca nicht gewissenhafter aufbewahrt werden, als Linné's Sammlungen in Sir James's Hause. Während wir das Schicksal segnen, welches diese Schätze des nordischen Propheten in die Hände eines solchen Chalifen führte, aus welchen sie, da Sir James leider keine Familie hinterlässt, entweder nur in eines treuen Freundes Hände oder in die eines Volkes kommen können, welches ihren hohen Werth zu erkennen vermag und sie auch als einen Nationalschatz zu achten wissen wird, müssen wir Continentalen doch immer beklagen, dass sie unter die „*toto disjunctos orbe Britannos*" gerathen sind, denn leider wird es nicht jedem Botaniker möglich werden, auf die Insel hinüber zu segeln, um seine Exemplare mit denen Linné's zu vergleichen." — S. 7: Linné's Exemplare sind, so wie Smith's, sehr gut erhalten und nach der altern Methode, die bei uns auf dem festen Lande nicht mehr gebräuchlich ist, auf halbe Bogen aufgeklebt und mit einer Sublimat-Auflösung überstrichen.

der Naturgeschichte in den Ländern, die er durchreisete, zu forschen, aber auch nicht die Gelegenheit zu andern Beobachtungen, vorzüglich über die schönen Künste, unbenutzt zu lassen. Zu Leyden erlangte er den Doctor-Grad in der Medicin und gab daselbst s. Dissertation *De Generatione* heraus; worauf er Frankreich und Italien besuchte. Nach s. Zurückkunft gab er s. *Sketch of a Tour on the Continent*, welche den Zustand der Wissenschaft zu jener Zeit darstellt und trefflich guten Geschmack und edle und liberale Denkweise verrathende Betrachtungen über alles wichtigere Wahrgenommene enthält.

Im J. 1788, als er nach s. Rückkunft seine Wohnung in London genommen hatte, beschloss er mit einigen andern Naturforschern die Gründung einer Linnéischen Gesellschaft (*Linnaean Society*), welche die Pflege der Naturgeschichte in allen ihren Zweigen, besonders in Bezug auf Grossbritannien, zum Zweck hatte. Sie kam zu Stande. Eigentlich war sie ein Sprössling oder Zweig der *Royal Society* und hatte ihre erste Veranlassung in der Eifersucht einiger Glieder der Muttergesellschaft über den Vorzug, welcher, wie sie behaupten, der Naturgeschichte in ihren *Transactions* eingeräumt würde, indem sie meinten, ihr Prasident (Sir Joh. Banks) begünstige diese Wissenschaft auf Kosten andrer wichtigerer. — Dr. Smith, der Bischof Goodenough von Carlisle, Sir Jos. Banks u. A. gründeten die Linnaean Society; ihre erste Zusammenkunft war am 8. April 1788 [in Smith's Hause]; die Gesellschaft bestand damals aus 50 inländischen und etwa doppelt so viel ausländ. Mitgliedern. Dr. J. Smith ward zuerst zum Präsidenten gewählt, Dr. Goodenough war ihr erster Kassenführer, Hr. Marsham ihr erster Secretär. Bei der ersten Versammlung hielt Smith eine Rede über Ursprung und Fortschreiten der Naturgeschichte. Um diese Zeit reichte er auch der Royal Society seine Abhandlung über die Reizbarkeit der Pflanzen (*Observations on the Irritability of Vegetables*) ein: diese betrachtet hauptsächlich die Art der Befruchtung der *Berberis*; sie erregte Aufmerksamkeit und ward in mehrere Sprachen übersetzt.

1789 gab Smith „*Reliquiae Rudbeckianae*" heraus. Er hatte nämlich mit den Linn. Sammlungen auch die früher dem Prof. Rudbeck d. j. zugehörigen Holzschnitte, die dem Brande zu Upsala entgangen waren, erhalten; sie gehörten fast alle zum I. Bande der *Campi elysaei* der Rudbecke. — Von 1789 bis 1793 gab er mehrere Anfänge von Werken mit prächtigen illum. Abbildungen seltner oder minder bekannter Pflanzen heraus: *Icones hactenus ineditae* und *Icones pictae Plantar. rariorum*; *Spicilegium bot.* [1791]; *Specimens of the Botany of New Holland* [1793]. — Ein Werk grössern Umfanges fing er 1790 an mit dem Kupferstecher Sowerby herauszugeben: die *English Botany*, wozu Smith einen gut geschriebenen Text gab und Sowerby die Abb. stach. Sie ward in England mit allgemeinem Beifalle aufgenommen, weil man dadurch die Gewächse des Landes kennen lernte; sie enthält Abbild. aller englischen *Phanerogamen*, *Filices*, *Musci*, *Lichenes* und *Algae* auf 2592 Tafeln. Sie ward 1814 vollendet und bildet 36 Bände in 8vo. Smith hatte in den letzten Jahren vor, Supplemente dazu zu besorgen [10]). [Neue Aufl. s. Jahresb. 1833, S. 70.] — 1793 erschien in den Verhandlungen der Turiner Akademie der Wiss. seine Abhandlung *De Filicum Generibus dorsiferarum*, welche später in seiner *Tracts on Natural History* [1798] englisch gedruckt wurde. [1792 gab er *Linné's Flora lapponica* neu heraus.]

1796 verheirathete sich Smith und zog bald darauf nach seinem Geburtsorte Norwich, wo er durch seine folgende Lebenszeit wohnte; doch besuchte er London zuweilen, gewöhnlich zum Stiftungstage der *Linn. Society* d. 24. Mai (Linné's Geburtstag) [1]).

Während des grössern Theils seines Lebens studirte er sorgfältig die Gewächse seines Vaterlandes und bezweckte die Herausgabe eines Werkes darüber. Dieses erschien auch 1799 — 1803 in 3 Bänden u. d. Titel: *Flora britannica*, als eine der vortrefflichsten Floren, die es giebt; bekanntlich die *Phanerogamen* und von den *Cryptog.* die *Filices* und *Musci* enthaltend. — Sein aus diesem Werke gemachter Auszug: *Compendium Florae britannicae* ist ein in England allgemein auf Excursionen beliebtes Handbuch und hat 4 Auflagen erlebt. — Während Smith mit der *Fl. brit.* beschäftigt war, ersuchten ihn die Vollstrecker des Testaments des Prof. Sibthorp, ein Prachtwerk nach den von Sibthorp in Griechenland gesammelten Pfl. herauszugeben. Zur Bestreitung der Kosten der Herausgabe hatte Sibthorp die Einkünfte eines Freigutes zu South Leigh in Oxfordshire testirt, welches Gut nach Vollendung des Werkes zur Fixirung eines Prof. der Landwirthschaft an der Univ. Oxford bestimmt ist. Dieses Werk, *Flora graeca* betitelt, soll aus 10 Folio-Bänden, jeden mit 100 Tafeln Abbild. der merkwürdigsten Gewächse bestehen, nach Zeichn.

---

10) 1829 fingen die Hrn. J. D. C. und C. E. Sowerby an, Supplementhefte zur *Engl. Bot.* herauszugeben: „*The Supplement to English Botany No. 1.*“ — W. [N. 2—5. s. im Jahresber. 1830, S. 64.]

1) Vor Smith's Wegzuge von London waren die Pflanzen des Banks'schen Herbariums mit denen des Linnéischen verglichen und danach bestimmt worden, wodurch auch das Banks'sche Herbar einen gewissen klassischen Werth besitzt. W.

von Ferd. Bauer. Smith gab 3 Bände heraus [nach andrer Nachricht besorgte Sm. 6½ Bde., der Rest ist R. Brown anvertraut]. Zu allgemeinerer Benutzung gab Smith noch den *Prodromus Fl. graecae* heraus, ohne Abb., 4 Bde. [1806 — 1817], welches Werk Species-Charactere [u. einheim. Namen u. Standort] aller im Hauptwerke abzubildenden u. zu beschreibenden Gewächse enthält.

Smith's *Introduction to physiological and systemdt. Botany* hat 5 Auflagen erfahren; sie stellt ihren Gegenstand mit einer glücklichen Methode populär und lehrreich dar. — 1810 erschien Sm. *Tour to Hafod*, dem Sitze seines alten Freundes Sir Th. Johnes.

1811 übernahm der Prinz-Regent, nachmal. König Georg IV., nach dem Wunsche der Linn. Societät das Patronat derselben und gab ihr Statuten. Bei dieser Gelegenheit empfing Smith die Ehre der Ritterschaft (*the Knighthood*) vom Regenten. — 1818 wurde Smith vom Prof. der Bot. zu Cambridge, Thom. Martyn, ermuthigt, um diese Professur bei dieser Universität anzuhalten. Viele stimmten für ihn und Smith begab sich dahin die Vorlesungen zu beginnen: da ward ihm vom Prorector Professor Monk die Betretung des Lehrstuhles verwehrt, weil Sm. sich in Religionsmeinungen zu den unitarischen Dissenters bekannte. Sm. gab nun 2 Schriften heraus, welche seine edle, achtungswürdige und liberale Denkweise genügend bekunden. Er konnte s. relig. Ueberzeuguug nicht verleugnen und da in England nur zur herrschenden Kirche sich Bekennende öffentliche Aemter erlangen können, so war Sm. durch das Gesetz ausgeschlossen. Jene Schriften sind: *Considerations respecting Cambridge, more particulary relating to the bot. Professorship.* (Lond. 1818. 8.) und *A. Defence of the Church and Universities of England, against such injurions advocates, as Prof. Monk and the Quarterly Review for Jan.* 1819. Lond. 1819. 8vo. 2).

1821 erschien s. *Grammar of Botany* (übersetzt: Weimar, 1822 m. 21 Kpft.), und in dems. Jahre *a Selection of the Correspondence of Linnaeus and other Naturalists* 3).

Sm. beschäftigte sich auch einen grossen Theil s. Lebens mit Abfassung botanischer Artikel für Dr. Rees's *Cyclopaedia*; auch die Biographien von Botanikern in diesem Werke sind von Smith geschrieben: sie sind vortrefflich ausgeführt, wie die von Curtis,

2) Vgl. Regensb. bot. Zeit. 1825, I: 1e Beilage, S. 9.

3) Prof. Ol. Swartz hatte sich eine Sammlung von 400 eigenhändigen Briefen Linné's an eine Menge Personen in Schweden verschafft. Diese Samml. (die durch Erbschaft an den Revisor Ol. Swartz kam) hat die K. Akademie d. W. zu Stockholm i. J. 1830 für 166⅔ Rdr. schwed. Bco. angekauft. *W.*

Hudson, Linné und Sibthorp genug bezeugen. — In Vol. II. des Supplements der *Encyclopaedia britannica* hat Sm. „*a review of the modern state of Botany*" geschrieben. — Er trug auch ohne Aufhören mit den reichhaltigsten Abhandlungen dazu bei, die *Transactions of the Linnean Society* zu zieren; [er lieferte 54 Abhandl. in 13 Bänden derselben]. — Um das Studium der Pflanzen des Landes populärer, auch Nichtkennern des Lateins zugänglich zu machen, beschloss er eine Flora in der Landessprache zu schreiben: *The English Flora*, wovon 4 Bände erschienen sind [s. oben S. 24 u. vgl. Hooker im Jahresb. 1833 S. 70.]; sie umfasst die *Phanerogamen* und *Filices* und ist ein Werk von grossem Werthe; die Herausgabe begann 1824 und kurz vor s. Tode beendete Sm. den 4ten Band. Als er diesen Theil einem seiner Freunde zeigte, rief er aus: *this is the close of my labours* [dies ist der Schluss m. Arbeiten]. — [In der brit. *Royal Institution* zu London hatte er auch in jedem Frühjahre seit 1805 durch 2 Monate botanische Vorlesungen gehalten, 1825 zum 20sten u. letztenmal; auch zu Zeiten in Liverpool, Bristol und Birmingham. S. *Edinb. Review*: No. 115. Apr. 1833.]

Smith hat zur Erweiterung des botanischen Wissens und zur Förderung des Studiums der Bot. in s. Vaterlande sehr viel beigetragen. Sm. Werke sind durch Genauigkeit, Kritik und Fleiss ausgezeichnet. Er war für alle wirklichen Verbesserungen in der Wissenschaft zugänglich, liberal in Urtheilen und Ansichten und liess jedem Streben zum Besten der Naturkunde sein Recht widerfahren. — Nach einiger Weile Kränklichkeit starb Dr. Smith den 17. März 1828 [4]).

---

4) Bei der Versammlung der Linn. Societät am 1. April 1828 erinnerte der Vice-Präses, Lord Stanley, an den grossen Verlust, den die gelehrte Welt, vorzüglich aber die *Linnaean Society*, welcher Smith grossentheils zu ihrem ausgezeichneten Range verholfen, durch den Tod des Präs. Smith erlitten hat;.... er sprach von Smith's Gelehrsamkeit, unermüdl. Fleisse, gesundem Urtheile, weiten und hellen Ansichten,... von der Musterhaftigkeit seiner Schriften, von den vorzügl. Eigenschaften seines Gemüths u. s. w....

Linné's und Smith's Sammlungen wurden auf 5000 Pf. Sterl. geschätzt; Lady Smith erbot sich aber, sie für 4000 Pfund der *Linnaean Society* käuflich zu überlassen, welche sie denn auch an sich gebracht hat; [vgl. Jahresber. 1832, S. 162.]

Nach Smith's Tode wurde Lord Stanley zum Präsidenten der Linnäischen Societat erwählt. W.

Uebersicht der schwedischen botanischen Arbeiten und Entdeckungen vom Jahre 1828.

I. PHYTOGRAPHIE.

Jussieu's natürliches Pflanzensystem.

Acotyledoneae.

Algae aquaticae. — Prof. Agardh hat die Herausgabe seiner *Species Algarum*, eines der wichtigsten systemat. Werke, fortgesetzt [1]). — Die Vorrede oder vielmehr Einleitung, LXXVI Seiten stark, hat folg. Capitel: I. Historiola critica Systematis Algarum ultimi decennii; II. Comparatio fundamenti Systematis Algarum Fungorum et Lichenum; III. de vera dignitate cohortis Algar.; IV. de nomine Algarum; V. de principiis Systematis eorumqne vi ad Syst. Algarum hodiernum reformandum. — Dieser Theil umfasst 3 Ordnungen: I. *Lemanieae* mit der einz. Gattung *Lemanea*; II. *Ectocarpeae* mit 4 Gatt.; III. *Ceramieae* mit 10 Gatt. Bei jeder Gattung findet man: character essentialis, char. naturalis nebst einer Menge Bemerk. und kritischer Untersuchungen, dann: affinitas, historia, und nomen, dessen Ableitung erklärt ist. Die Species erhielten genaue und deutliche Charactere, gut gewählte Synonymie, Wohnorts-Angaben, kurze und lehrreiche Beschreibungen nebst krit. Bemerk. über die Geschichte der Arten. — Den Gattungsnamen *Hutchinsia* behalt der Verf. bei, weil die gleichnamige *Crucifer*engattung wankend und nicht anzunehmen sei, wie der Verf. mit vielen Beispielen an den mit *Lepidium alpinum* und *petraeum* nächstverwandten Arten belegt. Die Gatt. *Wrangelia* ist nach dem Kammerherrn Baron Wrangel benannt, sie hat 2 sp.: *W. tenera*, im adriat. und mittelland. Meere, und *W. penicillata*, auch im mittelländ. Meere (bei Nizza).

Agardh hat auch ein Werk mit Beschreibungen und illum. Abbildungen seltener oder merkwürdiger *Algen* begonnen. Es er-

---

1) C. A. Agardh, Prof. Lundensis, Species Algarum rite cognitae cum synonymis, differentiis specificis et descriptionibus succinctis. Vol. Idi Sect. I. Gryphiae, 1828. pp. LXXVI. & 189. 8.

scheint in Heften zu 10 Tafeln; der 1 oder 2 Seiten betragende Text giebt Species-Charactere und Standörter in latein., Beschreibungen und kritische Bemerkungen in französ. Sprache verfasst 2). — Das I. Heft enth. (Tab. I. — X.): *Frustulia appendiculata* Ag., von Carlsbad; *Fr. coffeiformis*, Carlsbad; *Schizonema tenue*, Triest; *Micromega corniculatum*, Triest; *Homoeocladia Martiana*, Venedig; *Sphacelaria callitricha*, Falklandsinseln; *Sph. crassa*, Küsten von Frankreich?; *Dasia spinulosa*, Triest; *Alsidium corallinum*, Triest; *Thaumasia ovalis*, S. Fe de Bogota? — Heft II. (bis T. XX.): *Protococcus Monas* Ag.; *Palmella botryoides*, *minuta* und *terminalis*; *Tetraspora lubrica*; *Ulva compressa*, an den meisten Seeküsten Europa's; *U. clathrata*, in salzigem und in süssem Wasser durch ganz Europa; auch in der Südsee, *Chondria muscoides*, im atlant. Meere, bei Ascension, Brasilien; *Rhytiphloea obtusiloba* an Brasiliens Küsten; *Rh. Duperreyi*, bei Martinique. — Die Abbildungen sind gut gezeichnet und gut gestochen und die Fructificationstheile ausgezeichnet treffend vergrössert dargestellt.

Fungi. — Prof. Fries gab 2 Supplemente zu s. *Systema mycolog.* heraus 3). Sie enthalten theils Zusätze zu früher gegebenen Beschreibungen von Classen, Ordnungen, Gattungen und Arten mit vielen Beobachtungen darüber, theils auch neue Arten aus mehreren Weltgegenden. Der Vf. hat dieselbe Ordnung und Behandlungsart, wie im *Syst. mycolog.*, beibehalten. Diese Arbeiten haben grossen Werth für das System.

Dicotyledoneae.

Umbelliferae. — Unter des Prof. Thunberg's Präsidium gab der Licentiat Ernst Swartz seine Gradual-Abhandlung über *Gummi Ammoniacum* heraus 4).... Willdenow hatte aus ankleben-

---

2) Icones Algarum europaearum. Représentation d'Algues européennes suivie de celle des espèces exotiques les plus remarquables recemment découvertes, publié par C. A. Agardh. Livrais I. No. 1 à 10; II. No. 11 à 20. Leipsic, 1828. 8.

3) Elenchus Fungorum sistens commentarium in Systema mycologicum Vol. 1. Auctore Elia Fries. Gryphisw. 1828. pp. 238. 8. — Elenchus Fung. &c. in Syst. mycol. Vol. II. Auct. El. Fries. Gryphiswaldae, 1828. pp. VI. & 154. 8.

4) De Gummi Ammoniaco Dissertatio, Praeside Prof. C. P. Thunberg. Pro gradu medico publicae censurae offert Ern. Swartz. Upsal. 1828. pp. 8. 4.

den Samen sein *Heracleum gummiferum* aufgehen sehen (Hort. Berol. T. I. Fasc. V. t. LIII sq.). Dies beschreibt der Verf. hier. Sprengel leitete dies Gummiharz eher von *Ferula Ferulago* L. ab. [Es kommt aber von *Dorema Ammoniacum* Don, s. Jahresb. 1831, S. 34.] Der Verf. giebt dann die versch. Sorten, die chem. Analysen und die medic. Eigenschaften an....

Prof. Thunberg, welcher das thätigste Leben immer der Menschheit und den Wissenschaften widmete, beschäftigte sich seine 3 letzten Lebensjahre in jeder freien Stunde mit Lesung der Bibel und Erforschung der darin genannten Naturproducte, und die glänzende Bahn, die er im Dienste der Wissenschaft durchlaufen, schloss er mit einer Arbeit über die biblischen Gewächse. Mit einer so edlen Beschäftigung beschloss dieser verehrungswürdige Priester der Natur sein ehrenvolles Leben. — Diese seine letzte Schrift, „Abh. über die Gewächse deren in der Bibel Erwähnung geschieht," besteht aus 9 akademischen Dissertationen [5]. — Der Verf. spricht zuerst vom Nutzen der Pflanzen zur Nahrung und zu Lebensbequemlichkeiten. Dann wird von allen den Pfl. gehandelt, deren in der Bibel gedacht wird, hier führt der Verf. zuerst im Zusammenhange alle die versch. Bibelstellen an, wo jede Pflanze genannt ist; dann theilt er das Naturhistorische der Pflanzen mit, nach den Belehrungen, welche verschiedne Botaniker und Reisebeschreiber von diesen Pfl. gegeben, die übrigens hier nicht systematisch geordnet sind. — Nach dem Verf. ist nun in der Bibel von folgenden Gewächsen die Rede:

Olea europaea L.	*Acacia vera* W.	*Brassica oleracea.*
Elaeagnus angustif.	*Musa paradisiaca* L.	*Diospyros Ebenum.*
Zizyphus Spina Chr.	*Rosae spec.* (*plures*).	*Ficus Carica.*
Cyperus Papyrus.	*Cuminum Cyminum.*	— *Sycomorus.*
Atropa Mandragora.	*Morus nigra.*	*Genista.*
Pinus sylvestris.	*Laur. Cinnamomum.*	*Arundo Donax.*
Ceratonia Siliqua.	*Corylus Avellana.*	*Vitis vinifera.*
Artemisia Judaica.	*Pyrus Cydonia.*	*Pistacia Terebinthus.*
Platanus orientalis.	*Buxus sempervirens.*	*Solanum sanctum.*

---

5) Afhandling om de Växter som i Bibelen omtalas. Under Prof. och Commend. C. P. Thunberg's inseende. Ista Delen utgifven af B. Theod. Modin, S. 1—12. II: D. af Aug. Aurell. S. 13—24. III. af C. M. Sundberg. S. 25—40. IV. af J. E. Winblad. V. af Ax. Hojer. S. 59—72. VI. af P. Axenborg. VII. af L. E. Sahlin. S. 87—100. VIII. af Is. W. Ekermark. IXde Delen, af G. Varenius, S. 115—128. Upsala, 1828. 8.

Crocus sativus.	*Lilium candidum.*	*Sinapis nigra.*
Lawsonia inermis.	*Bubon Galbanum.*	*Aloë perfoliata.*
Pterocarpus santalin.	*Phoenix dactylifera.*	*Hordeum vulgare* L.
Cupressus sempervir.	*Amyris gileadensis.*	*Anethum Foeniculum.*
Mentha crispa L.	*Gossypium arboreum.*	*Quercus Ilex.*
Phaseolus vulgaris.	*Triticum aestivum.*	*Nerium Oleander.*
Myrtus communis.	— — *hybernum.*	*Populus alba.*
Salix babylonica.	*Ononis spinosa L.*	*Cucumis Melo.*
Acer platanoides.	*Hedysarum Alhagi.*	— — *Colocynthis.*
Anastatica hierochunt.	*Suaeda baccata* Forsk.	— — *sativus* L.
Ervum Lens L.	*Tamarix gallica L.*	

Der Verf. sagt selbst, dass hierbei Irrungen leicht möglich sind. Bei dem Mangel an Beschreibungen bei allen den Gegenständen in der Bibel muss man sich schon mit dem Wahrscheinlichen begnügen. Unter den Schweden haben früher Celsius in seinem *Hierobotanicon* T. I. & II. Upsaliae, 1756. 8vo. u. Ödmann (*Strödda Samlingar uti Naturkunnigheten till den Heliga Skrifts upplysning*) diesen Stoff theilweise bearbeitet. Bochart's, Lyngbye's und mehrerer ausländischen Autoren Auslegungen sind in Schweden nicht bekannt. — Der Verf. ist mit mehrern andern ältern Schriftstellern darin einstimmig, dass wenn der sogen. Baum der Erkenntniss des Guten und Bösen wirklich wörtlich zu nehmen und also ein Baum sei, wahrscheinlich *Musa paradisiaca* gemeint sei. Am öftersten ist vom Weinstocke (*Vitis vinifera*) die Rede. Das Man oder Manna der Israeliten hält der Verf. für *Hedysarum Alhagi*; dass aber die Manna des Sinai von *Tamarix gallica* kommt, hat Ehrenberg klar dargethan. Die Sodomsäpfel sind die Früchte des *Solanum sanctum*. Weiterer Auszug würde hier zu weitläuftig.

Selten dürfte wohl ein schwedischer Gesandtschafts-Prediger für die Wissenschaften und die Sprachforschung so bedeutend beigesteuert haben, als der Prediger J. Berggren auf s. morgenländischen Reisen. Die Werke, die er herausgegeben, bewahrheiten dies genugsam. Man sieht daran, wie viel Musse für gelehrte Beschaftigungen ein Kirchenlehrer bei solchem Amte besitzt und ihnen widmen kann, wenn er von Neigung und Willen, die Wissenschaften zu pflegen und zu erweitern, belebt ist. Herrn Berggrens Reisebeschreibung wird gewiss lange Zeiten sowohl für alle morgenländ. Reisenden als auch für Geographen ein sehr willkommner Führer zur Kenntniss jener Länder sein. Auch die Freunde der Botanik haben Grund, sich über Hrn. B's. Reisen zu freuen. Seine bedeutenden Sammlungen von Pflanzen und zuverlässigen Angaben ihrer Standörter haben die wichtige bot. Abhandlung veranlasst, welche Wahlenberg nach jenen Samml. orientalischer Gewächse geschrieben hat (als Anhang zum II. Th. von Berggren's *Resa*; s. daruber d. bot. Jahresb. üb. 1827.) — Im Jahre 1828 erschienenen IIIten und letzten Th. von B's. Reisen kommen Bemerkungen über mehrere dort genannte Pflanzen vor [6]). — Auf der Reise von Jerusalem nach Jericho, nachdem der Verf. Bethania passirt war, sah er zu jener Jahreszeit, vorzüglich in den Thälern zwischen den wüsten Bergen Judäa's, nur vereinzelte Bäume von *Elaeagnus angustifolia* (*zeqûm*). Die Gegenden um das Flussthal des Jordans wird als unendlich schön und pflanzenreich geschildert; „dieses Thal ist eben so fruchtbar, als geziert mit allem was das Morgenland an Pracht und Reichthum bieten kann"... „schöner kann man sich das Thal Tempe oder die elysäischen Gefilde nicht denken." Die Einwohner am Jordan pressen aus den Früchten der *Elaeagnus angustif.* ein Oel (*oleum sanctum*), welches von Reisenden, nach dem arab. Namen des Baumes, *Zeqûm*, *Zaccon-Zachum* oder Zachäus-Oel genannt wird, weil man glaubt, dass Zachäus auf diesen Baum gestiegen sei um über das versammelte Volk hinweg den Heiland zu sehen. Der ganze Landstrich weit umher ist von diesem Baume geziert der hier s. Heimath zu haben scheint. In Häufigkeit folgt nach jenem Baume und gedeiht *Rhamnus Lotus* („*Zodder*"), deren Früchte, im Geschmacke der Vogelkirsche (*Prunus avium*) ähnlich, allgemein gegessen werden. Dattelpalmen waren hier selten, aber der Oelbaum gemein, so wie Indigo- und Zuckerrohr-Pflanzungen. — Der Verf. erwähnt eines Meerrauches (*Homra*), der wie ein dünner Nebel aus dem todten Meere aufdunstet; er äussert auf Menschen wie auf Pflanzen schadliche Wirkung; er trocknet aus und zerfrisst; durch ihn werden Früchte, selbst Feigen, Citronen, Pomeranzen, Weintraubeu und vorzüglich Granatäpfel (*Punica Granatum*, *rommâm*), oft wie verkohlt, während die Schale mit Beibehaltung ihrer Form, und in manchen Fällen auch der Farbe, vertrocknet. Diese Früchte sind von Plinius und ältern Autoren Sodomsäpfel genannt und über ihre Abstammung und Erzeugung ist viel gestritten worden. Die Ufer des Jordans sind mit *Arundo Donax* L., mit Weiden, Pappeln, Tamarisken (*torfe*), *Nerium Oleander* (*defle*) u. m. a. Baum- end Straucharten umgeben. — Der Verf. erwähnt, dass bei der Râma-Ebene (*Sahelet el Ramle*), oder Saron der Bibel, herrliche Aecker und

6) Resor i Europa och Österländerne af J. Berggren. 3. Delen. Stockholm. 1828. 8.

ausgedehnte Pflanzungen anfangen. Die Fluren standen jetzt hier mit *Anemone coronaria* bedeckt und der Verf. sagt: „vielleicht ist es diese Anemone, von welcher Salomo sagt: ich bin eine Blume in Saron und eine Lilie im Thale." Von diesen *Anemonen* gab es Spielarten mit Blumen verschiedener Farben, die röthlichen waren vorherrschend. Hier und auf steinigem Boden blühte ein *Cyclamen.* Im Juni und Juli erscheinen hier *Origanum syriacum, Teucrium rosmarinifolium* und *Gnaphalium sanguineum.* Der Verf. erklärt diese Fluren für das reichste Blumenland der palästin. Flora.

F l o r e n.

Ein für die Kenntniss der Pflanzen Schwedens wichtiges und unentbehrliches Werk gab Prof. Fries 1828 heraus, nämlich eine neue und sehr vermehrte Auflage seiner *Novitiae Florae suecicae* 7). Sie enthält alle die *Phanerogamen* (auch *Filices* und *Charen*), welche der Verf. nach und nach in Schonen neu entdeckt hat, mit reichhaltigen Beobachtungen ... — Der Verf. meint, *Veronica polita* und *opaca* mit gleichem Rechte als Arten beibehalten zu müssen, wie die aus *Myosotis scorpioides* unterschiedenen Arten gelten; auch *Alopecurus nigricans* müsse als eigne Art stehen bleiben; der Verf. führt hier, wie anderwärts die Gründe für seine Bestimmungen an. Die schwedische *Poa sudetica* nimmt er für eine Varietät der ausländischen und nennt sie *β. remota.* Zu *Festuca duriuscula* L. bringt er die *Festuca ovina* Wbg. Fl. Su. *Bromus pratensis* Ehrh. steht als eigne Art (*Br. secal. β.* Wbg. Fl. Su.) von *Br. mollis* kommt eine Var. *hordeacus* vor. (*Br. hordeaceus* L. sec. Wbg.). *Galium sylvestre* Pollich, wird als eigne Art bestimmt (*G. pusillum*) *β.* Wbg. Fl. Su.) mit d. Var. *β. G. austriacum* Jacq. (*G. pusill. α.* Wbg. Fl. Su.) — Unter *Potamogeton* kommt eine sehr vollständige Monographie der schwed. Arten: Sectio I. *Plantaginifolii*: 1. *Potam. natans* L. a. *lacustris* & b. *fluviatilis.* 2. *P. fluitans* Roth. 3. *P. oblongus* Viv. Fragm. Fl. ital. I. t. 2. (*P. natans* var. Auct.): Ref. möchte ihn eher für eine Var. des *P. natans* halten; er kommt im südl. Schweden in Mooren, Bächen, Quellen &c. vor. 4. *P. rufescens* Schrad. 5. *P. lucens α. macrophyllus*; *β. heterophyllus*; *γ. amphibius.* 6. *P. nitens* Web. Fl. Holsat.: *α. salicifolius* (*P. gra-*

---

7) Eliae Fries Novitiae Florae suecicae. Edit. altera, auctior et in formam Commentarii in cel. Wahlenbergii Floram suecicam redacta. Londini Gothorum, 1828. pp. XII & 306. 8.

mineum Wbg. Ups. sec. Fries); *β. heterophyllus* (*P. curvifolius* Hartm.); *γ. amphibius.* 7. *P. gramineus* L. *α. graminifolius*: *α. fluvialis* (*P. lanceolatus* Hartm., *P. gramin. β. gramineum* Læstad. Act. Holm. 1825. p. 152.); *β. lacustris* (Wbg. l. c. *β.* Fl. lapp.); *β. heterophyllus*; *γ. amphibius* (*P. heterophyllum* Schreb.). 8. *P. praelongus* Wulf. (*P. flexicaule* Dethard. Wbg. 9. *P. perfoliatus* L. 10. *P. crispus* L. — Sect. II. *Graminifolii*: 11. *P. compressus* L. (*P. zosteraefolius* Schumach.). 12. *P. acutifolius* Lk. (*P. laticaule* Wbg. Fl. Su. et „*P. compl.* Wbg. Fl. Ups. hunc et praecedentem complecti videntur"). 13. *P. obtusifolius* M. & K. (*P. gramineum* Sm., Hartm., *P. compressum* Wbg. suec.). 14. *P. pusillus* L.: *α. major* (*P. compressum* Sm., Hartm., *P. compress. β.* Wbg. Fl. sv.). 15. *P. gracilis* Fr. (*P. pusillus* Wbg. Fl. su.), bei Landscrona. 16. *P. zosteraceus* Fr. (*P. marinus* Hartm., Wbg.). 17. *P. pectinatus* L. 18. *P. marinus* L. Fl. su. (*P. pectinatum* Wbg. Fl. su., *P. filiformis* Nolte. — Auch von *Myosotis* folgt eine vollst. Monographie der schwed. Arten: 1. *M. palustris* L.; b. *laxior* (*M. repens* Don); c. *strictior* (*M. strigulosa* Rchb.). 2. *M. lingulata* Lehm. (*maritima* Fr. Fl. Hall., *caespitosa* Schultz). 3. *M. sylvatica* (*arvensis β.* Wbg. Fl. sv.); *β. rupicola* (*M. alpestris* Suecor.). 4. *M. arvensis* Auctor. (*intermedia* Lk.); *β. silvestris* Wbg. Fl. ups.). 5. *M. collina* Ehrh. (*arvensis* Sm.; var. *γ.* Wbg. Fl. sv.) 6. *M. versicolor* Roth (*stricta β.* Wbg. Fl. sv.). 7. *M. stricta* Lk. (*arvensis* Sibth.).

Die schwed. *Rumex*-Arten bestimmt der Verf. so: 1. *R. maritimus* L.; 2. *palustris* Curt.; 3. *conglomeratus* Schreb.; 4. *Nemolapathum* Ehrh.; 5. *obtusifolius α. sylvestris* (*obtusifol.* L.), *β. agrestis* (*acutus* L. It. scan., *obtusifol.* Wallr.): der Vf. hält diesen für Linné's eigentl. *R. acutus* Fl. suec. ed. 1. & 2.; 5. *R. cristatus* Wallr. (*pratensis* M. & K. [*R. Oxylapathum* Ratzeb.]); 7. *crispus* L.; 8. *Hippolapathum* Fr. (*aquaticus* Wbg. Fl. sv. excl. Linn. sv., It scan., nomin. suec. sec. Fries): *α. domesticus* (*crispus* L. sv. I. 292. *α.* et II. n. 314. cum diagn. prioris, *R. domesticus* Hartm.); *β. palustris* (*R. aquaticus* Recent., Hartm.): hier erhält der Verf. gewiss nicht den Beifall unsrer Botaniker. Dass der grosse und in Schweden jetzt allg. bekannte *R. aquaticus* auch der ist, den Linné darunter verstanden, werden wohl Alle für ausgemacht nehmen. Was den *R. domesticus* betrifft, so ist es wohl ganz gewiss, dass L. ihn nicht vom *crispus* unterschied, obschon er sich davon so deutlich durch s. grössern triangelförmigen erweiterten und körnchenlosen Klappen unterscheidet. 9. *R. maximus* Schreb. (*acutus* Hartm., Sv.

Bot. t. 161.); 10. *S. aquaticus* Fr. (*R. aquaticus* L. sec. Fries, *R. Hydrolapathum* Huds., *R. acutus* L. sec. Ehrh., Wbg.): dass diese Art Linné nicht unbekannt sein konnte, ist gewiss genug, und auch am wahrscheinlichsten, dass sie sein *R. acutus* ist, wie Ehrhart und Wahlenberg meinen.

Ausserdem kommen in diesem Werke theils vollst. Monographien gewisser Gattungen wie *Erythraea*, *Cerastium*, *Sorbus*, *Rosa*, *Aconitum*, *Mentha*, *Ballota*, *Barbaraea*, *Hieracium* u. a. vor, theils Monogr. vieler zweifelhaften Arten aus versch. Gattungen, wie von *Allium*, *Ornithogalum*, *Juncus*, *Epilobium*, *Potent.*, ... *Viola*, *Salix* &c. *Hieracium praemorsum* bildet neue Gattung: *Intybus*; *Viola palustris* β. *umbrosa* Læst. wird eigne Art: *V. umbrosa*: sie ward auch vom Lector Blytt an mehrern Stellen in Norwegen, z. B. bei Christiania (s. *Årsberätt.* 1827) gefunden. — Den Schluss des Buches bildet eine Abh. des Mag. Ahnfelt, Beschreib. von Moosarten, die für Schwedens Flora neu sind, enthaltend, näml. von *Hypnum umbratum*, *murale*, *catenulatum*, *lutescens*, *populeum*, *alpinum*, *incurvatum*, *Starkii*, *brevirostrum*, *chrysophyllum*, β. *squarrosulum*, *Leskea atten.* & *polycarpa*, *Orthotr. pulchellum*, *Ludwigii*, *Gymnost. fasciculare*, *Ahnfeltii* Fries Stirp. Femsjon., *minutulum*, *Phascum patens*, *bryoides*, *axillare*.

Prof. Wahlenberg hat die Hefte 115 — 117 der *Svensk Botanik* (Nr. 7 — 9 des 10. Bandes), Taf. 685 — 702., herausgegeben [8]). Der Text enthält allgem. Bemerkungen über die Gattungen, ihre natürl. und künstlichen Charactere und ihre Verwandtschaft, die habituellen Merkmale der Arten, ihre geogr. Verbreitung und Verhältnisse zum Boden, nebst ihrem medic. und ökonom. Nutzen: Tab. 685. f. *Pinguicula alpina* & *villosa* L.; t. 687. *Holcus atropurpureus* Wbg. Fl. lapp. et su.). Der Verf. bemerkt, dass Raspail's Versuch, die Gräsergattungen genauer zu bestimmen, Manches für die Wissenschaft zu versprechen scheine und dass er selbst nach jenem Systeme jetzt diese Art zu *Holcus* bringe, welcher einen grossen oder weiten nachenförmigen Kelch, die innere Kelchklappe 3kielig, Blütchen von knorpelartiger Substanz ohne Seitennerven, mit Granne aus dem obern Theile des Rückens der Kronspitze, die Granne bei den versch. Arten sich verschiedentlich, selbst rückwärts innerhalb des Kelches krümmend besitze; während bei *Aira*: die Blütchen vom Kelche dicht umschlossen und eben so gross oder länger sind als dieser, dessen Klappen nicht nachenförm. oder 3kielig, die Granne vom Grunde

8) Svensk Botanik utgifven af Kongl. Vetenskaps-Academien i Stockholm. Xde Bandet. 7 — 9. H. No. 115, 116, 117. Upsala, 1828. 8.

ausgehend, erst oberhalb der Blüthchen und d. Kelches sich krümmend; Blüthchen dünn und saftlos, oft mit 2 Seitennerven. T. 688. f. *Drosera rotundif.* & *longifolia*; t. 690. *Myosurus minimus*; t. 691. *Allium arenarium* L.: hier sagt Verf., dass Linné auf s. schonischen Reise auf Aeckern bei Skanör und Falsterbo die Lauch-Art sah, die er dann *A. arenarium* nannte, dass sie vielleicht verwelkte Blatter hatte, weil er diese als flach, obschon sehr schmal, beschreibt, und dass man wegen dieser unrichtigen Beschreibung foliis planis sein *All. arenarium* so schwer hat bestimmen können. Zuweilen hat man schlechte Exemplare von *All. Scorodoprasum* für jenes genommen. Verf. meint, Linné möge beim Erblicken der 3spaltigen Staubfäden geschlossen haben, die Blätter müssten flach sein, weil sie es nach d. Verf. bei den übrigen zwiebeltragenden Arten mit 3spalt. Staubf. sind. Durch Ausmittelung der Stellen, wo der Sondlauch allgemein wächst, findet man, dass es Linné's *All. arenarium* sein muss, welches auch in Weingärten des südl. Europa wächst, von wo Linné es erhielt, wobei er s. feinern Formen mit dem Namen *All. vineale* bezeichnete. T. 692. *Rheum digynum* Wbg. (*Rumex dig.* L.); 693. *Lychnis alpina* L.; 694. *Nasturtium palustre* RBr. (*Sisymbr. amph. β. pal.* L. Fl. su.): es ist wie manche andre Sumpfpfl. eine der verbreitetsten auf der Erde: fast durch ganz Europa, in NAmerica, Java, China und Sibirien gefunden; t. 695. *Nast. sylvestre* Br. (*Sis. sylv.* L.; 696. *N. anceps* Rchb. (*Sis. anceps* Wbg. Fl. ups., *Sis. amphib. γ. terrestre* L. Sp. Pl. ed. 2. p. 918. sec. Wbg.); t. 697. *N. amphibium* Br. (*Sis. amph.* L.); 698. *Cnicus oleraceus*; 699. *Arnica alpina* Sw. (*A. mont. β.* L.); 700. *Herminium Monorchis* Br. (*Ophrys Mon.* L.): es kommt nach dem Verf. auch in Dalarne vor, wo wohl sein nordlichster Standort ist; 701. *Carex bicolor* All; t. 702. *Equisetum reptans* Whg. — Die Abbildungen sind grösstentheils vom Prediger Læstadius gezeichnet, *Allium vineale* von Dr. Wahlberg. Im Ganzen ist mit Recht bemerkt worden, dass die Figuren in diesem Werke mehr Schatten haben sollten.

Des Probst Ekström's Beschreibrng des Kirchspiels Mörkö in Södermanland rechnet man zu den instructivsten Schriften der Art in Schweden. Sie enthält auch ein naturhistorisches Capitel, worin der Verf. die von ihm im Kirchsp. gefundenen Pfl. nach dem Linn. Systeme aufzahlt. Unter den seltnern sind zu nennen: *Salicornia herbacea*, die hier vielleicht ihre nördl. Gränze hat, *Hippuris vulg. β. maritima*, *Elymus arenarius*, *Angelica sylv. β. litoralis* Fr., *Cucubalus viscosus* L., *Alsine marina* & *peploides* Wbg., *Scutellaria hastif.*, *Ononis arvensis*; auch *Juncus squarrosus*, den man nicht so weit hinauf in Schweden vermuthet hatte [9]).

Mag. Lindblom hat den 2. Th. seiner akad. Abhandlung *Stirpus Agri Rotnov.* herausgegeben; sie enth. die Pentandria. Die Pfl. sind mit ihren Standörtern aufgeführt, mit vielen interessanten Beobachtungen, die auch ihre Habitus-Kennzeichen betreffen [10]).

Hr. G. C. Aspegrén hatte sich die letzte Zeit s. Lebens mit dem Studium der natürl. Pfl.-Familien beschäftigt; s. früher Tod hinderte ihn an Vollendung eines Werkes darüber. Doch hinterliess er eine Charte, die das Pflanzenreich in Form eines Stammbaums darstellt, und diese hat Hr. Capit. Aspegrén herausgegeben [1]). — Es ist ein grosser Baum, dessen Wurzelzweige die *Cryptogamen* vorstellen und dessen Stamm u. Krone die *Phanerogamen* einnehmen. Nämlich: der Wurzelstock: *Nemeae*, und diese in 2 Hauptäste getheilt: I. *Heteronemeae* mit 1. *Subvasculares*: *Filices* & *Rhizopterideae* mit ihren in besondern Wurzelzweigen dargestellten Subordines, und 2. *Evasculares* mit *Musci* und *Hepaticae*; II. *Homonemeae* mit *Algae* und *Fungi*, in Subordines und Sectionen weiter abgetheilt. Von den *Evasculares* (*Musci* & *Hepat.*) schiessen Wurzelzweige zu Tage auf mit den Gatt. *Phyllachne* und *Lacis*; und von den *Filices osmundaceae*: *Cycadeae*. Von den *Gasteromycetes angiogasteres* schiesst *Rafflesia* auf und von den *Hymenomycetes pileati* das *Cynomorium*. Den über der Erde aufsteigenden Baumstamm selbst nehmen die *Cotyledoneae* ein, in 2 Hauptaste: *Mono-* und *Dicotyledoneae*, abgetheilt, die *Monocot.* in *Glumiflorae* und *Petaloideae*, die *Dicotyl.* in *Petaloideae* und *Apetalae* getheilt, und jede von diesen zahlreich verästelt, die Familien in Form ausschiessender Blätter tragend. — *Nemeae* haben 7 Fam. mit ihren Subordines. *Cotyledoneae: Monocot.* 28 Fam.; *Dicotyl.*: *petaloideae calyciflorae* 41, und *thalamiflorae* 73 Fam., *Dicotyl. apetalae* 23; zusammen 172 Familien. — Die Idee dieses Unternehmens ist interessant; man beschaut mit Freuden dieses schöne Gemälde, wird aber von aufrichtiger Trauer darüber erfüllt, dass der achtungswerthe Verf. dahingeschieden, ohne sein Werk vollenden zu können, zu früh

---

9) Beskrifning öfver Mörkö Socken i Södermanland. Stockh. 1828. 8. 218 u. 27 S. 8. — S. 116 — 137: Pflanzen.

10) Stirpes Agri Rotnoviensis, quarum enumerationem proponunt Mag. Alexis Ed. Lindblom et Aug. Kjellman. P. II. Lundae, 1828. 8vo. pp. 25 — 40.

1) Växt-Rikets Familje-Träd. — Af G. C. Aspegrén. (Stockholm.) 1828. fol. max.

für die Wissenschaft und für seine Freunde und seine Familie, der er eine Stütze und Zierde war....

Als neu für Schweden wurden 1828 gefunden: *Primula acaulis* Jacq. Fl. austr. (*P. elatior β.* L. Sp. Pl.) auf Kullaberg in Schonen vom Mag. Hildebrand. (Fries Nov. Fl. su.: Ratio operis p. XI.) — *Aspidium Oreopteris* Sw. (*Polypod. Oreopt.* Ehrh.) in Skärali in Schonen vom Mag. N. O. Ahnfelt, welcher daselbst auch: *Aspidium aculeatum* Sw. (*Polyp. acul.* L.) fand, welches schon 1813 Dr. Hartman in Jemtland gefunden, der aber den Standort aufzuzeichnen vergessen hatte.

II. PFLANZEN-GEOGRAPHIE.

Wilbrand's und Ritgen's Gemälde der organischen Natur in ihrer Verbreitung auf der Erde (Giessen, 1822) hat der Stud. Henr. Sandström mit rühmlicher Sorgfalt ins Schwedische übersetzt. Die deutsche Ausgabe ist von einer illum. [oder auch schwarzen] Charte begleitet, welche die Haupt-Gebirgszüge der Erde und die Verbreitung der wichtigsten Thier- und Pflanzen-Gattungen vom Aequator gegen die Pole und die Gebirgshöhen hin darstellt. Von dieser Charte selbst, welche 4 verbundne grosse Papierbogen einnimmt, konnte der Kosten wegen keine schwed. Ausgabe besorgt werden. — Die Schrift beginnt mit einer allg. Uebersicht des festen Landes und des Meers und der Verbreitung der lebenden Wesen im Allgemeinen. Darauf folgt eine Darstellung der Schneelinie und ihrer Verhältnisse in versch. Gegenden der Erde. Dann eine Uebersicht der höchsten Gebirge und ihrer Höhe über dem Meere: 41 Gebirgszüge und einzelne Berge sind abgehandelt. Endlich Bemerk. über die Tiefe des Meeres. — Nun beginnt die Abh. über die Vertheilung der Gewächse im Allgemeinen, ihre Eintheilung in die 3 Classen: *Acotyledoneae, Mono-* und *Dicotyledoneae*, und in Familien, und über die versch. Vertheilung ders. über die Erde im Allgemeinen. — I. *Acotyledoneae;* ihre Vertheilung nach folgenden 11 Fam. oder Gruppen: *Fuci, Confervae, Fungi, Lichenes, Hepaticae, Musci, Lycopodia, Filices, Equisetaceae, Filices palmiformes* und *Najades*. II. *Monocotyl.:* 14 Familien werden nach ihrer Vertheilung abgehandelt. III. *Dicotyled.:* hiervon haben die Verf. die Vertheilung von 57 Familien bestimmt. — Hierauf folgt die Vertheilung der Thiere.

Zum Schlusse ein Ueberblick der Literatur der organischen Geographie der Natur. — Diese Schrift ist interessant und die einzige in schwed. Sprache über Thier- und Pflanzen-Geographie [2]).

IV. PFLANZEN-PHYSIOLOGIE.

Prof. Agardh hat 2 pflanzenphysiologische Abh. herausgegeben [3]). Ref. berichtet hier den Hauptinhalt nach besondern briefl. Mittheilungen des Vfs. — In beiden Abhandlungen, deren eine d. 1. Sept. 1828, die andre d. 1. Febr. 1829 erschien, sucht der Verf. neue Grundsätze für die Pfl.-Physiologie aufzustellen. Zur Wissenschaft könne diese nur werden, wenn die bisherigen vereinzelten Beobachtungen in Beziehung und Zusammenhang mit einander gebracht würden. Darum sucht Agardh Principien auf, woraus sich die bekannten Erscheinungen des Pflanzenlebens ableiten lassen. — Er setzt das Wesentliche der Pflanzennatur in die, den Thieren fehlende Eigenschaft, unaufhörlich neue Theile aus den schon bestimmten zu entwickeln. Ein Thier hat alle s. Theile fast bei der Geburt schon fertig gebildet; eine Pfl. entwickelt jährlich neue. Ist dies aber das Wesen einer Pflanze, so müssen alle Erscheinungen des pflanzl. Lebens Modificationen einer solchen Entwickelung neuer Theile sein, und es Aufgabe der Wissenschaft werden, zu untersuchen, durch welche Mittel diese Entwickelung erfolgt. — Nach des Verf. Meinung lässt sich alle solche Entwicklung unter einen sehr einfachen Ausdruck fassen: die Ausbildung eines Blattes und einer Knospe in der Achsel desselben. Alle äussern Theile der Pfl., wie auch ihr Aussehn abweiche, sind eins dieser 2 Organe, nur modificirt. Sonach sind die Samenlappen, Deckblätter, Kelch- und Blumenblätter, äussern Samenkapsel-Wände, endl. die Samenhäute nichts als umgewandelte Blätter; und das Keimpflänzchen (*plumula*), die Staubfäden, der Samenhalter (*placenta*) und der Keim (*embryo*) abgeänderte Knospen. So erhält der Verf. 6 besondre äussere Vegetations-Acte,

2) Utkast till den Organiska Naturens Geographi, af Wilbrand och Ritgen. Öfversatt af Henrik Sandström. Stockh. 1828. 87 S. 8.

3) 1. Essai de reduire la Physiol. vég. à des principes fondamentaux, par Mr. C. A. Agardh. Lund. (1828.) pp. 36. 8vo. — 2. Essai sur le developpement intérieur des Plantes; par C. A. Agardh. Lund. (1829.) pp. 90. 8. [Die Meinungen des Verf. sind nun weiter ausgeführt in s. Lehrb. der Bot. I. u. II. Vgl. Jahresb. 1830: S. 120 ff.; 1832: S. 178.]

wodurch je 2 Organe auf einmal gebildet werden: 1) Cotyledon und Plumula; 2) Blatt und Blattknospe; 3) Deckblatt und Blumenknospe; 4) Blumenblatt und Staubfaden; 5) Fruchtwand und Samenhalter; 6) Samenhaut und Embryo. — Es giebt freilich andre Pflanzentheile, z. B. Stipulae, Ranken, Nectarien &c., diese sind aber nur Auswüchse oder Anhänge obiger wesentlichen Theile oder Umbildungen derselben.

Schon Linné nahm an und Göthe suchte es zu beweisen, dass alle Pflanzentheile nur Metamorphosen von Knospen oder von Blättern sind. Agardh weicht von Linné's Meinung nur durch die Annahme ab, dass es nicht alles metamorphosirte Blätter, sondern nur zur Hälfte veränderte Blätter, die andre Hälfte veränderte Knospen sind. — Der Hauptunterschied von Göthe's Theorie liegt theils darin, dass eine Menge Theile bei der Pfl. nicht nach Göthe's Theorie in die Metamorphosenreihe kommen, wie Knospen, Kapsel, Same, theils darin, dass sie in beiden verschiedenen Ansichten verschiedene Bedeutung erhalten: so sind die Staubf. nach G. ein transformirtes Blatt, nach Ag. eine transform. Knospe. Der Verf. bemüht sich, letztern Satz zu beweisen, weil nach ihm davon hauptsächlich die Entscheidung abhängt, welche von beiden Ansichten die richtige ist. Dass die Staubfaden nicht ein transform. Blumenblatt, sondern eine Knospe seien, beweiset er damit, dass die Knospe stets im Winkel eines Blattes, wie die Staubf. im Winkel von Blumenblattern, sitzen, hingegen wenn neue Blumenbl. entstehen, jene nie mitten vor den eigentl. Blumenblättern oder in ihren Winkeln, sondern zwischen ihnen gestellt sind: wenn z. B. eine Blume gefüllt wird und Staubf. verschwinden, so entspringen die neuen Blumenbl. nicht an der Stelle, wo die Staubf. stehen sollten, sondern zwischen diesen. [Hiervon abweichende Erklärung ergiebt sich aus Schimper's und Al. Braun's Lehren von der Blattstellung: s. Geiger's Mag. d. Pharm. 1830, dann ausführl. m. Kpf. in Act. Acad. N. Cur. XV. I., und nun mit Beob. neuer Gesetze vermehrt in d. Regensb. bot. Zeit., 1835. I.]

Der Verf. stellt eine andre Theorie der Befruchtung auf als die bisher angenommene. — Durch die Bildung der neuen Theile ist endlich die Bildungskraft erschopft. Jene wurden immer feiner; der letzte oder der Same ist nur ein kaum sichtbares Rudiment, welches um so weniger sich zu entwickeln vermag, als die Ernährungs-Organe, die Blätter, sich zu Organen andrer Natur, gewöhnlich Blume genannt, entwickelt haben. Der ganze Vegetationsact ist somit in der Blume abgeschlossen, aber die neuen Theile haben auch ihre Transformation neue und veränderte Eigenschaften erlangt. So hat das Pollen der Staubfadenknospen die

Eigenschaft, dass dadurch, wenn es auf die oberste Spitze des Samenhalters, Narbe genannt, zu haften kommt, eine heftige, aber locale Krankheit in der ganzen Frucht erregt wird, ohngefähr ähnlich, wie wenn ein Insect in einen Pflanzentheil sticht, der dadurch anschwillt und ungewöhnliche Gestalt annimmt. Der Fruchtknoten kommt dadurch nach dem Verf. in eine Art Inflammations-Zustand, wodurch die ganze Thätigkeit der Pflanze sich auf die Samen wirft, welche, statt wie vorher nur Rudimente und gehemmte Vegetations-Entwickelungen zu sein, sich nun aufs Neue zu entwickeln und den Keim (Embryo) zu bilden anfangen. Sobald die Entzündung vorüber ist, kehrt die Pfl. zu ihren gewöhnl. Functionen zurück, zeigt aber nachher immer eine Entkräftung.

Der Verf. sucht nun diese Umbildung der Theile, näml. wie ein Blatt zum Blumenblatte wird, &c., zu erklären, und sucht sie in der Abhängigkeit der Pfl. von äussern kosmischen Momenten: Sonnenlicht und Wärme. Das Normale bei der Pfl. ist, dass die Knospe sich später bildet als ihr Blatt. Wird nun durch Einwirkung der Sonne diese Ordnung verrückt, so erhalten die Theile andre Natur und andre Form. Dies geschieht in der Blüthe. Die Staubfäden bilden sich gleichzeitig mit den Blumenblättern, der Samenhalter mit den Fruchtwandungen &c., durch welche gleichzeitige Ausbildung jene Veränderung der Gestalt und Natur eintritt. Auch Linné nahm diese Ursache an, doch mit andrer Anwendung.

Nachdem der Verf. so in seiner 1sten Abh. den Zusammenhang der äussern Theile zu erklären versucht hat, beleuchtet er in der 2ten Abhandl die Entwickelung der innern Theile der Pfl. Seine Theorie ist ohngefähr diese: Eine keimende Pflanze besteht normal aus 2 Blättern, einem Würzelchen, woran diese Blätter sich schliessen, und einer Knospe im Winkel beider Blätter. Untersucht man einen neuen unentwickelten Zweig oder Stengel nebst s. Blättern, so findet man ihn genau aus denselben anatom. Organen bestehend, wie das darauf sitzende Blatt. Das Blatt hat nämlich normal 3 Schichten: eine obere Schicht senkrecht auf des Blattes Oberfläche gestellter Zellen, ein Lager von in Bündel gesammelter Spiralgefässe, gewöhnlich Adern des Blattes genannt, und zu unterst eine Schicht mit der Blattoberfläche parallel gestellter Zellen. Ganz dieselben Organe, in ganz derselben Lage und Ordnung, finden sich im jüngern Stengel oder Zweige, mit dem einzigen Unterschiede, dass sie darin zusammengedrückt, im Blatte aber ausgebreitet sind. Der Verf. nimmt daher an, dass der junge Stengel nichts ist als eine Zusammensetzung von Blättern, welche durch ihr Verwachsen diese Form, die wir Stengel oder Stamm nennen, erhalten haben. Nämlich: denken wir uns, dass jedes freie Blatt am Stengel ursprünglich doppelt sei, wie es z. B. an der keimenden Pfl. ist, so ist die Knospe (d. i. der Stengel oder Zweig in s. unentwickelten Zustande) eine Verwachsung mehrerer solcher kleinen Blätterpaare, von welchen Paaren das eine Blatt frei ist und seine Form behält, das andre aber mit einem zunächst sitzenden Blatte verwächst; stellt man sich nun letztere Blätter mit den Rücken gegen einander verwachsen vor, so findet man, dass im Centrum oder der Achsel der verwachsenen Knospe, die wir gewöhnlich Stamm nennen, die untern Schichten der innersten Blätter (das der Blattfläche parallele Zellgewebe) an einander gedrängt werden muss, demnächst die Spiralgefässbündel sich zu einem Cylinder bilden müssen, und um diesen wieder eine Schicht Zellgewebe, welche Zellen aber (als von den Blattoberflächen,) senkrecht auf die Oberfläche stehen müssen. Alles dies trifft auch zum Verwundern zu. In der Achse (der Mitte) des Zweiges befindet sich das Mark, um dieses ein Cylinder von Spiralgefässen (das sogen. *étui médullaire*, die Markröhre), und zu äusserst die Markstrahlen. — Der Verf. schliesst hieraus, dass der Stamm oder Zweig in s. zartesten Zustande nichts anders als eine Verwachsung so vieler Blätter ist, als sich freie Blätter aussen an demselben Zweige finden.

Der Stamm kommt aber in s. spätern Entwickelung zu ganz anderer Anordnung als im frühsten Zustande. So lange er grün ist und ehe noch irgend neue Knospen heraus wachsen, enthält er nur, gleichwie die Blätter, obengenannte 3 Lagen. Wenn aber Knospen zu neuen Zweigen daraus hervorwachsen, so bilden sich im Stamme neue von jenen ganz verschiedene Theile, näml. Bündel einer andern Art, wie Gefässe, Treppen- und punktirte Gefässe genannt, deren Bündel sich in einem Ringe um die Markröhre legen, von der Knospe anhebend und erst in Verzweigungen der Wurzel endend. Wie die Knospen am ganzen Baume jedes Jahr einmal hervor wachsen, so legt sich auch jährlich ein solcher Ring aussen um den vorigen an: dies sind die Jahresringe. — Der Vf. bemerkt, dass alle Physiologen annehmen, diese Ringe entständen durch eine horizontale Ausschwitzung einer organischen Materie aus einem ältern oder innern Ringe, welche Materie (*cambium* genannt) durch die allg. Bildungskraft sich zu jenen Gefässen organisire. Er lässt aber diese Annahme nicht gelten, sondern sucht zu beweisen, dass diese Gefässbündel nichts anders seien, als die Wurzeln der Knospen. Solche Meinung hat schon Du Petit-Thouars geäussert, Agardh's Erklärungsart weicht aber im Speciellen wesentlich von der jenes Autors ab und ist ohngefähr folgende: Wie jede Knospe aus mehreren Paaren keimender Pfl.

besteht, so muss jede solche keimende Pfl. ihre Wurzel haben; aus jedem Paare oder, was dasselbe ist, aus jedem freien Blatte dringt eine Wurzel an der einzigen Stelle im Stamme hinab, wo es sowohl eine Oeffnung dazu, als auch Feuchtigkeit giebt. Eine solche Stelle bereitet die Natur in jedem Frühjahre, oder zur Zeit wenn die Knospen herauswachsen, durch die Trennung der Rinde vom Holze und die Füllung des dadurch entstehenden offnen Raums durch den Saft. Zwischen Rinde und Holz laufen also alle diese unzähligen Wurzeln von den Blättern herab und dies alle Jahre. Daher sieht man, wenn man einen Baumast mit feuchter Erde oder Moos umgiebt, jene Wurzeln nach aussen treten und sich in diese äussere Feuchtigkeit vertiefen, den Ast aber unter dieser Stelle um so viel schwächer werden. Diese Theorie sucht der Vf. mit einer Menge von Beispielen aus der Natur zu unterstützen. [Vgl. hiermit neuere Lehrbücher, z. B. Treviranus's Pfl.-Physiologie.]

Der Verf. benutzt nun diese Theorie dazu, die Verschiedenheit in der Organisation von mehrerlei Stämmen zu erklären. Man hat z. B. beobachtet, dass die *Monocotyledon*en ganz andern Bau haben als die *Dicotyled.*: der Verf. zeigt den Grund dieser Verschiedenheit und dass diese nicht so gross ist als man gewöhnlich annimmt. Die Gräser sind nach seiner Meinung gänzlich so organisirt wie die *Dicotyledon*en, die Palmen sind es so, wie eine perennirende *Dicotyl.*, ohne andern Stamm als die kleine Vermehrung, die jährlich hinzukommt, u. s. w.

Uebrigens geht der Verf. im Laufe der Abhandlung in mehrere Untersuchungen ein, die mit s. Gegenstande in Bezuge stehen. Seine ganze Ansicht in der Pfl.-Anatomie weicht von der gewöhnlichen ab [s. darüb. Jahresb. 1830, S. 134 ff.] Er läugnet die Existenz der Intercellular-Gänge. Von den Baströhren behauptet er, sie seien platt, mit einer deutlichen Kante, welche die Autoren bisher gewiss für Intercell.-Gänge genommen hätten. Auch s. Theorie von den Gefässen ist abweichend [der von Slack sich nahernd; s. Agardh in Jahresb. 1830, S. 138 ff.]. Endlich behauptet der Verf., dass es keine strenge wesentl. Gränze zwischen Baströhren und punktirten Gefässen gebe.

Der Magister Joh. Arv. Afzelius bearbeitete eine vollst. Ausgabe von Linné's erster Arbeit über die Sexual-Theorie, näml. *de nuptiis et sexu plantar.*, wovon Hr. Afzelius 1827 in einer akad. Dissert. (vgl. schwed. Jahresb. 1827. p. 274.) den Anfang gegeben hatte. Sie ist von Linné schwedisch in einem einfachen, beweisenden und originellen Style geschrieben. Der Herausg. hat für Ausländer eine lateinische Uebersetzung beigefügt. Ein Auszug ist nicht gut möglich [4]).

Mag. Björlingsson gab zu Upsala den Anfang einer akad. Abhandlung über die Elemente der Pfl.-Physiologie mit Rücksicht auf ihren praktischen Nutzen heraus [5]). — Diese Dissert. beginnt mit Sect. I.: Bemerk. über den Bau oder die Zusammensetzung der Flechten, und enth. eigentlich einen Ueberblick der Organisation des Thallus. — Nachdem der Verf. kurz die versch. lichenolog. Systeme angeführt, spricht er von der Lebenskraft der Flechten und ihrem Vermögen, nach mehrjährigem Trockenliegen nach Aussetzung an Luft und Regen wieder zu wachsen, z. B. *Ramalinae* und *Everniae*. Er meint auch, wie Andre, dass den Flechten die Wurzeln fehlen; was man für W. ansehen konnte, wie bei den *Umbilicarien*, ist nur als Verbindungsmittel zwischen der Pflanze und dem Standorte zu betrachten; andere ähnliche Theile, wie die Filzhaut, scheinen mehr zur Festhaltung von Feuchtigkeit und so zur Erhöhung des Gewächses zu dienen, wie bei *Gyrophorae*, *Stictae* &c., und der Verf. sucht zu beweisen, dass die ganze Organisation der Flechten dahin zielt, eine sie belebende Feuchte zu bewahren. — Dann folgen Bemerkungen über den höchst ungleichartigen und veranderlichen Bau des Thallus. Der grössere Theil der Flechten besteht aus 2 verschiedenen Schichten, einer von zelliger und einer von faseriger Textur: die erstere wird *stratum corticale* genannt, entweder nach ihrer Stelle oder wegen ihrer Aehnlichkeit mit der Rinde anderer Gewachse; die letztere: *str. medullare;* diese Schichten sind hinsichtlich ihrer Stellung veränderlich, indem das *str. medullare* vom *str. corticale* entweder ganz und gar umgeben wird, oder nur auf der oberen Seite. — Der Verf. giebt eine Eintheilung der Flechten, nach den verschiedenen Schichten, in 3 Formationen: I. *Bilaterales*: strato corticali undique cincti, et per totam superficiem lucem absorbentes, erecti II. *Unilaterales*: str. corticali superne tecti, inferne denudati et plerumque in floccos soluti, per paginam superiorem modo luce irradiati, depressi. III. *Crustacei* neque corticali neque medullari strato praediti, ex cellulis juxta positis coacervati.

---

4) Caroli Linnæi Exercitatio botanico-physiologica de nuptiis et sexu Plantarum. Edidit et latine vertit M. Joh. Arv. Afzelius. Upsalae, 1828. pp. 30. 8.

5) De elementis Physiologiae Plantarum in usum practicum spectantibus dissert. acad., quam &c. p. p. Mag. Car. Jul. Bjorlingsson et Car. Joh. Tornberg. P. I. Upsaliae, 1828. pp. 10. 4to.

V. FLORA DER VORWELT.

Nach obiger Recension von Ad. Brongniart's *Prodr. d'une Hist. des Vég. foss.* [s. S. 74, 123.] sind 15 Pfl.-Versteinerungen in Schweden gefunden; dazu kommen der von Br. nicht aufgenommene *Filicites ophioglossiformis* Ag. [u. nach Jahresb. 1831, S. 179: *Fucoides antiquus* nach Hisinger, zus. 17, und einige Abdrücke nicht bestimmbarer verkohlter Zweige und Blätter von *Mono*- und *Dicotyledonen*.

VI. ZUR BOT. LITERATURGESCHICHTE.

Von den Jahresberichten der Königl. schwed. Akademie der Wissenschaften sind neue Auflagen der zoolog. und der botanischen Berichte über die Jahre 1821 und 1823 erschienen. Die botan. Berichte sind aufs Neue durchgesehen und in Einigem verbessert; der über 1821 ist in Vielem abgekürzt worden [6].

Man hat in Deutschland angefangen, die schwed. naturhistorischen, namentlich zoolog. und botanischen Jahresberichte zu übersetzen. Der Uebersetzer ist der Prof. d. Med. Dr. Joh. Müller an der Univ. Bonn. Er begann s. Uebersetzung mit dem Jahresb. über 1823 (übergeben d. 31. März 1824 und nennt sie: der Uebers. Isten Jahrgang; darauf liess er (mit Uebergehung des nur 64 S. langen Jahresb. üb. 1824) den über 1825 (überg. 31. März 1826) als: „Der Uebers. II. Jahrgang" folgen [7]. Die 3 ersten

---

6) Årsberättelse om Framstegen uti Botanik för år 1821. Till Kongl. Vetenskaps-Academien afgifven d. 31. Mars 1822. Af Joh. Em. Wikström. — Nya Upplaga. Stockholm, 1827. 148 S. 8vo. — Anm. In der ersten Aufl. fängt der botan. Bericht mit S. 267 an und schliesst auf S. 421, hat also 154 S. [NB. Durch die ersten 5 Jahrgänge, 1820 — 1824, haben alle Berichte: der physik.-chemische, zool., botan. &c. gemeinsch fortlaufende Paginirung; erst von 1825 an sind sie für jede Wissenschaft besonders paginirt und einzeln für sich verkauflich; Vgl. Jahresb. üb. 1831; Uebersetz. S. VII.]

Årsberätt. &c. för år 1823 .... afg. 31. Mars 1824 .... Stockh. 1824. 8vo. S. 443—539. — Anm. Diese neue Aufl. des Jahresber. über 1823 führt, obgleich 1827 gedruckt, doch weder veränderte Jahrzahl (sondern 1824), noch besondere Paginirung.

7) Jahresbericht der Schwed. Academie d. W. üb. die Fortschritte der Naturgeschichte, Anatomie und Physiologie der Thiere u. Pflanzen.

Jahrgänge 1820, 21, 22, so wie 1824 hat er also nicht übersetzt *). — Obgleich die Uebersetzung im Ganzen gut ist, so ist doch zu bedauern, dass im Jahrg. 1825 unter andern die Anzeige und der Auszug von Fries's *Systema Orbis vegetabilis* zu sehr abgekürzt worden ist. . . . Uebrigens hat der Uebers. einige Zusätze beigefügt. Dass in ders. Uebersetzung die Floren so, wie ein Hauptabschnitt, überschrieben sind, entspricht nicht dem Originale, in welchem sie eine Abth. unter „Phytographie" bilden.

Die *Kongl. Vetenskaps-Academiens Handlingar för år* 1828 enthalten S. 242 — 267 eine vom Prof. Agardh verfasste Biographie des Prof. u. Command. Dr. C. P. Thunberg. [Vgl. a. bot. Zeit. 1829, II. 89 ff.]

Uebersicht norwegischer botanischer Arbeiten und Entdeckungen vom Jahre 1828.

I. PHYTOGRAPHIE.

Floren.

Pastor Sommerfelt hat Zusätze zu s. *Supplementum Florae lapponicae* [s. *Årsberätt. för* 1826 p. 251. ff.] gegeben. — Er sagt, Wahlenberg nehme mit Recht an, dass die ausländ. und die norwegische *Arenaria ciliata* als Varietäten zu vereinigen sind; die norweg. unterscheidet sich nur durch 1- oder fast 2jährige Wurzel und schmälere und spitzigere Blätter. — Bei *Grimmia alpestris* tilgt der Verf. das ? beim Synonyme *G. Doniana*

Aus dem Schwed. mit Zusätzen von Dr. Joh. Muller. 1824. Der Uebersetzung erster Jahrgang. Bonn, 1826. IV. u. 228 S. 8. S. 1 — 98: Zoologie. S. 99 — 228: Botanik.

Jahresb. &c. 1825. Der Uebersetz. zweiter Jahrg. Bonn, 1828. 216 S. 8. — S. 1 — 127: I. Zoolog. Bericht von J. W. Dalman. S. 129 — 216: II Botan. Bericht von Joh. Em. Wikström.

[*) Der Uebersetzer vorliegenden Jahrg. 1828, so wie der bereits übersetzt versandten J. 1829 — 33, gedenkt auch in Kurzem jene ältesten Jahrg. 1820 u. folg. in Uebersetzung nachzuliefern. B — d.]

Hk. und fügt *G. sudetica* Schwägr. Suppl. I. p. 87 hinzu. — Unter *Orthotrichum subrepens* Sommerf. wird *O. Drummondii* Hk. & Grev. in Edinb. Journ. of Sc. 2824, p. 120. [Museol. brit. ed. 2. tab. suppl. IV.] *Ulota Drummondi* Brid. Bryol. univ. I. p. 299. zugefügt. — No. 1167 — 1168: *Orthotrichum speciosum* Hook. & Grev. in Ed. Journ. of Sc. 1824, p. 124. [& N. ab E.?] Brid. Bryol. un. I. p. 280. mit dem Synon. *O. affine β.* Sommerf. Suppl. Fl. lapp. p. 60. Der Vf. giebt eine neue Charakteristik dieser Art. [Vgl. Jahresb. 1833, S. 185.] — Die übrigen Bemerkungen betreffen Flechten und Pilze 8).

Auch hat Pastor Sommerfelt jüngst 3 in Asker's Pastorat im Stifte Christiania gefundene neue Pilz-Arten: *Cenangium diffusum, Physarum vernum* und *Circinotrichum rufum*, beschrieben 9).

Im *Magazin for Naturvidenskaberne* für 1828 hat er eine Fortsetzung des Berichts über s. botan. Reise in Bergens Stift i. J. 1826 gegeben. Diesen Bericht hat Ref. schon im Jahresb. über 1827 nach einer Abschrift vom Mspt. des Vf. mitgetheilt 10).

Des Pastor Sommerfelt's Beschreibung des Pastorats Saltdalon ist nach des Refer. Ueberzeugung die instructivste Beschreibung eines Kirchspiels, die er bisher gesehen 1). Sie enthält folgende Capitel: 1. Geogr. Lage. 2. Geognostische Beschreibung. 3. Ueber das Klima. 4. Ueber das Pflanzenreich:

---

8) Magazin for Naturvidenskaberne. Aargang 1827. 1. Hefte p. 163 — 166: Bemærkninger ved Supplementum Floræ Lapponicæ.

9) Ebendas. S. 170 — 173. — Anm. Sommerfelt's *Suppl. Floræ lapp.* ist in der *Dansk Literatur-Tidende* 1827, No. 6. mit vielem Lobe recensirt. Ein Auszug daraus steht im *Magaz. for Naturvidensk., Aarg.* 1827, 1. Hefte, S. 166 ff. [ein kürzerer im schwed. aarg. botanischen Jahresb. 1826, S. 251 — 257. des Originals].

10) Magaz. for Naturvidensk, Aarg. 1828, 1ste Hefte, S. 1 — 33: Bemærkninger paa en botanisk Excursion till Bergens Stift; af S. C. Sommerfelt. — Fortsættelse. — Anm. Ref. muss hierbei erinnern, dass weil die Namen einiger Orte im Mspt. undeutlich geschrieben waren, sie auch z. Th. unrichtig abgedruckt sind, im bot. Jahresb. üb. 1827 sind deshalb S. 339 und 340 und der 21. Bogen S. 321 — 336 des Orig. umgedruckt, jedoch nicht in alle Exemplare eingelegt worden; sie sind in Hrn. Norstedt's Buchhandlung in Stockholm zu erhalten.

1) Physisk-økonomisk Beskrivelse over Saltdalens Præstegield i Nordlandene af Sören Christ. Sommerfelt. Udgifvit af det Konglige Norske Videnskabers Selskab. Trondhjem, 1827. 148 S. 4to. — Anm. Diese Arbeit ist in K. Norske Videnskabs-Selskabs Nye Skrifter, II. Bd. 2. H. (Trondhiem, 1827.) aufgenommen.

hier theilt der Verf. ein Verzeichniss der Gewächse Saltdadens nach nat. Familien geordnet mit, unter Angabe ihrer Standörter, nebst Characteren der neuen Arten, welche indess nachher in des Vf's. *Suppl. Floræ lapp.* noch ausführlich beschrieben sind; worauf Bemerk. über die Wälder des Kirchspiels folgen 5. Ueber das Thierreich: Säugethiere &c. bis Würmer. Hier kommt ein vollst. Verzeichniss aller gefundenen Arten, eine Menge Bemerkungen über die Naturgeschichte der Thiere, und eine und die andre Beschreibung seltnerer Arten. Bei den Insecten kommen 2 neue Arten: *Chrysomela Lycogalæ* Somm. und *Musca Rumicis* Sommerf. vor. 6. Ueb. die Einwohner: ausführlich über ihre Anzahl und Lebensart. 7. Nahrungszweige: 1) Ackerbau; 2) Fischerei; 3) Bootebau; 4) Häuslicher Fleiss. Anhang: über die Sprache. — Diese Schrift ist von einer Charte des Kirchspiels begleitet.

Der Würtembergische Reise-Verein beschaffte 1828 die Mittel zu einer botan. Reise nach Norwegen. Sie wurde von einem jungen Botaniker, Namens Kurr ausgeführt, in Begleitung eines Mineralogen und Botanikers, Hühener, welcher auch zur botanischen Sammlung beitrug, die der Hauptzweck der Reise war. Auf Langön [gegen 59½ n. Br.] ward *Orchis Morio* gefunden; bei Kongsberg *Draba nemoralis* [nach Past. Sommerfelts Mittheil.] bemerkt. Ihre Reise ging eigentlich auf den Dovre-Fjeld, in dessen Gegend sie am meisten botanisirten. Es sollten so viel als möglich Pflanzen gesammelt und fortgebracht werden, darum gab es weniger Interesse für Aufsuchung minder bekannter Striche und konnte nicht sonderlich Neues entdeckt werden. — Nach den Mittheilungen der Hrn. Hochstetter und Steudel wurden laut Briefen der Reisenden 30,000 Ex. gesammelt, halb Phanerog., halb Cryptogamen, und zwar nach einem in der Regensb. bot. Zeit. 1828, II.: Beilage S. 13. gegebenen Verzeichnisse Exempl. der Mehrzahl der seltensten Pfl. des Hochgebirges, z. B. *Konigia islandica*, *Ranunc. hyperboreus* & *nivalis*, *Papaver nudicaule*, *Astrag. oroboides* Horn., *Phaca lappon.* Wbg., *Artemisia norvegica* Fr., *Salix polaris* Wbg. Sie fanden auch *Campanula uniflora* auf dem Dovre-Fjeld, wo sie früher nicht gesehen worden. Zugleich sollen sie in Norwegen eine Menge der seltensten Cryptog. gefunden haben, z. B. *Conostomum boreale*, *Andreæa nivalis*, *Trichostomum marit.*, *Mnium turgidum* Wbg., *Orthotr. subrepens* Sommerf. u. a.

Nach näherer Untersuchung der vom Mag. Ahnfelt i. J. 1826 in Norwegen gesammelten Pfl. sind darunter auch *Aspidium rigidum* und *rhæticum* Sw. (Nach briefl. Mitth. des Prof. Fries.)

Der Mag. Lindblom sagt im 2ten Heftchen seiner Dissert.: *Stirpes agri rotnov* [s. oben S. 111.], dass er *Myosotis lingulata* Lehm. auf Moorwiesen in Raubygdelauget bei Kalltoft im Pastorat Hordnæs gefunden und bei Lindesnæs *Jasione montana* var. *litoralis* Fries Nov. Fl. suec. bemerkt hat.

V. FLORA DER VORWELT.

Man nahm bisher an, in den Gebirgsformationen Norwegens könnten keine Pflanzen-Petrificate vorkommen, weil es dort keine so jungen Formationen geben, die solche Fossilien enthalten könnten. Indess hat jüngst Dr. Ad. Brongniart in s. *Prodr. d'une Hist. des Vég. foss.* p. 165. beim Terrain de Transition den *Fucoides antiquus* mit der Fundstätte: Calcaire de l'île de Linöe près Christiania, aufgeführt. Er ist auch in Brogn. *Hist. des Vég. foss.* T. I. p. 63. Pl. 4. f. 1. abgebildet. Dies dürfte weitere Untersuchung jener Gegend veranlassen.

Nachtrag.

[Zu S. 74 — 86.]

[Alph. De Candolle stellt in s. *Introd. à l'étude de Bot.* (Paris, 1835) II. 319—349. die neusten Lehren über die vorweltliche Flora, meist nach Ad. Brongniart, zusammen, nimmt auch dessen Folgerungen über den frühern Zustand der Erde und grössern Kohlensäuregehalt der Atmosphäre an; glaubt aber auch mit Lindley und Hutton an eine Aenderung der Schiefe der Ekliptik, weil riesige Pfl. im Norden sonst nicht das nöthige Licht gehabt hätten; indess hat noch neulich Marcel de Serres (s. a. Froriep's Notizen Nr. 950.) dies Bedenken zu widerlegen gesucht. A. De C. giebt nach Ad. Br. die Summen der Verstein. in jeder Epoche (Formation oder *terrain* s. oben S. 80. f.) an, nur darin abweichend, dass er nach Lindley u. Hutton *Sigillaria* und *Stigmaria* (41 u. 8 sp. in der Steinkohlenf.) zu den *Dicotyl.* zählt, nicht zu *Filices* und *Lycop.*, wodurch die Verhältnisse in der Tab. (s. oben S. 80. u. 85.) sich ändern, jedoch bleibt das Hauptergebniss noch stark genug ausgesprochen. — I. Periode: 1. Epoche, Uebergangs-Gebirge: Br. hat hier (i. J. 1828, im *Prodr.*) 4 *Fucoides*, 2 *Calamitæ*, (*Equisetac.*), 3 *Filices* und mehrere *Lycopodiac.* — 2te Ep., Steinkohlengeb.: hier ist die Tab. aus Jahresb. S. 80' so geändert: *Cryptog. vasc.* (oder wie A. DC. schreibt: *Aëtheogamès*, wozu er ausser *Filices* Linn. auch noch *Musci* rechnet; fälschlich ist *ætheog.* gedruckt;) 170, nicht 319, doch immer noch 66 pC. aller foss. Pfl., und zwar 14 *Equis.*, 89 *Filices*, 7 *Marsileac.*, 60 *Lycopod.*; ausserdem *Monocot.* 18; *Dicotyl.* 49 oder 19 pC., näml. 41 *Sigillariæ*, 8 *Stigmáriæ*, dazu noch 21 zweifelhafte, als *Dicotyl.* gerechnet; auffallend bleibt das Vorherrschen der holzigen Cryptog. und ihre Grösse. — 3te Ep.: 7 *Fucoides*, 1 *Najade*. — IIte Per.: 4. Epoche, bunter Sandstein: 3 *Equisetaceae*, 6 *Filices*, 5 *Monocot.*, 5 *Dicotyl.* 5. Ep., Muschelkalk: Trümmer, deutlich nur 1 *Filicites*, 1 *Cycad.* (zu *Dicot.*), einige *Fuci.* — III. Per. 6. Ep. Keuper &c.: *Cycadeæ* herrschen vor, 11 unter 22 foss. Pfl.; die übrigen sind 1 *Monocot.* und 10 *Aëtheog.* 8. Ep. Kreideformat.: 1 Landpfl., *Cycadee*, und 17 Meerpfl. (2 *Confervæ*, 11 *Fuci*, 4 *Zosteritæ*, IV. Per. 9. Ep.: viele *Dicot.*, mehrere *Palmen* und einige *Filices*, keine Meerpfl. (1 Ahorn, 1 *Juglans*, 1 *Salix*, 1 *Ulmus*, *Cocos*, *Pini* u. a. bek. Gatt.) 10. Ep. Grobkalk: viele Algen und einige (wohl fortgeschwemmte) Landpfl., mehrere *Phyllitae* (*Dicot.*). 11. Ep.: von Säugethieren *Palæotherium*; lauter Landpfl., den Ligniten analog; unter 17 zählt Br. 1 Moos, 1 *Equis.*, 1 Farrnkr., 2 *Charae*, 1 *Liliacea*, 1 Palme, 2 *Coniferae* und mehrere *Amentac.*, 12. Ep.: Trümmer von Pfl., bei Turin *Juglans nux taurinensis* gefunden, immer abgerissene Frucht allein. 13. Ep.: 5—6 foss. scheinbar Wasserpfl., darunter viel *Charæ*, 1 *Nymphæa*. 14. Ep. Torf &c.: *Chara*-Körner, Lignite, Trümmer jetziger Pfl. — Wo zwischen wahren Epochen gar keine Uebergänge u. Aehnlichkeiten der foss. Geschöpfe sich fanden, nahm Br. eine neue Periode an; schon in 2 versch. Epochen ist selten eine und dieselbe Species mit Gewissheit gefunden worden; nur ähnliche. — Ueberall bilden in der Kohle die *Crypt. vasculosae* ⅔ aller foss. Pfl. in Eur., America und Australien; auch sind dieselben Arten sehr verbreitet, so sind von 23 in den Kohlen in America gefundenen Arten 14 auch in Europa gefunden. Schon in der Vorwelt waren Phanerog. weniger weit verbreitet als die Crypt.; von 9 foss. Phan. America's sind nur 4 auch europäisch, während von 14 amer. foss. *Cryptogamen* 11 auch in Europa sich fanden. — Die Tabelle zur Vergleichung der 4 Perioden Brongniart's fällt nun bei Alph. De Candolle, II. p. 343., wegen Versetzung der *Sigillaria* &c. so aus, wobei die *Phanerog. gymnospermæ* (*Cycadeæ* & *Coniferæ*) zu den *Dicotyled.* gerechnet sind:

	1. Per.	2. Per.	3. Per.	4. Per.
Cryptog. agam. (Algae &c.)	4	7	3	13
Cryptog. aëtheogam.	176	8	31	9
Phanerog. monocot.	18	5	3	25
Phanerog. dicotyled.	52	5	35	117
Oder: *Cryptogamæ*	180	15	34	22
Phanerog.	70	10	38	142
Summa	250	25	72	164.]

Pflanzen- (und Sach-) Register.

Bemerkungen finden sich unter andern über:

Autoren-Register.

Druckfehler in diesem Jahresberichte.

S. 10 Z. 16 v. o. statt 1333 lese man 1833.
— 14 Z. 5 v. o. st. Berrh. l. Bernh. (Bernhardi)
— 25 Note: Z. 3 v. u. statt &c. l. & (oder: und).
— 26 Note: — — — — — Frier l. Fries
— 31 Z. 18 v. u. st. *arctoides* l. *arctioides*
— 69 Z. 4 v. o. statt 1825 l. 1835
— 76 Z. 18 v. o. vor „verkauft" ist das Komma zu tilgen.
— 77 — 14 v. u. st. wesentliche l. wesentlichen
— 78 — 10 v. o. st. *phaeace* l. *phaeaceae*
— 85 — 3 v. o. st. Anm. l. Annalen
— 92 Noten: Z. 2 st. Ansz. l. Auszug
— 93 Z. 6 v. o. st. Täylor l. Taylor
— 94 Note: Z. 8 st. GUSTAFO l. GUSTAF
— 99 Z. 11 v. o. st. seiner l. seinen
— 100 Textz. 11 v. u. st. *A. De-* l. *A De-*
— 102 letzte Notenzeile: st. Idi l. Ildi
— 106 Z. 5 v. o. st. Im l. In dem im

Druckfehler in den Jahresber. über 1832 und 1833.

1832: S. 122 Textz. 7 v. u. st. Phytographie l. Phytogeographie
1833: — 75 in Z. 15 v. u. ist nach *Magnolia* das Komma zu tilgen.
— 86 Z. 8 v. o. nach n. g. setze ein; — nach *Lentib.* nur ein Komma.
— 87 — 8 v. o. st. 92° l. 29°
— — — 14 st. 51 Gatt. l. 107 Gatt., aus 57 Familien,
— 118 — 23 v. o. nach *Arabis* ist das Komma zu tilgen.
— 145 — 16 v. o. nach (Ban) setze ein Komma.
— — — 22 v. o. nach „Kirschen" setze ein Semicolon.
— 174 — 12 v. o. st. nnr l. nun
— 183 — 7 v. o. st. Bd. l. Pedemont.
— 194 — 13 v. o. st. sein l. seien
— 198 — 10 v. o. st. Werken l. Werke
— 208 Textzeile 4 v. u. st. zwischen l. gegen
— 218 Z. 17 v. o. st. Fritsche l. Fritzsche.
— 223 — 1 v. o. st. 91 l. 99
— 225 — 12 v. o. ist die Jahreszahl 1832: voranzustellen.

Jahresbericht

der

Königl. Schwedischen Akademie der Wissenschaften

über die Fortschritte

der

Botanik

im Jahre 1829.

Der Akademie übergeben am 31. März 1830

von

Joh. Em. Wikström.

Uebersetzt und mit Zusätzen versehen

von

C. T. Beilschmied.

Breslau,
in Commission bei J. Max & Comp.
1834.

Inhalt.

I. PHYTOGRAPHIE.

Linné's Sexual-System.

Botanische Zeitschriften end periodische Werke.

II. PFLANZEN-GEOGRAPHIE.

III. PFLANZEN-ANATOMIE.

IV. PFLANZEN-PHYSIOLOGIE.

I. PHYTOGRAPHIE.

Unter den praktischen Wissenschaften dürften die Botanik und die Oekonomie wohl diejenigen sein, worin jährlich die meisten Werke und Abhandlungen erscheinen. Man erstaunt fast über deren Menge und wird zuweilen verlegen bei der Wahl der in einen allgemeinen Bericht über die Fortschritte der Wissenschaften aufzunehmenden. Bei Abfassung dieser Jahresberichte hat man sich immer bemüht, die wichtigsten jener Werke, und die, welche schwedischen Botanikern grösseres Interesse gewähren, anzuführen.

v. Linné's Sexual-System.

Die Hrn. Schultes (Vater und Sohn) gaben i. J. 1829 die 1ste Abtheilung des VIIten Bandes des mit Römer gemeinschaftlich begonnenen *Systema Vegetabilium* heraus [1]). Sie enthält die Hexandria Monogynia. Nachdem zuerst die wesentlichen Gattungs-Charaktere aufgeführt worden, werden die Arten abgehandelt, und zwar ihr Speciescharakter, ausführliche Synonymie, eine öfters gleichfalls ausführliche Beschreibung nebst kritischen Bemerkungen über die unterschiedlichen Beschreibungen derselben Art bei den Autoren. — *Acorus Calamus* kommt durch fast ganz Europa, in Sibirien und in Nord-America, wie auch in Japan vor. — *Juncus arcticus* W. ist auf fast allen europ. Alpen zu finden. Die Verf. behalten *Juncus conglomeratus* und *effusus* L. als verschiedene

1) Car. a Linné Systema Vegetabilium secundum Classes, Ordines, Genera et Species &c. Ed. nova. Vol. VII. Pars I. Curantibus J. Aug. Schultes et Jul. Herm. Schultes. Stuttg. 1829. 8vo. pp. XLIII & 753.

Arten bei; den *Juncus inflexus* L. führen sie als eine höchst zweifelhafte Art aus dem südl. Europa auf und meinen mit Andern, er sei als ein „*non ens*“ zu betrachten. Es dürfte aber nicht so unwahrscheinlich sein, dass er mit *J. balticus* Deth. oder *J. glaucus* Sibth. einerlei Art wäre; diese beiden werden auch als verschiedene Arten angenommen, so wie *J. acutiflorus* Ehrh., *fuscoater* Schreb. nnd *lamprocarpus* Ehrh. — *J. bulbosus* L. wird *compressus* Jacq. genannt; *J. bottnicus* Wahlenb. heisst hier *coenosus* Bicheno (in *Transact. of the Linn. Soc.* T. XII.); doch wird *J. bottnicus* als var. *γ.* mit ? citirt und die Verff. führen einige Unterschiede zwischen dem schwedischen und dem deutschen an; dieser letztere dürfte vielleicht eine mehr ausgebildete Form sein als der schwedische. *J. stygius* kommt ausser Schweden in Litthauen, Baiern, Tyrol, (der Schweiz?) und eine Varietät auch auf Neufundland vor. *J. biglumis* wird als auf den lappländischen und isländischen Hochgebirgen, seltener auf den schottischen, und auf der Melville-Insel im nördl. Polar-Meere wachsend angeführt; er hat also eingeschränktere geographische Verbreitung als der *J. triglumis*, der auf fast allen europäischen Hochgebirgen, in Sibirien, in Nord- und dem nördlichsten America vorkommt. *J. castaneus* Sm. kommt ausser Scandinavien auch auf den Gebirgen in Schottland, Kärnthen, der Schweiz, Sibirien und dem nördlichsten America vor. — *Luzula maxima* ist hier *L. sylvatica* Bicheno genannt; *L. spadicea*, *parviflora* und *glabrata* werden, gewiss mit unzulänglichen Merkmalen, unterschieden. Auch *Luz. pallescens* Wbg. [*campestris δ.* Rchb.] wird als eigene Art aufgenommen, die nur in den Lappmarken wachse, wobei die Verff. sich nicht erinnerten, dass sie auch im übrigen Schweden vorkommt. Zu *L. hyperborea* RBr. wird *L. campestris β. nivalis* Læstad. Act. Holm. 1822 gebracht. *L. arcuata* Sw. Summ. Veg. Scand. wächst ausser Scandinavien auch auf den schottischen Hochgebirgen. *L. spicata* ist auf allen europ. Hochgebirgen gemein und findet sich auch im nördlichsten America. — *Narthecium ossifragum* wächst durch ganz Europa. Von *Convallaria* wird *Smilacina* unterschieden, zu welcher auch *C. bifolia* gebracht wird. — Die kleinen gelbblüthigen *Ornithogalum*-Arten bilden die Gattung *Gagea* Salisb.: 1. *G. pratensis* (*O. stenopetalum* Fries); kommt über fast ganz Europa, besonders im mittlern, vor; 2. *G. lutea* (*O. luteum* L.) von gleicher geogr. Verbreitung, auch in Sibirien und Kamtschatka; 3. *G. minima* (*O. minimum* L.): in Schweden, Russland, dem östl. Deutschland, und in Baiern auch auf Gebirgen; 4. *G. spathacea* (*O. spath.* Hayne): im nördl. Deutschland, in Ungarn, auf den griechischen Inseln, Cypern (und in Schonen). Dies sind die schwedischen Arten. G. arvensis (O. arvense P., villosum MB.) kommt fast im ganzen übrigen Europa, besonders dem mittleren vor, auch auf dem Caucasus, in der Krim und in Kleinasien. — So viel von dem, was Schweden's Flora berührt.

v. Jussieu's natürliches Pflanzensystem.

Fr. C. L. Rudolphi hat in einer Inaugural-Dissertation ein natürliches Pflanzensystem dargestellt [2]). In der 1sten Abtheilung, Fundamentum Systematis, stellt der Verf. 2 Système auf, die auf philosophischen Gründen ruhen: Systema Naturae transcendentali-philosophicum und Syst. Nat. naturali-philosophicum. 2te Abth.: Numerus Systematis. 3te Abth.: Organa Plantarum. 4te Abth.: Systema Plantarum. 5te Abth.: Systematis dispositio, deren Synopsis folgende ist: — Classis 1. Rhizophyta. *Sporidiaceae.* Ordo 1. Rhizoph. genuina. *Fungi.* O. 2. Caulo-Rhizophyta. *Lichenes.* — Classis 2. Caulophyta. *Sporangiaceae.* Ord. 1. Caulopb. genuina. *Algae.* 2. Phyllo-cauloph. *Hepaticae.* 3. Antho-cauloph. *Musci.* 4. Carpo-cauloph. *Filices.* — Classis 3. Phyllophyta. *Perigoniaceae.* Ordo 1. Canlo-Phylloph. *Glumaceae.* 2. Phyllophyta genuina. *Spadicinae.* 3. Antho-Phylloph. *Liliaceae.* 4. Carpo-Phylloph. *Irideae.* — Classis 4. Anthophyta. *Coronaceae.* Ordo 1. Caulo-Anthoph. *Micrantheae.* 2. Phyllo-Anthoph. *Charantheae.* 3. Anthoph. genuina. *Hypantheae.* 4. Carpo-Anthoph. *Epantheae.* — Classis 5. Carpo-Phyta. *Corollaceae.* Ordo 1. Antho-Carpoph. *Calycantheae.* 2. Carpoph. genuina. *Thalamantheae.* — 6te Abth.: Adumbratio Systematis; hier handelt der Verf. die einzelnen Familien ab, deren 276 sind, und bestimmmt ihre Charaktere; aber die Gattungen sind nicht angeführt. Diese Schrift dürfte die Leser nicht gänzlich befriedigen. [Recension und Auszug derselben s. in: Isis 1833, Heft 9.]

Ein ungenannter Autor hat neulich (1829) dem Mangel eines Ueberblicks des natürlichen Systems abzuhelfen gesucht; er giebt in seiner Uebersicht der Pflanzen-Familien in Kürze ihre Charaktere, darauf die Namen der Gattungen in alphabetischer Ordnung, und zuletzt das Hauptsächlichste über die chemischen Bestandtheile in den Familien, über Nutzen oder Schaden, wobei besonders einige Arten als Beispiele angeführt werden. Doch ist die Schrift nicht vollständig genug [3]).

---

2) Systema Orbis vegetabilis. Auctore Fr. C. Rudolphi. Gryphiae, 1829. 8vo. pp. 73.

3) Uebersicht der Pflanzen-Familien nach verschiedenen Autoren.

Reichenbach hat eine Uebersicht der Entwickelung des Pflanzenreichs oder ein natürliches Pflanzensystem herausgegeben. Nur der erste, [die ganze Hauptübersicht enthaltende] Theil ist davon erschienen [4]). Die Pflanzen sind nach Classen, Ordnungen, Formationen und Familien aufgestellt, dabei die Gattungen aufgezählt. Die Classen sind: 1. *Fungi*; 2. *Lichenes*; 3. *Chlorophyta* (*Algae*); 4. *Acroblastae* (die aus einer Menge verschiedenartiger Familien bestehen, z. B. *Isoëteae*, *Gramineae*, *Narcisseae*, *Orchideae*, *Palmae*); 5. *Synchlamydeae* (z. B. *Characeae*, *Laurinae* &c.); 6. *Sympetalae* (z. B. die Fam. *Caprifoliaceae*, *Cucurbitaceae*, *Labiatae* &c., *Compositae* und *Campanulaceae* in derselben Formation); 7. *Calycanthae* (z. B. *Umbelliferae*; *Papilionaceae* und *Mimosaceae* in einerlei Formation u. s. w.); 8. *Thalamanthae* (z. B. *Papaveraceae*, *Violaceae*, *Ranunculaceae* &c.). — Auffallend ist die Vereinigung so verschiedenartiger Gewächse in der nämlichen Formation und die besondere Begränzung der Gattungen.

Bartling's Werk konnte Refer. noch nicht sehen; es wird aber als sehr gediegen und lehrreich gerühmt [5]). [Der Vf. stellt die (255) Familien unter umfassendere natürliche Classen, wie deren schon R. Brown einige, z. B. *Malvaceae* im weitern Sinne (*Columniferae* bei Bartling), vorgeschlagen. Der Uebersetzer fügt auf folgender Seite die Uebersicht der Classen hier bei.]

---

mit Angabe der bekannten Gattungen, nebst einer kurzen Darstellung des Linnéischen Systems. Berlin, 1829. 4. XVIII u. 214 S.

4) Conspectus Regni Vegetabilis per gradus naturales evoluti. Tentamen Auctore H. Th. L. Reichenbach. Pars prima &c. Lipsiae, 1828. 8vo. pp. XIV & 294.

5) Ordines naturales Plantarum earumque characteres et affinitates; adjecta generum enumeratione; Auctore Th. Bartling. Gotting. 1829. 8.

Natürliche Classen nach Bartling.

[

Cellularia		(Vegetabilia) Vascularia					
			Phanerogama				
				Dicotyledonea			
					Gymnoblasta		
Homonemea	Heteronemea	Cryptogama	Monocotyledon.	Chlamydoblasta	*Apetala*	*Monopetala*	*Polypetala*
—	—	—		—			
Fungi	Musci	Rhizocarpae	Glumaceae				
Lichenes		Filices	Juncinae				
Algae		Lycopodinae	Ensatae			Aggregatae	Lorantheae
		Gonyopterides	Liliaceae		Coniferae	Compositae	Umbelliflorae
			Orchideae		Amentaceae	Campanulinae	Cocculinae
			Scitamineae		Urticinae	Ericinae	Trisepalae
			Palmae		Fagopyrinae	Styracinae	Polycarpicae
			Aroideae	Aristolochiae	Proteinae	Myrsineae	Rhoeadeae
			Heleobiae	Piperinae	Salicinae	Labiatiflorae	Peponiferae
			Hydrocharideae	Hydropeltideae		Tubiflorae	Cistiflorae
						Contortae	Guttiferae
						Rubiacinae	Caryophyllinae
						Ligustrinae	Succulentae
							Calyciflorae
							Calycanthinae
							Myrtinae
							Lamprophyllae
							Columniferae
							Gruinales
							Ampelideae
							Malpighinae
							Tricoccae
							Terebinthinae
							Calophytae.]

(NB. Die Polycarpicae sind: Magnoliaceae &c. u. Ranunculaceae; Lamprophyllae sind Camelliaceae u. Ternströmiaceae &c.; die Calophytae sind Rosaceae &c. u. Leguminosae.)

Acotyledoneae.

ALGAE AQUATICAE. — Schon i. J. 1826 gab Tozzetti ein Werk heraus, welches bisher im nördlichern Europa unbekannt geblieben, welches aber, obgleich schon alt, erwähnenswerth ist [6]). Es ist eine Fortsetzung von Micheli's *Nova Generum Plantarum*, einem durch den Reichthum an wichtigen Beobachtungen immer hohen Werth behaltenden Werke. — Dieses ältere Werk Micheli's (Nova Gen. Pl.) erschien 1729 in klein Folio mit 108 Kpft. Der Verf. hatte Materialien zu einem zweiten Bande gesammelt, welcher Beobachtungen über Meeresgewächse enthalten sollte, aber sein Tod i. J. 1737 verhinderte die Herausgabe. Joh. Targioni Tozzetti, ein Schüler Micheli's, kaufte des Letzteren Herbarium und Manuscripte und ordnete diese zu einem Cataloge über seine Sammlung von Seepflanzen. Tozzetti starb jedoch ohne sie herausgegeben zu haben. Sein Sohn Ottav. Tozzetti hatte nachher vor, das Werk herauszugeben, und zwar um die Zeit, da Turner's Werk über die *Fuci* erschien; nach diesem hielt er seine Herausgabe für überflüssig, und dies um so mehr, als sowohl in Turner's Werke als auch in Smith's *English Botany* sich Copien mehrerer von Micheli's Abbildungen, welche Copien Ritter Banks besass, befanden. Als Turner auf einer Reise Florenz besuchte, beredete er dennoch Tozzetti, das Werk herauszugeben. Tozzetti beabsichtigte, es in 7 Heften mit 70 Tafeln erscheinen zu lassen. Da aber der Preis des ersten Heftes dieses Werkes für ziemlich theuer gehalten wurde, und er nicht Subscribenten bekam, so musste er mit der Herausgabe aufhören.

Dieses erste Heft enthält 91 Seiten und 3 Tafeln. Der Text ist wohl nunmehr wenig brauchbar, aber die Abbildungen haben ausgezeichnete Naturähnlichkeit. Die Einleitung des Textes besteht aus einem Gemälde des Meeres und seiner Verhältnisse. Seine Bewohner geniessen eine fast gleiche Temperatur und reichliche Nahrung, und die Ebbe und Fluth des Meeres verbreitet die Samen der Algen. Die 2te Abth. handelt von der Beschaffenheit der Meerpflanzen. Sie haben einen gleichartigen Bau, öfters re-

---

6) Joannis Targioni Tozzetti Catalogus Vegetabilium marinorum musei sui, opus posthumum ad secundam partem Novorum Generum Plantarum celeberrimi Petri Antonii Micheli inserviens, cum notis Octaviani Targioni Tozzetti, Joannis filii. Florentiae, 1826. fol. min. pp. 91. cum tabb. III.

gelmässige dichotomische Bildung; das Alter der meisten fällt kurz aus, 2 — 3 Jahre, doch zeigen die eigentlichen Tang-Arten ein höheres Alter. Die 3te Abth. handelt von der Fortpflanzung der Algen. Der Vf. erzählt, dass nach einem Briefe von Ray vom 7. Sept. 1686 der Apotheker Sam. Doody (gegen Ende des 17ten Jahrhunderts Samen- oder Keimkörner der Algen an *Fucus vesiculosus* und einigen andern Tang-Arten entdeckte. Verf. bemerkt, dass eine Befruchtung nach den bei den Phanerogamen herrschenden Gesetzen nur in der Luft nicht im Wasser geschehen könne; den weiblichen Organen der Algen fehlen deshalb Griffel und Narbe; sie sind blosse, mit einem Schleime, worin die Samen liegen, erfüllte Röhren oder Blasen. In andern Röhren und Blasen, so wie in den feinen Haaren oder Fäden, die sich bei vielen Tang-Arten finden, glaubte Micheli, mit Réaumur und Donati, männliche Organe entdeckt zu haben; welche sich jedoch nicht deutlich zeigen, und vielleicht durch den klebrigen Saft, der die Samen umgiebt, ersetzt werden. — Diese Abtheilung schliesst mit Bemerkungen über die Art, wie man Algen für Pflanzensammlungen einlegt.

In der 4ten Abth. wird vom Nutzen der Algen gesprochen. Einige dienen zur Nahrung für Menschen, andere nur für eine Menge Seethiere. In Norwegen, Schottland und Irland werden mehrere *Laminarien* und *Halymenien* als Gemüse und Salat gegessen; man benutzt dort mitunter Arten von *Sargassum*. Auf den Molucken, in China und Japan werden Algen zur Bereitung von mehrerlei Speisen benutzt. Mehrere der grösseren Algen, wie *Fuci*, *Ulvae* und *Confervae*, sind seit den ältesten Zeiten zu kühlenden Umschlägen bei Fiebern und Entzündungen gebraucht worden. Präparate von *Fucus vesiculosus* hat man in England gegen Scropheln angewandt, eigentlich wegen des im Tange enthaltenen Jod. *Sargassum*-Arten sind von Portugiesen und Holländern gegen Gries- und Steinschmerzen angewandt worden u. s. w. In mehreren Ländern füttert man das Vieh zum Theil mit Tang-Arten; auch gebraucht man solche zum Acker-Düngen. Den grössten Nutzen von Tang-Arten, besonders ven *Fucus vesieulosus*, erhält man durch ihre Verbrennung zu Soda (Kelp). — In Rom wurden in alten Zeiten mehrere Tang-Arten, vorzüglich *Rhytiphloea tinctoria* Ag., so allgemein zu Schminke gebraucht, dass der Name *Fucus* Tang und Schminke bezeichnete, so wie *fueare* schminken und, bildlich, betrügen. — Die 5te Abth. giebt Nachrichten von Micheli's Arbeiten in der Algenkunde. Neben Brieffragmenten von Sherard und Dillenius kommt hier auch ein Brief an Micheli von Linné vom 7. März 1736 vor. In diesem bittet er Micheli, die neuen Gattungen *Vallisneria* Mich. und *Vallisnerioides* Mich. genauer zu untersuchen; er sei völlig überzeugt, dass sie nicht einmal verschiedene Arten, sondern nur die beiden Geschlechter einer Art ausmachten. Man fand auch, dass Linné hierin Recht hatte. — Die 6te Abtheilung giebt einen Ueberblick des Plans dieses Werkes. Die Meergewächse werden in 6 Gruppen oder Tribus getheilt: 1. *Agrostiomorpha*: die phanerogamischen Meerpflanzen; 2. *Trichophylla*: *Conferven* und *Ceramien*; 3. *Therapidia*: Ulven; 4. *Caulia*: *Fucoideae* und *Floridae*; 5. *Coniata*: *Acetabularia* Lamarck und *Liagora* Lamouroux; 6. *Neuroplecta*: ein Theil der *Zonariae*, *Codium*, *Corallina*, *Tuna*, *Cladostephus clavaeformis* und *Badiaga*. Diese Gruppen umfassen 63 Gattungen mit aus dem Griechischen hergeleiteten Namen; davon sind nur *Zostera*, *Haliseris* und *Badiaga* in neuere Werke aufgenommen worden.

Den Schluss dieses Heftes bildet eine Monographie der *Agrostiomorphae*. Der Verf. theilt diese Gruppe in 2 Gattungen: 1. *Taenidium* mit 2 Arten: 1. *T. oceanicum* (*Zostera oceanica* L., *Posidonia oceanica* Spr., der Alten *Alga*); an den Küsten des mittelländischen und des adriatischen Meeres bildet diese Art immergrüne Grasstreifen; sie blüht gegen den Herbst; im Frühjahre und Anfange des Sommers reifen die Früchte. Sie ist fast gleichzeitig von Cupani in Palermo 1696 und von Cestoni in Livorno 1697 entdeckt und beschrieben worden. Ihre borstenförmigen beriebenen Blätter reissen ab und bilden Kugeln, die man früher unter dem Namen *Aegagropilae* für die Apotheken sammelte. Man hat bemerkt, dass der *Fucus Seta* Spr. aus solchen einzelnen Blattresten besteht, die man häufig unter dem Wurmmoose oder der sogen. *Corallina corsicana* (*Sphaerococcus Helminthochortos* Ag.) findet. — 2. *T. acuminatum* Mich., welches eine *Zostera marina* L. zu sein scheint. — *Zostera marina* L. α. *major* ist auf Tab. 3. und β. *minor* auf Tab. 2. f. 2. abgebildet, und *Z. serrulata* Targion. auf Tab. 2. f 1., ohne Befruchtungstheile.

In Betreff des eben erwähnten *Sphaerococcus Helminthochortos* (*Fucus Helminthochorton* La Tourr.) ist zu erinnern, dass Dr. Nardo, zu Chioggia im Venetianischen, bemerkt hat, dass viele Algen des adriatischen Meeres dieselbe wurmtreibende Kraft besitzen, wie jener. — Hoppe führt in der bot. Zeitung Folgendes darüber an: *Sphaerococcus Helminthochortos* (Plenk Icon. Pl. medic. tab. 472. Nees v. Esenb. offic. Pfl. 15. Lief.) wurde vor ungefähr 50 Jahren durch Stephanopoli und Fleury in die Apotheken eingeführt. Er kommt vorzüglich an den Küsten von

Corsica vor, aber gemengt mit vielen andern Algen aus den Gattungen *Conferva*, *Ceramium*, *Hutchinsia*, *Rhodomela*, *Chondria* und *Zonaria* und wird, mit diesen zusammen in den Handel gebracht; er kommt also sehr unrein in die Apotheken. Man glaubt nicht mehr, dass er eine specifische Wirkung habe, sondern dass seine wurmtreibende Kraft in den schleimigen und salzigen Bestandtheilen liege, welche die Algen in den meisten Meeren besitzen [7]).

Rudolphi hat Bemerkungen zu Meyen's kritischen Beiträgen zur Kenntniss der Süsswasser-Algen (in d. Regensb. bot. Zeit. 1827. S. 705—730) mitgetheilt [8]). Er meint mit Fries (*Syst. Orb. veg.*), dass die Algologie noch nicht so ausgebildet sei, als sie es wohl werden kann, weil eine phytographische Beschreibung allein die Forderungen für grössere Vollkommenheiten nicht erfüllt, welche so lange unerfüllt bleiben, als es an physiologischer Aufklärung über die Algen fehlt. Aber den Zustand der Artenkenntniss betreffend glaubt Vf., gegen Meyen, dass die Algologie grosse Fortschritte gemacht hat.

Algae lichenosae. — Wallroth's Monographie der *Cenomyce*-Arten konnte Referent noch nicht sehen [9]). [Vf. bringt alle europäischen unter 3 Haupt-Species oder Gruppen („*stirpium distinctarum trias*"): *Patellaria fusca, foliacea* und *coccinea*; die vierte, *P. sanguinea*, ist in Brasilien. Vgl. a. Wallroth *Fl. crypt. Germ.* P. I. 1831. p. 395 — 329.]

v. Flotow hat die 1ste Centurie einer Lichenensammlung, welche gut gewählte Exemplare vorzüglich in Schlesien, der Mark, und Pommern gesammelter Flechten enthält, herausgegeben. Sie ist von einem Texte in 4to begleitet, der den Inhalt und das Nomenclatorische für diese Sammlung angiebt [10]).

Musci hepatici. — Dr. juris Lindenberg hat eine Monographie der europäischen Lebermoose, eins der gründlichsten Werke in diesem Fache, herausgegeben. Der Verf. hatte vortreffliche Materialien dazu, besonders seit dem Ankaufe von Weber's und Mohr's Moossammlungen. Sie bildet ein Supplement

---

7) Regensb. bot. Zeitung, 1829. I. S. 351 f.

8) Regensb. bot. Zeitung, 1829. I. S. 353—368.

9) Wallroth, Fr. W., Naturgeschichte der Säulchen-Flechten; oder monographischer Abschluss über die Flechtengattung Cenomyce Acharii. Naumburg, 1829. 8vo.

10) Lichenen, vorzüglich in Schlesien, der Mark und Pommern gesammelt von Jul. v. Flotow. Sect. I. Hirschberg, 1829.

in den Verhandlungen der Akademie der Naturforscher, wird aber auch als besonderer Abdruck einzeln verkauft [1]). Der Vf. giebt zuerst den Charakter der Familie: „Vegetabilia foliosa vel frondosa, cellulosa, capsulas operculo non instructas proferentia, seminibus liberis et gemmis varii generis praedita." Darauf folgen Characteres generum; dann die Species. 1) *Jungermannia* L. mit 105 Arten; hierunter kommt auch *Lejeunia* Lib. Der Vf. nennt die *Jung. anomala* Hook. als schwedische Pflanze nach Hooker, welcher Exemplare von Swartz erhalten (sie ist auch in Swartz's Herbarium); er sagt, dass sie nicht selten, aber mit *J. lanceolata* verwechselt worden ist, und fügt hinzu, dass man erst, nach dem Bekanntwerden der Frucht werde entscheiden können, ob sie eine eigene Art oder eine Var. der *J. scalaris* [Lindbg., non Schrad.] ist; doch sah der Verf. keine Uebergänge zwischen ihnen [auch Nees v. Esenbeck unterscheidet sie, vgl. über diese u. m. a. dessen Naturgesch. der Europäischen Lebermoose. Berlin, Rücker 1833 f.]. *J. pallescens* Ehrh. steht als Var. unter *J. polyanthos* L. Der Verf. bemerkt bei *J. viticulosa* Engl. Bot., dass es unmöglich ist, zu bestimmen, welche Art Linné's wahre *viticulosa* sei, und dass diese nach Smith sich nicht in Linné's Herbarium befindet. Zur *J. setacea* Hook. wird *J. sertularioides* L. & Swartz Meth. Musc. t. f. 6. gebracht. *J. Flörkii* Web. & M. wird als Synonym der *quinquedentata* L. betrachtet. Zur *attenuata* Ldb. (*quinquedent. β. attenuata* Mart. Fl. Erl.) kommt *J. tridentata* Sw., Web. & M. Ind. Musei, welche in Schweden wachsen soll. — *J. resupinata* hält Vf. für schwer zu entziffern und glaubt, dass Linné sie mit mehrern vermengte; sie findet sich vielleicht nicht in seinem Herbarium; Lindenberg sah von Swartz an Weber gesandte Exemplare und nimmt diese als zur rechten Art gehörig an; sie ist zunächst mit *J. nemorosa* verwandt; Mohr scheint sie ganz mit *J. compacta* Roth und *umbrosa* Schrad. vermengt zu haben, denn in Weber's Herbarium kommen unter dem Namen der *resupinata* beide letztgenannten und auch *J. obtusifolia, curta* und *aequiloba* vor; später unterschied sie Weber deutlich genug, aber im Herbarium verwechselte er die Exemplare. — *J. compacta* Roth wird für schwedisch angenommen. *J. undulata* L. ist nach Smith nicht in Linné's Herbarium.

---

1) Act. Acad. Nat. Curiosor. Vol. XIV. Suppl.: Synopsis Hepaticarum europaearum, adnexis observationibus et adnotationibus criticis illustrata. Auctore J. B. G. Lindenberg. Cum 2 Tab. Bonnae. 1829. 4to. pp. 135.

J. taxifolia Wbg. wird als eigene, von *J. Dicksoni* verschiedene Art aufgenommen; der Verf. sagt, dass er die deutsche, grössere Form lieber als eine Var. der *J. albicans* betrachten möchte. *J. byssacea* wird als eigene, von *bicuspidata* verschiedene Art anerkannt. Zu *S. inflata* Huds. kommt *cordata* Sw. in W. & M. Ind. Mus. pl. cr. Bei *J. Blasia* führt der Verf. auch die früher schon von Wahlenberg gemachte Bemerkung an, dass die *J. biloba* Sw. als synonym hierher gehört, und dass also Swartz zuerst die Frucht dieser Art entdeckte. — 2) *Lunularia* Mich.: 1. *L. vulgaris* (*March. cruciata* L. [vgl. über diese und (2.) *alpina:* N. v. E. in bot. Zeit. 1830. II.]. — 3) *Marchantia* L. mit 5 Arten: 1. *M. polymorpha* L.; 2. *paleacea* Bertol.; 3. *commutata* Ldb. (*hemisphaerica* Hook. Musc. brit. ed. 2., excl. var. 3., Web. & M. Crypt. germ.); β. *quadrata* Web. (*androgyna* Engl. Bot. t. 2545.); 4. *conica* L.; 5. *Spathysii* Ldb. [*Lunularia*? *Spathysii* N. ab E. l. c.]. — 4) *Grimaldia* Radd.: 1. *G. dichotoma* Radd. 2. *hemisphaerica* Ldb. (*March. hemisph.* L.); der Verf. sagt hierbei, dass er die *M. pilosa* Hornem. nicht gesehen. 3. *rupestris* (*Duvalia rup.* N. ab E.). — 5) *Fimbriaria* N. ab E.: 1. *F. fragans* N. ab E. (*March. fragans* Balb.); 2. *tenella* N. ab E. (*March. tenella* L. *M. gracilis* W. & M.); 3. *nana* Ldb. (*M. nana* Schleich.). — 6) *Targionia* L.: 1. *T. hypophylla* L. — 7) *Sphaerocarpus:* 1. *S. terrestris* Mich. — 8) *Anthoceros* L.: 1. *A. laevis* L. 2. *punctatus* L. β. *A. multifidus* L. 3. *A. dichotomus* Radd. — 9) *Blandovia* W.: 1. *B. striata* Willd. — 10) *Corsinia*: 1. *C. marchantioides* Radd. — 11) *Ricciella* Braun: 1. *R. fluitans;* der Verf. bemerkt, dass *R. caniculata* von *fluitans* Braun nicht specifisch verschieden ist. — 12) *Riccia* mit 10 Arten, worunter 1. *crystallina* L. 2. *glauca* L. α.: *R. minima* L. β: *R. glauca* Hoffm. — Den Schluss macht die Beschreibung 2 neuer von Bischoff aufgestellter Gattungen, nämlich 1) *Brissocarpus: B. riccioides* B. (*Riccia major* Mich.), aus Sardinien; [jetzt als synonym mit *Corsinia* erkannt.]. 2) *Oxymitra:* 1. *O. paleacea* B. (*Riccia pyramidata* Radd., aus Italien; 2. *polycarpa* B. (*R. pyramidata* W.?). — 2 Kupfertafeln begleiten das Werk: T. I. fig. 1 — 8. *Jungerm. caespiticia* Ldb.; f. 9 — 12. *J. sphacelata* Gieseke; f. 13. *M. Spathysii* Ldb. Tab. II. *Jung.* „*scalaris* Schmid.", seu *pumila* Ldbg., (non *pumila* Withering.).

Corda hat das erste Heft einer Monographie der *Rhizospermae* und *Hepaticae* mit Abbildungen mehrerer Arten herausgegeben. Der Vf. giebt hier die Charaktere der Gattungen: Sect. I. Plantae vasculosae, *Rhizospermae:* 1. *Pilularia* L. 2. *Salvinia*

Mich. — Sect. II. Plantae vasculosae, *Hepatici*: 1. *Grimaldia* Raddi. 2. *Anthoceros* L. 3. *Corsinia* Radd. — Die hier beschriebenen und abgebildeten Arten sind: *Pilularia globulifera* L. tab. 1.; *Salvinia natans* L. t. 2. f. 1—11. und *S. Sprengeli* Cord. (*S. natans* Spreng.) t. 2. f. 12—23.; *Grimaldia dichotoma* Radd. t. 3.; *Anthoceros laevis* L. t. 4 & *A. punctatus* L. t. 5. f. 1—10.; *A. Raddii* Cord. t. 5. f. 11—18.; *Corsinia marchantioides* Radd. t. 6. — *Salvinia Sprengelii* ist die in Deutschland vorkommende, dagegen die zuerstgenannte Italien anzugehören scheint. Der Verf. glaubt bei den hier angeführten Arten der Gattung die Geschlechter, sowohl männliche als auch weibliche Blüthen, gefunden zu haben, was jedoch von Allen als höchst problematisch angesehen wird. Die Zeichnungen sind im Detail und genau dargestellt [2]).

Corda hat auch eine kleinere Schrift über die *Musci Hepàtici* [3]) verfasst, die als ein Prodromus eines grösseren Werkes über dieselben zu betrachten ist. Der Verf. theilt zuerst anatomische Untersuchungen über diese Pflanzen mit; er sagt von den *Stromatopterides*, dass sie eine Oberhaut mit Spaltöffnungen besitzen, deren innere Membran sich drei- oder vierklappig öffnet; dass die Parenchymzellen dieser Gewächse jenen höchst entwickelter Gewächse gleichen, und einen circulirenden Saft besitzen, wie auch Gefässe (*vasa*) von mehreren Formen, als einfache, punctirte, rosenkranzförmige, Treppengefässe u. a., [vgl. aber nun Mirbel in *Nouv. Annal. du Mus.* I. u. f. über *Marchantia*;] doch nennt er keine Spiralgefässe; indess darf man manche von diesen Angaben noch als wenig bewiesen betrachten. — Darauf folgt der Conspectus der Classes & Ordines, so wie der Gattungen: — I. *Stromatopterideae:* Ord. 1. *Marchantiaceae.* 2. *Targioniaceae.* 3. *Anthocerideae.* 4. *Corsiniaceae.* 5. *Ricciaceae.* — II. *Hepaticini:* Ord. 1. *Jungermanniaceae.* 2. *Andreaeae.* 3. *Sphagnoideae.*

I. Ordo 1. *Marchantiaceae:* 1. *Grimaldia* Raddi. 2. *Marchantia* L. 3. *Chlamidium* Corda (*Chl. indicum* C., Sieb. Fl.

---

2) Monographia Rhizospermarum et Hepaticorum. Die Wurzelfarren und Lebermoose nach ihren Gattungen und Arten, organographisch-phytotomisch bearbeitet von Aug. J. Corda. I. Heft. Prag, 1829. 4to. VI. u. 16 S. u. 6 Steindrucktafeln.

3) Genera Hepaticarum. Die Gattungen der Lebermoose von A. J. Corda. (Besonders abgedruckt aus Ph. M. Opiz's Beiträgen zur Naturgeschichte, S. 643—655.

Martin. exs. Nr. 378. M. chenopoda L.?) 4. *Preissia* Cord. (*P. italica* C.). 5. *Chomiocarpon* C. (*C. angulatum* C., *M. hemisph.* Opiz, non Linn. & *C. cruciatum* C.). 6. *Fimbriaria* N. ab E. (*F. tenella* N. ab E. & *paleacea* C.). 7. *Hypenantron* C. (*H. ciliatum* C.). 8) *Rhakiocarpon* C. (*R. conspersum* C.). 9. *Duvalia* N. ab E. 10. *Sindonisce* C. (*S. fragrans* C., *M. fragr.* Balb. 11. *Otiona* C. (*O. crinita* C., *M. cr.* Mich.). 12. *Achiton* C. (*A. quadratus* C., *March. quadr.* Scop. [? — N. v. E.], *M. hemisph.* Funck, Schwaegr., Spreng., non L.). 13. *Fegatella* Radd. (*F. conica* S., *M. conica* R., *M. conica* L. & *F. Michelii*). — Ord. II. *Targioniaceae:* 14. *Targionia* Mich. (1. *T. Michelii* C. 2. *T. germanica* C.). 15. *Sphaerocarpus* Mich. — Ord. III. *Anthocerideae:* 16. *Blandovia* Willd. 17. *Anthoceros* Mich. — Ord. IV. *Corsiniaceae:* 18. *Corsinia* Radd. 19. *Rupinia.* (*R. pyramidata* C., *Riccia pyr.* Willd.). — Ord. V. *Ricciaceae:* 20. *Riccia* Mich. (*R. glauca* L., *ciliata* Hoffm.). 21. *Ricciocarpos* C. (*R. natans* C., *Riccia natans* L.). 22. *Ricciella* Braun (*R. fluitans.* Br.).

II. *Hepaticini:* Ord. 1. *Jungermanniaceae:* 1. *Gymnomitrion* C. 2. *Cheiloscyphos* C. (*C. polyanthos* C., *Jung. pol.* L.). 3. *Jungermannia* Rupp. 4. *Lejeunia* Lib. (*L. Hutchinsiae, Tamarisci, dilatata, platyphylla,* &c.). 5. *Sarcoscyphos* C. (*S. Ehrharti* C., *J. emarginata* Ehrh.). 6. *Alicularia* C. (*A. scalaris* Schrad.). 7. *Syckorea* C. (*S. viticulosa* C.). 8. *Calypogeia* Raddi. (*C. Trichomanis* R., *Jungerm. Tr.* Dicks.). 9. *Blasia* Mich. (*B. Hookeri* C.). 10. *Diplomitrion* C. 11. *Pellia* Radd. 12. *Metzgeria* Radd. (*M. pinguis, multifida, furcata* &c.). — Ord. 2. *Andreaeae:* 1. *Andreaea* Ehrh. (*A. alpina* Hedw., *A. Rothii* W. & M.). — Ord. 3. *Sphagnoideae:* 1. *Sphagnum* L.

Corda's ausführlicheres Werk über die Lebermoose soll mit Abbildungen der neuen Arten begleitet werden. Nach Opiz's Nachrichten in der bot. Zeitung 1829. S. 672. hat Corda 200 Jungermannien untersucht und gezeichnet. — [Bekanntlich bearbeitet Corda auch die Lebermoose für Sturm's Deutschl. Flora, IIte Abth., wovon bereits die 2 Doppelhefte 19/20. und 21/22. (Nürnb. 1830, 1832. 12mo.) jedes mit 16 Kpft. erschienen, die auch z. B. in Nees v. Esenbeck's Naturg. der Europ. Leberm., zuweilen mit etwas anderer Deutung der Theile oder Berichtigung der Synonymie, nach Verdienste citirt werden. S. auch N. v. E.'s Recension in Berl. Jahrb. f. wiss. Krit. 1832. II. Nr. 53.]

Die *Riccia natans* ist hinsichtlich der Gattung, wohin man sie am richtigsten zu stellen habe, lange nur unsicher bestimmt gewesen, indem man sie bei ihrer Unbekanntheit der Befruchtungstheile nur der Form nach unter *Riccia* brachte. Torrey in Nordamerika hat nunmehr ihre Fructification entdeckt und Exemplare davon an Hooker mitgetheilt, welcher sie für eine wirkliche *Riccia* erklärt und die Fructification abgebildet hat; den Charakter der *Riccia* stellt Hooker so fest: Capsula substantiae frondis immersa, membranacea, indehiscens, demum evanescens, stylo protruso terminata, seminibus tuberculatis repleta [4]).

Lehmann hat die von Ecklon am Cap d. g. H. gesammelten Lebermoose bestimmt und beschrieben [5]): 46 *Jungermanniae*, worunter 16 neu sind. Folgende schwedische sind auch am Cap: *J. dilatata, serpyllifolia, bidentata, complanata, bicuspidata* L., *byssacea* Roth., *connivens, pusilla, furcata, multifida*. — 2 *Marchantiae*: *polymorpha* L. und *emarginata*. N. ab E. 2 *Fimbriariae*: *marginata* und *tenella* (*March. tenella* L.) N. ab E. — *Riccia purpurascens* Lehm. und *bullosa* Lk.

Musci frondosi. — Bruch hat Beschreibungen und Bemerkungen über die von Müller in Sardinien und von Fleischer um Smyrna gesammelten Moose geliefert; es kommen mehrere neue Arten darunter vor; die meisten dieser Moose indess sind den meisten europäischen Ländern gemeinsame Arten [6]).

Hegetschweiler's unten gen. Abhandlung [7]) sah Ref. nicht.

Kneiff und Märker haben die Herausgabe einer Sammlung von im Elsass, in Deutschland und der Schweiz gesammelten Laubmoosen begonnen; 7 Hefte sind erschienen [8]).

Beck hat ein Verzeichniss von Moosen Nordamerica's gegeben; es ist als Prodromus eines grösseren Werkes über NAmerica's *Filices* und *Musci*, das der Verf. bearbeitet, anzusehen. Der grösste Theil dieser Moose kommt auch in Schweden [und Europa überhaupt] vor. Der Verf. führt über 200 Arten auf [9]).

---

4) Hooker's Botanical Miscellany, P. I. p. 41.

5) Linnaea, IVr Bd. (1829.) 3s H. S. 357 — 371.

6) Regensb. bot. Zeit. 1829. II. S. 385—96; 401—10. m. Kpft.

7) Denkschriften der allg. schweizer. Gesellschaft für die gesammten Naturwissenschaften, Ir Bd. 1ste Abth. 1829. S. : Ueber die Vegetation der Moose und Revision der Gattung *Sphagnum*; von Dr. Jak. Hegetschweiler (in Rifferschwil).

8) Musci frondosi, quos in Alsatia variisque Helvetiae et Germaniae partibus collegerunt F. G. Kneiff et Ch. Ph. W. Märker. I — VII. Strasburg. 1825 — 1827. 8vo.

9) Silliman's American Journ. 1829. XV. p. 287 sqq. Botan. Literat. Blatt. II. Bd. 2s H. S. 311 — 314.

Filices. — Kaulfuss's Darstellung seiner Ansichten über die Ausbildung der Farrnkräuter und über die Grundlagen ihrer Artenbestimmung ist lesenswerth; aber schwer im Auszuge zu geben[10]. Er kann nicht die Meinung theilen, dass die Farrnkräuter zur Feststellung der Gränzen zwischen Art und Varietät besonders zweckdienlich seien; darum nicht, weil sie keine Samen besitzen sollen, und weil bei der Fortpflanzung durch Keimkörner die Varietäten nicht zu ihren ursprünglichen Arten zurückgeführt werden können. Kaulfuss meint, dass die Theilung des Laubes nicht innerhalb aller Gattungen Unterscheidungsmerkmale geben und noch weniger zu Unterabtheilungen der Gattungen gebraucht werden kann. Er glaubt, dass die *Filices* nicht immer die höchste Blattentwickelung haben, wenn sie fructificiren. Aber ungeachtet das Laub seine vollkommene Ausbildung bei denen erlangt hat, welche Frucht darauf tragen, so kann doch die Frucht fehlen, was nicht durch ihre Organisation sondern durch äussere Umstände veranlasst wird. — Was das Indusium betrifft, so hat der Verf. es bei den Arten, die es gewöhnlich besitzen, immer gefunden. — Der Verf. beleuchtet dann einige vermengte Arten. Unter dem Namen *Aspidium rhaeticum* werden viele Arten verwechselt. Roth hatte unter dem Namen des *Athyrium rhaeticum* ein *Asplenium*. Willdenow's *Asp. rhaeticum* ist ohne Zweifel eine *Cystopteris*, und gewiss *C. fragilis*. Was Linné's *Polypodium rhaeticum* sei, ist äusserst schwer auszumachen, denn die citirte Abbildung bei Bauhin, Hist. III. p. 740. ist nicht erkennbar. De Candolle's *Asp. rhaeticum* ist *Polypodium alpestre* Hoppe. *Athyrium rhaeticum* Roth ist ein *Asplenium Filix femina* Bernh.; bei diesem letztern sind die sori subrotundo-ovati, bei *Polyp. alpestre* sind sie orbiculato-pulvinati (Schkuhr Crypt. Gew. t. 80). Willdenow citirt Schkuhr's Bild des *P. alpestre* unrichtig zu *Asp. Filix femina*; Sprengel restituirt jedes *Polypodium* wieder; in Funck's Cryptog. Gew. des Fichtelgebirges ist es unter Nr. 408 ausgegeben. — Die Gattung *Polystichum* Roth ist zum Theil dasselbe, was einige Neuere unter dem Namen *Nephrodium* von *Aspidium* getrennt haben. — *Cyathea* Sm. muss in *Cystopteris* Bernh. und *Cyathea* zertheilt werden. — Der Vf. bemerkt, dass *Cystopteris fragilis* in so vielen Formen auftritt, dass ausser den von Hoffmann mit Unrecht abgesonderten Formen gewiss noch mehrere, z. B. *Asp. regium* und *rhaeticum* Willd. dazu gehören. — *Asp. Lonchitis* und *aculeatum* unterscheidet auch der Verf. als Arten;

10) Regensb. bot. Zeit. 1829. I. S. 321 – 335, 337 – 343.

letzteres hat breiteren Wedel, ist dünner, weicher, durchscheinend, die Adern sind hin und her gebogen, entfernt, daher auch die Fruchthäufchen seltener. Er glaubt nicht, dass dieses im hohen Norden vorkommt. — Der Verf. sagt bestimmt, dass Sprengel's Kennzeichen des *Polyp. Dryopteris* und *calcareum* unzuverlässig, und dass die einzig sichern Merkmale die von Wahlenberg angegebenen sind, nämlich bei *P. calcareum* rhachis glanduloso-pubescens, dagegen *P. Dryopteris* eine rhachis glabra besitzt.

Beck hat ein Verzeichniss der nordamericanischen *Filices* mitgetheilt; sie bestehen aus 63 eigentlichen *Filices*, 14 *Lycopodiaceae*, 4 *Marsileaceae* und 7 *Equisetaceae*. Viele von diesen wachsen auch in Europa [1]).

Von andern Werken, die auch Beschreibungen von Cryptogamen enthalten, erwähnen wir noch folgende:

Funck hat das 35ste Heft seiner Sammlung cryptogamischer Gewächse, welche getrocknete Pflanzen aus allen Ordnungen der Cryptogamie enthält, herausgegeben [2]).

Kneiff und Hartmann haben auch eine Sammlung von Cryptogamen des Grossherzogthums Baden herauszugeben angefangen [3]).

v. Martius hat neulich den 1sten Fascikel eines Werkes über Brasiliens Cryptogamen ans Licht treten lassen [4]). Dieses Fasc. enthält die Speciescharaktere und vortrefflich illuminirte Abbildungen von 7 Algen und 38 Flechten. Diese Gewächse werden später ausführlicher in des Verfassers *Flora brasiliensis* beschrieben [was nun erfolgt ist, in Fl. Bras. Vol. I. Pars I. Stuttg., Cotta. 1833.].

---

1) Silliman's American Journ. XV. (1829.) p. 287 sq. Botan. Lit. Blätt. II. 2s H. S. 309—311.

2) Cryptogamische Gewächse, besonders des Fichtelgebirges; gesammelt von Heinr. Chr. Funck. 35s Heft. Leipzig, 1829.

3) Plantae cryptogam. quas in Magniducatu Badensi collegerunt F. G. Kneiff et Em. Fr. Hartmann. Strasb., 1828. fol.

4) Icones selectae Plantarum cryptogamicarum, quas in itinere per Brasiliam annis 1817—1820 jussu et auspiciis Maximiliani Josephi Bavariae Regis Augustissimi suscepto collegit et pingendas curavit Dr. C. F. P. de Martius. Fascl. I. Algae et Lichenes. Monachii, 1828. fol. pp. 28 c. tabb. XIV color.

Monocotyledoneae.

Cyperaceae. — Steudel hat Bemerkungen über capische *Cyperaceae*, *Restiaceae* und *Gramineae* mitgetheilt, die von Ecklon am Cap d. g. H. für den würtembergischen Reiseverein gesammelt worden, welcher Verein Antheile dieser Sammlungen an die Actien-Inhaber vertheilt hat. Steudel berichtigt in dieser Abhandlung oft die in der Sammlung gegebenen Bestimmungen [5].

Gramineae. — Raspail hat eine Monographie der *Hierochloë*-Arten geschrieben [6]; er meint, dass man an dieser Gattung mehr Verwandschaft mit *Poa* als mit *Anthoxanthum* bemerke, giebt ausführlichen Gattungscharakter und spricht über die geographische Verbreitung der Arten; diese erscheinen erst gegen den 50sten Breitengrad (?) und bewohnen feuchte Stellen. 1. *H. antarctica* RBr. sie wächst an der magellanischen Meerenge und in den nördlichen Theilen Neuhollands. 2. *H. odorata α. mutica*, *β. aristata*: im grössten Theile Europa's ausser dem südlichsten. 3. *H. alpina* RBr. *α. aristata* (*Holc. alpinus* Sw.); *β. mutica* (*H. pauciflora* RBr. Chlor. Melv.): sie wächst in Torneå-Lappmark, dem nördlichsten America und der Melville-Insel in 74° n. Br.

Kunth hat eine Uebersicht der im Humboldtischen Werke *Nova Genera et Species Plantarum* beschriebenen Gräser herausgegeben. Der Verf. giebt die Charaktere der Familie, der Abtheilungen, Gattungen und Arten. Die Abtheilungen sind: I. *Oryzeae*. II. *Phalaroïdeae*. III. *Paniceae*. IV. *Stipaceae*. V. *Agrostideae*. VI. *Arundinaceae*. VII. *Pappophoreae*. VIII. *Chlorideae*. IX. *Avenaceae* [7].

Man hatte bisher nicht mit Sicherheit gewusst, wo der Mais (*Zea Mays*) ursprünglich wild wächst. Nach Aug. de St. Hilaire's Untersuchungen wird es wahrscheinlich, dass er in Paraguay wild vorkommt. Dieser hörte von den Guaycurus-Indianern

---

5) Regenb. botan. Zeit. 1829. I S. 129—140, 145—154. II. S 465—472, 481—492.

6) Annales des Sciences d'observ. &c. T. II. Nr. 1. Avril 1829. p. 70—90 c. tab. — Bot. Liter.-Bl. IIr Bd. 1s H. S. 118—124.

7) Revision des Graminées, publiées dans les Nova Genera & Species Plantarum de MM. Humboldt et Bonpland, précedée d'un travail général sur la famille des Graminées. Par C. S. Kunth. Livr. I — VII. Ouvrage accompagné de 100 planches coloriées d'après les dessins de Mme Eul. Delile. Paris. 1829. fol.

erzählen, dass er in jenem Lande in feuchten Wäldern wild wachse [8]).

Asparagi. — Schon i. J. 1827 hat v. Ledebour eine Monographie der *Paris* erscheinen lassen [9]). Zuerst giebt Verf. eine kurze Geschichte der Arten, dann den Gattungscharakter, wobei er zu beweisen sucht, dass *Demidovia* Hoffm. (*Paris incompleta* MB.) mit *Paris* wieder zu vereinigen ist, weil sie sich davon nur durch den Mangel der Blumenblätter und durch die an der Spitze der Filamente befestigten Antheren unterscheidet. *Paris verticillata* und *polyphylla* zeigen hierin einen Uebergang, indem ihre Antheren etwas unter der Spitze der Träger befestigt sind. Hierauf werden die Arten beschrieben: 1. *P. quadrifolia* L. 2. *obovata* Ledeb., c. icone; sie wächst bei Irkutzk. 3. *P. verticillata* MB. 4. *incompleta* MB. 5. *polyphylla* Sm.

Orchideae. — Richard hat eine Monographie der Orchideen der Inseln Bourbon und Isle de France geschrieben [10]). Der Verf. sagt, dass die Vegetation dieser Inseln und Madagascar's nd sich mehr der des indischen Archipelagus nähert. Während nämlich am Südende Africa's die Hauptmasse der Vegetation durch *Proteaceae, Ericeae* und *Diosmeae* gebildet wird, zu denen sich zahlreiche Arten von *Gladiolus, Ixia, Moraea, Phylica, Thesium, Aspalathus, Borbonia, Gnaphalium, Elichrysum* gesellen, verschwinden diese Gewächse fast gänzlich auf den genannten mascarenischen Inseln und bestehen hier ungleichartige Vegetationsformen. Die Pflanzenwelt wird mehr vielgestaltig, obgleich die Arten-Anzahl sowohl im Verhältnisse zur Hauptsumme der Arten, als auch zu der in den einzelnen, obschon für sich zahlreicheren, Gattungen, die fast ausschliesslich diesen Inseln angehören, z. B. *Ambora, Monimia, Gastonia, Cossignia, Ludia, Prockia, Marignia, Poupartia, Roussea, Biramia, Quivisia, Ochrosia, Harongana, Premna* u. a., bedeutend modificirt wird.

Die *Orchideae* machen fast $1/_{15}$ der hier befindlichen Pflanzenarten aus. Die am Cap wachsenden Gattungen dieser Familie zeigen mehrere Eigenheiten, indem einige davon, wie *Disa, Ptery-*

---

8) Annales des Sciences nat. Tome XVI. 1829. p. 143—145.

9) Monographia generis Paridum qua ad Scholas audiendas invitat D. C. F. Ledebour. Cum tab. aenea. Dorpat. 1827. fol. p. X.

10) Mémoires de la Soc. d'Hist. nat. de Paris. Tom IV. 1828. p. 1—74: Monographie des Orchidées des Isles de France et de Bourbon, par Ach. Richard.

godium, *Corycium* und *Dipera* nicht anderwärts angetroffen werden und keine parasitische Species sich darunter befindet. Auf den Mascarenen sind dagegen die *Orchideae* fast $1/3$ zahlreicher, und ohngefähr $2/3$ davon sind Schmarotzer. Von den auf der Erde wachsenden haben sie nur die 2 Gattungen *Limodorum* und *Satyrium* mit dem Cap. gemein; aber selbst diese werden hier durch andere Arten, als dort sind, repräsentirt. Diese *Orchis*-Flora nähert sich mehr der des americanischen Continents; aber diesen Inseln fehlen die Gattungen *Oncidium*, *Cranichis* und *Epidendron*, welche America mit zahlreichen Arten besitzt. Die *Habenaria*-Arten dieser Inseln gleichen sehr den americanischen, und das *Dendrobium polystachyum* theilen diese Inseln mit denen des mexicanischen Meerbusens. Viel näher tritt jedoch diese Orchideen-Flora der des indischen Archipelagus; die meisten Orchideen gehören in beiden Gegenden zur Abtheilung *Epidendreae:* die Gattung *Angraecum*, die hier 20 Arten zählt, ist auch in Indiens Flora, aber weder in Africa noch in America, und selbst mehrere Species derselben, wie auch anderer Gattungen, haben diese Inseln mit Indien gemein. Die Ursache dieser grösseren Uebereinstimmung mit der asiatischen Flora sucht der Verfasser darin, dass während das Cap ausserhalb der Wendekreise liegt, diese Inseln so wie der indische Archipel sich innerhalb derselben befinden, und dass die auf dem africanischen Archipelagus herrschenden Ost- und Nordwestwinde, gerade in der Richtung der indischen Inseln herwehen.

Der Verf. sagt, dass er bei den Gattungen dieser Familie den von seinem Vater und von R. Brown aufgestellten Grundsätzen gefolgt sei, weil die Pollenmassen sichere, obgleich subtile, Charaktere darbieten. — Er theilt die Orchideen in 3 Gruppen: 1. *Ophrydeae;* 2. *Limodoreae;* 3. *Epidendreae;* und diese bringt er in Unterabtheilungen nach der Gegenwart oder Abwesenheit des Sporns, nach den nackten, einfachen oder am Grunde mit einem Anhange oder Drüse versehenen Pollenmassen. Er meint: 1) der ursprüngliche Typus der *Orchis*-Blüthe sei ein Perianthium mit 6 regelmässigen, 3 äusseren und 3 inneren Blättchen, und 6 Staubgefässen; 2) bei allen bekannten Gattungen, ausser *Epistephium*, schlagen die 3 äusseren Blättchen fehl und die wahre Blüthenhülle ist auf 3 Blättchen reducirt; u. s. w. — Dann folgt Beschreibung der Gattungen und Arten: I. *Ophrydeae:* 1. *Habenaria* Willd. 6 sp.; 2. *Gymnadenia* Br. 8 sp.; 3. *Satyrium* Sw. (*Diplectrum* Pers.) 3 sp.; 4. *Arnottia* Rich. 1 sp.; 5. *Dryopcia* Pet. Th. 3 sp.; 6. *Goodyera* 1 sp.; 7. *Platylepis* Rich. 1 sp. — II. *Limodoreae*: 8. *Aplostellis* Rich. 1 sp., 9. *Bletia* R. & P. 1 sp.;

10. *Benthamia* Rich. 2 sp.; 11. *Centrosia* Rich. 1 sp.; 12. *Limodorum* Rich. 4 sp. — III. *Epidendreae:* 13. *Liparis* Rich. 2 sp.; 14. *Pleurothallis* Br. 1 sp.; 15. *Dendrobium* Sw. 2 sp.; 16. *Bolbophyllum* Pet. Thouars: 3 sp.; *Angraecum* Rumph., Pet.-Th. 20 sp.; 18. *Gussonea* Rich. 1 sp.; 19. *Beclardia* Rich. 3 sp. — Man findet hier also 18 Gattungen mit 92 Arten, die ausführlich beschrieben werden; auf 11 Kupfertafeln sind sowohl Befruchtungstheile als auch einige Arten abgebildet. [S. a. Eschweiler's Bot. Literaturbl. Bd. II. H. 1., wo auch die Charaktere der neuen Richardschen Gattungen *Arnottia* &c. stehen.]

Breda hat die auf Java von Kuhl und van Hasselt gesammelten Arten der *Orchideae* und *Asclepiadeae* beschrieben, an welchen man auch die Aehnlichkeit der Flora Indiens mit der der Mascarenen bemerken kann [1]).

Nuttall hat eine Uebersicht der americanischen Arten von *Corallorrhiza* mitgetheilt [2]). Er giebt zuerst eine Geschichte der Entdeckung der einzelnen Arten, darauf Beschreibungen derselben: 1. *C. verna* Nutt. (*C. innata* Eaton), tab. VI. fig. sinistra; 2. *C. odontorrhiza* Nutt. (*Cymbidium odont.* W.); 3. *C. multiflora* Nutt. (*C. innata* Nutt. Gen. Am. Pl. excl. synon. RBr.) t. VII. f. dextra. Eine Untergattung wird gebildet aus 4. *C. hyemalis* Nutt. (*Cymbid. hyem.* W.). Hiernach findet sich also die *C. innata* RBr. (*Ophrys Corallorrhiza* L.) nicht in den Vereinigten Staaten.

Dicotyledoneae.

Lauri. — Hamilton hat Untersuchungen über die officinellen *Laurus*-Arten mitgetheilt und Dierbach hierbei Bemerkungen hinzugefügt [3]). — 1. *Laurus Culilaban* [nicht Linné's, sondern die des Hamilton'schen Herbariums, welche zu *L. Cinnamomum* L. gehört und *Cinnamomum zeylanicum* β. N. ab E. in Wallich's Plant. asiat. rarior. II. p. 74 ist, vgl. botan. Jahresb. über 1831. und Regensb. botan. Zeitung 1831. II. Nr. 34 f., wo

1) Genera et species Orchidearum et Asclepidearum, quas in itinere per insulam Java collegerunt Dr. G. Kuhl et J. C. van Hasselt. Editionem et descriptiones curavit J. G. van Breda. Vol. I. Fasc. 1. et 2. 1828.

2) Journal of the Academy of Nat. Sciences of Philadelphia. Vol. II. P. I. p. 35 sqq.: Remarks on the species of Corallorrhiza indigenous to the united States.

3) Geiger's Magaz. der Pharm. 1829. März. S. 44—57.

auch über das hier Folgende Neueres zu finden ist]. Der Verf. meint, zu dieser Art, also *C. zeylanicum β.*, dürfe auch Rheede's *Carua* gehören [so auch a. a. O.: *Cinn. zeylan. γ.*]; zur letztern müsse man wohl auch *L. Canella* Mill. bringen, die den chinesischen Zimmt geben sollte, was aber Hamilton bezweifelt. *L. Cassia* L. sei näher zu untersuchen, Linné habe wahrscheinlich zu verschiedenen Zeiten unter diesem Namen mehrere Arten vermengt; *L. Cassia* N. ab E. sei *Laurus nitida* [nur *nitida* Herb. Hamilt., die zu *C. zeylan.* gehört; nicht *nitida* Roxb.]; *L. Cassia* Roxb. sei auch eine andere Art [*Cinn. albiflorum* N. ab E. in Pl. asiat. rar. II. pag. 75.]. — 2. *L. Tamala* Ham., mit *Carua* nahe verwandt. — 3. *L. Malabathrum* Burm. — 4. *L. Cubeba* Lour. gebe vielleicht den chinesischen Zimmt [vgl. aber a. a. O. in bot. Zeitung unter *C. aromaticum* N. ab E.]; doch kommt unter diesem Namen Waare von sehr verschiedenen Baumarten. Das Wort *Cabab* oder *Cababa* bedeute eigentlich einen Braten, aber dann benenne man auch jedes Gewürz, womit man den Braten würzt oder spickt, *Cabab* oder *Cubeba*. Der Verf. glaubt [nicht so N. ab E.], dass von demselben Baume auch *Flores Cassiae* kommen. — Die *Cassia lignea* oder eine andere schlechte Zimmtsorte kommt nach ihm von *L. Tamala* Hamilt.; der japanische Zimmt von *L. Soncaurium* Ham.; die *folia Indi* s. *Malabathri*, die auch die Römer häufig als Gewürz zu Speisen brauchten, sollen von *L. Tamala* und *L. Soncaurium* Ham. [*C. albiflorum* Wall., N. ab E.] kommen; vom erstern die besseren.

Ricord-Madianna hat die Naturgeschichte der *Laurus Persea* beschrieben, er führt zugleich die auf Guadeloupe befindlichen *Laurus*-Arten auf [4]).

In Geiger's Magazin [5]) ist eine Uebersicht der Muskatennuss-Bäume, nämlich *Myristica*-Arten, gegeben; es wachsen deren sowohl in Asien, als in America und in Neuholland, auch auf Madagascar. Die gemeinste Art nennt der Verf. mit Houttuyn *M. fragans* (*M. moschata* L.), wovon es viele Spielarten giebt.

Atriplices. — Vignal fand bei *Blitum virgatum* an der Spitze jedes Blüthenköpfchens eine grössere Blüthe mit 5theiligem Perianthium und 5 den Abschnitten gegenüber stehenden Staubfäden, weshalb er glaubt, jene Art mit *Chenopodium* vereinigen zu müssen, und meint, dass die übrigen 3theiligen 1männigen Blüthen

---

4) Journal de Pharm. 1829. Janvr. p. 42—47, Fevr. p. 84—95. Mar. p. 143—151.

5) Geiger's Magaz. der Pharmacie 1829. 3s H. S. 297—313.

als unvollkommen zu betrachten seien, zumal da er auch Blüthen mit 2 Staubfäden, eine mit 3 u. s. w. fand. Er bemerkt, dass solche unvollkommene Bildungen oft bei *Chenopodium*-Arten vorkommen, z. B. bei *Ch. ambrosioides*, welches 3—5spaltiges Perianthium hat, fand Vf. in den Blüthen desselben, die weniger als 5 Abschnitte hatten, nie Staubfäden; bei *Ch. Bonus Henricus* findet sich nur eine kleinere Anzahl Zwitterblüthen, die meisten Blüthen sind bloss weiblich, aber besondere männliche fand der Verfasser nicht daran [6]).

Paronychieae. — De Candolle hat eine Abhandlung über diese Familie geschrieben; sie enthält allgemeine Bemerkungen über ihren Charakter, ihre Abtheilungen, ihre neuen Gattungen und Arten, welche hier beschrieben werden. Der Verf. bringt auch *Scleranthus* hierher. 6 Tafeln, mit Abbildungen neuer Arten, sind beigegeben [7]).

Pediculares. — F. W. Schultz hat eine Monographie der deutschen Arten von *Orobanche* verfasst [8]). Er giebt zuerst ausführlichen Gattungscharakter, deutet die Unterschiede von den verwandten an und spricht über die Wachsthumsart der Species. — Sie sind alle Schmarotzer auf Wurzeln von andern Pflanzen, besonders mehrjährigen Kräutern und Sträuchern, doch zuweilen auch einjährigen, wie *O. ramosu* auf Hanf und Tabak. Der Stengel erhebt sich aus einer dicken, oft höckerigen, mit Blattschuppen bedeckten Basis, deren unteres Ende immer wieder in ein verdünntes oft wurmförmig gekrümmtes Stück ausgeht, aus welchem an den Seiten die fleischigen Wurzelfasern hervorschiessen, wie bei den *Epipactis*-Arten. — Die deutschen Arten sind in 2 Abtheilungen gebracht und werden, doch ohne Speciescharakter, ausführlich beschrieben: I. Sect. *Osproleon* (Wallr.): 1. *O. bipontina* Schultz; 2. *elatior*; 3. *Epithymum*; 4. *caryophyllacea*; 5. *flava* Mart. II. Sect. *Trionychon* Wallr.: 6. *O. arenaria*; 7. *coerulea*; 8. *ramosa*. Auf der zugegebenen Tafel sind die Blumen der Arten gezeichnet. Verf. sagt, dass *O. major* L. wohl eine südeuropäische Art sei. Bei allen Arten sind die Pflanzen, worauf sie wurzeln, angegeben. [Schöne Abbildungen aller deutschen Arten und Formen s. in Reichenbach's *Iconographia bot.* Cent. VII.]

---

6) Bullet. univ.: Sect. d' Hist. nat. Nov. 1828. p. 382.

7) Mémoire sur la Famille des Paronychiées. Par M. Aug. Pyr. De Candolle. Avec 6 Planches. Paris, 1829. 4to. pp. 16.

8) Beitrag zur Kenntniss der deutschen Orobanchen. Von Fr. Wilh. Schultz. Mit 1 lithogr. Taf. München, 1829. Fol. 12 S.

Labiatae. — Griesselich (in Carlsruhe) hat einen Beitrag zur Kenntniss der *Mentha*-Arten gegeben; zuerst die Charaktere der Gattung und der davon getrennten *Preslia* und *Pulegium*; (s. *Sylloge Pl.* 1827 p. 227 sqq.). Verf. glaubt, man dürfte im Verlaufe der Blattnerven die tauglichsten Merkmale ungleicher Arten finden, auch die Form des Kelches sei zu beachten, ob sie vor und nach der Blüthe gleich ist, ob sie röhrig oder glockenförmig bleibt. 1. *M. sylvestris* (*M. viridis* sei unbehaarte Var. hiervon); 2. *rotundifolia*; 3. *lavandulacea* W.; 4. *piperita* L.; 5. *Pulegium*; 5. *cervina*; 7. *arvensis* (*gentilis* und *rubra* sind Varr. nach Spenner); 8. *aquatica* (*M. citrata* Ehrh. eine Var.); 9. *canadensis*; 10. *gracilis* Sm. — Dann folgen die sogenannten Bastard-*Menthae*: 1. von *M. aquatica* und *arvensis*: hierher gehören die *sativa*, *rubra* und *gentilis* vieler Autoren; 2. von *sylvestris* und *rotundifolia*: z. B. *M. nemorosa* W.; 3. von *piperita* und *rotundifolia*; 4. von *sylvestris* und *aquatica*. [Vgl. seitdem Koch in Deutschl. Fl. IV.] [9]).

Scrofulariae. — Wydler's Monographie der *Scrofularia* [10]) hat 2 Abtheilungen; in der ersten werden die Vegetations- und Befruchtungsorgane der Gattung, ihre Verwandtschaft mit andern Gattungen, und die geographisehe Vertheilung der Arten beschrieben. Diese gehören hauptsächlich den europäisehen, nordasiatischen und nordamericanischen Ländern an; ihre südlichsten Gränzen sind auf den canarischen Inseln und Madera; doch ist eine Art auf St. Domingo; einige Arten steigen hoch auf die Gebirge, wie z. B. *S. glabrata*, die man in Höhen von 8000 Fuss ü. M. findet. — Die 2te Abth. enthält die Gattungscharaktere und Beschreibungen von 47 Arten, wovon 8 neu sind; den Schluss machen viele zweifelhafte Arten. Auf den 5 Tafeln sind die Gattungscharaktere und die *S. Urvilleana* Wydl., *S. cretacea* Fisch. und *S. hypericifolia* Wydl. dargestellt.

Compositae. — In den *Annales des Sciences naturelles* findet sich eine Uebersicht dieser Familie nach Cassini's Anordnung. Sie wird in 20 Tribus getheilt; für jede ist der Charakter angegeben und die dazu gehörigen Gattungen; der letzteren sind zusammen 719, wovon Cassini selbst 324 gebildet hat: 1. *Les Lactucées*. 2. *Carlinées*. 3. *Centauriées*. 4. *Carduinées*. 5. *Echinopodées*. 6. *Arctotidées*. 7. *Calendulées*. 8. *Tagetinées*.

---

9) Geiger's Magaz. d. Pharm. 6r Jahrg. 24r Bd. S. 97—138.

10) Essai monographique sur le genre *Scrofularia*. Par Henr. Wydler. Avec 5 planches. Genève, 1828. 4to. pp. 50.

9. *Helianthées.* 10. *Ambrosiées* 11. *Anthemidées.* 12. *Inulées.* 13. *Asterées.* 14. *Senecionées.* 15. *Nassauviées.* 16. *Mutisiées.* 17. *Tussilaginées.* 18. *Adenostylées.* 19. *Eupatoriées.* 20. *Vernoiées* [1]).

D. Don hat eine Uebersicht der *Cichoraceae* geschrieben [2]). Diese kommen am häufigsten in Europa vor. Er theilt sie in 7 Gruppen: 1. *Hieracieae.* 2. *Taraxaceae.* 3. *Hypochocrideae.* 4. *Lactuceae.* 5. *Scorzonereae.* 6. *Cichorieae.* 7. *Catanancheae* — *Apargia autumnalis* dient zur Bildung einer eigenen Gattung *Oporinia*; als *Hypochoeris* bleibt *glabra* &c.; *Hyp. radicata* und *maculata* L. sind *Achyrophorus*-Arten; *Agathyrsus* ist aus *Sonchus alpinus*, *sibiricus* u. v. a. gebildet; zu *Lactuca* kommt auch *Prenanthes muralis* [S. Auszug in Bot. Lit.-Blätt. Bd. II. Heft 1.].

Die Gattung *Georgina* Willd. (*Dahlia* Cavan.) dürfte gewiss nur aus einer Art bestehen, nämlich *G. variabilis*, desto zahlreicher sind aber ihre Varietäten, nach Blüthenfarbe und Füllung, denn man baut deren schon über 300. Die Gärtner Jacquin haben jüngst eine Uebersicht der Classification, Nomenclatur und Cultur der Varietäten gegeben. Sie zerfallen in 8, nach den Blüthenfarben bestimmte, Gruppen: weisse, rosenrothe, violette, dunkelrothe, feuerrothe, gelbe, rothe und gestreifte; diese werden wieder nach kleineren Abänderungen der Farben in Sectionen gebracht, als elfenbeinweisse, lilienweisse, dunkelrosenrothe u. s. w. Der Catalog enthält 269 Varietäten [3]).

Hoppe hat erinnert, dass *Gnaphalium alpinum* wohl nicht auf Deutschlands Alpen zu finden, sondern dass die bisher dafür gefundene Art *G. carpathicum* ist. Ob es in der Schweiz wächst, ist ungewiss, denn die Beschreibung, die Hegetschweiler von seinem *G. alpinum* giebt, zeigt, dass es *G. carpathicum* ist. Wüchse es auch dort nicht, so wäre es nur eine nordeuropäische Alpenpflanze [4]).

Umbelliferae. — De Candolle schrieb eine Monographie über die Doldenpflanzen im Allgemeinen [5]). § I. enthält einen

---

1) Annales des Scienc. nat. 1829. Août. p. 387—423.

2) Edinb. New philos. Journ. Jan.—Apr. 1829. p. 300—304.

3) Essai sur la culture, la nomenclature et la classification des *Dahlia* (*Georgina*). Par MM. Jacquin. Paris. 8. pp. 51.

4) Regensb. bot. Zeit. 1829. I. S. 127, 128.

5) Mémoires sur la Fam. des Ombellifères par M. Aug. Pyr. De Candolle. Avec 19 Planches. Paris, 1829. 4to. pp. 84.

historischen Ueberblick ihrer Classificationen bis auf die neueste von Koch, [die uns durch Nova Act. Acad. Nat. Cur. XII. P. I. (mit 3 Kpft.) und Deutschlands Flora Bd. II. bekannt ist. S. den Auszug aus diesem § und dem folgenden § II. über den Bau der Blüthen und Früchte in der Uebersetzung des bot. Jahresb. über 1831.[6]) S. 3—5; hier nur noch Folgendes, das nach S. 5: Z. 3. das. gehört:] — *Vittae*, Oelcanäle oder Striemen, sind Behälter eigener Säfte, die von der Spitze der Frucht bis zu ihrer Basis circuliren; sie liegen gewiss im Gewebe der *membrana pericarpica* (dem *endocarpium* Hoffm.); sie sind erst bei der Reife der Frucht deutlich; im Allgemeinen finden sie sich in den Thälchen (*valleculae*) d. i. den Zwischenräumen zwischen den *juga primaria*, bald einzeln, bald zu dreien, bald befinden sie sich unter den *juga secundaria* d. h. mitten in den Thälchen, und bei höchst wenigen Gattungen findet man sie unter den *juga primaria*. Der Saft dieser Kanäle enthält den Geschmack, Geruch und die medicinischen Eigenschaften, im flüchtigen Oele der Früchte; wo sie fehlen, sind die Früchte geruchlos, z. B. bei *Artedia, Bifora, Gaya, Krubera, Astrantia* u. a. Durch das Hängen der Früchte am *carpophorum* stehen die *Umbelliferae* in naher Verwandtschaft mit den *Araliaceae* und *Geraniaceae*.

Die Resultate von Cusson's, Hoffmann's, Koch's und De Candolle's Untersuchungen sind: 1. Die Abtheilungen oder Tribus der Doldenpflanzen gründen sich auf 4 Merkmale, welche De C. hier nach dem Grade ihrer Wichtigkeit aufzählt: a) die Form des geradlinigen Eiweisskörpers, nachdem er an den Seiten oder Enden gekrümmt ist; b) Dasein oder Fehlen der *juga secundaria*; c) Zusammendrückung der Mericarpien am Rücken oder auf den Seiten; d?) Stand der Blüthen in einfachen oder zusammengesetzten Dolden. 2. Bei der Bildung von Gattungen verbindet man mit obigen Merkmalen auch folgende: e) Dasein, Fehlen oder Vertheilung der Oelcanäle; f) Form und verhältnissmässige Grösse der *juga primaria* & *secundaria* („Haupt- und Nebenriefen" K.); g) Form der Blumenblätter; h) Dasein, Mangel und Beschaffenheit der Kelchzipfel; i) Form des Stempelpolsters (*stylopodium*) d. i. der verbreiterten Basis des Griffels auf der Frucht; k) seltner die Form des *carpopodium*.

§. III. handelt von der Keimung. §. IV. von der Classification und Nomenclatur im Allgemeinen [die Subordines und Tribus

6) Jahresber. der K. Schwed. Akad. der Wissensch. über die Fortschritte der Botanik i. J. 1831 &c. Breslau, Max & Comp. 1834.

sind wie in dem 1830 erschienenen IV. Bd. von De C. *Prodr. Syst. nat.*: s. Jahresb. über 1831 S. 5 ff., nur sind zwischen I. und II. noch nicht die *Mulineae* als eigene Tribus eingeschaltet.]. §. V. handelt von der Anzahl der in ältern und neuern Zeiten bekannten Species und ihrer geogr. Vertheilung [Uebersetz. a. a. O. S. 5.]. Nur wenige Arten sind in weit von einander abgelegenen Gegenden zugleich; nur *Hydrocotyle interrupta* ist in America, in Asien und auf den australischen Inseln. *Hydroc. asiatica* in America, Africa und Asien; *Heleosciadium leptophyllum* in Nord- und Südamerica und vielleicht Australien; *Coriandrum sativum*, im Orient und Südeuropa gemein, hat eine Varietät oder nahe verwandte Art in Mexico. — § VI. giebt eine Uebersicht der neuen vom Vf. u. A. bestimmten Gattungen, und Charaktere einiger Arten. Auf den 19 Tafeln sind Befruchtungstheile der neuen Gattungen und neue Arten abgebildet.

Griesselich hat in einer Abhandlung einen Beitrag zur Kenntniss der Blätter, Blattscheiden und Hüllen der Dolden gegeben. Vf. spricht von der Verschiedenheit in den besonderen Gattungen; er glaubt, dass Blattscheiden sich bei allen Arten finden; doch hat er eine besondere Ansicht von den Blattscheiden, er sagt z. B., dass die europäischen *Bupleurum*-Arten nicht Blätter sondern nur Blattscheiden haben. Von *Involucris* und *Involucellis* giebt es nach ihm 2 Reihen: in der ersten und grösseren sind sie blattlose Scheiden, in der andern, die kleiner ist, scheidenlose Blätter. In der ersten Reihe, z. B. bei *Caucalis grandiflora* und *latifolia*, *Crithmum maritimum* u. a. zeigen sich diese blattlosen Scheiden als Hüllen; bei *Daucus Carota*, *Athamanta cretica*, *Ammi majus*, *Selinum Oreoselinum* u. a., sind diese Hüllscheiden fast immer mit reichlichen Blattscheiden versehen, wovon die Ursache die ist, dass ein reichlicher Saftzufluss da stattfindet, von wo die Strahlen ausgehen; bei *Seseli Hippomarathrum* und *rigidum* und bei *Bupleurum stellatum* verwachsen die Hüllblätter und bilden ein Becken. In der andern Reihe der Umbellaten sind die Hüllen scheidenlose Blätter, z. B. in den Gattungen *Astrantia*, *Eryngium Dondia*, *Sanicula* und *Echinophora*. — Die Hüllen gewähren auch nach Gr. keine sichern Charaktere. — Er bemerkt, dass die Blattscheiden und Internodien der Umbellaten eine monocotyledonische Natur zeigen, und er nennt diese Pflanzen dicotyledonische Gräser, erwähnt auch, wie *Bunium Bulbocastanum* ganz monocotyledonisch keime [7]).

7) Geiger's Magaz. der Pharmacie. 1829. — S. 17—38.

Hier ist auch Dierbach's Abhandlung über die chemischen Bestandtheile der *Umbellatae* und ihre Wirkungen anzuführen [8]). Der Verf. reihet sie nach ihren Eigenschaften in ihren verschiedenen Theilen.

I. Umbellaten-Wurzeln. A. Essbare: sie enthalten hauptsächlich Zucker und Stärkemehl, z. B. *Daucus Carota*, *Pastinaca*, *Sium Sisarum*, *Bunium Bulbocastanum* u. a.; (die des *Apium Petroselinum* und *graveolens* sind mehr aromatisch und scharf); ferner die *Arracacha*, *Daucus Ginseng*, *Chaerophyllum bulbosum* u. a. — B. Aromatische: sie sind es durch ein flüchtiges Oel; hierher gehören *Angelica Archangelica*, *Imperatoria Ostruthium*, *Ligusticum Levisticum*, *Athamanta Libanotis* & *Oreoselinum*, *Peucedanum Silaus*, *Laserpitium latifolium*, *Scandix odorata*, *Chaerophyllum aromaticum* u. a. — C. Harzige, welche Gummiharze liefern; ihre Ausbildung erfordert ein ziemlich warmes Klima; hierher *Ferula Asa foetida*, *Pastinaca Opopanax*, die Umbellaten die das Gummi Ammoniacum und Galbanum liefern, auch *Athamanta Cervaria*, *Peucedanum officinale*, *Sium Falcaria Thapsia gummifera*, *Ferula*-Arten, *Selinum gummiferum*, *Daucus gummifer* u. a. — D. Scharfe und giftige Wurzeln; man kennt ihre giftigen Stoffe nicht genau; sie lassen sich eintheilen in: a) scharfe, die mehr oder minder ätzend wirken: *Selinum palustre*, *S. australe*, *Cachrys odontalgica*, *Laserpitium australe* & *silaifolium*, *Angelica verticillata*, *Pimpinella peregrina*. b) purgirende: *Seseli Turbith*, *Thapsia villosa* & *foetida*; c) narkotisch-scharfe: *Cicuta virosa*, *Angelica atropurpurea*, *Oenanthe crocata*, *fistulosa* & *inebrians*, *Ferula villosa*, *Sium latifolium* & *angustifolium*.

II. Umbellaten-Blätter enthalten oft einen Extractivstoff, der für narkotisch gehalten wird: A. Scharfe und giftig wirkende Blätter: bei *Ligusticum peloponnense*, *Bupleurum tenuissimum*, *Hydrocotyle vulgaris*. B. Essbare und aromatische oder als Gewürz gebrauchte: *Smyrnium Olusatrum*, *Crithmum maritimum*, *Hydrocotyle asiatica*, *Aegopodium Podagraria*, *Sium angustifolium* (?), *Ligusticum scoticum*, *Apium sapidum* Banks. Das *Laserpitium Prangos* [*Prangos pabularium* Ldl.] giebt am Himalaja reichliches Viehfutter; *Phellandrium Mutellina* ist auch ein sehr nährendes Futter, und trägt bedeutend zur reichlichen Milch auf den Alpenviehweiden bei.

III. Umbellaten-Samen enthalten oft ein ätherisches Oel.

---

8) Geiger's Magaz. der Pharm. XXVr Bd. 1s St. S. 3—22.

Die des *Coriandrum sativum* haben im frischen Zustande narcotische Eigenschaften, die des *Phellandrium aquaticum* gelten für giftig. Einige tödten gewisse Vögel, z. B. Petersiliensamen sollen Papageien tödten; Anis tödtet Kanarienvögel, Dillsamen die Blutfinken, u. s. w. Der Verf. fragt dabei, ob hier ein anderer Stoff das flüchtige Oel begleite. — Der Verf. stellt noch folgende Resultate seiner Untersuchungen dar: 1. Die Umbellaten zeigen im Ganzen nicht sehr grosse Verschiedenheit in Bestandtheilen und Wirkungen. 2. In derselben Gattung zeigen sich doch bisweilen bedeutende Verschiedenheiten; *Oenanthe crocata* hat giftigen Saft, *Oen. pungens* und *peucedanifolia* sind sogar essbar; *Hydrocotyle vulgaris* ist scharf, *H. asiatica* wird als Gemüse gegessen. 3. Der Standort einer Umbellate im Wasser deutet nicht immer auf ihre Giftigkeit. 4. Die giftigen Doldenpflanzen gehören dem Norden an. 5. Reichlich Gummiharze gebende wachsen nur in warmen Ländern. 6. Zweijährige Umbellaten-Wurzeln, besonders die dicken, fleischigen, knolligen oder rübenförmigen, sind grösstentheils für unschädlich oder essbar zu halten. 7. Vieljährige Umbellaten-Wurzeln sind entweder aromatisch oder nur scharf, selten essbar; *Oenanthe pimpinellifolia* scheint eine Ausnahme zu machen. 8. Scharfe und narkotische *Umbelliferae* wachsen auf Ebenen und angebauten Stellen oder im Wasser; die aromatischen und ein flüchtiges Oel enthaltenden häufiger an trockenen uncultivirten Stellen und auf Gebirgen.

Ranunculaceae. — Lejeune und Courtois haben eine Uebersicht der *Ranunculaceae* Hollands gegeben; diese machen zusammen 57 Arten aus, worunter auch 2 *Clematis*-Arten und 3 *Hellebori* [9]).

Spenner's Monographie von *Nigella* sah Ref. noch nicht [10]).

Reichenbach's Werk über die Arten von *Aconitum* und *Delphinium* macht nun 12 Hefte aus; sie enthalten Beschreibungen und illuminirte Abbildungen der Arten, endlich eine Synopsis derselben, mit Angabe der Heimath. Ohne Zweifel hat der Verf. zu viele Arten unterschieden, aber übrigens ist das Werk sicher mit Kritik bearbeitet und lehrreich [1]).

Ein Ungenannter (Prof. Hoppe oder Prof. Tausch) hat

---

9) Bijdragen tot de natuurkundige Wetenschappen. II. p. 59. (1827).

10) Monographia generis *Nigellae*. Dissert. inaug. Auct. Fridolin. Spenner. Friburgi, 1829. 4to.

1) Illustratio Generis Aconiti atque Delphinii. Auctore L. Reichenbach. Fasc. VI—XII. Lipsiae 1827. *&c.* fol. c. tabb. color.

Bemerkungen über *Paeonia officinalis* und die in Deutschland vorkommenden *Paeonia*-Arten mitgetheilt [2]). — Der Verf. sagt, dass Linné unter seiner *P. officinalis* 4 Arten vermengt habe, obgleich schon ältere Autoren, besonders Lobelius, sie unterschieden und abgebildet. Linné's *P. officinalis* var. α. enthielt nach Tausch 3 Arten und var. β. Linn. ist noch eine Art; diese sind nämlich: 1) *P. corallina* Retz. (*P. off.* β. L. Sp. Pl.); sie ist in Blackwell Herb. T. 245. mit einfachen Blumen abgebildet; wächst in Krain. 2) *P. officinalis* L. Retz. &c., abgebildet in Sterler's und Mayerhofer's Medicinalpfl. Taf. 29. 3) *P. promiscua* Tausch (*P. peregrina* DC.) Lobel. 390. fig. dextra; diese 2 letztern Arten wachsen bei Triest wild. 3) *P. festiva* T., abgebildet in Blackw. Herb. t. 65.; sie ist in Gärten gemein. Der Vf. giebt kurze Beschreibungen dieser Arten.

Acera. — Tausch hat eine Abhandlung über einige *Acer*-Arten verfasst, die er auch beschreibt: *Acer campestre* L., wovon er 9 Varietäten aufnimmt, darunter mehrere, die Opiz für eigene Art gehalten, auch *A. austriacum* Tratt.; diese Art variirt sehr in den Blättern. 2. *A. platanoides* L. mit 3 Var., mit fast ganzen oder mit mehr oder weniger tief eingeschnittenen Lappen (*A. palmatum* Hortul. & *laciniatum*). 3. *A. Pseudoplatanus*. 4. *A. opulifolium* Vill. (hierzu *neapolitanum* Ten. & *obtusatum* Kit.). 5. *A. coriaceum* Bosc. in horto Vindob., das hier zuerst beschrieben wird. 6. *A. sempervirens* L. Mant. (*creticum* L., *heterophyllum* W., *obtusifolium* Sm.). 7. *A. monspessulanum* L. (hierher *ibericum* MB.). 8. *A. parvifolium* T. (*creticum* hort. Vind., Schmidt Oest. Baumz. t. 15.). 9. *A. rubrum* L. dazu *tomentosum* & *floridum* Hortul.). 10. *A. dasycarpon* Ehrh. (*eriocarpon* Desf.) [3]).

Aurantia. — Gallesio hat eine neue Auflage seiner, für musterhaft geltenden, Monographie der Gattung *Citrus*, ihrer Arten und Varietäten herausgegeben [4]).

Geraniaceae. — Sweet hat eine neue Reihe seines Werkes über *Geraniaceae* begonnen; 18 Hefte sind heraus. Das Werk ist mehr für Gartenfreunde als Botaniker. Eine Menge der Arten sind nur mehr oder minder bedeutende Spielarten und Bastarde. Monatlich erscheint 1 Heft [5]).

---

2) Regensb. bot. Zeit. 1829. II. Bd. Nr. 33. S. 525—528.

3) Regensb. bot. Zeit. 1829. II. Nr. 35. S. 545—554.

4) Traité du Citrus; par G. Gallesio. Paris, 1829. 8vo.

5) Geraniaceae. By Robert Sweet. New Series. Nr. I—XVIII. London, 1828 & 1829. 8vo.

Malvaceae. — Tausch hat Bemerkungen über die *Lavaterae* geschrieben [6]). — Er sagt, dass einige ihrer wenigen Arten doch noch zweifelhaft sind, wie *L. lusitanica* und *micans*, und sie es so lange bleiben werden, als man sich an die Linnéischen Speciescharaktere: „racemis terminalibus" halt, welche Linné gewiss aus ältern Autoren entlehnt. Auch einige von Miller's Arten seien nicht genug gewürdigt worden. Der Verf. beschreibt folgende: 1. *L. lusitanica* L. (Pluk. Phyt. t. 8. f. 1.); 2. *L. Olbia; 3. bryonifolia* Mill.; 4. *micans* L.; 5. *triloba* L.; 6. *undulata* Mill.; 7. *althaeifolia* Mill. (*punctata* All.); 8. *africana* Mill. (ist *trimestris* L.); 9. *hirsuta* Mill., sie ist gewiss *Malva fragans* Jacq.; 10. *L. cretica* L.

Cisti. — Sweet hat i. J. 1829 sein Werk über die *Cistus*-Arten fortgesetzt; es enthält Beschreibungen und illum. Abbildungen derselben; jeden Monat erscheint 1 Heft mit 4 Abb. Von den schöneren Arten nennen wir: t. 87. *C. asperifolius*. 90. *C. cymosus*. 92. *Helianthemum hyssopifolium*. 95. *H. diversifolium*. 96. *H. microphyllum*, u. a. [7]).

Sempervivae. — De Candolle gab 1828 eine Abhandlung über die *Crassulaceae* DC. (*Sempervivae* Juss.) heraus [8]). — Der Vf. beschreibt die Organisations- und Befruchtungsorgane; bestimmt die Charaktere der Familie und der Gattungen, giebt die geographische Verbreitung der Arten an, liefert eine Uebersicht der Gattungen und Beschreibung der neuen Arten. — Die schwedischen Gattungen aus dieser Familie sind: *Tillaea* (*Bulliarda* DC.), *Sedum* und *Sempervivum*.

Die *Crassulaceae* bilden jetzt 19 Gattungen mit 272 Arten; die Mittelzahl der Arten jeder Gattung ist gegen 14. — 7 Gattungen haben alle ihre Arten am Cap wachsend, und ebendaselbst finden sich keine Species anderer Gattungen der Familie; die am Cap einheimischen sind *Septas*, *Crassula*, *Globulea*, *Cyrtogyne*, *Grammanthes*, *Rochea* und *Cotyledon*, sie enthalten 133 Arten, d. i. fast die Hälfte der Familie; hierbei ist zu bemerken, dass der Verf. von *Cotyledon* einige südeuropäische Arten, die eine eigene Gattung, *Umbilicus*, ausmachen, getrennt hat. Die andere Hälfte der Familie breitet sich in verschiedenen Erdstrichen aus, nur hat man noch keine Species aus derselben auf den Antillen und

---

6) Regensb. bot. Zeitung, 1829. I. Nr. 12. S. 177—183.

7) Cistineae. By Rob. Sweet. Nr. 17—27. Lond. 1828, 29. 8vo.

8) Mémoire sur la famille des Crassulacées; par M. Aug. Pyr. De Candolle. Avec 13 planches. Paris, 1828. 4to. pp. 47.

den südafricanischen Inseln. — Obgleich die Vegetation von Madera und die der canarischen Inseln sehr mit einander übereinstimmen, so sind doch ihre *Crassulaceae* verschieden; auf Madera finden sich 5 Arten *Sempervivum*, und 17 andere Arten davon auf den canarischen Inseln. — Die *Crassulaceae*, die mehrere Erdstriche einnehmen, sind einige Arten von *Sedum* und *Umbilicus*, welche sich von den nördlichen Ufern des Mittelmeeres bis in den Orient und von der Berberei bis nach Arabien ausbreiten. Die *Crassulaceae* mit foliis alatis, nämlich *Kalanchoë* und *Bryophyllum*, wachsen in Arabien, Indien oder in China. Auch in der eigentlichen Abtheilung *Cotyledon* findet man die besondern Gattungen verschiedenen Gegenden angehörend. Die Gattung *Cotyledon* befindet sich am Cap, *Echeveria* in Mexico, *Umbilicus* und *Pistorinia* in Europa und in den ihm zunächst liegenden Theilen von Asien und Africa, *Kalanchoë* und *Bryophyllum* in Indien und dessen Nähe. Die eigentlichen *Crassula*-Arten wachsen nur am Cap; *Dasystemon* (*Crass. calycina*) in Neuholland. Die *Crassula*-Arten mit abwechselnden Blättern sind vom Vf. zu *Sedum* gebracht. Bekanntlich treiben abgenommene Blätter des *Bryophyllum calycinum* Salisb. (*Cotyledon calyculata* Soland. in Hb. Banks.), auf feuchten Boden gelegt oder in warmer feuchter Luft, aus den Buchten der Blattzähne neue Schösslinge, ähnlich wie Zwiebelchen in Blattwinkeln, und pflanzen das Gewächs so fort; s. De C. Organographie tab. 22. f. 2. Diese Pflanze wächst auf der Mauritius-Insel und den moluckischen Inseln wild; sie ist in Curtis's und Sims's Bot. Magaz. t. 1409. abgebildet. Der Verf. meint, dass *Sedum* und *Sempervivum* sich von einander am besten durch ihre Nectarschuppen unterscheiden lassen, welche bei *Sedum* obtusae integrae, bei *Sempervivum* aber apice dentatae sind. — *Rhodiola* wird mit *Sedum* vereinigt; ihre Diöcie werde durch ein Fehlschlagen verursacht; in den männlichen Blüthen findet man immer Rudimente von Carpellen und in den weiblichen immer Rudimente von Staubfäden.

Cacti. — De Candolle's Monographie über die *Cacteae* ist ein für die Wissenschaft wichtiges Werk [9]). Der Verf. erzählt zuerst die Geschichte der Kenntniss dieser Gewächse des

---

9) Mémoire sur la Famille des Cactées avec Observations sur leur culture ainsi que sur celle des autres plantes grasses; par Aug. Pyr. De Candolle. Paris, 1829. 4to. Cum tabb. XX. — Anm. Diese Abhandlung stand zuerst in den Mémoires du Museum d' Hist. nat. XVII. p. 1—119. Tab. 1.—20. (Année 1829. Cah. I. & II.) — [S. a. län-

wärmeren America's. Er bemerkt, dass die alte Gattung *Cactus* bequem in 7 getheilt werden kann: Mammillaria, Melocactus, Echinocactus, Cereus, Opuntia, Pereskia und Rhipsalis, wobei Linné's *Cactus* selbst dem Namen nach verschwindet, während Diejenigen, die sie noch in ihrer Integrität stehen lassen, jene 7 als Sectionen der einen alten *Cactus*gattung betrachten können. Dann folgen die Merkmale der Familie in Beschreibung aller Organe, ihre Eintheilung in Gattungen und deren Geschichte. — Bei der Gattung *Opuntia* wird bemerkt, dass das Cochenille-Insect, *Coccus Cacti* auf mehrern Species lebt; man wählt gewöhnlich für die Cultur die am wenigsten stacheligen Arten, weil bei diesen die Sammlung des Insectes am leichtesten geschieht, welches übrigens vorzugsweise die Arten mit rothen Blüthen aufzusuchen und die mit gelben zu verschmähen scheint, daher auch *Op. Tuna*, *Hernandezii* und *cochinillifera* die meist cultivirten sind. — Der Verwandtschaft nach nähern sich die *Cacteae* den *Portulaceae*, *Grossularieae* und *Ficoïdeae*.

Alle Cacteen scheinen in America einheimisch zu sein; nur 4 Arten machen eine, mehr scheinbare als wirkliche, Ausnahme, nämlich *Opnntia vulgaris* und *amyclaea*, die man an den Küsten des mittelländischen Meeres wild findet, *Rhipsalis Cassutha*, die auf Isle de France und Bourbon wachsen, und *Cereus flagelliformis*, der in Arabien wild sein soll. Die grösste Zahl der *Cacteae* fand man auf den Antillen, in Mexico, auf der Landenge von Panama, in Columbien, Peru und Brasilien. Einige Arten dehnen sich im Süden der nordam. vereinigten Staaten bis zu 32° und 33° n. Br. aus und einige andere wachsen in Chile, fast in gleicher Entfernung vom Aequator. Der nördlichste Punkt in Europa, wo sich die *Opuntia* angesiedelt hat, ist der Felsen bei der Stadt Final unter 44° n. Br. (Noch um 2° nördlicher, auf Felsen bei Botzen wachsend, notirt sie Eschweiler, Bot. Lit. Bl. III.) — Die *Cacteae* wachsen, wie die meisten Fettpflanzen, auf trocknen, sonnigen Plätzen und auf Felsen; sie fehlen daher fast gänzlich in den grossen feuchten Ebenen des südameric. Festlandes. Es ist merkwürdig, dass jede Art ursprünglich nur auf eine Gegend beschränkt zu sein scheint und dass daher jeder Theil von America seine eigenthümlichen Arten besitzt. Die geogr. Vertheilung von 127 bekannten Cacteen ist folgende: 4 Arten sind in Georgien, Louisiana und andern südlichen Theilen der vereinigten Staaten; 46 in

---

gern Auszug in d. Regensb. botan. Literatur-Blätt. I. Bd. III. H. 2. S. 626 – 670.]

Mexico und Guatimala; 31 auf den Antillen; 16 in Columbien und Peru; 5 in Brasilien; 2 in Chili; 53 im äquinoctialen America.

Zuletzt spricht der Verf. über die Cultur der Cacteen und anderer Fettpflanzen. — Unter Fettpflanzen versteht man solche Gewächse, deren Blätter oder Aeste ein dickeres Parenchyma besitzen. Indess findet man in manchen Familien mit Fettpflanzen auch Gattungen mit dünnen Blättern, selbst in einer und derselben Gattung fleischige und dünnblättrige Arten. Es würde daher schwer fallen, eine bestimmte Gränze zwischen Saftpflanzen und solchen mit gewöhnlichen membranösen Blättern zu ziehen, wenn nicht die Zahl der Spaltöffnungen oder Hautporen der Oberfläche der Blätter und ihrer Analoga einen wichtigen anatomischen Charakter darböte. Die Thatsache, dass die Saftpflanzen im Allgemeinen die wenigsten Spaltöffnungen besitzen, stimmt mit der überein, dass die fleischigen Früchte keine Spaltöffnungen darbieten, während solche oft in grosser Menge auf den blattartigen Fruchthüllen vorkommen. Nach der Annahme nun, dass die Spaltöffnungen die Organe für die wässrige Ausdünstung der Gefässpflanzen sind, muss bei Verminderung der Anzahl dieser Ausdünstungsorgane auch die Ausdünstung abnehmen, und diesem Umstande scheinen die fleischigen Früchte und Blätter, so wie die jungen Triebe, ihre Dicke und Genährtheit zu verdanken. Das aufgenommene Wasser erhält sich in diesen Gewächsen oder Organen weit länger, als bei den andern. Hiermit steht auch die Langsamkeit und Schwäche ihrer Absorption im Zusammenhange. — Aus der Organisation dieser Gewächse geht auch hervor, dass sie möglichste Helle und directe Sonnenwärme nöthig haben. Dadurch wird ihre Transpiration erregt, die Zunahme dieser befördert ihr Aufsaugen, und beide Operationen erhöhen ihre Lebensthätigkeit. Sie verlangen daher im Ganzen eine trockne Luft, und dürfen nicht mit Pflanzen, die viel ausdünsten, in denselben Häusern stehen; indess giebt es hiervon einige Ausnahmen, z. B. *Tetragonia expansa* und *echinata*, *Sempervivum dichotomum*, welche viel Feuchtigkeit fordern. Für die Fettpflanzen scheint also die Wärme nicht von so grosser Wichtigkeit zu sein als das Licht. — Stecklinge der *Cacteae* müssen vor dem Verpflanzen eine Zeit lang abgetrennt liegen und welken; der vertrocknete Theil der Rinde bildet so eine Art Wulst, der die absteigenden Säfte zurückhält und die Entwickelung der Wurzeln begünstigt; der so eines Theils der Feuchtigkeit beraubte Zweig saugt das Wasser mit mehr Lebhaftigkeit an und tritt dadurch schneller wieder in Vegetationsthätigkeit. — Zum Schlusse giebt der Vf. die Charaktere von 47 neuen Arten, die er von Dr. Coulter (in einer Sammlung von 57 Arten) aus Mexico erhalten,

Onagrariae. — De Candolle hat auch eine Abhandlung über die *Onagrariae* im Allgemeinen geschrieben. Die Familie wird in 6 Gruppen getheilt. 1. *Montinieae: Montinia* und *Hauya*. 2. *Fuchsieae: Fuchsia*. 3. *Onagreae: Epilobium, Oenothera, Gaura* & *Clarkia*. 4. *Jussieveae: Jussieva, Ludwigia, Isnardia*. 5. *Circaeae: Circaea* & *Lopezia*. 6. *Hydrocarya: Trapa*. — Der Verf. giebt darauf Bemerkungen über die Abtheilung *Jussieveae*, vorzüglich die Gattungen *Ludwigia* und *Isnardia* und beschreibt endlich einige neue Arten. 3 Kupfertafeln, worauf neue Arten abgebildet sind, begleiten die Schrift [10]).

Portulaceae. — De Candolle hat auch eine Uebersicht der *Portulaceae* geliefert [1]). Er giebt den allgemeinen Charakter der Familie und ihrer 13 Gattungen, von welchen nur *Montia* in Schweden ist. — Hinsichtlich der geographischen Vertheilung bemerkt der Vf., dass die meisten Gattungen endemisch sind, d. h., dass alle ihre Arten dieselbe Gegend bewohnen. So gehört *Cypselea* den antillischen Inseln an; *Anacampseros, Portulacaria* und *Ginginsia* sind dem Cap eigen; *Calandrinia* und *Ullucus* Südamerica; *Montia* gehört Europa. *Leptrina* kommt in Nordamerica und *Aylmeria* in Neuholland vor. Die Arten der Gattungen *Trianthema* und *Portulaca* sind mehr ausgebreitet. Von 83 bekannten Arten der *Portulaceae* besitzt Südamerica 27, die Antillen 6, NAmerica 8, Sibirien und die aleutischen Inseln 5, Europa 2, Arabien 6, Guinea 1, das Cap d. g. H. 20, Ostindien 3 und Neuholland 2; von den 3 übrigen weiss man nicht, wo sie wild vorkommen. Auf 2 Kupfertf. sind 2 *Ginginsiae* abgebildet.

Rosaceae. — Dierbach hat einen Beitrag zur Kenntniss der in den Apotheken gebräuchlichen Rosenarten geliefert. Er geht zuerst die Präparate von Rosenarten, sowohl der Alten als der Neueren durch und spricht von den jetzt gebräuchlichen Theilen. Besonders ausführlich ist er über das Rosenöl, welches in Ostindien bereitet wird; er sagt, dass es hauptsächlich von *Rosa moschata* bereitet wird, doch auch von andern orientalischen Arten. Nur aus Ostindien wird dies Oel von vorzüglicher Güte erhalten; nach Chardin ist es in Persien theurer als Ambra; 1 Unze kostet in Ostindien 200 Reichsthaler; im Orient braucht man es zum Einreiben der Haut. ½ Quentchen Oel ist hin-

---

10) Mémoire sur la Famille des Onagraires, par Aug. Pyr. De Candolle. Avec trois planches. Paris, 1829. 4to. pp. 15.

1) Mémoires de la Soc. d' Hist. nat. de Paris. 1828. IV. p. 174 – 194.

reichend 300 Pf. des besten Rosenwassers zu bereiten. **Langlès** hat in seiner Schrift: *Recherches sur la decouverte de l' essence de Rose* (Paris, 1804. 12mo.) erzählt, wie das Rosenöl entdeckt worden: Bei einem Feste, das eine Prinzessin einem indischen Kaiser gab, trieb sie den Luxus so weit, dass sie in einem Garten einen Canal anlegte, der mit Rosenwasser gefüllt ward; auf diesem sah man sich eine Haut bilden, die auf dem Wasserspiegel schwamm und die ein Rosenöl war. — Der Verf. erwähnt, dass das Rosenöl mit Oel von Sandelholz (*Santalum album*) verfälscht und dass zur Nachbildung des crystallinischen Ansehens Wallrath zugesetzt werde. — Der Bischoff **Heber** spricht ausführlich vom Rosenöle in seiner 1828 erschienenen Reise von Calcutta nach Bombay. Bei der Stadt Ghazeepur bebaut man grosse Felder mit Centifolien-Rosen, um dieses köstliche Product zu gewinnen. Man erhält das Rosenöl, indem man Rosenwasser über Nacht in Gefässen mit sehr weiten Oeffnungen hinstellt, des Morgens wird das Oel abgenommen, welches man in Indien *Attar* nennt. 200000 blumenreiche Rosensträucher geben eine Quantität Rosenöl vom Gewichte einer Rupie; diese wird in den Bazaren mit 80 Rupien bezahlt; in englischen Magazinen zahlt man 100 Rupien dafür, wenn es rein ist. — Der Verf. meint, dass zur Bereitung des Rosenwassers die *Rosa centifolia* und *damascena* am zweckmässigsten sind, dass man aber auch *R. turbinata*, *R. Rapa* Bosc., *inermis*, *cinnamomea*, *provincialis* und *indica* benutzt [2]).

Joh. **Hegetschweiler** schrieb eine Abhandlung über die Schweizer *Rubus*-Arten. Ref. sah sie nicht [3]). — [Vf. reducirt die nach Abzug von *R. saxatilis* und *idaeus* bleibenden auf 3: *R. fruticosus*, der dort im Aug. blüht; *intermedius* Heg.; [schlanker, mehr liegend, im Juli blühend,) und *caesius*].

Amentaceae. — **Koch** hat eine Monographie der europäischen *Salix*-Arten herausgegeben [4]). — Er erwähnt, wie **Linné** 31 Arten der Gattung kannte, als er sein Werk *Species Plantarum* herausgab. In **Smith's** Abhandlung über *Salix*, in **Rees's** *New Cyclopaedia*, sind 141 Arten aufgeführt, wozu noch 41 von **Willdenow** und andern Autoren bestimmte kommen, die **Smith** daselbst nicht hat; von diesen 182 sind 17 exotisch; von den

---

2) Geiger's Magazin der Pharmacie. Jan. 1839.

3) Denkschriften der allgem. schweizerischen Gesellschaft für die ges. Naturwissenschaften. Bd. I. Ite Abth. (Zürich, 1829.)

4) De Salicibus europaeis Commentatio. Auctore G. D. J. Koch. Erlangae, 1828. 8vo. pp. 64.

182 hatte der Verf. Gelegenheit, 135 zu sehen und zu untersuchen; diesen hat Schleicher 119 zugefügt, die er in der Schweiz entdeckt hat; also zusammen 254 Arten. Unter Schleicher's sog. neuen Arten hat Koch nicht eine einzige gefunden, die man wirklich neu nennen könnte, denn sie sind bloss Abarten längst bekannter Arten und zum grössern Theile nur Formen der *Salix phylicifolia* [Koch's, *phylicifolia β.* L., *nigricans* Sm. cf. Fries Mant. Nov. Fl. Su.]. Nach des Vfs. Versicherung giebt es nicht über 50 wirkliche Arten in Europa. — Der Vf. theilt die *Salices* in 10 Cohorten, für welche er, so wie für die Arten, Charaktere giebt. Zu den meisten Arten sind Bemerkungen beigefügt und das Wichtigste der Synonymie angeführt. — Hier sollen nur die schwedischen im fortlaufenden Texte folgen [die übrigen europäischen werden in eckigen Klammern hinzugefügt. B.].

Coh. I. *Fragiles: S. pentandra* L., [*cuspidata* Schultz,] *fragilis* L., *Russelliana* Sm. (*viridis* Fr.), *alba* L.; [aussereurop.: *occidentalis* Bosc., *nigra* Mühlenb., *babylonica* L., *octandra* Sieb., *Humboldtiana* W.]. II. *Amygdalinae: S. amygdalina* L. (*triandra*), [*undulata* Ehrh., *hippophaifolia* Thuill.]. III. *Pruinosae:* [*acutifolia* W.,] *daphnoides* Vill. s. *praecox*. IV: *Purpureae:* [*Pontederana* W.,] *purpurea* L., [*rubra* Huds.]. V. *Viminales:* [*mollissima* Ehrh.,] *viminalis* L., [*stipularis* Sm. (*lanceolata* Fr.). VI. *Capreae:* [*incana* Schrk., *Seringeana* Gaud., *salviaefolia* Lk., *holosericea* W.,] *cinerea* L., [*silesiaca* W.,] *phylicifolia* (Wbg. Koch. *S. phyllicif. β* L. = *nigricans* Fries. = *S. stylaris* Ser. mit *β. nigric.* Sm.), *hastata* L., *Arbuscula* (Koch = *S. phylicifolia* Sm. Fries = *S. phylicif. α.* L. Lapp.) cum *β*: *S. majali* Wbg. VII. *Argenteae: S. repens* L. (cum *fusca* L.: foliis subtus sericeis), *rosmarinifolia* L., [*ambigua* Ehrh., *finmarchica* W.,] *myrtilloides* L. VIII. *Chrysantheae: S. lanata* L. IX. *Frigidae: limosa* Wbg., *glauca* L., [*pyrenaica* Gou., *Waldsteiniana* W.,] *prunifolia* Sm. (= *S. Arbuscula* Linn. sec. Fr. Mant.,) [*caesia* Vill.,] *myrsinites* L., [*Jacquinii* Host.]. X. *Glaciales: reticulata* L., [*retusa* L.,] *herbacea* L., *polaris* Wbg. — Die Charaktere sind von fast allen Theilen des Gewächses hergenommen: von den Blüthenkätzchen, ob sie seitenständig sind, ob stiellos oder gestielt, ob die Schuppen (squamae) der Kätzchen einfarbig oder mehrfarbig sind, ob der Stiel der Kätzchen beblättert ist, ob die Samenkapseln gestielt oder stiellos sind; ferner von der Länge der Blätter und nachdem sie ganz oder gesägt sind, ihrer Kahlheit oder Behaarung; endlich nachdem die Arten Bäume oder Sträucher sind. — Die Cohorten scheinen dem Ref. durch solche Unterschiede bestimmt, die einander nicht entschieden ausschliessen, und die Speciescharaktere scheinen weitläuftig. Uebrigens muss man die Bestimmung der Arten im Ganzen für annehmbar erkennen. — *Salix finmarchica* wird als eigene Art angenommen; [nach Grabowski dürfte sie ein Bastard von *S. myrtilloides* und *aurita* sein]. Die norwegische angebliche *S. acutifolia*, die der Verf. nach gesehenen unvollständigen Exemplaren für eine Varietät der *hastata* mit foliis angustis hält, ist vielmehr *S. daphnoides* Vill.

Von Werken und Abhandlungen, deren im Vorhergehenden noch nicht gedacht wurde, sind folgende zu nennen:

v. Ledebour unternahm i. J. 1826 auf Kosten der Dorpater Universität eine botanische Reise in's Altaigebirge und die dsungarische Kirgisen-Steppe; die 2 jüngeren Botaniker Drr. Meyer und v. Bunge begleiteten ihn. Die Reisenden sammelten gegen 1600 Pflanzenarten (ausser den wenigen Cryptogamen) ein; diese bestanden zu ohngefähr $1/4$ aus neuen Arten; sie brachten 1300 Arten (theils lebende Pflanzen theils Samen) für den botanischen Garten zu Dorpat nach Hause, und von diesen waren 500 früher nie gezogen worden. Auch zoologische Sammlungen von bedeutendem Werthe wurden mitgebracht. — v. Ledebour hat sich nachher mit dem Bestimmen und Beschreiben der gesammelten Pflanzen beschäftigt und nun sowohl den 1sten Theil seiner *Flora altaica*, als auch den 1sten Theil seiner Reisebeschreibung herausgegeben. In letzterer ist eine geographische und physiographische Schilderung der durchreiseten Gegenden gegeben [5]. [Auszüge daraus, auch mit phytogeographischen Notizen s. a. in C. Ritter's Erdkunde von Asien, Bd. I. Berl. 1832.]

v. Schlechtendal und v. Chamisso haben die Beschreibung der von Letzterem auf seiner Erdumsegelung mit Kotzebue gesammelten Pflanzen fortgesetzt [6]; — namentlich jetzt mit *Rubiaceae*, *Campanulaceae arcticae* und *Borragineae*. *Campanula uniflora* kommt auch auf Bergen von Unalaschka vor. — v. Chamisso schreibt am Schlusse [7]) über die auf seiner Reise bemerkten phänerogamischen Wasserpflanzen, und giebt dabei eine Mono-

---

5) Carl Fr. v. Ledebour's Reise durch das Altai-Gebirge und die soongarische Kirgisensteppe. Auf Kosten der kaiserlichen Universitat Dorpat unternommen i. J. 1826 in Begleitung der Herren Drr. C. A. Meyer und A. v. Bunge. Ir Th. Mit Kupf. u. Karten. Berlin, 1829. 427 S. 8vo.

6) Linnaea. IV. 1829. S. 1—42, 129—202, 435—496.

7) Ebendas. IV. 4. H. S. 497—508.

graphie der Gattungen *Najas* und *Ceratophyllum.* — 1. *Najas major* All. (♂: *N. tetrasperma* Kunth; ♀: *N. monosperma* K.), gemein in Flüssen des nördlichen Deutschlands; findet sich auch auf der Sandwichsinsel O-Wahu. ⨀. Sie blüht im August; nach der Befruchtung verschwindet die männliche Pflanze, und im Septbr. findet man nur die weibliche. 2. *N. muricata* Del. Fl. aegypt., in Aegypten. 3. *N. minor* All. (*Caulinia fragilis* W.) ist monöcisch; kommt fast durch ganz Europa vor, bei Berlin selten; in Aegypten; in NAmerica. 4. *N. indica* Cham. (*Caulinia ind.* W., *N. tenuifolia* RBr.): in Ostindien und Neuholland. 5. *N. flexilis* Rostk. & Schm. Fl. Sedin. (*Caulinia fl.* W.): in Deutschland; in NAmerica, Neu-Californien, bei Jalapa in Mexico und auf St. Domingo. — Von *Ceratophyllum* beschreibt der Vf. 6 Formen, die in ihren Früchteu verschieden sind; er giebt auch Abbildungen der Früchte: 1. *C. platyacanthum*; dieses ist gemein (*C. demersum* Schlecht. Fl. berol. & Nolte Nov. Fl. Hols.?). 2. *C. oxyacanthum*; ist selten, bei Berlin gefunden; es sei für eine vom vorigen verschiedene Art zu halten. 3. *C. muriaticum* (*demersum* Sieb. Pl. aegypt.): bei Damiette. 4. *C. tuberculatum* (*indicum* W. Herb.). 5. *C. apiculatum*: selten bei Berlin, (*submersum* DC., *demersum* Schk.). 6. *C. muticum* (*submersum* Nolte Nov. Fl. Hols.). — *Callitriche verna* var. *caespitosa* fand Chamisso an der Eschscholtzbai. *Hippuris vulgaris* „ad fretum bonae spei Americae transbeeringianae" in stillstehendem Wasser. *H. maritima* Hellen. an der Eschscholtzbai; der Vf. meint, diese Art sei mit der vorigen wieder zu vereinigen. *H. montana* Ledebour fand Eschscholtz auf Unalaschka.

Chr. Fr. Lessing studirt die Syngenesisten speciell und mit Vortheil für die Wissenschaft. Er hat vor, später Beschreibungen aller bekannten Gattungen und Arten dieser Familie herauszugeben. [Seine *Synopsis Generum Compositar.* (Berl. 1832. 473 S. 8vo. $2\frac{1}{2}$ Thlr.) hat zum Hauptgegenstande die Gruppirung und Charakteristik der Gattungen, unter Zufügung neuer; auch viele neue Spp. werden beschrieben.] Seine Abhandlungen über die *Vernonieae* in der Linnaea zeugen von seiner Gründlichkeit [8]).

Tausch hat Beobachtungen über eine Menge von Arten mitgetheilt [9]). Er unterscheidet hier eine Art *Guajacum*, die bisher mit *G. officinale* vermengt gewesen. Er nennt sie *G. jamaicense* (*G. offic. β. jamaicense* L., Seba Thesaur. I. t. 55.). — Der

8) Linnaea. IV. 1829. S. 244—288, 289—356.

9) Regensb. botan. Zeit. 1829. I. S. 64—73; II. 641—650.

Vf. erhielt aus Corsica und Tyrol eine *Primula farinosa* mit nackten unbestaubten Blättern, welche deutlichen Uebergang in die *P. Hornemanniana* Lehm. (*P. stricta* Horn.) zeigte: auch *P. scotica* Hook. kann er nicht für von *P. farinosa* verschieden ansehen.

[David Don hat im *Edinb. new philos. Journ.* 1829 über viele, meist americanische Genera, Bemerkungen mitgetheilt wodurch ihre Charaktere schärfer bestimmt und ihre Verwandtschaft betrachtet wird, z. B. im October — Decbr.-Hefte: über *Vellosia, Glaux, Aucuba, Vivianía, Deutzia*, und über *Lipostoma* n. g. Rubiac. &c.; im April — Juni-Hefte über *Brunfelsia, Browallia, Eccremocarpus* &c. Ein Auszug steht in Eschw. Ann. der Gewächsk. V. 663 — 671. — Ebendas. (Ann. d. Gewächsk.) V. S. 689 — 70. stehen Auszüge aus Cambessèdes's im Jahresber. über 1831. berührten Arbeiten über die *Sapindaceae*. — Ebend. V. S. 714 — 728. Auszug aus Du Petit-Thouars über den Bau aller Organe der *Orchideae* und Deutung der Theile ihrer Blüthe, womit übrigens nun ihre neuste Deutung von Nees v. Esenbeck, in Linnaea VI. H. 2. (1831.), und RBrown (in s. Verm. bot. Schr. V.) zu vergleichen sind.]

Floren.

Hornemann hat den 33sten Fascikel der *Flora Danica* herausgegeben, womit der XIte Band dieses Werks geschlossen ist. Dieser Fascikel enthält die Tafeln 1921 — 1980.; unter den hier abgebildeten Pflanzen sind nur 19 Phanerogamen, die übrigen sind Cryptogamen; wir nennen hier: tab. 1922. *Scirpus glaucus* Sm. 1923. *Sc. multicaulis* Sm. 1924. *Poa sudetica* Hänk. 1925. *Festuca loliacea* Huds. 1929. *Luzula parviflora* DC. 1930. *Cerastium viscosum* L. Fl. Su. (*C. ovale* Pers.) 1940 *Chara hispida* L. 1941. *Ch. tomentosa* L. [10]).

Der neulich erschienene 1ste Theil von Zuccarini's Flora von München [1]) enthält die 12 ersten Classen des Linnéischen Systems. Das Werk ist deutsch geschrieben. Zuerst kommen die Gattungscharaktere der Phanerogamen, darauf eine Uebersicht der Gattungen nach natürlichen Familien, dann die eigentliche Flora, wo die Speciescharaktere, Standörter und kurze Beschreibungen

---

10) Florae Danicae Fasciculus XXXIII. Hafniae, 1829. fol.

1) Flora der Gegend um München von Dr. J. G. Zuccarini. Erster Theil. Phanerogamen. München, 1829. 8vo.

gegeben sind. — Die Gegend um München besitzt eine sehr interessante Flora: an den Ufern der Isar und in ihrer Nähe kommen viele Gebirgspflanzen vor, die dem Flusse aus den Alpengegenden gefolgt sind; so findet man hier z. B. *Veronica aphylla* und *urticifolia*, die den Voralpen angehören; *Pinguicula alpina* ist gemein; *Valeriana tripteris*, *montana* und *saxatilis*. Einige nordische *Carices* wachsen auch in den Sümpfen um München, z. B. *C. capitata* L., die hier gemein ist; *chordorrhiza* und *Heleonastes* Ehrh. und *microglochin* Wahlenb. Einige Alpen-*Gentianae* kommen auch hier vor, z. B. *G. acaulis verna* und *utriculosa* L.; *Campanula pusilla* Scop., *Viola biflora*. Von *Rumices* sind *maritimus* und *aquaticus* L. hier; *Pyrola chlorantha* Sw.; *Saxifraga mutata*, *caesia* und *aizoides* L.

Der 3te Theil von Spenner's *Flora Friburgensis* ist erschienen (der 1ste Theil kam 1825, der 2te 1826 heraus). Dieses Werk gilt für ein mit viel Kritik geschriebenes. Es enthält 1161 Phanerogamen, nach dem natürl. Systeme geordnet; von den Cryptogamen nur die *Filices*. Der Verf. hat mehrere Gattungen vereinigt und diese Verbindungen dürften unerwartet kommen, z. B. *Dactylis* mit *Poa*; eine Menge Grasarten werden vereinigt, z. B. *Festuca glauca* Lam. und *rubra* L. nebst 10 andern zu einer Art; *Bromus commutatus* Schrad., *Kochii* Gmel. und *squarrosus* L. werden mit *racemosus* vereinigt u. s. w. *Rumex pratensis* M. & K. halten die Vff. für einen Bastard von *crispus* und *obtusifolius*, worin Wimmer & Grabowski auch beistimmen; *R. maximus* Schreb. gilt den Vff. als Bastard von *R. Hydrolapathum* und *aquaticus*. *Centunculus* wird mit *Anagallis* verbunden; *Poterium* mit *Sanguisorba*. *Prunella grandiflora* L. und *laciniata* All. kommen zu *P. vulgaris*. Als *Verbascum officinarum* Spenn. werden *V. Thapsus* L., *phlomoides* L., *thapsiforme*, *montanum* und *australe* Schrad. vereinigt. *Galium*, *Asperula*, *Sherardia* und *Valantia* werden unter dem Namen *Asterophyllum* verbunden. *Malva*, *Alcea* und *Lavatera* werden vereinigt. *Thalictrum controversum* umfasst 10 frühere Arten, worunter *Th. minus*, *flavum*, *simplex* L. und *galioides* Nesl. Diese Vereinigungen können schwerlich gebilligt werden. Est modus in rebus! [2]) — [Die Tafel stellt die verschiedene Keimungsart der *Cruciferae* dar. S. a. Auszug in Eschweiler's Botan. Lit.-Blätt. III. S. 503—512;

2) Flora Friburgensis et regionum adjacentium, auctore F. C. L. Spenner. T. III. c. 1 tab. lith. Frib. Brisgov. 1829. 8vo. pp. LII & 611—1088. (& Index: pp. 15.)

(E. nennt das. solche Speciesverbindungen: Collectivspecies); und die Zahlenverhältnisse der Pflanzenfamilien in jener Flora s. in des Uebersetzer's „Pflanzen geogr. n. A. v. Humb.": Tabelle.]

Von Wimmer's und Grabowski's *Flora Silesiae* ist der IIte Theil in 2 Abtheilungen erschienen [3]). — Diese Flora wird als eine der bestbearbeiteten Floren geschätzt. (Der 1ste Theil erschien 1827.) Die Gewächse sind nach dem Linnéischen Systeme geordnet; die 2 Abtheilungeu des IIten Th. gehen von Cl. XI. bis zu Ende, doch ohne Cryptogamie. Bei jeder Classe ist zuerst ein kurzer Schlüssel der Gattungen gegeben; dann folgen die Gattungen und Arten mit ihren Charakteren, einer kurzen Synonymie, Standörtern und mehr oder weniger ausführlichen Beschreibungen der Arten. — In der Gattung *Mespilus* kommt *M. Oxyacantha* (*Crataegus Oxyac.* L.) vor; unter *Pyrus: P. Aria* Ehrh. (*Crat. Aria* L.) und *aucuparia* Sm. (*Sorbus auc.* L.). Von Weihe's *Rubus*-Arten scheinen zu viele als Arten genommen zu sein. Bei *Potentilla Güntheri* Pohl Tent. Fl. Bohem. (*P. argentea β. virescens* Wbg.) ist gesagt, dass man sie für eigene Art halten muss. *Nuphar* ist als eigene Gattung angenommen (*N. luteum* & *minimum* Sm.). Bei den *Mentha*-Arten kommen mannigfaltige Formen vor. In der Gattung *Cytisus* findet man, nach Link, *C. scoparius* (*Spartium scop.* L.), [welchen Wimmer in seiner neuesten „Flora von Schlesien" (Berlin, 1832. 400 S. gr. 8vo), worin auch sonst Manches geändert vorkommt, als neue Gattung *Sarothamnus*, Besenstrauch, aufstellt.] Die *Orchideae* sind nach Richard's Anordnung aufgestellt. *Carex rupestris* kommt auf dem schlesiseh-mährischen Gebirge vor. *C. microstachya* Ehrh., welche früher bei Wohlau in Schlesien gefunden worden, ist jetzt durch Austrockung der Wiesen wahrscheinlich dort ausgestorben. Bei der Buche (*Fagus*) wird erzählt, dass nach der Meinung des Volkes der Blitz nicht in sie einschlägt; wie auch Hornemann anführt, dass der Blitz sie höchst selten treffe, dagegen er Eichen oft beschadige. — *Salix hastata* und *limosa* Wahlenb. kommen auch in Schlesiens höheren Gebirgsgegenden vor.

Gaudin's *Flora helvetica* enthält die Pflanzen der Schweiz ausführlich beschrieben [4]). — In der Vorrede spricht der Vf. von den zahlreichen Reisen, die er in mehreren Jahren zum Bekannt-

---

3) Flora Silesiae. Scripserunt Fr. Wimmer et H. Grabowski. P. II. Vol. 1. 2. Vratislaviae, 1829. pp. XXIV. 284 & 402. 8vo. Cum imagine Güntheri.

4) Flora helvetica &c. Auctore J. Gaudin. I—III. Turici, 1828. 8.

werden mit der Vegetation des Landes unternommen, und giebt die merkwürdigsten dabei bemerkten Pflanzen an. — Die Pflanzen sind nach dem Linnéischen Systeme geordnet. Zu Anfange jeder Classe stehen ihre Gattungscharaktere, darauf sind die Arten beschrieben mit ausführlicher Synonymie und ziemlich vollständiger Angabe der Standörter, nebst mehr oder minder langen Beschreibungen; dabei kommen oft kritische Untersuchungen über vermengte Arten und Vergleichung von Acusserungen verschiedener Autoren über dieselben Arten. Der erste Band enthält auch 4 illum. Kupfertafeln: tab. I. *Fedia Auricula;* t. II. *Aira caespitosa β. litoralis;* t. III. *Potamogeton plantagineus* Ducroz (gewiss. eine Var. des *P. natans.*); t. V. *P. obtusus* Ducr. (*rufescens* Schrad). Der IIte Band hat 15 Kpfrt.: t. I. *Androsace carnea;* t. II. *Campanula excisa;* t. III — IX. stellen Umbellaten-Früchte dar, wobei die Oelstriemen mit Farben angedeutet sind; t. X — XIV. Blumen und Früchte von *Allium*-Arten; t. XV. *Scilla patula.*

Zu *Arundo Pseudo-Phragmites* Haller wird *A. litorea* Schrad. gebracht und zu *A. Halleriana* Gaud. die *A. Pseudophragmites* Schrad. *Phragmites* (*Phr. communis* Trin.) ist angenommen. *Poa flexuosa* Wahlenb. Fl. Carp. und *P. laxa* Hänke (*flexuosa* Sm.) werden als verschiedene Arten erkannt. Die Umbellaten-Gattungen sind nach den neusten Ansichten bestimmt. *Ornithogalum minimum* L. ist in der Schweiz äusserst selten; Gaudin hat es nie gefunden und weiss keinen bestimmten Standort. *Juncus arcticus* W. und *triglumis* L. finden sich in der Schweiz, aber nicht *biglumis* L.; auch hat Gaudin den *J. stygius* L. nicht gefunden. *Luzula spadicea* Desv. und *spicata* DC. sind gefunden; Vf. bezweifelt auch, dass er in der Schweiz sei und nimmt ihn nur nach Haller und Schleicher auf; *R. Hydrolapathum* Hudson ist selten. *Tofieldia borealis* Wbg. ist nur an 3 Stellen in der Schweiz in der Nähe der Glätscher gefunden, aber *T. calyculata* Wbg. kommt an vielen Orten in niedrigeren Gebirgsgegenden vor; Verf. nimmt auch eine neue Art auf, die er *T. glacialis* nennt. *Pyrola chlorantha* ward an mehrern Stellen gefunden, aber nicht *media;* (*P. asarifolia* Mx. ist eine davon verschiedene Art nach Gay). Von *Saxifraga* sind 36 Arten aufgeführt. *Nuphar* Sm. ist anerkannt (*N. luteum* & *minimum*).

Die von Loiseleur-Deslongchamps, Persoon, Gaillon, Boisduval und Brebisson begonnene *Flore générale de France* ist mit Lieferung III — V. fortgesetzt worden. Die Phanerogamen werden von Loiseleur und die Cryptogamen von den übrigen Autoren beschrieben. Die erste Abtheilung soll 1000 — 1100 Tafeln ausmachen, die zweite aus ohngefähr 700 bestehen;

auf jeder sind oft 3 — 4 Arten dargestellt. Monatlich soll ein Heft herauskommen. Dieses Werk erscheint in Quart und in Octav; ein Heft in 4to kostet 12 Franken, eins in 8vo 6 Fr. [5]).

Lindley's Synopsis der britischen Flora ist ein instructives Werk. Die Pflanzen sind nach natürlichen Familien geordnet; der erschienene Theil enthält die Phanerogamen. [6]). — Zuerst kommt die allgemeine Eintheilung in 2 Classen: *Vasculares* (Phanerogamen) und *Cellulares* (Cryptogamen). 1ste Cl. *Vasculares:* Subclasses: *Dicotyledones & Monocotyledones.* Die *Dicotyledones* werden wieder in Abtheilungen gebracht, nämlich in *Dichlamydeae, Monochlamydeae* und *Achlamydeae*; bei jeder dieser Abtheilungen sind die Familien mit ihren Merkmalen, dann die Gattungscharaktere aufgeführt, so wie bei den Arten ihre Charaktere mit kurzer Angabe ihrer Standörter, Dauer und Blüthezeit. Der Verf. ist bei den Bestimmungen grösstentheils De Candolle's Werken gefolgt. — Die Gattungen *Nuphar* Sm. und *Glaucium* Juss. sind angenommen. *Pulicaria* Cass. wird anerkannt (*P. dysenterica* und *P. vulgaris* (*Inula Pulicaria* L.); desgleichen *Antennaria* Gärtn. (*Gnaph. dioecum* L.) und *Maruta* Cass. (*M. foetida* C. seu *Anthemis Cotula* L.); *Prenanthes muralis* L. kommt zu *Chondrilla* (*Ch. muralis* Lam.). *Pyrola media* wächst in England, aber *chlorantha* nicht. *Alnus incana* und *Pinus Abies* sind nicht in England; *P. sylvestris* nur in den schottischen Hochlanden. *Gagea* hat der Vf. angenommen: *G. lutea* (*Ornithog. lut.* L.); (*O. minimum* L. findet sich nicht in England). *Juncus biglumis* L. und *Luzula arcuata* Sw. werden in Schottland gefunden. Die meisten neuern Gattungen der *Scirpoideae* werden anerkannt. Die hier aufgeführten *Carices* betragen 62. Unter den *Gramineae* sind sehr viele neue Gattungen angenommen, z. B. *Achnodon* Trin. (*Phleum arenarium* L.), *Digraphis* Trin. (*Phalaris arundinacea* L.), *Anemagrostis* Trin. (*Agrostis Spica venti*), *Airochloa* Lk. (*Köleria cristata* Pers.) u. a.

Moris hat den 3ten Fascikel seines Werkes über Sardiniens Pflanzen herausgegeben; dieser bildet ein Supplement zu den früheren. Er enthält hauptsächlich Cryptogamen und Berichtigung früher gegebener Bestimmungen. Die hier aufgeführten Moose be-

---

5) Flora générale de France &c. par Loiseleur-Deslongschamps. Persoon, Gaillon, Boisduval & Brebisson. Livr. III — V. Paris, 1829. 4to & 8vo.

6) A Synopsis of the British Flora; arranged according to the natural orders: containing Vasculares, or flowering Plants. By John Lindley. London, 1829. 8vo. pp. 380.

tragen 92; es sind keine neuen darunter. Moris, Vorsteher des botanischen Gartens zu Turin, ist jetzt mit Bearbeitung einer Flora von Sardinien (*Flora sardoa*) beschäftigt, durch die wir die interessante Vegetation dieser Insel bald völlig kennen lernen werden [7]).

v. Ledebour hat die Herausgabe seiner *Flora altaica* begonnen; der Iste Theil erschien zu Berlin [8]). Dieses Werk ist lehrreich, besonders als Darstellung der Vegetation jener Alpengegend; es folgt dem Linnéischen Systeme. Zu Anfange jeder Classe stehen die Gattungs-Charactere, dann folgen die Species und bei den minder bekannten Pflanzen giebt der Verf. ausführliche Beschreibungen und Anmerkungen. Die Synonymie ist mit Auswahl gegeben; theils werden die russischen Autoren, theils andere, die eine Species beleuchtet haben, angeführt. Zahlreiche gemeine europäische Pflanzen kommen auch hier vor, und bei diesen giebt der Verf. bloss den Charakter und die Standörter an. Vorzüglich die Wassergewächse sind hier dieselben, die fast durch ganz Europa vorkommen, z. R. *Hippuris vulgaris*, *Callitriche verna*, die 3 *Utriculariae*, *Veronica Beccabunga* & *Anagallis*, *Menyanthes trifoliata* & *Villarsia nymphaeoides* u. m. a. Hier sieht man auch einige Meerstrandspflanzen Europa's, z. B. *Salicornia herbacea*, *Salsola Kali* u. a., die sich zu den sibirischen Salzpflanzen, nämlich andern Arten von *Salicornia*, von *Salsola*, *Anabasis*, *Halimocnemis*, *Schoberia* (*Chenopodium*-Arten) u. a., die auf dem salzhaltigen Boden wachsen, gesellen. — Unter den Gräsern sind mehrere der neuesten Gattungen, z. B. *Phragmites* Trin. angenommen. Von *Agrostis* giebt es hier nur *polymorpha* Huds. (*alba* L.) und *canina*. Von *Avena* kommen nur *sempervirens* Vill. und *pratensis* L. α. (*pubescens* Huds., L.) & β. (*pratensis*) vor; von *Aira* nur *caespitosa*; von *Trisetum*: *flavescens* Beauv. (*Avena flav.* L.) und *airoides* (*Aira subspicata* L.); von *Hierochloa*: *alpina* R. & Sch., die in subalpinen Wäldern wächst, und *borealis* Beauv. — *Königia islandica* L. kommt auch auf diesem Hochgebirge vor, wie auch *Galium trifidum* L., welches nur am Bache Talowska bei Riddersk bemerkt ward. (*Alchemilla alpina*, eine doch sonst sehr verbreitete Alpenpflanze, ward nicht gefunden). Von *Potamogeton* sind *natans*, *rufescens*, *lucens*, *per-*

---

7) Stirpium Sardoarum Elenchus. Auctore J. H. Moris. Fasc. III. Augustae Taurinorum, 1829. 4to.

8) Flora altaica. Scripsit D. Carol. Frider. a Ledebour. Adjutoribus Dr. Car. Ant. Meyer et Dr. Al. a Bunge. T. I. Cl. (I—V). Berol. 1829. 8vo. pp. 440.

foliatus, pusillus L. und *Vaillantii* Sch. Syst. Veg. III. 514. aufgeführt. Von den europäischen *Myosotis*-Arten kommen vor: *sparsiflora* Mik., *stricta* Lk., *arvensis* Lk. [non Sibth., *collina* Ehrh., Rchb.], *intermedia* Schlecht., *caespitosa* Schultz, *nemorosa* Bess., *palustris* With., *alpestris* Schm. Von *Echinospermum*: *deflexum* & *Lappula* Lehm.; diese Gattung hat hier 10 Arten. 7 *Primulae*, worunter auch *cortusoides* L., die an bergigen, schattenreichen Orten nicht selten ist. *Androsace septentrionalis* ist sehr gemein. Das hier aufgenommene *Solanum persicum* Sch. S. Veg. IV. 662. unterscheidet sich von *S. Dulcamara* nur durch immer ungetheilte Blätter. *Viola biflora* ist selten; von *Gentiana* kommen 18 Arten vor, darunter: *G. Pneumonanthe* und *glacialis*. Die *Umbelliferae* sind nach den neuesten Ansichten bearbeitet; übrigens sehr zahlreich dort. Auch *Sibbaldia* wächst auf jenen Gebirgen.

Dr. Wallich, Ober-Intendant des botanischen Gartens zu Calcutta, hat auf Kosten der englisch-ostindischen Compagnie mehrere Reisen in verschiedene Theile Ostindiens, sowohl in den südlichern als auch den nördlicheren Landschaften bis in Nepals Hochgebirge, gemacht. Er hat schon lange ein Werk über die Pflanzen von Nepal bearbeitet, und ist, zum Theil seiner Herausgabe wegen, nach England gereist. Es ist ein kostbares Prachtwerk in gross-Folio mit illum. Abbildungen seltener oder neuer Pflanzen in Steindruck. Die 2 erschienenen Hefte enthalten 50 Arten beschrieben und abgebildet [9]. [S. Eschweiler's Bot. Literatur-Blätt. II. S. 286 — 295.]

Wallich hat auch die Herausgabe eines andern Prachtwerkes über ostindische Pflanzen: *Plantae asiaticae rariores*, angefangen [10]. Es soll aus 3 Bänden in Folio bestehen, deren jeder 100 Tafeln illum. Abbildungen neuer oder seltener Gewächse enthält, und erscheint in Heften zu je 25 Tafeln. [Tom. III. ward 1832 beendet.] N. I. erschien 1829; unter den Abbildungen kommt auf t. 11. & 12. *Melanorrhoea usitatissima* Wall. vor, die zu den *Anacardaceen* gehört; von diesem Baume wird der bekannte birmanische Firniss gewonnen. [S. a. Bot. Literatur-Blätt. II. 295 f.]

---

9) Tentamen Florae Nepalensis illustratae, consisting of botanical descriptions and lithographic figures of select Nipal Plants. By N. Wallich. Nr. I & II. 1829. fol.

10) Plantae Asiaticae rariores, or Descriptions and figures etc. Auctore Nathanael Wallich. T. I. Nr. I. London, 1829. fol. max.

Weil Wallich die Abfassung einer *Flora indica* bezweckt, so hat er zu grösserer Förderung dieses Werkes sich mit mehreren Botanikern verbunden, welche die Bearbeitung gewisser Pflanzen-Familien für die *Flora indica* übernommen haben (in Folge der bald zu erwähnenden Vertheilung indischer Pflanzen). So haben Hooker und Greville die Beschreibung der *Filices*, welche 400 Arten ausmachen, übernommen; R. Brown bearbeitet *Gramineae* und *Cyperaceae*, deren über 300 sind, desgleichen die *Rubiaceae*, wovon z. B. 72 Arten aus den Gattungen *Spermacoce*, *Knoxia* und *Dentella* und 50 Arten von *Ixora* und *Pavetta* da sind. Lindley beschreibt die *Orchideae*, *Rosaceae* und *Amentaceae*; De Candolle die *Umbelliferae* (53 Arten), *Caprifoliaceae*, *Saxifrageae* (16 Sp.), *Valerianeae* und *Dipsaceae*, Bentham hat die *Labiatae*, *Lineae* und *Caryophylleae* übernommen; Choisy die *Convolvulaceae* und *Guttiferae*; Duvau beschreibt die 13 indischen *Pediculares* und 6 *Veronicae*; Nees v. Esenbeck bearbeitet die *Laurinae*, und die äusserst zahlreichen *Acanthaceae*; [Röper die *Euphorbiaceae*; Meisner die *Polygoneae*; Kunth u. A. andere Familien;] u. s. w.

Die englisch-ostindische Compagnie hat auf Dr. Wallich's Vorschlag Herbarien, aus den seit sehr vielen Jahren zusammengebrachten ostindischen Pflanzensammlungen, von deren Entstehung und Reichthum in den einzelnen Familien auch v. Martius in d. Regensb. bot. Zeit. 1834, S. 1—16. Nachricht giebt, an gelehrte Gesellschaften und berühmte Gelehrte durch ganz Europa austheilen lassen, und dadurch auf eine höchst liberale Weise die Gelegenheit zum Kennenlernen der herrlichen Vegetation Indiens erweitert. Die grossen Verpflichtungen, welche die Wissenschaft und ihre Bearbeiter gegen die englisch-ostindische Compagnie haben, sind auch schon seit früher anerkannt. Diese Gesellschaft ist stets die Fortschritte der Wissenschaften auf alle Art zu fördern bemüht gewesen.

Dr. Blume, welcher auf Kosten der holländischen Regiegierung mehrere Jahre auf Java botanische Reisen gemacht, hat die Herausgabe eines Prachtwerkes über die Gewächse Javas begonnen. Es erscheint in Heften mit illum. Abbildungen neuer oder seltnerer Pflanzen nebst Beschreibungen; 14 Hefte sind erschienen. Die Species sind familienweise geordnet, mit eigener Paginirung für jede Familie. — Das Werk fängt mit *Rhizantheae* an, welche Familie gleichsam ein Mittelglied zwischen *Acotyledoneae* und *Cotyledoneae* ausmacht. Die Gattung *Rafflesia* in derselben wird zu Gynandria Polyandria gerechnet, mit 2 Arten: *R. Arnoldi* RBrown und *R. Patma* Bl. — Fasc. III — IX. enthalten *Filices*. In F. XI — XIV. sind *Cupuliferae* beschrieben und hier eine Menge Arten von *Quercus* und von *Castanea* aufgeführt, die man gewiss nicht auf Gebirgen Java's erwartet hätte. Der Verf. führt hier die Charactere und die Zahlenverhältnisse der *Cupuliferae* im Allgemeinen und von *Quercus* an. Unter *Cupuliferae* stehen: *Quercus, Corylus, Carpinus, Castanea, Fagus* und *Lithocarpus*. Bisher bekannte javanische *Quercus* sind 16; sie wachsen sämmtlich in den höhern subalpinen Gegenden der Insel. [S. Ausz. in Bot. Lit.-Blatt. II. S. 297 — 303.] [1].

Blume hat früher 2 Werke über die Pflanzen von Java herausgegeben: 1. *Bijdragen tot de Flora van Nederlandsch Indie*; 2. *Enumeratio Plantarum Javae & Insularum adjacentium*. — Zur Bearbeitung der *Flora Javae* hat Blume sich mit einem baierschen Botaniker, Dr. J. B. Fischer, vereinigt.

Allan Cunningham, Collector für die königl. Gärten zu Kew, hat „allgemeine Bemerkungen über die Vegetation einiger Küsten Neuhollands, besonders seiner nordwestlichen Ufer." in der Form eines Anhangs zu King's Reise mitgetheilt. [2]) [Sie sind systematisch-phytographischen und phytogeographischen Inhalts, indem sie hauptsächlich, nach der Ordnung der Familien, von Stellung und Verwandtschaft der Familien und Gattungen und von ihrer Heimath und Verbreitung handeln, in ähnlicher Weise, wie R. Brown's Abhandlungen über die Vegetation Neuhollands, am Congo, in Nord- und Inner-Africa in s. „vermischten bot. Schriften," Bd. I., II., IV.)]

v. Martius hat den IIten Theil seiner *Flora brasiliensis* ans Licht treten lassen. Dieser Theil enthält die *Gramineae*, und ist von Nees v. Esenbeck d. ä. bearbeitet [3]). — v. Martius hat sich nämlich für die Bearbeitung seiner Flora zu grösserer Förderung mit mehreren Botanikern verbunden. Der noch nicht

---

1) Florae Javae nec non Insularum adjacentium. Auctore Carolo Lud. Blume &c. Adjutore J. B. Fischer &c. Fasc. I — XIV. Bruxellis, 1828, 1829. fol.

2) Narrative of a survey of the coasts of Australia by C. Th. King. (London, 1827. 8vo.). — Bot. Appendix: p. 497 — 533. — In Regensb. bot. Literatur-Blatt. II. (Nürnberg, 1829.) S. 1 — 37. übersetzt von Beilschmied.

3) Flora Brasiliensis &c. Edit. C. F. Ph. de Martius. Vol. II. Pars II. Gramineae a. C. G. Nees ab Esenbeck expositae. — Auch mit dem Titel: Agrostologia Brasiliensis &c. Stuttg. & Tub. 1829. 8vo. pp. II. & 608.

erschienene Ite Theil soll die Cryptogamen enthalten [seine 1te Abth. (*Fl. Bras.* etc. Vol. I. P. I.) erschien 1834]. Der Verf. dieser *Agrostologia brasiliensis*, Präsid. N. v. E., hat sich Gelegenheit verschafft, eine Menge Originalexemplare zu sehen, wodurch er die brasilischen Gräser mit verwandten Arten aus andern Ländern hat vergleichen können. In Folge davon hat der Vf. ein Werk dargestellt, das man als eine Revision der ganzen tropischen *Gramineen*-Flora betrachten kann, denn er hat überall eine Menge wichtiger, auf eigener Beobachtung beruhender Bemerkungen und Aufklärungen über Gräser aus verschiedenen Ländern niedergelegt. — Der Vf. giebt zuerst einen Ueberblick der Literatur dieser Pflanzen-Familie, die Familien-Charactere und dann die Beschreibungen der Gattungen und Arten. Er nimmt Kunth's Eintheilung der Gräser in 10 Gruppen an, darin finden sich in dieser Flora 84 Gattungen mit 403 Arten. — Bei mehreren Gattungen ist auch Character naturalis beigegeben. Vielen Gattungen geht eine Clavis voran. Bei Anfuhrung der Standörter sind auch die Reisenden genannt, die die Pflanzen gefunden; oft auch die Sammlungen, worin sich Exemplare befinden. Die Synonymie ist vollständig und sehr kritisch aufklärend; die Beschreibungen sind so, wie man sie von einem der grössten Botaniker unserer Zeit nur erwarten kann.

v. Martius selbst hat in einer langen „*Observatio geographica*" eine Uebersicht der Anzahl der in Brasilien entdeckten Gräser, nebst vergleichender Angabe der von A. v. Humboldt in westlichen Theilen Südamerica's gefundenen Grasarten beigefügt, in der auf folgender Seite befindlichen Tabelle. [In einer andern Tabelle giebt v. M. die Anzahl der zugleich auch in andern Erdgegenden vorkommenden brasilischen Arten (*spp. vagae*) und der nur Brasilien in seinen verschiedenen Strichen („regiones," s. unten) eigenthümlichen an. Uebersetzer schaltet diese zweite Tab. in die erstere mit ein.]

Man sieht daraus, dass die Tribus der *Paniceae* die artenreichste ist; *Panicum* hat 116 Arten und *Paspalum* 67. — [Dass A. v. Humboldt verhältnissmässig mehr Europäisches darunter hat, nämlich mehr *Festuceae* und weit mehr *Agrosteae* erklärt sich daraus, dass er auch in weit kälteren Gebirgsregionen, dann auch weit diesseit des Aequators, bis in Mexico, reisete.]

v. Martius bringt nämlich in der *Observ. geogr.* die brasilischen Gräser nach ihrer geographischen Verbreitung, ihren Gebieten, in 6 Abtheilungen: 1) *Gramina vaga* [s. Tabelle]. Einige Gräser leben über die grössten Strecken Brasiliens verbreitet, auch im übrigen Südamerica und mehrere steigen bis nach Nordamerica;

Gramineae Brasilicae. — Tribus:	Vagae. Americanae.	Americano-Asiat. & Nov. Holland.	Americano-Africanae	Americano-Europ.	Summe der Vagae.	Napaeae, regionis extratrop.	Oreades, reg. montano-camp.	Dryades, reg. montano-sylv.	Hamadryad., r. calido-siccae	Najades, reg. calido-humidae	Summe aller bras. *Gramin.*	darunter neue Arten:	v. Humboldt hat deren dagegen von seiner Reise:
Paniceae	55	1	2	1	59	28	53	40	14	29	223	110	95
Olyreae	2	—	—	—	2	—	—	13	1	—	16	5	8
Saccharinae	8	—	—	—	8	13	9	1	9	1	41	25	24
Stipeae	5	—	1	—	6	6	1	—	4	1	18	6	16
Agrosteae	3	—	—	—	3	9	3	—	2	—	14	6	37
Chlorideae	8	2	—	1	11	2	6	—	4	2	25	8	26
Hordeaceae	—	—	—	5	5	1	—	—	—	—	6	1	2
Festucaceae	10	2	—	6	18	14	5	3	7	1	48	17	54
Oryzeae	1	—	—	—	1	2	—	—	—	—	3	2	2
Bambuseae	2	—	—	—	2	—	1	5	—	1	9	5	3
Summe	94	6	3	13	115	72	78	62	41	35	203	183	267

andere gehören America und Africa gemeinschaftlich an, oder America und Asien oder Neuholland; wenige auch zugleich America und Europa. 2) *Gramina napaea:* die jenseit des südlichen Wendekreises, im grössten Theile des hügeligen Landes von S. Paulo, Rio grande do Sul u. s. w. bis Monte Video wachsen. 3) *Gramina Oreades:* diese bewohnen die hohen Campos-Gegenden von S. Paulo, Minas geraës und einen Theil von Bahia; man kann sie mit den europäisehen Alpengräsern vergleichen. 4) *Gramina Dryades* bewohnen die Küsten-Cordillere, *Serra do mar*, welche, fast überall mit Urwald bedeckt, sich von Sta Catarina bis Bahia erstreckt. 5) *Gr. Hymadryades.* In den weiter gegen N. und NW. liegenden Districten, welche theils mit niedrigem, lichtem, wenig saftreichen Walde (Catingas), bedeckt sind, theils aus Wiesenland von eigenem Character bestehen, nördlich vom Rio de S. Francisco, und westlich von Pernambuco bis Seara, nimmt der Graswuchs einen eigenen Character an und die hier befindlichen Gräser wachsen auf einem trocknen und jährlich durch Regen gleichsam neu belebten Boden. 6) *Gr. Najades:* diese bewohnen die stets feuchte, wasserreiche und warme Gegend längs des Amazonen-Stromes und des untern Flussgebietes seiner Zuflüsse; sie zeichnen sich durch ihre Höhe und Glätte, wie andrerseits die *Gram. napaea* durch ihre Behaartheit aus. Die physicalischen und geognostischen Charaktere dieser Gebiete werden zugleich dargestellt [und das Herabsenken (die Abdachung) der Campos-Linie oder der ideellen Ebene der Grasfluren von Süden her gegen den Aequator zu veranschaulicht. — Die Zahlenverhältnisse dieser Gräser s. in der Tabelle.]

Darauf folgt p. 554—676. eine „*Observatio geoponica et oeconomica*“, worin der Verf. das Wichtigste vom Anbaue und Nutzen der in Brasilien cultivirten Grasarten und ihrer Handelsproducte mittheilt. I. Mais (*Zea Mays*). v. Martius nimmt an, dass er in Ober-Peru, in der Nähe des Titicaca Sees, ursprünglich wild wächst. II. Reis (*Oryza sativa*). Verf. kann nicht entscheiden, ob er nicht in Brasilien auch wild wachse. — III. Zuckerrohr. Der Verf. spricht über die Zeit seiner Einführung und seine Geschichte in Brasilien; beschreibt auch die dortige Zuckerbereitung. — Das Zuckerrohr wurde um das Jahr 1529 von Francisco Romeiro in Brasilien eingeführt. Man baut daselbst die kleinere sogen. ostindische Varietät und neulich hat man auch die Abart von den Südsee-Inseln (das otaheitische Zuckerrohr) dort zu bauen angefangen; diese wurde von Cayenne aus hingebracht. — Nach v. Martius's Angaben werden jährlich aus Brasilien im Durchschnitte folgende Mengen Zukker ausgeführt: Aus Rio Janeiro und den übrigen südlichen

Häfen	17000 Kisten	=	27,200000 Pf.
Bahia, Alagoas, Sergipe etc.	40000 Kisten	=	56,000000 Pf.
Pernambuco u. d. nördl. Häfen	12000 Kisten	=	16,000000 Pf.
Summa	69000 Kisten	=	100,000000 Pf.

Wenn eine Arroba (= 32 wiener Pfund, gegen 38 preuss. Pf.) Rohzucker im Mittel zu 2500 Reis [4 Thaler preuss.] gerechnet wird, so giebt dieses für Brasilien eine jährliche Einnahme von 217,122369 Gulden. Hamburg, Bremen und Triest erhalten sehr viel Zucker aus Brasilien. Der Verf. hat die Einfuhrliste von diesen 3 Städten aus den letzten 10 Jahren beigefügt. — Zuletzt wird vom Anbaue der *Hordeace*en im südlichen Brasilien und einiger officinellen Gräser gesprochen und Nachrichten über dortige künstliche Wiesen mitgetheilt. — Als Anhang folgt Amaralii Brasiliensis *Carmen de Sacchari opificio* in Hexametern, worin die Behandlung des Zuckerrohrs zur Zuckergewinnung beschrieben wird.

v. Martius hat auch den 1sten Fascikel des 3ten und letzten Bandes seiner *Nova Genera & Species Plantarum Brasiliae* herausgegeben. Dieses Heft enthält einige Monographien kleinerer Familien, Abtheilungen oder Gattungen [4]).

Von Pohls Prachtwerke über brasilische Pflanzen ist mit dem erschienenen 4ten Fascikel der Iste Band geschlossen. Dieser Band enthält 100 Tafeln mit illum. [in andern Exemplaren auch mit schwarzen] Abbildungen neuer Gewächse [5]).

Ueber Hooker's *Flora boreali-americana* [s. man die Uebersetzung des Jahresberichts über 1831.] [6]).

De la Pylaie giebt in Paris eine Flora von Neufundland und mehreren nahen Inseln heraus. Ref. sah es noch nicht [7]).

Avé-Lallemant theilte seine Beobachtungen über einige von ihm im südlichen Deutschland und nördlichen Italien gesammelten Pflanzen mit, wobei er mancherlei Formen derselben beschreibt [8]).

Beschreibungen und Cataloge botanischer Gärten.

v. Martius hat ein Werk angefangen, welches Beschreibungen seltnerer Gewächse des Münchener botan. Gartens enthält. Die Gattungs- und Species-Charaktere werden deutsch und französisch gegeben; die Beschreibung ist lateinisch, die darauf folgenden Bemerkungen sind deutsch und französisch. Das 1ste Heft enthält 4 Arten: *Anda brasiliensis* Mart., *Aeolanthus suavis* M., *Sagittaria echinocarpa* M. und *Astrapaea Wallichii*; diese sind auch in Steindruck abgebildet und vortrefflich colorirt [9]).

---

4) Nova Genera et Species Plantarum, quas in itinere per Brasiliam &c. &c. suscepto collegit et descripsit C. F. P. de Martius &c. Vol. III., ultimum. Fasc. I. Tab. 201—231. Monachii, 1829. fol.

5) Plantarum Brasiliae Icones et Descriptiones hactenus ineditae. Auctore J. E. Pohl. Fasc. IV. Viennae, 1829. fol.

6) Flora boreali-americana: or the Botany of the Northern Parts of America &c. By W. J. Hooker. Cum Tabb. London. P. I. 1829. [II: 1830. III. 1831. s. Jahresbericht über 1831. S. 68 ff.]

7) Flore de Terre-Neuve et des Iles Saint-Pierre &c. Avec figures dessinées par l' auteur sur la plante vivante. Ire Livr. Paris, 1829. 4to.

8) De Plantis quibusdam Italiae borealis et Germaniae australis rarioribus. Dissert. inaug. bot. &c. Auctore Jul. Leop. Ed. Avé-Lallemant. Berol. 1829. 4to. pp. 20. c. 1 tab.

9) Amoenitates botanicae Monacenses. Auswahl merkwürdiger Pflan-

Link und Otto haben die Hefte 3—5. ihres Werkes über seltnere Pflanzen des Berliner botan. Garten herausgegeben; die Beschreibungen sind von illuminirten Abbildungen begleitet [10]).

Cajetan Savi hat die Geschichte des botan. Gartens in Pisa mitgetheilt. — Dieser Garten ist der älteste seiner Art in Europa; er wurde 1544, Behufs der academischen Vorlesungen, auf Befehl Cosmus I. von Luca Ghini angelegt. Der Nachfolger Luca Ghini's war der berühmte Andr. Cæsalpinus, welchen Linné den ersten orthodoxen botanischen Systematicus nennt. — Der Verf. erzählt die Schicksale des Gartens in verschiedenen Zeiten, erwähnt ihrer Vorsteher und ihrer Verdienste um die Wissenschaft [s. Auszug in bot. Literatur-Blätt. II. S. 208—215.].

Von den über Gartenbau erschienenen Schriften [2]) wer-

---

zen des K. bot. Gartens zu München in Abbildungen und Beschreibungen nebst Anleitung rücksichtlich ihrer Cultur, von Dr. C. F. Ph. v. Martius. 1ste Lief. Frankf. a. M. 4to.

10) Abbildungen neuer und seltener Gewächse des Königl. botan. Gartens zu Berlin, nebst Beschreibungen und Anleitung sie zu ziehen. Von H. F. Link und F. Otto. Ir Bd. 3—5s Heft. Berl. 1827. 4to.

1) Notizie per servire alla storia del Giardino e Museo della I. e R. Università di Pisa; di Gaetano Savi. Pisa, 1828. 8vo. — Anm. Linné hatte (in *Bibl. botan.*) bemerkt, der botanische Garten in Padua sei der älteste in Europa, aber Sprengel hat (in *Philos. bot.* edit. 4.) bewiesen, dass der in Pisa älter ist, und Savi hat diese letztere Angabe bestätigt. Der botanische Garten zu Padua ist i. J. 1546 und der zu Bologna 1568 angelegt.

2) Neuester allgemeiner Blumengärtner. München, 1829. 8vo.

Vollstandiges Handbuch der Blumen-Gartnerei, oder genaue Beschreibung von mehr als 4060 wahren Zierpflanzen-Arten. 1ste Abth. Hannover, 1829. 8to.

Correspondenz-Blatt für Feld- und Gartenbau. Herausgegeben von C. A. Stech. Iter Bd. 6 Hefte. Heilbronn, 1829. 4to.

Garten-Calender. (1 Tabelle in fol.) Stuttg. 1829.

Der wohlerfahrene und nothwendige Gartenliebling. Ein fasslich belehrendes Handbüchlein für Baum-, Küchen- und Blumen-Gärtnerei. Ulm, 1829. 8vo.

Grundliche Anweisung über die Erziehung und Behandlung des weissen Maulbeerbaumes, so wie auch über die Erziehung der Seidenraupen. 1, 2tes Heft. Nordhausen, 1829. 8vo.

Die Kunst, alle ausdauernden Land- und Topfgewächse durch ihre Wurzeln, Stengel, Zweige und Blatter auf mannichfaltige Art in Menge fortzupflanzen und zu vervielfaltigen. Leipzig, 1829. 8vo.

den untenstehend einige nach ihren Titeln angeführt. Die Werke

---

Das grosse Geheimniss Levkojen-Samen zu erziehen, der lauter gefüllte Stöcke liefert; von J. F. W. Lechner. Nürnb., 1829. 12mo.

Wandtafel für Freunde der Obstbaumzucht. Hannover, 1829. fol.

Gründliche Anweisnng zur Obstbaumzucht für Gärtner und das freie Feld; von C. H. G. Meyer. 4ter Th. Hof, 1829. 8vo.

Einfacher Unterricht über die Obstbaumzucht von J. A. Neurohr. Mannheim, 1829. 8vo.

Beschreibung aller bekannten Pelargonien und Anleitung zur Erkennung und Cultur ders. Von J. E. v. Reider. Nürnb. 1829. 8vo.

Blumen-Calender oder die monatl. Verrichtungen bei der Blumenzucht. Von J. E. v. Reider. Frankfurt, 1829. 8vo.

Der Küchen-Garten oder Handbuch des Gemüsebaues. Von J. G. v. Reider. Frankf. 1829. 8vo.

Die Moden-Blumen oder Cultur der Camellien, Azaleen &c. Von J. E. v. Reider. Nurnberg, 1829. 8vo.

Der Treibkasten in seiner Unentbehrlichkeit für höhere Blumisterei. Von J. E. v. Reider. Nürnb., 1829. 8vo.

Tagliches Taschenbuch für Garten- und Blumenfreunde und Obstbaum-Plantagenbesitzer. Von K. F. Richter. 3te Auflage. Leipzig, 1829. 8vo.

Der Ulmer Spargelgärtner, oder Nachricht, wie bei Ulm der Spargelbau getrieben wird. 2te Aufl. Ulm. 8vo.

Der Blumenfreund &c. Kitzingen, 1829. 8vo.

Ueber die Cultur des Maulbeerbaums. Von M. Bonafous. Uebersetzt von F. Laufs. Aachen, 1829. 8vo.

Systemat. Verzeichniss der vorzüglichsten in Deutschland vorhandenen Obstsorten, mit Bemerkungen über Auswahl, Güte und Reifzeit für Liebhaber bei Obstanpflanzungen. 1ste Fortsetz. Kernobstsorten. Von A. F. Diel. Frankf. 1829. 8vo.

Grundsätze der Gartenkunst, welche sowohl bei Anlegung grosser Parks, als auch bei Einrichtung kleinerer Gärten befolgt werden müssen. Von F. Huth. Leipzig, 1829. 8vo.

Beschreibung der Obstsorten. 4te Abth. Von F. H. Müschen. Rostock, 1829. 8vo.

Die Erziehung der Gartenpflanzen nebst Beschreibung derselben nach den natürl. Familien. Von L. Noisette. Aus dem Franz. von G. C. L. Siegwart. 4ter Th. Stuttgart, 1829. 8vo.

Vollständiges Handbuch der Gartenkunst, enth. die Gemüse-, Baum-, Pflanzen-, Blumen- und Landschaftsgärtnerei. Von L. Noisette. A. d. Franz. von Siegwart. 4ter Bd. Stuttgart, 1829. 8vo.

von Noisette, Poiteau und Diel gehören zu den brauchbarsten.

Nützlicher Rathgeber für Stubengärtner bei Auswahl der schönsten Gewächse und deren zweckmässigster Behandlung. Von R. v. Randow. Leipzig, 1829. 8vo.

Tabelle der Obstbaumzucht oder kurze Uebersicht zur Erziehung, Pflanzung und Wartung der Obstbäume. 6te Aufl. Kassel, 1829. fol.

Encyclopädisches Handbuch der Blumen- und Zierpflanzenzucht für ungeübte Blumenfreunde und für Blumisten. Von J. K. v. Train. 1, 2. und 3ter Th. Regensburg, 1829. 8vo.

Verhandlungen des Vereins zur Beförderung des Gartenbaues in den preussischen Staaten. 9 — 12 Lief. Berlin, 1829. 4to.

Der deutsche Fruchtgarten, als Auszug aus Sickler's teutschem Obstgärtner, dem allgem. teutschen Obstgärtner und dem allgem. teutschen Garten-Magazine. 7r Bd. Nr. V — X. & 8r Bd. Nr. I. & II. (jede mit 5 illum. Kupfern). Weimar, 1829. 4to.

Allgemeine deutsche Gartenzeitung. 7r Jahrg. Passau, 1829. 4to.

Anweisung zum Seidenbau überh. und insbes. im Bezuge auf das nördl. Deutschland. Von J. L. Th. Zinken. Braunschw. 1829. 8vo.)

Le bon Jardinier, Almanach pour l'Année 1829 &c. par A. Poiteau et Vilmorin. Paris, 1829. 8vo.

The Gardener's Magazine. Conducted by J. C. Loudon. Nr. XVIII. — XXIII. London, 1829. 8vo.

The Pomological Magazine. Nr. XVII — XXVI. Lond., 1829. 8vo.

Annales de la Soc. d' Horticult. de Paris. Livr. I. Par. 1829. 8vo.

Every Man his own Gardener. By Abercrombie. The 23d Edition. By James Main. London. 12mo.

Annales de l' Institut Horticole de Fromont. Par Soulange Bodin. Livraison I. &c. Paris, 1829. 8vo.

Memoirs of the Caledonian Horticultural Society. Vol. IV. P. II. A Discourse on subjects relating to Horticulture, with a few Remarks on the present State and Prospects of that Science. By Dan. Ellis. Edinburgh, 1829.

Catalogue descriptif, méthodique et raisonné des espèces, variétés et sousvariétés du genre Rosier, cultivées chez Prevorst fils en Rouen. Rouen, 1829. 8vo.

Handlexicon der Gärtnerei und Botanik &c. Von Fr. Gottl. Dietrich. 1r Bd. Berlin, 1829. 8vo. [Ist ein Auszug aus dessen grösserem Handlexicon in 22 Banden, der mit 5 Bänden vollständig sein soll.]

Botanische Lehrbücher.

Loudon in London hat in einem Bande von 1200 Seiten eine botanische Encyclopädie über die Gewächse, welche theils wild in England wachsen, theils angebaut werden, herausgegeben [3]. — Dieses Werk enthält zugleich Miniatur-Abbildungen von fast 1000 Species, auf die Weise, dass man auf jeder Seite Zeichnungen der daselbst beschriebenen Pflanzen findet, welche, obgleich nur Holzschnitte, doch eine ganz unerwartete Nettheit und Deutlichkeit besitzen. Das Werk besteht aus 2 Abtheilungen: die 1ste, grössere, enthält die systematische Aufstellung der Gattungen und Arten (mit ihrer Naturgeschichte) nach dem Linnéischen Systeme; die andere giebt eine Uebersicht des natürlichen Systems nach seinen Familien und Gattungen, nebst allgemeinen Bemerkungen über die Familien und über einige in der oder jener Hinsicht merkwürdigen Gattungen. — In diesem Buche sind 16712 Pflanzenarten mit ihren Characteren und übrigem Bemerkenswerthen aufgeführt. **Lindley** hat das im Texte enthaltne Botanische gegeben, **J. D. C. Sowerby** hat die Abbildungen gezeichnet und **Branston** diese gestochen. — Dieses Werk ist von grossem Werthe; es enthält in kleinem Raume eine Menge gut geordneter Notizen über die Pflanzen; es sind hier alle die Angaben gesammelt, die man in den 4 Bänden von **Miller's** *Gardener's Dictionnary*, in der *English Botany*, dem *Botanical Magazine* und dem *Botanical Register* findet, nebst einer Menge Miniatur-Figuren nach diesen kostbaren Werken und ohngefähr 200 Abbildungen von früher nie gezeichneten Pflanzen. Kurz, es enthält das Meiste von dem, was man in mehrfacher Rücksicht über die Pflanzen zu wissen nöthig hat, und ist zum Ankaufe für Privatbibliotheken zu empfehlen. Der Preis gilt in England für sehr billig; bei uns erscheint es freilich theuer, nämlich 4 Pf. Sterl. und 14½ Shill.

Nees v. Esenbeck d. j. giebt Supplementhefte zu seinem

---

3) An Encyclopædia of Plants; comprising the Description, specific Character, Culture, History, Application in the Art, and every other desirable particular, respecting all the Plants indigenous, cultivated in or introduced to Britain: Combiniug all the advantages of a **Linnean** an **Jussieuan** Species Plantarum, an Historia Plantarum, a Grammar of Botany, and a Dictionary of Botany and vegetable culture *&c. &c.* and with Figures of nearly ten thousand Species, exemplifying several individuals belonging to every Genus included in the work. Edited by J. C. **Loudon**. London, 1829. 8vo.

berühmten Werke über die Arzneipflanzen[4]). — Die 24 Tafeln des 1sten Suppl.-Heftes enthalten: Taf. 1. *Cinchona scrobiculata* H. & B., wovon die graue Loxa-China nach dem Verf. kommt. 2. *Exostemma floribundum* W., wovon *Cortex Chinae St. Luciae* oder *China Piton* herrührt. 3. *Buena hexandra* Pohl, welche die ächte *China de Rio Janeiro* giebt. 4. *Anthriscus sylvestris* Koch (*Chaeroph. sylv.* L.). 5 & 6. *Chaerophyllum bulbosum*. 7. *Nauclea Gambir*. 8. *Anethum graveolens*. 9. *Coccoloba uvifera*, wovon nach Duncan das westindische Kino erhalten wird. 10. *Butea frondosa* Roxb., dessen rother Saft das ostindische Kino bildet. 11. *Eucalyptus resinifera*, von der man das neuholländische Kino erhält. 12. *Melilotus arvensis* Wallr. 13. *Cynanchum Arghel* Del., dessen Blätter den Sennesblättern beigemengt werden. 14. *Coriaria myrtifolia*, deren giftige Blätter auch den Sennesblättern eingemengt vorkommen. 15. *Phaseolus vulgaris*. 16. *Ph. tumidus* Savi. 17 & 18. *Actaea spicata*, deren Wurzeln häufig für *Helleborus niger* gehen. 19. *Adonis vernalis*, deren Wurzel auch zuweilen statt der des *Helleborus niger* vorkommt. 20. *Chiococca racemosa*, wovon *radix Caincae* kommt. 21. *Chiococca anguifuga* Mart.: in Brasilien wird ihre Wurzel als das sicherste Mittel gegen giftigen Schlangenbiss gebraucht. 22. *Majorana smyrnaea* N. ab E. (*Origanum sm.* L.); ihre Blüthen bilden *flores Origani cretici* der Apotheken; auch die des (23:) *Origanum macrostachyum* kommen unter letztern vor. 24. *Sphacelia segetum* Leveillé.

Stephenson und Churchill haben ihre *Medical Botany*, wovon monatlich 1 Heft mit illum. Abbildungen von 4 Pflanzen erscheint, fortgesetzt; H. 25 — 36 sind erschienen. Im Hefte XXV. kommen vor: *Rosa centifolia* L.; *R. canina*: der fleischige Theil der Frucht wird in England zu Latwergen gebraucht. *Crocus sativus*. *Myroxylon peruiferum*: es giebt den Peru-Balsam und wächst in den wärmsten Theilen von Mexico und Peru. *Polygala Seaega* und *rubella*. In H. XXVI: *Myristica moschata*. — Merkwürdigere Pflanzen in den andern Heften sind: *Amomum Granum paradisi*, *Curcuma Zedoaria*, *C. longa*, *Fucus vesiculosus* & *Helminthochortos*, *Aloë vulgaris*, *Styrax Benzoin*, dessen Harz, Benzoë, zum Räuchern gebraucht wird; *Triticum hybernum*, *Secale cereale*, *Hordeum vulgare*. *Lauras Sassafras*, *Cin-*

4) Vollständige Sammlung officineller Pflanzen, von Dr. Th. Fr. Nees v. Esenbeck. 1tes Supplement-Heft. Düsseldorf, 1829. fol. Mit 24 Tafeln.

namomum Camphora; der japanische und chinesische Campher wird vom letztern durch Destillation gewonnen; aber der grösste Theil des Camphers von Sumatra und von Borneo kommt von *Dryobalanops Camphora*. *Pistacia Terebinthus*, *Gentiana lutea*, *Glycyrrhiza glabra* u. s. w. Jedes Heft kostet 3½ Shillinge [5]).

Ein anderes Werk über Medicinalpflanzen erschien zu London unter dem Titel *Flora medica*. Die Abbilduugen sind gut gezeichnet und gut colorirt. (Ref. sah es nicht.) [6])

Brandt und Ratzeburg haben ihr Werk über die Giftpflanzen Deutschlands fortgesetzt [7]). Man hat es mit viel Beifall aufgenommen und es ist wirklich lehrreich. Der Text enthält Gattungsmerkmale, Speciescharacter, wichtigere Synonyme, ausführliche Beschreibung, Angabe der geographischen Verbreitung der Arten, desgl. ihrer Eigenschaften, der Wirkungen ihrer Theile, Anwendungsart und Gegengifte. Auf den Kupfertafeln sind die Gewächse illuminirt dargestellt, ihre Befruchtungstheile schwarz. Das IIte Heft enthält: Taf. 6. *Paris quadrifolia*. 7. *Arum maculatum*. 8. *Daphne Mezereum*. 9. *D. Laureola* L. und *striata* Tratt. 10. *D. alpina* & *Cneorum* L. Heft III: Taf. 11. *Cyclamen europaeum*. 12. *Digitalis purpurea*. 13. *Gratiola officinalis*. 14. *Hyoscyamus niger*. 15. *Datura Stramonium*. H. IV: T. 16. *Scopolina atropoides* Schult. (*Hyoscyam. Scopol.* L.). 17. *Atropa Belladonna*. 18. *Mandragora vernalis* Bertol. (*Atropa Mandr.* L.). 19. *Solanum nigrum*. 20. *Nerium Oleander* L.

Guimpel's und v. Schlechtendal's Werk über die Pflanzen der preuss. Pharmacopöe (sah Ref. nicht; es) enthält die Pflanzen beschrieben und abgebildet; jedes Heft hat 6 colorirte Kupfertafeln. H. 4—12 sind erschienen [8]).

[Ueber Descourtilz's *Flore medicale des Antilles* möge hier folgende kurze Notiz und Beurtheilung von Oken (Isis 1834. H. 2.) stehen: „Diese Flora besteht aus Bänden von ungefähr

---

5) Medical Botany &c. By J. Stephenson and J. Morss Churchill. Nr. XXV—XXXVI. London, 1829. 8vo.

6) Flora medica &c. Vol. I. II. London, 1828, 1829. 8vo.

7) Abbildung und Beschreibung der in Deutschland wild wachsenden in Gärten und im Freien ausdauernden Giftgewächsen nach natürlichen Familien erlautert von Dr. J. F. Brandt und Dr. J. T. C. Ratzeburg. H. II. III. & IV. Berlin, 1829. 4to. mit colorirten Kpft.

8) Abbildung und Beschreibung aller in der Pharmacopea borussica aufgeführten Gewächse. Herausgegeben von F. Guimpel und Dr. F. L. v. Schlechtendal. 4s—12s Heft. Berlin, 1829. 4to.

300 Seiten und 70 — 80 illuminirten Tafeln, welche von Ch. Descourtilz, wahrscheinlich dem Bruder des Verfassers, gemalt worden. Der botanische Werth ist zwar nicht ausgezeichnet, indessen dem Zwecke wohl entsprechend. Gewöhnlich ist ein Zweig mit Blumen und Früchten nebst einigen Analysen gegeben. Im Texte geht voran der französische Name, dann der therapeutische, darauf der systematische mit dem Character und der Beschreibung, dann folgt der physische Character des Holzes, der Blätter u. s. w., darauf der chemische, endlich die medic. Eigenschaft und die Art der Anwendung. — Die Pflanzen sind in 25 Classen geordnet mit Unterabtheilungen. Wir würden ein Verzeichniss dieser Pflanzen mittheilen, wenn der Verf. immer gehörig die systematischen Namen beigefügt hätte, was zwar meistens aber nicht immer der Fall ist. Er citirt übrigens überall die älteren Schriftsteller wie Sloane, Browne, Plumier, Aublet, Jacquin, Swartz &c., so dass man allenfalls nachkommen kann . . ."] [8b])

Kaiser Napoleon hatte 1808 dem französischen National-Institute (Academie der Wissenschaften) aufgetragen, eine Uebersicht der Fortschritte der Wissenschaften seit der Revolution vom J. 1789 — 1808 auszuarbeiten. Cuvier unterzog sich der Abfassung dieses Werkes. Der 1ste Theil desselben enthält die Hauptfortschritte der Chemie, der Naturgeschichte, Medicin, Chirurgie, des Ackerbaues und der Technologie im genannten Zeitraume. Die andern 3 Theile bestehen aus den Jahresberichten, welche Cuvier von 1809 an bis incl. 1827 jährlich der Academie eingereicht hat.

Wiese hat dieses Werk Cuvier's übersetzt. Im 2ten Theile kommen die Fortschritte der Chemie, Meteorologie und Geologie von 1809 — 1827 vor; der 3te Th. enthält die der Botanik und der Zoologie von 1809 — 1827. Der 4te Theil besteht aus einer Fortsetzung über die Fortschritte der Zoologie, und (zuletzt) einem Ueberblicke der der Medicin und Chirurgie während derselben Zeit. Dieses Werk ist höchst lehrreich und anschaffenswerth [9]).

[8b) Flore médicale des Antilles ou traité des plantes usuelles des colonies francaises, anglaises, espagnoles et portugaises, par E. Descourtilz, Dr. Med., ancien médecin du gouvernement de St. Domingue &c. Paris. T. I — VII. 1821 — 1829. 8vo. tab. 1 — 332.]

9) Geschichte der Fortschritte in den Naturwissenschaften seit 1789 bis auf den heutigen Tag, vom Baron G. Cuvier. Aus dem Französischen von Dr. F. A. Wiese. I — IVter Bd. Leipz. 1828 & 1829. 8vo.

Vom Weimarischen Wörterbuche der Naturgeschichte sind wieder 2 halbe Bände erschienen; vom dazugehörigen Atlas das 10te Heft [10]).

Die übrigen hierher gehörigen Werke mögen unten in der Note nach ihren Titeln folgen [1]).

---

10) Wörterbuch der Naturgeschichte. Vter Bd. 2te Hälfte. VIter Bd. 1ste Halfte. Weimar, 1828. 8vo. — Atlas zum Wörterbuch der Naturgeschichte. 10te Lief. Weimar, 1829. 4to.

1) Encyclopädisches Pflanzen - Wörterbuch aller einheimischen und fremden Vegetabilien, welche sich durch Nutzen, Schönheit oder sonstige Eigenthümlichkeiten besonders auszeichnen; &c. bearbeitet von Joh. Kachler. I. u. IIter Band. Wien, 1829. 8vo.

Gemeinnütziges Handbuch der Gewaehskunde &c. von Mössler. 2te Aufl. von Reichenbach II. Bds 1ster Th. Altona, 1828. 8vo.

Terminologie der phanerogamischen Pflanzen durch mehr als 600 Figuren erlautert und besonders zum Unterrichte für Seminarien und Realgymnasien bestimmt, nebst einer Anleitnng für den Lehrer, wie er in der Botanik mit Nutzen zu unterrichten hat. Von Alb. Dietrich. Berlin, 1829. fol.

Taschenbuch der Botanik als Leitfaden für Schüler, entworfen von C. R. Botanophilos. Leipzig, 1829. 8vo.

Characteristik der deutschen Holzgewächse im blattlosen Zustande von Dr. Jos. Gerh. Zuccarini &c. Mit Abbildungen nach der Natur gemalt und auf Stein gezeichnet von Sebast. Minsinger. 1s Heft. München, 1829.

Botanique de J. J. Rousseau, contenant tout ce qu' il a écrit sur cette science, augmemtée de l' exposition de la Méthode de Tournefort, de celle du système de Linné, d' un nouveau dictionnaire de Botanique, de notes historiques &c. par M. Deville. 2. édition. Paris, 1829. 12o. c. 8 tabb.

Nouveau Manuel de Botanique ou Principes de Physiologie végétale &c. par M. Girardin. Paris. 8vo.

Botanique des Droguistes et du negociant en substances exotiques, traduit de l' anglois par Peluze. Paris, 1829. 8vo.

Die Giftpflanzen der Schweiz, beschrieben v. Joh. Hegetschweiler. Gezeichnet von J. D. Labram, lithographirt von L. J. Brodtmann. Heft 1. 2. 3.

Botanique des Dames, ou méthode facile pour connoître les Végétaux sans maitre; par un professeur de Botanique. Vol. I., II. & III. Paris. 1829.

Tabell. Uebersicht der officinellen Gewächse nach dem Linnäischen Sexual-System und dem natürl. System. 1 Tabelle. Berlin, 1829. fol.

Hegetschweiler's Werk über die Giftpflanzen der Schweiz gehört zu den lehrreichsten seiner Art. Der Vf. giebt eine vollständige Uebersicht der Verwandtschaften der Pflanzen und Erläuterungen über die Natur und Wirkungen der Gifte. Die Abbildungen in den erschienenen 3 Heften sind naturgetreu.

Botanische Zeitschriften und periodische Werke.

Von Seiten der botanischen Gesellschaft in Regensburg ist der 12te Jahrgang ihrer bot. Zeitung erschienen; sie enthält Originalabhandlungen, Recensionen und Nachrichten aus dem ganzen Umfange der Wissenschaft [2]).

Diese Gesellschaft setzt auch die besondere Zeitschrift „Botanische Literatur-Blätter" fort, welche Recensionen und Auszüge neuerer botanischer Werke enthält; davon erscheinen jährlich mehrere Hefte. Sie ist des Anschaffens werth [3]).

Lindley hat den XVten Band von Edwards's *Botanical Register* herausgegeben [4]), welches illum. Abbildungen seltnerer

---

Deutschlands Giftpflanzen, zum Gebr. für Schulen, fasslich beschr. von K. G. Plato. Von E. Wilrenk. 3tes Heft. Leipzig, 1829. fol.

Gemeinfassliche Anleitung die Bäume und Sträuche Oesterreichs aus den Blattern zu erkennen. Zum Selbstunterrichte entworfen. Von F. Höss. Wien, 1829. 12mo.

Vollständige Beschreibung und Abbildung der sämmtl. Holzarten, welche im mittlern und nördlichern Deutschland wild wachsen. Von F. L. Krebs. 10—13s Heft. Braunschweig, 1829. fol.

Pharmaceutisch-medic. Botanik oder Beschreibung und Abbildung aller in der letzten Ausgabe der österreich. Pharmacopöe von 1820 vorkommenden Arzneipflanzen. Von D. Wagner. H. 1—21. Gratz. fol.

Beschreibung fast aller Gift- und der vorzuglichsten Arznei- und Futtergewächse Deutschlands. Von J. G. Fischer. Landsberg, 1824. 8.

Forstbotanische Tafeln, enthaltend die farbigen Abbildungen der Blätter, Blüthen und Früchte der Holzpflanzen Deutschlands nach der Natur. 1—8tes Heft. Naumburg, Wild. 1829. 4to. n. 4 Thlr.

2) Flora oder botanische Zeitung. Herausg. von der Konigl. bayer. botan. Gesellschaft in Regensburg. 12ter Jahrg. Regensb. 1829. 8vo.

3) Botanische Literatur-Blatter &c. IIter Bd. 1—3s Heft. Nürnberg, 1829. 8vo.

4) Edwards's Botanical Register &c. Continued by John Lindley. Vol. XV. London, 1829. 8vo.

und neuerer Gewächse enthält, die hier von Lindley lateinisch und englisch beschrieben werden. Unter den merkwürdigeren und schöneren sind zu nennen: *Lupinus plumosus* Dougl., *Oenothera viminea* & *decumbens* Douglas, *Tupistra nutans* Wallich, *Correa pulchella* Hortul., *Trachymene coerulea* Graham, *Justicia picta* L., *Coreopsis aurea*, *Canna discolor* Ldl., *Spermadictyon azureum* Wall., *Rhododendron arboreum* Sm., *Erythrina poianthes* Brot., *Echeveria gibbiflora* DC., *Lowea berberifolia* Ldl. (*Rosa berberifolia* Pall.), *Helianthus lenticularis*, *Fuchsia microphylla* H. & B., *Pentastemon speciosus* Dougl., mit grossen nicht blauen Blumen, *P. Scouleri* Douglas mit grossen violetten Blumen, diese beiden perennirenden Arten wachsen wild an der NWKüste von Nordamerica; *Ipomopsis elegans* Mx., *Isopogon formosus* RBr., *Bignonia Cherere* Aubl.

Hooker hat die Herausgabe der neuen Reihe von Curtis's *Botanical Magazine* fortgesetzt. Dieses Werk ist gewiss eins der interessantesten unter den vielen englischen botanischen Werken, die jetzt mit illum. Abbildungen erscheinen. Von den Pflanzen im IIIten Bande mögen hier genannt sein: *Brodiaea grandiflora*, *Poinciana regia*, *Eschscholtzia californica*, *Escallonia rubra*, *Hibiscus liliiflorus*, *Billbergia cruenta*, *Carica Papaya*, *Begonia insignis*, *Pentastemon ovatus*, *Clarkia pulchella*, *Andromeda hypnoides* L. (tab. 2937), *Combretum grandiflorum*. Jedes Heft enthält 6 Tafeln und kostet 3½ Shill. mit colorirten Figuren [5]).

Loddiges's Werk wird fortgesetzt; der XVIte Bd. [6]) enthält viele interessante Gewächse, z. B.: *Caladium zamiifolium*, *Eccremocarpus scaber*, *Fuchsia multiflora*, *Lysimachia longifolia*, *Pentastemon atropurpureus* & *pulchellus*, *Erica crinita*, *Leucoium pulchellum*, *Ribes sanguineum* von den Ufern des Columbia-Flusses an der NWKüste NAmerica's; diese Johannisbeer-Art mit rothen Blumen ist ein Prachtgewächs, sie verträgt das Klima in England und gewiss auch das schwedische; *Rhododendron Chamaecistus*, *Alströmeria bicolor*, u. a. — Jedes Heft enthält 10 Tafeln und kostet mit illum. Abbildungen 5 Schill. (gegen 1⅔ Thlr. preussisch). Mit diesem Bande besteht das Werk nun aus 1500 Tafeln.

Sweet setzt sein Werk *the british Flower-Garden* fort,

---

5) Curtis's Botanical Magazine, or Flower-Garden displayed; New Series. Edited by Dr. Hooker. T. III. London, 1829. 8vo.

6) The botanical Cabinet. By Conr. Loddiges & Sons, Vol. XVI. London, 1829. 4to & 8vo.

welches solche Gewächse abgebildet enthält, die in England im Freien gezogen werden können [7]). Mit dem 75sten Hefte ist der 3te Band geschlossen; die Zahl der Tafeln geht auf 300. Von den abgebildeten Pflanzen dürften folgende zu nennen sein: *Gilia capitata*, eine in den europäischen Gärten schon gemeine einjährige Pflanze, welche Köpfchen mit einer Menge blauer Blümchen trägt; sie wächst an der NWKüste NAmerica's wild; *Geum Quillyon*, *Oenothera taraxacifolia*, *Verbena pulchella*, u. a. — In den Heften des IVten Bandes kommen unter andern vor: *Cypripedium ventricosum*, *Phlox procumbens*, *Philadelphus grandiflorus*, *Rhododendron Morterii*, *Iris nepalensis*, *Alstromeria psittacina*, *Asclepias pulchra*, *Oenothera Lindleyana*, *Fuchsia thymifolia* &c, — Jedes Heft enthält 4 Tafeln und kostet mit illum. Abbildungen 3 Shilling.

Sweet's Werk *the Florist's Guide* &c. [8]) ist für Blumisten und Gärtner bestimmt; es enthält illum. Abbildungen von Spielarten von *Hyacinthus orientalis*, *Primula Auricula*, *Ranunculus asiaticus*, *Tulipa Gesneriana*, *Georgina variabilis*, *Dianthus Caryophyllus* u. a. — Monatlich erscheint ein Heft mit 4 Tafeln und kostet colorirt 3 Shill.

Maund hat auch sein Werk *the botanic Garden*, in welchem schönere Pflanzen in illum. Abbildungen dargestellt werden, fortgesetzt; die Hefte Nr. 49 — 60. sind in dem Jahre erschienen [9]). Unter den aufgenommenen Pflanzen sind; *Oenothera Lindleyana* mit grossen, rothen Blumen, *Gilia capitata*, *Astrantia maxima*, *Tagetes lucida*, *Potentilla splendens*, *Campanula nitida*, *Cyclamen coum*, *Aubrietia purpurea* u. a.

In der 6ten Centurie von Reichenbach's *Iconographia botanica* [10]) kommen unter andern folgende Pflanzen vor: Tab. 501. *Pulmonaria azurea* Bess.; der Vf. meint, dass *P. angustifolia* der Svensk Botanik t. 554. dazu gehöre; auf tab. 502. hat er die abgebildet, die er für die *P. angustifolia* Linn. hält, diese soll folia oblongo - lanceolata, caulina semiamplexicaulia, und die

---

7) The british Flower-Garden &c. By Rob. Sweet. Nr. LXXI — LXXV. — T. IV. Nr. I — VII. Lond. 1829. 8vo.

8) The Florist's Guide and Cultivators Directory &c. By Rob. Sweet. Nr. XIX — XXX. London, 1829. 8vo.

9) The botanic Garden. By B. Maund. Nr. 59 — 60. London, 1829. 8vo.

10) Iconographia botanica seu Plantae criticae &c. Auctore H. G. L. Reichenbach. Cent. VI., VII. Lipsiae. 1828, 1629. 4to.

erstgenannte folia lanceolata caulina subdecurrentia haben; sie sind jedoch nicht Arten, kaum als Varietäten von einander verschieden; indessen ist die angeführte Figur Taf. 401. wirklich die in Schweden vorkommende *P. angustifolia*. T. 503. *P. mollis* Wolf, die sich mehr der *P. officinalis* nähert. 504. *P. media* Host. (*officinalis* Hayne). 505. *P. saccharata* Mill. 506. *P. officinalis* L. (Svensk Bot. t. 135.). 507. *Campanula rapunculoides*. 511. *Spergula arvensis* L. 512. *Sp. vulgaris* Bönningh., die sich höchst unbedeutend von der vorigen unterscheidet. 513. *Sp. maxima* Weihe. 519. *Dianthus deltoides*. 550. *D. glaucus* L. 553, 554. *Campanula glomerata*. 561. *Orchis pyramidalis*. 563. *O. mascula*. 564. *O. latifolia* L. [nach Wimmer nicht Linné's, sondern *O. incarnata* L.]. 565. *O. majalis* Rchb. [„*O. latifolia* L. & Auctt. omn." Wimm. in Fl. Sil.]. 566. *O. maculata*. 568. *Nigritella angustifolia* Rich. (*Satyrium nigrum* L.). 569. *Orchis ustulata* L. 572. *Campanula Cervicaria*. 593. *Listera ovata* RBr. (*Ophrys ovata* L.). 594. *Gymnadenia viridis* Rich. (*Satyr. vir.* L.). 595. *Gymn. odoratissima* Rich. (*Orchis od.* L.). 596. *Gymn. conopsea* Rich. (*Orchis con.* L.). — In der VIIten Centurie kommen 17 *Biscutellae* vor; dann 8 Arten von *Saxifraga*, z. B. t. 620 sq.: *S. umbrosa* und die nächst verwandten, 623.: *punctata*; 628.: *S. Geum*; 10 Arten von *Primula*, z. B. t. 629. *Pr. carniolica* Jacq.; 634. *villosa* Jacq.; 637. *Pr. crenata* Lam. (*marginata* Curt.); 3 Arten *Xeranthemum*: t. 639 — 641: *X. cylindraceum*, *inapertum* & *annuum*. Aus der Gattung *Orobanche* sind 34 Arten und Formen abgebildet, z. B. t. 669. *O. elatior* Sutton. — Dieses Werk ist sehr lehrreich. Die vortrefflich gezeichneten (und in den illum. Exemplaren mit grosser Sorgfalt colorirten) Abbildungen geben dieser Arbeit einen hohen Werth. Kann man auch nicht immer des Vfs. Ansicht in Annahme so vieler Arten beitreten, so sieht man doch mit Freude hier eine grosse Menge Arten aus einer und derselben Gattung, wodurch man Gelegenheit bekommt, die Merkmale vieler nahe verwandten Arten zu vergleichen.

Férussac setzt die Herausgabe des *Bulletin universel des Sciences* fort; dessen Abtheilung *Bull. des Sc. naturelles* enthält zahlreiche Recensionen botanischer Werke. Die Recensionen geben möglichst vollständige Auszüge aus fast allen darin angeführten Schriften. Von dieser Section erscheint (wie von den 7 andern Sectionen) in Paris monatlich 1 Heft. Dies Journal ist zur Anschaffung sehr zu empfehlen [1]).

---

1) Bulletin des Sciences naturelles et de Géologie, redigé par MM.

v. Schlechtendal hat auch sein Journal Linnaea, wovon vierteljährlich 1 Heft herauskommt, fortgesetzt. Hierin kommen viele Original-Abhandlungen vor, und es ist von Berichten über die neuste botanische Literatur begleitet [2]). —

Hooker hat ein neues periodisches Werk, *the botanical Miscellany* betitelt, angefangen, welches Beschreibungen, auch Abbildungen, neuer Gewächse, die in irgend einer Hinsicht grössere Aufmerksamkeit verdienen, enthalten soll [3]). — Dieses Werk soll ein botanisches Journal ausmachen. Vierteljährlich kommt 1 Heft heraus, begleitet von vielen Tafeln, worauf viele der neuen darin beschriebenen Pflanzen abgebildet sind.

Im 1sten Hefte beschreibt der Verf. zuerst eine Sammlung neuer Gewächse aus verschiedenen Weltgegenden, wie z. B. unterschiedliche *Lichenes* und *Musci* aus wärmeren Ländern; doch auch andere bekanntere Gewächse werden hier genauer beschrieben, als sie es bisher waren, z. B. *Swietenia Mahagoni* L. Der Verf. führt R. Brown's Vermuthung an, dass das Mahagoni-Holz von Honduras eine andere Art sein dürfte, als die auf Jamaica wachsende. Es scheint ungewiss, ob der Mahagoni von Jamaica, oder der spanische Mahagoni, wie ihn die Tischler nennen, zuerst in Europa eingeführt wurde. Die erste Entdeckung der Schönheit des Mahagoni-Holzes wird einem Zimmermanne an Bord des Schiffes, welches von Sir Walter Raleigh geführt wurde, zur Zeit da dies Schiff 1595 in einem Hafen der Insel Trinidad lag, zugeschrieben; Dr. Gibbons machte es in England zu Ende des 17. oder im Anfange des 18. Jahrhunderts bekannt. In Honduras hält man dafür, dass ein Mahagoni-Baum nicht früher gehauen werden darf, als nachdem er 200 Jahre erreicht hat. Er wird im August gefällt; der grösste Block, der jemals in Honduras gehauen worden, war 17 Fuss lang, 57 Zoll breit und 64 Zoll tief. Auf St. Vincent, wo der Baum jedoch nicht einheimisch zu sein scheint,

---

De la Fosse, Guillemin et Kuhn. 2de Section du Bulletin universel. Paris, 1829. 8vo.

2) Linnaea. Ein Journal für die Botanik &c. Herausg. von Dr. F. L. v. Schlechtendal. IVter Band (1829). Berlin, 1829. 8vo.

3) The botanical Miscellany; containing Figures and Descriptions of such Plants as recommend themselves by their Novelty, Rarity, or History, or by the Uses to which they are applied in the Arts, in Medicine, and in Domestic Economy; together with occasional botanical Notices and Information. By William Jackson Hooker. Part. I. & II. London, 1829. 8vo.

er selten höher als 50 Fuss, mit einem Durchmesser von 18 Zoll. — Darauf giebt der Verf. eine Uebersetzung von Schultes's Bemerkungen von seiner Reise in England (Regensb. bot. Zeitung 1825), darauf Nachrichten über die Bemühungen des würtembergischen Reisevereins um botanische Reisen und Entdeckungen.

Im 2ten Hefte setzt der Verf. die Beschreibung theils merkwürdiger schon bekannter, theils neuer Pflanzen fort. *Saccharum*: Von *Sacch. officinarum* wird in Kürze die Geschichte gegeben; man glaubt, dass es ursprünglich in Ostindien wild wachse. Die Chinesen datiren den Anbau des Zuckerrohrs aus der entferntesten Vorzeit, aber Roxburgh hat bewiesen, dass das chinesische Zuckerrohr eine von *S. officinarum* wohl unterschiedene Art ist, die er *S. sinense* genannt hat. Aus Ostindien wurde das Zuckerrohr gegen das Ende des 13. Jahrhunderts nach Arabien gebracht, von wo aus sein Anbau sich bald nach Nubien, Aegypten und Aethiopien verbreitete. Die Mauren führten es nach Spanien über; die Spanier brachten es zu Anfange des 15. Jahrhunderts nach den canarischen Inseln; von diesen ward es nach St. Domingo verschickt und gewährt jetzt einen der Haupt-Handelsartikel in Westindien, wo es indess die Samen nicht zur Reife bringt, sondern durch Verpflanzen abgehauener Glieder oder Internodien vermehrt wird. — Der Verf. theilt hier eine Abhandlung von Macfadyen auf Jamaica über die botanischen Charactere und die Culturart des Zuckerrohrs mit. Man baut in Westindien hauptsächlich 4 Varietäten: 1. *Country Cane* [Landrohr], welches hier am ältesten ist; 2. *Ribbon Cane* [Bandrohr], später eingeführt; hat seinen Namen von den purpurnen oder gelben Strichen auf den Gliedern; 3. *Bourbon Cane*, dies wurde in die französischen Colonien von Isle de France aus durch Bougainville, und später in die englischen durch Capit. Bligh eingeführt: diese Varietät ist die an Zuckerstoff reichste und deshalb vorzugsweise angebaut; sie fordert fruchtbaren Boden; 4. *Violet Cane*, oder wie es auf den französischen Inseln heisst, *the Batavian Cane*: dieses ist für eine eigene Art: *S. violaceum*, angesehen worden, unterscheidet sich aber unbedeutend vom gewöhnlichen Zuckerrohre. — Ausserdem sind viele neue Arten hierin beschrieben, auch Monographieen mehrerer kleiner Gattungen oder Abtheilungen derselben gegeben. — Wilson theilt darauf Bemerkungen über den Bau und das Keimen der *Lemna gibba* mit; auf tab. 42. sind Zeichnungen keimender Samen gegeben. Drummond hat auch einen Bericht über eine Reise ins Felsengebirge und zum Columbiaflusse in Nordamerica mitgetheilt, darin führt er die in jenen Gegenden von ihm bemerkten Pflanzen an. — Endlich hat Fraser Bemerkungen über die Vegetation am Schwanenflusse an der Westküste Neuhollands gegeben.

Loudon's *Magazine of Natural-History* ist eine Zeitschrift, von welcher jährlich mehrere Hefte herauskommen. (Refer. sah sie nicht.)

II. PFLANZEN-GEOGRAPHIE.

Schouw hat eine Schrift über vergleichende physicalische Geographie, worin er zwischen den drei Hauptgebirgsketten in Europa: den Alpen, den Pyrenäen und den scandinavischen Gebirgen Vergleichungen anstellt und eine Uebersicht ihrer Vegetations-Regionen giebt, herausggeeben [4]).

In geognostischer Hinsicht besteht der mittlere oder innere Theil der Alpen aus Urgebirge, an beiden Seiten lagern sich Uebergangs- und Flötzgebirge an. Die scandinavische Gebirgsmasse besteht fast allein aus Urgebirge; Uebergangsgebirg (?) ist hier von geringerer Ausdehnung und Höhe als in den ersteren, und Flötzgebirge fehlen gänzlich. — Die Alpen sind am höehsten, die Pyrenäen höher als die scandinavischen Gebirge; aber letztere übertreffen die beiden ersteren an Ausdehnung. Die höchsten Punkte sind in den Alpen 14000—15000 Fuss, in den Pyrenäen 10000—11000′, in Scandinavien 7000—8000′ hoch; die mittlere Höhe im höchsten Theile der Alpen 10000—12000′, der Pyrenäen 7000—8000′, in Scandinavien 4001—5000′. Die Senkung der Gebirgsmasse an den Pässen ist in den Alpen bedeutend, in den Pyrenäen und in Scandinavien gering. Hier (in Scand.) ist die Neigung der beiden Seiten sehr verschieden, in beiden andern Gebirgen ist dieser Gegensatz geringer. In den Alpen und Pyrenäen ist der südliche, im scandin. Gebirge der westliche Abhang schroffer. Im letzteren ist der obere Theil einigermassen eben, dieses ist in den Alpen viel weniger der Fall, doch bildet sich auch hier kein Gebirgskamm; die Pyrenäen nähern sich einer solchen Form.

Die Ostseite der scand. Gebirge hat Continental-Klima, die Westseite Küsten-Klima. Am südwestl. Fusse der Alpen ist die

---

4) Specimen Geographiae physicae comparativae; Auctore J. S. Schouw. Cum 3 tab. lithogr. Havniae, 1829. 4to.

jährliche mittlere Wärme hoch, der Winter sehr mild, am südlichen und noch mehr am östlichen Fusse herrscht Continentalklima; im Norden der Alpen nimmt der Unterschied der Sommer- und Winterwärme gegen Osten zu. Mit der Höhe wird dieser Unterschied geringer. — Die Temperatursphäre ist, wenn man auf die Höhe keine Rücksicht nimmt, in Scandinavien wegen der Ausdehnung des Gebirges durch 13 Breitengrade gross, kleiner in den Alpen und am kleinsten in den Pyrenäen. Berücksichtigt man aber zugleich die Höhe, so ist sie in den Alpen am grössten, und in den P. grösser als in Sc.. Die Regenmenge nimmt gegen die Alpen zu, sie ist an der Südseite am grössten, am kleinsten am östlichen Ende. In Scandinavien hat die Ostseite ein trockenes, die Westseite ein feuchtes, regenvolles Klima.

Die Schneegränze senkt sich in Scandinavien gegen Norden von 5200 bis zu 2200 herab, und zugleich gegen das Meer. In den nördlichen Alpen ist sie 8200′, in den östlichen 8000′, den südlichen 8000′; in den nördlichen Pyrenäen 7800′ und in den südlichen 8600′ über d. M. In den Alpen ist eine grössere Masse mit Schnee bedeckt und die Spitzen erheben sich weit mehr über die Schneegränze; deshalb sind hier so viele und grosse Glätscher, während die Pyrenäen keine haben. Auch Scandinavien's Gebirge haben ausgedehnte Schneebedeckungen, von welchen grosse Glätscher gegen das Meer heruntersteigen. Die untere Gränze der Glätscher ist in den Alpen 3000′, im südlichen Scandinavien 1000′; im nördlichen Lappland gehen die Glätscher bis zum Meere hinunter.

Zwischen der Schneegränze und Baumgränze liegt in allen 3 Gebirgsmassen die Alpenregion. Es fehlen hier die Bäume, im obern Theile auch die Gesträuche; mehrjährige Kräuter von niedrigem Wuchse, aber mit grossen, schönen, reingefärbten Blumen schmücken den Boden. Die Alpenpflanzen-Gattungen, als: *Saxifraga*, *Gentiana*, *Ranunculus*, *Draba*, *Arenaria*, *Primula*, *Arbutus*, *Carex*, herrschen auf allen drei Gebirgen vor; ihre Species sind entweder dieselben, oder doch verwandt; doch kommen auch Verschiedenheiten vor. Die Alpenrosen (*Rhododendra*), in den Alpen und Pyrenäen so häufig, fehlen in Scandinavien; die Zwergbirke (*Betula nana*) und die kleinen Weidenarten (*Salices*) vertreten ihre Stelle. Die trocknen, feingetheilten Flechten (*Lichenes fruticulosi*), die in Sc. grosse Strecken einnehmen, sind in den Alpen und Pyrenäen viel seltner. Die Alpenkräuter steigen in den Alpen und Pyrenäen höher über die Schneelinie, als in Scandinavien, und bedecken die nackten hervorragenden Felsen. Mehrere Gattungen, die in beiden ersteren Gebirgen sehr häufig und zum

Theil reich an Arten sind, fehlen entweder in Scandinavien gänzlich, oder treten doch viel sparsamer auf, wie *Pedicularis*, *Phyteuma*, *Aretia*, *Hieracium* und *Rhododendron*.

Die Höhe der Baumgränze in Scandinavien wird durch folgende Bestimmungen erläutert:

Talvig 70°: 1500′ 1480′ v. Buch (Gilb. Ann. 41. S. 29.).

Sulitelma 67: Westseite 1100′ Ostseite 2100 Wahlenb. *Mätning. och Observ. för att bestamma Lappska Fjallens hojd* &c.

Åreskutan 63° — 64°: 2500′ 2483′ Hisinger's *Anteckning*. I. S. 112. Mittel von 3 Beobachtungen.

Dovre 62° — 63°: 3100′ 3111′. Naumann's Reise II. S. 342, Mittel von 7 Beob. 3203′ Hising. III. Tab. 2., Mitt. aus 4 Beob.

Filefield 61°: Ostseite 3300′ 3499′ Smith Topogr. Samml. II. 2. S. 65. Naumann l. c. S. 63.

Gousta 60°: 3040′ 3380′ Smith l. c. S. 19.

Hardangerfield 60°: Wests. 2800′ 2795′ Smith l. c. S. 65.

Folgefond 60°: 1800′ 1839′ Smith l. c. (Haalandsfield 1765′).

Vattendalsfield 61° 59° — 60°: 2900′ 2860′ Naum. I. 110. Mittel von 4 Beobachtungen.

Die obere Baum-Gränze sinkt also, wie die des ewigen Schnees, nicht nur mit der geographischen Breite, sondern auch gegen das Meer zu.

In der nördlichen Schweiz steigen nach Wahlenberg (*Tentamen de veg. et clim. Helv. sept.* p. XXXV.) die Bäume nicht über 5600; nach Hegetschweiler (Reisen, 1825.) ist die Baumgränze in den Glarner-Alpen nicht höher als 5000; v. Buch (Gilbert's Annalen 41. S. 48.) bestimmt sie für Savoyen und Wallis zu 6400′. Nach v. Welden (Monte Rosa S. 60.) erreicht sie an der Südseite des Rosagebirges 7000′, sinkt aber, wie die Schneelinie von hier gegen Osten und Westen. In den Alpen von Salzburg und Steiermark erreicht sie nur 5000′. Diese Bestimmungen v. Welden's hält Schouw für richtig, wenn sie nicht vielleicht im mittleren Theile des südlichen Abhanges zu hoch bestimmt sein sollten. Schouw setzt die Baumgränze für den südlichen Abhang in der Mitte der Alpen nicht höher als 6200 Fuss hoch.

Nach Parrot (Reisen S. 129.) steigen die Bäume in den Pyrenäen bis zu 5600′ an der Nordseite, 6900′ an der Südseite.

In Scandinavien bildet die Birke (*Betula alba*) die Baumgränze, in den Alpen und Pyrenäen mehrere Arten von Nadelhölzern (*Pinus Larix*, *P. Abies*, *P. sylvestris*, *P. Cembra* in den Alpen; *P. Abies*, *sylvestris* und *uncinata* in den Pyrenäen).

Auf die subalpinische Region in Scandinavien (die Birkenregion) folgt die der Nadelhölzer, die bis zu den Ebenen und Küsten hinuntergeht. Sie wird von *Pinus sylvestris*, und etwas niedriger, besonders an der Ostseite, zugleich von *P. Abies* L. gebildet. Die Gränze von *P. sylvestris* ist unter verschiedenen Breiten in folgenden Höhen:

Talvig 70°: 700′ 730′ von Buch (Gilb. Ann. 41. S. 29.).

Lippajärfvi 68°½: 1200′ 1247′ v. Buch Reise II. S. 216.

Sulitelma 67°: Ostseite 1300′ 1350′ Wahlenb. *Mätningar*, S. 43.

Dovre 62° — 63°: 2600′ 2630′ Naumann Reise II. S. 343 (Mittel aus 6 Beob.). Nordseite 2320′ Süds. 2820′ Hisinger *Anteckn.* .III. 83.

Filefield 61°: Ostseite 2800′ 2813′ Naumann II. S. 63.

Folgefond 60°: 1900′ 1927′ Smith l. c. S. 65.

Bei 70° der Breite erreicht die Gränze der Nadelhölzer die Meeresfläche; denn weiter gegen Norden geht *P. sylvestris* nicht.

In den Alpen und Pyrenäen folgt nach der subalpinischen Region (die daselbst Region der Nadelhölzer ist) eine, in welcher die Buchen und Eichen vorherrschen. (Diese Bäume kommen in Scandinavien nur am südlichen Fusse, nicht im Gebirge selbst, vor.) Die obere Gränze der Buche ist in der nördlichen Schweiz nach Wahlenberg 4100′, an der Südseite 4600′ — 4800′, in den Pyrenäen 4900′. — Die Buchenregion erreicht fast den nördlichen Fuss der Alpen; an der Südseite hingegen folgt auf sie die Region der Kastanien, die an der Nordseite nur unvollkommen hervortritt. Die obere Gränze des Kastanienbaumes (*Castanea vesca*) ist in den südlichen Alpen 2500′, in den Pyrenäen 2800′.

Betrachtet man die cultivirten Pflanzen, so kann man in der scandinavischen Gebirgskette nur 2 Regionen unterscheiden: die uncultivirte und die cultivirte. Die Gerste wird im südlichen Theile von Scandinavien (60° — 61°) bis 2000′ gebaut, im südlichen Lappland (67°) bis zu 800′. In der Ebene geht die Gerste bis zn 70° der Breite hinauf. — In den nördlichen Alpen folgt auf die unangebaute Region (die Region der Alpenweiden und der Wälder) die der Getreidearten, deren obere Gränze Wahlenberg (*Tentam.* p. 195.) zu 3400′ bestimmt; diese Region geht bis zum Fusse hinunter; doch wird im untersten Theile derselben auch Wein gebaut. Am südlichen Abhange folgt auf die Region des Getreides eine breite Region, wo nicht nur das Getreide sondern auch Wein gebaut wird. Am Fusse selbst trifft man dort auch den Oelbaum und, doch sehr sparsam, die Orangen an. Die obere Gränze des Getreides an der Südseite ist 4500′ (Monte Rosa 5000′, Salzburger Alpen 3000′). v. Welden

l. c.), die des Weinstockes 2500′. — In den Pyrenäen kann man auf beiden Seiten die unangebaute Region, die des Getreides und die des Weinstockes annehmen. Nach Parrot ist die obere Gränze des Getreides 4900′ an der Nordseite, 5200′ an der Südseite.

In Scandinavien wird Gerste an Orten gebaut, deren Mitteltemperatur unter 0° ist; in den Alpen hört der Getreidebau schon bei einer mittleren Wärme von + 5°,0 auf. Die Cultur des Getreides hängt also mehr von der Sommertemperatur, als vom jährlichen medio ab. In den Alpen steigt das Getreide kaum über die Buchengränze hinauf, und kommt in der Region der Nadelhölzer gar nicht vor; in Scandinavien trifft man es 11° weiter gegen Norden, als die Buche, und im Gebirge erreicht es fast die obere Gränze der Nadelhölzer.

Zur Viehzucht sind die Alpen bequemer, als die beiden andern Gebirgsmassen, wegen der Ausdehnung (?) des Gebirges, des temperirten und regnigen Klima's und der reichen Weiden. Die Kühalpen fallen grösstentheils in die Regionen der Nadelhölzer, die Schaf- und Ziegenalpen ziehen sich bis in die Alpenregion hinauf. In den Pyrenäen ist wegen der geringern Breite des Gebirges und des Mangels an Längenthälern die Viehzucht minder bedeutend. Scandinaviens Gebirgsebenen sind meistens nackt, und an der Ostseite im Sommer trocken.

Der Mensch zeigt in diesen Gebirgen oft denselben Charakter in den verschiedensten Lagen, oft verschiedenen in gleichen Lagen: ein wichtiger Einwurf gegen die Lehre derjenigen, welche den Charakter der Völker von geographischen Verhältnissen herleiten.

Ferchel hat die Grundzüge der Pflanzengeographie der bayerischen Alpen mitgetheilt [5]). — Die bayerischen Alpen bestehen grösstentheils aus Kalk, dann aus Thonschiefer; sie steigen bis auf 6000′ bayer., während der benachbarte Watzmann sich bis 11000 Fuss erhebt. Reichenhall liegt schon 1472 Fuss über der Meeresfläche, unter 47° 44′ nördl. Breite: in der untern Region kommen jüngere Formationen, Mergel, Schiefer und Sandsteine vor, in der Ebene ist häufig Moor- und Torfboden. Man rechnet im Durchschnitte 152 heitere, 137 trübe, 75 Regen-, ferner 152 trockne und 213 feuchte Tage. Der Schnee beginnt Ende Decembers und schmilzt im März. — Verf. unterscheidet daselbst 4 Regionen: die des Schnees und Eises 11 — 8000′ bayer.; die der Alpen 8 — 5000′, die der Wälder 5 — 3000′,

---

5) Behlen's Zeitschrift für das Forst- und Jagdwesen. II. 2.

die des cultivirten Landes 3 — 1000'; jede Region zerfällt in 2, nur die 2te Region in 3 Stufen. Die mittlere Stufe dieser 2ten Region wird durch *Salix serpyllifolia*, die 3te Stufe derselben 6 — 8000' durch den Zwergwachholder (*Junip. nana*), die Legföhre (*Pinus Pumilio*) und die Zirbelnusskiefer (*P. Cembra*), die obere Hälfte der 3ten Region durch den Lerchenbaum, die untere, 4 — 3000' durch die Kiefer, Fichte, Tanne und Buche, die obere der 4ten Region durch die Ulme, Erle, Hainbuche und Linde bezeichnet (vgl. Bot. Lit. Bl. III. S. 503 ff.: [Ausz. aus Spenner's *Flora Friburg. Brisg.*]). Im einzelnen kommt die Stiel-Eiche im Walde bei Reichenhall selten, bis 1400' über dem Meere, vor; die Rothbuche bildet einen Theil der Bestände bis 3100 Fuss Höhe. Die Feldulme, auf Vorbergen ziemlich häufig bis 1800'; die Esche in Niederungen in Hecken und Zäunen, in hochliegenden Gebirgsgegenden stets einzeln bis 2300'; der Stumpfahorn (*Acer Pseudoplantanus*) auf Vorbergen horstweise bis 2900'; der Spitzahorn, seltener bis 2300'; die Hainbuche in niedrigen Gegenden und an Waldrändern bis 1800'; die gemeine Birke bis 2200'; die Schwarzerle (*Aln. glut.*) bis 1500'; die Weisserle in Auen, an Flüssen und Bächen bis 1500'; die Sommerlinde (*T. grandifolia*) an Häusern und Waldrändern bis 1700'; die Vogelkirsche bis 2800'; die Vogelbeere (*Sorbus aucuparia*) bis 2700'; die Zitteraspe bis 2400'; die Sohlweide (*S. caprea*) bis 1800'; *Taxus baccata* allenthalben im höhern Gebirge auf Felsen, die mit Dammerde bedeckt sind, bis 4500'; der Lerchenbaum in Beständen bis 4300'; die Rothtanne oder Fichte (*P. Abies* L.), den Haupttheil der Wälder bildend, bis 3700'; die Weisstanne in bedeutenden Beständen, bis 3300'; die Kiefer ebenso bis 3500'; die Zirbelkiefer, an der Gränze der Waldregion vorherrschend, bis 5100', besonders auf der Reifalpe bei Reichenhall; die Zwergkiefer (Legföhre) bis 5300'; der Wachholder bis 3200'; der Zwergwachholder endlich bei 3600 Fuss Hohe.

[In Spenner's oben bei den Floren angeführter Flora des Breisgaus im westl. Schwaben (*Fl. Friburg. &c.*) wird in der phytogeogr. Einleitung zu T. III. das ganze von 500' — 4600' sich erhebende Gebiet in 5 Regionen getheilt: 1) Das Rheinthal, 500 — 790' h., meist cultivirt; nur Eichen und Erlen bilden einige Waldungen; an den Ufern stehen *Salices: triandra* u. *nigricans &c.*, *Populus alba*, auf Inseln *Tamarix* u. *Hippophaë*. 2) Die höhern Ebenen: 7 — 1300' Höhe: fast nichts als angebautes Land; Getreide und Obst gedeihen bis 1150' H. 3) Die Kalkregion, weniger nach der Erhebung, als nach dem Boden und der davon abhängigen Vegetation zu bestimmen, von 700′ — 1700′, selbst bis 2000′ H.; auf Anhöhen Buchenwälder oder lichte Kieferhaine (*P. sylvestris*), noch keine Tannen (*Abies*). 4) Die Bergregion (des Schwarzwaldes): a. die untere, bis 2500′ oder der Gränze des wilden Kirschbaums; b. bis 4200′, das ganze Plateau des Schwarzwaldes, beginnt mit dem Auftreten der *Arnica montana;* die Rothtanne verdrängt hier meistens die Buche, die nur streifenweise zu den Gipfeln aufsteigt; die Weisstanne verschwindet fast unter 3000′. *Pinus Pumilio* in Torfmooren; im Schatten *Salices*, *Acera*, *Lonicera coerulea*, *Betula ovata* &c. 5) Die Voralpen 4200 — 4597′, die Gipfel der Gebirge: hier hört der Baumwuchs auf, nur Streifen von Rothtannen und einzelne Gesträuche von *Salix cinerascens*, *Acer*, *Rosa alpina*, *Lonicera nigra*, *Ribes alp.*, *Pyrus Chamæmespilus* kommen vor. Die höchste Fläche ist kahl, Rothtanne und Buche kriechen als Gestrüpp. *Gnaphalium supinum* ist die höchste phanerog. Pflanze. — Bei Beschreibung jeder dieser Regionen hat der Verf. ihre charakteristischen Pflanzen vollständig aufgeführt.]

Die Färöer [Inseln im atlant. Meere, 62° n. Br.] haben nach Forchhammer am Ufer des Meeres eine mittlere Quellentemperatur von 7° Cent. (5°,7 R.). Durch die feuchte Atmosphäre, die Beschaffenheit des, besonders unter Mitwirkung des Torfs, leicht zu einem fetten Thon verwitternden Gesteines, endlich durch die Menge von Vögeln, ist der Boden sehr fruchtbar, so dass, wo sich nur ein Felsen so weit über das Meer erhebt, dass die Wellen nicht bei jedem Sturme darüber wegschlagen, sich ein ungemein kräftiger Graswuchs zeigt, der sich, aus Ebenen und minder geneigten Abhängen, allenthalben bis zu 2000′ Höhe erhebt. — Die höchste Gränze des Gerstenbaues ist auf den südlichen Inseln, nach einer Mittelzahl von Beobachtungen in 9 Dörfern, in einer Höhe von 293 Fuss am südlichen Abhange und am nördlichen in einer Höhe von 214′; auf den nördlichen Inseln dagegen in einer Höhe von 256′ am südlichen, und von 147′ am nördlichen Abhange. Die mittlere Gränze des regelmässigen Kornbaues, wo man auch in weniger günstigen Jahren erntet, ist auf den südlichen Inseln schon bei 158′ am südlichen Abhange. Die grösste Höhe, wo noch Gerste gebaut wird, ist auf Myggenäs bei 418′. Kartoffeln werden noch in einer bedeutend grösseren Höhe gebaut [6]).

6) Karsten's Archiv für Mineralogie &c. II, 2. S. 197 ff.: Geognostische Beschaffenheit der Faröer.

[Schübler's und Wiest's nicht für sich in den Buchhandel gekommene Dissert.: „Untersuchungen über die pflanzengeograph. Verhältnisse Deutschlands und der Schweiz" (Tüb. 1827. 40 S. 8vo.), worauf auch Uebersetzer dieses Jahresberichts früher in s. Aufsatze „über einige bei phytogeogr. Florenvergleichungen zu berücksichtigende Punkte, nachgewiesen mittelst der Flora Schlesiens" in Isis 1830. II. oder dem Excurse in s. „Pflanzengeogr. nach A. v. Humboldt &c." vielfach Bezug zu nehmen hatte, ist, mit Zusätzen von Schübler vermehrt, in den Regensb. botan. Literatur-Blätt. III. S. 467—502., nebst Tabelle, abgedruckt erschienen.]

Graf Sternberg hat „über einige Eigenthümlichkeiten der böhmischen Flora (und die klimatische Verbreitung der Pflanzen der Vorwelt und Jetztwelt") gesprochen [7]. Er erinnert, dass in einem so durchaus bewohnten und bebauten Lande sich keine besondere merkwürdige Verschiedenheit der Vegetation erwarten lasse, zumal da dessen höchsten Gebirge mehr als 100 Klaftern unter der Schneegränze zurück bleiben, seine Niederungen nicht bis zur Meeresfläche herabsinken und seine ganze phanerog. Flora nach Presl nicht über 1500 wildwachsende Arten zählt; dennoch habe dieses von einem Kranze von Urgebirgen umschlossene Land im Pflanzen- wie im Mineralreiche manches Eigenthümliche aufzuweisen. — In den tief eingeschnittenen Thälern um Prag, der Podbaba und Scharka, an den Marmorwänden des Uebergangsgebirgszuges, der den Berauner Kreis durchschneidet, besonders bei Karlstein, auf dem Kegelgebirge des Leitmeritzer Kreises, auf den zu 3240 Fuss aufsteigenden Gebirgen der Herrschaft Krummau im Budweiser Kr. entblühen manche Zierden einer europäischen Flora. — Noch wächst *Ornithogalum bohemicum* auf derselben Stelle bei Scharka, wo sie vor mehr als 200 Jahren Czerny antraf, noch duftet der *Dictamnus albus*, noch glänzen *Adonis vernalis* und *Ornithogalum austriacum* an Karlsteins Felsenwänden wie zur Zeit der Erbauung jener Burg, noch bekleiden *Pulsatilla patens*, *Astragalus exscapus*, *Arbutus Uva ursi* u. a. die Kuppen des Mittelgebirges. *Lilium Martagon & bulbiferum*, *Gentiana purpurea*, *Polemonium coeruleum*, *Soldanella montana*, *Uvularia amplexifolia* sind Zierden der Krummauer Gebirgs-Flora; und *Schmidtia utriculosa*, auf 2 Standorte des inneren Böhmens beschränkt, ist seit den 12 Jahren, wo sie von den Brüdern Presl entdeckt ward, noch nirgends anderwärts gefunden worden. Kaum 12 Meilen

---

7) Regensb. bot. Zeit. 1829. II. Ergänzungsbl. S. 65 ff.

von der temperirten Region des Mittelgebirges erscheinen unerwartet Pflanzen, die sonst nur in weiter Entfernung, selbst nicht an der Schneegränze in Deutschland gefunden werden: 2 Bewohner Lapplands, *Rubus Chamaemorus* und *Saxifraga nivalis*, sonst auf Spitzbergen, Kamtschatka, Unalaschka und der Melville-Insel einheimisch, [erstere zwar schon in Norwegen der Meeresfläche genähert: Lessing, Reise n. den Loffoden &c. S. 26, 213.] haben ihre Wohnung auf dem Riesengebirge aufgeschlagen, letztere in der tiefen Schlucht der Schneegruben, wo die mittlere Temperatur niedriger, der Vegetations-Cyclus kürzer ist, als auf den höheren Bergebenen, die keine eigentlichen Alpenpflanzen hervorbringen. — Der Verf. erwähnt dabei, wie diese Erscheinung sich an die gemachte Wahrnehmung anreihet, dass die Pflanzenformen theils durch die chemische Mischung und Verbindung der Bestandtheile des Bodens, auf dem sie wachsen, theils allgemeiner durch die klimatischen Verhältnisse, die Einwirkung von Licht, Feuchtigkeit und Wärme, bedingt werden.

Richardson, der den Capit. Franklin auf seiner Entdeckungsreise im polaren Nordamerica begleitete, hat Bemerkungen über die Vegetation an den Polarküsten mitgetheilt [8]). Zwischen den Mündungen des Mackenzie- und des Kupferminenflusses sammelte Richardson 170 Pflanzenarten, also 1/6 der Anzahl, welche 15 Grad südlicher vorkommen. Die Gräser, Seggen und *Junci* machen zwar der Artenzahl nach nur 1/6 der Küstenpflanzen, aber die beiden ersteren Familien bedecken einen grössern Raum als alle übrigen Pflanzen zusammen. Die Kreuzblüthigen bilden 1/7 der Arten, fast gleich viel die *Syngenesisten*. Von Bäumen und Sträuchern reichen bis zur Nordküste America's: Wachholder (*Junip. comm.*), 3 Arten *Salix*, *Betula glandulosa*, die gem. Erle, *Hippophaë rhamnoides*, eine Art Stachelbeere (*Ribes*), *Arbutus Uva ursi*, *Ledum palustre* (Labradorthee), *Rhododendron lapponicum*, *Vaccinium uliginosum*, *Empetrum nigrum*. *Rumex digynus* (*Oxyria renif.*) ist sehr häufig; er dient den Eingebornen als Gemüse. Auch die kleinen Knollen des keimenden *Polygonum viviparum* und die langen süsslich-saftigen Wurzeln vieler *Astragaleae*, die am sandigen Meeresstrande wachsen, sind essbar. Kleine Gruppen von Weisstannen (?) so wie hier und da eine Schwarztanne (*Pinus nigra*) und Kanobirke stehen 20 bis 30 Meilen vom Meere entfernt, an geschützten Stellen, besonders an den Flussufern.

8) **Narrative of a second expedition to the shores of the Polar Sea, by J. Franklin. London, 1828.**

Der englische Reisende Gerard, der im Himalaja-Gebirge gereiset ist, fand ein Dorf im Sötledschthale in 14700 Fuss Höhe ü. M., wo es in der Sonne lästig heiss war und die Seen und Bäche, die sich Nachts mit Eis bedeckten, Nachmittags um 2 Uhr ganz frei davon waren. Mittelst künstlicher Bewässerung erhielt man bis zur Höhe von 14900′ treffliche Roggenernten und Gerard glaubt, dass man den Ackerbau bis 16000′—17000′ ü. M. ausdehnen könne.

[Cunningham über Neuholland s. oben S. 48.]

[Eine Scale der Schneelinie und eine der mittleren Temperaturhöhe nach den Breitengraden hat aus *Mém. du Mus. d'hist. n.* T. XV. p. 298. t. 9 (1828, 4me cah.) Eschweiler in s. Annalen der Gewächsk. IV. S. 133 ff. mitgetheilt; die letztere ist aber unrichtig: s. darüber Jahresb. üb. 1832, zu Ende des Abschn. II.]

III. PFLANZEN-ANATOMIE.

Das unten genannte Werk von Hundeshagen in Tübingen gewährt eine durch Beispiele erläuterte mit guter Auswahl gemachte Uebersicht der dahin gehörigen Thatsachen und Lehren, so dass es ein brauchbares Lehrbuch seiner Gegenstände abgeben kann [9].

L. Chr. Treviranus neuere Schrift über das Pflanzen-Ei und seine Veränderungen sah Ref. nicht [10]. [Sie schliesst sich an des Vfs Buch „Von der Entwickelung des Embryo und seiner Umhüllungen im Pflanzen-Ey“ (Berl. 1815. 102 S. 4to. m. 6 Kpft.) an, handelt von Anzahl und Beschaffenheit der Eihäute, hellt durch die Geschichte ihrer Kunde bis auf die neusten Autoren (Ad. Brongniart, R. Brown) ihre Synonymie auf und erzählt dan speciell die Entwickelung des Samens bei *Ricinus*, *Trapa*, *Umbelliferae*, *Canna*.]

[Mirbel's „neue Untersuchungen über den Bau und die Entwickelung des Pflanzeneies“ s. in *Annal. des Sc. nat.* Juill.

---

9) Die Anatomie, der Chemismus und die Physiologie der Pflanzen; von J. Ch. Hundeshagen. Tubingen, 1829.

10) De ovo vegetabili ejusque mutationibus observationes recentiores. Scripsit L. Chr. Treviranus. Wratisl. 1829. 4to. pp. 20. — [Als Einweihungsschrift auch unter dem Titel: Universitatis lit. Wrat. h. t. Rector L. C. Tr. cum Senatu Novi Rectoris . . . J. L. C. Gravenhorstii solemnem inaugurationem . . indicit. Insunt de ovo veg. &c.]

1829. und in R. Brown's Verm. botan. Schriften IV. (1830.) mit Figg. auf T. V.]

Mohl hat eine Abhandlung über die Poren des Pflanzenzellgewebes geschrieben [1]). — Die Wandung der Pflanzenzelle ist im jüngern Zustande immer einfach, dünn, gleichartig, und besitzt das Vermögen, die Pflanzensäfte hindurch zu lassen; in höherem Alter wird sie dicker, besteht aus mehreren Lagen, aber nicht überall, sondern einzelne Stellen von verschiedener Gestalt bleiben so dünn, wie sie Anfangs waren, während das Uebrige an Dicke zunimmt. Diese dünnen Stellen sehen spater wie Oeffnungen in der dickeren Wand aus und haben die Meinung veranlasst, es gebe sichtbare Poren; sie sind von sehr verschiedenem Ansehen. — Der Vf. hat, wie man glaubt, durch diese Schrift bewiesen, dass es an den Pflanzenzellen keine Oeffnungen oder Poren giebt.

IV. PFLANZEN-PHYSIOLOGIE.

Meyen hat über den Inhalt der Pflanzenzellen geschrieben [2]). — Er sagt zuerst, dass eine Pflanzenzelle ein von einer Haut um und um geschlossener Raum ist. Darauf untersucht der Vf. den Zellensaft und meint, dass sein Inhalt aus zweierlei Körpern bestehe: 1) organischer Structur: hier werden erwähnt die Kügelchen und Bläschen des Zellensaftes, die Verwandlung der Zellensaft-Bläschen in Infusionsthiere, Pflanzen-Samenthierchen, die Faserbildung im Zellensafte, Thierbildung in den Zellen bei *Spirogyra princeps* und die abgesonderten harzigen Stoffe in den Zellen; 2) krystallinischer Structur, wobei der Vf. über die Krystalle nach ihrer Form, Lage und Zweck redet. Dann beschreibt er die Circulation des Zellensaftes, die Beschaffenheit der Zellen und theilt Betrachtungen über ihre Thätigkeit mit.

Da in neueren Zeiten wieder Zweifel an der Nothwendigkeit einer allgemeinen Sexualität zur ursprünglichen Erzeugung der Pflanzen angeregt worden sind, so hat man deshalb auch viele Versuche mit Bastarderzeugung bei Pflanzen angestellt, um dadurch

---

1) Ueber die Poren des Pflanzen-Zellgewebes; von Hugo Mohl. Mit IV Kpft. Tubingen, 1828. 8vo.

2) Anatomisch-physiologische Untersuchungen über den Inhalt der Pflanzen-Zellen. Von F. J. F. Meyen. Berlin, 1828. 8vo.

Beweise über das Dasein zweier auf einander wirkenden Geschlechter im Pflanzenreiche zu erlangen. — Die Akademie der Wissenschaften in Berlin stellte deshalb eine Preisfrage über die Bastarderzeugung der Pflanzen aus und eine von Wiegmann verfasste Schrift erhielt den Preis [5]). — Der Verf. erzählt seine Versuche und ihre Resultate, hatte auch der Akademie Exemplare der erzeugten Bastardpflanzen als Belege eingesandt. Die Versuche sind im Freien angestellt worden, theils auf die Weise, wie Kölreuter früher seine Versuche angestellt, theils durch Zusammenstellung der Pflanzen mit Beihülfe der Insecten, theils durch Zutritt des Windes.

In Folge seiner Versuche zieht Vf. den Schluss, dass es eine Bastarderzeugung im Pflanzenreiche giebt; dass solche Bastarde selten das Mittel zwischen den Aeltern halten, sondern sich mehr einer oder der andern der älterlichen Formen nähern, wobei sie ihre Abweichungen bald in dem Theile bald in einem andern zeigen; dass die Pflanzenbastarde fruchtbare Samen geben, wenigstens wenn sie aus nahe verwandten Arten oder Varietäten entsprossen sind; dass viele Arten und beständige Varietäten vielleicht, durch Cultur erzeugte, Bastardformen sein dürften; das es möglich ist, durch fortgesetzte Befruchtung des Bastardes mit dem Samenstaube eines der Voraltern eine Art in eine andere zu verwandeln; dass endlich die Bastarderzeugung nur bei verwandten Pflanzen stattfinden kann, und dass, wenn die Bastarde gerade das Mittel zwischen den Aeltern halten sollten, es nothwendig wäre, dass man bei der Mutterpflanze die Antheren ausschnitte, oder dass letztere nicht zur rechten Zeit im befruchtenden Zustande wären. — Auf der beigefügten Tafel sind ein Bastard von Kopfkohl (*Brassica oleracea capitata*) ♀ und Savoyerkohl (*Br. oler. sabauda*) ♂ und ein Bastardlauch von gemeiner Zwiebel (*Allium Cepa*) ♀ und Porree (*A. Porrum*) ♂ abgebildet.

Im Jahresberichte über 1828 ist der Versuche Rob. Brown's mit den im Pollen der Pflanzen enthaltenen Molecülen &c. gedacht worden, wonach er scheinbar-selbstthätig bewegliche Theilchen bei den meisten organischen und unorganischen Körpern, selbst bei Metallen sah; [s. B—d's Uebersetz.: Kurze Nachr. von mikrosk. Beob. &c. von R. Brown, (Nürnb.), auch in Bot. Literat.-Blät. I.

5) Ueber die Bastarderzeugung im Pflanzenreiche. Eine von der Königl. Akademie der Wissenschaften zu Berlin gekrönte Preisschrift von A. F. Wiegmann. Braunschweig, 1828. 4to. XII & 40 S. nebst 1 illuminirten Steindrucktafel.

S. 253—278; eine andere in R. Brown's Verm. bot. Schr. IV. Bd. mit vergleichenden Beob. und Nachtrag. — Von Gegenschriften: z. B. die von C. A. S. Schultze: Mikrosk. Untersuch. üb. &c. Carlsruhe, 1829. 4to. m. 1 Kpft.] In einer spateren Abhandlung [*Additional remarks on active Molecules* . . 7 S. 8vo, übers. in RBr. verm. botan. Schr. IV. 503 — 514. und in Bot. Lit.-Bl. IV. 162 ff.] erläutert Brown seine Ansicht und erinnert, dass er jene Moleculle nicht belebt sondern nur „active" genannt hatte. — [In den meisten Fällen dürften jene Bewegungen mittelst durch ungleiche Erwärmung unter dem Beleuchten veranlasster Strömungen der Flüssigkeit auf dem Objectträger des Mikroskops erfolgen: so meint auch G. R. Treviranus.]

Gewiss sind noch mehrere physiologische Abhandlungen im Jahre erschienen, die aber hier übergangen werden müssen.

[Uebersetzer weiset hier noch auf einiges Aeltere in erst später erschienenen Heften von Eschweilers Annalen der Gewächskunde hin:

P. J. F. Turpin hat seine Ansichten und Beobachtungen über die Entstehung oder die ursprüngliche Bildung des Zellgewebes, welche an Agardh's Metamorphosenlehre (Flora od. botan. Zeit. 1823. I. Beilage, S. 17—41.) erinnern, womit aber dieser (s. Agardh's Biologie d. Pfl., 1832., Uebes. S. 128, 136 ff.) bei weitem nicht ganz einverstanden ist, zum Theil in *Mém. du Muséum d' hist. nat.* Ann. 9. (1829.) XVIII. p. 161 sqq. niedergelegt. Nach einem Auszuge in den *Ann. des sc. nat* 1829 theilte sie Uebersetzer in Eschw. Ann. der Gewächsk. V. 741—756 mit.]

[Von Dutrochet's Werke *L' agent immediat du mouvement vital devoilé dans sa nature et dans son mode d' action chez les vegetaux et chez les animaux* (Paris & Londres, Baillère. 1826. VII & 226 pp. 8vo. 4 Frcs.) hat Dr. Kittel in Eschw. Botan. Lit.-Bl. od. Ann. der Gewächsk. I. 461—492. II. 149—152. u. 385—396., IV. (1830.) S. 175—197, 278—301 eine Recension und ausführlichen Auszug gegeben.]

[Prof. Schübler's und Dr. W. Neuffer's „Untersuchungen über die Temperatur-Veränderungen der Vegetabilien und verschiedene damit in Verbindung stehende Gegenstände" sind in Botan. Liter.-Blätt. II. (Nürnb. Riegel u. W. 1829) S. 349—385. nachzulesen.]

[Schübler (und G. Mayer) hat ein Jahr später auch über die Einwirkung verschiedener Salze auf die Vegetation und die düngende Wirkung des Kochsalzes insbesondere geschrieben (*Observationes quaedam botanico-physiologicae* . . . Tub. 1830.), wovon Eschweiler in seinen Annalen der Gewächskunde, V. S. 320 — 331 einen Auszug gegeben.]

V. FLORA DER VORWELT.

Auch in diesem Theile der Pflanzenkunde sind durch das Jahr mehrere Abhandlungen erschienen; da sie aber grösstentheils nur Beschreibungen einzelner Versteinerungen oder Pflanzenabdrücke geben, so darf man wohl die meisten hier übergehen.

Buckland hat der geologischen Societät zu London eine Abhandlung vorgelegt, welche Beschreibungen der organischen Fossilien enthält, die Crawfurd, auf seiner Reise nach Ava, im birmanischen Reiche gefunden hat; es ergiebt sich daraus, dass es auch im südlichen Asien solche fossile Thiere giebt, die man im nördl. Asien, in Europa und in America in Menge gefunden. Am westlichen Ufer des Irawaddi zwischen 20° — 21° n. Br. hat man unter Sandhügeln eine Menge Knochen wie die der grössten Säugethiere, nebst Muscheln und Schnecken gefunden, welche alle jetzt unbekannten Arten angehört haben, und mit diesen zugleich kieselartig oder kalkartig versteinerte Baumstamme von *Mono*- und *Dicotyledon*en, worunter einige 5 oder 6 Fuss Durchmesser haben; diese sind in solcher Menge vorhanden, dass Abhänge und Thäler ganz damit bedeckt sind. Sowohl die Thierversteinerungen, als auch die Pflanzenpetrificate scheinen zu zeigen, dass sie sich ursprünglich auf der Stelle befunden haben, aber sie sind den jetzt lebend in jenen Gegenden gefundenen Thieren und Gewächsen sehr unähnlich [4]).

Im Ohio-Thale in Nordamerica giebt es eine unglaubliche Menge fossiler Pflanzenüberreste; man findet daselbst Reste tropischer Gewächse, welche, sonderbar genug, dort mit solchen gemengt sind, die noch lebend in der Gegend vorkommen; so trifft man *Quercus nigra*, *Juglans nigra*, *Betula alba*, *Acer saccharinum* neben der Dattelpalme, Cocospalme, Bambusrohr u. a. in derselben Gebirgsart [5]).

---

4) Journ. of Science. Jan. 1828. p. 10.

5) Revue britannique. Mars 1827.

VI. LITERATURGESCHICHTE DER BOTANIK.

Schon lange war die Pflanzenkunde eines Werkes bedürftig, das eine Uebersicht ihrer Literatur nach d. J. 1772, wo v. Haller seine *Bibliotheca botanica* herausgab, darböte; aber ein so vollständiges Werk, wie jener Literator es gab, durchgeführt zu erwarten, hiesse jetzt fast etwas Unmögliches begehren, nachdem durch ganz Europa eine so unglaubliche Menge kleinerer Schriften erschienen ist. Für einen einzigen Mann ist ein solches Unternehmen zu umfassend, wenn nicht vorher in jedem Lande ein Kenner seine vaterländische Literatur geordnet zusammengestellt, so dass dann Einer nur diese besondern Schriften zu einem allgemeinen Werke vereinigen könnte.

Inzwischen hat der sächs. Kammerherr v. Miltitz jetzt eine *Bibliotheca botanica* herausgegeben, welche alle bot. literar. Producte umfasst, die er aufzusuchen und zu sammeln vermocht hat. Dabei sind auch die Recensionen angeführt, die dem Vf. bekannt geworden [6]). — Das Werk ist in folgende Abschnitte gebracht: — A. *Scripta propaedeutica.* I. Bibliothecae. II. Historia. — B. *Scripta phytognostica.* III. Institutiones. IV. Phytophysiologia. V. Phytographia & Iconographia. a. Florae. b. Horti. c. Monographiae. VI. Musea. a. Herbaria venalia. b. Ectypae. c. Imagines plasticae. d. Petrefacta vegetabilia. — C. *Scripta technica.* VII. Res herbaria hortensis. VIII. Catalogi Plantarum hortensium. IX. Res herbaria saltuaria. X. Res herbaria medica nec non Toxicologia. — — Doch ist das Werk unvollständig und frühere einschlagende Werke nicht recht benutzt. Die Angaben der verschiedenen Auflagen, Druckorte und Jahreszahl sind oft unrichtig; man vergleiche z. B. die über Linné's *Philosophia botanica* und *Elementa botanica*, bei welchen letzteren unrichtig viele Auflagen angeführt sind, die vielmehr von der *Philosophia botan.* gelten. Alles zeigt, dass der Verf. selbst weniger Schriften gesehen, als aufgeführt sind; oft stehen dieselben Schriften unter verschiedenen Vff. u. s. w. Indess sind Irrthümer bei solchen Arbeiten unvermeidlich, und selbst Kurt Sprengel hätte bei seiner Belesenheit vielleicht nicht allen entgehen können.

---

6) Bibliotheca botanica secundum Botanices Partes, Chronologiam, Auctores, Titulos, Locos, Formam, Volumen, Pretium et Recensiones, concinnata Auctore Friederico a Miltitz. Praefactus est Dr. L. Reichenbach. Berolini, apud Aug. Rücker; 1829. 8. Pp. VII & col. 544.

Bei der Versammlung der deutschen Naturforscher und Aerzte zu Heidelberg vom 18 — 24. September 1829. fanden sich 338 fremde Gelehrten ein, dazu die in Heidelberg wohnhaften. Unter den Fremden waren: Rob. Brown aus London, Duncan aus Edinburg, Férussac aus Paris, Eschscholtz aus Dorpat, Graf v. Sternberg, Oken, beide Brüder Treviranus, Goldfuss, Nees v. Esenbeck d. ä. und Harless von Bonn; Lichtenstein, Osann, Hayne und Ritter von Berlin, Wendt von Breslau u. A. — Der Geh. Rath Tiedemann (in Heidelberg) war zum Geschäftsführer und L. Gmelin zum Secretär gewählt worden.

Die Gesellschaft theilte sich in 6 Sectionen: 1. für Physik und Chemie; 2. für Mineralogie und Geognosie; 3. für Botanik; 4. Zoologie; 5. Anatomie und Physiologie; 6. Medicin und Chirurgie. — In der botanischen Section ward Graf Sternberg und in seiner Abwesenheit Treviranus aus Breslau zum Präses gewählt und Dr. Al. Braun zum Secretär. Diese Section zählte 27 Mitglieder, worunter Bischoff, Brown, Dierbach, Dietrich, Gmelin d. ä., Hayne, C. G. Nees v. Esenbeck, Nestler, Perleb, Rau, Schübler, Graf Sternberg, Waitz u. A. — Die allgemeinen Versammlungen wurden im Saale des Universitätsgebäudes gehalten und mit einer Rede des Geschäftsführers eröffnet. Die Sectionen versammelten sich in verschiedenen Zimmern des Gebäudes für's naturhistorische Museum.

Unter den in der botanischen Section vorgelesenen Abhandlungen sind folgende zu erwähnen: Dietrich sprach über die Keimung und Entwickeluug der Laubmoose, Lebermoose und Conferven, wobei er die Ansicht äusserte, dass es eigentlich acotyledonische Gewächse in der Natur nicht gebe. Schimper las eine Abhandlung über die Blattstellung, als bestimmten Gesetzen unterworfen. Gärtner gab eine Uebersicht der Bastarderzeugung im Pflanzenreiche. Schübler sprach über die Wärme bei den Pflanzen. Dierbach gab eine Mittheilung über einige *Mentha*-Arten und zeigte, dass die in Gärten wachsenden unter dem Namen *M. crispa* vorkommenden Pflanzen Varietäten verschiedener Pflanzen sind. Dierbach las auch über die Arzneikräfte der Pflanzen verglichen mit ihrer Structur, den natürlichen Familien und ihren chemischen Eigenschaften. — Braun theilte seine Ansichten über die Stellung der Blumen mit, welche nach ihm auch bestimmten Naturgesetzen gehorchen. Lichtenstein zeigte gebleichte Halme von *Triticum Spelta* (var. aristata, alba, glabra,) und von *Poa pratensis*, die in Italien zum Strohflechten gebraucht werden; er bemerkte, dass von den Halmen des letzteren Grases die feinsten Strohhüte für die Damen am kaiserlichen Hofe zu Wien geflochten werden.

In den allgemeinen Sitzungen las ausserdem Prof. Vogel von München eine Abhandlung über das Keimen der Samen in verschiedenen Stoffen des Mineralreichs, deren Einfluss auf die Vegetation er hier zugleich darstellte. — Prof. Hayne trug auch eine Abhandlung über die Saftcirculation bei den Pflanzen vor. — In der physikalischen und chemischen Section zeigte R. Brown mit Hülfe stark vergrössernder Mikroskope die oben berührte Bewegung von Molecülen bei organischen und unorganischen Körpern.

Die Gesellschaft besuchte die hier befindlichen wissenschaftlichen Institute und versammelte sich zu gemeinschaftlichen Mittagsmahlen und Abendgesellschaften. Obgleich das Wetter ungünstig war, so begaben sich doch mehrere Botaniker nach Neckerau, um die *Salvinia natans* zu sehen und einzusammeln. Für d. J. 1830 ward Hamburg zum Versammlungsorte gewählt; zum Geschäftsführer daselbst ersah man den Dr. juris Bartels und zum Secretär den Dr. Fricke in Hamburg. — Zur Erinnerung an diese Versammlung hatte der Heidelberger Magistrat und die Bürgerschaft eine Denkmünze prägen lassen, von welcher eine Anzahl Exemplare an die Gesellschaft geschenkt wurden, welche zuletzt durch eine Deputation aus Mitgliedern von allen Sectionen die Danksagung der Gesellschaft für die Fürsorge und Bemühungen darbringen liess, welche die Behörden der Stadt angewandt hatten, um den Besuch der Gesellschaft angenehm und lehrreich zu machen.

Nekrolog. — Im Jahre 1829 hat die Wissenschaft von ihren Beförderern folgende verloren:

Der Garten-Inspector am botan. Garten in Kopenhagen, Ritter des Königl. Dannebrog-Ordens Frederik Ludvig Holböll starb zu Kopenhagen d. 30. Januar 1829.

Der Medicinalrath, Prof. der Physik, Chemie und Pharmacie an der K. Universität zu Königsberg, Ritter des K. preuss. rothen Adler-Ordens, Dr. Carl Gottf. Hagen, starb zu Königsberg d. 2. März 1829. 80, Jahre alt.

Der Prof. Ottavio Targioni-Tozzetti zu Florenz starb daselbst d. 6. Mai 1829, 74 Jahre alt.

Abbé Giovanni Ign. Molina, geb. bei Tolca in Chili d. 24. Juni 1740, starb zu Bologna d. 12. Sept. 1829.

Der Medicinalrath und Prof. der Naturgeschichte am Lyceum zu Mainz, Dr. med. Joh. Baptist Ziz, starb zu Mainz d. 1. December 1829.

Der Prof. der Zoologie am Museum d' Histoire naturelle zu Paris, Jean Baptiste Monet de Lamarck, starb zu Paris d. 20. Decbr. 1829, 86 Jahre alt.

Der Intendant am Grossherzogl. Naturalien-Cabinet zu Florenz, Joseph Raddi, starb in Aegypten i. J. 1829.

Uebersicht der schwedischen botanischen Arbeiten und Entdeckungen vom Jahre 1829.

I. PHYTOGRAPHIE.

v. Jussieu's natürliches Pflanzensystem.

Acotyledoneae.

Fungi. — Prof. Fries hat die Herausgabe seines Werkes *Systema mycologicum* fortgesetzt: die 1ste Section des III. Theils ist, zu Greifswald, herausgekommen. — Diese Abtheilung enthält *Gasteromyci genuini*, *Trichodermeae* und *Perisporiaceae*. — Bei den Ordnungen (Ordines) sind aufgeführt: Character, Aberrationes, Affinitas & Historia. Bei den Subordines: Character, Vegetatio, Patria, Vires & Usus, nebst der Synopsis generum, in welcher die wesentlichen Merkmale der Gattungen angegeben sind. Bei jeder Gattung kommt dann der Character ausführlicher, wie auch die Morphosis, welche hier vortrefflich abgehandelt wird und von besonderem Gewichte ist, zumal da frühere Autoren sie häufig übergangen haben. Die Kennzeichen der Arten sind mit vieler Kritik bearbeitet; eine instructive Synonymie ist beigefügt, wie auch vortreffliche ausführliche Beschreibungen, nebst einer Menge kritischer Untersuchungen über die Verwandtschaft der Arten und Musterung der Angaben verschiedener Autoren über dieselben [7]).

Der grosse wissenschaftliche Werth dieses Werkes ist allgemein anerkannt. Da alle Kenner es besitzen, so wäre eine Recension hier überflüssig.

Dicotyledoneae.

CAMPANULACEAE. — Dr. Forsberg gab zu Upsala eine akademische Abhandlung über die schwedischen Arten der Gattung *Campanula* heraus. Zuerst spricht der Verf. über die Stelle der Gattung im Linnéischen und Jussieu'schen Systeme, dann folgt der wesentliche Gattungscharakter; hierauf von den in Schweden wachsenden 10 Arten die Charaktere, kurze Synonymie meist nach schwedischen Autoren, Angabe ihrer Verbreitung nebst kurzen Beschreibungen des Wuchses; zuletzt wird von ihren Eigenschaften und Nutzen gehandelt [8]).

Noch sind folgende Schriften, welche Beschreibungen von Pflanzen aus mehreren Familien enthalten, anzuführen.

Prof. Adam Afzelius hat die akadem. Abhandlung über den zweifelhaften Ursprung der Myrrhe herausgegeben. In diesem Heftchen theilt der Verf. Strabo's Aeusserung über die Heimath der *Myrrha* mit [9]).

Prof. Ad. Afzelius hat auch die 2te Dissertation über neue Medicinalpflanzen von der Küste von Guinea publicirt [10]). —

---

7) Systema Mycologicum, sistens Fungorum Ordines, Genera et Species, huc usque cognitas, quas ad normam Methodi Naturalis determinavit, disposuit atque descripsit Elias Fries. Volumen III et ultimum. Sectio prior, Gasteromycetes centrales, Trichodermeas et Perisporiaceas continens. Gryphisw., sumt. E. Mauritii, 1829. 8vo. pp. VIII & 259.

8) De Campanulis suecanis Dissertatio. Quam &c. p. p. Car. Petrus Forsberg et Joh. Phil. Arenander. Upsaliae, 1829. Excudebant Regiae Acad. Typographi. 4to. pp. 9.

9) De Origine Myrrhae controversa. Specimen quintum, quod &c. Praeside Ad. Afzelio. pp. Andreas Holmblad. Upsaliae. 1829. Excud. Reg. Acad. Typogr. 4to. p. 33 — 40.

10) Stirpium in Guinea medicinalium species novae, quarum Fasciculum IIdum &c., Praeside Adamo Afzelio, pro Gradu medico p. p. Fred. Ol. Widmark. Upsal. 1829. Excud. Regiae Acad. Typogr. 4to. p. 9 — 16. — Da akademische Abhandlungen selten ins Ausland kommen, so theilt Ref. hier die Charaktere und Standörter der neuen Arten mit:

Hier werden beschrieben: Nr. 4. *Amomum palustre* Afz., welches auf sumpfigen Stellen in Sierra Leone wächst. Der Verf. sagt dabei, dass *A. exscapum* Sims. mehr mit *A. latifolium* Afz., als mit *A. palustre* verwandt zu sein scheint. Nachdem Vf. von den Eigenschaften und dem Nutzen der Gewächse dieser Familie (*Plantae Scitamineae*) gesprochen, sagt er: dass die schwarzen Völker der Guinea-Küste fast nie die Wurzeln dieser Pflanzen zum medicin. Gebrauche anwenden, sondern meistens die Samen und auch Stengel, Blätter, Samenkapseln und Blumen, welche alle, wenn sie zerquetscht werden, eben so aromatisch befunden werden. Die Kapseln und Samen des *Amomum palustre* werden zerquetscht und auf frische Blätter gethan, die man so gegen Kopfweh in Fiebern auf die Stirn und Schläfe legt. Nr. 5. *Gardenia crinita* Afzel.: wächst über die ganze Küste von Oberguinea von den Gebirgen von Sierra Leone an bis zum Lande der Susuer. Die Blätter dieser Pflanze werden beim Zerquetschen wohlriechend gefunden. Die Beeren werden wegen ihrer Säuerlichkeit gegen den Durst von Gesunden gegessen, und der ausgepresste Saft von Fieberkranken getrunken. Die Blätter werden auf mancherlei Art, z. B. zu Parfümerie gebraucht; auch werden sie zerquetscht, indem kochend Wasser darüber gegossen wird, worauf sie zu Umschlägen gegen rheumatische Gliederschmerzen, auch gegen Kopfweh, gebraucht werden.

Der Verfasser dieses Jahresberichtes gab auch i. J. 1829 die botanischen Anzeichnungen heraus, welche Prof. Swartz hinterlassen hat [1]). — In der Vorrede giebt der Herausgeber

---

4. *Amomum palustre:* scapis longiusculis, fructu oblongo altero latere subcompresso, foliis lato-lanceolatis. Afzel. Stirp. in Guinea medic. Spec. nov. p. 9. — Crescit in locis paludosis Sierra Leone, litoris Bullomensis et in vicinitate Urbis Susuensium Tuki-kerren prope flumen Pongas dictum. — 5. *Gardenia crinita:* foliis oppositis ovatis oblongisque; calycibus ad basin usque quinquepartitis patentibus; corollis hypocrateriformibus: laciniis crinitis aristatis. Afzel. l. c. p. 13. — Crescit per totum Guineae superioris tractum a Montibus Sierra Leone ad terram, quam populi incolunt Susuenses.

1) Adnotationes botanicae, quas reliquit Olavus Swartz. Post mortem Auctoris collectae, examinatae, in ordinem systematicum redactae atque notis et praefatione instructae a Johanne Em. Wikström. Accedit Biographia Swartzii, Auctoribus C. Sprengel et C. A. Agardh. Adjectis Effigie Swartzii, delineatione Monumenti Ejus sepulcralis atque duabus tabulis botanicis. Holmiae, Excud. P. A. Norstedt & Filii, 1829. 8vo. pp. LXXIV & 188. — Anm. Von der vom Herausgeber verfassten

Rechenschaft vom Inhalte des Buches (p. I — XI.); darauf kommen Biographien Swartz's, von Sprengel (p. XII — XXII.), von Agardh (p. XXIII.) und vom Herausgeber (p. XXX — LXI.); dann folgt ein Verzeichniss von Swartz's Werken mit Angabe von Recensionen derselben (Opera Olavi Swartzii, p. LXII — LXXVI.). — Darauf beginnen die botanischen Aufzeichnungen, welche vom Herausgeber nach dem Linnéischen Systeme in Classen geordnet sind. — Diese Anzeichnungen bestehen aus Species-Charakteren und Beschreibungen nebst Observationen, über neue, oder nahe verwandte Arten; besonders wichtig sind die Bemerkungen über die Arten von *Panicum*; der Vf. hat z. B. entdeckt, dass 12 Arten, die für neue angesehen worden, nur mit früher bekannten synonym sind.

Die von Swartz gekannten Arten aus folgenden Moos-Gattungen werden hier ausführlich beschrieben: *Sphagnum*: 4 Sp., *Anoectangium* 3 Sp., *Tetraphis* 2 Sp., *Octoblepharum* 1 Sp., *Encalypta* 4 Sp., *Conostomum* 2 Sp., *Buxbaumia* 2 Sp., *Pohlia* 1 Sp., *Cinclidium* 1 Sp., *Mnium* 3 Sp., *Bartramia* 14 Sp., *Funaria* 3 Sp., *Meesia* 3 Sp., *Timmia* 2 Sp., *Calymperes* 1 Sp., *Polytrichum* 32 Sp., *Fontinalis* 5 Sp., *Andreaea* 3 Sp. — Einige Gattungen *Orchideae* sind hier auch näher bestimmt, z. B. *Bonatea* W., *Lathrisia* Sw., (*L. pectinata* Sw., *Orchis Burmanniana* L.); *Centrosis* Sw. (*C. abortiva* Sw., *Limodorum abortivum* Sw.); *Orchidium* Sw. (*O. arcticum* Sw., *Limodorum boreale* Sw. [= *Calypso borealis* Salisb., Hook., Ldl., *C. americ.* RBr., *Norna bor.* Wbg.]); *Epipogium* (*E. aphyllum* Sw., *Satyrium Epipogium* L.). — Die von Swartz bestimmten schwedischen Arten und Varietäten von *Rosa* sind hier auch beschrieben; ferner mehrere neue westindische Pflanzen sind bestimmt: (die hier beschriebene *Veronica punctata* Sw. ist die in der Linnaea 1830 beschriebene *V. Vahlii* Less.; der von Swartz gegebene Name ist also viel älter, als der von Lessing vorgeschlagene.

Das Werk ist von Swartz's Bildnisse, von Ruckman gestochen, begleitet; auf dem Titelblatte befinden sich, als Vignette,

---

Biographie Swartz's wurden 50 besondere Abdrücke besorgt mit dem Titel:

Biographie über den Prof. Olof Swartz von Joh. Em. Wikström. — (Besonders abgedruckt aus Swartz's *Adnotationes botanicae*). Stockholm, gedruckt bei A. Nordstedt & Söhne, 1828. 8vo. XXXII S. — Diese Biographie ist von Swartz's Bildnisse, einer Vignette und einer Abbildung seines Grabmals begleitet.

die beiden Seiten der Denkmünze gestochen, welche die Königl. Akademie der Wissenschaften i. J. 1824 auf Swartz hat prägen lassen; nach dem Verzeichnisse der Werke des Verfassers folgt ein Kupferstich von dem Denkmale auf Swartz's Grabe auf dem Solna-Kirchhofe zu Stockholm; auf zwei beigegebenen Kupfertafeln in Folio sind folgende *Orchideae*, nach Zeichnungen von Swartz, abgebildet. — Tab. I.: 1. *Cymbidium graminoides* Sw. 2. *Limodorum filiforme* Sw. 3. *Cymbidium pusillum* Sw. 4. *Dendrobium tribuloides* Sw. 5. *D. alpestre* Sw. — Tab. II. 1. *Lepanthes cochlearifolia* Sw. 2. *L. tridentata* Sw. 3. *L. pulchella* Sw. 4. *L. concinna* Sw. 5. *Dendrobium Lanceola* Sw. 6. *Epidendrum labiatum* Sw.

Floren.

Prof. Wahlenberg hat das 118., 119. und 120ste Heft der *Svensk Botanik* herausgegeben. Sie enthalten Abbildungen folgender Pflanzen: Taf. 703. *Circaea intermedia* Ehrh. T. 704. *Poa flexuosa* Sm. Der Verf. sagt, dass die eigentliche *Poa laxa* Hänk. mehr schlaff und überhängend ist und die Blumen mehr in einer Traube (racemus) sitzend hat mit grösseren axes, welche weniger gefärbt und ohne Wolle zwischen den Blüthchen sind; sie kommt meistens auf den Alpen des mittlern Europa vor. T. 705. *Scabiosa suaveolens* Desf.: sie wächst in den sandigsten Theilen des östlichen Schonen und auf der innern Ebene um Weberöd, dagegen *S. Columbaria* in Kalkgegenden vorkommt. T. 706. *Rumex maritimus* L.: bei diesem bemerkt Verf., dass er solchen beckenartigen Buchten angehört, in welchen das Meerwasser unter gewissen Winden heraufgetrieben wird und dann stehend zurückbleibt oder wenigstens einen Gehalt im Boden zurücklässt. Der Verf. meint, dass *R. palustris* Curtis in Schweden gewiss nur an den Meeresküsten Schonen's zu finden ist. T. 707. *Epilobium alpinum* L. mit 2 Formen, einer grösseren und einer kleineren. T. 708. *Spergula subulata* Sw. T. 709. *Potentilla reptans* L. 710. *Ranunculus hyperboreus* Rottb. 711. *Antirrhinum Elatine* L. 712. *Polygala vulgaris* L 713. *P. comosa* Schk. 714. *Trifolium fragiferum* L. 715. *Lactuca Scariola* L. 716. *Gnaphalium supinum* L., 3 Formen. 717. *Carex ustulata* Wbg. 718. *C. laxa* Wbg. 719. *Salix hastata* L. 720. *Daedalea spadicea* Wbg. — — Die Abbildungen sind grösstentheils vom Prediger Læstadius, einige auch vom Prof. Wahlenberg und von Hrn. Arfvedsson gezeichnet. Der Text giebt Nachweisung des Zusammenhanges der Pflanzenarten mit dem Boden und ihrer Bildung in Folge desselben, wie auch ihrer Verwandtschaft mit nahe stehenden Arten [2]).

Der Pastorats-Adjunct Bohmann hat eine physiographische Beschreibung von Omberg in Ostgothland mitgetheilt [3]). — Der Verf. hat dieser ein Verzeichniss der Thiere und Pflanzen der Gegend beigefügt. Unter den seltneren Pflanzen mögen hier genannt werden: *Panicum viride*, *Melica uniflora*, *ciliata*, *Bromus asper Avena flavescens*, *Scabiosa Columbaria*, *Sherardia arvensis*, *Cornus sanguinea*, *Pulmonaria angustifolia*, *Lysimachia Nummularia*, *Hedera Helix*, *Allium ursinum*, *Juncus stygius* & *squarrosus*, *Pyrola chlorantha* & *media*, *Anemone ranunculoides*, *Teucrium Scordium*, *Bartsia alpina*, *Geranium bohemicum*, *Polygala amara* & *comosa*, *Vicia cassubica*, *Phaca pilosa*, *Astragalus glycyphyllus*, *Apargia hispida*, *Orchis odoratissima*, *Ophrys Myodes*, *Malaxis monophyllos*, *Serapias latifolia*, *Cypripedium Calceolus*, *Carex arenaria*, *loliacea*, *remota*, *Drymeja*, *ornithopoda*, *Buxbaumii*, *Fagus sylvatica*, *Salix hastata*, *Taxus baccata*, *Aspidium cristatum*, *Weisia acuta*, *nigrita*, *cirrata*, *Anthoceros punctatus*, *Gymnostomum lapponicum*, *Didymodon rigidulus* u. a. — Der Verf. führt auch *Salix limosa* und *amygdalina* auf, welche jedoch unsicher scheinen; *Carex Microglochin* ist durch Irrthum aufgeführt, denn diese Art gehört den Gebirgen an.

Magister Lindblom hat die Herausgabe seiner Flora der Gegend von Ronneby in Bleking fortgesetzt. Von dieser Schrift, die in akademischen Abhandlungen herauskommt, sind der 3—5te Theil erschienen [4]). — Der Verf. zählt die Pflanzen mit einigen gewählten Synonymen auf und giebt theils Beschreibungen, theils instructive Beobachtungen über dieselben. Die eben genannten

---

2) Svensk Botanik utgifven af Kongl. Wetenskaps-Academien i Stockholm. X. Bandet. 10—12. Haftena. Nr. 118—120. (Upsala, 1829.) 8vo. — Anm. Mit diesem Hefte folgt das Titelblatt des Xten Bandes: Svensk Botanik utgifven af Kongl. Vetenskaps-Academien Tionde. Bandet innehållande N. 649—720., sammanfattadt af Göran Wahlenberg och Texten tryckt hos Palmblad et C. i Upsala 1826—29. 8.

3) Omberg och dess omgifningar af J. Bohmann. Linköping, Axel Petre, 1829. 8vo. 125 (§ 3.) S.

4) Stirpes Agri Rotnoviensis, quarum enumerationem etc. proponunt Mag. Alexis Ed. Lindblom et Carl Joh. Tigerström. P. III. Lundae, 1829. Literis Berling. 8vo. p. 41—56.

— — et Joab Petterson. P. IV. Lundae, 1829. p. 57—68.

— — et Johan Palæmon Brock. P. V. p. 69—84.

Abhandlungen umfassen die Pflanzen der Linn. Classen Hexandria bis Decandria. Von seltneren Pflanzen nennen wir daraus *Allium Scorodoprasum*, *Epilobium tetragonum*, *Gypsophila muralis*, *Stellaria holostea*, *Arenaria rubra β media*, *Cerastium glutinosum* Fries.

II. PFLANZEN-GEOGRAPHIE.

Der Bergwerksbesitzer Hisinger hat in der jüngst erschienenen neueren Auflage seiner Abhandlung über die Höhe der vornehmsten Gebirgshöhen, Seen und Ströme über der Meeresfläche in Schweden und Norwegen &c. auch die Gränzen der wichtigsten Baumarten, die gegen Norden hinaufgehen, dargestellt [5]).

Der Obrist-Lieutenant O. J. Hagelstam hat in den Bemerkungen zu seiner Charte von Scandinavien Beobachtungen über die Region des ewigen Schnees in Norwegen und Schweden mitgetheilt. Diese sind im *Edinb. new philosoph. Journ.* 1828. zusammengestellt und daraus in Regensb. botan. Literatur-Blätt. II. Heft 1. übersetzt zu finden [5b]).

IV. PFLANZEN-PHYSIOLOGIE.

Prof. Agardh schrieb eine akademische Abhandlung über Inschriften in lebenden Bäumen [6]). — Nachdem der Vf. über die

---

5) Tabeller öfver de förnämsta Bergshöjder, Sjöars och Strömmars höjd öfver hafsytan i Sverige och Norrige, jemte gränsorne för några Trädslags uppstigande och snögränsen, sammandragne af W. Hisinger. Sednare upplaga. Stockholm, tryckt hos B. M. Bredberg, 1829. 8vo. 55 S.

Der Verf. hat auch besonders herausgegeben: „Profiler öfver de förnämsta bergshöjder." 1829. fol.

5b) Jameson's Edinb. new philos. Journ. 1828. Jul. — Oct. p. 305 sqq. — Botan. Lit.-Bl. II. S. 48 — 55.

6) Om Inskrifter i lefvande Träd. En acad. Afhandling, som med den vidtberömda Filos. Facultetens samtycke, under inseende af Dr. C. A. Agardh, för filosofiska graden kommer att offentligen försvaras af P. Olof Liljewalch. Lund, 1829. tryckt hos Berling. 8vo. 18 S.

in Versteinerungen niedergelegten Denkmäler früherer Erdrevolutionen gesprochen, kommt er zu einer andern Aufbewahrung historischer Monumente durch Jahrhunderte, nämlich als Inschriften in Bäumen, und führt Beispiele an. De Candolle berichtet, dass man in Indien an Bäumen Inschriften in portugiesischer Sprache gefunden hat, die einige Jahrhunderte früher, zur Zeit der Entdeckung durch die Portugiesen, eingeschnitten worden. Adanson erzählt, dass er 1749 auf den Magdaleneninseln am grünen Vorgebirge einige Affenbrod- oder Baobab-Bäume (*Adansonia digitata*) gesehen, in welche Buchstaben von hohem Alter eingegraben waren; Thevet sah diese Inschriften schon 1555, wo man noch die Namen von Reisenden aus dem 14. und 15ten Jahrhunderte lesen konnte. Da Adanson wusste, dass ein Baobab-Stamm von 1jährigem Alter einen Durchmesser von 1 bis 1½ Zoll, ein 10jähriger 1 Fuss und ein 30jähriger 2 Fuss Duchmesser hat, so berechnete er, dass ein solcher Baum von 30 Fuss Durchmesser ein Alter von 5150 Jahren, ein dem angeblichen des jetzigen Zustandes der Erdoberfläche fast gleiches, haben dürfte. Er sah einen Baobab von 27 Fuss Durchmesser, welcher 4280 Jahre alt sein mochte; dieser schien noch in seinen besten Jahren zu stehen. — Dass solche Annahme nicht ungereimt erscheine, sucht der Verf. durch Vergleichung der Organisation der Thiere und der Pflanzen darzuthun. Bei den Thieren sind die Theilchen in unaufhörlichem Umtausche, doch geschieht dieser unvollkommen: es bleiben Molecüle unthätig zurück, diese mehren sich allmählig so, dass sie die thätigen in ihren Lebensverrichtungen hindern; die Membranen erhärten daher, die Bewegung in den Gefässen stockt, das Thier stirbt. Gleicher Umtausch der Molecüle findet bei den Pflanzen statt, aber diese erzeugen neue lebende Organe, was die Thiere nicht können. Zwischen Rinde und Holz legt sich jährlich eine neue Schicht von Organen an, während das Innere ausstirbt, und aussen jährlich neues Laub erscheint. Man findet daher Stämme ausgehöhlt, die dennoch eine gesunde Krone haben und Jahrhunderte fort leben; so hat z. B. der bekannte Castanienbaum auf dem Aetna (*Castagno di cento cavalli*, so genannt, weil 100 Pferde unter seiner Krone im Schatten stehen können), seit undenklichen Zeiten eine so grosse Aushöhlung im Stamme gehabt, dass 2 Wagen neben einander sollen hindurchfahren können, und in ihrer Mitte eine Hütte gebaut ist. — Die Ursache des Todes der Pflanze liege in äussern Agentien, z. B. dem Vermögen des Lichtes die Vegetation zu beschleunigen, der Gegenwirkung der Schwere gegen das Saftaufsteigen, die endlich das organische Streben überwinden könne, in äusserer Gewalt u. s. w.

Der Vf. führt Beispiele von alten Bäumen an, dass Eichen und Linden bis zu 600, ja zu 900 Jahren leben können. Man hat berechnet, dass die grösseren Cedern auf dem Libanon zwischen 1000 und 2000 Jahre alt sein können. In England hat man in Surrey einen *Taxus*-Baum von der Dicke gefunden, dass man glaubt, er stamme aus Cäsar's Zeiten her. Ein Baum der *Ficus indica* an den Ufern des Nerbudda nimmt (mit seiner durch Wurzelung entstandenen Proles) einen Raum von 2000 F. Umkreis ein und 7000 Mann finden Schatten darunter; man glaubt dies sei der von Nearchus beschriebene Baum, und dann kann er 2500 Jahre alt sein. — Dennoch könne der Baobab bei 30 und mehr Fuss Durchmesser wohl über 5000 Jahre alt sein und daher solche alte Bäume zur Bestimmung des Alters der jetzigen Erdoberfläche einen Beitrag geben.

Zu einer Sicherheit in solchem Berechnen des Alter der Bäume kommt man durch Berechnen der Jahresringe dicotyledonischer Bäume. [Vgl. De Candolle; s. bot. Jahresb. über 1831: Uebersetz. S. 109—119. De Cand. Organogr. I. Uebers. S. 179 f. De C. Pfl.-Physiol. I. S. 447 f.] . . . Link nimmt an, dass das Holz des Stammes nicht bloss durch eine auswendige neue Schicht, sondern auch durch eine Vermehrung im ganzen Holzkörper zunehme; dies versuchte Treviranus zu widerlegen; Link erklärte sich nun in einer mehr mit der angenommenen Meinung übereinstimmenden Weise, drückte aber später noch seinen Zweifel darüber aus, ob die Jahrringe die jährlich zuwachsende Holzschicht bezeichnen; Sprengel suchte auch Link zu widerlegen, welcher aber bei seiner Aeusserung bleibt. Duhamel glaubt, dass die Jahrringe nicht auf einmal gebildet werden, sondern, dass sich durch das ganze Jahr mehrere kleinere, nach den Jahreszeiten verschiedene, Schichten bilden; auch Mirbel nimmt an, die Zahl der Holzringe zeige nicht zuverlässig das Alter der Bäume an. — Nach Agardh müssen directe Beobachtungen diesen Streit entscheiden; diese lassen sich auf zweierlei Art anstellen: 1) durch Zählen der Jahrringe an Bäumen, deren Pflanzungszeit man kennt; hierbei kann man freilich mit der Zeit in Ungewissheit kommen, ob der untersuchte Baum auch wirklich der zur angegebenen Zeit gepflanzte ist; 2) mittelst Inschriften, durch Berechnung des Alters der Schichten, die über der Inschrift liegen: könnte man darthun, dass der Holzschichten eben so viele sind, als seit der gemachten Inschrift Jahre verflossen, so wäre dies beweisend.

Die Pflanzen-Physiologen haben daher solche Inschriften aufgezeichnet. Diese sind in doppelter Hinsicht wichtig. Erstlich, indem sie durch ihr Einwachsen in den Baum das, ohnehin unbezweifelte, Anlegen neuer Holzschichten über das ältere beweisen. Nach den *Philosophical Transactions* fand man ein Hirschhorn mit eisernen Klammern im Innersten einer Eiche befestigt. Der Verf. fand auch beim Absägen eines Baumes von ohngefähr einer Elle Durchmesser einen krummen Nagel 8 Zoll tief in den Stamm eingeschlossen, ohne dass auswendig ein Zeichen zu bemerken war; gegen 35 Jahresringe lagen auswendig über dem Nagel, so dass nach der Theorie der Nagel vor ohngefähr 35 Jahren einzuwachsen angefangen haben musste. Dieses Einwachsen erklärt sich durch die Erweiterung des Baumes und das allmählige Nachaussenrücken in neuen Schichten. — De Candolle [Organogr. I. Uebers. S. 158.] erzählt, dass Albrechti i. J. 1697 in einem Baume den Buchstaben H mit einem Kreuze darüber fand, und dass Adami unter 19 Jahrringen in einem Baume die Buchstaben J. C. H. M. (d. i. Jesus Christus Hominum Mediator) fand. — Im Museum zu Lund werden auch 2 Holzstücke aufbewahrt, welche jedes eine Seite einer eingewachsenen Inschrift J. H. mit einem Ringsschnitte darüber ausmachen, und in einem dritten fand sich eine andere Buchstabenzeichnung I. H. S. Diese Inschriften, welche Iesus Hominum Salvator bedeuten, sollen aus katholischen Zeiten herrühren. — Nach einigen Bemerkungen in den *Philos. Transactions* finden sich in Sloane's Sammlung in London Holzstücke von ostindischen Inseln mit einer portugiesischen Inschrift:, *da boa ora* (gieh eine gute Stunde). — Da so viele Inschriften religiöser Bedeutung in weit von einander entfernten Ländern vorkommen, so meint Verf., dass sie wohl noch gemeiner sein mögen, als man vermuthet.

Zweitens werden solche Inschriften wichtig, insofern sie beweisen, dass jährlich eine neue Schicht sich um das ältere Holz anlegt, die Jahrringe also das Alter der Bäume anzeigen. Wüsste man bestimmt, dass eine Inschrift in einem gewissen Jahre gemacht worden, so wäre, wenn man beim Oeffnen des Baumes nach bestimmten Jahren die Zahl der Ringe mit der der Jahre übereinstimmend fände, genug bewiesen. Solcher Versuche sind nur wenige gemacht; der Verf. führt deren aus Schweden zwei an. Prof. Laurell in Lund stellte einen solchen, zwar unvollkommenen Versuch an. Veranlasst durch ein in einen Baum eingewachsenes Zeichen machte er i. J. 1748 Inschriften in das Holz zweier Buchen: die eine hatte damals 3¼ Ellen im Umfange; diese ward 1764 geöffnet und von 3¾ Ellen u. 2 Zoll Umfang befunden; die andere ward 1756 geöffnet. Die Inschriften wurden im Innern gefunden. Diese Baumstücke wurden vom Prof. Lidbeck d. ä. in den K. Wetenskaps-Academiens Handlingar

1771. beschrieben. Das eine Holzstück, an welchem der Einschnitt nach 8 Jahren geöffnet worden, hatte 8 Jahrringe ausserhalb desselben, und das andere, worin der Einschnitt 16 Jahre verblieben war, hatte 16 Jahresringe. — Dieses Experiment wird indess nicht so beweisend, weil das Einschneiden ins Holz geschehen war, denn Laurell nahm die Rinde hinweg; durch eine weitläuftige Inschrift ward die Wunde so gross, dass sie gewiss nicht so bald heilen konnte, dass nicht einige Jahrringe gefehlt hätten oder undeutlich geworden waren. Nach dem Vf. liesse sich das Zutreffen mit den Jahrringen so erklären, dass man letztere etwas über der Inschrift gezählt habe, wobei das Anstossen der Inschrift an den und den Jahrring weniger sicher zu behaupten war.

Der Verf. hat selbst eine Inschrift gesehen, welche genauen Aufschluss giebt, wie es sich damit verhält. Im Museum zu Lund werden 2 Holzstücke von einem bei Helsingborg gewachsenen Baume aufbewahrt; beim Spalten hatten sie sich so getrennt, dass die Inschrift auf dem einen oder inneren Stücke recht — und auf dem andern oder äussern Stücke verkehrt steht, in der Art wie eine gestochene Platte und ihr Abdruck. Man lieset darin das hier Nebenstehendee. Die Inschrift ist also i. J. 1817 gemacht; der Baum mag 1828 gefällt worden sein und muss also 10 Jahresringe haben, wenn die angenommene Meinung für sicher gelten soll.

F. M.
d. 21.
J.
1817.

Auf dem äussern Baum-Stücke befindet sich zu innerst ein Jahrring, der den Jahre 1817 entspricht; ausserdem finden sich nur 9 deutilche Jahresringe, aber der dem Einschnitte nächste ist breit und braun gefärbt, und entspricht gewiss 2 Jahren. Diese Jahrringe haben verschiedene Breite von 2 Linien bis $\frac{9}{10}$ L. — Der Verf. sagt, dass wenn man bestimmt wüsste, wenn der Baum gefällt worden, man die Breite der Jahrringe mit der Beschaffenheit der Jahre, worin sie sich bildeten, vergleichen könne *); die Jahre 1824 und 1826 scheinen die wenigste Ernährungskraft gehabt zu haben, wovon die Dürre von 1826 schuld war. — Der Verf. halt es für merkwürdig, dass der Baum sich so gespalten, dass die Hälfte der

*) [In ähnlicher Weise trug Twining, über das Wachsthum der Bäume, in Silliman's *Amer. Journ.* Vol. XXIV. p. 391 sqq. (s. a. *Edinb. new phil. Journ.* Oct. 1833.) vor, wie man aus der wachsenden Stärke der Jahrringe auf Beschaffenheit der Jahre schliessen könne. Indess sucht E. André (in Oekon. Neuigk. u. Verhandl. 1834. n. 12. zu zeigen, dass schmale und breite Jahrringe bei demselben Baume nur Folge der Behandlung (mehr gelichteten Stand etc.), nicht der Witterung, sind.]

Inschrift sich auf dem äussern Stücke verkehrt, die andere Hälfte im innern Stücke rechts befindet; dieses scheine zu beweisen, dass innere Lagen der Rinde, oder die Bastschicht, in Holz übergehen, indem man annehmen könne, dass die Inschrift im äusseren Stücke der Theil davon sei, der die Bastschicht durchschnitten. Er fügt aber hinzu, dass dieses Zeichen im äussern Stücke nicht bloss von der Bastschicht herrühre, sondern auch von dem Theile der Rinde, der durch das Einschneiden eine todte Substanz geworden sei und nicht an den Veränderungen der Rindensubstanz Theil genommen, sondern am Holze festgesessen habe und wie ein fremder Körper darin eingewachsen sei. — Die neuen Holzschichten sind nicht bloss über die Inschrift im Holze hinweg gewachsen, sondern die Rinde ist auch an diesen Stellen als eine todte Masse sitzen geblieben und dadurch gleichfalls überwachsen worden. — Der Vf. merkt an, dass, wenn man das äussere Stück queer durch die Inschrift durchsägt, man die Spur der Inschrift noch ein weites Stück nach aussen gegen die Rinde antrifft. Zunächst ist dieses Zeichen noch schwarz und hohl, aber endlich zeigt es nur einen schwarzen Streifen, der sich zur Rinde heraus verlängert, worin noch erhöhte Zeichen der Inschrift erscheinen, dass also sichtlich das Merkmal in der Rinde noch eine Art Zusammenhang mit den Buchstaben im Innern behält.

Der Verf. zieht aus seinen hier gemachten Bemerkungen folgende Resultate: 1) Das Einverleiben von Inschriften in Bäume beweiset, dass sich jährlich ein Jahrring um das frühere Holzlager anlegt. 2) Inschriften können sich durch Jahrhunderte ungeändert erhalten, wenn sie einmal überwachsen sind, und vergehen nicht früher, als mit der Substanz des Baumes selbst. 3) Sie werden nicht mit der Zeit undeutlicher, sondern stehen nach Jahrhunderten so deutlich wie im andern Jahre. 4) Der Ausdruck, dass Inschriften in Bäume einwachsen, ist eigentlich unrichtig; sie bleiben unverändert an ihrer Stelle, werden nur überwachsen. 5) Die Jahrringe können zu wichtigen Daten über das Alter der Vegetation auf der Erde führen, insofern sie das Alter der Bäume angeben. 6) Es wird durch Inschriften in Bäumen möglich, für die Nachwelt auf eine unvergänglichere Weise Nachrichten aufzubewahren, als wenn sie in Stein gehauen wären. Eine Eiche kann eine Inschrift unverändert durch 500 Jahre bewahren; ein Baobab über 4000 Jahre.

Prof. Agardh hat auch in in einer Abhandlung Bemerkungen und Widerlegungen in Bezug auf die Einwürfe, die gegen seine Ansichten in der Physiologie der Algen gemacht worden, mitgetheilt [7]). — Der Vf. hat hier auf's Neue die Gesetze angeführt, die er für die Grundlagen der Metamorphose der Algen ansieht, auch der gemachten Einwürfe erwähnt und diese mit seinem gewöhnlichen Scharfsinne beantwortet oder widerlegt. Hier muss auf die sehr lehrreiche Abhandlung selbst verwiesen werden, [nun auch auf Agardh's Lehrb. der Botanik: II. Biologie, 1832, vgl. Recension in Berl. Jahrb. f. wissensch. Kritik, 1833.].

V. FLORA DER VORWELT.

Hr. Hisinger hat ein französisch geschriebenes systematisches Verzeichniss der schwedischen Petrefacten mit Angabe ihrer Fundörter herausgegeben. Verf. hat also auch die Pflanzenpetrificate aufgenommen, wovon er 13 Arten, nebst einigen unbestimmbaren Abdrücken von verkohltem Holze und von netzaderigen Blättern, aufzählt [8]). [Der Auszug aus der neuern Auflage dieser Schrift im botan. Jahresber. über 1831. zählt schon 17 bestimmte Arten.] — Sie sind folgendermassen geordnet:

Agamae: Sargassum septentrionale Ag. (*Fucoides sept.* Brogn.): im Kohlenschiefer von Höganäs bei Helsingborg. *Caulerpa septentrionalis* Ag. (*Fucoides Nilssonianus* Br.) ebendas.

Cryptog. vasculosae: Filicites meniscioides Brongniart (*Clathropteris meniscioides* Br.): im secundären Sandstein (*l' Arcose* Br.) von Hör in Schonen. *Filic. Nilssonianus* (*Glossopteris Nilss.* Br.) ebendas. *Filic. Agardhianus* (*Pecopteris Agardhiana* Br.) ebendas. *Filic. ophioglossiformis* Ag., im secundären Sandstein von Raus bei Helsingborg. *Lycopodites patens* Br. im Sandstein zu Hör in Schonen.

Phanerog. gymnospermae: Pterophyllum majus Brongn. im Sandstein von Hör. *Pt. minus* Br. im Sandstein (l' Arkose) von Hör. *Nilssonia elongata* Br. im Sandstein von Hör. *Nilss.*

---

7) Act. Acad. Curiosor. Vol. XIV. P. II. S. 732—768: Ueber die gegen meine Ansichten in der Physiologie der Algen gemachten Einwürfe, von Dr. C. A. Agardh. Mit XLII Taf. (: *Sphaerococcus mirabilis* & *Conferva mirabilis* Ag.)

8) Esquise d' un Tableau des Petrifications de la Suède, distribuée en ordre systematique. Stockholm, à l' imprim. de B. M. Bredberg, 1829. 8. pp. 27. — P. 26 et 27: Vegetabilia. — [Neue Aufl. erschien 1831.]

brevis ebendas. *Nilss.? aequalis* Br. (*Pterophyllum dubium* Br.), ebendaselbst., Baumzweige und Blattabdrücke (von Bananen?) zu Hör. Bruchstücke von Früchten (von *Coniferae?*) *&c.*, im Grünsand von Kjöpinge in Schonen.

Phanerog. dicotyl.: verkohltes Holz, im Sandstein (l' Arkose) von Hör. Reticulirte Blätter: im Sandstein von Hör, im Grünsand von Kjöpinge und im Kalktuff von Benesta in Schonen.

Hierzu kommen *Fucoides circinnatus* Br., *Cycadites Nilssonianus* Br. und *Culmites Nilssoni* Br., welche Hrn. Hisinger noch unbekannt gewesen, da bei Abfassung seiner Schrift Ad. Brongniart's Werk über die Pflanzenpetrificate noch nicht in Schweden angekommen war. Brongniart's Werk [nämlich *Prodrome d' une Histoire des Végétaux fossiles.* Paris, 1828. 8vo. pp. 223.] ist im bot. Jahresberichte über 1828 [der nächstens wohl auch übersetzt wird,] p. 169—196. recensirt und Auszug daraus gegeben.)

VI. BOTAN. LITERATURGESCHICHTE.

Der Prof. med. Lüders zu Kiel hat eine Sammlung von Linné's Briefen an Dr. Garden in Nordamerica herausgegeben. Diese zeugen, wie alle andern Schriften von Linné's Hand, von seinem Eifer für die Erweiterung der Naturgeschichte und dem Streben, den Förderern der Wissenschaft in allen Ländern alle die Belehrung zukommen zu lassen, deren Mittheilung sie bedurften [9]). — Diese Briefe kann man als eine Ergänzung zu den Briefen von Garden an Linné, welche Smith früher herausgegeben hat, betrachten, und sie geben nähere Kenntniss von dieser Correspondenz. (Smith *a Selection of the Correspondence of Linnæus and other Naturalists &c.* I. p. 284—342.)

Auf der botanischen Reise, welche Hr. Studiosus Myrin in dem J. 1829 nach Gottland machte, bemerkte er über 100 Pflanzen, die früher nicht als gottländische bekannt waren. Er hat dem Ref. folgende Angaben davon gütigst mitgetheilt: — Als neu für Schwedens Flora wurden auf Gottland gefunden *Orchis ma-*

---

9) Caroli Linnaei Eq. literas XInas ad Alex. Gardenium D. Med. Carolinensem datas necdum promulgatas edidit A. F. Lueders M. D. Prof. P. O. Kil. Regiis impensis. Kiliae Holsatorum, 1829. 4to. pp. 16.

jalis Rchb. Icon. VI. tab. 565.; *Orthotrichum Rupincola* Funck, und *Marchantia pilosa* Hornem., die früher nur an wenigen Stellen in Norwegen gefunden war, denn die Pflanze, die in schwedischen Schriften unter diesem Namen vorkam, ist *M. gracilis* Web. — Unter den für Gottlands Flora neuen Pflanzen waren: *Bromus sterilis* auf Lilla Carlsö; *Anemone sylvestris* auf Fåröen; *Panicum viride*, an mehreren Orten; *Allium arenarium* bloss auf einer Stelle in einem Walde in Gothem; *Hypnum alpinum* und *chrysophyllum* bei Thorsborg; *Bryum hornum* auf Avanäs; *Weisia controversa* in Gröttlingbo; *Lichen cupularis* a. m. O.; *Lichen Haematomma* häufig fruchttragend, vorzüglich auf Sandstein am Bursvicken und auf einer alten Eiche in Etelhem; *Endocarpon lepadinum* auf Rothtannen-Rinde iu Etelhem; *Lichen elegans* und *ventosus* auf Gneissgeschieben in Hangvar; *Lepraria kermesina* Wrang. auf Lilla Carlsö; und einige ausgezeichnete Gallertflechten (*Collemata* Ach.). — *Ranunculus Philonotis* ist ein gemeines Unkraut auf Aeckern im südwestl. Theile des Landes, und die ausgezeichnete *Serapias rubra* fand sich von besonderer Schönheit und ziemlich häufig auf einer beschatteten Wiese auf der Insel Furilen.

Bei Brösarp in Schonen fand ein Studirender 1829 *Alyssum calycinum* L. Prof. Fries hatte es indess schon 1823 (verblühet) an einer andern Stelle in Schonen bemerkt.

Am 4. Sept 1829 ward der Professor und Demonstrator der Botanik Dr. Georg Wahlenberg zum Prof. Medicinae et Botanices an der K. Universität zu Upsala, an die Stelle des verstorbenen Prof. u. Commandeurs Dr. C. P. Thunberg, ernannt.

In Folge dessen gab der Rector der K. Universität, Prof. der Chemie, Walmstedt, den 5. Oct. 1829 ein Programm zum Einführungsacte für den 6. October aus [10]). — Dieses Programm enthält ein Verzeichniss der Professoren. welche die Professur der Medicin und Botanik bekleidet haben, wobei der Verf. in Kürze auch ihre Verdienste darstellt. — Es sind folgende gewesen: 1. Johannes Frank (von 1628 bis 1661). 2. Olaus Rudbeck der Vater (1660 — 1690). 3. Olaus Rudbeck der

---

10) Magnos Litterarum Patronos Hospites Patres Civesque Academicos et urbicos ad audiendam Orationem solemnem qua Medicinae et Botanices Professoris munus auspicaturus est Experientissimus et Celeberrimus Medicinae Doctor Georgius Wahlenberg reverenter et officiose invitat Regiae Academiae Upsaliensis Rector Laurentius Petrus Walmstedt. — Upsaliae excudebant Regiae Academiae Typogr. fol. (pp. 4.)

Sohn (1691 — 1740). 4. Carolus von Linné der Vater (1741 — 1778). 5. Carolus v. Linné der Sohn (1777 — 1778). 6. Carolus Petrus Thunberg (1784 — 1828).

Prof. Wahlenberg hielt beim Antrittsacte eine Rede: „Oratio hodiernum Scientiae botanicae et disciplinarum adfinium statum adumbrans."

Am 12. October 1829 wurde im botanischen Lehrsaale zu Upsala Linné's Marmor-Statue aufgedeckt, welche vom Prof. und Ritter Byström gearbeitet, und auf Kosten der studirenden Jugend zu Upsala, nach gemeinsamem Beschlusse vom Jahre 1822 zu Stande gebracht worden.

Prof. Byström sollte diese Bildsäule laut Contract vom 22. März 1822 in mehr als natürlicher Grösse, aus cararischem Marmor, für eine Summe von 2500 Thlr. Hamb. Bco [gegen 3610 Thlr. sächs.], darstellen, zu welchem Zwecke jeder Studirende von jener Zeit an in jedem Termine eine Abgabe von 32 Schill. Bco [10½ Groschen] erlegte. — Die Zahlungssumme für die Bildsäule machte in schwedischem Gelde 6708 R:dr B:co [über 4180 Thlr. sächs.]. — Die Bildsäule, die in Rom angefertigt worden, ward durch Sr. K. H. des Kronprinzen gnädigste Fürsorge und Befehl hergeschafft und nach Upsala gebracht.

Bei dieser Feierlichkeit der Aufdeckung der Bildsäule hatten die Curatoren der studirenden Nationen ein Programm ausgefertigt, worin die Geschichte der Herkunft der Bildsäule erzählt, der Verdienste Linné's um die Naturkunde gedacht wird und eine Aufforderung an die Gönner und Freunde der Wissenschaften zum Besuche dieses Festes ergeht. — Von Linné sprechen die Vff. auf folgende Weise: „der Mann, dessen verehrtem Andenken wir dieses Dankbarkeitsopfer weihen, bedarf nicht unseres Rühmens, wo Alles, und selbst der Marmor, spricht. Sein Name geht so weit, als europäische Cultur bekannt ist; Seine Eroberungen sind grösser, als die grössten unserer Könige — und dauernder. Es ist erhebend, die Frucht der friedlichen Arbeit des Geistes in solcher Vergleichung zu schauen."

Die Behörden der Universität und die studirende Jugend versammelten sich in dem alten botanischen Garten, Linné's früherem Wohnorte, und begaben sich, unter dem Gesange der Jugend, hinauf in den Lehrsaal des neuen botanischen Gartens, wo die Bildsäule aufgedeckt wurde und der Curator der hier studirenden Jugend von Stockholm eine kurze Rede hielt, Verse abgesungen wurden und die Studirenden bei der Bildsäule vorüber defilirten [2]).

Das Consitorium academicum hatte für diesen Tag ein festliches Mittagsmahl veranstaltet, zu welchem die angesehensten Fremden, die sich zur Feier eingefunden, eingeladen worden, worunter der Künstler, welcher die Bildsäule gearbeitet hatte. Die Studirenden vsrsammelten sich Nachmittags nach den Nationen, um das Fest des Tages zu feiern, und Abends ward der botanische Garten von den Marschällen erleuchtet; dabei waren Lampen im Grunde der Rotunde angebracht, in der sich die Bildsäule befindet, wodurch diese mit mehr Effect erhellt war.

Die Bildsäule, von cararischem Marmor, ist in etwas mehr als natürlicher Grösse gehauen. Sie stellt einen Mann im mittlern Alter dar, in einer etwas vorwärts geneigten Stellung mit erhöhten Knieen auf einem Steine sitzend, der zum Theil mit Epheu und andern Sinnbildern aus den Naturreichen bekleidet ist. Sein Blick erscheint gleichsam begeistert; sein Haupt ist unbedeckt; er ist ohne Halstuch, mit herabgeschlagenem Hemdkragen; er ist mit einem unten zugeknöpftem Leibrocke älterer Zeit bekleidet, über welchen ein Mantel geworfen ist, der die Kniee und Beine bedeckt. Auf seiner linken Hand, die am Knie ruht, liegt ein aufgeschlagenes Buch (das Buch der Natur) [dies spricht gegen Worte in Lessing's (im Jahresb. über 1831 erwähnter) Reise nach Norw. &c. S. 157.], worin auf einem Blatte die *Linnaea borealis* abgebildet ist; die rechte Hand ist mit ausgebreiteten Fingern erhoben, gleichsam andeutend, dass etwas Merkwürdiges seine Aufmerksamkeit fesselt.

Die Bildsäule ist auf ein Postament von schwarzem Marmor mit gelben Adern gestellt. Auf der Vorderseite dieses Postamentes befindet sich mit erhöhten und vergoldeten Messingbuchstaben folgende Inschrift:

Carolo a Linné
Stud. Juventus Academica.

MDCCCXXIX.

---

2) Sånger vid aftäckningen af Linné's Bildstod i Upsala d. 12. Octbr. 1829. [Gesänge bei der Aufdeckung von Linné's Bildsaule etc.] Upsaliae, Palmblad & C., 1829. 4to. (8 S.).

Carolo Linnæo Statuam Juventus Academica Upsaliensis decrevit A. MDCCCXXII, posuit A. MDCCCXXIX. — Ups., Palmbl. 1829. 4. (pp. 8.).

Anm. Die Rede, welche der Curator der Stockholmer Nation bei dieser Gelegenheit hielt, ist vielleicht auch gedruckt worden, doch sah sie Ref. nicht.

Uebersicht norwegischer botanischer Arbeiten und Entdeckungen vom Jahre 1829.

Lector Blytt hat einen Bericht über die botanische Reise, welche er 1826, durch die Staatsmittel unterstützt, die der Storthing zur Förderung naturhistorischer Reisen im Lande bestimmt, in Christiansands-Stift unternommen hat, abgefasst. Schon im bot. Jahresberichte über d. J. 1826 (Bd. VII.) hat Ref. eine kurze Nachricht von dieser Reise gegeben; wird aber nächstens ausführlicher darüber berichten; bisher konnte er die Abhandlung, die im IX. Bande des Magazin for Natur - Videnskaberne steht, noch nicht sehen. [S. nun den Jahresb. über 1830: Uebersetz. S. 148 — 159., darin S. 148 f. die Angabe der nördl. Gränze vieler Pflanzen.]

Neue in Norwegen entdeckte Pflanzen: — Nach Mittheilungen, welche Prof. Fries vom Lector Blytt bei dessen Besuche in Lund i. J. 1830 erhalten, hat Hr. Bl. in Norwegen *Rosa alpina* L. entdeckt; ferner eine *Cuscuta*, die Prof. Fries *halophila* nennt: sie ist mit *C. Epithymum* vermengt gewesen. *Poa minor* Gaudin; man hat zugleich gefunden, dass die vermeintliche *Salix acutifolia* Willd., die man in Norwegen bemerkt hat, nicht diese Art sondern, *S. daphnoides* Villars ist.

[Hagelstam's Abh. über die Region des ewigen Schnees in Norwegen &c. ist oben bei Schweden angeführt.]

In Kopenhagen ist eine Uebersicht der dänischen nud norwegischen naturhistorischen Literatur von Winther erschienen, betitelt: Literaturae Scientiae Rerum Naturalium in Dania, Norvegia et Holsatia Enchiridion. Havniae, Wahl. 1829. pp. XVI & 248.) [S. darüber im Jahresb. über 1830: Uebersetzung S. 160 f.]

Register.

Bemerkungen sind zu finden unter andern über:

Druckfehler.

S. 13 Z. 9 v. u. statt $^{21}/_{22}$ l. $^{22}/_{23}$
— 17 — 20 v. o. — Kunt l. Kunth
— 21 — 8 — — — nur *nitida* l.: nur *L. Cassia* Linn. ist fast gleich *nitida* Ham. (non Roxb.)
— — — 9 — — nach Roxb. l.: aber *L. Cassia* N. ab E. Disp. ist *Cinn. aromaticum* N. ab E. ap. Wallich.];
— 24 — 4 — — statt *Vernoiées* l. *Vernoniées*
— 32 — 14 — — nach *Tuna* ist ein Komma zu setzen
— — Note: statt l. Bd. III. l.: Band III.
— 33 Z. 18, 17 v. u. statt die recte l. directe
— 42 — 16 v. u. statt Vf. l.: *Rumex aquaticus* hat Gaudin nirgends gefunden, er
— 47 in Note 3 statt Edit. l. Edidit
— 48 Z. 8 v. u. statt *Agrosteaeceae* l. *Agrosteae*
— 63 — 10 v. o. — es l. sie
— 63 — 24 — — — Ciert. l. Curtis
— 75 — 23 statt 1828 l. 1815
— 77 Note: statt Bastarderzeugungen l. Bastarderzeugung
— 86 Z. 18, 19 statt *Fumaria* l. *Funaria*
— 88 Note: in Z. 4 soll der Punkt vor Tionde stehen
— 95 — in Z. 6 v. u. l.: Mit Taf. XLII. (: *Sphaerococcus mir.*)

Druckfehler im Jahresberichte über 1830.

S. 25 Note: in Z. 7 statt Clinodium l. Clinopodium.
— 79 — 24 v. o. statt erschienen l. erschienenen
— 114 Z. 8 v. u. nach 560000 ist einzuschalten: Rubel. Der Kaiser bewilligte 50000
— 163 — 22 statt Helmintochortos l. Helminthochortos

Druckfehler im Jahresberichte über 1831.

S. 143 Z. 30 statt L. Meissner l. C. F. Meisner (aus Bern)

Gedruckt bei M. Friedländer in Breslau.

Jahresbericht

der

Königl. Schwedischen Akademie der Wissenschaften

über die Fortschritte

der

Botanik

im Jahre 1830.

Der Akademie übergeben am 31. März 1831

von

Joh. Em. Wikström.

Uebersetzt und mit Zusätzen versehen

von

C. T. Beilschmied.

Breslau,
in Commission bei J. Max & Comp.
1834.

Inhalt.

I. PHYTOGRAPHIE.

Linnés Sexual - System.

Floren.

Beschreibungen und Cataloge botanischer Gärten.

Botanische Lehrbücher.

Botanische Zeitschriften und periodische Werke.

II. PFLANZEN-GEOGRAPHIE.

III. PFLANZEN-ANATOMIE.

IV. PFLANZEN-PHYSIOLOGIE.

V. FLORA DER VORWELT.

Uebersicht schwedischer botanischer Arbeiten und Entdeckungen vom Jahre 1830.

PHYTOGRAPHIE.

Jussieu's natürliches Pflanzensystem.

Acotyledoneae.

Uebersicht norwegischer botanischer Arbeiten und Entdeckungen vom Jahre 1830.

PHYTOGRAPHIE.

I. PHYTOGRAPHIE.

Im Jahre 1830 hat die Wissenschaft eine Menge wichtiger Werke und Entdeckungen erhalten. Ich will hier Recensionen und Auszüge von denjenigen geben, die in irgend einer Hinsicht erwähnt zu werden verdienen, dabei aber die Aufmerksamkeit vornehmlich auf das wenden, was schwedische Botaniker am meisten interessiren dürfte.

Linné's Sexual-System.

Es ist bekannt, dass die erste Auflage von Linné's Systema Naturae unter die seltensten Bücher in Bibliotheken gehört. In Schweden findet man gewiss nicht mehr als zwei oder drei Exemplare derselben. Fée in Paris hat 1830 eine Auflage davon in Octav herausgegeben (die Originalausgabe erschien in Gross-Folio zu Leyden i. J. 1735.). — Diese erste Ausgabe war eigentlich nur ein systematischer Catalog der Gattungen der Naturreiche. Erst in den spätern Auflagen gab der Verfasser eine detaillirte Uebersicht aller bekannten Naturgeschöpfe [1]).

Sprengel hat die Herausgabe einer neuen Auflage (nämlich der 9ten) von Linné's *Genera Plantarum* angefangen. Der 1te Band davon umfasst die 13 ersten Classen des Sexualsystems. Da, wo auch in diesem Systeme viele Gattungen einer Classe in natürlichen Ordnungen oder Familien auf einander folgen, hat der Ver-

---

1) C. Linnaei Systema Naturae &c. Editio prima reddita, curante A. L. A. Fée. Parisiis, 1830. Apud Levrault. 8vo. pp. 81. — Recension s. in Bull. des Sciences nat. Nr. 8. Août, 1830. p. 271.

fasser deren Namen darüber geschrieben, z. B. *Canneae*, *Scitamineae*, *Vochysieae* &c., worauf die Gattungen nach Monogynia, Digynia &c. geordnet folgen; wo das aber nicht geschehen konnte, folgt immer eine Angabe der Familie hinter jedem Gattungscharacter, welcher selbst hier nicht so ausführlich ist, wie in Linné's eigenen Ausgaben dieses Werkes. Nach dem Gattungsnamen steht der Name des Autors, der ihn zuerst gegeben, und in Parenthese die Jahrszahl, wann die Gattung zuerst benannt wurde. Zuletzt werden bei jeder Gattung vorhandene Abbildungen ihrer Charaktere citirt [2]. [Der 2te Band erschien i. J. 1831.]

Die Hrn. Schultes haben den 2ten Theil des VIIten Bandes des *Systema Vegetabilium* herausgegeben. Dieser Theil enthält die Fortsetzung und den Schluss der Classe Hexandria und umfasst die übrigen Gattungen der Ordnung Monogynia und die Digynia und Hexagynia [3]. — Demnach kommen in diesem Theile hauptsächlich die lilienartigen Gattungen wärmerer Länder, wie *Hypoxis*, *Crinum*, *Amaryllis*, *Haemanthus*, *Pancratium* u. a., aber auch *Narcissus* mit 90 Arten und *Allium* mit 176 Arten u. s. w. Die Gattung *Allium* ist nach Don's Monographie derselben [in Mem. Wern. Soc. VI.] bearbeitet. Bei *A. arenarium* wird Smith's Bestimmung angenommen und *A. Scorodoprasum β. minus* Fries & Wbg. dazu angeführt, wogegen bei *A. vineale* das *A. arenarium* Fries & Wbg. aufgenommen ist. Die Verf. sind in Zweifel, ob das *A. arenarium* L. Sp. Pl. mit dem *A. vineale* einerlei ist, da Linné *A. Scorodoprasum*, *arenarium* und *vineale* unterschieden und zum *A. vineale* Haller's *Allium* nr. 3. und Rupp. Fl. Jen. edit. 3. p. 134. t. 2. f. 2. citirt hat, welche sich vom *A. vineale* weit unterscheiden; sie geben aber übrigens zu, dass das *A. arenarium* der Schweden, auf der von Linné angeführten Stelle gesammelt, von *A. vineale* nicht verschieden ist. — Bei *A. carinatum* bemerken die Vff., dass Fries, Wahlenberg, Mertens & Koch, Reichenbach u. A. *Allium carinatum* Smith und *A. oleraceum* L. vereinigen und davon das *A. carinatum* Linn. unterscheiden, zu welchem letzteren sie *A. carinatum* Redouté

---

2) Caroli Linnaei Genera Plantarum. Editio nona, curante Curtio Sprengel. T. I. Classis 1—13. Gottingae, 1830. 8vo. pp. 462.

3) Caroli a Linné Systema Vegetabilium &c. Editio nova, Speciebus inde ab Editione XV detectis aucta et locupletata. Voluminis septimi Pars secunda. Curantibus J. A. Schultes & J. H. Schultes. Stuttgardtiae. 1830. 8vo. Pp. XLV — CVII. (Genera) & 755 — 1815. (Species).

Liliac. t. 368. citiren. Don hat dem letztern den Namen *A. asperum* gegeben; die Vff. glauben, dass dazu nur *A. carinatum β.* Linn. pl T. I. p. 426 gehört. Zu *A. carinatum* citiren sie demnach *A. oleraceum β. complanatum* Fries, Wbg. — Von *Billbergia*, welche zuerst durch Thunberg benamt wurde, sind 24 Arten aufgeführt, wovon die meisten in Südamerica und einige wenige auf den Antillen vorkommen. — *Bromelia* und *Ananas* Schult. (*Ananassa* Lindley) sind geschieden. Zu der letztern Gattung gehört die gewöhnliche Ananas (*A. sativus* Sch.). — Einige Palmen-Gattungen kommen nach Bestimmungen neuerer Autoren hier vor, z. B. *Licuala* Thunb., *Livistona* Brown, *Taliera* Mart., *Corypha* L., *Lepidocaryum* Mart., *Mauritia*, u. a. — Bei *Oryza sativa* (Reis) ist bemerkt, dass es noch an einer genauen Geschichte ihrer zahlreichen Spielarten fehlt, deren Anzahl über 200 gehen soll. — Die Gattung *Rumex* hat hier 105 Arten. Zu *R. obtusifolius* Wallroth wird *R. obtusifolius β. agrestis* Fries citirt; zum *R. sylvestris* Wallr. der *R. obtusifolius* Wbg. (*R. obt. α. sylvestris* Fries). Als *R. acutus* L. wird nach Smith der *R. Nemolapathum* Ehrh. (*R. conglomeratus* Roth) angenommen. Zu *R. nemorosus* Schrad. wird *R. Nemolapathum* Wbg., Fries (excl. synon. Ehrharti) citirt. *R. maximus* Schreb. und *R. Hydrolapathum* Huds. sind unter diesen Namen aufgeführt. — Unter *Tofjeldia* führen die Vff. 13 Arten auf und nehmen den Namen *T. palustris* Huds. für die *T. borealis* Wbg. an. Diese Art, welche meistens Polarländern angehört, ist in Grönland, im arktischen America, auf Island, in den Lappmarken, in Schottland, England, dem nördlichen Irland, auch auf den höchsten Alpen in Steyermark, Kärnthen und Tyrol, Baiern, in der Schweiz bei Zermatten, in Italien auf dem Berge Sempronio gefunden. *T. calyculata* Wbg. ist gemeiner im südlichen Europa, sowohl auf Torfwiesen des flachen Landes, als auf Gebirgen und Alpen; eine Varietät soll auch in Kamtschatka gefunden worden sein. — *Scheuchzeria palustris* kommt im nördlichen Europa oft vor, seltner im nördlichen England, Frankreich, Belgien, der Schweiz, Baiern, Oesterreich, auf subalpinen Torfmooren; findet sich auch in Sibirien und in Nordamerica.

Dieses Werk ersetzt in bedeutendem Maasse den Mangel einer grössern Bibliothek, denn es wird darin eine sehr ausführliche Synonymie, oft mit Diagnosen nach verschiedenen Autoren, beigebracht; bei den ausführlichen Beschreibungen sind auch Auszüge aus zahlreichen Werken beigefügt und in Folge derselben eine Menge kritischer Vergleichungen angestellt; indess scheinen viele der letztern überflüssig zu sein, indem anzunehmen ist, dass abweichende Angaben in verschiedenen Schriften oft daher rühren, dass die Pflanzen minder genau beschrieben worden.

Willdenow's Ausgabe von Linné's *Species Plantarum* ist durch Schwägrichen fortgesetzt worden [4]). — Ref. will über Ursprung und Fortgang dieses Werkes einiges anführen. Linné gab von diesem wichtigen Werke zwei Auflagen, 1753 und 1762, heraus; darauf kam eine neue Auflage oder vielmehr nur Abdruck durch einen Ungenannten in Wien 1764 heraus. Später liess Reichard i. d. J. 1779 — 1781 zu Frankfurt a. M. eine neue Auflage in 4 Bänden erscheinen, welches Werk als die 4te Auflage angesehen worden ist. — Im J. 1797 fing Willdenow an, eine sehr vermehrte Ausgabe der Species Plantarum, die 5te dieses Namens, herauszugeben. Er erlebte das Erscheinen von Tomi IV Pars 1., worin die *Filices* beschrieben sind. Die späteren Tomi dieses Werkes sind besonders vortrefflich bearbeitet, nachdem der Vf. Gelegenheit erlangt hatte, eine grössere Bibliothek und reichhaltige Herbarien zu benutzen. — 1824 gab Link die 1ste und 2te Abth. des VIten Tomus heraus, welche die *Fungi Hyphomycetes* und *Gymnomycetes* oder die kleinern Pilzarten enthalten.

Endlich hat nun Schwägrichen den Vten Tomus fortgesetzt und die Moose zu beschreiben angefangen. Dieses Werk beginnt mit einem Prologus, worin der Verf. die Organisation der Laubmoose und ihre verschiedenen Theile betrachtet. Darauf folgen die Beschreibungen der Moos-Arten. Die Anordnung und die hier beschriebenen Gattungen sind folgende:

Musci frondosi. A) Acranthi, floribus terminalibus.

A. Familia *Polytrichi:* I. *Polytrichum:* 37 Species. II. *Dawsonia:* 1 sp. III. *Lyellia:* 1 sp.

B. Fam. *Buxbaumiae:* I. *Buxbaumia:* 1 sp.

C. Fam. *Mnii:* I. *Cinclidium:* 1 sp. II. *Mnium:* 17 sp. III. *Peromnion:* 1 sp. IV. *Paludella:* 1 sp. V. *Aulacomnion:* 3 sp. VI. *Arrhenopterum:* 1 sp. VII. *Tetraphis:* 1 sp.

D. Fam. *Funariae:* I. *Funaria:* 4 sp. II. *Entosthodon:* 1 sp.

E. Fam. *Bryi:* I. *Webera:* 5 sp. II. *Bryum:* 29 sp.

---

4) Caroli a Linné Species Plantarum exhibentes Plantas rite cognitas &c. Editio quarta, post Reichardianam quinta. Adjectis Vegetabilibus hucusque cognitis, olim curante Car. Ludw. Willdenow, continuata ad Muscos a F. Schwaegrichen. — Tom. V. P. 2. Sectio prima. Berolini, 1830. 8vo. pp. XIV & 122. — Auch mit besondrem Titelblatte als: Species Muscorum frondosorum editae a D. Frid. Schwaegrichen. Pars I. Berolini, 1830.

III. *Pohlia:* 11 sp. IV. *Ptychostomum:* 3 sp. V. *Meesia:* 5 sp. VI. *Timmia:* 1 sp. VII. *Acidodontium:* 1 sp.

F. Fam. *Leptostomi:* I. *Leptostomum:* 5 sp. II. *Brachymenium:* 2 sp. III. *Leptotheca:* 11 sp.

G. Fam. *Bartramiae:* I. *Cryptopodium:* 1 sp. II. *Bartramia:* 23 sp. III. *Glyphocarpa:* 2 sp. IV. *Conostomum:* 2 sp.

Bei *Polytrichum strictum* Menzies wird *P. alpestre* Hoppe als synonym genannt. Bei *P. septentrionale* Sw. ist *P. sexangulare* Hopp. als synonym angeführt, mit der Bemerkung: „Swartzii icon foliorum ejus ipsius descriptioni, „folia margine laevia“ et alio loco „in apicem subulatum convoluta“ dicenti, repugnat et corrigenda est. Non temere, ut Bridelio videbatur, sub *alpino* Bryol. 2. p. 145, *septentrionale* ad *sexangulare* retuli, sed comparatis speciminibus Swartzianis genuinis.“ — *P. formosum* Hedw. wird als eigne Art beibehalten, gesondert von *P. commune* L. und *gracile* Menzies (*longisetum* Sw.). — Von *P. alpinum* L. hat Vf. 3 Formen: *α. minus* (*P. ferrugineum* Brid., *fuscatum* Hsch.); *β. majus* (*P. sylvaticum* Menz., *arcticum* Sw.); *γ. minus* fastigiato-ramosum. — *P. aloides* Hedw. & *β. rubellum* Menz. (*P. Dicksoni* Turn.). — *P. nanum* Hedw. (*P. pumilum* Sw.). — Die beiden *Buxbaumia*-Arten finden sich in Europa und in Nordamerica. — *Cinclidium stygium* Sm. kommt ausser Schweden an einer Stelle in Mecklenburg und auf der Redschützalpe in Kärnthen vor, ist auch auf Seeland in Dänemark gefunden. — Mehrere *Mnium*-Arten z. B. *M. punctatum*, *cuspidatum* und *rostratum* scheinen ausgedehnte geographische Verbreitung zu haben, indem sie sowohl in wärmeren als auch kälteren Ländern mehrerer Welttheile vorkommen. — *Paludella* Brid. hat eine Art: *P. squarrosa* (*Mnium squarr.* L.). — *Aulacomnion* Schw. umfasst 1) *A. palustre* (*Mnium pal.* L.), 2) *A. turgidum* Schw. (*Mnium turg.* Wbg.) und 3) *A. androgynum* Schw. (*Mnium androg.* L.). — Zu *Webera* kommen: 1) *W. elongata* S. (*Pohlia elong.* Hedw.); 2) *W. longicollis* Hedw.; 3) *W. cruda* S. (*Mnium crudum* L.); 4) *W. nutans* H.; 5) *W. annotina* S. (*Mnium annot.* L.). — Mehrere *Bryum*-Arten haben auch eine sehr weite geographische Verbreitung, z. B. *B. ventricosum*, *capillare* und *argenteum*, welche man sowohl in wärmern als in kälteren Ländern findet. — *Ptychostomum* besteht aus 3 Arten: *P. cernuum* Hsch. (*Didymodon c.* Sw.) für welches der Vf. nur Schweden als Heimath anführt, mit dem Zusatze, dass er nie ein Exemplar aus dem Wallis gesehen. — Zur *Timmia megapolitana* Hedw. werden *T. austriaca* und *T. bavarica* Hessler gebracht. — *Bartramia* zählt

23 Arten. *B. fontana* und *pomiformis* haben eine sehr ausgedehnte geographische Verbreitung.

Jussieu's natürliches Pflanzensystem.

Bartling hat eine Uebersicht der natürlichen Pflanzen-Familien, welche hier 246 betragen, ausgearbeitet und dabei die zu jeder Familie gehörenden Gattungen aufgezählt. Am Ende sind die Familien genannt, deren Stellung sich nicht näher bestimmen liess. — Bei jeder Familie kommen zuerst Citate von Werken anderer Autoren, wo dieselbe abgehandelt ist; dann Beschreibungen des Wuchses und Aussehens der Gewächse und ausführliche der Befruchtungstheile; darauf Belehrung über die Verwandtschaften der Familie mit andern; eine kurze Angabe ihrer geographischen Verbreitung; endlich Aufzählung der der Familie zugehörigen Gattungen [5]).

De Candolle hat von seinem wichtigen Werke *Prodromus Systematis nat. regni veget.*, worin die Charaktere aller bekannten Pflanzen gedrängt zusammengestellt werden, den IVten Band erscheinen lassen. S. des Referenten Recension und Auszug davon im folgenden Jahresberichte [über d. J. 1831, S. 4 — 17.; in der Uebersetzung S. 2 — 11.] [6]).

Acotyledoneae.

Algae aquaticae. — Greville hat angefangen, ein Werk über die Algen der britischen Inseln, mit illum. Abbildungen der Befruchtungstheile der Gattungen, herauszugeben. Dieses Werk hat die Form eines Handbuches, ähnlich Hooker's & Taylor's *Muscologia britannica* [7]). — In der Einleitung stellt der Verf.

---

5) Ordines naturales Plantarum eorumque Characteres et affinitates adjecta Generum enumeratione. Auctore Fr. Th. Bartling. Gottingae, 1830. 8vo.

6) Prodromus Systematis naturalis Regni vegetabilis sive Enumeratio contracta Ordinum, Generum et Specierum Plantarum hucusque cognitarum juxta methodi naturalis normas digesta; Auctore Aug. Pyr. De Candolle. Pars IV. sistens Calyciflorarum Ordines X. Parisiis, 1830. 8vo.

7) Algae britannicae or Descriptions of the marine and other inarticulated Plants of the british Islands belonging to the order Algae; with plates illustrative of the Genera. By Rob. Kaye Greville. Edinburgh, 1830. 8vo. pp. LXXXIII & 218.

die Geschichte der Algologie dar, giebt einen Ueberblick der geographischen Vertheilung der ungegliederten Algen, Nachrichten über ihre ökonomische Benutzung nebst einem Verzeichnisse aller davon handelnden Schriften. Er theilt die Algen in 14 Ordnungen: *Fucoideae*, *Lichineae*, *Laminarieae*, *Sporochnoideae*, *Chordarieae*, *Dictyoteae*; *Furcellarieae*, *Spongiocarpeae*, *Floridae*, *Thaumasieae*, *Gastrocarpeae*, *Caulerpeae*, *Ulvaceae* und *Siphoneae*. Diese Ordnungen enthalten 89 Gattungen, deren Charaktere hier lateinisch aufgeführt sind. Die Beschreibung der englischen ist in englischer Sprache gegeben. — Verf. bemerkt, dass die Algen sehr vom Boden, worauf sie wachsen, abhängig sind, sowohl in Hinsicht der Arten, als auch ihres üppig wuchernden Zustandes und der Raschheit ihrer Entwickelung. Wenige Yards (zu 3 Fuss) können hierin eine Veränderung verursachen; Kalkstein ist vortheilhaft für einige Arten, Sandstein hingegen oder Basalt für andere, und es scheint, als habe die Unterlage selbst Einfluss auf parasitische Arten. In manchen Fallen scheint jedoch ihre Vegetation durch jene Umstände keinen Einfluss zu erleiden. Zuweilen herrschen einige Formen bei gewissen Localitäten, sowohl hinsichtlich der Gattungen als der Arten, welche oft stufenweise abnehmen und andern gleich ausgezeichneten Pflanzenformen Platz machen. — Lamouroux hat versucht, eine Charakteristik der Meeresvegetation in verschiedenen Zonen zu geben; er zeigte, dass das nördliche atlantische Becken bis 40° nördl. Br. eine sehr ausgezeichnete Seevegetation besitzt und meint, dass ein Gleiches auch vom westindischen Meere mit Einschlusse des mexicanischen Meerbusens gelte, desgleichen vom indischen Oceane mit seinen Meerbusen und von den Küsten Neuhollands und der zunächst belegenen Inseln; auch das Mittelmeer besitzt seine eigene Vegetation. Jede grosse Zone stellt, wie er sagt, ein eigenes Vegetationssystem dar und im Allgemeinen zeigt sich nach jedem Raume von 24 Breitegraden ein fast gänzlicher Wechsel der Arten organischer Wesen, welcher durch Temperaturwechsel bedingt ist. An den Küsten der englischen Inseln sieht man deutlich, dass einige Arten z. B. *Gelidium corneum*, *Sphaerococcus coronopifolius* u. a. häufiger und luxuriirender werden, so wie man von Norden gegen Süden reiset, und dass wiederum andre gemeiner und in feineren Formen auftreten, wie man sich dem Norden nähert, z. B. *Ptilota plumosa*, *Rhodomela lycopodioides* u. a. *Odonthalia dentata* und *Rhodomenia cristatula* gehören den nördlichern Theilen Englands an, da hingegen *Cystosirae*, *Fucus tuberculosus*, *Haliseris polypodioides*, *Rhodomenia jubata* & *Teedii*, *Microcladia glandulosa* und *Rhodomela pinastroides*, *Iridea reniformis* u. a. den südlichen

Theilen Englands angehören. Andre wiederum haben einen zu ausgedehnten Verbreitungsbezirk, als dass sie durch einige Temperaturabweichungen zwischen den nördlichen Gränzen Schottlands und dem nordwestlichen Ende von England beschränkt werden könnten, z. B. *Fuci* im Allgemeinen, *Laminariae*, viele *Delesseriae*, einige *Nitophyllae*, *Laurentiae*, *Gastridia* und *Chondri*. Lamouroux's Untersuchungen haben im Ganzen gezeigt, dass grosse Gruppen der Algen besondere Breitenzonen einnehmen, obschon einige Gattungen kosmopolitisch genannt werden können. Die *Siphoneae*, oder wenigstens die Gattung Codium, und *Ulvaceae* sind über alle Erdtheile ausgebreitet. *Codium tomentosum* ist im atlantischen Meere von den Küsten Englands und Schottlands bis zum Cap d. g. H., im stillen Meere vom Nutka-Sunde bis zur Südküste von Neuholland, und um die Küsten des Mittelmeeres gefunden. Es gehört jedoch nicht zu den geselligen Pflanzen, sondern kommt vereinzelt vor. Dagegen sind *Ulvaceae* eigentliche gesellige Pflanzen und behalten diesen Charakter in jedem Erdtheile; die grösste Vollkommenheit scheinen sie indess in den Polar- und gemässigten Zonen zu erlangen, obgleich Greville auch sehr schöne *Porphyra*-Arten vom Cap. d. g. H. erhielt; dass sie einen starken Kältegrad aushalten, ersieht man daraus, dass *Enteromorpha compressa* von einigen der Männer, welche den Capit. Parry auf seiner zweiten Nordpol-Expedition begleiteten, gesammelt wurde. — *Dictyotae*, von welchen 8 Arten in Schottland und 13 in England gefunden werden, nehmen sowohl an Menge als an Artenanzahl zu, wie man sich dem Aequator nähert. Die *Fucaceae* nehmen zu, wie man die Polarzone verlässt. Die natürlichen Gruppen, in welche dieselben zerfallen, sind in ihrer geographischen Vertheilung sehr ausgezeichnet. Die *Fuci* floriren zwischen 55° und 44° d. Br. und nach Lamouroux erscheinen sie selten näher gegen den Aequator als 36° Br. *Fucus serratus* ist auf Europa allein beschränkt. Wenn die unvollkommen bekannten *Macrocystis comosa* und *Menziesii* sich als wirkliche *Fuci* erwiesen, so bildete die erstere eine Ausnahme von der Regel, indem sie sich bei der Insel Trinidad so wie an der Westküste von Nordamerica finden soll. Die Gattung *Cystosira* wird zwischen 50° — 25° d. Br. gefunden und wird häufiger so wie die *Fuci* abnehmen. Um Neuholland herrscht eine eigene Gruppe der *Cystosirae*. — *Sargassum*, mit ungefähr 70 Arten ist zunächst innerhalb der Wendekreise eingeschränkt, und selten kommen Exemplare über 42° südl. oder nördl. Breite vor. Das rothe Meer ist voll *Sargassum*-Arten. Es sind eigentlich 1 — 2 Arten *Sargassum*, worauf der populäre Name *Gulf weed* bei den

Seefahrern angewandt worden ist. Diese Anhäufungen von *Sargassum* sind mit Wiesen verglichen worden; sie kommen zu beiden Seiten des Aequators im atlantischen, im stillen und im indischen Oceane vor; die Portugiesen nennen das Meer von 18—22° nördl. Br. und 25—40° w. L. *Mar do Sargasso*. In derselben Gattung giebt es eine dem Meere von China und Japan eigene und locale kleine Gruppe, nämlich *S. fulvellum, microceratium, macrocarpon, sisymbrioides, Horneri, pallidum* und *hemiphyllum*; diese unterscheiden sich durch endständige Früchte, zarteres Aussehen und kleines nervenloses Laub. — Die *Laminarieae*, unter welchen sich Riesen der Meeresflora befinden, zeigen eine ziemlich bestimmte geographische Verbreitung; sie herrschen vom 40° bis 60° der Breite, dahingegen die *Macrocystis*-Arten vom Aequator bis gegen 45° südl. Br. zu existiren scheinen. — Die *Floridae* gehören nach Lamouroux den gemässigten Zonen an; doch mit mehrern Ausnahmen. *Amansia* ist ausschliesslich tropisch. *Hypnaea* und *Acanthophora* gehören auch mehr der heissen als den anstossenden Zonen an. Die südliche gemässigte besitzt weniger *Floridae* als die nördliche; dies hat nach Lamouroux die geringere Erstreckung der gemässigten Zone in jener Hemisphäre zum Grunde. — Lamouroux glaubte, dass die *Floridae* nach Artenanzahl die *Fucoideae* sehr überwiegen, diese die *Ulvaceae* und diese endlich die *Dictyoteae*. — Lamouroux nahm die Anzahl der Algenarten zu wenigstens 5000 bis 6000 an. Greville bemerkt hierzu, dass in solchem Falle wir bis jetzt erst $\frac{1}{8}$ der Wasser-Vegetation der Erde kennen.

Auf diese Einleitung folgen im Werke die Beschreibungen eines Theils der britischen Algen. Die *Confervoideae* sind hier nicht abgehandelt. Das Werk ist mit Kupfertafeln versehen, auf welchen die Befruchtungstheile der Gattungen abgebildet und zwar illuminirt sind. — Der Preis des Werkes ist 2 Pf. Sterl. und 2 Pence.

Schon i. J. 1828 gab Naccari eine, in italiänischer Sprache geschriebene *Algologia adriatica* heraus. Die Pflanzen sind nach Agardh's Systeme aufgestellt und die nothwendigen Synonyme nebst den speciellen Standörtern angeführt; es sind 197 Arten hier beschrieben und unter diesen nur einige wenige neue [8]).

Von Jürgens's Algae aquaticae sind nun zusammen 200 Arten ausgegeben. Es sind getrocknete Algen mit beigefügten Namen und Charakteristik. Hr. v. Martens hat in der Regensb.

---

8) Algogia adriatica del Cavaliere Fortunato Luigi Naccari. Bologna, 1828. 4to. pp. 97.

bot. Zeit. 1830, S. 411 — 417, eine erläuternde Recension des 17, 18 und 19ten Heftes gegeben und dabei manche Namen berichtigt, auch mehrere interessante algologische Bemerkungen mitgetheilt; er erwähnt auch, dass die Griechen bei Smyrna seit Jahrhunderten den *Sphaerococcus musciformis* als ein Mittel gegen Würmer gebraucht haben, und glaubt, es sei vielleicht nur durch eine Verwechselung geschehen, dass Stephanopoli anstatt dieser Alge den *Sphaerococcus Helminthochortos* empfohlen. Die Wirkung scheint dem Iodgehalt zuzuschreiben und allen iodhaltigen Algen gemeinsam zu sein.

Leiblein's algologische Bemerkungen, so wie v. Martens's Monographie der *Valonia intricata* Ag. sind der Aufmerksamkeit der Algologen werth [9]).

Algae lichenosae. — Parrot d. j. brachte von seiner Reise auf den Ararat eine Flechtenart nach Hause, welche zu Anfange d. J. 1828 in Persien mit dem Regen herabgefallen sein sollte und dies in solcher Menge, dass sie den Boden mehrere Zoll hoch bedeckte. v. Ledebour in Dorpat hat dieselbe untersucht und erklärt, dass es *Urceolaria esculenta* ist; er fand sie in der kirgisischen Steppe und sagt, dass sie häufig im mittlern Asien auf lehmartigen Boden, wie auch auf nackten Felsen vorkommt und oft unglaublich schnell nach starken Regenschauern aufwächst; er glaubt, dass sie fast entwickelt in einer einzigen Nacht nach einem starken Regen aufschiesst. Dieses rasche Wachsthum hat den Volksglauben veranlasst, dass sie mit dem Regen niedergefallen sei. Sie enthält sauerkleesauren Kalk in grosser Menge, weshalb geglaubt wird, dass sich daraus viel Sauerkleesäure gewinnen liesse [10]).

Musci hepatici. — Nees v. Esenbeck d. ä. hat die von Blume und Reinwardt auf Java und den zunächst-liegenden Inseln gesammelten Cryptogamen zu bearbeiten übernommen und jetzt die Beschreibungen der Lebermoose dieser Inseln herausgegeben; diese sind folgende:

---

9) Regensb. botan. Zeitung, 1839. I. S. 315 — 318, 323 — 335, 337 — 351. — v. Martens, Abh. über Valonia intricata, ebendas. II. S. 681 — 688. mit 1 Kpfrt.

10) Jahrb. der Chemie u. Physik 1830. Bd. 3. H. 4. S. 393 — 99.

1) Enumeratio Plantarum cryptogamicarum Javae et Insularum adjacentium, quas a Blumio et Reinwardtio collectas describi edique curavit Christ. Godofr. Nees ab Esenbeck. Fasc. prior, Hepaticas complectens, ab Editore illustratas. Wratisl., 1830. 8vo. pp. VIII & 86.

Tribus I. *Anthoceroteae:* I. *Anthoceros* L.: 1 sp. — II. *Monoclea* Hook.: 1 sp.

Tribus II. *Marchantieae:* III. *Dumortiera* N. ab E.: 1 sp. — IV. *Fimbriaria* N. ab E.. 1. *F. tenella* N. ab. E. in Hor. phys. Berol. p. 45. Nov. Act. Ac. Nat. Cur. T. XII. P. I. p. 410. Spreng. Syst. Veg. T. IV. 1. p. 235 (excl. synon. *March*ae. *androgynae*). *March. tenella* L. Sp. Pl. II. p. 1604. *M. gracilis* Web. & Mohr Crypt. germ. p. 389 (in obs. ad *M. hemisph.*). Web. Prodr. p. 103. *M. androgyna* Engl. Bot. t. 2545 (figurae duae inferiores). Cf. Hook. Musc. brit. ed. 2. p. 224. — Diese Pflanze (welche in Schweden für *March. pilosa* Horn. Fl. D. gehalten worden,) hat eine sehr ausgedehnte geographische Verbreitung; sie ward auch auf Java gefunden von Reinwardt, auf dem Cap. d. g. H. von Ecklon, in Nordamerica nach Gronovius und von v. Schweinitz, in Schweden von Wahlenberg und von Weber und Mohr, in Schlesien von Ludwig, in der Schweitz von Schleicher, in Italien von Micheli. — — V. *Grimaldia* Raddi: 1 sp. — VI. *Marchantia:* 3 sp., worunter auch *M. polymorpha*, welche über einen grossen Theil der Erde vorkommt.

Tribus III. *Jungermannieae:* VII. *Jungermannia* L. mit 108 javan. Arten, worunter 10, die Java mit Europa gemeinschaftlich besitzt, und mehrere, die es mit dem Cap, Brasilien und den Antillen gemein hat. — Sectio I. *Frondosae* (alle von Java sind acaules): 7 sp., wovon *J. multifida* und *furcata* auch europäisch sind. — Sect. II. *Vagae*, mit 33 sp., worunter die europäischen: *J. reptans* L., *bidentata* L., *pallescens* Ehrh., (welche der Verf. als eine von der *J. polyanthos*, wozu sie Lindenberg als Varietät zieht, verschiedene Art aufführt, nachdem er bei *J. pallescens* Früchte gesehen;) *J. bicuspidata* L. — Sect. III. *Tamariscinae* mit 37 sp., darunter sind europäisch *J. Tomentella* Ehr. und *Hutchinsiae* Hook. — Sect. IV. *Flagelliferae*, mit 10 sp. — Sect. V. *Nemorosae*, 5 sp.; europäisch ist *J. nemorosa*. — Sect. VI. *Asplenioideae*, 16 sp., worunter *J. asplenoides* europäisch.

Bei jeder Gattung ist der Gattungscharakter gegeben und die Arten beschrieben, wobei der Verf. häufig Vergleichungen zwischen nahe verwandten Arten anstellt. — Dieses Buch ist mit viel Kritik ausgearbeitet und demgemäss belehrend.

Nees v. Esenbeck und Bischoff haben eine Monographie der Gattung *Lunularia* Mich. gegeben: 1. *L. vulgaris* Mich. Nov. Gen. t. 4. Sie kommt in England, Frankreich, der Schweiz, Portugal, bei Constantinopel, auf Corfu und in Deutschland vor. — 2. *L. alpina*, N. ab E., auf den Alpen Süddeutschlands. —

?3. *L. Spathysii* N. ab E. (*March. Spathysii* Lindenb. Hep. p. 104. tab. 2. f. a — d). Auf Corfu, von Spathys gefunden. Der Verf. beschreibt zugleich noch eine neue Art *Corsinia*: *C. lamellosa*, von Teneriffa [2]).

Beilschmied hat noch einige Bemerkungen über *Jungermannia Blasia* Hook. (*Blasia pusilla* L.) mitgetheilt. Verf. sagt, dass sie einjährig ist. Sobald die tubercula mit den in ihnen eingeschlossenen granulis sich im Herbste gezeigt haben und darauf abgestorben sind, tritt an den Standörtern (um des Vfs. Wohnort) gewöhnlich eine Ueberschwemmung ein, und wenn diese lange anhält, so findet man im April nach dem Abflusse des Wassers die alte Pflanze nicht wieder, denn sie ist verfault; wohl aber Anfänge junger Pflanzen. War keine Ueberschwemmung, oder doch keine anhaltende erfolgt, so bleibt die *Blasia*, kann auch wohl als Jungermannia fructificiren, ehe sie abstirbt; aber der Sonnenschein im März und April verursacht auch dann häufig, dass sie vor Trockne stirbt, bevor noch die eigentliche Jungermannienfrucht sich zeigt; es bedarf daher der früher beschriebenen andern Fortpflanzungsweisen gar sehr, damit nicht die Art sogar aussterbe; (s. B—d und N. v. E. in Flora oder botan. Zeit. 1824, nr. 40, 41. S. 654). Sie bedarf zum Fructificiren eines genau bestimmten Maasses von Feuchtigkeit, welches nicht fehlen, aber auch nicht überschritten werden darf. Feuchte Gebirgsschluchten dürften das geeignetste Local dafür sein [3]).

Filices. — Hooker und Greville haben den 4ten bis 9ten Fascikel ihres Werkes über Farrnkräuter herausgegeben [4]). In jedem Foliohefte werden 20 Arten beschrieben und abgebildet, welche entweder neu sind oder bisher mit andern verwechselt wurden oder früher noch nicht abgebildet waren. Für jede Art wird ein Text auf einer Seite gegeben: dieser besteht aus dem Gattungscharakter, dem Charakter und der Beschreibung der Art, Synonymen und Standörtern in lateinischer Sprache; aber die beigefügten Observationen sind englisch geschrieben. — Die Verf. sind Willens, 12 Fascikel dieses schönen und wichtigen Werkes herauszugeben, von welchem es sowohl Exemplare mit schwarzen als auch mit colorirten Abbildungen giebt. Es ist kostbar; jedes Heft

---

2) Regensb. botanische Zeitung, 1830. II. S. 393 — 404.

3) Regensb. botanische Zeitung, 1830. I. S. 79, 80.

4) Icones Filicum &c. By W. Jackson Hooker and Rob. Kaye Greville. Fasc. IV. — IX. Londini, 1828, 1829. fol.

mit schwarzen Abbildungen kostet 30 Francs und mit illuminirten Abbildungen 50 Francs.

Fr. Müller hat angefangen, eine Sammlung von Cryptogamen Sachsens herauszugeben. Die 1ste Centurie erschien 1830 [5]).

Monocotyledoneae.

CYPEROIDEAE. — In der Flora oder botan. Zeitung sind [durch Prof. Hoppe] Bemerkungen über einige europäische *Carex*-Arten mitgetheilt worden [6]). — *Carex Gebhardi* Schkuhr.: die lappländischen Exemplare gleichen gänzlich denen aus Kärnthen. — *C. parallela* Lästad. wächst auch in Grönland; nach Wurzeln und Blättern ist sie nahe mit *C. dioeca* L. verwandt, aber durch straffen eckigen Hahn und glatte, fast geschnäbelte Früchte davon verschieden. — *C. loliacea* ist nur eine nordeuropäische subalpine Pflanze; in Deutschland ist sie gewiss nicht zu finden. — *C. paniculata β. teretiuscula* Wahlenb. Fl. Lapp. & Suec. ist *C. paradoxa* Good., nicht *teretiuscula*. — *C. binervis* Wbg. Fl. Su. ist nicht Smith's *C. binervis*, sondern *C. Hornschuchiana* Hp., wie aus dem Citate Flora Dan. 1049. und aus der Vergleichung mit *C. fulva* hervorgeht; auch hat Hoppe in s. deutschen Caricologie die Sache auseinandergesetzt; die wirkliche *C. binervis* Sm. ward bisher nur in England und in Holland gefunden. — *C. divulsa* ist keine nordische Pflanze. Der Vf. hat ein Exemplar der Art gesehen, die man in Schweden dafür hält, und sagt, dass es *C. virens* DC. ist, welche eine planta rigida ist, dagegen *C. divulsa* eine planta laxa, mollis darstellt, welche bei Zweibrücken und bei Triest gefunden worden; dabei ist sie mehr eine italiänische als deutsche Pflanze. Zu *C. virens* gehört *C. canescens* Leers Fl. Herborn. t. XIV. f. 3.

Inzwischen hat J. C. Schmidt (Regensb. bot. Zeit. 1830. II. S. 635 f.) mit Grund dargethan, dass *C. virens* nur eine Form der *C. muricata* ist, welche auf schattigeren und an Dammerde reicheren Stellen wächst. — Der Verf. vermuthet, dass *C. distans* Fl. Dan. T. VI. t. 1049. gewiss zur *C. Hornschuchiana* gehört; dies wird dadurch unterstützt, dass Wahlenberg dieselbe zu seiner *C. binervis*, welche *C. Hornschuchiana* Hp. ist, citirt. — Die

---

5) Cryptogamen Sachsens und der angränzenden Länder; herausgegeben von Fr. Müller. Erstes Hundert. Dresden, 1830.

6) Regensb. botanische Zeitung, 1830. II. S. 565 — 568.

angeführte Abbildung scheint wirklich zur letzteren zu gehören, obgleich das Deckblatt der untersten Aehre nicht so kurz ist, als es in diesem Aufsatze angegeben steht, aber die Deckblätter variiren an Grösse.

Reichenbach hat eine Abhandlung über *Scirpus Holoschoenus* gegeben und zu beweisen gesucht, dass unter diesem Namen mehrere Arten vermengt werden, welche er hier unterscheidet; darunter ist auch der sogenannte *Sc. Tabernaemontani* Gmel., der auch in Schweden wächst: dieser ist in der Fl. Dan. t. 454. unter dem Namen *S. Holoschoenus* abgebildet und M. v. Bieberstein bemerkte schon, diese Figur stelle eine Varietät des *S. lacustris* dar. Er ist in Engl. Bot. t. 2321. unter dem Namen *S. glaucus* Sm. abgebildet, welcher Name besser ist, indem Gmelin's Benennung auf einem Irrthume beruht, denn Tabernämontanus hat zu seiner Beschreibung nicht diese Art gehabt [7]).

Restiaceae. — Nees v. Esenbeck d. ä. hat in einer Abhandlung die Gattungen und Arten der *Restiaceae*, welche man bisher sehr unvollkommen kannte, beleuchtet [8]). — Der Verf., welcher das Bestimmen der von Ecklon am Cap gesammelten Arten übernommen, hat bei dieser Gelegenheit einen wichtigen Beitrag zur Kenntniss derselben gegeben. — Er sagt, dass *Thamnochortus* und *Elegia* schwerlich von *Restio* getrennt werden können und dass selbst *Willdenowia* mehr künstlich als naturgemäss begründet ist. *Restio* hat eine dicht mit Schuppen oder Deckblättern besetzte fast zapfenförmige Aehre und *Elegia* eine Rispe. Aber es giebt alle erdenklichen Uebergangsstufen zwischen denselben. Der Verf. untersucht auch die übrigen Gattungen, welche in Verwandtschaft dem *Restio* nahe stehen. Er vereinigt mit *Restio* die Gattungen *Elegia*, *Leptocarpus* Br. und *Thamnochortus*, lässt aber *Willdenowia* und *Hypolaena* einstweilen bestehen. — Die Kenntniss der Arten war bisher in Verwirrung gewesen, theils weil die beiden Geschlechter zu unvollständig bekannt waren, theils wegen des irreleitenden Eintheilungsgrundes für die Arten nach dem einfachen oder ästigen, mit sterilen Aestchen oder sogenannten Blättern versehenen oder blattlosen Halme; weder die Verästelung des Halmes noch die Bildung der sterilen Aeste können für sichere Kennzeichen der Arten gelten. — Endlich beschreibt der Verf. die Gattungen und Arten der capischen *Restiaceae*, wobei eine Menge Aufklärungen und Berichtigungen über die Arten dieser Familie mitgetheilt werden.

---

7) Regensb. bot. Zeitung, 1830. II. S. 489 — 501, 517 — 520.

8) Linnaea, Vter Band, 4tes Heft: S. 627 — 666.

Gramineae. — Trinius hat den IVten—XXIten Fascikel seiner Beschreibungen und Abbildungen der Gräser herausgegeben. — Jedes Heft enthält 12 Abbildungen in Steindruck und kostet 2 Thlr. 8 Gr. sächs. [9]). Ref. sah das Werk nicht.

Palmae. — v. Martius hat die Palmenarten bestimmt, welche Schiede und Deppe in Mexico entdeckt haben, nämlich 3 Arten *Chamaedorea* [10]).

Asphodeli. — Hier ist G. Don's Monographie der Gattung *Allium* zu nennen, die schon in mehreren Werken citirt wird; [sie steht im Anfange des VIten Bandes der Memoiren der Werner'schen Gesellschaft, welcher als completter Band erst 1832 in den Handel kam; (Edinb. 1832. 8vo.) s. folg. Jahresbericht über 1831: Uebersetzung S. 48.].

Orchideae. — Lindley, welcher schon lange an einer Monographie dieser Familie arbeitet, hat neulich eine Abtheilung derselben herausgegeben [1]). — Sie enthält die *Malaxideae*, wovon hier 47 Gattungen mit 380 Arten beschrieben sind. — Zuerst kommt der Charakter der Tribus I. *Malaxideae*, welche eingetheilt wird in: Sectio I. *Pleurothalleae:* Columna erecta, ad basin parum producta. Sectio II. *Dendrobieae:* columna in ovario recumbens, ad basin longius producta. — Darauf folgt eine „*artificial analysis of the Genera*,“ aus einer synoptischen Uebersicht der Gattungscharaktere bestehend. Die Eintheilung der Gattungen geschieht nach der Anzahl der Pollenmassen (Pollinia: 2, 4, 8.). Dann folgen die ausführlichern Gattungscharaktere mit einem Hinblicke auf den Habitus. Endlich die Merkmale der Arten, die wichtigsten Synonyme derselben, Angaben der Wohnörter und bei einigen auch kurze Beschreibungen. Alle Charaktere und Beschreibungen sind lateinisch, aber die hin und wieder vorkommenden Anmerkungen in englischer Sprache geschrieben. — Die Gattungen sind hier in ziemlich grosser Anzahl; ihre Merkmale sind von den sepala, petala, labellum, columna und pollinia entnommen. — In dieser Abtheilung (*Malaxideae*) kommen nur 3 schwedische Arten vor, von welchen hier die Gattungscharaktere unten folgen mögen [2]) wegen der neuern Betrachtungsweise der Befruchtungs-

---

9) Systema Graminum iconibus descriptionibusque illustravit C. B. Trinius. Fasc. IV — XXI. Petropoli.

10) Linnaea, IVter Band. 2tes Heft. S. 204, 205.

1) The Genera and Species of Orchideous Plants. By John Lindley. Part. I. Malaxideae. Londini, 1830. 8vo. pp. 95.

2) Sect. I. Pleurothalleae: — Pollinia 4.

theile der *Orchideen*. — Zuletzt giebt der Verf. einen Ueberblick der geographischen Vertheilung der *Malaxideae*. — Europa besitzt

---

Sepala et petala patentissima valde inaequalia.
Labellum cum columna angulum rectum efformans basi sagittatum v. cordatum . . . . Microstylis Nutt.
Labellum, cum columna subparallelum.
Labellum (nanum) petalis conforme,
Pollinia incumbentia . . . . . . Malaxis Sw.
Labellum petalis majus et difforme.
Pollinia collateralia.
Labellum basi planum.
Columna semiteres . . . . Liparis. Rich.

Microstylis Nuttall Gen. Amer. Pl. II. p. 196.
Sepala patentia, libera, lateralia basi aequalia, saepius breviora. Petala patentia, linearia v. filiformia. Labellum patentissimum, cum columna angulum rectum formans, basi excavatum, sagittatum v. auriculatum, integerrimum v. dentatum, tuberculis nullis. Columna minima, raro paullulum elongata, apice dentibus s. auribus duabus instructa. Anthera bilocularis. Pollinia 4, collateralia.

M. monophyllos Lindl.: caule unifolio, racemo rarifloro, labello acuminato integerrimo. Ophrys monophyllos L. — Hab. in Europae paludibus, sylvaticis alpestribusque; etiam in America septentr. prope Halifax. — Variat foliis binis, Swartz in Fl. Ind. occ. III. p. 1443; quae Ophrys bifolia Linn. Fl. Su. ed. 2.

Malaxis Sw. in Act. Holm. 1800. p. 233. t. 3. P.
Sepala patentia, libera, subaequalia. Petala sepalis duplo minora, conformia. Labellum posticum, ascendens, concavum, integerrimum, etuberculatum, petalis conforme. Columna minima, teres, apice utrinque dentata. Anthera bilocularis. Pollinia 4, incumbentia. — M. paludosa Sw. Ophrys paludosa L. — Habitat in paludosis et turfosis Europae septentr.

Liparis Richard Orch. Europ. p. 30. f. 10.
Sepala patentia, libera; lateralia basi aequalia saepius breviora. Petala sepalis angustiora, raro aequalia, linearia v. filiformia. Labellum ascendens v. erectum, basi cum columna paullulum accretum, supra basin saepius bituberculatum, integrum, nunc mucronibus aliquot sed lobis nullis. Columna elongata, semiteres, incurva, apice marginata. Anthera bilocularis. Pollinia 4, collateralia.

L. Lőselii Rich.: foliis binis ovato-oblongis obtusis plicatis racemo paucifloro multo brevioribus, scapo angulato, labello ovato integerrimo concolore, sepalis petalisque linearibus inaequalibus. Malaxis

nur 3 Arten, Nord-Asien 2, Nord-America 4, das nördl. Indien und Nepal 56, Ostindiens Continent 44, Ceylon 24, der indische Archipelagus 152, China 10, Japan 4, Neuholland 10, die Südsee-Inseln 10, das tropische America 46, (in Südamerica ausserhalb der Wendekreise und im nördl. Africa sind erst wenige Arten gefunden,) die Mauritius-Insel &c. 26, das tropische Africa 9. — Dieses Werk ist mit vieler Kritik geschrieben und bildet ein ein lehrreiches Compendium der Orchideenbeschreibung.

Lindley hat auch die Herausgabe einer Sammlung von Abbildungen der Befruchtungstheile der *Orchideae*, zergliedert und stark vergrössert, begonnen. Die Figuren sind von Francis Bauer gezeichnet, in Steindruck gravirt und erscheinen sowohl schwarz als auch illuminirt. Von diesem Werke ist der erste Theil heraus [3]). — Die Tafeln sind in Series mit besondrer Numerirung getheilt; die 1ste Series, über „*Fructification*" lautend, erläutert anatomische und physiologische Gegenstände; die 2te, „*Genera*," stellt die Theile dar, auf welche die Gattungscharaktere gegründet sind. Der Tafeln für die Fructification sind hier 10, für Genera 3; von diesen letzteren stellt Tab. I. die Befruchtungstheile der *Malaxis paludosa* und Tab. II. die der *Liparis Loeselii* dar.

Van Breda hat den 3ten Fascikel der Beschreibung der von Kuhl und van Hasselt auf Java gesammelten *Orchideae* und *Asclepiadeae* herausgegeben. Ref. sah dieses Werk nicht [4]).

Dicotyledoneae.

Thymelaeae. — Kunth hat eine sehr naturgemässe und aufklärende Uebersicht der Charaktere dieser Familie und zugleich auch die einer mit den Thymeläen verwandten Familie mitgetheilt, welche Sweet *Penaeaceae* genannt aber nicht beschrieben hatte; letztere besteht aus der Gattung *Penaea* L., welche von Kunth in drei Gattungen getheilt wird.

Löselii Sw. (Ophrys Löselii L.). — Habitat in turfosis Europae borealis; in Canada (Gouldie).

3) The Genera and Species of Orchideous Plants. By John Lindley. Illustrated by drawings on stone from the sketches of Francis Bauer. Part. I. London, 1830. fol. min.

4) Genera et Species Orchidearum et Asclepiadearum, quas in itinere per insulam Java, jussu et auspiciis Gulielmi I. Belg. Reg., collegit H. Kuhl et J. C. van Hasselt. Editionem et descriptionem curavit J. G. S. van Breda. Fasc. III. 1829.

5) Linnaea. Vter Band, (1830.) 4tes Heft. S. 667 — 678.

Polygona. — In der Regensb. bot. Zeitung 1819, S. 643. wurde bemerkt, dass das *Polygonum viviparum* nicht Samen bringen könne, weil die Beschaffenheit der Antheren und der Narbe keine Befruchtung erlaube, daher dies Gewächs sich nur durch die bulbilli fortpflanze, welche in der untern Hälfte der Aehre sich ansetzen und derenwegen die Pflanze den Speciesnamen erhalten. Dieses ward von Wiegmann (Regensb. bot. Zeit. 1821, S. 14.), von einem Ungenannten (das. S. 47.) und von Weinmann (das. 1822, S. 300.) bekräftigt. Dagegen bewies Zuccarini (ebendas. 1825, S. 292.), dass die Pflanze neben bulbillis viviparis auch einige Samen bringt. Endlich sagt Gaudin (Fl. Helv. III.), dass diese Pflanze in der Schweiz selten bulbillentragend vorkommt, und beschreibt die Samen als dreikantig und weisslich. Es bleibt nun auszumitteln, welche Verhältnisse die vorherrschende Zwiebelchenbildung veranlassen [6]).

Labiatae. — Bentham (Secretär der Horticultural Society in London) hat diese Familie monographisch zu bearbeiten angefangen und im *Botanical Register* (Vol. XV.) die ersten Resultate seiner Untersuchungen mitgetheilt, nämlich eine Uebersicht der Charaktere der dazu gehörenden Gattungen. Dieser gründlichen und wichtigen Abhandlung wird allgemein ein ausgezeichneter Werth zugeschrieben; darum mögen unten im Auszuge die Charaktere der Labiaten-Gattungen folgen, welche auch Schweden angehören [7]). [Fast alle stehen (nach Bentham in Bot. Reg., N. Ser. Vol. II.) in Eschw. Ann. d. Gewächsk. IV u. V., dort fehlen aber gen. 9. u. 23. und Trib. VII.; gen. 13 heisst dort *Dysophylla* [?]; *Cunila* (?) steht das. neben *Ziziphora* (35).]

---

6) Regensb. botanische Zeitung, 1830. II. S. 599, 600.

7) Bentham's Uebersicht der Pflanzenfamilie Labiatae:

Tribus I. Menthoideae.

Corollae tubus calyce brevior vel vix longior; limbus 4-1. 5fidus lobis subaequalibus. Stamina distantia, exserta, loculis parallelis vel divaricatis, vel rarius inclusa, loculis parallelis.

§. 1. Antherae 2loculares: loculis parallelis.

1. Lycopus L. Calyx aequalis, 5dentatus. Corolla tubo brevissimo, aequalis, 4fida. Stamina 2, subexserta, distantia. Antherae biloculares: loculis parallelis.

2. Meriandra Benth. 3. Isanthus Mx. 4. Audibertia Bth.

5. Mentha L. Calyx aequalis, 5dentatus, intus fauce nuda, vel rarius villosa. Corolla tubo brevissimo, subaequalis, 4fida. Stamina 4, distantia, exserta vel inclusa. Filamenta nuda. Antherae biloculares: loculis parallelis.

Der Verf. theilt die Lippenblüthigen in 7 Gruppen oder Tribus: I. *Menthoideae.* II. *Satureinae.* III. *Ajugoideae.* IV. *Monardeae.* V. *Nepeteae.* VI. *Prasieae.* VII. *Ocimoideae.*

---

6. Colebrookia Roxb. 7. Perilla L. 8. Acrocephalus Benth.

§. 2. Antherae 2loculares: loculis divaricatis.

9. Tetradenia Benth. 10. Elsholtzia Willd. 11. Cyclostegia Benth. 12. Aphanochilus Benth.

§. 3. Antherae terminales 1loculares, rima transversali dehiscentes.

13. Dasyphylla Blume. 14. Pogostemon Desfont.

Tribus II. Satureinae.

Corolla tubo calycem subaequante, bilabiata, labiis subaequalibus, superiori erecto subplano. Stamina 4, distantia, antheris 2locularibus: loculis parallelis vel raro divaricatis.

§. 1. Antherarum loculi paralleli.

15. Bystropogon L'Herit. 16. Pycnanthemum Michx. 17. Satureja L. 18. Micromeria Benth.

19. Thymus L. Flores verticillati vel capitati. Calyx 10striatus, ovato-tubulosus, bilabiatus: labio superiori 3dentato, inferiori bifido, intus fauce villosa. Corolla tubo calycem subaequante, bilabiata: labio superiori erecto subplano emarginato, inferiori patente trifido. Stamina 4, distantia. Antherarum loculi paralleli.

20. Origanum L. Florum Spicae tetragonae, strobiliformes: bracteis imbricatis. Calyx varius. Corolla tubo calycem subaequante, bilabiata: labio superiori erecto subplano emarginato, inferiori patente, Stamina 4, distantia. Antherarum loculi paralleli.

21. Cunila L. 21. Lophanthus Benth.

§. 2. Antherarum loculi divaricati.

22. Hyssopus L. 23. Diserandra Benth.

§. 3. Antherae dimidiatae vel cassae.

24. Westringia Smith. 25. Microcorys Brown.

Tribus III. Ajugoideae.

Corollae labium superius abbreviatum vel bifidum; inferius longius, patens. Stamina ascendentia, longe exserta.

26. Leucosceptrum Smith.

27. Teucrium L. Calyx tubulosus, ovatus v. campanulatus, 5fidus v. 5dentatus, subaequalis v. bilabiatus. Corollae tubus calyce subbrevior; labium superius bipartitum: laciniis demissis; inferius patens, 3fidum. Stamina 4, ascendentia, e fissura labii superioris longe exserta. Antherae loculis divaricatis confluentibus, subuniloculares. Stylus apice subaequaliter bifidus. Achenia reticulato-rugosa.

Fresenius, welcher schon früher eine Abhandlung über die *Mentha*-Arten (Regensb. bot. Zeitung, 1827: Sylloge Plantar.

---

28. Amethystea L. 29. Trichostemma L.

30. Ajuga L. Calyx ovatus, subaequalis, 5fidus. Corolla tubo exserto, bilabiata: labio superiori abbreviato erecto integro vel emarginato, inferiori majore patente trifido. Stamina 4, ascendentia, e labio superiori exserta. Antherae biloculares: loculis divergentibus vel divaricatis subconfluentibus. Stylus apice subaequaliter bifidus. Achenia reticulato-rugosa.

31. Anisomeles Brown. 32? Collinsonia L.

Tribus IV. Monardeae.

Corolla subaequaliter bilabiata. Stamina: 2 labii inferioris ascendentia, e labio superiori exserta vel subaequalia: antheris margine connexis; labii superioris abortiva v. rarius fertilia, tubo subinclusa: antheris liberis.

33. Monarda L. 34. Blephilia Rafin. 35. Ziziphora L. 36. Rosmarinus L. 37. Synandra Nutt.

Tribus V. Nepeteae.

Corolla bilabiata. Stamina ascendentia, labio superiori breviora. Antherae liberae. Achenia sicca.

§. 1. Calyx aequalis vel obliquus, 5—10dentatus, nec bilabiatus.

* Stamina e tubo exserta. Antherae perfectae.

38. Leonotis RBr. 39. Leucas RBr. 40. Phlomis L. 41. Notochaete Benth.

42. Ballota L. Calyx hypocrateriformis, aequalis, 10nervis, plicatus, dentibus 5 subfoliaceo-dilatatis mucronatis; intus fauce nuda. Corolla tubo calyce subbreviore, bilabiata: labiis subaequalibus: superiori erecto integro fornicato; inferiori subpatente 3fido, lobo medio bifido. Stamina 4, sub labio superiori ascendentia. Antherae biloculares: loculis divaricatis. Stylus apice subaequaliter bifidus. Achenia sicca, laevia.

43. Beringeria Necker. 44. Roylea Wallich. 45. Moluccella L. 46. Eriophyton Benth. 47. Chasmonia Presl.

48. Leonurus L. Calyx ovatus vel campanulatus, 5—10nervis aequalis, dentibus 5 subulatis, intus fauce nuda. Corolla tubo subexserto, bilabiata: labiis subaequalibus: superiori erecto integro subplano vel fornicato; inferiori patente 3fido: lobo medio integro vel bifido. Stamina 4, sub labio superiori ascendentia. Antherae biloculares: loculis parallelis. Stylus apice subaequaliter bifidus. Achenia sicca.

49. Galeobdolon Huds. Calyx campanulatus, 5nervis, subaequalis, 5dentatus, intus fauce nuda. Corolla tubo calycem subaequante,

T. II. p. 225 — 240.) geliefert, hat neulich in einer Inaugural-Dissertation weitere Bemerkungen über *Mentha*, *Pulegium* und

bilabiata: labio superiori erecto incurvo subfornicato integro: inferiori minore patente 3fido: lobis lateralibus reflexis, medio integro. Stamina 4, sub labio superiori ascendentia. Antherae biloculares: loculis demum divaricatis. Stylus apice subaequaliter bifidus. Achenia laevia.

50. Galeopsis L. Calyx campanulatus, sub-10nervis, aequalis, 5dentatus, aristatus, intus fauce nuda. Corolla tubo exserto, fauce inflatâ bidentatâ, bilabiata: labiis subaequalibus: superiori erecto integro v. crenulato fornicato, inferiori patente 3fido. Stamina 4, sub labio superiori ascendentia. Antherae biloculares: loculis subparallelis, valvulis intus ciliatis v. nudis. Stylus apice subaequaliter bifidus. Achenia sicca laevia.

51. Lamium L. Calyx campanulatus, subaequalis, aristatus, intus fauce nuda. Corolla tubo exserto, fauce inflatâ, bilabiata: labiis subaequalibus: superiori erectō integro fornicato; inferiori patente trifido: lobis lateralibus suberectis antice dentatis, medio emarginato. Stamina 4, sub labio superiori ascendentia, Antherae biloculares: loculis divaricatis margine extus barbatis. Stylus apice subaequaliter bifidus. Achenia sicca, laevia.

52. Orvala L. 53. Physostegia Benth. 54. Sphacele Benth.

55. Betonica L. Calyx ovatus, 10nervis, aequalis, 5dentatus, aristatus, intus fauce nuda. Corolla tubo saepius exserto, bilabiata: labiis subaequalibus: superiori subpatente subplano integro vel emarginato; inferiori patente 3fido: lobo medio integro. Stamina 4, sub labio superiori ascendentia. Antherae biloculares: loculis parallelis. Stylus apice subaequaliter bifidus. Achenia sicca, laevia.

56. Stachys L. Calyx ovato-campanulatus, 10nervis, aequalis, 5dentatus, intus fauce nuda v. vix pilosa. Corolla tubo calycem subaequante; 2labiata: labiis subaequalibus: superiori subpatente integro fornicato v. subplano; inferiori patente 3fido: lobo medio integro v. emarginato. Stamina 4, sub labio superiori ascendentia. Antherae 2loculares: loculis divaricatis. Stylus apice subaequaliter 2fidus. Achenia sicca, laevia.

57. Chaiturus Mönch. 58. Cymaria Benth. 59. Craniotome Rchb.

60. Nepeta L. Calyx tubulosus, basi subgibbus, 15nervis, aequalis v. ore obliquus, 5dentatus, intus fauce nuda. Corolla tubo exserto, fauce inflatâ, bilabiata: labiis subaequalibus: superiori erecto emarginato fornicato v. subplano; inferiori patente 3fido: lobis lateralibus reflexis,

Preslia mitgetheilt. — Nach seinen Untersuchungen könne man die 3

---

medio lato concavo. Stamina 4, sub labio superiori ascendentia. Antherae biloculares: loculis divaricatis. Stylus apice subaequaliter bifidus. Achenia sicca, minute rugoso-punctata, rarius laevia.

61. Glechoma L. Calyx tubulosus, 15nervis, aequalis, 5dentatus, intus fauce nuda. Corolla tubo exserto, fauce inflatâ, bilabiata: labiis subaequalibus: superiori erecto subplano emarginato; inferiori patente 3fido: lobo medio integro plano. Stamina 4, sub labio superiori ascendentia, breviora vix e tubo exserta. Antherae biloculares: loculis ante anthesin parallelis, demum divergentibus vel divaricatis. Stylus apice subaequaliter bifidus. Achenia sicca, laevia.

Obs. Genus vix a Nepeta diversum.

62. Colquhounia Wall. 63. Achyrospermum Bl. 64.? Holmskioldia Retz.

** Stamina e tubo exserta. Antherae dimidiatae v. cassae:

65? Hemigenia RBrown.

*** Stamina intra tubum inclusa; — 66. Sideritis L.

67. Marrubium L. Calyx ovatus, 10nervis, striatus, subaequalis, dentibus 5 v. 10 rigidis patulis: intus fauce villosa. Corolla tubo subexserto, bilabiata: labio superiori erecto lineari bifido subplano; inferiori patente 3fido; lobo medio crenulato. Stamina 4, ascendentia, intra tubum corollae inclusa. Antherae biloculares: loculis divaricatis saepius confluentibus. Stylus apice breviter bifidus: lobis conicis, superioriori breviore. Achenia sicca.

68. Lavandula L. 69? Phytoxys Molin. 70. Rizoa Cav.

§. 2. Calyx bilabiatus. Antherae biloculares vel connectivo brevi dimidiatae.

71. Dracocephalum L. Calyx tubulosus, 15nervis, bilabiatus: labio superiori 3dentato: dentibus ovatis, medio saepe latiore; inferiori 2dentato, dentibus linearibus; intus fauce nuda. Corolla tubo nunc exserto nunc calyce breviori, fauce inflatâ, bilabiata: labio superiori erecto emarginato fornicato; inferiori patente 3fido, lobo medio emarginato subplano. Stamina 4, sub labio superiori ascendentia, approximata. Antherae biloculares: loculis divaricatis. Stylus apice subaequaliter bifidus. Achenia sicca, laevia.

72. Melissa L. 73. Lepechinia W. 74. Thymbra L.

75. Acinos Mönch. Verticillastra pauciflora. Calyx 13nervis, tubulosus, basi infra gibbus, bilabiatus, labio superiori 3dentato inferiori 2fido: intus fauce villosa. Corolla tubo nunc exserto subinflato, nunc calyce incluso, bilabiata: labio superiori erecto integro v. brevissime emarginato subplano; inferiori patente 5fido, lobo medio subinte-

Gattungen mit gutem Rechte annehmen, aber ihre Species müssen

---

gerrimo. Stamina sub labio superiori ascendentia, approximata, superiora nunc sterilia v. abortiva. Antherae biloculares: loculis distinctis, connectivo crasso saepius adnatis, subparallelis divergentibus vel demum divaricatis. Styli lobus inferior recurvus, complanatus, superiorem brevissimum basi involvens. Achenia sicca, laevia.

76. Gardoquia Ruiz & Pav. 77. Calamintha Mönch.

78. Clinodium L. Verticillastra conferte multiflora. Calyx 13-nervis, tubulosus, basi subaequalis, saepius incurvus, bilabiatus, labio superiori 3dentato, inferiori 2fido, intus fauce subnuda. Corolla tubo saepius exserto, bilabiata: labio superiori erecto emarginato. Stamina sub labio superiori ascendentia, superiora nunc sterilia. Antherae biloculares: loculis distinctis, connectivo crasso saepe adnatis, subparallelis divergentibus v. demum divaricatis. Styli lobus inferior recurvus, complanatus, superiorem breviorem, nunc brevissimum, basi involvens. Achenia sicca, laevia.

79. Melittis L. 80. Macbridea Elliott.

81. Prunella L. Calyx ovatus, bilabiatus, labio superiori subplano 3dentato vel 3mucronato, inferiori 2fido: intus fauce subnuda. Corolla tubo exserto, bilabiata, labio superiori erecto integro fornicato, inferiori patente 3fido. Stamina 4, sub labio superiori ascendentia. Filamenta apice bidentata, dente superiori nudo, inferiori antherifero. Antherae biloculares, loculis divaricatis. Stylus apice subaequaliter bifidus. Achenia sicca.

82. Cleonia L.

83. Scutellaria L. Calyx ovato-campanulatus, supra in squamam concavam, dorsalem, appendiciformem productus, ore bilabiatus: labiis integris, post anthesin clausis. Corolla tubo longe exserto, bilabiata, labio superiori erecto fornicato incumbente, inferiori breviore suberecto 3fido. Stamina 4, sub labio superiori ascendentia. Antherae ciliatae, staminum superiorum dimidiatae, inferiorum cordatae, biloculares: loculis divaricatis. Styli lobus superior brevissimus. Ovarium gynophoro incurvo elevatum. Achenia sicca, laevia.

84. Perilomia Kunth. 85? Hemiandra RBr.

§. Calyx bilabiatus. Antherae dimidiatae, connectivo elongato filiformi.

86. Salvia L. Calyx bilabiatus: labio superiori integro v. 3dentato, inferiori bifido. Corolla bilabiata: labio superiori erecto fornicato vel falcato, inferiori patente 3fido. Stamina fertilia 2, sub labio superiori ascendentia. Filamenta brevissima, tubo inclusa. Antherae dimidiatae; connectivo elongato, filiformi, incurvo, postice saepius clavato,

auf eine kleinere Anzahl eingeschränkt werden [8]). Der Verf. nimmt folgende als verschiedene Arten an und führt ihre Synonyme dabei auf: 1. *Mentha sylvestris*, (*M. gratissima* quorund. Auctor., *crispa* Quorund., &c.). 2. *M. nemorosa*. 3. *M. rotundifolia*. (*M. suaveolens* Ehrh. u. A.). 4. *M. piperita*. 5. *M. viridis* (dazu *M. crispata* Schrad.). 6. *M. balsamea* Willd. Enum. 7. *M. tenuis* Michx. 8. *M. lavandulacea* W. Enum. (*M. capensis* Thunb.?) 9. *M. quadrifolia* Roxb. 10. *M. verticillata* Roxb. 11. *M. aquatica* (*M. hirsuta*, *M. sativa* plurim., *austriaca* Jacq. u. A.). 12. *M. arvensis* L. 13. *M. lapponica* Wbg. 14. *M. borealis* Michx. 15. *M. canadensis* L. 16. *M. australis* Br. 17. *M. gracilis* Br. 18. *M. satureioides* Br.

Dierbach hat Bemerkungen über die *Mentha*-Arten, welche unter dem Namen *Mentha crispa* vorkommen, mitgetheilt und dabei erinnert, dass es unbestimmt ist, welche Art Linné mit diesem Namen bezeichnet habe [9]). — Linné erklärte selbst, dass alle Pflanzen mit krausen Blättern Monstrositäten oder von einer andern Mutterpflanze herstammende Varietäten wären (in der *Philosophia botanica* sagt er: „crispa et bullata folia omnia sunt monstrosa“). — Dierbach glaubt alle Menthen, welche crispifoliae sind, als Varietäten anderen zuordnen zu müssen.

---

varius antherae loculum alterum gerente. Stylus apice bifidus, lobo superiori saepius breviore. Achenia sicca.

Tribus VI. Prasieae.

Corolla bilabiata. Stamina ascendentia. Achenia carnosa.

87. Prasium L. 88. Phyllostegia Benth. 89. Stenogyne Benth. 90. Gomphostemma Wall.

Tribus VII. Ocimoideae.

Corolla bilabiata. Stamina declinata.

91. Moschosma Rchb. 92. Ocimum L. 93. Orthosiphon Benth. 94. Coleus Lour. 95. Plectranthus L'Herit. 96. Geniosporum Wall. 97. Mesona Blume. 98. Acrocephalus Benth. 99. Anisochilus Wall. 100. Pycnostachys Hook. 101. Aeolanthus Mart. 102. Hyptis Jacq. 103. Marsypianthus Mart. 104. Peltodon Pohl. 105? Glechon Spr. 106? Dentidia Lour. 107. Prostanthera Labill. 108. Cryphia RBrown. 109? Chilodia RBr.

8) Syllabus Observationum de Menthis, Pulegio et Preslia. Auctore Georgio Fresenio. Francof. ad Moen. 1829. 8vo. pp. 23.

9) Geiger's Magazin f. Pharmacie. Febr. 1830. S. 154 ff. — [M. vgl. damit noch Th. Fr. Nees v. Esenbeck u. Ebermaier: Handb. d. med. pharm. Bot. II. und Koch in s. Deutschlands Flora III.]

I. Floribus spicatis: a) *Mentha cruciata* Lobel., die in Frankreich allgemein als *M. crispa* angebaute; sie wird von neuern Autoren *M. cordifolia*, *M. suaveolens*, genannt. *M. velutina* Lejeune und *M. rugosa* Roth stehen ihr sehr nahe. Sie sind alle ohne Zweifel nur Varietäten der *M. rotundifolia* L. [Koch bringt *M. velutina* zu *M. sylvestris* α.]. — b) *M. balsamita* Lob.: ward wohl vorzugsweise in Italien cultivirt, und ist jetzt die in Deutschlands Apotheken gewöhnlichste *M. crispa*. Sie wird in ihren Formen *M. incana*, *undulata*, *altaica*, u. s. w. genannt, welche alle Spielarten der *M. nemorosa* Willd. oder der breitblättrigen Form der *M. sylvestris* L. sind. — c) *M. crispata* Schrad., gewiss gleich der *M. viridis crispa* der Engländer [*M. sylvestris* var. ε. Koch].

II. Floribus verticillatis. Der Verf. bemerkt, dass es unter den quirlblüthigen Arten, *M. cervina*, *Pulegium*, *arvensis*, u. a. keine krausblättrigen Varietäten giebt, dass aber, wenn die Blumen Neigung zur Kopfstellung haben, dergleichen doch vorkommen. Dahin gehören a) *M. sativa* L. [u. Koch], welche nach Smith eine var. der *M. hirsuta* ist; sie ist in neuern Zeiten unter dem Namen *M. crispa* allgemein angebaut worden, jetzt aber seltener; Tausch hat sie erläutert. — b) *M. rubra* und *gentilis*, welche von neuern Autoren nicht unterschieden werden, und schwerlich als Arten von *M. sativa* zu trennen sind. [*M. rubra* ist bei Koch *sativa* β.; *gentilis* L. et Sm. eher eine *M. arvensis*; *gentilis* Fr. ist *M. sativa* K.] Der Verf. bemerkt, dass man wohl Varietäten, nach glattem oder behaartem Kelche aufstellen könne, aber nicht Arten. — *M. gentilis* war den alten Autoren unter dem Namen Basilienmünze bekannt. Tragus bemerkte schon, dass sie durch Versetzen in feuchten Grund in *M. aquatica* überging. — Krause Münzen dieser Abtheilung kommen jetzt unter mehreren Namen vor; Vf. besitzt sie als *M. dentata* W., *M. plicata* Opiz, und *M. ciliata* Op.

III. Floribus capitatis. Hierher gehört nur die *M. crispa* des Valerius Cordus, sie ist nur eine *M. aquatica*. — Der Verf. sagt, dass *M. citrata* Ehrh. zu *M. aquatica* gehört.

Wenn die *Mentha*-Arten durch Anbau kraus werden, so wird ihre Geruch stärker und lieblicher. Dies bemerkte schon Linné, indem er sagt: „Odor in *Tanaceto*, *Mentha*, *Ocimo*, *Matricaria* augetur cum crispatura, quod singulare.“ Dieser Geruch hängt vom ätherischen Oele ab, welches in trockenen und sonnigen Gärten mehr ausgebildet wird. Ueberhaupt sind die Labiaten, die an sonnigen sterilen Orten wachsen, stark riechend, während der im Wasser wachsende *Lycopus* reicher an Gerbestoff ist. — Linné hatte seine wahre *Mentha crispa* (floribus capitatis, foliis cordatis dentatis undulatis sessilibus, staminibus corollam aequantibus) zuerst als eine dänische oder deutsche Pflanze angegeben, bemerkte aber nachher, sie wachse in Sibirien. — Die von Sprengel im Syst. Veget. aufgeführte *M. crispa* muss gewiss *M. nemorosa* var. *crispa* glabra sein, welche in Deutschland und der Schweiz wächst. Link sagt in Enum. Pl. Horti Berol. 1822, *M. crispa* gehöre zur Abtheilung der spicatae, aber in s. bot. Handbuche und in der Pharmacopea borussica schreibt er ihr flores capitati zu, und als Vaterland das östliche Europa.

Apocyneae. — Arnott hat eine Art *Tabernaemontana*: *T. utilis*, beschrieben [10]), welche James Smith in Demerara gefunden, wo sie *Hya-hya* oder Milchbaum genannt wird. Wenn dieser Baum verwundet wird, so fliesst ein dicker, klebriger, milchartiger Saft heraus, welcher als Nahrungsmittel benutzt wird. Man hat keine schädlichen Folgen von seiner Benutzung bemerkt, obgleich sonst die *Apocyneae* im Allgemeinen giftig sind.

Campanulaceae. — Der Dr. juris Alphonse De Candolle (Sohn von Aug. Pyr. De Candolle in Genf) hat eine Monographie der *Campanulaceae* herausgegeben [1]). Sie besteht aus zwei Abtheilungen: I. Einer allgemeinen Geschichte der Familie. II. Beschreibung der Gattungen und Arten. — Die 1ste Abth., welche in französischer Sprache geschrieben ist, enthält 5 Capitel: 1. Cap.: Organographie dieser Gewächse. — 2. Cap.: Ihre Classification und Verwandtschaft. Sie haben ihre Stelle neben den *Compositae*, und der Verf. meint, dass zwischen den *Lobeliaceae* und *Lactuceae* auch ein natürlicher Uebergang stattfindet. — Subtribus I. Capsulis apice dehiscentibus: *Jasione*, *Lightfootia*, *Cephalostigma*, *Campanomoea* Bl., *Codonopsis* Wall., *Canarina* Juss., *Platycodon*, *Microcodon*, *Wahlenbergia* Schrad., *Prismatocarpus*, *Roëlla* L. — Subtribus II. Capsulis latere dehiscentibus: *Phyteuma* L., *Petromarula*, *Michauxia* L'Herit., *Campanula* L., *Specularia* Heister, *Trachelium*, *Adenophora* Fisch., *Symphysandra*, *Musschia* Dumortier. — 3. Cap. Ihre Eigenschaften und Nutzen. — 4. Cap. Ueberblick ihrer geographischen Vertheilung. Die Hälfte der *Campanulaceae* wächst in Europa und dem temperirten Asien; ein Viertheil am Cap d. g. H.; die des übrigen Viertheils sind in andern Erdgegenden zerstreut. — Der Verf.

---

10) The new Edinb. philos. Journ. 1830. p. 184 &c.

1) Monographie des Campanulées. Par Alphonse De Candolle. Avec 20 planches. Paris, 1830. 4to. pp. 380.

untersucht die geographische Vertheilung sowohl der Sectionen als auch der Gattungen und einzelner Arten. — Das 5. Cap. handelt von den Gattungen und Arten, welche auszuschliessen sind. Hier ist eine Abhandlung über die *Vahlia* beigefügt; diese Gattung hat hier 5 Arten, wovon 3 neu sind, welche Perottet und Leprieur vom Senegal mitgebracht haben.

Die IIte Abtheilung, welche in lateinischer Sprache verfasst ist, enthält die Beschreibung der Arten. Der Vf. giebt hier Speciescharakter, vollständige Synonyme, Standörter und Beschreibungen. Es sind 334 Arten hier beschrieben, worunter 65 neu sind. (Sprengel hat im *Syst. Veget.* 234 Arten und Römer u. Schultes haben in ihrem *Syst. Vegetab.* deren 287.) — Die beigegebenen 20 Kupfertafeln stellen Analysen von Befruchtungsorganen und neue Arten dar.

Compositae. — Monnier hat eine Monographie der Gattung *Hieracium* zu Nancy herausgegeben [2]). Verf. giebt zuerst eine Uebersicht derselben und ihrer Unterschiede von andern; dann beginnt die Beschreibung der Arten, welche in 6 Sectionen getheilt sind. I. *Drepanoideae*: die mit *Schmidtia* Mönch. verwandten Arten, z. B. *H. staticifolium.* II. *Piloselleae.* III. *Pulmonariae*, z. B. *H. Gronovii*, *murorum* &c. IV. *Cerinthoideae*, z. B. *H. amplexicaule* &c. V. *Andryaloideae: H. andryaloides* &c. VI. *Crepoideae: H. laciniatum* Monn. (*Andryala lanata* L.) &c. — Der Gattungscharakter lautet: *Hieracium:* „Semina (Achenia) conica, 10costata. Pappus pilosus: pilis denticulatis rigidis fragilibus. Clinanthium alveolatum. Periclinium: foliolis acutis uniseriatis subimbricatis.“ Unter den Sectionen sind 53 Arten beschrieben und zuletzt 13 (Nr. 54 — 65.) genannt, welche der Verf. nicht gesehen. — Hier möge nur Einiges über die nördlichen Arten folgen. II. *Piloselleae*: Diese Abth. hält man für am wenigsten gut bearbeitet. Zu *H. Pilosella* werden *H. Hoppeanum* Schult. und *H. Peleterianum* gebracht, welche von den Meisten für eigne Arten erkannt werden. Als *H. dubium* L. wird *H. bifurcum* MB. angenommen; man glaubt, dass der Vf. *H. brachiatum* Bertol. mit Unrecht dazu cirtirt. Zum *H. cymosum* kommen eine Menge Arten als Abänderungen, z. B. *H. collinum* Gochn. *H. fallax* ist als eigne Art aufgenommen, Verf. glaubt aber, dass es eine Varietät des *H. cymosum* ist. — III. *Pulmonariae*. Zu *H. prenanthoides* Vill. kommt *H. cotoneifolium* Lam. (*cydoneifo-*

---

2) Essai monographique sur les Hieracium et quelques genres voisins. Par Auguste Monnier. Nancy, 1829. 8vo.

lium Vill.). Bei *H. sabaudum* führt der Verf, mit Unrecht *H. boreale* Fries an; das wahre *H. subaudum* ist vielleicht eine bloss südeuropäische Pflanze. Zu *H. umbellatum* bringt Vf. *H. laevigatum* W.; aber Heinhold hat (Regensb. botan. Zeit. 1831. Liter.-Ber. S. 59.) bemerkt, dass das letztgenannte das *H. boreale* Fr. ist und als eine eigne Art angesehen werden muss, welche mehr mit *H. sylvestre* Tausch verwandt ist. Zu *H. murorum* bringt der Vf. *H. vulgatum* Fr.; Heinhold sagt aber, dieses gehöre zu *H. Lachenalii* Gm., welches seinerseits der Vf. mit Unrecht zu *H. sylvaticum* Gou. bringe. — V. *Andryaloideae*. Mit *H. alpinum* sind mehrere von Hoppe, Schrader u. A. aufgestellte Arten vereinigt, was Heinhold tadelt. — Zum Schlusse untersucht der Verf. die Gattung *Andryala*, und giebt als Resultat an, dass sie nicht von *Hieracium* zu trennen sei.

Endlich werden die Gattungen beschrieben, welche der Verf. als aus solchen Arten gebildet, die bisher unrichtig unter *Hieracium* gestellt gewesen, aufführt. Dazu gehören: *Aracium* Necker? Fructus columnaris, apice et basi vix attenuatus, striatus. Pappus pilosus: pilis dentatis rigidis rufescentibus. (?) Clinanthium nudum, alveolatum. Periclinium subimbricatum. Hierunter kommen *Hierac. paludosum* L. und *Sonchus montanus* Lam. (*S. coeruleus* Sm.). Verf. glaubt auch, dass der sogen. *Sonchus lapponicus* hinzu kommen kann, aus welchem Cassini eine eigne Gattung *Mulgedium* gebildet hat. — *Intybellia*. Hierüber bemerkt Heinhold, dass Cassini's *Intybellia* (*Dictionn. des Sc. nat.* XXIII. (1822.) p. 547 sq.) aus *Lagoseris crepoides* MB. besteht, dass demnach Monnier mit Unrecht glaube, dass sie aus *Hieracium incarnatum* Jacq. bestehe; deshalb, meint Heinhold, müsse der Name *Geracium* (Reichenb., Mössl. Handb. II. S. 1345.) angenommen werden (*Intybus* Fr.). Hierunter stehen: 1. *H. praemorsum* L. 2. *H. incarnatum* J. und 3. *Crepis pulchra* L. Heinhold glaubt, dass *H. Gmelini* L. auch hierher gehöre.

Heinhold hat ein Verzeichniss der um Dresden wild wachsenden 17 *Hieracium*-Arten, nebst den 3 von Reichenbach zu *Geracium* gebrachten: *H. praemorsum, succisaefolium* und *paludosum* Mössl. Hdb. II. 1345, 1366), mitgetheitt. Mehrere derselben dürfte man aber mit Recht für Spielarten längst bekannter Species ansehen [3]).

Lessing hat die Beschreibungen der *Syngenesisten* des Berliner Königl. Herbarii fortgesetzt. Er handelt die *Nassavieae* und

3) Regensb. bot. Zeitung, 1830. I. S. 172 — 174.

Mutisieae ab, indem er ausführliche Beschreibungen derselben, ihrer Gattungen und Arten giebt. Auf beigegebenen Kupfertafeln hat der Verf. mit vieler Sorgfalt die Befruchtungstheile der Gattungen abgebildet dargestellt [4]).

Lessing hat auch die *Syngenesis*ten beschrieben, welche Schiede und Deppe in Mexico gesammelt haben. Sie machen eine bedeutende Anzahl aus [5]). — Diese Abhandlungen sind mit vieler Gründlichkeit und Kritik geschrieben und deshalb von grosser Wichtigkeit für das System.

Rubiaceae. — Dierbach hat eine Uebersicht der neuesten Arbeiten über die *China*arten (*Cinchonae*) und ihre Rinden gegeben [6]). — §. 1. Vorwort. — Der Verf. sagt, dass, obgleich die *Cinchona*-Arten mehrfach untersucht worden sind, doch Zweifel über die Bäume bleiben, welche die officinellen China-Rinden geben. Fée in Paris hat deshalb eine Abhandlung über ihre Synonymie geschrieben, wodurch mehreres aufgeklärt wird. Dieser Autor giebt zuerst ein alphabetisches Verzeichniss der Chinarinden mit Angabe der Werke, worin sie beschrieben worden, und darauf eine alphabetische Vergleichung der im Handel diesen Rinden gegebenen Namen mit den botanischen. Es ist in Europa sehr schwer, die Rinden kennen zu lernen, und noch schwerer, die Species, wovon sie kommen, anzugeben. Die Droguisten vermischen aus Gewinnsucht mehrere Sorten und vermehren so die Verwirrung. — Man hat auch mit Recht die Eintheilung der Rindensorten nach den Farben getadelt. Die Eintheilung nach den in ihnen vorherrschenden Alkaloiden ist schätzenswerth, aber im Handel schwer anwendbar, daher man vorläufig die frühere beibehalten muss. Diese könnte vielleicht dadurch verbessert werden, wenn man die Angabe der Farben nicht von den äussern Theilen, sondern von den innern oder dem Baste entnähme, denn dessen Farbe ist beständiger, und nicht den Veränderungen unterworfen, welche von der Gegenwart oder dem Mangel der Epidermis abhangen; hier setzen sich keine Cryptogamen an, welche die Farbe abändern; selbst das Alter des Baumes hat auf diesen wesentlichen Theil der Rinde weniger Einfluss.

§. 2. — I. *Cinchonae*, welche in Peru und Neu-Granada wild wachsen.

---

4) Linnaea, Vr Band. 1830. Heft 1, 2, 3. S. 1—42, 237—298, 337—365.

5) Linnaea, V. 1830. H. 1. S. 128—164.

6) Geiger's Magazin f. Pharmacie &c. 1830. April. S. 42—68.

A. *Cinchonae* der höheren und kälteren Regionen.

1. *Cinchona Condaminea* Humb. Sie wächst auf sehr bedeutenden Höhen in Peru um Loxa, Ayavaca &c. Aus dem verwundeten Stamme fliesst ein gelber und adstringirender Saft. Die Rinde ist rissig und aschgrau, diese Rinde gehört zu der besten Sorte. Guillemin meint, dass die graue Rinde von diesem Baume kommt. Nach v. Bergen kommt die Kron- oder Loxa-China hiervon, aber nach Richard u. A. giebt er bloss die *Cascarilla* oder *Quina fina*, die für den spanischen Hof gesammelt wurde und nie rechtlicher Weise in den Handel kam; auch Göbel suchte zu bestätigen, dass die gewöhnliche Loxa-China nicht hiervon kommt, wohl aber der *Cortex Chinae fuscus*, s. *Cascarilla fina de Uritusinga*. — Sprengel bringt *Cinch. scrobiculata* als Synonym zu dieser Art; ihre Rinden sind auch so ähnlich, dass v. Humboldt sagt, sie können im Handel schwerlich unterschieden werden. Man hat sie jedoch unterschieden, und Göbel nimmt an, dass *C. scrobiculata* die gewöhnliche *China de Loxa* s. *Cortex Chinae fuscus de Corona* giebt; hiermit stimmt Kunze überein, indem er *C. scrobiculata* als synonym der *C. purpurea* annimmt, und danach mit Richard meint, dass sie die *Quina de Loxa* und Kron-China und zum Theil *China fusca* s. *corona* giebt, wobei er aber auch den *Quinquina gris fin de Lima* der Franzosen dazu bringt. — Hierbei ist zu bemerken, dass Sprengel, Rhode u. A. die *C. purpurea* nicht als synonym zu *C. scrobiculata* sondern zu *C. cordifolia* citiren, welche Unsicherheit wieder Zweifel über den Ursprung dieser Rinden erregt.

2. *C. lancifolia* Mutis. Diese wächst in höheren, kälteren Gegenden von Neu-Granada. Ihre Rinde scheint unter mannichfaltigen Benennungen vorzukommen, als: *Calisaya de Quito*, *Calisaya de Sta Fe & de Lima*, *Cascarilla delgada*, *Cascarilla lampina*, *Casc. Loxa*, *Casc. negra*, *Casc. palo blanco*, *Quina de Bogota*, *Quina primitiva directamente febrifuga*, *Quinquina Carthagène*, *Quinquina royal*, *Q. orangé* u. a. — Nach Guillemin erhält man die *China de Lima* von dieser Art, er fügt aber hinzu, dass es zweifelhaft ist. Hayne leitet die *Carthagena dura*, *fibrosa*, *Jaën*, von *Cinch. lancifolia* ab, und die Jaën-China gerade von den jüngsten Aesten. Richard und Fée sagen, dass von dieser Art die *China aurantiaca*, *Quina naranjada de Sta Fe* und *China flava* kommen. — Folgende Formen kann man als Varietäten oder Synonyme der *C. lancifolia* ansehen: a) *Cinch. nitida* Ruiz & Pavon: sie wächst auf hohen waldigen Gebirgen bei Cuchero, Huamalies, Tarma u. s. w. Von dieser soll, nach v. Bergen, *China Pseudo-Loxa*, oder die dunkle

Ten-China herrühren, dahingegen Guillemin bei *China regia* dieser Form erwähnt. — b) *C. lanceolata* R. & P.: ein 30 Fuss hoher Baum, dessen Rinde auswendig braun, inwendig gelblich ist. c) *C. glabra* R. & P. d) *C. micrantha* R. & P.: hiervon kommt *Cascarilla de Chiclopoya*, nach Fée. e) *C. rosea* R. & P., ein 15 Fuss hoher Baum, mit zusammenziehender etwas bitterer Rinde, welche *Cascarilla Pardo* genannt wird. f) *C. angustifolia* R. & P.: von dieser kommt *Cascarilla colorada de Lima* nach Fée, und Guillemin gedenkt ihrer bei *China regia*. — Sprengel nimmt *C. micrantha* als Var. der *C. lancifolia* an, wogegen Richard sie als synonym zur *C. cordifolia* bringt.

3 *C. cordifolia* Mutis. Auf hohen Gebirgen in Neugranada. Davon werden gewonnen: *Cascarilla delgada, palo blanco, Quina amarilla de Bogota, Quinquina gris pale, Quinquina Lima blanc, Quinquina Lima gros, Quinquina velu*, nach Fée. Mehrere deutsche Autoren meinen, dass die Königschina davon erhalten werde. v. Bergen überzeugte sich durch Ansicht der Ruiz'schen Sammlung, dass *China flava dura* von diesem Baume kommt. Hayne leitet drei China-Sorten von derselben ab: vom Stamme: *China regia*, von den dickeren Aesten: *China Huanuco* oder *China Havana* der Franzosen. Göbel glaubt, dass *China flava fibrosa* von einer durch die Oertlichkeit veränderten *C. cordifolia* herrühren dürfte, und nach v. Bergen enthält Ruiz's Chinarinden-Sammlung einige Rinden, welche vollkommen mit *China flava fibrosa* übereinstimmen und mit *Calisaya de Santa Fe* bezeichnet sind. — Zur *C. cordifolia* werden folgende als Synonyme oder Varietäten gebracht: a) *C. pubescens* Vahl: nach Fée kommt die Rinde dieser Art unter dem Namen *Cascarilla fina, Casc. pagiza, Casc. pallida, Quina amarilla, Quinquina gris* u. s. w. vor. v. Bergen glaubt, dass hiervon die *China Jaën* oder blasse Ten-China erhalten wird. Französische Pharmakologen leiten *China Havana* davon ab. Batka meint, dass sie *China flava fibrosa* giebt. b) *C. hirsuta* R. & P. Französische Autoren nehmen an, dass die graue *China de Loxa* von dieser nnd von der Abart, welche Lambert mit dem Namen *Delgada* bezeichnete, erhalten wird. — c) *C. purpurea* R. & P. Richard bringt diese Form zur *C. scrobiculata* Humb., von welcher die im Handel vorkommende *China de Loxa* herrührt. Fée leitet folgende Rinden von *C. purpurea* ab: *Cascarilla de Brocomeras* [*de Bracamoros*], *Casc. morada, Quina fina, Quinquina gris fin de Lima*. Guillemin leitet, zwar mit Ungewissheit, die graue *China de Lima* von dieser Art her; auch Göbel meint, dass sie

China de Loxa giebt. — Es dürfte daher am besten sein, diese Form zu *C. Condaminea* zu bringen.

4. *C. oblongifolia* Mutis. Diese wächst in Wäldern bei Loxa und bei Mariquita in Neu-Granada, an Stellen, deren Höhe 1800 bis 7800 Fuss üb. d. M. ist. Von diesem Baume werden die rothe China, *Cascarilla Azahar*, *Casc. mariquita de Loxa*, *Casc. peluda*, *China roxa de Sta Fe* u. a. hergeleitet. Hayne meint, dass auch *China nova* davon erhalten wird; andere bezweifeln dies aber. Nur v. Bergen zweifelt daran, dass die rothe China von dieser Art gewonnen wird. — Als Varietäten werden hierzu gebracht: a) *C. magnifolia* R. & P. Hiervon wird *Cascarilla* oder *Quina amarilla* gewonnen. Sie hat ebenfalls eine rothe Rinde, nach Guillemin, welcher übrigens glaubt, dass *C. magnifolia* eine eigene von *C. oblongifolia* verschiedene Art ausmachen müsse. b) *C. grandifolia* Poiret: sie ist gewiss einerlei Art mit der vorhergehenden.

5. *C. ovalifolia* Mutis. Diese liefert *Cascarilla peluda* nach Fée, auch giebt sie die *China alba* nach Göbel, und Guillemin sagt auch, dass sie eine weisse *China de Loxa* giebt. — Als synonym wird dazu gestellt *C. macrocarpa* Vahl. Sie giebt *Quina blanca* und *Quina de Santa Fe* nach Fée und die weisse *China de Loxa* nach Guillemin. Einige glauben, dass hiervon die braune Huamalies-China erhalten wird; man hat aber nicht hinreichenden Beweis dafür.

6. *C. caduciflora* Bonpl. Von dieser kommt *Cascarilla boba del Peru*, und als synonym gehört dazu die *C. magnifolia* Humb., welche nicht mit *C. magnifolia* R. & P. verwechselt werden darf.

7. *C. glandulifera* R. & P. Sie liefert nach Fée folgende Rinden: *Cascarilla Chahuargaz*, *Casc. moja major de Loxa*, *Casc. Huanuco*, *Casc. negrilla*, *Casc. pata de gallinaza*, *Quinquina Havane* u. a. Guillemin bemerkt, dass die graue Huanuco-China, davon herzurühren scheine, auch erinnert er, dass, wie man meine, *China Havana* davon komme.

8. *C. dichotoma* R. & P.: giebt *Casc. charquillada* nach Fée.

9. *C. Pavonii* Lamb. giebt Canell-China, *Cascarilla canelas*, *Quina canela*, und *Quinquina gris canelle*, nach Fée.

10. *C. rotundifolia* Pavon. Sie wächst in Wäldern um Loxa. — Die 3 letztgenannten Arten sind von Sprengel nicht aufgenommen.

C. Humboldtiana Lamb. und *C. stenocarpa* Pav. dürften zu dieser Abtheilung kommen.

B. *Cinchonae* der unteren und wärmeren Regionen.

1. *C. acutifolia* R. & P.: wächst in den niedrigen Wäldern

an den peruvianischen Gebirgen und liefert *Cascarilla de hoyas agudas*, nach Fée.

2. *C. grandifolia* R. & P.: in den warmen Wäldern der Gebirge in Peru und Neugranada.

3. *C. acuminata* Poiret: in den niedrigen Wäldern in Peru.

4. *C. ovata* Ruiz (*C. pallescens*) wächst auf den niedrigen warmen Abhängen der Anden gegen Pozuzo und Panao; sie soll *Cascarilla pallida* liefern, welche von Andern von *Cinch. pubescens* Vahl abgeleitet wird.

Ausserdem werden bemerkt die schon angeführten

a) *C. magnifolia* R. & P., welche für verwandt mit *C. oblongifolia* nach Sprengel u. A. gehalten wird. Sie wächst in wärmeren Waldgegenden der Anden an Flüssen. Wenn sie, wie man sagt, eine rothe China giebt, so ist diese vermuthlich eine schlechtere Sorte.

b. *C. rosea* R. & P. Sie wird von Sprengel als Var. von *C. lancifolia* angeführt; aber ausser Ruiz haben auch Hayne und Kunth sie als eigene Art betrachtet, welche in den niedrig gelegenen Wäldern der Andes um Pozuzo wild wächst.

C. Weniger bekannte *Cinchona*-Arten.

1. *C. vanilliodora*. Sie soll eine Rinde liefern, welche *Cascarilla de flores grandes* genannt wird.

2. *C. rubicunda* soll eine *Cascarilla rubicunda* oder *Cascarilla serrana* u. s. w. geben.

3. *C. laccifera* soll *Quinquina Sacchi* liefern und unter der Oberhaut einen carminrothen Saft von gewürzhaftem schwach bitterem Geschmacke enthalten, welcher, an der Sonne verdickt, einen vortrefflichen die Cochenille ersetzenden Farbestoff (*lacque cinchonique*) giebt.

§. 3. — II. *Cinchonae*, die in Brasilien wachsen.

1. *Cinchona brasiliensis* W. 2. *C. ferruginea* Hil. 3. *C. Vellozii* Hil. 4. *C. Remijiana* Hil. Alle diese sind nur Sträucher, die auf dem Hochlande von Minas in einer Höhe von 2000 und mehr Fuss üb. d. M. auf eisenhaltigem Boden wachsen. Sie kommen weder an Bitterkeit, noch an eigentlichem Aroma, und an Wirksamkeit den Arten Peru's gleich. Doch werden ihre Rinden in Brasilien benutzt.

§. 4. — III. Asiatische *Cinchonae*.

1. *C. excelsa* Roxb., auf der Küste Coromandel: ihre Rinde wird unter dem Namen *Pundaroo* verkauft und soll die Eigenschaften der peruvianischen Cinchonen besitzen.

2. *C. thyrsiflora* Roxb., in Bengalen einheimisch.

3. *C. flaccida* Spr. (*Hymenodictyon* Wallich).

4. *C. obovata* Spr. (*Hymenodictyon*). Beide ostindisch.

5. *C. gratissima* Wall., in Nepal. Die schönste Art.

§. 5. — Resultate der neuesten Untersuchungen über die Abstammung der China-Rinden: — Die Ansichten sind getheilt und noch vieles Ungewisse ist aufzuklären.

1) Graue China (*China Huanuco*) kommt nach Geiger von *Cinch. purpurea*, nach Hayne von *C. cordifolia*, nach Guillemin von *C. glandulifera*.

2) Braune China (*Ch. Huamalics*, *Ch. fusca*): kommt nach Geiger's Vermuthung von *C. lancifolia*; nach Andern, wie Göbel bemerkt, von *C. macrocarpa*.

3) Jaën- oder Ten-China, blassgraubraune Ch. (*Ch. Jaën*) nach v. Bergen von *C. pubescens*, nach Hayne von *C. lancifolia*.

4) Loxa- oder Kron-China (*Ch. Loxa*, *China corona*) kommt nach fast allen neuern Autoren von *Cinch. Condaminea*, nach Hayne und Göbel von *C. scrobiculata*.

5) Pseudo-Loxa oder dunkle Jaën- oder Ten-China (*Ch. Pseudo-Loxa*) kommmt nach v. Bergen von *C. lancifolia* oder *nitida*.

6) Königs-China (*Ch. regia vera*, *China Calisaya*, kommt nach Guillemin von *C. nitida* oder von *C. angustifolia*; nach Hayne u. A. von *C. cordifolia*.

7) Rothe China (*Ch. rubra*): nach den meisten Autoren von *C. oblongifolia*; nach Bergen von einer unbekannten Art.

8) Harte gelbe China (*Ch. flava dura*, *Quina amarilla*, *China de Carthagena* der Franzosen) kommt nach v. Bergen von *C. cordifolia*, nach Hayne von *C. lancifolia*.

9) Faserige gelbe China (*Ch. flava fibrosa*, *Ch. Carthagena* der Holländer) kommt nach Geiger und Göbel von *C. cordifolia*, nach Hayne von *C. lancifolia*, nach Batka von *C. pubescens*.

10) Neue China (*Ch. nova*): nach Batka von *Portlandia grandiflora*, nach Geiger von *Exostemma angustifolium*, nach Hayne von *Cinch. oblongifolia*.

§. 6. — Rückblick auf die Ansichten der älteren Botaniker und Pharmakologen über die China-Arten:

Die Ansichten der früheren spanischen Botaniker darüber scheinen einige Aufmerksamkeit zu verdienen, besonders da die Spanier lange allein den China-Handel betrieben und spanische Naturforscher die wichtigsten China-Bäume entdeckten und beschrieben. Vorzüglich haben sich Ruiz und Mutis um ihre Kenntniss verdient gemacht. Ruiz war Adjunct am botanischen

Garten zu Madrid und stellte von d. J. 1779 bis 1788 botanische Reisen in Peru, Chili und den angränzenden Provinzen auf Kosten des Staates an [7]; er gab eine *Quinologia* oder Beschreibung der *Cinchona*-Arten heraus, welche zur Kenntniss derselben unentbehrlich ist. Cölestin Mutis, welcher den grössern Theil seines Lebens in Südamerica zubrachte, hat auch zu ihrer Kunde beigetragen; er theilte nur in Gesellschaftsschriften zerstreute botanische Abhandlungen mit, hinterliess aber im Mscr. eine Flora von Bogota, woran er 45 Jahre gearbeitet haben soll und welche sein Sohn Symphor Mutis und Jos. de Caldas herausgeben wollen. — Ruiz führt folgende Arten auf und beschreibt sie genau:

1) Officinelle China- oder Fieberrinde von *Cinchona officinalis*, welche auf den Gebirgen von Tarma, Huanuco, Huamalies, Loxa, Jaën, Cuenca u. a. wächst; der Baum wird *Cascarillo fino* und die Rinde *Cascarilla fina* von den Einwohnern genannt. Aus Ruiz's Beschreibung ersieht man deutlich, dass es die Kron-China oder *China Loxa* ist. — Gewöhnlich bringt man die *C. officinalis* als synonym zur *C. nitida* Ruiz und ordnet beide als Varr. der *C. lancifolia* Mutis unter. Dierbach glaubt, man dürfte sie richtiger zur *C. scrobiculata* Humb. bringen, von welcher auch Humboldt sagt, dass sie die *Cascarilla fina* oder *Quina fina* der Americaner liefere.

2) Zarte Fieberrinde, *China delicata*, von *Cinch. tenuis*, einem Strauche, welcher auf den Bergen von Pillao wächst. Dierbach nimmt an, dass von dieser Art die Chinarinde komme, welche v. Bergen dunkle Ten-China oder *Pseudo-Loxa*, und Guillemin *Quinquina gris de Loxa* nennt. Sie ist selten, weil die Sammler bei dem langsamen Einsammeln der zarten und dünnen Rinden ihren Vortheil nicht finden. — Man zieht gewöhnlich die *C. tenuis* Ruiz zur *C. cordifolia* Mutis. Dierbach glaubt, dass sie wohl von der letzteren zu unterscheiden sein dürfte.

4) Glatte Fieberrinde (*China tersa*) von *Cinch. glabra*; man kennt den Baum auch unter dem Namen *Cascarillo bobo*, Baum der unächten schlechten Cascarilla, oder *Cascarillo amarillo de Munna*, auf hohen, kalten und regnerischen Gebirgen. Ruiz glaubt, dass die Rinde die Art sei, die man *Calisaya* (unsere *China regia*) nennt. Nach v. Bergen's Angabe hat Ruiz diese Meinung im Supplemente der Quinologia widerrufen; Dierbach

---

7) Sein in Südamerica gesammeltes Herbarium verkaufte er an Lambert in London für 1500 Pf. Sterl. (Regensb. bot. Zeitung, 1825. I. 1ste Beilage, S. 26.

erinnert aber dazu, dass Ruiz eine andre Art aufstellte, welche er *Cinch. Calisaya* nannte, welche von Zea für eine Abart der *C. glabra* erklärt wird. Nimmt man diese Thatsachen zusammen, und vergleicht man Ruiz's genaue Beschreibung dieser glatten Fieberrinde, so muss man sie, wenn nicht für identisch, doch wenigstens für sehr nahe verwandt mit der *China regia* halten. Sie scheint eine Mittelform zwischen den gelben und den braunen Sorten auszumachen und ist vielleicht dieselbe, welche Guillemin *Quinquina gris imitant le jaune royal* nennt. — Gewöhnlich bringt man *C. glabra* Ruiz als Var. zu *C. lancifolia* Mut., was mit den Angaben der meisten Autoren wohl übereinstimmt.

4) Unächte Fieberrinde, vom dunkelviolетten Fieberrindenbaum, *Cascarillo Paonazo*, d. i. *Cinch. purpurea*. Diese wächst häufig auf den Gebirgen von Panatahuas, in den Waldungen von Pati, Cuchero, Munna &c. Wenn man Ruiz's Beschreibung dieser Art vergleicht, so findet man, dass sie die Lima-China der Franzosen sein muss, welche wohl mit v. Bergen's *China Huanuco* nahe verwandt ist; diese Annahme stimmt sehr gut mit der botanischen Abkunft überein. Sprengel rechnet zwar die *Cinch. purpurea* zur *C. cordifolia* Mut., aber Richard u. A. bringen sie richtiger zur *C. scrobiculata* Humb.

5) Gelbe Fieberrinde, *China gialla*, von *Cinch. lutescens*. Der Speciesname bezieht sich nicht auf die Rinde, sondern auf die an der untern Seite gelben Blätter. Der Baum wird an 120 Fuss hoch und der Stamm $4\frac{1}{2}$ F. dick; er wächst häufig auf den Gebirgen von Panatahuas gegen Cuchero, Chinchao, Chachauassi und Pozuzo hin. Die Beschreibung der Rinde passt auf die *China nova* des Handels. Man zieht *Cinch. lutescens* gewiss richtig zur *C. magnifolia*. Die Rinde des Stammes und der grösseren Aeste ist vielleicht die *Quina roxa*, welche Ekel, Erbrechen, Koliken u. a. Zufälle veranlasst, (nicht unsere *China rubra*).

6) Blasse Fieberrinde, *China pallida*, von *Cinch. pallescens*, einem bis 36 Fuss hohen Baume; sie ist gewiss, wie v. Bergen vermuthet, die blasse Ten-China.

7) Graue Fieberrinde, *China bigia*, *Asmonich*, von *Cinch. fusca*, welche 60 F. Höhe, mit 3 F. dickem Stamme, erreicht. Diese wächst häufig auf den Bergen von Pozuzo und Munna; sie ist wahrscheinlich die von Guillemin beschriebene graue Chartagena-China, und scheint eine sehr schlechte Chinasorte zu sein, *C. fusca* gehört zur *C. rosea* R. & P., welche man nicht als Varr. der C. *lancifolia* betrachten kann.

— Zum Schlusse stellt Dierbach die Resultate seiner Untersuchungen in Betreff der Chinarinden dar: 1) Die besten

Chinarinden kommen aus Peru und Neugranada; die brasilischen stehen ihnen nach und die asiatischen sind noch nicht gehörig untersucht. 2) In den höheren und kälteren Gegenden der american. Tropenländer finden sich die schätzbarsten, an Alkaloiden reichsten *Cinchona*-Species. 3) Die in den heissen und niedrigeren Regionen derselben Gegenden wachsenden Arten liefern weit weniger wirksamere Rinden. 4) Die Cinchonen in Peru sind grossentheils reicher an Cinchonin, jene in Neugranada grossentheils reicher an Chinin. 5) Peru liefert grossentheils braune und graue Chinasorten; Neugranada gelbe und rothe. 6) Die an Alkaloiden reichen Cinchonen haben grossentheils behaarte Blumenkronen, die zugleich mehr oder weniger roth oder violett gefärbt sind. 7) Die an Alkaloiden armen Arten haben grossentheils unbehaarte und zugleich weisse Corollen. 8) Die Glätte oder Pubescenz der Blätter scheint mit den eben bemerkten Eigenheiten in keinem besonderen Verhaltnisse zu stehen.

De Candolle hat auch eine Abhandlung über die verschiedenen Gattungen und Arten, deren Rinden unter dem China-verwechselt worden sind (*Cinchona*), geschrieben, welche mehr botanisch ist, als die von Dierbach[8]). — Der Vf. bemerkt, dass man gegenwärtig 8 Gattungen zählt, die früher unter dem Namen *Cinchona* mit einander verwechselt wurden; diese enthalten 46 Arten, von denen allen die Rinden die fieberwidrige Eigenschaft zu besitzen scheinen. Sie gehören alle zu der Tribus der *Rubiaceae*, welche *Cinchoneae* genannt wird und folgendermaassen charakterisirt ist: 1) die Frucht ist zweifächerig, aufspringend, vielsamig; 2) die Samen haben am Rande eine flügelartige Haut. Alle sind Bäume oder Sträucher mit gegenüber stehenden Blättern mit Afterblättern, trichter- oder schaalenförmiger Corolle, mit 5lappigem Saume und 5 Filamenten. — Hierauf handelt De Candolle die Gattungen mit ihren Kennzeichen, und die Arten, welche bekannte Rinden geben, einzeln ab.

I. *Cinchona*. Man kennt jetzt 16 Arten der Gattung, sie wachsen in Peru und Columbien, wo man deren noch viele finden wird, welche Mutis schon beobachtete, dessen Beschreibungen davon aber noch nicht erschienen. De C. erhielt Exemplare der hier aufgenommenen Arten von den Autoren selbst, die sie entdeckten, wodurch seine Bestimmungen grossen Werth besitzen. — Die meisten *Cinchonae* haben eine aussen behaarte Corolle, und

---

8) Bibliothèque universelle. Juin, 1829. p. 144—162. — Geiger's Magazin für Pharmacie: April, 1830. S. 68—79.

alle medicinisch-wichtigen Arten gehören zu dieser Abtheilung. — 1) C. *Condaminea* Humb. Die Rinde ist gerollt, aussen grau, innen etwas gelblich, und bei Lebzeiten des Baumes lauft ein gelber bitterer Saft daran herab. Diese Art fehlt in der *Flora peruviana;* De C. sah sie aber unter dem Namen *Cinch. Vritusino* in einem von Pavon an Dunant und Moricand gesandten Herbarium, und eine Var. mit breiten Blättern unter dem Namen *C. Chahuarguera;* dies sind wahrscheinlich zwei peruvianische Namen des Baumes. — 2) *C. scrobiculata* Humb. Ihre Rinde ist braun-roth und eine derjenigen, die in den Apotheken rothe China heissen [s. dagegen Hrn. Dierbach's Schlussbemerkung]; ihr Saft ist gelblich und adstringirend. Diese Art scheint in der Flora peruv. mit der folgenden vermengt zu sein. Verf. erhielt eine dieser sehr ähnliche Rinde von Pavon als *Cascarilla colorada.* — 3) *C. lancifolia* Mutis. Ihre Rinde ist auswendig grau, inwendig orangegelb. Von ihr kommt hauptsächlich der *Quinquina orangé* der europ. Apotheken. Der Verf. glaubt, es sei möglich, dass unter diesem Namen zwei Arten vermengt worden seien. *C. nitida, lanceolata* und *angustifolia* Ruiz gehören hierher als blosse Varietäten. Auch die *Cascarilla lampina* und *amarilla de Munna* der americanischen Spanier sind dazu zu zählen. — 4) *C. pubescens* Vahl. Die Rinde ist aussen gelb und führt in den europ. Apotheken den Namen gelbe China. Diese Art wurde 1738 von Jos. de Jussieu entdeckt, und erhielt verschiedene Namen, wie *C. cordifolia* Mut., *C. officinalis* Gaertn., *C. pallescens* Ruiz, *C. hirsuta* Fl. peruv. &c. Sie ist eine der verbreitetsten. Die unter den Namen *Cascarilla pallida, Quina amarilla* bekannten Rinden kommen hiervon. Die *Casc. delgada* oder *Casc. de Pillao,* welche *C. tenuis* Ruiz Quinolog. ist, scheint von sehr jungen Aesten der Var. *β.* dieser Art, *C. hirsuta* Fl. peruv., abzustammen. — 5) *C. purpurea* Fl. peruv. t. 193. ist vielleicht ebenfalls eine Var. der vorhergehenden, oder eine nahe verwandte Art, die sich durch ihre häutigen, ächt lederartigen Blätter, die fast glatt sind, und ihre etwas mehr langen als breiten Früchte unterscheidet. Ihre Rinde ist in America unter dem Namen *Cascarilla boba de hoya morada* bekannt. *Cinch. morada* Ruiz und vielleicht desselben *C. coccinea* gehören hierher. — 6) *C. Humboldtiana* R. et Sch., die in den *Plantes équinoxiales* fig. 19. als *C. ovalifolia* abgebildet, aber nicht die Art dieses Namens der *Fl. peruviana* ist, kommt nicht sehr im Handel vor, obgleich sie eine gute Sorte zu sein scheint. Bonpland theilte sie dem Vf. als *Quinquina jaune de Cuença* mit; in Cuença selbst heisst sie *Cascarilla peluda.* — 7) *C. magnifolia* Fl. per. t. 196.: wächst in den Wäldern von Peru und Neugranada; man nennt sie dort *Quina roxa* und *Flor de Azahar*; sie ist einerlei Art mit *C. lutescens* Ruiz, *C. grandiflora* Poiret, *C. oblongifolia* Mut. Ihre Rinde ist aussen graubraun, innen röthlich, bitter und säuerlich. In Europa wird sie wenig gebraucht, wenn sie nicht mit andern, besonders der rothen China vermischt vorkommt. — 8) *C. macrocarpa* Vahl: ist leicht an der blassen Rinde zu erkennen, weshalb sie auch weisse China heisst; man bringt sie nicht nach Europa. — Die übrigen Arten dieser Gattung werden nur wenig gebraucht. — Zu der Zeit, als man die Rinde gewöhnlich in Substanz gab, war es sehr wichtig, zu wissen, welche Sorte man wählen müsse; gegenwärtig aber liegt das Wesentliche darin, zu wissen, welche Rinde am meisten Chinin enthalte, in welchem Alter dieselbe Art die grösste Menge davon liefert, und ob Holz und Blätter es nicht eben so wie die Rinde besitzen. Wenn indess die Untersuchung der Arten in dieser Hinsicht ihre Wichtigkeit verloren hat, so hat dagegen die der Gattungen gewonnen, indem man glaubt beobachtet zu haben, dass alle Arten, welche nicht zur wahren Gattung *Cinchona* gehören, kein Chinin besitzen; welche Thatsache jedoch im Einzelnen besonders bei den folgenden Gattungen näher bewährt werden muss.

II. *Buena*. Diese Gattung (*Cosmibuena* Fl. peruv.) erhielt ihren Namen nach dem spanischen Arzte *Cosmo*. Man kennt nur 3 Arten: 2 aus Peru, deren Rinden fieberwidrig sind, aber nicht nach Europa versandt werden; 1 ist brasilisch (*B. hexandra* Pohl). Sie werden in Brasilien unter dem Namen China benutzt.

III. *Remijia*. De C. benannte sie nach einem brasilischen Wundarzte Remijo, welcher den Gebrauch ihrer Rinden lehrte, die man auch in Brasilien Remijo-China nennt. 3 Arten, Sträucher Brasiliens, sind bis jetzt bekannt.

IV. *Exostemma* enthält 16 jetzt bekannte Arten, welche der Verf. in 3 Sectionen theilt: *Pitonia* mit 9 Spp., welche alle auf den Antillen wachsen; *Brachyanthum* mit 5 Spp., deren 4 in Peru, 1 auf den Philippinen; *Pseudostemma* mit 2 brasilischen Arten, deren eine die *Quina do mato* ist.

V. *Pinkneya*, mit 1 sp.: *P. caroliniana* (*Cinch. caroliniana* Poir.), in Georgien und Süd-Carolina in NAmerica. Die Rinde wird dort als Fiebermittel benutzt.

VI. *Hymenodictyon* Wallich, mit 4 Arten in Ostindien, deren Rinden bitter und adstringirend sind.

VII. *Luculia* Sweet, mit 1 Art, einem Baume Ostindiens.

VIII. *Danais* Comm., deren Arten auf Isle de France und Isle de Bourbon wachsen. Ihre Rinden sind bitter u. adstringirend.

Hiernach stellt De C. folgende Resultate auf: 1) Die 46 in botanischen Werken als *Cinchonae* vermengte Arten bilden 8 distincte Gattungen. — 2) Das, was man von den Eigenschaften der Rinden dieser Gattungen weiss, scheint ein bestimmtes Verhältniss zwischen den äussern Formen und den medicinischen Kräften anzudeuten; besonders scheint es, dass, obgleich alle diese Rinden als bittre oder adstringirende Mittel mit Nutzen gegen Wechselfieber gebraucht werden können, doch nur die Rinden der wahren *Cinchonae* Chinin oder Cinchonin enthalten und sie also wahrscheinlich allein die antipyretische Kraft besitzen. — 3) Die gelbe China der europ. Apotheken kommt von *Cinch. pubescens* und wahrscheinlich auch zum Theil von *C. purpurea* und *C. Humboldtiana*. Die orangegelbe China kommt von *C. lancifolia*; die rothe von *C. scrobiculata* und *C. magnifolia*. Die graue China erster Qualität rührt von *Cinch. Condaminea* und die schlechteren Sorten von einer Mengung mehrerer Arten her. — 4) Die 8 aus der Zertheilung der alten Gattung *Cinchona* erhaltenen Gattungen stimmen deutlich mit ihrer geogr. Vertheilung auf der Erde überein: *Luculia* und *Hymenodictyon* wachsen in Ostindien; *Danais* auf Inseln des südl. Africa; *Pinkneya* in Carolina und Georgien; *Remijia* in Brasilien; *Buena* und *Cinchona* in Peru und auf den Gebirgen von Bogota; *Exostemma* macht eine Ausnahme von dieser Regelmässigkeit, dennoch ist zu erinnern, dass die wahren *Exostemmata* auf den Antillen, die *Pseudostemmata* in Brasilien wohnen und die *Brachyanthi* in America und die Philippinen so getheilt sind, dass die Art der letzteren vielleicht eine eigene Gattung bilden muss. — Die vom Studium der Heilkräfte und der geographischen Vertheilung entlehnten Beobachtungen zeigen also auch hier, dass die Classification und die übrigen Arten der Erkenntniss sich gegenseitig erläutern und unterstützen.

Zu dieser Abhandlung De Candolle's macht Dierbach noch einige Bemerkungen [9]). — Zuerst erinnert er, dass De C. nicht die jetzt übliche Nomenclatur der Chinarinden genau benutzt hat, indem so seinen Angaben jene Genauigkeit mangelt, die jetzt zu gehöriger Verständlichmachung durchaus erfordert wird; so verliert die Ableitung der gelben China von *Cinch. pubescens* ihre Bedeutung, weil nicht näher gesagt ist, welche gelbe Sorte hier zu verstehen ist; auch kann man unmöglich annehmen, dass *C. pallescens* und *tenuis* Ruiz einerlei Gewächse seien, wenn man die sorgfältigen von Ruiz über dieselben und ihre Rinden mitgetheilten

---

9) Geiger's Magazin für Pharmacie, April 1830. S. 80 f.

Beobachtungen gelesen hat. — Der Vf. bemerkt, dass De C.'s Angabe, wonach die orangegelbe China von *C. lancifolia* kommt, wozu *amarilla de Munna*, also auch *C. glabra* Ruiz zu nehmen ist, nahe mit dem zusammen stimmt, was Vf. selbst von letzterer oben gesagt hat. — Ferner äussert er, dass die Ableitung der *China rubra* von *Cinch. scrobiculata* am auffallendsten ist. Wenn man erwägt, dass dieser Baum mit *C. Condaminea* sehr nahe verwandt und seine Rinde nach Humboldt der Loxa-China so ähnlich ist; dass man sie kaum unterscheiden kann, dass endlich der chemische Gehalt der Loxa-China von dem der China rubra auffallend verschieden ist, so kann man kaum zu glauben geneigt sein, dass die rothe China der deutschen Apotheken von *C. scrobiculata* komme. — Endlich vermisse man sehr ungern De C.'s Ansicht von der Abstammung de China Huanuco, Huamalies, Ten-China, Pseudo-Loxa, der China regia und anderer jetzt bekannten Sorten. — [Vgl. noch den neuern schon übersetzten Jahresbericht über d. J. 1831. S. 9, 30.]

Loranthaceae. — De Candolle hat eine Uebersicht dieser Familie gegeben, worin er die Charaktere derselben und ihrer Gattungen, ihre Verwandschaft und geogr. Vertheilung darstellt [10]. — Zu dieser Familie gehören *Viscum* und *Loranthus* und der Vf. glaubt, dass auch *Schopfia* und *Misodendron* hinzuzurechnen sind. Linné kannte 21 hierher gehörige Arten; Willdenow zählte deren 44 auf, und jetzt kennt man über 324 Arten; darunter sind deren 6, wovon man noch nicht weiss, wo sie wild wachsen. — Diese Familie enthält meistentheils Parasiten; unter 324 findet man nur 10, die nicht wirkliche Parasiten sind.

In Hinsicht der Vertheilung der Arten ergiebt sich Folgendes: Von *Viscum* kommen in Europa 2 Species vor, in Asien 19, in Africa 6, in Australien 1, in Nordamerica 35, in Südamerica 5; von *Misodendron* 1 Art in NAmerica und 2 in SAmer.; von *Loranthus*: 1 Art in Europa, 82 in Asien, 11 in Africa, 7 in Australien, 142 in NAmerica; von *Schöpfia* 1 in Asien und 2

10) Mémoire sur la famille des Loranthacées. Par Aug. Pyr. De Candolle. Avec 12 Planches. Strasb. 1830, 4to.

Anm. In der Bibliothèque universelle, Mars 1830, hat De C. auch eine Abhandlung über das Wachsthum der Schmarotzergewächse im Allgemeinen, und besonders der Loranthaceae, geliefert. Diese ist von Dr. Kittel, welcher auch einige Bemerkungen hinzugefügt hat, ins Deutsche übersetzt worden (in: Annalen der Gewachskunde, Band IV. S. 60 — 73.).

in NAmerica. Also sind die bis jetzt bekannten Arten der Familie geographisch so vertheilt: in Europa 3 Species, in Asien 103, in Africa 17, in Australien 6, in NAmerica 180, in SAmerica 7. Die asiatischen befinden sich in Ostindien oder den zunächst angränzenden Ländern; die südamericanischen zum grössern Theile auf den Antillen und in Brasilien. — Die Species sind an bestimmte Landstriche gebunden, so dass keine Art in zwei von einander entfernten Gegenden vorkommt. Die javanischen Arten sind verschieden von den indischen, die antillischen verschieden von den in Brasilien, Mexico, Peru und Chili wachsenden. Sie besitzen also eingeschränkte Verbreitungsbezirke, sind auch bisher wenig bekannt gewesen.

Die *Loranthaceae* besitzen, als Schmarotzergewächse betrachtet, dreierlei Wachsthumsart: 1) Die meisten sind Parasiten auf dicotyledonischen Bäumen. Ihrer Basis fehlen Wurzeln und sie ist deshalb mit dem Holze der Bäume, vorauf die Pflanzen vorkommen, genau verwachsen. 2) Einige parasitische *Loranthaceae* scheinen dennoch kurze ästige Wurzeln wie Klammern entweder über die Rinde der sie nährenden Gewächse oder zwischen deren Rinde und Holz auszubreiten. So sind *Loranthus*-Arten in der Flora peruviana abgebildet. 3) *Schopfia* und einige *Loranthus*arten sind nicht Parasiten, sondern haben wirkliche Wurzeln, die ihre Nahrung aus der Erde saugen. Eine solche Gemeinschaft parasitischer und nichtparasitscher Pflanzen in einer und derselben Familie ist nicht ungewöhnlich, so ist z. B. unter den *Convolvulaceae* die Gattung *Cuscuta* parasitisch, unter den *Personatae Orobanche*; unter den *Monotropeae Monotropa*, obgleich die übrigen Gattungen es nicht sind.

Der Verf. giebt alsdann allgemeine Bemerkungen über Schmarotzergewächse und sagt, dass, wenn man diejenigen ausschliesse, welche bloss die Feuchtigkeit der Rinde aufsaugen, man die wirklichen Parasiten in 2 Classen theilen könne: 1) Parasiten, welche der Wurzeln und der Organe zur Läuterung der Säfte entbehren und deswegen vom ausgearbeiteten Safte anderer Gewächse leben müssen; sie gehorchen meistens den Gesetzen der Perpendicularität. Ihre Farbe ist nicht grün; sie entwickeln kein Sauerstoffgas bei Einwirkung des Sonnenlichtes; Spaltöffnungen und wirkliche Blätter fehlen ihnen. Dahin gehören die Gattungen *Cuscuta*, *Orobanche*, *Lathraea*, die *Monotropeae*, *Rhizantheae* u. a. 2) Parasiten, welche oft Wurzeln besitzen; sie breiten sich nach allen Seiten aus, haben wirkliche Blätter und können den rohen Saft läutern, welchen sie mit ihren Wurzeln aus der Holzsubstanz aufsaugen, besitzen auch

Spaltöffnungen, sind von Farbe grün, entwickeln im Sonnenlichte Sauerstoffgas. — De Candolle hat zwar früher geäussert, dass den *Loranthace*en die Wurzeln fehlen und glaubt im Ganzen noch dabei beharren zu müssen, giebt aber jetzt zu, dass die europäischen *Viscum*-Arten Wurzeln haben. Kittel setzt hinzu, dass die *Orobancheae* mit dem Alter Wurzeln erhalten, wodurch sie wässrige Säfte aufsaugen, und sie deswegen auch diesen Saft läutern müssen, daher die Gränze zwischen beiden Classen nicht scharf gezogen sei. — De C. sagt, dass die Parasiten, welchen Verarbeitungsorgane fehlen, den schon geläuterten Saft aus den Pflanzen, auf welchen sie leben, einsaugen. Er meint, dass es zweifelhaft ist, ob unter den *Monocotyledone*en sich wahre Parasiten befinden, denn alle, welche als solche angegeben werden, sind es nicht wirklich, z. B. *Tillandsia* - Arten. Vielleicht sind die blattlosen und nicht grünen *Orchideae*, wie *Limodorum abortivum* und *Ophrys Nidus avis*, wahre Parasiten nach Art der *Orobanchae*. v. Chamisso bemerkte in Chili, dass *Loranthus tetrandrus* und *buxifolius* nicht allein auf verschiedenen Arten von Bäumen, sondern auch wechselseitig auf einander wuchsen, und Pollini (Fl. Veron. III. p. 176) fand, dass *Viscum album* mitunter auf *Loranthus europaeus* wuchs. — De C. meint, dass die Parasiten den Pflanzen, auf welchen sie wachsen, schaden und sie zuweilen zerstören; dies gilt besonders von den *Orobancheae* und *Cuscuteae*. Diejenigen aber, welche sich von rohen Stoffen nähren, wie die *Loranthaceae*, schaden den Pflanzen wenig, indem sie nur einen Theil jenes rohen Saftes aufnehmen und wahrscheinlich durch die Wirkung der Blätter eine grössere Menge Saft aus der Erde herauflocken. Kittel glaubt indess, dass *Viscum album* den Bäumen schadet, auf welchen es wächst, und dass, wenn es auf Aepfelbäumen vorkommt, diese kleiner bleiben, schlechtere Frucht geben und die Aeste abzehren.

v. Martius hat eine werthvolle Abhandlung über die so artenreiche Gattung *Loranthus* geschrieben. Er glaubt Grund zu haben, dieselbe in 6 Gattungen aufzulösen, für die er Charaktere angiebt und die Arten einer jeden aufzählt, welche er zu untersuchen Gelegenheit gehabt. *L. europaeus* u. a. bilden die eigentliche Gattung Loranthus [1]).

Hypericinae. — Don hat eine Monographie der Gattung *Parnassia* verfasst, welche er als zu dieser Familie gehörig betrach-

---

1) Regensb. botanische Zeitung, 1830. S. 97—111.

tet. Es werden 5 Arten bestimmt: 1. *P. palustris* L. 2. *P. ovata* Ledeb. 3. *P. caroliniana* Mx. 4. *P. asarifolia* Vent. β. *grandiflora* DC.? 5. *P. fimbriata* Kön. [2]).

Geraniaceae. — Sweet hat sein Werk über *Geraniaceae* fortgesetzt. Von der neuen Series sind Heft XIX — XXV. erschienen: und somit nun 5 Bände dieses Werkes, welches mehr den Gärtner als den Botaniker interessirt, indem es unbedeutende Abänderungen für eigne Arten aufnimmt [3]).

Trattinnick hat den 4ten Band seines Werkes über die *Pelargonium*-Arten herausgegeben. Es besteht aus illuminirten Abbildungen mit begleitendem Texte [4]). Ref. sah dieses Werk nicht.

Cisti. — Sweet hat auch sein Werk über die *Cistinae* fortgesetzt. Heft XVIII. schliesst dieses Werk, in welchem cultivirte *Cistus* - und *Helianthemum* - Arten abgebildet und beschrieben sind. Dieses Heft enthält Tab. 109 — 112. Die hier abgebildeten *Helianthemum hirtum* und *glaucum* und *Cistus crispus* sind schöne Arten; zugleich wird eine Beschreibung dieser natürlichen Familie mit ihren Sectionen und Aufzählung ihrer Gattungen und Arten gegeben. Die Gattungen sind: *Cistus, Helianthemum, Hudsonia* und *Lechea* [5]).

Saxifrageae. — Koch hat die Befruchtungstheile des *Chrysosplenium alternifolium* L. näher untersucht, und führt die verschiedenen Angaben der Autoren über dieselben an. Er fand hier und da Blumen, die 5spaltig waren, aber nur 8 Staubfäden, dahingegen andere Autoren 10 gezählt haben. Linné gab bekanntlich an, der flos primarius habe 10 Staubfäden, die übrigen deren 8. [6]).

Cunoniaceae. — Dav. Don hat diese Familie genauer bestimmt und die Charaktere ihrer Gattungen und Arten mitgetheilt. Die meisten gehören der südlichen Hemisphäre an, nur wenige geben über deren Gränze hinaus. — Es gehören dazu *Cunonia, Weinmannia, Codia* Forst., *Bauera* u. a. [7]).

Grossularieae. — Thory's Monographie der Gattung *Ri-*

---

2) The Edinb. New philos. Journ. Oct. — Dec. 1830. p. 112 — 122.

3) Geraniaceae. By Rob. Sweet, No. 19 — 25. Lond. 1830. 8.

4) Neue Arten von Pelargonien deutschen Ursprungs als Beitrag zu R. Sweet's Geraniaceen. Mit color. Abbildungen, herausgeg. von L. Trattinnick. 4ter Band. Wien.

5) Cistineae. By Rob. Sweet. No. XVIII. Lond. 1830. 8vo.

6) Regensb. botanische Zeitung, 1830. II. S. 713 — 715.

7) Edinb. New philos. Journ. April — Jul. 1830. p. 84 — 96.

bes (welche Ref. nicht sah), scheint noch mehr für den Gartenbau als für die Botanik nützlich zu sein [8]).

Unter den Schriften, die bisher nicht eingereihet werden konnten, sind hier folgende zu nennen.

Cambessèdes's Monographie der brasilischen *Cruciferae*, *Elatineae*, *Caryophylleae* und *Paronychieae* giebt die Namen bei den bekannten Arten, aber auch Charaktere für die neuen, welche hier ziemlich zahlreich sind. Einige europäische Arten kommen auch in Brasilien vor: *Sisymbrium officinale*, *Lepidium ruderale*, *Silene gallica*, *antirrhina*, *Cerastium vulgatum* L., *Stellaria media*, *Sagina apetala*, *Arenaria rubra*, *Spergula arvensis*, diese sind aber gewiss aus Europa eingeführt worden [9]).

Cambessèdes hat auch eine Monographie der brasilischen Arten der *Portulaceae*, *Crassulaceae*, *Ficoideae* und *Cunoniaceae* herausgegeben; darin sind mehrere neue Arten beschrieben [10]).

Dav. Don hat die Gattung *Glaux* genauer untersucht und will sie lieber an das Ende der *Plantagineae* gesetzt wissen, als Verbindungsglied zwischen diesen und den *Primulaceen*, bei welchen sie bisher stand. Er giebt folgende Charaktere von *Glaux*: Calyx liberus, 1phyllus; campanulatus, coloratus; 5fidus. Corolla 0. Stamina 5, hypogyna. Capsula sphaerico-ampullaris, 1locularis, 5valvis, oligosperma, calyce marcescente basi obvoluta, et stylo persistente coronata [1]).

v. Schlechtendal und v. Chamisso haben die Beschreibung der von Chamisso auf der Kotzebue'schen Entdeckungsreise gesammelten Pflanzen fortgesetzt. Die *Rutaceae* sind jetzt durch v. Chamisso abgehandelt, wobei er auch andre dazu gehörige Arten, die das Königl. Herbarium zu Berlin enthält, beschrieben hat [2]).

C. G. Nees v. Esenbeck hat den IV. Band von R. Brown's

---

8) Monographie où l' histoire nat. du genre Groseiller, contenant la description, l' histoire, la culture et les usages de toutes les groseilles connues. Par C. A. Thory. Avec portrait et 24 planches. Paris, 1829. 4to.

9) Cruciferarum, Elatinearum, Caryophyllearum, Paronychiarum Brasiliae meridionalis Synopsis. Auct. J. Cambessèdes. Paris, 1829. 8vo.

10) Portulacearum, Crassulacearum, Ficoidearum Cunoniacearumque Brasiliae meridionalis Synopsis. Auct. J. Cambessèdes. Paris, 1829. 8vo.

1) The Edinb. New philos. Journ. Apr. — Jun. 1830. p. 164 sq. Linnaea. Vter Band. 1830. Lit. Bericht S. 159 f.

2) Linnaea. Vter Band. 1tes Heft. S. 53—59.

vermischten botanischen Schriften herausgegeben [3]). — Dieser Band enthält folgende Abhandlungen:

I. Betrachtungen über den Bau und die Verwandschaften der merkwürdigsten Pflanzen, welche von Dr. Oudney, Major Denham, und Capitain Clapperton i. d. J. 1822, 1823 u. 1824 auf ihrer Entdeckungsreise im innern Africa gesammelt worden sind. — Dr. Oudney war es, der sich vorzüglich mit dem Sammeln der Pflanzen beschäftigte, obgleich er eigentlich andere Geschäfte hatte. Nach seinem Tode sammelte Clapperton die merkwürdigsten, welche vorkamen. Das Herbarium, welches Rob. Brown übergeben wurde, enthielt ohngefähr 300 Arten; 100 wurden in der Umgegend von Tripoli und auf den Gebirgen von Tarhona und Imsalata, 80 auf dem Wege von Tripoli nach Murzuk, 32 in Fezzan, 33 auf der Reise von Murzuk nach Kuka, 77 in Borun und 16 in Haussa oder Sudan gesammelt. — Die Zahl der neuen Arten erreicht kaum 20 und es ist keine neue Gattung darunter. — Brown hatte auch Gelegenheit, ein von Ritchie bei Tripoli und auf den ghari'schen Höhen gesammeltes Herbarium von 89 Arten zu untersuchen: darin sind 27 nicht in Oudney's Sammlung befindliche Arten. — In diesen beiden tripolitanischen Sammlungen befinden sich kaum mehr als 8 Arten, welche in den über die nordafricanische Flora erschienenen Werken, namentlich in Desfontaine's Flora atlantica, Delile's Flore d'Egypte und Viviani's nach dem Herbarium Della Cella's bearbeiteten Specimen florae libycae nicht beschrieben sind. — Die in der grossen Wüste und ihren Oasen zwischen Tripoli und den nördlichen Gränzen von Bornu gesammelten Pflanzen betragen etwas über 100; mit Ausnahme von 8 bis 10 sind sie aber ebenfalls in den gedachten Werken erwähnt; und unter kaum 100 Arten aus Bornu und Sudan sind sehr wenige, die nicht als Bewohner anderer Theile des tropischen Africa bereits bekannt wären.

Der Vf. giebt eine Uebersicht der Pflanzen nach natürlichen Familien und beschreibt nur die merkwürdigsten. — Von *Dicotyledoneae* enthält die Sammlung 229 Arten. — *Cruciferae:* 18 Arten sind aus dieser Familie; nur 1 scheint neu zu sein. Bei Bonjem fand Oudney *Savignya aegyptiaca.*

---

3) Rob. Brown's vermischte botanische Schriften. In Verbindung mit einigen Freunden ins Deutsche übersetzt und mit Anmerkungen versehen von Dr. C. G. Nees v. Esenbeck. 4ter Band. Mit 8 Steindrucktafeln. Nürnberg, Schrag. 1830. 8vo.

Capparideae: 8 Sp., darunter 3 von *Cleome*.

Resedaceae: 2 Spec. — *Caryophylleae*: 5 Sp.

Zygophylleae: 6, darunter *Tribulus terrestris* in Bornu.

Geraniaceae: 4 *Erodium*-Arten. — *Malvaceae* 12 Sp., worunter *Adansonia digitata*. — *Tamariscinae*: 1 Sp., gewiss *T. gallica*, die in Fezzan gemein ist. — *Lorantheae* 1 Sp.

Leguminosae: 33 Sp. in folgenden drei Tribus: 1) *Mimoseae*, 3 Arten: *Acacia nilotica*, *Mimosa Habbas* und *Inga biglobosa?*, deren Samen in Sudan gebrannt, gemahlen und zu Kuchen geformt werden, welche zu Bereitung von Brühen dienen. Diese Pflanze wird *Dura* genannt; wahrscheinlich sind *Inga biglobosa* Beauv. und *I. senegalensis* DC. synonym; es wird hier eine eigene Gattung: *Parkia* (*P. africana* Br.) daraus gebildet. — 2) *Caesalpinieae*, 4 Arten. 3) *Papilionaceae*, 26 Sp. unter welchen 2 *Indigoferae* neu sind.

Compositae: 36 Arten, welche meistens in der Nachbarschaft von Tripoli und in der Wüste gefunden worden; nur wenige davon sind neu.

Rubiaceae: 6 Arten: 5 von *Spermacoce* und *Hedyotis*; 1 *Galium* bei Tripoli.

Asclepiadeae: 3 Sp. — *Sapoteae*: 1 Sp. — *Scrophularinae* 3 Sp. — *Convolvulaceae* 5 Sp. — *Borragineae* 11 Sp.

Primulaceae: 2 Arten *Anagallis*, worunter *A. coerulea*, die sowohl in Tripoli als in Bornu beobachtet wurde. — *Samolus Valerandi* wurde bei Tripoli, in Wady Sardalis, in Fezzan und in Bornu gefunden. Brown sagt, dass diese Pflanze unter den dicotyledonischen, vielleicht unter allen phanerogamischen Gewächsen, das am weitesten verbreitete ist. Sie findet sich fast überall in Europa, ward in einigen Theilen Nordafrica's gefunden, Brown sah sie am Cap d. g. H. und in Neu-Süd-Wales, und auch in Nordamerica ist sie einheimisch. Die geographische Vertheilung der Gattung *Samolus* ist auch merkwürdig. Jetzt sind 8 Arten derselben bekannt, von welchen *S. Valerandi* die einzige in Europa, oder vielmehr, den nahe verwandten *S. ebracteatus* von Cuba ausgenommen, die einzige in der nördlichen Halbkugel einheimische Art ist; alle übrigen Arten gehören der südlichen Halbkugel an, in welcher *S. Valerandi* ebenfalls eine sehr ausgedehnte Strecke einnimmt.

Plumbagineae: 3 Arten *Statice*.

Von *Monocotyledoneae* hat die Sammlung 70 Species.

Cyperaceae: 12 Sp.: *Cyperus* 6 Sp.; *Fimbristylis* 3 und *Scirpus* 3 Sp. Von *Cyperus Papyrus*, welcher nach Clapperton am Schary wächst, ist kein Exemplar in der Sammlung.

Gramineae: 45 Species, von welchen 30 zu den *Poaceae* und 15 zu den *Paniceae* gehören, wonach das Verhältniss dieser beiden Tribus von dem unter diesem Himmelsstriche gewöhnlichen sehr abwiche. Dieses scheint jedoch von der Beschaffenheit des Bodens abzuhangen; denn in der grossen Wüste ist die Abnahme der *Paniceae* noch weit bemerklicher, indem diese sich zu den *Poaceae* dieser Gegend nur wie 5 zu 18 verhält. — Hinsichtlich der Gräser der Wüste sagt Oudney, dass er keine Art mit kriechenden Wurzeln beobachtet, denn eine zu *Phragmites* gehörige Art von *Arundo*, die er als Ausnahme anführt, ist eigentlich keine Wüstenpflanze. — Es sind wenig merkwürdige Arten unter den Gräsern. *Avena Forskolii* Vahl, in der Wüste von Tintuma gesammelt, ist gewiss einerlei Art mit *A. arundinacea* DC. und muss unter *Danthonia* kommen. — *Triraphis Pumilio* Br. — *Pennisetum dichotomum* De C., wovon Oudney bemerkt, dass „es wegen seines stachligen Kelchs (involucrum) für Menschen und Vieh eine grosse Beschwerde sey", und Denham sagt, dass es von Aghedem bis Woodie „die Oberfläche der Gegend bedeckte und die Reisenden aufs äusserste belästigte;" er bemerkt auch, dass der Same *Kasheiá* genannt und gegessen wird. — *Panicum turgidum* Forsk. ist auch eins der gemeinsten Gräser von Tripoli bis Bornu.

Acotyledoneae: in der Sammlung ist nur einzig *Acrostichum velleum* [*vellereum*], auf dem Tarhona-Gebirge gefunden. Ritchie's Herbarium enthält auch nur 1 Pflanze der Familie, nämlich *Grammitis Ceterach.*

Die andern Abhh. desselben Bandes sind: II. Charakter und Beschreibung der neuen Gattung *Kingia* aus Neuholland. — III. Mikroskopische Beobachtungen über die im Pollen enthaltenen Körnchen und über bewegliche Molecüle in organischen und unorganischen Körpern. IV. Nachträge dazu: 1. Ad. Brongniart's Abhandl. über die Zeugung und Entwickelung des Embryo bei den phanerogamischen Pflanzen. 2. Meyen's historisch-physiologische Untersuchungen über selbstbewegliche Molecüle der Materie. — V. Brown's nachträgliche Bemerkungen über selbstbewegliche Molecüle. — VI. Mirbel's Untersuchungen über den Bau und die Entwickelung des Pflanzeneies.

C. B. Presl hat den IVten und Vten Fascikel des ersten Theils der *Reliquiae Haenkeanae* herausgegeben, in welchem Werke die von Hänke in America, auf den Philippinen und Marianen gesammelten Pflanzen, nach natürlichen Familien geordnet, beschrieben werden. In diesen Heften kommen *Gramineae* vor, bearbeitet vom Prof. Joh. Swatopl. Presl. Die meisten Arten sind neu;

die Gattungen *Paspalum* und *Panicum* erhalten ansehnlichen Zuwachs. Mit den nun erschienenen 5 Fascikeln ist der erste Theil geschlossen [4]).

Lehmann hat das 2te Heft seiner Beschreibungen neuer Pflanzen-Arten erscheinen lassen. Es enthält zahlreiche von Douglas und Drummond an der Nordwestküste Nord-America's gesammelte neue Arten, und zwar der *Rosaceae*, *Onagrae*, *Hydrophylleae* und *Asperifoliae*. Diese Schrift ist ein wichtiges Seitenstück zu des Verf. vortrefflichen Monographien der *Asperifoliae* und *Potentilla* [5]).

Gaudichaud hat den 7ten — 10ten Fascikel der botanischen Abtheilung von Freycinet's Reise um die Welt herausgegeben. Diese Hefte enthalten Beschreibungen von *Filices* [6]).

Zeyher d. j. sammelt am Cap Herbarien zum Verkaufe, und der Gartendirector Zeyher in Schwetzingen trägt weiter Sorge für dieselben. Die Pflanzen sind in viele Sammlungen getheilt worden; die erste Sendung bestand aus Sammlungen von 100—426 Arten. Die 2te Sendung ist in 42 Sammlungen getheilt worden, worunter 10 mit 386, die übrigen von 150 bis 320 Arten; jede Centurie kostet 15 rhein. Gulden. Prof. Sprengel hat die Phanerogamen bestimmt; Bruch in Zweibrücken die Moose; Nees v. Esenbeck d. ä. *Lichenes*, *Hepaticae* und *Fungi*. In der Regensb. bot. Zeit. 1829 und 1830 findet man Verzeichnisse dieser Pflanzen [7]).

Kunth hat in die Linnaea eine synonymische Vergleichung der Pflanzen in v. Humboldt's Werken und der 3te Mantissa von Römer & Schultes's Syst. Vegetabilium eingerückt. Die meisten Gewächse, welche Schultes aus Willdenow's Herbarium als neu aufführt, sind schon in den Humboldtischen Werken beschrieben [8]).

---

4) Reliquiae Haenkeanae, seu descriptiones et icones Plantarum, quas in America merid. et boreali, in ins. Philippinis et Marianis collegit Thaddaeus Haenke. Redegit et in ordinem digessit Carol. Bor. Presl. Tomus I: fasc. IV, V. Pragae, 1830. fol. (pp. 207—356. Tabb. 35—38.).

5) Stirpum ab J. G. Lehmann primum descriptarum pugillus secundus. Hamburgi, 1830. 4to. pp. 30.

6) Voyage autour du Monde &c. par L. de Freycinet. Partie botanique. Par Gaudichaud. Livr. VII—X. Paris.

7) Regensb. bot. Zeit. 1829. I. Beil. S. 2 II. S. 638. — 1830. I. Beil. S. 15—23: Plantae exsiccatae Zeyherianae.

8) Linnaea. Vter Band. 3tes Heft S. 366—369.

Floren.

Hornemann hat den 34sten Fascikel der *Flora danica*, also den 1sten des XIIten Tomus, herausgegeben [9]. — Es sind darin unter andern abgebildet: Tab. 1981: *Utricularia neglecta* Lehm. Sie steht in der Mitte zwischen *U. vulgaris* L. und *intermedia* Hayne, hat die Grösse der *U. vulgaris* und die Farbe wie *U. intermedia*. — T. 1982. *Veronica Buxbaumii* Ten. (*V. persica* Steven); t. 1983. *Scirpus triqueter* L.; t. 1984. *Phleum pratense* L.; t. 1985. *Alopecurus pratensis* L.; t. 1986. *Triticum acutum* DC.; t. 1987. *Cuscuta Epilinum* Weihe; t. 1992. *Rubus suberectus* Anderson; t. 1993. *Ranunculus tripartitus* DC.; t. 1994. *Geranium pusillum* L.; t. 1996. *Apargia autumnalis* Roth; t. 1997. *Crepis biennis* L.; t. 1999. *Erigeron compositus* Pursh (aus Grönland); t. 2000. *Ceratophyllum demersum* L.; t. 2001. *Equisetum arvense* L.; t. 2004. *Jungermannia Blyttii* Hornem. aus Stördalen in Norwegen, von Blytt gefunden; t. 2005. fig. 1. *Jung. ventricosa*-Dicks., f. 2. *Jung. albicans* L.; t. 2006. *Jung. serpyllifolia* Dicks.; t. 2007. f. 1. *Parmelia recurva* Ach.; f. 2. *Parm. stygia* Ach.; t. 2008. f. 1. *Lecanora straminea* Ach., f. 2. *Lec. ereutica* Ach.; t. 2009. f. 1. *Lecidea cinnabarina* Sommerf., f. 2. *Urceolaria Acharii* Westr. Ausserdem sind viele Pilzarten hier abgebildet.

Roth hat nun noch ein Compendium neben seiner 1827 begonnenen Enum. plant. florae germ. geschrieben. Dieses kürzere Buch über Deutschlands Phanerogamen besteht aus drei Theilen. Es enthält die Gattungscharaktere, Speciescharaktere, wenige Synonyme, kurze Beschreibungen und Angabe der Standörter. Das Werk ist mit zu weniger Beachtung neuerer Ansichten und Entdeckungen verfasst [10].

Reichenbach hat von einer zu botanischen Excursionen bestimmten Phanerogamen-Flora von Deutschland die ersten 2 Bändchen herausgegeben. Die Pflanzen sind nach einem natürlichen Systeme in Classen, Ordnungen, Formationen und Familien aufgestellt. Des Verf.'s Namen für die Classen und Ordnungen sind neu, nicht gerade wohlklingend. Die Pflanzen sind in *Acroblastae* und *Phylloblastae* eingetheilt. Als Probe stehe hier die Haupteintheilung aus dem ersten Bändchen:

---

9) Florae Danicae Fasciculus XXXIV. (Havniae) 1830. fol.

10) Manuale botanicum &c. ab A. G. Roth. Fasc. I—III. Lips. 1830. 8vo.

I. *Acroblastae.* (Spitzkeimer.)

Ordo I. *Rhizo-Acroblastae.* (Wurzel-Spitzkeimer.)

Formatio I. *Limnobiae.* Familiae: *Isoëteae*, *Potamogetoneae* & *Aroideae.* — Form. II. *Heleobiae:* Fam. *Typhaceae*, *Alismaceae* & *Hydrocharideae.*

Ord. II. *Caulo-Acroblastae.* (Stamm-Spitzkeimer.)

Formatio I. *Glumaceae:* Familiae: *Gramineae*, *Cyperoideae* & *Commelinaceae.* — Form. II. *Ensatae:* Fam.: *Irideae*, *Narcisseae* & *Bromeliaceae.*

Ord. III. *Phyllo-Acroblastae.* (Blatt-Spitzkeimer.)

Formatio I. *Liliaceae:* Familiae: *Juncaceae*, *Sarmentaceae* & *Coronariae.* — Form. II. Fam.: *Orchideae*, *Scitamineae* & *Palmae.*

Für jede Familie und Gattung findet man die Charakteristik, für die Arten kurzen Charakter nebst Bemerkungen, einigen wichtigen Synonymen und etwas ausführlicher Angabe der Standörter, so dass das Werk in dieser Hinsicht sehr brauchbar auf Excursionen ist. Nur ist nicht zu leugnen, dass der Verf. zu viele Arten, vielleicht auch zu viele neuere Gattungsbestimmungen angenommen hat [1]). — Früher kannte man nur eine Art von *Zannichellia*; in diesem Werke kommen deren 10 vor. Die meisten von neuern Autoren bestimmten Gras-Gattungen sind hier angenommen.

Unter den *Cyperoideae* werden folgende Gattungen anerkannt: *Elyna* Schrad., *Cobresia* W., *Vignea* Beauv. und *Carex* [2]). Zu Vignea sind nämlich die Carex-Arten gebracht, welche 2 Narben und einen utriculus deplanus haben, und zu Carex die mit 3 Narben und utriculus tricarinatus: Unterschiede, welche hier keine Gattungscharaktere ausmachen. — Zu Vignea kommen von schwedischen *Carices:* *dioeca* L., *pulicaris* L., *capitata* L., *incurva* Lightf., *chordorrhiza* Ehrh., *lagopina* Wahlenb., *loliacea* L. (Vf. sagt, dass Suffren sie bei S. Daniele in Friaul gesammelt, aber alle neuern Autoren meinen, sie sei nicht in Deutschland und der Schweiz zu finden), *stellulata* Schreb., *muricata* L., *virens* DC.,

---

1) Flora germanica excursoria ex affinitate Regni vegetabilis naturali disposita, sive principia Synopseos Plantarum in Germania terrisque in Europa media adjacentibus sponte nascentium cultarumque frequentius, Auctore Ludov. Reichenbach. Sectio I, II. Lipsiae, 1830. 12mo.

2) Vignea: Spica terminalis cum axillaribus in plurimis. Bracteola uniflora. Calyx utriculatus. Stigmata bina. Utriculus deplanus. — Carex: Spica terminalis cum axillaribus in plurimis. Bracteola uniflora. Calyx utriculatus. Stigmata terna. Utriculus tricarinatus.

argyroglochin Hornem., *canescens* L., *Gebhardi* Schk. (*C. canescens β. alpicola* Wbg.), *leporina* L., *Schreberi* Schk., *remota* L., *elongata* L., *intermedia* Gooden, *arenaria* L., *vulpina* L., *teretiuscula* Gooden (man sagt, die schwedische sei *C. paradoxa* Good., nicht *teretiuscula*), *paniculata* L., *microstachya* Ehrh., *saxatilis* L., *bicolor* All., *stricta* Good., *caespitosa* L., *acuta* L. — Die *Carex microglochin* Wbg., mit welcher Persoon u. A. die Gattung *Uncinia* gebildet, ist hier eine *Carex* geblieben.

Bei *Juncus compressus* Jacq. (*J. bulbosus* L.) bemerkt der Verf., dass *J. bulbosus* L. Spec. Pl. ed. 1. und Fl. Suec. der *J. supinus* ist. — *Allium* wird vom Verf. in 3 Gattungen zertheilt: 1) *Porrum* Tournef., dazu kommen z. B. *All. arenarium* L., *Scorodoprasum* L., *Cepa* L., *ascalonicum*, u. a.; 2) *Allium* Tournef. z. B. *A. Schoenoprasum*, *fistulosum*, *Moly*, *ursinum* L. u. a.; 3) *Codonoprasum* Rchb. z. B. *A. oleraceum*, *carinatum*, *paniculatum* L. u. a.

Der Verf. nimmt eine neue Art *Orchis* auf: *O. haematodes*, zu welcher er *O. cruenta* Müll. in Fl. Dan. t. 876. citirt und wovon er sagt, dass sie zwischen *O. latifolia* L. und *majalis* Rchb. in der Mitte stehe, dass sie auf feuchten Wiesen vorkomme, und dass er sächsische Exemplare mit schwedischen übereinstimmend gefunden habe; daneben nimmt er auch eine *O. cruenta* Retz. auf, welche nur in Ungarn, nicht in Deutschland vorkommt, und wozu er Rochel's Banat. t. 1. f. 1. citirt. Diese Art kennt Ref. nicht. Müller war es, der zuerst *Orchis cruenta* bestimmte und benamte, und wenn *O. cruenta* Retz. eine *O. cruenta* des Retzius bedeuten soll, so ist wohl gewiss, dass Retzius keine andere *O. cruenta* gehabt hat, als die ursprüngliche, sofern er Exemplare gehabt hat, was nicht wahrscheinlich ist, denn er hat sie wohl nur nach Müller's Zeichnung in der Flora danica aufgenommen, und also doch dieselbe Art wie Müller.

Bei *Chara tomentosa* L. sind 2 Varr. aufgeführt: *α. C. ceratophylla* Wallr., *β. latifolia* Willd. — *Ceratophyllum apiculatum* Chamiss. und *platyacanthum* Cham. (in Linnaea IV.) sind aufgenommen. — Bei *Passerina corifolia* citirt der Verf. als synonym die zweifelhafte *Daphne pubescens* L. (wovon Linné sagt, er habe sie aus Oesterreich erhalten), sagt aber nicht, was ihn dazu veranlasst; gewiss nur des Refer. Vermuthung darüber (Act. Holm 1818.), denn Vf. hat keine Exemplare aus Oesterreich gesehen. Vahl sagt in seinen Mscr., dass *D. pubescens* in Spanien und nicht in Oesterreich wachse. — *Salix myrtilloides* L. wächst auf den Alpen in Baiern und bei München. *Salix finmarchica* W. wird als auf Sumpfwiesen des Fichtelgebirges wachsend aufgenommen. In Schweden kennt man diese Art nicht. — Zu *Salix Arbuscula* citirt der Vf. *S. majalis* Wbg. Bei *S. phylicifolia* L. [L.? vielmehr Wahlenb. und Koch; nach Fries Mant. Nov. Fl. Su.] wird *S. nigricans* Sm. als Varietät hinzugezogen. Zu *S. Starkeana* W. ist *S. livida* Wbg. als synonym citirt. — Bei *Valerianella Auricula* DC. wird *Fedia olitoria* Gärtn. de fruct. II. t 86. citirt und gesagt, dass Einige, die Gärtner's Abbildgg. nicht gesehen, letztere unrichtig zu *V. olitoria* Mönch. gebracht haben. (Sonach dürfte Vahl zuerst Linné's *Valeriana Locusta* var. *olitoria* zu *Fedia* gebracht haben.) — Zu *Valerianella dentata* DC. [*DC.*? sicherer *Fedia dentata* Vahl, oder *Val. Morisoni* DC.; De C.'s *V. dentata* ist der *V. Auricula* zu nahe; vgl. *Botan. gall.* 252 f.] kommen *V. mixta* Dufresne und *Fedia Morisonii* Spr. [vgl. über *Fediae*: Chaubard in *Archiv. de Bot.* Nov. 1833., wo nur Ch. gewiss irrig die *F. Morisoni* zu der mit *F. Auricula* fast synonymen De C.'schen *V. dentata* zieht.] — Bei *Linnaea* wird bemerkt, dass sie der Verwandtschaft nach dem *Symphoricarpus* (früher *Lonicera*-Arten) am nächsten komme. *Cornus suecica* ward im Oldenburgischen, auf dem Ammerlande, bei Jever, auf Helgoland und bei Danzig gefunden. — *Galium trifidum* L. auf den Seethaler Alpen in Ober-Steyermark, bei Judenburg und nach Bernhardi am Bürgersee.

Artemisia laciniata W. und *A. rupestris* L. sind nur von Wallroth auf salzhaltigem Boden bei Borksleben in Thüringen gefunden. *Inula ensifolia* wächst in Ungarn und Friaul, in Bayern bisher nur an einer Stelle gefunden. *Leontodon* besteht hier aus *L. hispidus*, *autumnalis* L. und *Taraxaci* Lois. u. a. — Zu *Hieracium fallax* W. kommt *H. dubium* Wbg. — Bei *H. Auricula* L. (*H. dubium* Sm.) wird laut von Linné bestimmter und bezeichneter Exemplare, die der Verf. sah, bemerkt, dass Linné diese Art zu einer Zeit *H. Auricula* und das *H. pratense* Tausch *H. dubium* (*H. cymosum* Florist. vulg. et Sturm I. 39. *H. dubium* Fl. Dan. 1044, sub anthesi,) genannt, zu einer andern Zeit aber sie umgekehrt bezeichnet habe. — Bei *Hier. murorum* werden *H. nemorosum* Pers., *H. sylvaticum* Fl. Dan. t. 1113. Willd., Engl. Bot. t. 2031. caule subramoso folioso, citirt. — Zu *H. Lachenalii* Gm. werden *H. vulgatum* Fr., *carpathicum* Bess. und *murorum* All. Pedem. t. 28. f. 1. angezogen. Zu *Hier. asperum* Schl. werden *H. rigidum* Hartm. und *tridentatum* Fr. angeführt. Zu *H. laevigatum* W. Hort. ber. t. XVI. wird *H. boreale* Fr. gebracht. Bei *H. sylvestre* T. ist *H. sabaudum* E. B. t. 349. angeführt. Zu *H. sabaudum* L. wird All. Pedem. t. 27. f. 2. citirt; diese Art kommt mehr im südlichen, seltner im mittlern

Deutschland vor. — Zur Gattung *Geracium* Rchb. kommen *Hieracium praemorsum*, *paludosum* L., *prenanthoides* Vill. u. a. — In der Gattung *Taraxacum* Haller stehen unter andern die schwedischen *T. officinale* (*Leont. Taraxacum* L.) und *palustre* DC. (*Leont. pal.* Sm.). — Die Gattung *Tussilago* ist in 5 Gattungen getheilt: 1) *Tussilago*: *T. farfara*. 2) *Adenostyles* Cassini (*Cacalia alpina* L. &c.). 3) *Homogyne* Cass.: *alpina* (*Tuss. alpina* L.) &c. 4) *Petasites* Bauh.: *P. albus* Hall., *niveus* Cass., *vulgaris* Desf., *spurius* Rchb. u. a. 5) *Nardosmia* Cass.: *N. fragans* (*Tuss. fragans* Vill.). — *Arnoseris* Gärtn. ist angenommen: *A. pusilla* (*Lapsana p.* L.). — *Mycelis* Cass. mit 1 Art: *muralis* Rchb. (*M. angulata* Cass., *Prenanthes muralis* L.).

Der Verf. unterscheidet *Thymus angustifolius* Schreb., *Serpyllum* L. (Svensk. Bot. t. 310. opt.) und *Chamaedrys* Fr. (*citriodorus* Schreb., non Hortul., *Th. Serpyllum* Auct.). — *Ajuga pyramidalis* ist in Deutschland selten. Zu *Lamium maculatum* L. werden Reichenb. Iconogr. III. f. 362. und *L. laevigatum* l. c. f. 363. citirt, und gesagt, dass *L. laevigatum* L. nicht ausdeutbar ist; die von Linné zu *L. laevigatum* angeführte Plukenet'sche t. 198. fig. 1. ist *L. maculatum β. nemorale* Rchb. Die Pflanze scheint allen Autoren unbekannt zu sein, denn sie geben verschiedene Arten dafür an. — *Odontites* ist angenommen: *O. verna* Bell. (*Euphrasia Odont.* L.). — *Primula stricta* Horn. soll in Tyrol wachsen, doch war kein Standort bekannt. — Der Verf. nimmt *Pyrola rosea* Sm. für eine von *P. minor* L. verschiedene Art und citirt dazu *P. minor* Fl. Dan. t. 55. und Sv. Bot. t. 550 a. *P. media* Swartz ist in Deutschland nicht selten; *P. chlorantha* Sw. kommt vorzüglich in Norddeutschland, zwischen *Erica vulgaris* vor. — *Chimophila* (*Pyrola umb.*) nnd *Arctostaphylos* (*Arbutus Uva ursi* und *alpina*) werden angenommen. *Menziesia coerulea* Sw. soll nach Host in Friaul nicht weit vom M. Forca gefunden sein, indessen ist es ungewiss; Vf. sah keine von dort. Bei *Erythraea linarifolia* Pers. wird *E. litoralis* Fr. (*E. angustifolia* Lk.) u. a. citirt.

Wer die Gewächse Deutschlands näher bestimmen will, muss dieses Werk besitzen, welches, ungeachtet der Neuerungen und der so zu sagen unendlichen Zertheilungen der Gattungen und Arten, grossen Werth besitzt, indem es im Ganzen mit einer Kritik gearbeitet ist, welche dieser Flora Interesse verleiht. — Die beiden erschienenen enge gedruckten Bändchen enthalten die meisten Familien der Phanerogamen und von den Cryptogamen die *Characeae*, *Isoëteae*, *Lycopodiaceae* und *Equisetaceae*. Der 3te Band bringt die noch übrigen Familien, [er erschien mit einer Karte des

Gebiet's 1832; endlich vollständige Register in einem 4ten Bändchen 1833.].

Reichenbach hat auch, um über die Pflanzen dieser Flora noch mehr Belehrung zu gewähren, die Herausgabe einer Sammlung seltnerer Pflanzen desselben Gebietes begonnen; die 1ste und 2te Centurie enthalten viel interessante Phanerogamen, z. B. zahlreiche *Gramineae*, *Cyperaceae*, *Junceae*, *Orchideae* u. a.; die Exemplare sind gut gewählt, daher die Sammlung mit Recht zu empfehlen ist; jede Centurie kostet 6 Thaler sächs. [und in einer geringeren Ausgabe 4½ Thlr.] [3]).

Sturm setzt die Herausgabe seiner Deutschlands Flora mit color. Abbildungen fort. Im Jahre 1830 sind Heft 55. u. 56. der Iten Abth. erschienen [4]). — Heft 55 enthält 16 *Carex*-Arten: 1. *C. chordorrhiza* Ehrh. 2. *schoenoides*. 3. *intermedia* Good. 4 *cyperoides* L. 5. *argyroglochin* Hornem. 6. *axillaris* Good. 7. *Bonninghauseniana* Weihe. 8. *microstachya* Ehrh. 9. *binervis* Sm. 10. *laevigata* Sm. 11. *Michelii* Host. 12. *pilosa* Scop. 13. *leptostachys* Ehrh. 14. *Drymeja* Ehrh. 15. *Agastachys* Ehrh. 16. *hirta* L. — Das 56ste Heft ist von Fieber in Prag bearbeitet, und enthält: 1. *Veronica fruticulosa* L. 2. *V. saxatilis* Scop. 3. *V. alpina* L. 4. *V. aphylla* L. 5. *V. Buxbaumii* Ten. (*persica* Stev.). 6. *V. hederaefolia* L. 7. *Gladiolus communis* L. 8. *Glad. imbricatus* L. 9. *Iris bohemica* Schmidt (*nudicaulis* Lam.). 10. *I. hungarica* W. & K. (*I. biflora* L.). 11. *I. Fieberi* Seidl. 12. *Alchemilla fissa* Schumm. (*palmatifida* Tausch). 13. *Ribes petraeum* Wulf. 14. *Ceratocephalus falcatus* P. 15. *Anthericum ramosum*. 16. *Adonis vernalis* L.

Arendt hat eine tabell. Uebersicht der Pflanzengattungen des mittlern und nördl. Deutschlands herausgegeben. Die Tabelle stellt in 3 Rubriken die Classen, Ordnungen und Gattungen das Linnéi'schen Systems dar; bei jeder Gattung ist auch in Klammern die nat. Familie genannt. Das Ganze gewährt einen leichten Ueberblick [5]).

---

3) Flora germanica exsiccata, sive Herbarium normale Plantarum select. criticarumve in Germania propria vel in adjacente Borussia, Austria et Hungaria, Tyroli, Helvetia Belgiaque nascentium, concinnatum editumque a Societate Florae germ., curante L. Reichenbach. Cent. I, II. Lipsiae, 1830. fol.

4) Deutschlands Flora in Abbildungen nach der Natur mit Beschreibungen, von Jac. Sturm. Ite Abth. 55tes und 56tes Heft. Nürnberg, 1830. 12mo.

5) Tabellarische Uebersicht der Flora des mittlern und nördlichen

Dierbach hat den 3ten Theil seiner Beiträge zu Deutschl. Flora &c. herausgegeben [6]). — Der Verf. hat aus den älteren deutschen botan. Schriftstellern erklärt, welche Pflanzen sie beschrieben haben und dadurch auch die Kenntniss ihrer geogr. Verbreitung erweitert. Als Probe möge hier Folgendes aus dem Inhalte bemerkt sein: *Syringa vulgaris* ward durch den österreichischen Gesandten in der Türkei, Augerius von Busbeck, von Constantinopel nach Deutschland verpflanzt. — Die erste Abbildung von *Datura Stramonium* gab Camerarius, in dessen Angaben man findet, dass sie aus dem Orient und nicht aus America herstammt. Ueber *Nicotiana* findet man die ersten genauen Nachrichten in Monardes's Werken; er sagt, dass die Einwohner America's die Pflanze *Picielt* nennen, dass aber die Spanier sie nach der Insel Tabago, wo sie häufig wächst, *Tabaco* genannt haben; er setzt hinzu, dass es diese Pflanze war, welche die indischen Priester zum Räuchern gebrauchten, worauf sie in einen exaltirten Zustand geriethen und darin bei ihren Orakeln zukünftige Dinge prophezeiten. — Fast die Hälfte dieses Bändchens nehmen Untersuchungen über die *Labiatae* nach den Alten ein.

D. Dietrich hat dreierlei Herbarien deutscher Pflanzen unter dem Namen von Floren herauszugeben angefangen: s. unten [7]). — Die 1ste Abtheilung der ökonomischen Flora enthält Gräser.

Von Jos. C. Frank ist eine Flora von Rastadt [8]), — von Klett und Richter eine der Phanerogamen um Leipzig [9]) — und von Kastner eine kürzere der Insel Usedom erschienen [10]).

Aus Klett und Richter's Leipziger Flora sei Einiges

Deutschlands nach dem Linnéischen Sexual-System, verbunden mit der Methode der natürlichen Pflanzenfamilien, aufgestellt nach P. F. Curie's Anleitung &c. 2te Aufl., von J. J. F. Arendt. Osnabr. 1828. fol.

6) Beiträge zu Deutschlands Flora; gesammelt aus den Werken der ältesten deutschen Pflanzenforscher von Dr. J. H. Dierbach. IIIter Th. mit dem Bildnisse des Carl Clusius. Heidelb. 8vo.

7) Herbarium Florae germanicae oder Deutschlands Flora in getrockn. Exemplaren. Von D. Dietrich. 7tes Heft Jena. fol. — Deutschlands pharmaceutische Flora in getrockn. Exemplaren &c. von D. Dietrich. Jena. fol. — Deutschl. ökonomische Flora in getrockn. Exemplaren &c. von D. Dietrich. 1ste Abth. Jena. fol.

8) Rastadt's Flora. Von Jos. C. Frank. Heidelb. 1830. 8vo.

9) Flora der phanerog. Gewächse der Umgegend von Leipzig. Von Gust. Theod. Klett u. Herrm. Eberh. Fr. Richter. &c. Leipz. 1830. 8vo.

10) Archiv f. die gesammte Naturlehre, XVIII. 2. S. 211 ff. (1829.)

bemerkt: *Lycopsis arvensis* und *pulla* stehen beide unter *Anchusa*. Zu *Juncus bottnicus* Wbg. kommen *J. Gerardi* Lois. und *consanguineus* Ziz. Zum *J. uliginosus* Roth ist *J. bulbosus* Linn. Sp. Pl. ed. 1. (nicht ed. 2.) citirt. In der Gattung *Erysimum* sind *E. Alliaria*, *Barbaraea* und *officinale* noch beibehalten. Zu *Geranium umbrosum* Kit. & W. wird *G. pyrenaicum* Sm., Sturm, Gmel. angeführt, aber nicht das Linnéische, für welches Linné petala biloba calyce duplo longiora angiebt. (Demnach ist vielleicht das in Schweden wachsende sogen. *Genan. pyrenaicum* das wahre. Refer. vermag aber über *G. umbrosum* Kit. in Ermangelung des Hauptwerkes nichts weiter zu sagen).

A. Sauter hat die Herausgabe einer Sammlung tyrolischer Gebirgspflanzen begonnen. 6 Hefte sind erschienen. Die Exemplare sind gut gewählt und mit Namenzetteln versehen, welche auch Standörter und Blüthezeit angeben. Jede Centurie kostet 6 Fl. rhein. [1]).

Endlicher hat eine Flora von Pressburg geschrieben [2]). [Die Anordnung ist nach der natürl. Methode; aber eine clavis analytica generum nach Linné's System ist beigefügt. Eine neue Gattung ist *Exydra*, aus *Poa aquatica* L. s. *Hydrochloa aquat.* Hartm. *Echinospermum deflexum* ist *Cynoglossum defl.* Endl. Die *Cruciferae* sind in *Lomentaceae*, *Siliculosae* und *Siliquosae* abgetheilt. *Camelina* Crantz ist *Chamaelinum* DC. geworden. *Brassica orientalis* und *austriaca* sind *Coringiae* Presl. *Brass. Erucastrum* ist n. g. *Erucastrum* Presl. Die Sectio *Batrachia* von *Ranunculus* ist davon nach Presl generisch getrennt. Abgebildet ist *Ruscus Hypoglossum*. Vgl. noch Heuffel's Bemerkungen dazu in s. Recension dieser Flora in Regenb. botan. Zeitung: Literaturbericht 1831.]

[Heuffel hat in der Regensb. bot. Zeitung, 1831, Nr. 24. einen Nachtrag zu Endlicher's Flora posoniensis geliefert: er umfasst 58 Species Phanerogamen und *Aspidium aculeatum*; unter ersteren: 3 Gräser, 9 *Carices*, 3 *Ornithogala*, 6 *Orchideae*, 2 *Ranunculaceae*, 4 *Geran.*, 3 *Arenariae*, 6 *Compositae*, 3 *Cruciferae*, 1 *Umbell.*, 1 *Euphorb.* u. s. w.]

Von Gaudin's *Flora helvetica* sind der IV., V. und VIte

---

1) Flora tirolensis exsiccata alpina et subalpina. Auctore Andrea Sauter. Decas I—VI. Insbruck, 1830. fol.

2) Flora Posoniensis, exhibens plantas circa Posonium sponte crescentes aut frequentius cultas, methodo naturali dispositas. Auctore Steph. Endlicher. Posonii (Lips., Andrae, 1831.) 8vo.

Band erschienen [3]). — Der IVte Band umfasst die Classen Didynamia u. f. bis incl. Polyadelphia. — *Mentha*-Arten sind hier nur 10, weil der Verf. die meisten nur als Formen anderer betrachtet: 1. *M. sylvestris* L., wozu *β. M. gratissima* Suter, Willd.?; *ββ. canescens?* Schl., *γ. nemorosa* W. 2. *M. rotundifolia.* 3. *M. crispa* L., nach Haller aufgenommen, vom Vf. nicht in der Schweiz gesehen. 4. *M. viridis* L. 5. *M. hirsuta* L., deren viele Formen hier 3 Gruppen bilden: 1) *capitatae*, z. B. *M. aquatica* Sut. &c.; 2) *subspicatae*; 3) *verticillatae*. 6. *M. rubra* Sm. 7. *M. gentilis* L. 8. *M. arvensis*. 9. *M. Pulegium*. 10. *M. cervina*. — *Linnaea borealis* kommt in Fichten- und Lerchenbaum-Wäldern auf den rhätischen und walliser Alpen vor. — Die Tetradynamisten sind grösstentheils nach neuern Ansichten abgehandelt. *Lepidium petraeum* ist in der Schweiz selten. Bei *Alyssum calycinum* wird bemerkt, Linné sage mit Unrecht, dass alle stamina dentata seien, und dass das, was er über die Staubfäden bei *A. campestre* sagt, auf *A. calycinum* zu beziehen sei. Gaudin beschreibt „Stamina omnia edentula, sed 2 breviora, setis duabus liberis ad basin stipata." — Zu *Draba fladnizensis* Wulf. Fl. lapp. (nicht DC.) wird *D. androsacea* Wbg. Fl. lapp. (nicht Willd.), *D. ciliaris* Wbg. Fl. helv. (nicht Linn. & Auct.) citirt. Der Verf. scheint nicht zu bedenken, dass Willdenow und De Candolle dieselbe später *D. lapponica* genannt haben. — Bei *Draba nivalis* ist *D. carinthiaca* Koch in Bot. Zeit. 1823 p. 437. citirt. Bei *D. confusa* Ehrh. sind *D. incana* Wbg. Fl. lapp. und *D. incana* var. Linn. Sp. Pl. 897. angeführt; sie ist selten in der Schweiz; aber noch seltner ist *D. incana* L. (*contorta* Ehrh. nach Gaudin), nur am Fusse des Berges Ganterisch an Stellen, die 5000 bis 6000 Fuss hoch üb. M. liegen, gefunden. — *Arabis Thaliana* ist unter *Sisymbrium* gebracht; Gay und Monnard haben cotyledones planae dorsiferae gefunden, obgleich Schkuhr sie als lateriferae darstellt. — Verf. unterscheidet als Arten *Ononis arvensis* Lam., Sm., DC. (*O. spinosa α. mitis* L. Sp. Pl. nach Gaudin) und *O. hircina* Jacq., zu welcher er *O. arvensis* Retz. und mit ? *O. spinosa. α mitis* L. citirt. Den *Astragalus pilosus* L. hat zuerst Clairville (Manuel &c. p. 133.) zu *Phaca* gebracht; neuere

3) Flora Helvetica sive Historia Stirpium hucusque cognitarum in Helvetia et in tractibus conterminis aut sponte nascentium aut in hominis animaliumque usus vulgo cultarum continuata. Auctore J. Gaudin. Vol. IV. Cum tab. aeneis. Vol. V. c. tab. aenea. Turici, 1829. Vol. VI. c. 3 tab. aen. Turici, 1830. 8vo.

Autoren, die dasselbe thun, sind Hartmann (1820 in Scand. Fl.) und Wahlenberg (1821 in Act. Ups.). *Trifolium spadiceum* L. ist in der Schweiz sehr selten, dagegen *T. badium* Schreb., (welches früher damit vermengt worden,) dort öfter vorkommt. — Tab. 1. stellt *Orobanche caryophyllacea* dar; t. 2. *Orobanche vulgaris*; t. 3. *Matthiola varia* DC.; t. 4. *Brassica Erucastrum*; t. 5. *Genista Halleri* Reyn.

Der Vte Band enthalt die *Syngenesia* und *Gynandria*. Bei *Prenanthes muralis* wird gesagt: „Planta dubii generis, semine quadantenus ad Chondrillas accedit, sed dentibus illis terminalibus caret, qui in semine Chondrillae observantur &c.“ Nach Wahlenberg und Gaudin ist *Gnaphalium alpinum* in der Schweiz, die Var. *β. elatius* Gaudin ist vielleicht *G. carpathicum* Wbg. Bei *Erigeron alpinus* L. heisst es: Flosculi exteriores foeminei, und bei *Erig. uniflorus*: Flosculi omnes hermaphroditi. — Die Gattung *Orchis* ist hier ungetheilt, aber *Epipactis*, *Neottia*, *Spiranthes*, *Limodorum*, *Malaxis*, *Corallorrhiza*, *Goodyera* und *Epigogium* sind angenommen. *Malaxis monophyllos* und *Loeselii* Sw. sind sehr selten in der Schweiz (*M. paludosa* ward nicht dort gefunden). Abgebildet ist *Micropus erectus* L.

Der VIte Band enthält die *Monoecia*, *Dioecia* und *Polygamia*. — Aus der Gattung *Carex* besitzt die Schweiz 76 Arten: *C. microglochin* Wbg. und *rupestris* All. sind auf walliser Alpen gefunden. *C. chordorrhiza* ist auch in der Schweiz selten. Der Verf. glaubt, dass die englischen Autoren *C. teretiuscula* und *paradoxa* vermengt haben. *C. bicolor* All. ist in der Schweiz äusserst selten. *C. Buxbaumii* Wbg. ist bis jetzt nur an einem Orte (bei St. Urban) in der Schweiz gefunden; *C. ustulata* Wbg. nur auf dem Berge Gétroz im Bagnes-Thale. (*C. arenaria* bisher noch nicht in der Schweiz.) — *Vallisneria spiralis* kommt in Wassergruben und Canälen „in Helvetia transalpina Lugani“ vor. — Aus der Gattung *Salix* zählt Verf. 37 Arten, die meisten von Schleicher bestimmten sind zu früher bekannten gebracht. Von den lappländischen wachsen dort *S. herbacea*, *hastata*, *myrsinites* L., *versifolia* Wbg., *reticulata* und *glauca* L. Der Verf. meint, dass *S. helvetica* Vill. eine Art sei, die sich von *S. limosa* unterscheide; aber Seringe hält beide für einerlei Art. —

Zum Schlusse folgen in diesem Bande Nachträge zu den früheren. *Pyrola media* Sw. ist i. J. 1828 in pineto Riedschachen gefunden worden; sie scheint also in der Schweiz sehr selten zu sein. — Tab. 1. zeigt *Carex microstyla* Gaud.; t. 2. *C. punctata* Gaud.; t. 3. *Acer opulifolium*. — Diese Flora ist ein Werk von grosser Wichtigkeit für die Kenntniss der Pflanzen der Schweiz;

aber der Verf. hat die in den letzten Jahren gemachten botanischen Bestimmungen nicht gekannt und sein Werk ist nicht mit der Kritik verfasst, welche man in mehreren der neuern deutschen Floren antrifft.

Duby hat den 2ten Theil von De Candolle's *Botanicon gallicum* oder der 2ten Auflage der *Synopsis plantarum in flora gallica descriptarum* herausgegeben. (Ref. sah ihn noch nicht) [4]). — Die Pflanzen sind in diesem Werke nach den natürl. Familien aufgestellt, mit den Charakteren derselben und der Gattungen und Arten; einige wenige Synonyme und kurze Angaben der Standörter sind beigefügt. Das Werk ist, (im Iten Th.) in Betreff der Charakteristik ein Auszug aus De Candolle's Prodromus Systematis nat. R. veg., so weit letzterer bereits erschienen war.

Hollandre's Flora des Mosel-Departements enthält: Erstlich eine geologische Beschreibung des Departements. Darauf Anfangsgründe der Botanik; dann folgt die Flora, in französischer Sprache. Die Pflanzen sind nach dem Linnéischen Systeme geordnet; die Arten kurz beschrieben, aber ohne eigentlichen Species-Charakter. Nur die Phanerogamen und Filices sind abgehandelt. Am Schlusse fügt der Verf. eine Uebersicht der in jener Gegend angebauten Gewächse hinzu [5]).

Laterrade hat die 3te Auflage einer Flora von Bordeaux und Gironde — und Guépin eine Flora des Depart. Maine et Loire herausgegeben. (Refer. sah beide nicht) [6]).

Soyer-Willemet theilt in den schon 1828 erschienenen Observations &c. [7]) die Resultate seiner Beobachtungen mit, die er auf einer 1826 in Gesellschaft Monnier's in das östliche, südliche und westliche Frankreich unternommenen Reise, auf welcher

---

4) Aug. Pyrami De Candolle Botanicon gallicum seu Synopsis Plantarum in Flora gallica descriptarum. Editio 2da. Ex Herbariis et Schedis Candollianis propriisque digestum a J. E. Duby, V. D. M. Pars II. Paris 1728. 8vo.

5) Flore de la Moselle, ou Manuel d' Herborisation, précedé d'un apperçu geologique sur le Département et d' élémens abrégés de Botanique; par J. Holandre. T. I, II. Metz, 1829. 12mo.

6) Flore Bordelaise et de la Gironde; &c. Par J. F. Laterrade. 3me édition. Bordeaux, 1829. 12mo.

Flore de Maine et Loire; par M. Guépin. T. I. Angers, 1830. 12mo.

7) Observations sur quelques Plantes de France suivie du Catalogue des Plantes vasculaires des environs de Nancy; par H. F. Soyer-Willemet. &c. Nancy, 1828. 8vo. pp. 195.

er auch 3000 Pflanzenarten sammelte, gemacht hat.. Dieses Buch enthält viele kritische Untersuchungen über nahe verwandte oder verwechselte Species, und ist in Folge genauer Beobachtungen und mit vieler Kenntniss der Schriften ausländischer Autoren geschrieben. Zum Beschlusse folgt ein Verzeichniss der Gefäss-Pflanzen um Nancy.

Hooker hat eine englische Flora herausgegeben, worin er die *Phanerogamen* und *Filices* beschreibt [8]). Sie gilt für ein sehr nützliches und auch für Ausländer lehrreiches Handbuch zum Untersuchen der Pflanzen Grossbritanniens, welche hierin nach Linné's System geordnet sind. Bei den Gattungs-Charakteren ist auch immer die natürl. Familie und die Ableitung des Namens angegeben; bei den Arten ausser den Charakteren wenige wichtigere Synonyme, Standörter, Blüthezeit und Dauer, worauf kürzere oder längere Beschreibungen und mancherlei Bemerkungen folgen. Die Gattungen *Rosa*, *Rubus* u. a. sind sehr ausführlich behandelt. Als Anhang folgt ein Ueberblick des natürlichen Systems.

Smith schloss i. J. 1824 sein Werk *English Botany*, welches Beschreibungen und illum. Abbildungen der Gewächse Englands enthält. Es besteht aus 36 Bänden mit 2592 Tafeln.

Von Sowerby's Supplemente zur *English Botany* sind die Hefte Nr. II bis V. erschienen, mit tab. 2598—2617.: *Phyteuma spicatum*, *Salix Doniana*, *S. incubacea*, *Rosa Doniana*, *Verrucaria pulchella*, *Verr. euploca*, *Veronica agrestis*, *Rubus rhamnifolius*, *R. Köhleri*, *Callitriche autumnalis*, *Primula scotica* Hook., *Potamogeton acutifolius* Lk., *Rosa dumetorum*, *R. Forsteri*, *Verrucaria psoromoides*, *V. sorediata*, *Digitaria humifusa*, *Vicia angustifolia*, *Lotus tenuis*, *Woodsia ilvensis*, *Verrucaria biformis*, *V. gemmata*. (Ref. sah das Werk nicht.) Jedes Heft kostet 3 Shill. [1 Thal.] [9]).

Henslow (Prof. der Bot. an der Univ. Cambridge,) hat ein, nach dem natürl. Systeme geordnetes Verzeichniss der britischen Pflanzen herausgegeben [10]). — Am Schlusse giebt der Verf. folgende Tabelle:

---

8) The british Flora; comprising the phaenogamous or flowering Plants and the Ferns. By William Jackson Hooker. Lond. 1830. 8vo. pp. X & 480.

9) Supplement to the English Botany. Nr. II—V. By Sowerby. London, 1830. 8vo.

10) A Catalogue of the british Plants, arranged according to the Natural System, with the Synonymes of De Candolle, Smith and Lindley. By J. S. Henslow. Cambridge. 8vo.

Gesammtanzahl der englischen phanerogamischen Pflanzen.

		Familien	Gattungen	Arten	Varietaten.
Dicotyledoneae	Einheimische	77,	378,	1099,	1207.
	Naturalisirte	1,	17,	45,	47.
Monocotyledoneae	Einheimische	16,	105,	351,	371.
	Naturalisirte	0,	3,	6.	0.

Noch nicht 2 englische Special-Floren erschienen: Johnston's Flora von Berwick am Tweed, und Jones und Kingston's Flora von Devonshire [1]).

Gussone's *Flora sicula*, wovon der Ite Fascikel erschienen ist, gilt für eine der bestbearbeiteten südeuropäischen Floren. (Vom Refer. nicht gesehen.) [2]).

Wallich hat das 2te Heft seines Prachtwerkes: *Plantae asiaticae rariores*, herausgegeben. Es enthält illuminirte lithographische Abbildungen von 25 Pflanzen. Dieses Werk nimmt nur merkwürdigere Arten auf, welche dann ausführlich beschrieben werden; unter den hier dargestellten ist auch *Aconitum ferox*, eins der giftigsten Gewächse Asiens [3]).

v. Ledebour hat den IIten Theil seiner *Flora altaica*, eines mit Sorgfalt gearbeiteten, sehr interessanten Werkes, erscheinen lassen. Dieser Theil enthält die VI — XIVte Linnéische Classe [4]). — Voran steht ein Catalog der Species, dann kommt eine Uebersicht der Gattungscharaktere, worauf die eigentliche Flora folgt. Jede Gattung erhält hier ihren ausführlichen Charakter; für die Arten sind ihr Charakter, einige wichtigere Synonyme, Blüthezeit und Dauer angegeben; bei neuen oder minder bekannten Arten kommt Beschreibung hinzu. Sehr viele Pflanzen des Altai und

---

1) Flora of Berwick upon Tweed. By George Johnston M. D. Vol. I. Phaenogamous Plants. —

Flora Devoniensis, or a descriptive Catalogue of Plants growing wild in the county of Devon, arranged both according to the Linnaean and Natural Systems, with an account of their geographical distribution &c. By the Rev. J. P. Jones and J. F. Kingston. Lond. 1830. 8.

2) Flora sicula sive descriptiones et icones Plantarum variarum Siciliae ulterioris. Auctore J. Gussone. Neapol. 1829. fol. c. tabb.

3) Plantae asiaticae rariores or descriptions and figures of a select number unpublished East-Indian Plants. By N. Wallich &c. Lond. 1829. fol. c. tabb.

4) Flora altaica. Scripsit D. Car. Frid. a Ledebour. Adjutoribus D. Car. Ant. Meyer et D. Al. a Bunge. T. II. (Cl. VI — XIV.) Berol., 1830. 8vo. pp. XVI & 464.

seiner Umgegenden sind mit schwedischen einerlei. Von *Allium* giebt es dort 24 Arten. Unter den 6 *Ornithogalis* sind *O. luteum* L. und *O. minimum* L. Auch *Erythronium Dens canis*, *Lilium Martagon*, *Hemerocallis flava*, *Acorus Calamus*, *Convallaria Polygonatum* wachsen daselbst. Man trifft die meisten schwedischen *Juncus*-Arten an, z. B. *J. filiformis*, *bufonius*, *bulbosus* L., *böttnicus* Wbg., *lamprocarpus* Ehrh., *squarrosus*, *triglumis* L. und *castaneus* Sm.. auch den deutschen *J. Tenageia* Ehrh.; *Oxyria reniformis* Hk. (*Rumex digynus L.*). Von Schwedens *Rumex*-Arten trifft man *R. crispus*, *aquaticus* L., *domesticus* Hartm., *Acetosa* und *Acetosella* L. an. *Epilobium latifolium*, *Polygonum Bistorta* & *viviparum*. *Adoxa Moschellatina* ist selten. Von *Rheum* findet man *R. Rhaponticum* L. und *leucorrhizum* Pall. *Butomus umbellatus* kommt oft vor. *Ledum palustre* ist selten. Von *Pyrola* sind zu finden: *P. uniflora*, *secunda*, *minor*, *rotundifolia* L. *Chimophila umbellata* Pursh (*Pyrola umb.* L.). *Tribulus terrestris*; diese Pflanze, die auch in Africa vorkommt, hat bedeutende geogr. Verbreitung. *Chrysosplenium alternifolium* und 2 neue Arten. *Saxifraga* 9 Species, worunter *S. hieracifolia* W. & Kit.; *crassifolia* L. α. *elliptica* & β. *cordata*, *Hirculus*, *cernua* L. — *Dianthus superbus*. *Silene noctiflora* L., *viscosa* P. (*Cucub. visc.* L.), *nutans* L. *Stellaria cerastioides* L., *crassifolia* Ehrh., *glauca* With. und *graminea*. *Lychnis apetala* ist auf den altaischen Alpen nicht selten. *Amygdalus nana*. *Pyrus Aria* Ehrh. & *aucuparia* Grtn. *Rosa berberifolia* Pall., *cinnamomea*, *pimpinellifolia*. *Fragaria vesca* L. & *collina* Ehrh. Von *Potentilla* 35 Arten; darunter *P. fruticosa*, *rupestris* und *nivea* L., welche im Hochgebirge nicht selten ist. *Dryas octopetala*. *Aconitum*: 10 Arten, nach Reichenbach bestimmt. Von *Ranunculus* sind 24 Sp. aufgeführt, worunter die meisten der gewöhnlichsten schwedischen. *Thalictrum* 13 Sp., darunter *aquilegifolium*, *flavum*, *simplex* L. *Alectorolophus* M B. (*A. Crista galli* M B., *Rhinanthus Cr. g.* L.) und *Odontites* P. (*O. rubra* P., *Euphrasia Odont.* L.) sind angenommen. Von *Pedicularis* findet man 19 Arten, worunter *P. palustris*; *P. versicolor* Wbg. ist auf den höchsten altaischen Alpen nicht selten. *Linnaea borealis* kommt in höhern schattigen Waldgegenden vor.

v. Ledebour hat auch angefangen, ein Prachtwerk, welches illuminirte Abbildungen der in seiner altaischen Flora beschriebenen neuen Pflanzen enthält, herauszugeben. Die 1te Cent. ist erschienen; sie ist ein theures Werk, im Preise von 96 Thal. sächs. [5]).

---

5) Icones Plantarum novarum vel imperfecte cognitarum, Floram

Blume hat eine neue Ausgabe der 2 ersten Fascikel seines Werkes über die Pflanzen Java's und der umliegenden Inseln besorgt. Der Verf. nimmt hier auch die Pflanzen auf, welche Reinwardt, Kuhl und van Hasselt auf jenen Inseln gesammelt haben [6]). — Diese Ausgabe ist nur eine Synopsis, worin die Gewächse nach natürlichen Familien geordnet sind, mit Gattungs- und Species-Charakteren und kurzen Angaben ihrer Standörter und Dauer. Der Ite Fascikel enthält 20 Familien; der IIte die *Filices*, welche auf diesen Inseln höchst zahlreich sind, nebst den *Marsiliaceae*, *Lycopodinae* und *Equisetaceae*.

Holl hat ein nach den natürlichen Familien geordnetes Verzeichniss der Pflanzen, welche er auf Madera beobachtet, mitgetheilt. Reichenbach hat dazu die Charaktere der neuen Phanerogamen und Kunze die der neuen Cryptogamen gegeben. Unter den *Lichenes* und *Musci* sind viele, die auch in Schweden vorkommen [7]).

E. Meyer hat ein Werk geschrieben, welches eine Uebersicht der Pflanzen von Labrador enthält. Letztere sind meistens von Herzberg, einem Missionär daselbst, gesammelt worden [8]). — Das Werk ist in 3 Bücher getheilt. Das erste ist rein botanischen Inhalts und enthält eine Florula labradorica. Zuerst giebt der Verf. einen Ueberblick der Schriften, worin früher labradorische Pflanzen beschrieben worden, nebst denjenigen, die von den Floren der angränzenden Polarländer handeln, und denen über Grönland, Island, die Färöer, Lappland, Spitzbergen, das nördl. Russland, Sibirien, russisch America und britisch America.

Die bisher bekannten Pflanzen von Labrador erreichen die Anzahl von 198. Sie sind hier nur nach ihren Familien aufgezählt, wobei Verf. eine Uebersicht ihrer geographischen Verbreitung, sowohl in den nördlichen Polarländern, als auch in andern Weltgegenden giebt und ausserdem kritische Bemerkungen beigefügt. — Unter diesen Pflanzen sind 17 *Lichenes*, 2 *Hepaticae*,

---

rossicam, imprimis altaicam, illustrantes. Auctore C. A. a Ledebour. Cent. I. Rigae, 1829. fol.

6) Enumeratio Plantarum Javae et Insularum adjacentium minus cognitarum vel novarum ex Herbariis Reinwardtii, Kuhlii, Hasseltii et Blumii. Curavit Car. Ludov. Blume. Fasc. I & II Editionis novae. Hagae, 1830. 8vo.

7) Regenb. bot. Zeitung, 1830. I. S. 369—392.

8) Ernesti Meyer de Plantis labradoricis Libri tres. Lipsiae, 1830. 8vo. pp. XXII & 218.

11 *Musci* z. B. *Sphagnum acutifolium*; *Didymodon purpureus*; *Mnium turgidum* Wbg. — Unter den *Gramineae*: *Avena subspicata* Lk., *Hierochloë alpina* R. & S., *Poa alpina* u. a. — Ferner *Eriophorum capitatum*, *vaginatum*, *angustifolium*, *latifolium*; *Carex canescens*, *panicea* und *acuta* (ohne Zweifel giebt es dort weit mehr *Carices*). *Luzula spadicea*, *pilosa*, *campestris*, *arcuata* & *spicata*. *Tofjeldia borealis*; *Majanthemum bifolium*. *Pinus alba* Ait. & *microcarpa* Lamb.; *Betula nana*; *Salix arctica* Br., *glauca*, *reticulata*, *vestita* Pursh., *myrsinites*, *hastata* *β*. Wbg. *Polygonum viviparum*; *Oxyria reniformis* (*Rumex digynus*). *Konigia islandica* L. *Trientalis europaea*. *Pinguicula vulgaris* & *villosa*. *Pulmonaria maritima*. *Euphrasia officinalis* L.; *Pedicularis lapponica* & *flammea*. *Menyanthes trifoliata*. *Rhododendron lapponicum* Wbg.; *Ledum palustre* & *latifolium*; *Andromeda tetragona*. *Cornus suecica*. *Potentilla nivea*, *Dryas octopetala*, *Rubus arcticus*, *Pyrus aucuparia*. *Papaver nudicaule*. Der Verf. stellt *Alsine biflora* Wbg. und *Stellaria gronlandica* Retz. unter *Arenaria*, weil die petala zuweilen integra sind. — Der Verf. hat nur eine neue Art, nämlich *Solidago thyrsoidea*, welche indess wenig von *S. Virgaurea* L. verschieden ist. — Aus diesem Verzeichniss erhellet, dass die Pflanzen von Labrador mit wenigen Ausnahmen dieselben sind, welche in den meisten der übrigen Nord-Polar-Länder vorkommen.

Das zweite Buch giebt einen Ueberblick der physischen Geographie Labrador's und der übrigen nördlichen Polarländer, wobei der Verf. besonders die Lufttemperatur untersucht und auseinandersetzt; dieser Theil des Werkes bildet eine höchst interessante und lehrreiche Abhandlung, zu welcher der Verf. mit grosser Sorgfalt alle von den verschiedenen Autoren gelieferten Angaben benutzt hat. — Das dritte Buch enthält eine Pflanzengeographie von Labrador; darin werden ausgedehnte Vergleichungen mit den übrigen Nordpol-Ländern angestellt. Die Pflanzengeographie des Landes wird hier in 2 Abtheilungen behandelt, nämlich: 1) über Anzahl und Verschiedenheit der Pflanzen oder ihre geogr. Vertheilung (*distributio*); 2) über die Verbreitungsbezirke der Pflanzen oder ihre geographische Verbreitung (*extensio*). — Das Ganze ist ein Werk von Wichtigkeit für die physische Geographie der Polarländer und man findet hier das einschlagende Material in Einem gesammelt, kritisch untersucht und wohl geordnet.

Hooker hat das 2te Heft s. arktisch-nordamericanischen Flora herausgegeben. [S. die Uebersetzung des Jahresber. üb. 1831.] [9]).

---

9) Flora boreali-americana . . by W. J. Hooker. [s. Jahrg. 1831.]

J. Torrey hat eine Flora der mittlern und nördlichern nordamerican. Freistaaten herausgegeben. (Ref. sah sie nicht.) [10])

Schiede und Deppe haben auf ihrer botanischen Reise in Mexico Herbarien an das Königl. Museum zu Berlin eingesandt. v. Schlechtendal und v. Chamisso haben diese geordnet, die Pflanzen bestimmt und in der Zeitschrift Linnäa nach Familien geordnet beschrieben. Sie machen eine bedeutende Anzahl aus, worunter sich mannichfaltige neue Arten befinden. Die *Synanthereae* sind von Lessing beschrieben. Die *Dicotyledoneae*, *Filices*, *Equisetaceae* und *Marsileaceae* betragen 839 Species. — Die *Monocotyledoneae* und Supplemente zu den *Dicotyledoneae* werden besonders abgehandelt [1]).

Schiede und Deppe haben auch Berichte von ihren Reisen in Mexico mitgetheilt und darin ein Gemälde der Vegetation in jenem Reiche dargestellt [2]). — Auch von den merkwürdigern Handelsgewächsen, welche sie kennen gelernt, geben sie Nachricht. Die vorzüglichsten darunter sind die *Vanilla*-Arten, welche in der Gegend von Papantla und Misantla wachsen. Die Vff. geben die Charaktere von 4 Arten (oder z. Th. nur verschiedene Formen, wegen Uebergängen zwischen Nr. 1. und 2): 1. *Vanilla sativa* Schied. & Depp. (*Baynilla mansa* Hispano-Mexicanorum). 2. *V. sylvestris* S. & D. (*Baynilla cimarrona*). 3. *V. Pompona* S. & D. (*Bayn. Pompona.*). 4. *V. inodora* S. & D. (*Bayn. de puerco*). Es sind Schmarotzerpflanzen. — Die Vf. bemerken, dass No. 1. u. 2. wahrscheinlich bisher unter dem Namen *V. planifolia* verwechselt worden sind, und dass sie sie als verschieden benamt haben, weil ihre Unterscheidung im Handel von Wichtigkeit ist, obgleich sie Uebergänge sahen. In Kunth's Synopsis Plant. Amer. aequ. findet man die südamericanische, westindische und mexic. Vanille unter dem gemeinschaftlichen Namen *V. aromatica* und dem RBrown'schen Speciescharakter, welcher doch nur der ächten (südamerican.) *V. aromatica* zukommt. — Die *V. sativa* gilt überall für die beste und nur in Papantla wird ausser ihr noch die *V. sylvestris* gesammelt; nur *V. sativa* wird angebaut. *V. Pompona* ist reich an ätherischem Oele und hat vortrefflichen Geruch, lässt sich aber nicht in dem Grade trocknen, dass sie nach Europa versandt wer-

10) Compendium of the Flora of the Middle and Northern States. By J. Torrey. New York, 1829. 8vo.

1) Linnaea, V. 1830. S. 72—174, 206—136, 554—625.

2) Linnaea, IVr Bd. 1829. S. 205—236, 554—585. — Vr. Bd. 1830. S. 463—477.

den könnte; sie bleibt immer teigig und ist deshalb kein Handelsartikel. *V. inodora* ist wegen des gänzlich fehlenden ätherischen Oeles ganz unbrauchbar. Man spricht ausserdem noch von einer *Bayn. de mono*, welche die Vf. nicht sahen. Was man *Baynilla mestiza* nennt, ist nur ein Mittel zwischen *V. sativa* und *sylvestris* in Form und Qualität. — Die Vanillen-Dörfer in oben genanntem Striche (nördlich von Jalapa) sind Papantla, Misantla, Colepa und Nautla. Bei Papantla wird die meiste Vanille producirt, aber sie steht der der übrigen Dörfer nach, weil man viel *V. sylvestris* sammelt und diese mit *V. sativa* vermengt. Die Cultur der Vanille ist sehr einfach, man legt Stengel derselben an passende Stellen, bedeckt sie am untern Theile etwas mit Erde und heftet sie dem Baume an, der sie ernähren soll. Man wählt dazu Wälder, die der Sonne einigen Durchgang gestatten; die ganze Sorge bei diesen Baynillales oder Pflanzungen besteht darin, dass man jährlich im Frühjahre das wegschafft, was den Pflanzen Luft und Licht nimmt. Die Vanillen-Erndte fängt im December an und dauert abnehmend bis in den März. Sie ist fast nur Geschäft der Indianer. Sie gehen in die Wälder aus, wo die Pflanze wild wächst und wo sie sie angepflanzt haben, und bringen ihre tägliche Ausbeute den Einkäufern, welche sie nach den verschiedenen Arten und Qualitäten sondern, um danach den Preis zu bestimmen. Nachdem die Früchte einige Tage an einem schattigen Orte gelegen haben, werden sie an der Sonne getrocknet und dabei vor Regen geschützt. Sind sie trocken, so werden sie in Bündel von 50 Stück (*mazos*) gebunden und in Blechkästen gelegt, wo sie sich am besten conserviren. Die Etymologie des Wortes *Vanilla* ist: *Bayna*, spanisch, heisst Schote oder Hülse; *Baynilla* ist das Diminutiv davon, so wie *Cascarilla* das von *cascara* (Rinde) ist.

v. Schlechtendal hat seine Abhandlung *Florula Insulae S^ti^ Thomae* fortgesetzt; er hatte von dieser Insel Pflanzen von Ehrenberg d. j. zugesandt erhalten. Die Pflanzen sind nach natürlichen Familien geordnet. Der Verf. hat die Namen derjenigen hinzugefügt, welche West in seiner Beschreibung der Insel St. Thomas aufgenommen [3]).

Maycock hat eine Flora der westindischen Insel Barbados herausgegeben. Darin kommt zuerst eine geologische Beschreibung derselben, worauf die Pflanzen nach dem Linnéischen Systeme geordnet folgen. Ref. sah sie nicht [4]).

---

3) Linnaea, Vter Bd, 1831. S. 177—200; 682—688.

4) Flora barbadensis. A Catalogue of Plants indigenous, naturalised

Hooker und Arnott haben die Herausgabe eines Werkes begonnen, welches Beschreibungen der von Lay, Collin u. A. auf Capit. Beechey's Entdeckungsreise im stillen Meere und der Behringsstrasse i. d. J. 1825 — 1828 gesammelten Pflanzen enthält [5]). Diese werden für jedes Land gesondert dargestellt, und zwar, nach natürlichen Familien geordnet, mit Species-Charakteren und ausführlicher Angabe der Standörter, wozu ausserdem oft noch Beschreibungen der Arten kommen. Im Iten Hefte sind Pflanzen von Chili abgehandelt; darunter befinden sich viele europäische, wie *Fumaria capreolata*, *Cardamine hirsuta*, *Thlaspi Bursa p.*, *Silene gallica*, *Arenaria rubra*, *Cerastium strictum*, *Linum usitatissimum*, *Malva parviflora*, *Geranium pyrenaicum* L., *G. Robertianum*, *Erodium cicutarium*, *Spartium junceum*, u. a., die meisten von diesen sind aber gewiss aus Europa eingeschleppt worden. Dieses Heft ist von 10 Tafeln Abbildungen merkwürdigerer Pflanzen begleitet.

Reichenbach giebt in einer sogen. Flora exotica Abbildungen und Beschreibungen ausgezeichneter Prachtgewächse, welche sich cultiviren lasssen, heraus, so z. B. von *Arum crinitum* Ait., *Aspidistra lurida* Ker, *Sarracenia purpurea* L., *Nymphaea Lotus* L., *versicolor* Sims, *rubra* Dryand., *Nelumbium speciosum* W. u. s. w. 6 Hefte sind bisher erschienen, jedes mit 6 Tafeln colorirter Abbildungen [6]).

---

and cultivated in Barbadoes; arranged according to the Linnaean System with their Orders after the natural Arrangement; together with their vernacular names. To which is prefixed a geological descr. of the Island. By J. D. Maycock. Lond. 1830. 8vo. (Mit 1 Charte.)

5) The Botany of Capitain Beechey's Voyage, cont. an account of the Plants collected by Messrs Lay and Collie and other Officers of the expedition, during the Voyage to the Pacific and Behring's Strait, performed in His Majesty's Ship the Blossom under the command of Capt. F. W. Beechey, in the Years 1825, 26, 27, 28. By W. J. Hooker and G. A. Walker-Arnott. Part I, illustrated by numerous plates. Lond. 1830. 4to. pp. 48.

6) Flora exotica. Die Prachtpflanzen des Auslandes in naturgetreuen Abbildungen, herausgeg. von einer Gesellschaft von Gartenfreunden in Brüssel, mit erklärendem Texte uud Anleitung zur Cultur von H. G. L. Reichenbach. I—VIte Lief. Leipzig, 1830. fol.

Beschreibungen und Cataloge botanischer Gärten.

Loudon hat einen sehr instructiven Hortus britannicus oder Verzeichniss aller Pflanzen, welche wild oder angebaut in England zu finden sind, herausgegeben [7]). — Das Werk besteht aus zwei Abtheilungen. Die 1ste, von Georg Don und Alex. Rowans bearbeitet, bietet zuerst eine kurze Einleitung in's Linnéische System dar und führt dann 25,902 phanerogamische Gewächse und eine bedeutende Anzahl Filices auf, mit Nennung der Autoren, Bezeichnung der Accentuation, Angabe der Herleitung der Gattungsnamen, den englischen Speciesnamen, Synonymen, Wuchs der Pflanzen, Stand im Garten und in der Heimath, Blüthezeit, Farbe der Blumen, Fortpflanzungsart, Boden, Heimath, Jahr der Einführung und Citation von Abbildungen. Die andere Abtheilung, welche von Lindley und von Greville verfasst ist, besteht in einer Uebersicht des natürlichen Systemes und kurzer Beschreibung von 219 Pflanzenfamilien, deren Gattungen auch aufgeführt sind. — Dieses Werk verdient von allen denen angeschafft zu werden, die sich speciell für die Wissenschaft interessiren; besonders ist es den Besitzern grösserer Treibhäuser und in botanischen Gärten nützlich. Es kostet 1 Pf. 1 Schill. Sterl.

Desfontaines hat die 3te Auflage seines Cataloges der Gewächse des pariser Pflanzengartens erscheinen lassen. Die Pflanzen sind nach natürlichen Familien geordnet, deren hier 124 sind. Der Vf. führt dabei Abbildungen, Synonyme, Heimath und Dauer an. Die Anzahl der Arten dürfte 9500 oder vielleicht 10000 erreichen [8]). — Dieses Buch, welches 7 Fr. kostet, hat nicht die

---

7) Hortus britannicus: a Catalogue of all the Plants indigenous, cultivated in or introduced to Britain. Part I. The Linnaean arrangement, to which nearly 30,000 species are enumerated, with the systematic name and Authority, accentuation, derivation of generic names, literal english of specific names, synonymes systematic and english of both Genera and Species, habit, habitation in the Garden, indigenous habitation, popular character, hight, time of flowering, colour of the flower, mode of propagation, soil, native country, year of introduction, and reference to figures; preceded by an introduction to the Linnæan System and a general description and History of each Order. Edited by J. C. Loudon. London, 1830. 8vo.

8) Catalogus Plantarum Horti Regii Parisiensis cum adnotationibus

Brauchbarkeit, welche Loudon's so eben angeführtes Werk in so hohem Grade besitzt.

v. Schrank's und v. Martius's *Hortus regius monacensis* enthält die Pflanzen nach natürlichen Familien aufgestellt mit Angaben über ihre Heimath, Cultur und Nutzen. Er ist ein sehr nützliches, botanischen Gärten zu empfehlendes Werk. Es kostet 1 Thlr. sächs. [9])

v. Martius hat auch des 2te Heft seiner *Amoenitates botanicae monacenses* herausgegeben. In diesem Werke werden ausgezeichnete oder Pracht-Pflanzen in Steindruck abgebildet, welcher in München einen hohen Grad der Vollkommenheit erreicht hat, wovon dieses schöne Werk besonders Beweis giebt. Das 2te Heft enthält: *Baeobotrys nemoralis*, einen Strauch aus Ostindien; *Tradescantia cirrifera* Mart., aus Mexico; *Bramia semiserrata* Mart. (Famil. *Personatae*), aus Brasilien; *Lobelia Cavanillesii* Mart. (*L. persicifolia* Cav.), eine Prachtpflanze; *Cattleya Karwinskii* Mart., aus Mexico [10]).

Göppert's Beschreibung des botanischen Gartens zu Breslau stellt den jetzigen Zustand des Gartens und seine Geschichte dar, worauf Verzeichnisse der darin befindlichen in medicinischer und in ökonomischer Hinsicht irgendwo benutzten Gewächse mit Angabe ihrer Anwendung, desgleichen der seltneren Garten- oder Zierpflanzen folgen [1]).

Link und Otto haben das 6te Heft ihres Werkes über neue und seltene Gewächse des bot. Gartens zu Berlin herausgegeben. (Ref. konnte es nicht sehen.) [2]).

---

de Plantis novis aut minus cognitis. Auct. R. Desfontaines. Ed. 3a. Paris. 1829. 8vo. pp. 416.

9) Hortus Regius Monacensis. Verzeichniss der im K. bot. Garten zu München wachsenden Pflanzen nach der naturl. Methode geordnet mit Hinweisung auf das Linn. System und summarischer Angabe des Vaterlands, der Cultur und Benutzungsweise; auch als Schlussel und Uebersicht in deutschen Gärten und fur Herbarien zu gebrauchen. Von F. de P. v. Schrank und C. F. P. v, Martius. München, 1829. 8vo. XII u. 210 S.

10) Amoenitates botanicae monacenses &c. Von Dr. C. F. P. v. Martius. 2te Lief. Frankf. a. M. 1830.

1) Beschreibung des botan. Gartens der Königl. Universität Breslau; von H. R. Göppert. Bresl. 1830. VIII u. 90 S. 8vo. mit 1 Plan.

2) Abbildung neuer und seltener Gewächse des K. botan. Gartens zu Berlin, nebst Beschreibungen und Anleitung sie zu ziehen. Von H. F. Link und F. Otto. Ir Bd. 6s Heft. Berl. 1830. 4to.

E. Meyer's Nachrichten über den botanischen Garten zu Königsberg [3]) und Güntz's über den zu Palermo [4]) sind auch zu erwähnen.

Ueber Gartenbau sind übrigens viele Schriften in der letzten Zeite rschienen. Die Titel der hier bekannt gewordenen sind unten genannt [5]).

---

3) Regensb. bot. Zeit. 1828. II. Nr. 36; — 1830. I. S. 165—171

4) Regenb. bot. Zeit. 1830. II. S. 441—453.

5) Gartenbuch fur Gartenliebhaber, Gutsbesitzer und angehende Gärtner &c. Von J. Metzger. Heidelb. 1830. 8vo.

Der Blumengärtner. Eine Zeitschrift für Blumenfreunde, herausgeg. von F. L. Finckh u. G. F. Ebner. Ir Jahrg. Stuttg. 1830. 8vo.

Wandtafel für Freunde der Obstbaumzucht. Von H. R. Dircker. 1te Aufl. Passau, 1830. fol.

Der vollkommene Melonen-, Gurken- und Spargelgärtner, oder Anweisung, Melonen, Gurken u. Spargel auf die neueste Art zu ziehen &c. Von J. C. G. Weise. Ilmenau, 1830. 8vo.

Die Kunst, Gartenrosen während des Winters im Zimmer zur Blüthe zu bringen &c. Von H. D. Freund. Halberstadt, 1830. 8vo.

Kurze Anleitung zur theor. practisehen Gartenkunst. Ein Taschenbuche fur Gartenfreunde. Von G. Leider. Hadamar, 1830. 8vo.

Die Obstsorten in der Obstbaumschule der K. Würtemb. land- und forstwissenschaftlichen Lehranstalt zu Hohenheim. 1ter Nachtr. Von W. Walker. Tübingen, 1830. 8vo.

Encyclopädisches Garten-Wörterbuch oder vollst. auf Theorie und Erfahrung gegründeter Unterricht in der Obst-, Küchen-, Kräuter- und Blumengartnerei, in Verbindung mit dem Zimmer- und Fenstergarten &c. Von J. C. G. Weise. Gotha, 1830. 8vo.

Praktische Anweisung zur Maulbeerbaum- und Seidenraupenzucht nach den vortheilhaftesten Methoden. Aus dem Ital. des Grafen Ch. Verri und dem Französ. des Dr. Ph. Fontanilles übersetzt und mit Erfahrungen deutscher Maulbeerbaum- und Seidenzüchter vermehrt. Ulm, 1830. 8vo.

Vollstandige Anweisung, schöne Rosen, desgl. auch jede Rosenart theils einzeln theils in Verbindung mit andern auf dem näml. Stamm, in kurzer Zeit baumartig zu erziehen &c. 2te vermehrte und verbesserte Auflage. Ulm, 1930. 8vo.

Aufmunterung und Anleitung zur Betreibung des Hopfenbaues &c. Berlin, 1830. 8vo.

Kurzgefasster populärer Unterricht über die Behandlung der Seiden-

Botanische Lehrbücher.

Stephenson und Churchill haben die Herausgabe ihrer

---

würmer und des Maulbeerbaumes, nach dem Lehrbuche von Hazzi bearbeitet von J. B. S. — Gratz, 1830. 8vo.

Verhandlungen des Vereins zur Beförderung des Gartenbaues in den K. Preuss. Staaten. 13te Lief. Berlin, 1830. 4to.

Der Nelken-, Hyacinthen-, Leukoyen-, Aurikel- und Ranunkel-Gärtner. Aus den Papieren eines erfahrnen und berühmten Blumisten. 2te reich verm. Auflage. Pirna, 1830. 12mo.

Kurze Anweisung für Landleute zur Erziehung gesunder und fruchttragender Obstbäume. Nebst einem Anhange zur Anlegung von Baumschulen f. Landprediger u. deren Schullehrer &c. Hannover, 1830. 8vo.

Die Modeblumen. 2s H. Von J. E. v. Reider. Nürnb., 1830. 8.

Das Ganze der Obstbaumzucht u. des Obstbaues im Freien, das Ganze des Weinbaues &c. Nürnberg, 1830. 8vo.

Neueste Obstkörbe, enthaltend vorzüglichste wenig bekannte neue Obstsorten von Birnen, Aepfeln, Kirschen, Pflaumen, zur unentgeltlichen Vertheilung von Pfropfreisern. Von Reichenbach. Berl. 1830. 8.

Die Kunst Aurikeln und Primeln zu erziehen &c. von J. F. W. Lechner. Nürnberg, 1830. 8vo.

Propadeutik der vegetab. Produktionslehre oder des Wald-, Wiesen-, Feld- und Gartenbaues. 1ste Abtheil. Einleitung. Die Agrikultur-Chemie als Einleitung zur Propadeutik der vegetab. Produktionslehre. Von L. Zierl. München, 1830. 8vo.

Collection de Camellias élevées à Bolwiller, dediée à Mr. De Candolle par MM. Ch. et Nap. Baumann. 1re Livr. Bolw. 1829. 4to. (avec 12 pl. color.).

Pomologie physiologique etc. par Sageret. Paris, 1830. 8vo.

Meine Erfahrungen über den Weinbau, die Behandlung des Weines im Keller und die Bereitung einiger Fruchtweine. Von Fr. E. Ehrenhaus. Leipz. 1828. 8vo.

Ueber den Lerchenbaum. Von G. W. Lemke. Hannov. 1829. 8.

Ueber den, den Mangel des Holzes, bes. des Eichenholzes, am besten ersetzenden Lerchenbaum (P. Larix), nebst Anwendung zur Holzzucht, insbes. der Lerchen. Von J. L. A. Blauel. Ilmenau, 1830. 8vo.

Instruction concernant la propagation, la culture en grand et la conserv. des pommes de terre etc., redigée par une commission speciale composée de MM. Tessier, Sylvestre, Labbé, Vilmorin, Sageret, Lasteyrie, Darbley, Dailly fils, Huzard fils, Charlan etc. Par. 1829. 8vo.

Medical Botany, von welcher monatlich ein Heft (mit 4 Tafeln)

Traité de la culture des Pêchers; par De Combles. 5me éd. revue par M. Louis Dubois. Paris, 1829. 12mo.

Le bon Jardinier, Almanach pour l' Année 1830, etc. par A. Poiteau et Vilmorin. Paris, 1830. 8vo.

Leçons théoretiques etc. Par Lemoine. 3me éd. Par. 1828. 12.

Manuel de l' Amateur des Arbres fruitiers pyramidaux, vulgairement appelés quenouilles etc. 3me edit. etc.; par Clavel. Paris, 1828. 12.

The Pomological Magazine. No. 27—38. Lond. 1830. 8.

A History of English Gardening, chronological, biographical, literary and critical. etc. By C. W. Johnson. Lond. 1829. 8.

Flora and Pomona; or the British Fruit and Flower Garden etc. By Charles Mc Intosh. —

Illustrations and descriptions of the Plants, which compose the nat. Order Camellieae and of the Varieties of Camellia japonica cultivated in the Gardens of Great Britain. Drawings by Alfred Chandler; Descr. by Will. Beattie Booth. Part I—IV. Lond. 1830. 4to.

The poor Man's Gardener etc. By Jam. Th. Law. Rivington, 1830.

A Manual of Cottage-Gardening, Husbandry and Architecture etc. By J. C. Loudon. London, 1830. 8vo.

A practical Treatise on the History, medical properties and cultiv. of Tobacco. By Jam. Jennings. Lond., 1830. 12.

Illustrations of Landscape Gardening and Garden-Architecture etc. P. I. By J. C. Loudon. Lond., 1830. fol.

Elementary Details of pictorial Map-Drawing in 154 Lessons, printed on one Sheet, and explained in English, French and German, for the use of British and continental Working-Gardeners. By J. C. Loudon. London, 1830.

Der Blumengartner, eine Zeitschrift für Blumenfreunde, herausgeg. v. Dr. Fr. L. Finckh und G. Fr. Ebner. IIr Jahrg. Stuttg. 1830. 8.

Der Teutsche Fruchtgarten, als Auszug aus Sickler's Teutschem Obstgärtner und dem Allgem. Teutschen Garten-Magazine. 8ter Bd. No. IX—X. Weimar, 1729. 8vo. (1829 erschien des 7ten Bds No. V—X. u. 8ten Bds No. I—VIII.) Jede Nr. mit 5 illum. Kupfern.

Allgem. deutsche Gartenzeitung, herausgeg. von der prakt. Gartenbau-Gesellschaft in Frauendorf. 8ter Jahrg. Passau, 1830. 4to.

Der Obstbaum-Freund, herausgeg. von der prakt. Gartenbau-Gesellschaft in Frauendorf. 3ter Jahrg. Passau, 1830. 4to.

Annalen der Blumisterei etc. Von J. E. von Reider. 3ter und letzter Band. Nürnberg, 1830. 8vo.

Beitrage zur Obstbaumzucht und zur Naturgeschichte der den Obst-

erscheint, fortgesetzt. I. J. 1830 erschienen die Nrn. 37 — 48. [6]). — Von den hier abgebildeten Gewächsen nennen wir: *Dorstenia Contrayerva*. *Boswellia serrata* Rxb., welche das *Olibanum* (*thus* der Römer) giebt, das durch Einschnitte in die Rinde erhalten wird. *Saccharum officinarum* L. Roxburgh hielt die in China angebaute Art des Zuckerrohrs für eine neue Art, welche er *S. sinense* nannte als verschieden von der in Ost- und Westindien cultivirten. Man glaubt, dass *S. officinarum* L. im südöstlichen Theile Asien's wild wächst. Marco Polo fand im Jahre 1250, Ueberfluss von Zucker in Bengalen. Zu Ende des 13ten Jahrhunderts erstreckte sich der Bau des Zuckerrohrs bis nach Arabien, Aegypten und Aethiopien. Aus Africa kam er nach Spanien, von da im 15ten Jahrhundert auf die canarischen Inseln und durch die Portugiesen von Sicilien nach Madera; im Anfange des 16ten Jahrhuuderts nach Westindien und Brasilien durch die Spanier. *Quercus infectoria*, welche die morgenländischen Galläpfel liefert, die auf den jungen Aesten nach dem Stiche der *Diplolepis gallae tinctoriae* Oliv. (eines Hymenopteron) entsteht. *Scilla maritima*. *Ficus Carica*. *Amyris gileadensis*, welche *Balsamum gileadense* giebt. *Copaifera officinalis*, welche *Balsamum de Copaiba* liefert. *Papaver somniferum*, wovon durch Einschnitte in die halbausgewachsene Samenkapsel das Opium erhalten wird, welehes als Saft ausschwitzt und trocknet. Beim Anbaue dieser Mohnart im Orient wird sie von der Blüthezeit an bis zur halben Reife der Kapsel bewässert, dann wird damit aufgehört; man macht mit einer Lanzette zwei Längsschnitte in die Kapsel, von unten nach oben, doch nicht bis ins Innere, wiederholt jeden Abend das Einschneiden, bis jede Kapsel 6 — 8 solche Ritze erhalten hat; der ausgeschwitzte Saft wird des Morgens abgekrazt und gesammelt, dann in Thongefässen an der Sonne bis zum Erhärten mit Spateln bearbeitet, endlich in Kuchen geformt, die in den Handel kommen. In England will man bei Cultur der Pflanze eben so gutes Opium, wie das orientalische erhalten haben. — *Cocculus palmatus*, welcher *Radix Colombo* liefert. *Astragalus creticus*, wovon *Gummi Tragacanthae* kommt. *Smilax Sarsaparilla*. *Ferula persica*, wovon das Gummiharz *Asa foetida* herrühren soll. *Dryobalanops Camphora*, die eine Art Kampfer giebt. *Quassia amara*. *Wintera aromatica* u. s. w.

---

bäumen schädlichen Insekten. Von J. Schmidberger. 2tes Heft. Linz, 1830. 8vo.

6) Medical Botany etc. By John Stephenson and James Morss Churchill. Nri XXXVII — XLVIII. London, 1830. 8vo.

Von Brandt und Ratzeburg's Werke über die Giftpflanzen ist das 5te Heft erschienen [7]. Es enthält: Taf. 21. *Cynanchum Vincetoxicum* Br. (*Asclepias Vinc.* L.): dies wächst überall in Europa; Ehrenberg sah es auch in Syrien; nach Orfila gehört es zu den scharfen Giften. T. 22. *Ledum palustre*; es wächst häufig im nördlichen, aber nicht im südl. Europa; findet sich auch durch ganz Sibirien und in Kamtschatka; hat betäubenden Geruch und bittern Geschmack durch ein ätherisches Oel und ein Harz, und gehört zu den narkotischen Giftpflanzen. T. 23. *Lactuca virosa*, narcotische Giftpflanze fast des ganzen südlichen, nicht im nördlichen Europa; ihr Milchsaft hat betäubenden Geruch. T. 24. *Coronilla varia*. T. 25. *Conium maculatum*. — Der Text enthält zuerst den Charakter der natürlichen Familie, zu welcher jede abgebildete Pflanze gehört, dann den Gattungscharakter, die Benennung der Pflanze in verschiedenen Ländern, Synonyme, Speciescharakter, Beschreibung, Vaterland, Eigenschaften, Wirknng, Anwendung und Gegengift. Die Abbildungen sind sehr naturgetreu und die Analysen der Befruchtungstheile höchst ausführlich. Dieses Werk hat verdienten Beifall gefunden und ist zu empfehlen.

Von Zenker's Merkantilischer Waarenkunde sind das 2te, 3te und 4te Heft erschienen [8]. Dieses Werk enthält Abbildungen der merkwürdigsten Handelsgewächse, begleitet mit Angabe der Synonyme, Systematik, Heimath, Standort, Blüthe, Beschreibung, historischen Bemerkungen, auch über chemische Bestandtheile, Nutzen und Gebrauch und den Handel damit. Das Werk soll mit 12 Heften beendet sein. Im 2ten Hefte kommen vor: Tafel 7. *Theobroma Cacao*, aus dessen Samen Chocolade bereitet wird. Der Baum wächst im tropischen America wild, wo er auch angebaut wird; die Ureinwohner nannten ihn Gottesbaum wegen seiner nützlichen Früchte, wie auch das griechische *Theobroma* Götterspeise heisst; das Wort *Cacao* ist americanisch. Die in der Kapsel liegenden Samen, sogen. Cacaobohnen, werden bei der Chocoladen-Bereitung geröstet, gestossen, mit Zucker, Vanille, Zimmt u. a. Gewürzen gemischt und die in der Hitze weiche Masse in

---

7) Abbildung und Beschreibung der in Deutschland wild wachsenden und in Gärten im Freien ausdauernden Giftgewächse etc. von Dr. J. F. Brandt und Dr. J. T. C. Ratzeburg. 5tes Heft. Berlin, 1829. 4to.

8) Merkantilische Waarenkunde oder Naturgeschichte der vorzüglichsten Handelsartikel mit illum. Abbildungen von E. Schenk etc. bearbeitet von Jonath. Carl Zenker. Ir Bd. 2—4tes Hft. Jena, 1830. 4to.

viereckige Formen gebracht. Taf. 8. *Piper nigrum:* wächst in Ostindien, sowohl auf dem Continente, als auf den Inseln; jährlich werden 8 — 10 Millionen Pfund Pfeffer von dort versandt. Der schwarze Pfeffer des Handels besteht aus den unreifen an der Sonne getrockneten Früchten; der weisse Pf. aus den Kernen der reifen Früchte, welche in Meerwasser gewaschen worden, wodurch sie die Schale verlieren. T. 9. *Piper longum* und *P. Cubeba* L.; beide wachsen in Ostindien wild. T. 10. *Haematoxylon campechianum* (Campeschenholzbaum), wächst auf der Küste und den Inseln der Campeche - Bay, von welcher der Baum den Namen hat, aber auch in SAmerica und auf den Antillen. Das Holz wird vorzüglich zum Färben gebraucht, und giebt bei verschiedener Behandlung rothe und violette Farben. T. 11. *Myrtus Pimenta* (Englisch Gewürz): wild in Westindien, auch in Süd-America. Die Samen werden besonders in Süd-America als Gewürz benutzt. T. 12. *Caryophyllus aromaticus;* er wächst wild auf den moluckischen Inseln. Die Blüthen (Kelch mit Blumenkrone) werden vor dem Aufblühen gesammelt und bilden bekanntlich die Gewürznelken.

Das 3te Heft enthält: T. 13. *Thea sinensis* Sims (*Th. viridis* L. (grüner Thee) und *Th. Bohea* L., brauner Thee); er wächst in Japan und China wild. Linné nahm 2 Arten an, aber Sims u. a. Neuere haben zu beweisen gesucht, dass beide nur eine Art ausmachen. Der erste Theestrauch, der nach Europa kam, ward 1763 durch Capit. Ekeberg an Linné überbracht. Bei den Chinesen ist das Theetrinken seit den ältesten Zeiten üblich. Die Holländer brachten gewiss i. J. 1600 den ersten Thee nach Europa. Er galt für ein Universalmittel. — Dass die Theeblätter betäubend sind, ist anerkannt; deshalb lassen die Chinesen sie nach dem Trocknen vor der Anwendung ein Jahr liegen. Das Theetrinken kann bei schwachen reizbaren Personen Angst, Brustbeklemmung, schnellen Puls, Rausch, Schlaflosigkeit, Schwindel, Gedächtnissschwäche, Zittern, rasches Sinken der Kräfte mit krampfhaften Symptomen u. s. w. verursachen. . . . Man theilt die Thee-Sorten in grüne und braune, wovon es zahlreiche Varietäten giebt. Zwischen dem 3ten und 7ten Jahre liefert der Theestrauch die brauchbarsten Blätter, späterhin sind sie schlechter. — Taf. 14. *Siphonia elastica* P.: wächst wild in Süd - America. Der Harzsaft dieses Baumes, der das *Cautschuk*, *Gummi elasticum*, *Resina elastica* giebt, fliesst durch in die Rinde gemachte Einschnitte aus, wird auf Blätter, am besten von *Canna*-Arten, aufgefangen und in Kürbisflaschen gefüllt, dann am Feuer auf thönerne Flaschenformen, in welche man einen Stock als Griff steckt, gestrichen; wenn der Saft braun wird und nicht mehr klebt, werden mehrere neue Lagen aufgestrichen; während er noch warm ist, einige Figuren aufgedrückt und die Form am Feuer getrocknet; darauf wird die inwendige Thonform zerbrochen, die Stücke herausgeschüttelt, ein Rohrpfropf in die Mündung der Flasche eingesteckt und so kommen die Flaschen in den Handel. — Taf. 15. *Laurus nobilis:* wild im westlichen Asien, nördlichen Africa u. Süd-Europa. T. 16. *Laurus Cinnamomum* L.: auf Zeylon; die Rinde giebt den feinen oder zeylon'schen Zimmmt; der feinste und an ätherischem Oele reichste ist der aus dem übereinander liegenden Baste und Rindenparenchyma. T. 17. *Laurus Cassia* L., indischer Zimmt: wild auf Malabar, Sumatra, Java u. a. Inseln; die Rinde ist gemeiner im Handel als der zeylonische Zimmt, dicker als letztere, nicht so einfach in einander gerollt, braunroth und gelblich, von jüngern Bäumen lichter, der süssliche Geruch des zeylonischen fehlt dieser Art, der Geschmack ist schärfer u. s. w. . . [Vgl. darüber Nees v. Esenbeck: im Jahresber. über 1831. S. 21 ff.] — T. 17. *Swietenia Mahagoni* L. (Mahagoni-Baum). — 18. *Gyrophora pustulata* Ach., *Roccella tinctoria* Ach. (Orseille), *Lecanora parella* und *L. tartarea* Ach.

Das 4te Heft: Taf. 19. *Coffea arabica.* Dieser Baum wächst ursprünglich in Ober-Aethiopien wild; gegen Ende des 15ten Jahrhunderts wurde er nach Arabien verpflanzt, wo er in der Provinz Yemen, besonders um Mocha und Aden so gut gedeiht, dass Einige diese Gegenden als sein Vaterland betrachten. Jetzt ist er in Westindien und Brasilien allgemein angepflanzt. Der Name Caffé ist gewiss von seiner Heimath Kaffa, südlich von Navarea, abzuleiten, weil er von dort nach Arabien und nachher weiter verbreitet worden. Erst im 15ten Jahrhundert scheinen die Samen im Orient zum Getränke benutzt worden zu sein. In London ward das erste Kaffeehaus 1652 und in Paris 1672 eröffnet. Im Jahre 1690 wurde der Baum auf Java angepflanzt. 1710 bekam der Bürgermeister Witsen zu Amsterdam einen Kaffeebaum von Java und von diesem Baume erhielt er Pflanzen, die nach Westindien geschickt wurden; auch von Frankreich aus wurden 1720 Abkömmlinge jenes amsterdamer Baumes nach Martinique versandt [9]). — . . . In Frankreich hat man den Kaffee gleichzeitig

9) Ueber die Geschichte des Kaffees in Schweden möge Einiges folgen. — Als der Reichsrath Clas Rålamb i. J. 1656 nach der Türkei reisete, war das Kaffeetrinken in Schweden unbekannt. Im genannten Jahre sah Rålamb dieses Getränk erst in Constantinopel, und er beschreibt es als eine schwarze Suppe von gebrannten Erbsen, welche

Boisson intellectuelle und *Poison intellectuel* genannt. Neuere Autoren halten ihn nicht gerade für schädlich. Phlegmatischen Personen ist er dienlicher als sanguinischen und Kindern, und man glaubt, dass bei mehr vegetabilischer Diät, wie sie die Franzosen führen, der Kaffee dienlicher ist als der Thee, dahingegen der letztere bei Fleischdiät, z. B. der Engländer, dienlicher sei. . . — Die vorzüglichste Kaffee-Sorte ist die levantische (arabische oder Mokka-Bohnen): sie hat die kleinsten Bohnen, welche rundlich oder etwas zusammen gedrückt, blassgelb ins Grünliche spielend, sind; die übrigen bekanntesten Sorten sind die aus Ostindien, Surinam, Martinique, Domingo und Bourbon. — — Taf. 24. *Ficus Carica* L. Die Feige ist ein fleischiger Blumenboden, in deren Mitte männliche und weibliche Blumen sitzen, auch hat man zuweilen zweigeschlechtige Blumen darin bemerkt. — T. 25. *Garcinia Cambogia*, aus deren Stamme ein Saft ausfliesst, der nach dem Erhärten eine Art *Gummi Gutti* darstellt (eine andere Art *Gutti* wird von *Stalagmites cambogioides* Murray erhalten, aber diese ist in Europa selten). — Taf. 26. *Amygdalus communis*, wild im nördl. Africa. T. 27. *Laurus Camphora*, Kampferbaum wild in China und Japan. T. 28. *Capparis spinosa*, Capernstrauch: er wächst im nördl. Africa und in Süd-Europa wild; die Blüthenknospen werden in Essig eingelegt und Capern genannt.

Von Mann's Werke über ausländische Arzneipflanzen sind das 1ste — 6te Heft erschienen. Zu jeder Tafel gehört ein Blatt in Folio Text. Im ersten und 2ten Hefte kommen vor: *Laurus Camphora*, *Cassia obovata*, *C. lanceolata*, *Bixa Orellana*, *Strychnus Nux vomica*, *Theobroma Cacao*, *Nicotiana Tabacum*, *Rhododendron chrysanthum*, *Tamarindus indica*, *Coffea arabica*, *Cassia Fistula*, *Cynanchum Argel*. Im 3ten und 4ten Hefte: *Areca Catechu*, *Myristica moschata*, *Myrtus Pimenta*, *Pterocarpus Draco*,

---

die Türken so brühheiss als möglich in sich schlürfen." — I. J. 1715, da König Carl XII. aus der Türkei zurückkehrte, ward dies Getrank durch die Männer, die sich bei ihm aufgehalten und nun zurückkamen, in Schweden eingeführt, und der König selbst hatte bei seinem Besuche in Lund unter seinen Leuten einen Mann, der seinen Kaffee bereitete. Aber erst nach dem Frieden i. J. 1721. wurde dieser Trank bei Vornehmeren und Vermögendern mehr allgemein, worauf er bald genug so gewohnlich gebraucht wurde, wie er es jetzt ist. — Die Einfuhr des Kaffee's und das Kaffeetrinken sind in Schweden in den Jahren 1766 und 1794 verboten gewesen, so auch in einem noch spätern Jahre unter der Regierung König Gustav IV. Adolph's.

Styrax officinalis, Teucrium Marum, Rhus Toxidodendron, Quassia amara, Simaruba excelsa, S. amara, Drimys Winteri, Cinchona ovata. Im 5ten u. 6ten Hefte: *Cinchona oblongifolia; C. Condaminea, Myrtus Caryophyllus, Haematoxylon campechianum, Astragalus gummifer, Zizyphus vulgaris; Styrax Benzoin, Convolvulus Scammonia, Persea Sassafras, Anchusa tinctoria, Thea sinensis, Ricinus communis.* — Dieses Werk dürfte jedoch weder in wissenschaftlicher noch artistischer Hinsicht den Rang von Hayne's u. A. Werken gleichen Gegenstandes erreichen [10].

Mann's Werke über deutsche Giftpflanzen wird auch nicht vorzüglicher wissenschaftlicher Werth zuerkannt. Es besteht aus 30 Seiten Text und 24 Tafeln in Folio [1].

Von Guimpel's und v. Schlechtendal's Werke über die preussische Pharmacopöe aufgenommenen Gewächse sind das 13te bis 18te Heft erschienen. Die Abbildungen sind illuminirt [2].

Hayne's, Brandt's und Ratzeburg's Werk über die Arzeneigewächse der neuen preuss. Pharmacopöe wird auch fortgesetzt. Es erschienen das 9te und 10te Heft. (Ref. sah dieses und das vorhergenannte Werk nicht.) [3].

G. W. Bischoff's Handbuch der botan. Terminologie gehört zu den am besten bearbeiteten Werken über diesen Gegenstand. Der Verf. giebt mit vieler Kritik eine vollständige Uebersicht der Terminologie. Auf den 21 feinen Kupfertafeln der erschienen 1sten Hälfte sind in 632 Figuren so viele verschiedene Formen von Pflanzentheilen dargestellt. [Die 2te Hälfte, 580 S. Text mit Taf. 22—46 oder Fig. 633 bis 2162. nebst Erklärung ders. S. 9—44., erschien 1831 u. 1833 Die Terminologie der Cryptogamen bleibt aber noch versprochen.] [4])

---

10) Die ausländischen Arzneypflanzen; gezeichnet und herausg. von J. Gottlieb Mann. 1—6te Lief. Stuttg. 1830. fol.

1) Deutschlands gefährlichste Giftpflanzen mit erläuterndem Texte, worin ihre Wirkungsart und die wirksamsten Hülfsmittel bei Vergiftungen angegeben sind, nebst einer leichtfasslichen Anleitung zur Pflanzenkunde. Nach der Natur gezeichnet und herausgeg. von J. G. Mann. Stuttg. 1830. fol.

2) Abbildung und Beschreibung aller in der Pharmacopea borussica aufgefuhrten Gewächse, herausg. von F. Guimpel und F. L. v. Schlechtendal. 13 — 18tes Heft. Berlin, 1830. 4to.

3) F. G. Hayne's Darstellung und Beschreibung der Arzneygewächse der neuen Pharmacopöe. Nach natürl. Familien geordnet und erläutert v. J. F. Brandt u. J. T. C. Ratzeburg. Lief. IX. u. X. Berl. 1830. 4.

4) Handbuch der botanischen Terminologie und Systemkunde. Von

Zenker's Buch über die Pflanzen und ihr wissenschaftl. Studium verdient auch die Aufmerksamkeit der Botaniker, denn es gehört unter die instructivsten Werke dieser Art [5]). — Es besteht aus zwei Hauptabschnitten: Erster Hauptabschn.: Die Pflanze an und für sich. I. Bestandtheile der Pflanze (analytisch betrachtet). A. Chemische Bestandtheile. B. Organische Bestandth. (hier wird die eigentliche Terminologie abgehandelt). — II. Die Pflanze als lebendes Ganze (Organismus), synthetisch betrachtet. A. Leben der einzelnen Pflanzen an und für sich. a. Normales Leben: 1. chemischer Lebensprozess; 2. organischer Lebensprozess. b. Abnormes Pflanzenleben. B. Leben der gesammten Pflanzenwelt auf unserm Planeten. 1. Geschichte der Pflanzen. 2. Geographie der Pflanzen. — Zweiter Hauptabschn.: Die Kenntniss der Pflanzen nach wissenschaftlicher Methode (Methodologia botanica).

W. L. E. Schmidt's Anweisung zum Studium der Botanik für Pharmaceuten ist als brauchbar empfohlen worden [6]). — Derselbe Autor hat eine tabellarische Uebersicht der in die preuss. Pharmacopöe aufgenommenen Pflanzen herausgegeben [7]).

Lindley's Einleitung in das natürliche Pflanzensystem wird zu den vorzüglichsten Werken über dieses System gerechnet [8]). In der eigentlich sogen. Introduction wird ein Ueberblick des Baues der Gewächse, der der Classification zu Grunde gelegten Theile und ihres Werthes als Charaktere gegeben. Dann folgt die Darstellung der Familien, welche hier 272 betragen; bei jeder Familie nach dem Namen ihre Synonyme, ein kurzer Familien-Charakter nebst

---

Dr. Gottl. Wilh. Bischoff. 1ste Hälfte. Nürnberg, Schrag. 1830. 4to. 260 u. 8 S. mit 21 Kpfrt.

5) Die Pflanzen und ihr wisssenschaftliches Studium überhaupt. Ein botan. Grundriss zum Gebr. academischer Vorträge und zum Selbststudium. Von Jonath. Carl Zenker. Eisenach, 1830. 8vo. 278 S.

6) Kurze Anweisung fur junge Pharmaceuten, das Studium der Botanik zweckentsprechend und selbststandig zu betreiben. Von Dr. W. Ludw. Ew. Schmidt. Stettin, 1830. 8vo. 72 S.

7) Die officinellen Pflanzen der Pharmacopoea borussica für studirende Mediciner und Pharmaceuten tabellarisch bearbeitet von W. L. E. Schmidt. Berlin, 1830. Quer-Fol.

8) An Introduction to the Natural System of Botany, or a systematic view of the organisation, natural affinities and geographical distribution of the whole Vegetable Kingdom; together with the uses of the most important species in Medicine, the Arts and rural or domestic Economy. By John Lindley. London, 1830. 8vo. pp. XXXIV. et 374.

den Ausnahmen, darauf eine ausführlichere Charakteristik der Familie, Bemerkungen über ihre Verwandtschaften, ihre geographische Verbreitung und ihre Eigenschaften, zuletzt werden einige Gattungen als Beispiele genannt. [S. a. Bot. Zeit. 1832, 1833: Beibl.]

Lindley hat auch einen elementarischen Ueberblick der Botanik herausgegeben. Obgleich die Schrift kurz ist, so enthält sie dennoch das Wesentlichste dieses Studiums [9]).

Dierbach's Werk über die Arzneikräfte der Pflanzen ist lehrreich, von ähnlicher Beschaffenheit wie das von De Candolle i. J. 1804 darüber herausgegebene. Der Verf. hat alles Merkwürdige, was in späterer Zeit in diesem Zweige beobachtet worden, aufgenommen. Die Familien des Pflanzenreichs werden durchgegangen und die arzneilichen Eigenschaften besprochen, welche verschiedene Gattungen oder einzelne Arten besitzen [10]).

Von den übrigen im Jahre erschienenen Lehrbüchern folgen unten die Titel [1]).

---

9) An Outline of the first principles of Botany. By John Lindley. London, 1830. 18vo. pp. VII et 106.

10) Abhandlung über die Arzneikräfte der Pflanzen verglichen mit ihrer Structur und ihren chemischen Bestandtheilen. Von Dr. Joh. Heinr. Dierbach. Lemgo, 1830. 8vo. IV. u. 392 S.

1) An Introduction to the Medical Botany, illustrated with coloured figures. By Thom. Castle. London, 1829.

Atlas de Botanique, composé de 120 planches etc. Paris, 1830. (NB. Dieser gehort zu Boisduval's Manuel de Botanique, 2de Partie.)

Gemeinnutziges Handb. der Gewächskunde etc. von Mössler. 2te Auflage, von L. Reichenbach. 3r Bd. Altona, 1830.

Forstflora, oder die fur den Forstmann wichtigen Pflanzen in Abbildungen mit Beschreibung. Von D. Dietrich. 1tes — 7tes Heft. Jena, 1830,

Flora medica, oder die officinellen Pflanzen in Abbildungen. Von D. Dierbach. 1stes — 2tes Heft. Jena, 1830.

Tabellarische Uebersicht der officinellen Gewächse nach dem Linnéischen und dem Jussieu'schen System und der officinellen Thiere. Von J. F. Brandt. Tab. II et III. Berlin, 1830.

Handbuch der Botanik oder systemat. Beschreibung aller deutschen Pflanzen, so wie auch derj. ausländischen, welche für den Arzt, Apotheker, Landwirth, Forstmann, Gärtner, Schulmann etc. wichtig sind. Von J. Dietrich. Ir Th. 2te Abth. Jena, 1830.

Grundriss der Pflanzenkunde, in Gestalt eines Wörterbuchs der botan. Sprache etc. Von Joh. Kachler. Wien, 1830. 8vo.

Botanische Zeitschriften und periodische Werke.

Die Regensburger botanische Gesellschaft [und namentlich Prof. Hoppe] hat i. J. 1830 den 13ten Jahrgang ihrer „botanischen Zeitung", welche Abhandlungen, Recensionen und literarische Nachrichten enthält, herausgegeben [2]).

Die nämliche Gesellschaft [namentlich Dr. Eschweiler] hat auch die Herausgabe des Journals Botanische Literaturblätter fortgesetzt. Der 3te Band ist erschienen, desgleichen der 4te Band unter einem 2ten Titel „Annalen der Gewächskunde." Sie enthalten Recensionen und Auszüge, auch Abdrücke merkwürdiger kleinerer Schriften [3]).

Edwards's *Botanical Register*, welches illum. Abbildungen neuer oder merkwürdiger Pflanzen enthält, wird durch Lindley fortgesetzt. Der 16te Bd., oder der 3te der neuen Reihe, ist erschienen [4]). — Wir nennen hier daraus: Tab. 1307. *Clerodendron hastatum* Wallich. Tab. 1312. *Cleome speciosissima* Depp., aus Mexico. Tab. 1313. *Calceolaria Herbertiana* Lindl., aus Chili. T. 1314. *Dendrobium moniliforme* Sw., aus China und Japan. 1315. *D. longicornu* Lindl., aus Nepal. 1316. *Banksia undulata* Lindl. 1319. *Grevillea punicea* RBr., aus Neuholland. 1325. *Lobelia purpurea* Lindl., aus Chili. 1428. *Anona laurifolia* Dunal, von St. Domingo. 1331. *Cactus Ackermanni* Haworth, aus Mexico. 1335. *Brunsvigia grandiflora* Lindl., wahr-

---

Nouvel Herbier de l' Amateur, contenant les descriptions, les figures, la culture, l' histoire et les propriétés des Plantes rares et nouvelles cultivées dans les jardins de Paris; par M. Loiseleur-Deslongchamps et Madame Lucie Deville. Livr. I. Paris, 1830. 8vo.

Causal Botany; or a Treatise on the Causes and Character of Changes in Plants, especially of Changes which are productive of subspecies or varieties. By Dav. Bishop. London, 1829. 8vo.

2) Flora oder botanische Zeitung. Herausg. von der Konigl. bayer. botan. Gesellschaft zu Regensburg. 13r Jahrg. 1r u. 2r Bd. Regensburg, 1830. 8vo.

3) Botanische Literaturblätter etc. herausgeg. von der Königl. botan. Gesellschaft zu Regensburg. IIIr Bd. 1 — 4s Heft. Nurnb. 1829. 8vo. — Annalen der Gewächskunde etc. Herausgeg. v. d. K. botan. Gesellschaft zu Regensb. IVr Bd. 1 — 4s Heft. 1830. 8vo.

4) Botanical Register. By Sydenham Edwards. Vol. XVI. (New Series: Vol. III.) continued by John Lindley. Lond. 1830. 8o.

scheinlich vom Cap. 1338. *Tillandsia stricta* Hook., von Buenos Ayres. 1342. *Senecio lilacinus* Schrad., vom Cap. 1347. *Collomia heterophylla* Hook., von NAmerica's NWKüste. 1348. *Geum chilense* var. *grandiflorum*; diese Art war bisher mit *G. coccineum* aus Griechenland vermengt; *G. chilense* ist eine sehr schöne perennirende Pflanze, die das Klima von Stockholm verträgt. — Tab. 1349. *Ribes sanguineum* Pursh Fl. Am. septentr. Diese Art ist ein Prachtgewächs; Pursh sagt davon: „sie steht gewiss an Schönheit keiner bis jetzt cultivirten Pflanze nach." Sie gehört zur Abtheilung der Johannisbeeren und hat Blüthentrauben mit rosenrothen Blumen. Diese Strauchart wurde schon 1787 von Menzies auf seiner ersten Reise um die Erde am Nutka-Sunde entdeckt, und auf seiner 2ten Entdeckungsreise mit Vancouver sah sie Menzies auf der NWKüste von NAmerica. 1814 beschrieb sie Pursh nach Exemplaren in Herbarien von Banks und des britischen Museums. Sie ist über einen grossen Raum auf jener Küste, aber innerhalb der gebirgigen Districte derselben, ausgebreitet, und wird von Point Bodago unter 38° n. Br. bis zur Meerenge Juan de Fuca und 49° n. Br. häufig wachsend angetroffen, sparsamer aber noch unter 52° Br. Sie wächst an steinigen Orten oder an Flussufern auf etwas schattigen Stellen. Um Point George ist sie die gemeinste Art der Gattung. In England blüht sie zu Ende April's und Anfang Mai's. Douglas sammelte Samen davon an der NWKüste von Nordamerica und theilte sie der Horticultural Society mit. Diese wurden 1826 im October gesäet, und die daraus erwachsenen Sträucher blüheten im April 1830. Dies Gewächs verträgt die strengsten Winter. Lindley bemerkt, dass wir es als von solcher Wichtigkeit für die Verschönerung unserer Gärten betrachten müssen, dass, wenn die Kosten, welche die Gartenbau-Gesellschaft in London auf Douglas's Reise verwandt hat, gar kein anderes Resultat als die Einführung dieser Strauchart, gebracht hätten, dennoch nicht geringere Zufriedenheit mit dieser Reise stattfinden würde. *Ribes sanguineum* muss in die schwedischen Gärten eingeführt werden, denn es verträgt das Klima ebenso gut, wie das jetzt allgemein verbreitete, auch von der NWKüste Nordamerica's herstammende, *Ribes aureum*. — Tab. 1353. *Sterculia Tragacantha* Lindl. aus Sierra Leone; diese Art wird Traganthbaum genannt; aus den Aesten schwitzt, wenn sie verwundet werden, häufig ein Traganth-Gummi aus. T. 1356. *Salvia fulgens* Cavan., aus Mexico. 1363. *Banksia litoralis* RBr., aus Neuholland. 1376. *Coreopsis Atkinsoniana* Dougl., von der Mewries-Insel im Columbiaflusse an der NWKüste von Nordamerica; eine schöne perennirende Pflanze.

Hooker hat den IVten Band der neuen Series des *Botanical Magazine*, eines sehr interessanten Werkes, welches auch illum. Abbildungen merkwürdiger oder neuer Gewächse enthält, herausgegeben [5]). — Von den darin befindlichen Arten berühren wir folgende: Tab. 2963. *Cycas revoluta*, aus Japan; ihre Früchte werden von den Japanesen gegessen; aus dem Marke wird eine sehr geschätzte Art Sago bereitet; deshalb wird das Gewächs allgemein in Japan angebaut und seine Ausführung verboten. T. 2969. *Cerbera Tanghin*, von Madagascar: ihre Samen sind so giftig, dass ein einziger hinreicht, 20 Menschen zu tödten; auf Madagascar bedienen sich die Priester dieser Samen, um wegen Verbrechen angeklagte Personen auf ihre Schuld oder Unschuld zu prüfen; sie glauben, dass der Unschuldige nicht sterben könne, auch wenn er davon geniesse. T. 2970. *Cocculus palmatus*, von welchem die in Apotheken bekannte *Colombo*-Wurzel herrührt; er wächst in dicken Wäldern an der Ostküste von Africa. Die Wurzeln werden in der trocknen Jahreszeit (März) ausgegraben, in Scheiben geschnitten, welche auf Schnüre gezogen und im Schatten getrocknet werden. Sie werden auch von den Einwohnern sehr geschätzt, welche sie als Heilmittel gegen Dysenterien u. a. Krankheiten, auch zur Heilung eiternder Wunden, gebrauchen. . . Die Pflanze ist jetzt zur Cultur auf die Mauritius-Insel eingeführt. T. 2971. *Dryas Drummondii* Hook., aus Nordamerica, in Waldgegenden von 54° bis 64° n. Br.; von Dr. **Richardson** entdeckt. 2976. *Begonia Telfariae* Hook., von Madagascar. 2977. *Gilia pungens* Hook., einjährige Pflanze von NAmerica's NWKüste. 2979. *Polemonium pulcherrimum* Hook., eine perennirende Pflanze aus dem Felsengebirge in NAmerica. 2998. *Ranunculus cardiophyllus* Hook., aus Canada und dem Felsengebirge zwischen 52° und 55° n. Br.; perennirend. 3003. *Eutoca sericea*, aus dem Felsengebirge; perennirend. 3004. *Terminalia Catappa*: ihre Früchte werden in Ostindien gegessen; die Kerne geben ein Oel wie das der Oliven. 3011. *Bignonia grandifolia*, ein ausgezeichnet schönes Gewächs. 3015. *Ceropegia elegans*, aus Ostindien. T. 3016. *Brachystelma crispum*, von Cap d. g. H.; u. s. w.

Von **Loddiges's** *Botanical Cabinet* ist der 17te Band erschienen (10 Hefte machen einen Band) [6]). Dieses Werk enthält illumin. Abbildungen neuer oder seltener Gewächse, besitzt aber

---

5) The botanical Magazine. New Series. Edited by Dr. Hooker. T. IV. London, 1830. 8vo.

6) The botanical Cabinet. By Conrad Loddiges et Sons. Vol. XVII. London, 1830. 4to. et 8vo.

nicht den wissenschaftlichen und artistischen Werth, welcher dem *Botanical Magazine* und dem *Botanical Register* mit Recht zuerkannt worden. Von den abgebildeten Pflanzen mögen hier genannt sein: Tab. 1525. *Polygonum viviparum*. 1527. *Geum coccineum*. 1529. *Thunbergia capensis*. 1533. *Ribes fragrans*. 1535. *Strelitzia Reginae*. 1539. *Rudbeckia serotina*, eine perennirende Pflanze mit rothen Blumen; sie wächst in Louisiana wild. 1542. *Pyrola chlorantha*. 1545. *Fuchsia microphylla*. 1548. *Ixia viridiflora*. 1550. *Verbena pulchella*. 1557. *Calceolaria arachnoidea*. 1562. *Grevillea buxifolia*. 1572. *Erica multiflora*. 1589. *Fumaria cava*. 1602 *Rubus spectabilis*, von Nordamerica's NWKüste. 1603. *Streptopus roseus*; u. s. w.

Sweet hat seinen *british Flower-Garden*, worin solche Gewächse abgebildet werden, welche sich in England im Freien ziehen lassen, fortgesetzt[7]). Der Schluss des IVten Bandes und der Anfang des Vten sind im Jahre erschienen. Unter andern sind folgende Pflanzen dargestellt: Tab. 29. *Ornithogalum minimum* L. T. 34. *Lubinia purpurea* (*Lysimachia purp.* Hk.). 35. *Tagetes florida*, aus Mexico. 36. *Phlox glaberrima*. 37. *Lathyrus venosus*, aus Pennsylvanien. 38. *Leptostelma maximum*. 49. *Saxifraga retusa*. 51. *Plectocephalus americanus*, ein schöner einjähriger Syngenesist aus Nordamerica. 54. *Oxalis floribunda*. 55. *Aquilegia glandulosa*, eine sehr schöne Art. 57. *Dracocephalum altaiense*. 63. *Genista Scorpius*, ein im April reich-blühendes Gewächs aus Nordamerica. T. 64. *Silene compacta* aus dem Caucasus.

Sweet hat auch sein Werk *the Florists's Guide* etc., welches eigentlich für Blumisten und Gärtner von Interesse ist, fortgesetzt. Es enthält illum. Abbildungen einer grossen Menge von Varietäten von *Primula Auricula*, *Hyacinthus orientalis*, *Tulipa Gesneriana*, *Dianthus Caryophyllus*, *Ranunculus asiaticus*, *Georgina variabilis*. Monatlich erscheint ein Heft mit 4 Tafeln. 1830 erschienen Heft 31—42[8]).

Maund's *Botanic Garden* ward auch fortgesetzt. Dieses nimmt schönere Gartenpflanzen auf, die im Freien gezogen werden können. Unter den hier abgebildeten sind *Paeonia Mutan* var. *papaveracea*, *Phlox subulata*, *Muscari comosum*, *Loasa acanthifolia*, *Daphne Cneorum*, bei welcher bemerkt wird, dass das ganze

---

7) The british Flower-Garden etc. By Rob. Sweet. T. IV. Nr. VIII—XII. London, 1830. 8vo.

8) The Florist's Guide and Cultivator's Directory etc. By Rob. Sweet. Nr. XXXI—XXXXII. Lond., 1830. 4to.

Geheimniss, dies Gewächs frisch zu erhalten, hauptsächlich darin besteht, dass man jährlich seine Zweige, wenn sie sich auszubreiten anfangen, danieder legt, indem man sie mit Haken befestigt, und etwas sandigen Torfboden darauf thut; *Commelina tuberosa, Pentastemon Digitalis*, u. A. [9]).

Von Reichenbach's Iconographia botanica enthalten die ersten 5 Decaden der VIIIten Centurie unter andern folgende, zugleich schwedische, Pflanzen [10]): Taf. 701. *Orchis militaris* L. 712. *Betonica stricta* Ait. 722. *Lamium intermedium* Fries. 726. *Sedum Telephium* L. (T. 727. *Sedum maximum*. (S. Telephium. ε maximum L.), welche gewiss nur eine [nicht bloss] im Schatten wachsende grössere und ganz grüne Varietät des *S. Telephium* ist). T. 731. *Alectorolophus minor* Ehrh. (*Rhinanthus Crista galli* var. *minor* L.). 732. *Alector. major* Ehrh. (*Rhin. Cr. g.* var. *major* L.). 742. *Papaver nudicaule* L. 750. *Gnaphalium alpinum*.

Hooker hat das 3te Heft seiner Zeitschrift *Botanical Miscellany*, womit der erste Theil geschlossen ist, herausgegeben [1]). Dieses Heft enthält folgende Abhandlungen: I. Tagebuch während zweimonatlichen Besuches an den Ufern der Flüsse Brisbane und Logan an der Ostküste von Neuholland, von C. Fraser, Colonial-Botanist; der Verf. giebt darin einen Ueberblick der Beschaffenheit der Vegetation im Allgemeinen; in Noten sind Beschreibungen neuer Arten beigefügt. II. Drei *Orchideae* von Hooker beschrieben. III. Beschreibungen malaiischer Pflanzen, von W. Jack. IV. Zwei neue Pflanzen, beschrieben von Hooker. V. Bemerkungen über die *Citrus*-Arten, welche auf Jamaica angebaut werden; von James Macfadyen M. D. VI. Botanische Nachrichten von einigen auf der russischen Entdeckungsreise unter Capit. Kotzebue besuchten Ländern; von Ad. v. Chamisso. (Uebersetzt aus dem Deutschen in Kotzebue's Reise.) VII. Ueber *Umbelliferae*, welche in den aussertropischen Ländern in Südamerica von Dr. Gillies entdeckt worden, beschrieben von Hooker. VIII. Nachrichten von einigen englischen Pflanzen, von W. Wilson. IX. Beschreibung der Gattung *Macropodium* und ihrer 2 Arten, von D. Douglas. X. Neue Pflanzen, beschrieben von

---

9) The Botanic Garden. By B. Maund. Nr. 61—72. Lond. 1830, 4to.

10) Iconographia botanica, seu Plantae criticae etc. Auctore H. G. L. Reichenbach. Centuria octava. Lips. 1830. 4to.

1) Botanical Miscellany etc. By William Jackson Hooker. Vol. I. Part I, II, III.) London, 1830. 8vo. pp. 356. Tabb. LXXV.

Hooker. — Die merkwürdigsten der hier beschriebenen Gewächse, sind Tab. 51 — 75. abgebildet.

Férussac's *Bulletin universel des Sciences* ward fortgesetzt. Die Abtheilung desselben: *Bulletin des Sciences naturelles*, enthält Recensionen der im Jahre erschienenen naturhistorischen und geologischen Werke [2])

Von v. Schlechtendal's Journale Linnaea kam der 5te Band heraus, in 5 Heften. Die darin befindlichen Original-Abhandlungen sind in diesem Jahresberichte schon angeführt worden. Am Schlusse von vier dieser Hefte giebt der Vf. kurze Recensionen neuerer botanischer Schriften [3]).

Van Hall, Vrolik und Mulder geben zu Amsterdam ein naturwissenschaftliches Journal heraus, welches naturhistorische Abhandlungen aufnimmt; 5 Theile sind bisher davon erschienen [4]).

II. PFLANZENGEOGRAPHIE.

Risso hat eine Uebersicht der Vegetation um Nizza gegeben [5]). — Seit uralten Zeiten hat die Gegend um diese Stadt die Bewunderung der Reisenden erregt. Sie hat gewöhnlich klaren Himmel, eine reine, milde und gesunde Seeluft, und die reiche und herrliche Vegetation muss jeden Freund der Natur im höchsten Grade interessiren. Nizza liegt im Département des Alpes maritimes, und diese Seealpen sind wie die Apenninen ein südlicher Zweig der Hochalpen; sie ziehen sich westlich durch die Provence, indem sie einen Halbzirkel bilden. Die aus Urfels be-

---

2) Bulletin des Sciences naturelles et de Géologie, rédigé par MM. De la Fosse, Guillemin et Kuhn. Paris, 1830. 8vo.

3) Linnaea, ein Journal fur die Botanik etc. Herausg. von Dr. D. F. L. v. Schlechtendal. Vr Band. Berlin, 1830. 8vo.

4) Bijdragen tot de Natyrkundige Wetenschappen, verzameld door H. C. van Hall, W. Vrolick en G. J. Mulder. Vierde Deel. Nr. I—IV. 1829. Vijfde Deel. Nr. I et II. 1830. Te Amsterdam, 1829 et 1830. 8vo.

5) Histoire naturelle des principales productions de l'Europe meridionale et particulièrement de celles des environs de Nice et des Alpes maritimes, Par A. Risso. 5 Vol. 8vo. avec 46 planches et 2 cartes géologiques. 1820.

stehenden Höhen tragen demnach eine Alpenflora, deren charakteristische Arten, wie *Salix herbacea*, *Saxifraga bryoïdes*, selbst *Artemisia glacialis*, auch *Achillea nana* u. a. nicht fehlen. Die niedrigern Gebirge, welche aus Thonschiefer und Conglomeratfelsen bestehen, sind mit dichten Waldungen, deren Zierden die Zirbelkiefer (*Pinus Cembra*), weiter abwärts *Rhus Cotinus* und der Buxbaum sind, oder mit immerwährendem Grün bedeckt, wo der Reihe nach die Alpenrose, die *Orchiden* z. B. *Orchis nigra*, endlich tiefer manche Pflanzen der deutschen Ebenen und Hügel, wie *Anthyllis Vulneraria*, *Jasione montana*, *Sideritis scordioides* u. a. auftreten. Die niedrigsten Vorgebirge sind grösstentheils mit den mannichfaltigen Produkten der reichen Landescultur bepflanzt; wo aber die Cultur noch Raum lässt, da zeigen sich hier die charakteristischen Arten der Flora des Mittelmeeres: *Pinus halepensis*, *Myrtus communis*, *Ceratonia Siliqua*, *Arbutus Unedo*, *Viburnum Tinus*, *Rosmarinus off.*, *Lavandula Stoechas*, *Cneorum tricoccum* u. a. Die Orange endlich (*Citrus Aurantium*), die hier nicht mehr reifende Dattel (*Phoenix dact.*), *Chamaerops humilis*, *Cactus Opuntia*, *Ricinus africanus*, *Passiflora coerulea*, *Gloriosa superba* und *Hibiscus*-Arten erinnern lebhaft an die enge Verbindung mit dem jenseitigen Meeresufer. An den diesseitigen Ufern wachsen noch die Strandpflanzen *Echinophora spinosa*, *Senecio crassifolius*, *Saccharum cylindricum*, *Anthyllis Barba Jovis*, *Acarna cancellata*, *Ophrys lutea*; am ausgezeichnetsten sind jedoch hier *Hyacinthus orientalis*, *Capparis ovata*, *Ornithogalum arabicum*, *Pancratium maritimum*, *Teucrium Marum* u. a. — Allerdings findet man neben dieser Verschiedenheit der Regionen auch Pflanzen, die sich von der Tiefe bis zu den Höhen ausbreiten; aber ihre Grösse nimmt auf letzteren ab, z. B. *Hypericum perforatum*, *Bartsia viscosa* und *Leuzea conifera*.

Einer der Mäcenaten der Wissenschaft, der österreichische General v. Welden, hat einen Ueberblick der Vegetation Dalmatiens gegeben [6]). — Der Boden ist in Dalmatien kalkartig; er bildet grosse Einsenkungen und Kessel, in denen das Wasser sich verliert und an andern Orten wieder erscheint. Die Gebirgsformation der höhern Region ist primitiver Flötzkalkstein, von grauer Farbe und dichter Natur, oft mit rothem Eisenoxid gemischt. Die niederen Gegenden sind eigentlich weissgelber Jurakalk, welcher häufig mit Hornstein, organischen Ueberresten, Nummulithen, Conchylien, selbst Fischgerippen und Crustaceen gemischt

---

6) Regensb. botan. Zeitung, 1830, I, S. 193—206; 214—221.

ist. Pflanzenreste kommen in einer blaugrauen mergelartigen Kalkmasse vor; auch in Sandstein geht dieser Jurakalk über. Wo der primitive Kalkfels vorherrscht, versinkt das Wasser in die unterirdischen Höhlen, die er bildet; es kommt nur in den mergel- oder sandsteinartigen Massen der Thäler zu Tage. Die meisten Niederungen sind mit einem schweren, rothfärbenden Eisenocker gefüllt. Der einzige fruchtbare Boden um Dernis &c. besteht aus verwitterter Braunkohlen-Formation. — Der Zug der Gebirge geht von Norden nach Süden, sie haben 3000 — 5000 Fuss Höhe und zeigen in der Dinara eine 5668 Fuss hohe Gebirgskuppe. — Die Vegetations-Gränzlinien lassen sich in Dalmatien folgendermaassen ziehen. Erstlich eine von Norden nach Süden (von Nord-Ost nach Süd-West, zwischen Trau und Sebenico hindurch. Die nördliche Flora nähert sich der von Croatien und Istrien; die südliche besitzt Pflanzen der griechischen Inseln und des gegenüberliegenden Apuliens. Zur letzteren gehören die Inseln; auf gleicher Höhe mit dem Festlande kommen auf ihnen viele südliche Pflanzen vor, die auf dem Lande nicht sind, als: *Punica Granatum*, *Myrtus communis*, *Viburnum Tinus* &c.; die eigentliche Gränzscheide zwischen Süd und Nord bezeichnet *Nerium Oleander*, der zuerst bei Salona vorkommt. Andere Linien sind von Ost und West zu ziehen: es sind die Flora der Flächen und des Meeresstrandes, der der steinigen Hügel und der höheren Gebirge, die sich merklich unterscheiden.

Das Klima ist in den verschiedenen Gegenden nicht einerlei, da das Land über 60 deutsche Meilen Länge hat. Ragusa und Cattaro haben 2—3° höhere Wärme, als die dem Velebit-Gebirge nähere Gegend von Zara. An der Küste Dalmatiens ist kein eigentlicher Winter, sondern nur 1—2° Kälte durch einige Tage; nur die Winde machen das Klima oft rauher; unter diesen zeichnet sich die Bora (ein Nordwind) aus, welche die Wellen des Meeres emportreibt und, dadurch mit Salz geschwängert, alle Pflanzen wie mit einem Reife überzieht und zerstörend wirkt. Diese Stürme treten im November ein, gegen dessen Ende der hiesige Winter beginnt. Indess blühen im December und Januar Arten von *Crocus*, *Ixia* und *Colchicum*, und *Helleborus multifidus*; alle Rasenplätze sind grüner als im August. Zu Ende des Februar's, gewöhnlich des rauhesten Monats, beginnt der Frühling in den Küstengegenden; im Gebirge ist alles 4 Wochen später. Zwiebelgewächse fangen jetzt allgemein an zu blühen: *Iris tuberosa*, *Narcissus Tazetta*, *Ornithogalum reflexum* blicken längs der Hecken aus den immer grünen Gesträuchen von *Laurus nobilis*, *Pistacia Lentiscus* und *Terebinthus*, *Geranium tuberosum*,

Campanula cordata und *Lathyrus inconspicuus* gegen Ende März aus dem Getreide hervor. Mitte April's ist die ganze Erdoberfläche blühend, aber der Botaniker muss nun mit dem Sammeln eilen, denn alles verblüht schnell, oder wird von Ziegen und Schafen verzehrt. Der Mai ist reich an *Orchideen* und blühenden Strauchpflanzen; der Juni begünstigt die *Umbelliferae* und *Syngesisten*, und gewöhnlich beginnt schon in seiner Mitte eine Hitze von 17—18° R. und versengt Alles. Von da an bis Ende Augusts fällt, ausser im Gebirge, kein Tropfen Regen, dagegen in den meisten Nächten ein starker Thau, welcher allein die Vegetation am Leben erhält.

In den höheren Gebirgen des Vellebit bleibt der Schnee gewöhnlich bis Ende Aprils, auf der Dinara und dem Biocovo zuweilen auch noch bis tief im Mai und selbst Juni liegen. Gewitter giebt es äusserst selten, aber schon im Februar und März; in heissen Monaten oft gar keine. Die Temperatur wechselt, wenn die Bora kommt schnell, oft um 10—15°; sonst sind die meisten Abende kühl und feucht. Wolken ziehen oft an den Gebirgen hin; an der Küste und auf den Inseln giebt es nur heitere Tage, auch fällt an der Küste selten Schnee. — In Folge dieser Verhältnisse hat die Vegetation einen eigenen Charakter. Die Erde ist in Dalmatien mit einer grossen Menge dorniger Gesträuche und stacheliger Gewächse bedeckt, welche jedes Fortschreiten zu einer wahren Qual machen. *Rhamnus Paliurus* und *Rubus caesius*, mit *Punica Granatum*, *Rosa spinosissima*, *Lycium europaeum*, *Smilax aspera* &c. gemischt, die als Hecken alle Felder umgeben, bieten undurchdringliche Hindernisse. Die rauhen und stachligen *Echium pustulatum*, *Spartium spinosum*, *Acanthus spinosissimus*, *Echinops Ritro*, *Asparagus acutifolius*, *Buphthalmum spinosum*, *Capparis spinosa*, *Ononis spinosa*, 3 *Eryngia*, 3 *Juniperi*, *Carlina acanthifolia*, *Echinophora spinosa*, 2 *Carthami*, *Scolymus hispanicus* u. a. verwunden den Wanderer bei jedem Schritte. Eigentliche Alpenpflanzen giebt es in ganz Dalmatien nicht; dagegen einige der Voralpen auf dem Velebit, der Dinara und dem Biocovo, als: *Senecio Doronicum*, *Achillea Clavenae*, *Sedum stellatum*, *Draba lasiocarpa*, *Saxifraga rotundifolia* u. *repanda*, *Androsace villosa*, *Gentiana verna*, *Primula spathulata*. Sonderbar kommen auch manche Pflanzen hier in den Ebenen und nahe an der Küste vor, die sonst nur auf Bergen wachsen, wie *Campanula graminifolia*, *Dictamnus albus*, *Anthericum Liliago* &c.; umgekehrt wachsen mehrere hier Pflanzen nur im Gebirge, und vorzüglich nur auf dem Biocovo, die sonst meistens in Ebenen vorkommen, als *Arctium Lappa*, *Berberis vulgaris*, *Beto-*

tonica officinalis, *Campanula glomerata*, *Carlina acaulis*, *Convallaria Polygonatum*, *Daphne Mezereum*, *Fagus sylvatica*, *Fraxinus excelsior*, *Linum catharticum*, *Prenanthes muralis*, *Spiraea Filipendula*; dagegen noch andere eben so gut an der Küste, als auf dem obern Theile des Biocovo, wie *Valeriana officinalis*, *Illecebrum serpyllifolium*, *Trifolium arvense* &c. — Die Flora Dalmatiens hat am meisten Gemeinschaftliches mit der Flora Griechenlands, vieles mit der von Istrien, etwas von der Croatiens und Oberitaliens, einiges wenige von der von Apulien, wenig mit der von Deutschland gemein. Uebrigens hat man in Dalmatien 35 (vom Verf. aufgezählte) Pflanzen entdeckt, die bisher nur in diesem Lande gefunden sind, welches zwar noch wenig untersucht ist, aber weitere Untersuchung verdient, da die Vegetation sehr reich ist.

Als Dalmatien noch unter venetianischer Hoheit stand, wurde es von Boccone, Donati, Wulfen und Cyrillo besucht. Seit es unter Oesterreichs Herrschaft kam, wurde es auf Kosten der Regierung i. J. 1802 durch Jos. Host und v. Seenus bereiset. 1816 unternahm v. Portenschlag botanische Untersuchungen im Lande. Dr. v. Visiani, Arzt in Cattaro, hat besonders die Umgebungen seiner Geburtsstadt Sebenico untersucht, aber auch weitere Reisen gemacht; er gab 1826 seine Schrift: *Specimen Stirpium Dalmaticarum*, welcher er ein Verzeichniss aller von ihm in Dalmatien beobachteten Pflanzen beigefügt, heraus. v. Tomasini, Neumeyer, Petter in Spalatro, Alschinger und Rubrizius in Zara, u. A., haben die Flora Dalmatiens durch ihre Entdeckungen bereichert, und 1828 u. 29 unternahm v. Welden ausgedehnte botanische Reisen im Lande. — — Letztgenannter Verf. bemerkt, dass in Dalmatien im Allgemeinen Knollen- und Zwiebelgewächse, *Umbellat*en und *Syngenesis*ten vorherrschend sind. Schotengewächse giebt es weniger; manche in Deutschland gemeinere Pflanze fehlt gänzlich, wie; *Pedicularis*, *Swertia*, *Eriophorum*, *Drosera* &c., woran wohl die grosse Trockenheit des Klima Schuld sein mag, da die genannten Genera meist Sumpfpflanzen enthalten; auch *Sanicula* fehlt. Von *Medicago* wurden 12 Arten gefunden, *Trifolium* 28, *Centaurea* 21, von *Inula* 11, von *Orchide*en 17. Unter den vielen Gewächsen, welche v. Welden gefunden hat, ist *Cytisus fragrans* Weld. (*Weldeni* Visian.) zu nennen, welcher am Fusse des Biocovo ganze Gegenden einnimmt, die, wenn er blüht, von einem betäubenden Dufte angefüllt sind. Dieser Strauch treibt zweimal im Jahre Blätter; wenn die Ziegen die Blüthen fressen, so verursacht ihre Milch Kopfschmerzen. — Der Verf. sagt, dass die starke Hitze in Dalmatien fast alle Pflanzungen europäischer Nutz- und Ziergewächse verhindert; nur Maulbeere, *Robiniae*, alle *Rhus*-Arten, *Acacia lophantha* und *Farnesiana*, *Nerium splendens* und einige Pappelarten kommen gut fort; alle Obstsorten, Kastanien und Nussbäume (*Juglans*) gedeihen nicht, sie degeneriren oder sterben bald aus. Versuche damit in den gebirgigen Gegenden würden wohl bessere Resultate gewähren. Der Indigo (*Indigofera*) gedeiht hier sehr gut, wenn man ihn gehörig bewässern kann, er bringt in nicht zu trocknen Jahren reifen Saamen; auch Baumwollearten (*Gossypium*), so wie der neuseeländische Flachs (*Phormium tenax*) gedeihen hier. Letzterer scheint nicht durch Dürre zu leiden, er fordert Seeluft und ein mildes Klima. Von Gemüsearten kommen die meisten fort, nur steht der Wassermangel ihrem Anbaue entgegen; sie vertragen aber salziges Wasser, wenn man sie von der Saat an daran gewöhnt, dies schützt sie vor den Schnecken, nur werden sie etwas spröde dadurch. Die Cultur des Oelbaums, des Weinstockes und des Maulbeerbaums scheint am meisten in diesem Klima zu gedeihen. Die Weingebirge um Sebenico, Almissa, Macarsca und die der Inseln geben fast ohne alle Pflege feurige Weine von allen Arten und Farben.

Flint hat eine Skizze der Vegetation am Missisippi in Nordamerica gegeben [7]). — Der Verf. bemerkt, dass das grosse Thal, durch welches der Missisippi strömt, nach den verschiedenen Klimaten in 4 Striche zu theilen ist. Der erste erstreckt sich von den kaum bekannten Quellen des Flusses bis zur Hundswiese; unter einem Klima, wie das zwischen Montreal und Boston, gedeihen hier Kartoffeln, Weizen und mehrere unsrer Futterkräuter, Aepfel- und Birnbäume nur in südlicher Lage, aber Pfirsichen nur in Häusern; das Vieh muss hier durch 5 Monate im Jahre im Stalle gefüttert werden. Der zweite Strich ist der von Illinois und Missouri, zwischen 41° und 37° n. Br.; hier ist der Weizen wie einheimisch, Apfel-, Birn- und Pfirsichbäume gedeihen vortrefflich im Freien. Persimonbäume (*Diospyros Persimon* L.) sind gemein; Futtergewächsen ist die Gegend weniger günstig; das Vieh bringt hier oft das ganze Jahr unter freiem Himmel zu. Der dritte Strich geht von 37 bis 31° n. Br.: hier reifen Feigen (*Ficus Carica*) im Freien; unter 33° n. Br. kommt der Apfelbaum nicht mehr fort; aber die Baumwollenstaude (*Gossypium herbaceum*) wächst hier. Der vierte Strich, bis zum mexica-

7) A condensed Geography and History of the Western States of the Missisippi Valley. By Timothy Flint. Vol. I, II. Cincinnati, 1828.

nischen Meerbusen, ist das Klima des Zuckerrohres und der Pomeranzen. Der Olivenbaum würde hier eben so gut gedeihen. Zu Anfang März blühen die Bäume in den Wäldern. — Der Vf. sagt, das ganze nordwestliche America sei ein Paradies durch seine Bäume und Sträucher, deren glänzende Pracht in dem Reisenden gleiche Bewunderung erregt, wie das üppige Grün der Wiesen. Die americanische Cypresse (*Cupressus disticha*) ist der ausgezeichnetste und gemeinste Baum, den es an sumpfigen Ufern des Stromes vom Einflusse des Ohio in den Missisippi bis zum mexicanischen Meerbusen giebt. Dieser Baum, welcher bis zur Höhe von 60—80 F. gleiche Dicke behält, macht einen bedeutenden Handelsgegenstand aus; jährlich werden eine unglaubliche Menge Stämme davon nach Neu-Orleans geflösst. Ein fast eben so geschätztes Bauholz giebt eine Eichenart, *Quercus Phellos*, welche in den niederen Gegenden der Küsten von Florida 60 bis 100 (engl.) Meilen ins Land hinein und einem halb so breiten Striche der Küste von Louisiana bis zum Sabine-Flusse, der die westliche Gränze bildet, wächst, aber nicht über 31° n. Br. hinauf geht; auf den im Meerbusen liegenden Inseln, wo Zuckerrohr angebaut wird, betrachtet man diese Eiche als ein beschwerliches Hinderniss für diesen Anbau wegen ihres schwer zu hauenden Holzes. Aber die Einwohner der Vereinigten Staaten schätzen das Holz dieser Eichenart für den Schiffsbau so hoch, dass sie i. J. 1788, wo ihnen Louisiana noch nicht gehörte, um deswillen allein zwei Inseln an der Küste von Georgien kauften.

Das Riesenrohr (*Arundo gigantea* Walt., *Ludolfia macrosperma* Willd.) ist charakteristisch für die Gegend des Missisippi und die angränzenden niedrigen Striche des rothen Flusses und des Arkansas. Dieses Rohr wetteifert an Grösse mit dem Bambus (*Bambusa arundinacea*); die jungen Pflanzen schiessen wie Spargel mit dicken, saftigen Stengeln auf, welche erst bei einer Höhe von 6 Fuss hart und holzig werden; sie bilden ein dickes, schwer durchdringbares Gebüsch und geben eine vortreffliche Weide für das Vieh, dienen aber auch den Bären und andern Raubthieren zum Aufenthaltsorte. Die mehligen Samen dieses Rohrs benutzen die Indianer zur Nahrung. Die abgeschnittenen und getrockneten Stengel werden oft von den Negern angezündet, wo dann die in den hohlen Gliedern enthaltene Luft mit einem Knalle durchbricht, so dass das Knacken in einem brennenden Rohrgebüsche starkem Schiessen auf einem Kampfplatze gleicht. — Der Wasserhafer (*Zizania aquatica* L.) ist, als Getreide, hier wichtiger; seine Samen machen das gewöhnliche Nahrungsmittel der Indianer, der canadischen Jäger und der Pelzhändler aus. Er wächst in 6—7

Fuss tiefem Wasser auf schlammigem Boden bis an die natchitochischen Seen (südlich vom 32° n. Br.) in vollkommner Grösse und würde gewiss am ganzen Ufer des Missisippi gedeihen. Flint meint, dass er nächst dem Mais die ergiebigste Getreideart ist. — In den sumpfigen Cypressenwäldern wächst auch eins der schönsten Gewächse der Welt, *Nelumbium speciosum;* seine eiförmigen Blätter, oft von der Grösse eines Sonnenschirms bedecken das Wasser. Die weissen Blumen gleichen denen der *Nymphaea alba* und *odorata*, sind aber grösser.

Duden hat eine Schilderung der Savannen (Grasflächen) und Wälder am Missisippi und Missouri gegeben [8]). — Das Land von der atlantischen Küste bis in's Innere besteht grösstentheils aus Wäldern, welche gebirgige oder hügelige Ländereien, die mit grössern oder kleineren Flussthälern abwechseln, bedecken; aber kurz vorher, ehe man den Wabasch erreicht, kommt man in das Gebiet der Savannen oder natürlichen Wiesen, welche sich durch die grosse Ebene von Illinois bis Missisippi erstrecken. Man nimmt an, dass dieses Land, welches man hier an 2300 deutsche □Meilen gross rechnet, zu $\frac{2}{3}$ aus Wiesen besteht. Diese Wiesen sind in Indiana wie in Illinois zweierlei Art: niedrige und hohe, letztere liegen 30—100 Fuss höher als die ersteren. Die niedrigeren, weniger zahlreich, sind grösstentheils nass und ohne Bäume; die des Hochlandes hingegen sind mit Wäldern umgeben und aus den Grasflächen schiessen hie und da einzelne Baumgruppen wie Inseln auf. Der Boden ist im Ganzen fruchtbar. — Bei Vincennes hat man die Dammerde 22 Fuss tief gefunden, und der Verf. sagt, man könne sich dadurch überzeugen, wie lange alle Düngung für diese fruchtbare Pflanzenerde überflüssig ist. Die Aecker dieser Stadt sind fast 200 Jahre ohne Düngmittel bebaut worden und noch geben sie kein Zeichen der Erschöpfung. Man glaubt, dass die niedrigeren Wiesen zum Theil Seegrund gewesen sind. Die Hochlandswiesen dürften wohl zum Theil durch Waldbrände bei den Jagden der Indianer entstanden sein. — Nördlich vom Missisippi erstreckt sich eine Kette von Hügeln, welche 3 Meilen unter der Stadt St. Charles, da, wo das Missourithal sich mit dem Missisippithale vereinigt, anfängt. Diese Hügelkette scheidet die Wassersammlungen des Missouri von denen des Missisippi. Der höchste Rücken dieser Kette ist wellenförmig und besteht grösstentheils

8) Bericht über eine Reise nach den westlichen Staaten Nordamerika's und einen mehrjährigen Aufenthalt am Missouri in den Jahren 1824 — 1827 etc. Von G. Duden. Elberfeld, 1829. 22 Bog. gr. 8vo.

aus natürlichen Wiesen, welche mit Wäldern abwechseln; an den Abhängen stehen uralte Wälder. Viele unter den Hügeln des Missourithales erheben sich zu ansehnlichen Gipfeln; andere sind fast queer abgeschnitten, so dass die Gebirgsmassen in einiger Entfernung wie Thürme und Mauern aussehen. Die Oberfläche des Landes ist viele hundert deutsche Meilen hinein mit der fruchtbarsten Dammerde bedeckt.

Die wichtigsten Waldbäume sind hier folgende. Es giebt mehr als 15 Arten von Eichen (*Quercus*); eine der merkwürdigsten ist: *Qu. macrocarpos* (*bur oak* d. i. Kletteneiche), welche Eicheln von der Grösse der Hühnereier hat. Man findet auch mehr als 8 Arten Wallnussbäume (*Juglans*) hier, darunter den *Paccaw*nuss-Baum (*Juglans olivaeformis* Michx.), dessen Frucht sehr wohlschmeckend ist; die übrigen Wallnussbäume verdienen dieses Lob nicht; die des schwarzen und weissen Wallnussbaumes schmecken noch ziemlich gut, wenn sie frisch gegessen werden, aber trocken sind sie zu ölig. Es giebt hier ausserdem Arten von Esche (*Fraxinus*), den Sassafrasbaum (*Laurus Sassafras* L.), Eisenholzbaum (*Carpinus Ostrya* L.), auch Ulmenarten, besonders die schwarze (*Ulmus fulva* Mx.), deren Bast ohne alle Zubereitung essbar ist und bei'm Kauen sich ganz zu Schleim auflöset; er wird oft auf frische Wunden gelegt und soll vorzüglich bei Schusswunden dienlich sein; desshalb findet man selten einen unbeschädigten Baum dieser Art. Maulbeerbäume findet man besonders im Missouri-Thale; ihre Früchte sind sehr geschätzt. Platanen (*Platanus occidentalis* L.), welche man hier gewöhnlich *Sycomore* nennt, gedeihen vortrefflich und erlangen eine unerhörte Grösse; der Verf. hat deren gesehen, welche 8 — 10 Fuss im Durchmesser hatten, und man sagt, dass es im Missourithale solche von mehr als 20 F. Durchmesser gebe. Michaux erzählt (*Voyage à l'ouest des Alleghanys*), dass auf einer Insel im Ohio-Flusse, 15 Meilen oberhalb der Einmündung des Muskingum, ein Platanusbaum gefunden worden ist, welcher 15 Fuss Durchmesser und 47 Fuss im Umkreise gehabt. — Die Bäume stehen in diesen Wäldern so dicht, dass die Sonnenstrahlen nicht hindurchdringen. Der Boden ist von Dammerde schwarz wie ein Kohlenlager. Hier ist die Vegetationskraft unglaublich gross; man sieht Weinstöcke (*Vitis* —), deren Stämme 1 Fuss dick sind und die 100 Fuss hoch aufsteigen und ihre Reben an den Kronen der Ulmen ausbreiten, reichlich Trauben gebend, welche an manchen Orten wohl süss und wohlschmeckend sind, aber wenig Saft geben; in den fruchtbaren Flussthälern sind jedoch die Beeren meistens sauer.

Unter den Fruchtbäumen zeichnet sich der *Persimon*baum (*Diospyros Persimon*) aus, doch wächst er nicht häufig; die Frucht gleicht im Aeusseren einer gelben Pflaume; ehe sie reift, enthält sie adstringirenden Stoff, weshalb sie bei der Ruhr empfohlen wird, aber bei vollkommener Reife übertrifft sie an Wohlgeschmack die meisten Pflaumensorten. Der *Papaw*-Baum (*Anona triloba*) giebt aber die vortrefflichsten unter allen hiesigen Früchten; dieser Baum erreicht eine Hohe von etwa 20 F., aber sein Stamm erlangt selten 1 Fuss Dicke; die Frucht wird gegessen, vor den Kernen aber hütet man sich, weil sie schädlich sind und Erbrechen verursachen. — Der Zucker-Ahorn (*Acer saccharinum* L.) ist am Missisippi so gemein, dass jeder Einwohner seinen Zuckerwald (*sugar camp*), oft nahe bei der Wohnung, aber zuweilen eine oder mehrere deutsche Meilen davon, besitzt; im letzteren Falle ist jedoch der Wald meistens Staatseigenthum. Sowohl reiche als arme Einwohner, benutzen in dieser Art die Waldungen des Staates, ungeachtet kein gegebenes Gesetz es erlaubt. Hier gilt die erste Besitznahme als Vorzugsrecht; man wird darin nur durch den verhindert, der den Grund kauft. Gegen Mitte des Februars folgen, nach ziemlich kalten Nächten, warme Tage, und dieser Temperaturwechsel setzt die Säfte des Baums so sehr in Bewegung, dass sie aus den Wunden, welche man bis auf das Holz in den Baum gemacht hat, in grosser Menge ausfliessen.

III. PFLANZEN-ANATOMIE.

C. W. Bischoffs Abhandlung über den Bau und die Verrichtung der Spiralgefässe sah Referent nicht [9]).

In Meyen's 1828 erschienener Schrift „über den Inhalt der Pflanzenzellen" erwähnte der Verfasser auch, dass sich Fasern in den Zellen der Antheren befinden, doch ohne sie näher zu beschreiben.

Dieses gab dem Prof. Purkinje Veranlassung, die Beschaffenheit der Zellen in den Antheren zu untersuchen und er gab 1830 eine besondere Schrift darüber heraus [10]). Die Wandung

---

9) De vera vasorum Plantarum spiralium structura et functione commentatio. Auctore C. W. Th. Bischoff. Bonnae, 1830. 8o. pp. 96.

10) De Cellulis Antherarum fibrosis nec non de granorum pollina-

der Antherenfächer besteht aus 2 Schichten: die äussere ist eine Fortsetzung der Epidermis und wird von Purkinje *exothecium* benannt; die innere, die er *endothecium* nennt, umschliesst die Pollenmasse und besteht aus einer oder mehreren Zellenlagen, die mit den das Antherium bildendenden Parenchymzellen in Verbindung stehen. Die Zellen des *endothecii* sind durch, wie es scheint, elastische Fasern ausgezeichnet, welche entweder in der Höhlung der Zellen oder zwischen ihren Wandungen liegen und entweder aus einer soliden sehr durchsichtigen Substanz bestehen oder Röhren darstellen. Purkinje hält die Fasern für das hauptsächliche Organ des *endothecii*, durch deren Hülfe dieses seine Function, das Ausstreuen des Pollens, verrichte; es sei aber, wie Verf. anderwärts sagt, schwer zu entscheiden, ob die Fasern ausserhalb oder innerhalb der Zellen, oder ob sie zwischen die äussere oder innere Fläche eingeschlossen seien; bei den *Liliace*en findet das Erstere statt. — Die Form der Zellen ist nach Purkinje am Gewöhnlichsten die halb cylindrische, an den Enden spitzige oder abgerundete; die Fasern sind mehr oder weniger gekrümmt. — Nach P.'s Untersuchungen bilden die Fasern meistens vollkommen runde oder etwas zusammengedrückte, aber 3—4seitige, Röhrchen; ihre Höhlungen scheinen sich auf beiden Seiten des Endotheciums (auf der Locular- und Epidermis-Seite) zu öffnen: auf beiden, wenn die Fasern gerade sind und an den Seitenwandungen der Zellen liegen; nur auf der Epidermis-Seite, wenn sie gekrümmt oder klammerförmig sind und nicht zugespitzte Enden besitzen.

Mohl hat darauf auch Untersuchungen „über die fibrosen Zellen der Antheren" angestellt [1]). Er fand Purkinje's Beschreibungen der Form und der Anlagerung der Zellen, des Verlaufes der Fasern u. s. w. vollkommen naturgetreu; aber P.'s Angaben über die eigenthümliche Structur und Beschaffenheit der Fasern selbst, über ihre Entstehung, ihre Anlagerung an die Zellen, die Abwesenheit dieser Zellen selbst bei Anwesenheit der Fasern u. dgl. fand Mohl unrichtig, indem er andere Resultate erhielt. — Mohl ist ganz einstimmig mit Purkinje darüber, dass die Fasern in Verbindung und inniger Verwachsung mit den Wandungen der Endothecium-Zellen sind; er sagt aber, Purkinje scheine in seiner Ansicht über den Bau dieser Fasern sehr unbestimmt und schwankend zu sein, denn nach P. soll derselbe bei verschiedenen Pflanzen gänzlich verschieden sein; sie sollen bald im Innern der Zellen, bald

rium formis commentatio phytotomica. Auctore Joanne E. Purkinje. Wratisl. 1830. pp. VIII. & 58. c. 18 tabb. lithogr.

1) Regensb. bot. Zeitung, 1830. II. S. 697—708, 715—742.

auf ihrer äussern Oberfläche liegen, sie sollen bald ein eigenthümliches Gebilde, das sogar ohne Zellen vorkommen könne, sein, bald durch die canalförmig ausgehöhlten Wandungen der Zellen selbst gebildet werden. — Mohl fand ebenso, wie Hr. P., dass bei den *Liliac*een die Fasern immer in den Zellen sich befinden; aber er fand dieses bei allen Antheren-Zellen so. Den Uebergang von den ganz faserlosen Zellen von *Solanum*, *Erica*, zu den faserigen findet man bei den Gräsern. Bei einigen, z. B. *Zea Mays*, sind noch alle Zellen faserlos; bei den meisten Gräsern enthalten dagegen die den Rand der Antherenvalveln bildenden Zellen Fasern, während wieder bei andern, z. B. bei *Stipa capillata*, alle Zellen des Endotheciums mit solchen versehen sind. Die Fasern laufen oft in Sternform zusammen, und Purkinje hat danach Zellen sternförmig genannt; diese Form ist weit verbreitet; Mohl zeigt aber, wie im Ganzen eine Zellenform in die andere übergeht. — M. sagt, dass es nicht so leicht auszumitteln ist, ob die Fasern durchsichtig und solide, oder hohle Röhren sind; er glaubt aber aller Wahrscheinlichkeit nach das Erstere annehmen zu müssen. Dieses streitet freilich mit den Angaben von Purkinje, und Mohl frägt daher, ob nicht P. hier und da Intercellulargänge für Fasern gehalten habe. — Ehe die Antheren ihre völlige Reife erlangt haben, fehlen die Fäden völlig und die Zellenwandungen erscheinen gleichförmig uud dünn.

In Folge seiner (übrigens mit stärkerer Vergrösserung gemachten) Untersuchungen sagt der Verf.: „da nun die Fasern nur als ein Theil der Zellenmembran selbst zu betrachten sind, da ferner wohl Endothecium-Zellen ohne Fasern, aber nicht diese ohne jene vorkommen, so erhellt hieraus, dass von dem Satze Purkinje's: die Fasern und nicht die Zellen seien das hauptsächliche Organ des Endotheciums, gerade das Gegentheil als wahr angenommen werden muss." Die Zellen sind also das thätigste und Hauptorgan des Endotheciums. — Mohl verneint gänzlich Purkinje's Aussage, dass die Fasern durch active Thätigkeit zum Oeffnen der Antheren beitragen. Er hält für gewiss, dass das Oeffnen und Schliessen der Antheren von der Saftigkeit oder der Austrocknung ihrer Häute abhängig ist. Wenn die Wandung einer Anthere im Austrocknen begriffen ist, so zieht sich ihr äusserer Theil (Epidermis, Epidermidalwand der Endothecium-Zellen und die Seitenwandungen derselben) weit stärker zusammen, als die innere mit derben Fasern besetzte Wandung dieser Zellen, durch welche Fasern diese innere Wandung der Zusammenziehung einen grössern Widerstand leistet, als die äusseren Theile, und diese Einrichtung hat nothwendig die Folge, dass die Valveln nach aussen umgerollt werden, während sie zugleich im Ganzen kleiner werden. — Diese beiden Abhandlungen zeigen auch, wie leicht gerade entgegengesetzte Beobachtungen sich ergeben, wenn man mit stark vergrössernden Mikroskopen zu untersuchen hat, und wie mehr oder weniger Scharfsinn bei dem Beurtheilen einer Wahrnehmung hier so wie anderwärts auf mehr oder minder wahrscheinliche Erklärungen führt.

IV. PFLANZEN-PHYSIOLOGIE.

Bourdon's und Boitard's Lehrbücher der Pflanzen-Physiologie blieben, ihrer Beschaffenheit und ihrem wissenschaftlichen Werthe nach, dem Ref. noch unbekannt [2]). Ebenso Gingins-Lassaraz's Uebersetzung von Göthe's Schrift über die Metamorphose oder die verschiedenen Entwickelungsstufen der Pflanzen [3]).

Auf Veranlassung von Rob. Brown's Schrift über die Bewegung oder Activität organischer und unorganischer Molecüle hat Fr. Rudolphi eine Abhandlung über die Ursachen der Bewegung kleiner Körper oder Molecüle geschrieben [4]). — Rudolphi sagt, dass unter den pflanzlichen Gebilden, welchen man vorzugsweise eine thierisch-infusorielle Bewegung zuschrieb, die Sporidien der Algen obenan stehen. Diese sollen sich nach der Trennung von der Mutterpflanze, nach Einigen selbst noch in dieser, selbstständig und ganz auf thierische Art bewegen, ja selbst eine Zeit lang Thier sein und dann wiederum Pflanze werden. Solche Bewegungen sah auch der Verf. an Algen-Sporidien, an kleinen Bruchstücken zerfallener Algen, am Inhalte der Mooskapsel und an Farrnkraut-Sporen; aber auch den Unterschied zwischen ihrer

---

2) Principes de Physiologie comparée ou Histoire des phénomènes de la vie dans tous les êtres qui en sont doués, depuis les Plantes jusqu' aux Animaux les plus complets; par Mr. J. Bourdon. Paris, 1830. 8o.

Manuel de physiologie végétable, de Physique, de Chimie et de Minéralogie, appliquées à la culture; par M. Boitard. Paris, 1829. 8vo. pp. 356.

3) Essai sur le métamorphose des Plantes; par J. W. Göthe. Trad. de l' Allemand sur l' édition originale de Gotha (1790); par M. Fréd. de Gingins-Lassaraz. Genève, 1829.

4) Regensb. botan. Zeit. 1830. I. S. 1—8, 21—32.

Bewegung und jener der Infusorien sah er und er äussert, dass es keine generatio aequivoca gebe. Jene Bewegung ist für Aeusserung des „allgemeinen Lebens der Natur" angesprochen worden. Der Vf. sagt aber: „thierisches Leben ist Bewegung; aber Bewegung ist darum noch nicht thierisches Leben!" in diesem Grundsatze spricht er das Resultat seiner Untersuchungen, seine Meinung aus, während die meisten Schriftsteller über die infusorielle Bewegung pflanzlicher Stoffe Leben und Bewegung für identisch genommen zu haben scheinen. — Vf. läugnet nicht das allgemeine Leben der Natur, er bestreitet nur das durch sichtbare Bewegung allein sich äussernde und nur durch diese sich darstellende allgemeine Naturleben. Jenes allgemeine Naturleben stellt sich ganz anders dar, als in einseitiger Bewegung, die ja nur Folge des Lebens, aber nicht Form des Lebens ist. — Für die sinnliche Auffassung stellt sich das allgemeine Leben der Natur, so weit es die irdische Natur betrifft, dreifach dar: 1) als gebundenes, chemisches Leben; 2) als physisches, physikalisches Leben; 3) als psychisches, Willens-Leben. — Das psychische Leben des Thieres ist ein selbstständiges Leben; ein solches drückt sich, wo es als Bewegung erscheint, als selbstständige Bewegung aus. Selbstständig ist aber nur die Bewegung, welche nicht durch Einflüsse der Aussendinge, sondern allein aus innerer Anregung, also durch den Willen hervorgebracht wird, folglich einen individuellen Zweck haben muss. Der allgemeinste und erste Zweck des thierischen Willens aber ist Selbsterhaltung; auf diese werden sich also die allgemeinsten und ersten thierischen Bewegungen richten. — Das physische Leben der Pflanze wird durch physische Kräfte hervorgebracht, erhalten und angeregt. Licht und Luft, Wasser und Wärme bedingen und beenden es. Wo also hier eine Bewegung eintritt, kann sie nur durch physische Reize hervorgehen; diese haben aber für das Individuum keinen besonderen bestimmten Zweck. Die Bewegung erscheint zwecklos, mechanisch. — Nur als Chemismus drückt sich das Leben des Minerals aus, und wo auch hier Bewegung entsteht, kann sie nur dem Zuge der chemischen Kraft folgen. Wir denken uns diese Bewegung, die unserer Anschauung todt ist, ebenfalls als mechanische Bewegung, weil dies die niedrigste ist, die uns erscheint, und weil wir die letzten Eindrücke, welche wir empfingen, weit über die Gränze derselben hinüber und hinaus zu tragen gewohnt sind; gewiss ist sie aber von jener eben so verschieden, als sie es von der selbstständigen Bewegung ist.

Aber nicht die Bewegung ist es also mehr, wodurch sich das Leben der Pflanzen und Mineralien ausdrückt, sondern nur die

Möglichkeit der Bewegung; die Fähigkeit, durch äussere Einflüsse, durch physische und chemische Kräfte bewegt zu werden, ruhet in ihnen. Daher spricht sich nur das thierische Leben wirklich durch Bewegung aus, während die Bewegung selbst auch allen übrigen Naturreichen zukommt. Dort ist es bezweckte, hier erregte Bewegung. — Betrachtet man Thiere, selbst nur Infusorien, so sieht man deutlich, wie alle ihre Bewegungen auf einen Zweck: Erlangen der Nahrung, Vermeidung von Gefahren, Gewinnen einer angenehmeren Lage u. s. w. gerichtet sind, und so kann man einen zum Grunde liegenden Willen, den man immer Instinkt nennen mag, ohne ihn weiter als dem Namen nach vom Willen unterscheiden zu können, nicht abläugnen. — Beobachtet man dagegen ein Algen-Sporidium, so findet man die Bewegung anders. Oft liegt es, obgleich frei, doch bewegungslos in der Alge; jetzt zerreisst die es umschliessende Membran der Mutterpflanze, und das Sporidium wird fortgeschleudert oder durch die Bewegung des Wassers fortgespült: augenblicklich beginnt die Bewegung des Sporidiums, zuerst mit grösserer Schnelligkeit; es rollt und schwankt verschiedentlich und unendlich oft, bis bei völliger Ruhe der Umgebung die Bewegung schwächer wird, das Sporidium einen festen Punkt zur Anlagerung gewinnt und plötzlich Tod erfolgt, bis ein Zufall es wieder losreisst und das Spiel von Neuem beginnt. — Man betrachte nun auch einen andern Stoff unter gleichen Verhältnissen, z. B. Blumenstaub, Farrnkrautsamen, fein gepulvertes Holz u. s. w., und man wird ganz dieselbe Bewegung finden; endlich bringe man aber einen Wassertropfen mit Infusorien: *Monas*, *Vibrio*, *Volvox* u. a. und einen andern Wassertropfen, welcher Sporidien u. dgl. enthält, gemischt unter das Mikroskop, um hier zugleich den Gegensatz zu sehen und die Ueberzeugung zu erlangen, dass nicht die Bewegung das thierische Leben bezeuge, sondern nur die Art der Bewegung. — Demnach kann Verf. die Bewegung der Algen-Sporidie nicht für eine selbstständige, thierische erkennen; sie ist eine mechanische, durch physische und mechanische Einwirkungen hervorgebrachte.

Was nun die Erklärung der Art dieser Einwirkungen und der verschiedenen, die Bewegung der Algensporidie bewirkenden, Einflüsse betrifft, so vermag sie der Vf. nicht ganz zu erklären, giebt aber Andeutungen dazu. Die Ursachen können sein: 1. Der Lebensact der Sporidien selbst. Durch die im Augenblicke des Freiwerdens von der Mutterpflanze stärker einwirkenden Einflüsse der physischen Potenzen wird auch der Beginn der individuellen pflanzlichen Morphose hervorgerufen; die selbstständige Entwickelung des Sporidiums entspresst diesem Momente und alle Einflüsse dieses

Strebens müssen auf das kleine so leicht bewegliche Sporidium ihre Macht üben, daher vielleicht die grössere Beweglichkeit, die in einigen Fällen das Algen-Sporidium vor allen ähnlichen Körpern auszeichnet; [vgl. Gaillon]. — 2. Verdunstung des Wassers, und zwar: a) durch die Wärme und Absorption der umgebenden Luft, die überall stattfindende Verdunstung; b) vermehrte Verdunstung durch den Luftzug in der Nähe des Fensters und das Athmen des Beobachters; c) vermehrte Verdunstung, besonders der untern Wasserschichten, durch die vom Spiegel des Mikroskops condensirt zurückgeworfenen Wärmestrahlen; d) Verdunstung der untern Wasserschichten durch Electricitäts-Einwirkung (vgl. 4. a)); e) Verdunstung von der Oberfläche des Sporidiums. — 3. Zersetzung des Wassers: a) durch directe Einwirkung des condensirteren Lichtes; b) durch Einwirkung des Lichtes auf die grünen Pflanzentheile; c) durch Electricität. — 4. Electricität, erregt a) durch den Contact des Wassers mit dem Glase des Objectträgers; b) durch Verdunstung des Wassers; c) durch Zersetzung des Wassers. — 5. Polarität, durch das einwirkende helle Licht erregt, so wie die der einzelnen schwimmenden Atome zu einander und zu den umgebenden Stoffen. — Hierzu kommen noch die bedeutenden Strömungen des durch die aufgezählten Einflüsse bewegten Wassers, welche wohl allein schon hinreichen möchten, die kleinen Sporidien &c. zu bewegen, u. s. w,

Der Verf. theilt noch folgende Bemerkungen über die Bewegung von Sporidien und andern kleinen Körpern mit: 1) Ihre Bewegung unter dem Mikroskope wird um so mehr beschleunigt, je heller das Licht einfällt, am stärksten im Sonnenlichte. 2) Die Bewegung nimmt an Geschwindigkeit zu, je mehr die Flüssigkeit des Objectträgers mit Weingeist ersetzt wird. Infusorien sterben darin schnell, Sporidien bewegen sich fort. 3) In Aether ist die Bewegung bei hellem Lichte so reissend schnell, dass das Auge das Einzelne nicht unterscheiden kann. 4) In einer verschlossenen möglichst mit Flüssigkeit angefüllten Röhre hört die Bewegung der Sporidien bald auf, die der Infusorien dauert die gewöhnliche Zeit. 5) Morgens und Abends scheint die Bewegung schwächer zu sein, als am Mittage. 6) In schwach schleimigen Flüssigkeiten ist die Bewegung äusserst schwach; in fetten Oelen beobachtete der Verf. keine. 7) Bei einer niedrigen Wassersäule ist die Bewegung bedeutend langsamer, als in einer höheren. 8) Sobald das Algen-Sporidium durch Verlängerung seinen Schwerpunkt aus der Mitte verloren hat, hört die Bewegung auf. 9) Dunkler grün gefärbte Sporidien bewegen sich schneller, als durchsichtigere; daher ist die Bewegung bei *Vaucheria* oft so deutlich.

10) Mit Schleim umhüllte Sporidien zeigen keine Bewegung; daher sieht man die Sporidien der Fucoideen und Ceramieen nur sehr selten sich bewegen. 11) Ein Sporidium, welches nicht aus der Mutterpflanze heraustreten kann, entwickelt sich innerhalb derselben zu einem neuen Individuum, ohne je eine Spur der Bewegung zu zeigen. Bewegungen in der unverletzten Alge, also im geschlossenen Organismus, läugnet der Vf. durchaus. 12) Nicht alle Sporidien eines und desselben Gliedes einer Conferve bewegen sich nach dem Heraustreten; aber man bemerkt bei der ferneren Entwickelung der Sporidien keinen Unterschied in der Art und der Zeit der Ausbildung zwischen den sich bewegenden und den übrigen. 13) Je grösser die einzelnen Sporidien sind, desto langsamer und seltener ist im Ganzen ihre Beweglichkeit. 14) Trocken gewordene, aber wieder aufgeweichte Sporidien sieht man nicht selten sich eben so lebhaft bewegen, wie frische; sie bewegen sich dann so oft und so lange, als man will, natürlich nach wiederholter Anregung, eben weil sie jetzt nicht fortwachsen und ihr Schwerpunkt deshalb unverändert bleibt. 15) Im Augenblicke des Anlagerns eines Sporidiums an irgend einen Körper, z. B. eine kleine Luftblase, stockt die Bewegung plötzlich, und beginnt erst wieder, wenn die Blase zerplatzt. 16) Zwei sich sehr nahe kommende lagern sich an einander an und fallen bewegungslos zu Boden, weil auch hier der Schwerpunkt aus der Mitte entfernt wird. Nie sah der Verf. etwas Aehnliches bei Infusorien. 17) Bringt man Infusorien und Sporidien zugleich unter das Mikroskop und lässt starkes Licht einwirken, so sterben die Infusorien bald, während die Sporidien sich lebhaft fort bewegen; unter Anwendung gedämpften Lichtes leben die Infusorien noch lange, während die Sporidien schon am Boden liegen und sich zu verlängern anfangen. 18) Sporidien, Pollen u. s. w., wie alle Molecüle Rob. Brown's, bewegen sich rotirend: eine Bewegungsart, die bei den Infusorien nur selten und ausnahmweise beobachtet wird. 19) Je mehr das Aufhören der Bewegung der Algensporidie durch mechanische Erschütterung gestört wird, desto länger dauert die Bewegung. 20) Wo nur wenige Sporidien sich hoch bewegen, die meisten schon ruhig am Boden des Gefässes liegen, bringt das Umrühren der Flüssigkeit augenblicklich wieder alle in neue Bewegung.

Göppert hat ein Werk über die Wärmeentwickelung in den Pflanzen &c. herausgegeben [5]). — Es hat 3 Abtheilungen.

---

5) Ueber die Wärme-Entwickelung in den Pflanzen, deren Gefrieren und die Schutzmittel gegen dasselbe. Von H. R. Göppert. Bresl. 1830. 8vo. XIV u. 244 S., mit Tabellen in kl. Fol. bis S. 272, u. 1 Taf.

Die erste handelt von den Erscheinungen und Veränderungen, welche bei dem Gefrieren und Erfrieren der Gewächse stattfinden. Er beginnt mit einer Uebersicht von Bobart's, Senebier's, Du Hamel's und Schultz's u. m. A. hierher gehörigen Erfahrungen, Ansichten und Meinungen: sie behaupten im Allgemeinen, dass bei den durch Kälte getödteten Pflanzen immer eine Zersprengung der Gefässe stattfinde; nur Schultz nimmt als Ursache des durch diese Einwirkung verursachten Todes ein Aufhören der innern Bewegungen durch Gerinnung des Lebenssaftes an. — Um sich hierüber Gewissheit zu verschaffen, untersuchte der Verf. die Erscheinungen, welche sich bei dem Gefrieren der Gewächse darbieten. Es sind hauptsächlich folgende: Die grüne Farbe der Blätter wird blässer, ihr früher undurchsichtiges Gewebe wird durchscheinend; die Blätter nähern sich aus ihrer horizontalen Stellung mehr dem Stamme und erscheinen daher fast wie verwelkt; in allen Theilen der Pflanze findet man Eiskrystalle; die weiss gefärbten Milchsäfte sind in durchsichtiges Eis verwandelt und alle Theile der Pflanze sind spröde und leicht zerbrechlich. Diese Erscheinungen treten mehr oder weniger schnell ein, je nach dem Baue, der Masse und den Säften der Pflanzen und der Höhe des Kältegrades. Wenn die Temperatur wieder über Null steigt, so thaut die Pflanze entweder auf erlangt ihren früheren natürlichen Zustand wieder, oder sie wird vom Froste getödtet. Im letzteren Falle werden die Blätter welk, schlaff, gelbgrün, mehr oder minder durchsichtig, vertrocknen und nehmen meistens schwarze Farbe an. An der Stelle des Milchsaftes findet man bei milchenden Pflanzen in allen Theilen eine wässrige Feuchtigkeit; nur *Rhus typhina* macht hierin eine Ausnahme. Die Blattfärbung wird dabei in den verschiedenen Pflanzenfamilien verschieden, die Blätter rollen sich bei einigen zusammen, z. B. bei den *Chenopodeae*, welche auch ihre Farbe am meisten behalten; bei den *Solaneae* hängen die Blätter herab und erscheinen mehr glänzend von dunkelgrüner Farbe, die sich bald in Braun verändert; die *Borragineae* bekommen schwarze Flecken auf den Blättern und vertrocknen schnell; die Blätter der *Cruciferae* werden beim Vertrocknen meistens weiss oder weissgelb. — Entfernt man die Oberhaut des Blattes, so fliesst beim Drücken eine Menge Feuchtigkeit heraus; dennoch sind die Zellen unverletzt, ihre Wände sind nicht zersprengt, nur schlaff, daher sie die Flüssigkeit nicht zurückhalten können, und ihre eckige Form ist mehr oder minder abgerundet. Auch die Markstrahlen der Bäume, die Intercellulargänge, die Saftgefässe, die porösen und die Spiralgefässe der getödteten Gewächse bewahren nach dem Aufthauen ihre Integrität. Die chemischen Veränderungen der Mischung zeigen sich erst nach dem Ende des Lebens und die Producte gleichen denen nach einem Gährungsprozesse. Die Kältegrade wirken nach dem Entwickelungszustande der Pflanzen und nach den Umständen, welche die Kälte begleiten, wie Feuchtigkeit der Atmosphäre und der Pflanzen, Winde, Abwechselung von Frost und der ungleichen Dauer der Kältegrade selbst, verschieden. Der Verf. sagt, dass die zerstreuten Beobachtungen über die Wirkung gewisser Kältegrade auf Pflanzen ohne bedeutenden Werth sind, wenn sie nicht von Nachrichten über die klimatischen und örtlichen Verhältnisse und von genauen Angaben der Beschaffenheit des Wetters im Winter begleitet sind. Als ein Muster für solche Angaben liefert er eine Uebersicht der klimatischen und Local-Verhältnisse von Breslau und eine Witterungs-Charakteristik der verschiedenen Monate vom Juli 1828 bis incl. März 1829, und endlich die im botanischen Garten angestellten Beobachtungen über das Verhalten einer sehr grossen Menge Gewächse gegen die Wirkung gewisser Kältegrade, dann über Zeit und Umstände der Blüthen-Entwickelung von mehr als 1300 Gewächsen und specieller den Lebenscyclus von 72 Bäumen und Sträuchern.

Die zweite Abtheilung behandelt die Frage, ob die Pflanzen eine ihnen eigenthümliche Wärme zu erzeugen vermögen. Der Vf. bemüht sich, durch viele Versuche zu zeigen, dass dieselben in keiner Epoche ihres Lebens die Fähigkeit besitzen, eine eigene Wärme zu erzeugen; die durch den Athmungs- und Ernährungsprozess frei gewordene Wärme kann sich nicht anhäufen, sondern wird beständig durch die Atmosphäre abgeleitet, so dass die Pflanzen in ihrem Temperatur-Verhalten gänzlich von der Wärme der umgebenden Atmosphäre und des Bodens, worin sie wurzeln, abhängig sind. Die Lebenskraft ist daher die Quelle, aus welcher ihr Vermögen, den schädlichen Einflüssen der Kälte zu widerstehen, entspringt. Verf. bemerkt aber, dass, da Leben und Wärme einander bedingen, auch der Pflanze als lebendem Wesen Wärme zukomme, diese aber bei dieser niedrigen Stufe der Organisation mit dem Leben zusammenfalle und daher nicht auf das Thermometer zu reagiren vermöge. Eine analoge Erscheinung bieten die unteren Thierclassen, besonders die Würmer dar, deren Temperatur ebenfalls wenig von der des Mediums, worin sie leben, abweicht. Das Vermögen, eigene Wärme zu erzeugen, tritt erst mit der höheren Organisation der Thiere ein, mit der selbstständigen Entwickelung des Respirationssystemes in Verbindung mit dem Nervensysteme. [Vgl. nun desselben Verf.'s Schrift: Ueber Wärme-Entwickelung in der lebenden Pflanze. Ein Vortrag gehalten zu Wien am 18. Sept. 1832. . . . Wien, Gerold. 1832.

28 S. 8vo. Einige der frühern Angaben erfahren hier eine Modification. — Anzeigen davon s. in Lit. Beilage d. schles. Prov. Blätt. 1833. Juli, und in Jen. Lit. Zeit. 1834. Nr. 76.]

In der dritten Abtheilung wird von den künstlichen Schutzmitteln gegen die Einwirkung der Kälte auf die Pflanzen gesprochen. Man muss die Pflanzen gegen das (nächtliche) Ausstrahlen der Wärme zu schützen und sie mit schlechten Wärmeleitern zu umgeben suchen, um grosse Kältegrade in ihnen zu verhüten. Den ersten Zweck erreicht man durch Ausspannen von Matten und Tüchern, durch das Pflanzen der Gewächse an grössere Körper, wie Mauern, Spaliere, Stangen und zwischen andere, grössere Pflanzen. Wenn gleich diese Körper auch Wärme ausstrahlen, so bleibt doch bei der schwachen Wärmeleitung mehr von der Wärme zurück, die sie von den zwischen sie gestellten Pflanzen empfangen, so dass diese weniger auskühlen. Noch zweckmässiger ist aber unmittelbares Umhüllen und Bedecken der Pflanzen mit Stroh, Reisern, Laub, Moos, Erde oder Schnee, weil dadurch nicht nur die Ausstrahlung verhindert, sondern auch wegen der schlechten Wärmeleitungsfähigkeit dieser Körper das Herabsinken auf stärkere Kältegrade aufgehalten wird.

Bei einer der Versammlungen der Medico-Botanical Society zu London erwähnte Hulton eines Beispiels von lange andauernder Keimkraft der Gewächse. Eine Zwiebel, die in der Hand einer ägyptischen Mumie (wo sie wahrscheinlich mehr als 2000 Jahre gelegen hatte,) gefunden wurde, keimte bei Luftzutritte, obgleich sie vorher ganz vertrocknet ausgesehen hatte. In die Erde gebracht, wuchs sie schnell und kräftig empor. (Regensb. botan. Zeitung, 1830.).

Brongniart d. j. hat in der französischen Akademie eine Abhandlung „über die Structur der Blätter und ihre Verhältnisse zur Respiration der Gewächse in Luft und Wasser,“ vorgelesen. Verf. zieht den Schluss, dass, je nachdem die Gewächse bestimmt sind, die gasförmige Luft der Atmosphäre, oder die in Wasser aufgelöste atmosphärische Luft zu athmen, die Organisation der Blätter Abänderungen zeigt, welche denen analog sind, die die Respirationsorgane der Thiere erleiden, je nachdem sie gasförmige oder in Wasser aufgelöste Luft, oder nachdem sie durch Lungen oder durch Kiemen athmen [6].

Bowman hat seine Beobachtungen über die Wachsthumsart

6) Annalen der Gewachskunde, IVter Band. 2tes Heft, S. 172.

der *Lathraea Squamaria* mitgetheilt [7]). Die langen gabeligen Fasern haben am Ende kleine Knötchen von Stecknadelknopfs-Grösse, die sich an die Wurzeln der Bäume festsetzen, wodurch die Wurzelfasern der Pflanze Nahrungssaft zuführen; sie finden sich auch in grosser Menge an den Wurzelfasern, welche der unterirdische Stengel zwischen den Blättern (sogen. squamae) aussendet; am oberen Theile der stärkeren Hauptwurzel fand Verf. zwei grössere Wurzelknöllchen von Erbsengrösse und von festerer und holzigerer Zusammensetzung als die erstgenannten. — Der Vf. glaubt, dass die Pflanze mehrjährig ist und er beschreibt ihre parasitische Wachsthumsweise. Der unterirdische Stengel der *Lathraea* treibt zwischen den Schuppen oder Blättern viele saftige und zarte Wurzelfasern hervor, welche jene Menge anhängender kleiner, brauner, halbkugeliger Wurzelknöllchen oder Knötchen tragen, die sich an den Wurzeln der Esche (*Fraxinus*), des Haselstrauches u. a. befestigen und Saft daraus saugen. Diese Knöllchen erzeugen sich besonders in der Nähe der Endspitzen der Fasern, entweder einzeln, oder in Gruppen von zwei oder drei, und ähneln im Aeussern den Wurzelknöllchen einiger *Leguminosae*. Aus ihrer untern Fläche unter dem Anheftungspunkte treibt ein becherförmiger Auswuchs durch die Rindenlagen der Baumwurzeln verschiedentlich tief in den Splint, aber nie in die festen Holzfasern hinein; in der Mitte dieses Auswuchses lauft ein einfacher Faden oder Gang; dieser Gang erweitert sich bei seinem Eintritte in das Wurzelknöllchen, theilt sich dort in mehrere Zweige, welche gebogen und einander durchkreuzend die Substanz des Wurzelknöllchens durchlaufen, bis sie sich endlich oben einander nähern und unter dem Anheftungspunkte vereinigen, eine verworrene Masse bildend. Durch dieses Gefässsystem wird ohne Zweifel die Nahrung aufgesaugt und dem Schmarotzergewächse durch seine Wurzelfasern in seinen unterirdischen Stengel (sog. stengelartige Wurzel) zugeführt. — Der Vf. glaubt seinen Untersuchungen zufolge, dass die Wurzelknöllchen sich jährlich erneuern. Er hält auch die sogenannten Schuppen (squamae) der Stengel für wirkliche Blätter; sie haben auf beiden Seiten keine Spaltöffnungen; in ihren inneren langen Gängen oder Zellen haben sie eine Menge gestielter Drüsen, die den wirklichen Dienst der Hauteinsaugungs-Werkzeuge verrichten.

Meyen hat auch die Schuppen der *Lathraea Squamaria* untersucht, und darin 5—7 neben einander liegende Höhlungen, und

7) Linnaean Transactions. Vol. XVI. p. 399—420. In Annalen der Gewächsk. IVten Bds. 4tem Hefte, S. 371—392. im Auszuge durch B—d.

in diesen eine grosse Menge gestielter Drüsen gefunden; der Kopf jeder Drüse besteht aus zwei Zellen, welche mit ihrer abgerundeten Basis auf einer dritten kleineren Zelle befestigt sind; diese drei Zellen bilden die Drüse, die durch eine vierte Zelle gestielt wird; man findet aber auch andere, ungestielte, grössere Drüsen, die aus zwei an einander liegenden Zellen gebildet und hier dasselbe sind, wie die Hautdrüsen oder sogen. Poren der Epidermis [8])!

Trachsel hat Bemerkungen über die Blatt- und andere Schmarotzerpilze mitgetheilt [9]). — Er erwähnt, dass nach allgemeiner Annahme besonders kränkliche Pflanzen von Parasiten befallen werden, und dass es unter günstigen Umständen dazu kaum eines Keimes oder Samens bedürfe. Die Ursachen dieser Kränklichkeit scheinen vorzüglich zu sein: 1) karge Nahrung, besonders Mangel an Wasser. 2) Mangel an Licht. 3) Starker Wechsel von Wärme und Kälte, weshalb die meisten Blattschwämme im Frühjahre und Herbste erscheinen und spätere Pflanzungen von Flachs und Getreide ganz besonders dem Roste und Brande ausgesetzt sind. 4) Verstümmelungen der Pflanzen. Der Verf. fand *Uredo suaveolens* nie anders als auf *Cnicus arvensis*, den man hatte ausziehen wollen aber abgerissen hatte, wo dann die nachkommenden bräunlichen jungen Blätter sogleich mit jenem Pilze bedeckt wurden. 5) Ausartung der Pflanzen durch den Einfluss ungewohnten Klimas. 6) Nach der Behauptung der Landleute soll der Rost (*Puccinia Graminis*) dadurch veranlasst werden, wenn die Sonne auf so eben gefallene Regentropfen auf Gewächsen scheint. Vielleicht, sagt der Vf., schadet hier der schnelle Temperaturwechsel, vielleicht auch wirken die Tropfen wie Glaslinsen, indem sie die Sonnenstrahlen concentriren. 7) Das Altern der Pflanzen. Manche Arten von *Rosa, Rubus, Mentha* etc. scheinen bloss aus dieser Ursache alljährlich mit Rost und Brand bedeckt zu werden. 8) Ueberflüssige Nahrung und dadurch erzeugte Ueppigkeit der Pflanzen. [Vgl. Unger: Die Exantheme der Pflanzen. Wien, 1833. mit 7 Kpft.]

Lary's Werk: *État gén. des Vég. orig.* &c. [10]) konnte Referent nicht sehen.

---

8) Annalen der Gewächskunde, IVter Bd. S. 394—396.

9) Regensb. botan. Zeit. 1830. I. S. 145—149.

10) État général des Végétaux originaires, ou moyen pour juger, même de son cabinet, de la salubrité de l'Atmosphère, de la fertilité du sol et de la propriété des Habitans dans toutes les localités de l'Univers. Par J. Lary, M. D. Paris, 1830. 8vo.

V. FLORA DER VORWELT.

Brongniart d. j. hat sein Werk über die Pflanzenversteinerungen, welche er darin in systematischer Ordnung nach natürlichen Pflanzenfamilien darstellt und auch abbildet, fortgesetzt. Das 3te und 4te Heft sind erschienen [1]). — Im 3ten Hefte kommt der Schluss von Beschreibungen aus der Gattung *Calamites* und der Anfang der *Filices*, wo der Verf. die Farrnkräuter und ihre Befruchtungstheile im Allgemeinen ausführlich beschreibt, und eine systematische Aufstellung der jetzt lebenden Gattungen liefert, und zwar in folgenden Ordnungen: I. *Polypodiaceae*. II. *Hymenophylleae*. III. *Parkeriaceae*. IV. *Gleichenieae*. V. *Osmundaceae*. VI. *Lygodieae*. VII. *Marattieae*. VIII. *Ophioglosseae*. — Der Verf. erinnert, dass man die fossilen *Filices* nicht nach den Befruchtungstheilen eintheilen kann, weil diese oft fehlen, oder undeutlich sind, und dass man daher andere Merkmale zur systematischen Anordnung und für die Gattungen suchen müsse. Die Blätter und die Vertheilung der Blattnerven geben hier die Kennzeichen, die jenem Zwecke dienen können. — Verf. stellt darauf die fossilen *Filices* systematisch auf, mit Charakteren der Gattungen.

I. Nervures pinnées, nervules non réticulées. A. Nervules simples, bifurquées ou pinnées. *Taeniopteris*, *Pecopteris*, *Sphenopteris*. — B. Nervules dichotomes, très obliques sur la nervure moyenne. *Glossopteris*, *Odontopteris*, *Neuropteris*, *Loxopteris*, *Cheiropteris*.

II. Nervules flabelliformes, pas de nervure principale. *Cyclopteris*, *Hymenopteris*, *Schizopteris*.

III. Nervures anastomosées. *Lonchopteris*, *Clathropteris*, *Phlebopteris*.

Der Vf. sagt, dass man jetzt ohngefähr 1500 bis 1600 lebende Arten kennt, und dass mit Hinzurechnung der noch unbeschrieben in Herbarien befindlichen die Artenanzahl der bekannten bis auf 2000 gehen dürfte. Man kann die Arten in 3 Gruppen theilen: 1) die, welche der nördlichen gemässigten und kalten Zone nördlich von 30° oder 35° n. Br. eigen sind; 2) diejenigen, die der südlichen gemässigten Zone jenseit 30° südl. Br.

1) Histoire des Végétaux fossiles ou Recherches botaniques et géologiques sur les Végétaux renfermés dans les diverses couches du Globe. Par Adolphe Brongniart. 3me & 4me Livr. Paris, 1830. 4to.

angehören; 3) die, welche zu beiden Seiten des Aequators bis 30 oder 35° Breite wachsen. Man erhält so folgendes Resultat:

In Europa . .	64.	Japan	21	Summa
- Nord-America	70.	Sibirien u. nördl. China	24	146

Davon ab: mehr als einer dieser Gegenden gemeinschaftliche: 33.
also in der extratrop. nördlichen Hemisphäre zusammen 146.

Am Cap d. g. H.	34.	auf Neuseeland .	14.
im südl. Neuholland	72.	gemäss. Süd-America	20.

in der temp. südlichen Hemisphäre Summa 140.

Beide Hemisphären scheinen also ohngefähr eine gleiche Artenzahl zu haben; es ist aber wahrscheinlich, dass beide, und besonders die südliche, eine grössere Anzahl besitzen; in beiden sind manche Länder noch zu wenig bekannt. — Die heisse Zone hat wenigstens 1200 Arten, welche den Rest der obengenannten Gesammtanzahl ausmachen.

Das Verhältniss der Farrnkräuter nach ihrer Artenanzahl im Allgemeinen gegen die Phanerogamen ist ohngefähr wie 1 zu 30. Dieses Zahlenverhältniss variirt sehr in den verschiednen Ländern und hängt theils von der Breite, theils von Oertlichkeiten ab. Die *Filices* fordern fast alle im Ganzen, um sich zu entwickeln, feuchte frische und schattige Stellen, aber eine warme Temperatur ist ihnen ausserdem günstig. Je mehr diese Umstände sich vereinigen, desto zahlreicher sind die Arten. In Europa variirt das Verhältniss ihrer Artenzahl zu den Phanerogamen von 1 zu 35 bis 1 zu 80 nach den Localitäten; als Mittelzahl dürfte man 1 zu 60 annehmen. — Zwischen den Wendekreisen variirt ihre Anzahl auch; im aequinoctialen America verhält sie sich nach A. v. Humboldt wie 1 zu 36. Nach R. Brown ist das Verhältniss in den der Entwickelung der Farrnkräuter günstigsten Theilen der tropischen Continente wie 1 zu 20 (R. Br. Botany of Congo p. 42.); in andern Fällen wie 1 : 26 und bei abweichenden Local-Umständen noch geringer. — — Im dritten Hefte dieses Werks kommt noch die Gattung *Pachypteris* mit 2 Arten vor, und im vierten Hefte sind 30 Arten *Sphenopteris* beschrieben. Zugleich sind Abbildungen derselben gegeben.

BERICHT VON DER VERSAMMLUNG DER NATURFORSCHER UND AERZTE IN HAMBURG I. J. 1830. [2])

Der Naturphilosoph Oken schlug i. J. 1821 vor, dass die deutschen Naturforscher und Aerzte sich jährlich einmal versammeln möchten, um durch persönliche Bekanntschaft den Grund zu solchen freundschaftlichen Verhältnissen zu legen, welche den Wissenschaften und ihnen selbst nützlich werden sollten. Dieser Vorschlag wurde angenommen, zwar in verschiedenen Gegenden Deutschlands mit mehr oder weniger Beifall. Die Versammlungen sind jährlich, abwechselnd im nördlichen und im südlichen Deutschland, gehalten worden; das Interesse dafür scheint immermehr zugenommen zu haben und man muss gewiss zugeben, dass bei einer noch zweckmässigeren Ausbildung dieser Zusammenkünfte es höchst erspriesslich sein muss, hier verschiedene Ansichten in den Wissenschaften, nebst Vorschlägen und Wünschen für ihre Fortschritte darzulegen und zu prüfen.

Bei der Versammlung in Heidelberg i. J. 1829 war für 1830 Hamburg zum Versammlungsorte gewählt worden, zu Geschäftsführern der Bürgermeister Dr. jur. Bartels und zum Secretär Dr. med. Fricke daselbst. Es fanden sich in H. 410 Gelehrte zusammen, wovon 258 Fremde waren. Von ausser Deutschland her kamen: 10 Schweden: v. Weigel, Berzelius, Agardh, af Pontin, Rosenkjöld, C. J. Ekström, Bruzelius, Sundevall, Lowén, Wikström; Dänen: Oersted, Hornemann, Saxtorph, Bang, Forchhammer und A.; 8 aus Russland: Struve (aus Dorpat), Fischer (aus Moskau), Fischer (aus Petersburg), v. Bonsdorff und v. Nordmann aus Finnland, u. A.; aus Polen: Estreicher, Schubert; 5 Engländer: darunter G. Bentham; 3 Amerikaner.

Allgemeine öffentliche Sitzungen, worin über Gegenstände von allgemeinerem Interesse gelesen wurde, waren nur vier weil eine Reise nach der Insel Helgoland beschlossen war, welche auch d. 21 — 23. Septbr. von 180 Gliedern der Gesellschaft

---

2) Auch der Verf. dieses Berichtes war zugegen . . . und hielt sich für verpflichtet der K. Akademie diesen Bericht zu erstatten. [Uebersetzer lässt oben einiges Allgemeinere aus, da es bei uns durch den Bericht der Geschäftsführer und durch mehrere Zeitschriften bekannt geworden.]

gemacht wurde. — Auf einer Fahrt durch die Elbgegenden am 19. Septbr. früh, wobei Bauer's und Booth's botan. Gärten, und zuletzt Klopstock's Grab auf dem Kirchhofe zu Ottensen bei Altona besucht wurden, sah man bei den Hrn. Booth eine Nachbildung in Wachs in natürlicher Grösse von der Pflanze mit der grössten bisher bekannten Blume, nämlich dem Schmarotzergewächse *Rafflesia Arnoldi*, das nur aus dieser Blume allein besteht, welche, bei 3 Fuss Durchmesser des 5theiligen Saumes, in der Höhlung 12 engl. Pinten (über 5 preuss. Quart) fasst, [s. R. Brown's Verm. bot. Schr. II. S. 612. ff.]; sie wächst auf Sumatra, auf den Wurzeln der weinrebenähnlichen Schlingpflanze *Cissus scariosa*. Die Hrn. Booth hatten das Wachspräparat in London nach dem der Horticultural Society anfertigen lassen; es kostete 460 Mark Hamb. Cour. — . . In der letzten allgem. Sitzung wurde für das folgende Jahr (den 18. Septbr. u. ff., wie gewöhnlich,) Wien zum Versammlungsorte gewählt, zum Geschäftsführer der Professor der Botanik Baron v. Jacquin, zum Secretair der Prof. der Astronomie Littrow.

Der Sectionen, die sich für die einzelnen Zweige der Naturwissenschaften (incl. Medicin) gebildet hatten, waren 6. Die botanische versammelte sich durch die ganze Woche vom 20—25. Septbr. täglich von 10—12 Uhr Vormittags (während die allgemeinen Sitzungen Nachm. 2 — 4 Uhr stattfanden und man von 12 — 2 Uhr die Bibliotheken, die Natur- und Kunstsammlungen und den bot. Garten besuchte). Prof. Mertens aus Bremen war Wortführer und Dr. Siemers Secretair der Section; Graf Sternberg, Baron Jacquin und Etats-Rath Hornemann hatten das Präsidium abgelehnt. Es wurden viele Abhandlungen vorgelesen und seltene oder zweifelhafte Gewächse zur Prüfung vorgelegt. — Die Anzahl der Mitglieder in der botanischen Section war 52; unter diesen waren: Graf Sternberg, Baron v. Jacquin, Etats-Rath Hornemann, Collegien-Rath F. Fischer, Kammer-Rath Waitz, die Professoren Mertens, Lehmann, Agardh, Hayne, Horkel, Nolte, Presl, Hornschuch, Reum, Wilbrand, Schubert, Estreicher und Runge, die Doctoren v. Chamisso, Siemers, Buek, Fleischer, Avé Lallemant und Berendt, Pastor Frölich, Dir. Otto, Amtsverwalter Dr. jur. Lindenberg, die Hrn. Bentham, v. Suhr, J. und G. Booth, Sickmann, Ohlendorff, Threde, v. Berg u. A.

Von den Abhandlungen, welche hier vorgetragen wurden, möge Folgendes erwähnt sein: d. 20. Septbr.: Baron Jacquin zeigte eine neue Art *Syringa* aus Siebenbürgen vor; er gab ihr den Namen *S. Josikaea*, nach der österreichischen Baronin Josika, die sie zuerst gefunden. Graf Sternberg legte Tafeln zu einem Supplemente seines Werkes über die Flora der Vorwelt vor, gab dabei Bemerkungen über die Gewächse, und äusserte, dass er nicht die von Ad. Brongniart vorgeschlagenen 4 Perioden der vorweltlichen Flora, sondern nur 3 Bildungs-Epochen: die Urgebirgs-, Uebergangs- und die neueste (Flötz-) Formation annehmen könne. Prof. Mertens las eine Uebersicht der Geschichte der Algologie und ihres jetzigen Zustandes. Prof. Agardh gab einen Nachtrag dazu, welcher hauptsächlich Mertèns's grosse Verdienste um dieses Studium darthat. — D. 21. Sept. Zuerst wurde eine neue Pilzart aus Surinam vorgezeigt; der Präses schlug vor, diese Art von *Polyporus P. Aghardii* zu nennen. Prof. Reum sprach über einige Erscheinungen im Wachsthume der Bäume; seine Bemerkungen dürften zu einer bessern Erklärung ihrer Zunahme führen. Prof. Runge zeigte zahlreiche chemische Versuche mit Farbenveränderungen der Blumenkronen durch Einwirkung von Metalloxiden vor. So erwähnte er z. B. der chemischen Reaction bei Blumen von 16 *Scabiosa*- und 13 *Oenothera*-Arten, wodurch man sah, wie bedeutend eine Art von der andern in der Farben-Nuance abwich und wie wenig Schwierigkeit es haben würde, auf diese Art neben der botanischen Diagnostik auch eine chemische zu bilden.

D. 22. Septbr.: Prof. Mertens sprach über des Prof. Hünefeld Art, Pflanzen mit Beibehaltung ihrer Farbe, Stellung und natürlichen Ausbreitung zu trocknen und zeigte der Gesellschaft eine eingesandte Pflanzensammlung der Art. Dieses Trocknen geschicht in *Lycopodium*-Samen, welcher vorher 12—24 Stunden in einem Backofen getrocknet und wieder erkaltet ist. Er wird dann zwischen und um die Pflanzen in einem dichten, schwarzen, wohlverschlossenen Gefässe gebracht; darunter und daneben wird Chlorkalk in Papier und in Gefässen gebracht, um alle Feuchkeit zu entfernen; obenauf wird ein Gemenge von Ferrum sulphuricum (schwefelsaurem Eisen) und Kalk gelegt. Im Sommer trocknen die Pflanzen im Lycopodium bei gewöhnlicher Wärme und im Winter in einem geheizten Zimmer während 4, 8 bis 10 Tagen. Das Lycopodium und der Chlorkalk können von neuem benutzt werden. Nach den vorgezeigten Exemplaren waren die Pflanzen so gut erhalten, dass man sah, diese Trocknungsart sei zu empfehlen. Indess ist sie mehr nur als Curiosität zu betrachten, denn für Herbarien würden die Pflanzen so zu viel Raum einnehmen. — Collegien-Rath Fischer erwähnte hierbei, dass Prof. Bongard und Dr. Monnin Pilze in einem heissen Luftstrome von 40—60° R. zu trocknen pflegten und die Pilze dadurch ihre Form und Farbe gut behielten. — Prof. Mertens sprach darauf vom Inhalte einer von Dr. Gärtner in Calw eingesandten Abhandlung über Bastard-Pflanzen, und Prof. Lehmann theilte bei der Gelegenheit Bemerkungen über solche Pflanzen mit und zeigte lebende Stöcke zweier Bastard-Formen aus der *Potentilla*-Gattung und einer von *Cactus*. — Prof. Agardh las eine Abhandlung über die Einheit der Pflanzenform und ihre Entwickelung. In seinem neulich erschienenen Lehrbuche ist dieser Stoff ausführlicher abgehandelt.

Collegienrath Fischer las eine kurze Beschreibung des unter seiner Leitung stehenden botanischen Gartens zu Petersburg. Dieser Garten hat unbezweifelt die grössten und kostbarsten Gewächshäuser in Europa. Kaiser Peter I. hatte einen Garten zum Anbaue von Arzneipflanzen auf einer der Inseln, welche die Newa bei ihrem Ausflusse in den finnischen Meerbusen bildet, anlegen lassen; die Insel heisst noch die Apothekerinsel. Später ward der Garten in einen pharmaceutischen und botanischen Theil getrennt; der letztere war aber nie mit ausländischen botanischen Gärten zu vergleichen; es waren nie mehr als 1300 Pflanzenarten darin. Seit Ende der 1790er Jahre besass Russland einen sehr reichen botanischen Garten fast 30 Jahre hindurch auf dem Gute Gorenki bei Moskau. Der Besitzer, Graf A. Razumowsky, hatte grosse Kosten darauf verwandt. Da der Graf Razumowsky 1822 starb, beschloss der Kaiser Alexander, auf Kosten des Staates in Petersburg einen botanischen Garten anzulegen und trug dem damaligen Minister der innern Angelegenheiten, Grafen Kotschubey, auf, dem bisherigen Apothekergarten unter dem Namen des Kaiserl. botanischen Gartens eine neue und seinem Zwecke angemessene Organisation zu geben, und die Einrichtung und Leitung desselben dem Dr. Fischer anzuvertrauen. Am 26. Januar 1823 wurde der Grundstein zu den neuen Gewächshäusern gelegt und im Mai 1826 war das letzte Haus fertig. Diese Bauten kosteten dem Staate 560000 Rubel zum Ankaufe von Gewächsen, und die jährliche Unterhaltungsumme für den Garten ward auf 73000 Rubel festgesetzt [4]). — Die Gebäude bilden 3 parallele nach SSO. gehende Linien; sind an ihren Enden mit Häusern, die von N. nach S. gehen, verbunden und stellen ein doppeltes Parallelogramm vor. Die mittelste Linie oder Reihe ist für tropische Gewächse bestimmt, die andern für Pflanzen aus den gemassigten Zonen. Die ganze Länge ihrer Gewächshäuser beträgt 4130 engl. Fuss. — Die Ge-

---

4) Dr. Fischer sagt nicht, ob diese Summen Silber-Rubel waren, oder ob Papier-Rubel [kaum ¼ von jenen].

wächse sind in den Häusern theils nach ihren natürlichen Verwandtschaften, theils in Landschaftsgruppen gepflanzt. Oft sind sie in Erdbeete ausgepflanzt. Solche Gruppen findet man von breitblättrigen *Ericaceae*, von tropischen Monocotyledonen u. s. w. Hier sieht man wahre Vegetationsgruppen aus tropischen Ländern: hohe Palmen, Gruppen von *Bambuseae* und *Musaceae*, untermengt mit Arten von *Ficus*, *Hernandia*, *Eugenia* und *Mimosa*, den Boden bedeckt mit herrlichem Grün von Farrnkräutern und *Aroideae*. Die Pfeiler sind mit Schlinggewächsen bekleidet; Nischen im Grunde der Häuser beherbergen schattenliebende Pflanzen, tropische Parasiten und Farrnkräuter vieler Formen. — Uebrigens befinden sich aussen im Garten folgende besondere Abtheilungen: eine allgemeine systematische Pflanzschule, eine russische Flora, Plätze mit Medicinalpflanzen, mit Giftpflanzen und ökonomischen Gewächsen, eine Abtheilung für Culturversuche, ein Parterre für die Studirenden um Pflanzen zu untersuchen. Aber Fischer beklagt, dass zu Petersburg wegen der Winterkälte schwerlich mehr als gegen 2000 Arten im Freien gezogen werden können. — Die Anzahl der hier, im Garten und in den Häusern, cultivirten Gewächse übersteigt 12,000 Arten. Der Garten besitzt eine Bibliothek, die durch Stephan's und Razumowsky's Büchersammlungen begründet wurde. 6000 Rubel sind jährlich zu ihrer Vermehrung ausgesetzt. — Im Museum des Gartens werden Reste von Stephan's Herbarium verwahrt; ferner eine Sammluug brasilianischer Pflanzen von 5 — 6000 Arten, von Riedel gesammelt; eine Sammlung aus Guiana von Poiteau; ein vom Prof. Eschscholtz auf seiner Reise um die Erde mit Kotzebue gesammeltes Herbarium, ein Herbarium, welches der Lady Crichton angehört hat und das eine grosse Menge von Stephan's *Astragalus*-Arten enthält; nebst zahlreichen Pflanzensammlungen aus dem östlichen Sibirien, dem nordwestl. Persien und dem russischen Armenien. — Im J. 1824 trat die bekannte Ueberschwemmung in Petersburg ein; dadurch wurden eine grosse Menge Pflanzen zerstört; diese Verluste sind aber ersetzt. — Den 1. Mai 1830 erklärte der Kaiser, dass er den botanischen Garten unter seinen besondern Schutz genommen; er empfahl ihn zur Aufsicht dem Minister des Kaiserlichen Hauses und erhöhte die jährliche Unterhaltungssumme des Gartens auf 123,000 Rubel [5]). Der Kaiser bezahlt ausserdem selbst die Reisekosten Derer, die jährlich reisen, um Pflanzen und Samen für den Garten zu sammeln. Aus der genannten Unterhal-

5) Es wird gesagt, dass diese Summe Silber-Rubel sind.

tungssumme erhält der Director des Gartens, Collegienrath Fischer, jährlich 8500 Rubel; der erste Adjunct hat 4000 Rubel, der zweite Adjunct 3000 Rubel; der Secretär für die ausländische Correspondenz (welcher zugleich Bibliothekar und Conservator des Museums ist) 2000 Rubel; der Secretär für die russische Correspondenz (der zugleich der Canzlei vorsteht und Cassirer ist) 2000 R., der Pflanzen-Maler 2000 R., der erste Gärtner 3000 R., sein Adjunct 3000 R., der zweite Gärtner 1800 R., der dritte 1600 Rubel u. s. w. Auf Holz und Licht sind 15000 Rubel ausgesetzt; zum Einkaufe von Garten-Materialien und Instrumenten 7000 R.; zum Ankaufe von Pflanzen 6500 R., Lohn für Handwerker und Arbeiter 15000 Rubel u. s. w.

Prof. Hornschuch zeigte Ehrenberg's Werk über die Infusionsthiere vor, und erwähnte daraus, dass E. durch ein Mikroskop von 400facher Vergrösserung fast alle Organe, die höheren Thierformen zukommen, bei jenen entdeckt habe, z. B. Nerven, Spuren von Augen u. s. w. Ehrenberg glaubt auch bei diesen Thieren den alten Satz: „*omne vivum ex ovo*" bestätigt gefunden zu haben. — Prof. Lehmann stellte vor, ob nicht die Gesellschaft durch ein Schreiben an die Englisch-ostindische Compagnie ihren Dank für die Liberalität bezeigen wolle, womit diese Gesellschaft Sammlungen von den durch Dr. Wallich mitgebrachten ostindischen Pflanzen an gelehrte Gesellschaften und einzelne Gelehrten durch ganz Europa hat austheilen lassen, und dass die Gesellschaft auch dem Dr. Wallich ihren Dank für die Art, wie er der an ihn erfolgten Anvertrauung der Vertheilung entsprochen hat, darzubringen hätte. Dieser Vorschlag wurde mit vielem Beifall angenommen und die Versammlung glaubte zugleich, dass es auch Pflicht wäre, durch ein Schreiben dem Könige von England den unterthänigsten Dank der Gesellschaft für die Austheilung dieser Sammlungen, welche mit des Königs Zustimmung geschehen, auszudrücken. Das Schreiben an den König wurde in deutscher Sprache, aber diejenigen an die Ostindische Compagnie und an Dr. Wallich englisch verfasst. Diese Schreiben wurden von allen Mitgliedern der botanischen Section unterzeichnet.

D. 23. Sept. Prof. Lehmann theilte eine von ihm verfasste Schrift: *Pugillus* II[dus] *novarum Plantarum*, aus, zeigte die darin beschriebenen Gewächse vor und bemerkte mehreres darüber. Dr. Berendt aus Danzig legte eine reiche und instructive Sammlung fossiler Pflanzenthiere in Bernstein vor; er lenkte dabei die Aufmerksamkeit der Gesellschaft auf eine von ihm herausgegebene Schrift, „die Insecten im Bernstein, ein Beitrag zur Thiergeschichte der Vorwelt." Er bemerkte hierzu: 1) dass der Bernstein der Saft (ein Harz) einer *Pinus*-Art sei; 2) dass die Einschliessung der im Bernstein befindlichen Körper auf eine sehr ruhige Art geschehen sein müsse, da man im Bernstein z. B. Fliegen in der Paarung begriffen eingeschlossen findet. — Baron v. Jacquin lenkte die Aufmerksamkeit der Gesellschaft auf ein von Plössl angefertigtes zusammengesetztes Mikroskop; die Anwesenden fanden, dass sowohl die stärkeren 300- bis 400fachen Vergrösserungen, als auch die schwächeren, 20-, 50—60fachen, für welche letzteren das Instrument vorzüglich geeignet ist, den Gegenstand gleich klar und deutlich auf dem ganzen Gesichtsfelde zeigen, daher Alle das Instrument für ausgezeichnet gut erklärten. — Prof. Lehmann zeigte der Gesellschaft ein männliches, wie auch ein weibliches Exemplar der merkwürdigen Schmarotzerpflanze *Ichthyosma Wehdemanni* Schlechtend. Linnaea II. S. 671 (*Sarcophyte sanguinea* Sparrm. in Act. Holm.) vor. Ecklon hat sie auf den Wurzeln einer *Mimosa* wachsend auf Hügeln am Cap bei Ado im December gefunden; sie hat ihren systematischen Platz in Dioecia Triandria. — Lehmann stellte auch lebende Exemplare der *Lindenbergia urticifolia* Lehm. vor und sprach über die Unterschiede dieser Gattung von den verwandten. Hr. Bentham erwähnte dabei, dass es in Wallich's Sammlungen aus Ostindien mehrere neue Arten dieser Gattung gebe.

D. 24. Sept. Hr. Ohlendorff theilte Bemerkungen über die Wartung mehrerer weniger bekannten Pflanzen mit, besonders solcher mit geflügelten Stengeln, welche Pflanzen selten reifen Samen geben; er erläuterte das Gesagte mit mehreren Zeichnungen; die ganze Abhandlung sollte in den Verhandlungen des preussischen Gartenbau-Vereins erscheinen. Dr. Siemers zeigte einige auf Insectenlarven gewachsene *Clavarien* und sprach über die Ursachen der Bildung solcher Parasitgewächse. Die Gesellschaft ersuchte den Prof. Agardh, diese Pilze an Prof. Fries mitzunehmen. Prof. Mertens legte mehrere Prachtexemplare merkwürdiger, von seinem Sohne Dr. H. Mertens auf seiner Reise um die Erde gesammelter, Algen vor. Hr. J. Booth zeigte Exemplare seltener Arten von *Populus*, *Platanus*, *Quercus*, *Rhamnus*, *Spiraea* und *Hedera*. Prof. Hornschuch äusserte den Wunsch, dass Wissenschaftsfreunde und besonders Gärtner versuchen möchten, zweifelhafte und hybride Pflanzenformen auf die ursprünglichen Arten zurückzuführen. Hr. v. Berg hat dies mit einigen Arten von *Iris* ausgeführt und Hr. Hornschuch theilte dessen Resultate mit [s. Regensb. botan. Zeit. 1833. I: Beiblätter]. Prof. Hornschuch bemerkte dabei, dass er von der Richtigkeit seiner schon vor 10 Jahren gemachten Beobachtung, wonach die Laubmoose sich aus confervenartigen Fäden entwickeln, vollkommen überzeugt sei.

Der Collegienrath Fischer äusserte seine Gedanken über die Art, wie man eine Sammlung von Holzarten anlegen müsse, um ihr wissenschaftlichen Werth zu geben, und zeigte Holzdurchschnitte zur Erläuterung davon vor. Von jeder Art müssen wenigstens 3 Exemplare von Holz-Segmenten genommen werden: 1) Ein Längen-Segment, dessen eine Fläche durch die Axe des Baumes, also in der Richtung der Spiegelfasern (Markstrahlen) genommen ist. 2) Ein Längen-Segment, dessen Hauptfläche in einem gewissen Abstande von der Axe des Baums die Markstrahlen senkrecht (in einem rechten Winkel) durchschneidet und also seitlich mehr oder minder schräge Durchschnitte derselben zeigt. Da der Stamm der Dicotyledonen konisch ist, so erscheinen die Jahresringe in diesem Durchschnitte auf die Art, wie sie in Tischlerarbeiten durch ihre Streifen die verschiedenen Baumarten charakterisiren. 3) Ein Queerdurchschnitt des Stammes. Hr. Fischer bemerkte, dass man bei allen diesen Abschnitten darauf sehen müsse, wenigstens theilweise die Rinde zu erhalten, und um das ältere centrale Holz vom Splint gehörig zu unterscheiden, bedürfe es bei den Abschnitten von dickeren Stämmen oft mehrerer, vom Centrum und von der Peripherie des Baumes genommener Brettchen, um das Holz in allen seinen Modificationen darzustellen. Damit aber jede Art völlig ausgezeichnet wäre, dazu würden erfordert: 1) Stücke zur Vergleichung vom alten und vom neuen Holze; 2) Stücke zur Vergleichung von der Wurzel, der Basis des Stammes, dem eigentlichen Stamme selbst und von den Aesten; 3) Stücke Holz von Bäumen, die auf verschiedenem Boden gewachsen sind; 4) Stücke Holz von kränklichen Bäumen, Maserholz u. s. w. Auf diese Weise bieten die Holzsorten Kennzeichen dar, welche leicht bemerkt und terminologisch bezeichnet werden können, und welche Bedingung sind zum Darstellen klarer Beschreibungen und zu einer vergleichenden Uebersicht der Holzsorten.

D. 25. Sept. Prof. Horkel verlas eine Abhandlung über die Bildung der Antheren bei der Gattung *Najas*. Er glaubt, dass Sprengel, Reichenbach u. A. mit Unrecht *Najas* und *Caulinia* als Gattungen gesondert aufgestellt haben. Horkel folgt R. Brown, welcher nur *Najas* als Gattung annimmt, weil das Perianthium bei allen Arten gleiche Beschaffenheit hat. Nur die Antheren sind bei den verschiedenen Arten nicht gleich. Horkel stellt *Najas* in die Dioecia, obgleich *N. minor* monöcisch ist. *N. major* ist diöcisch, obschon einige Autoren sie für monöcisch angesehen haben. Micheli hat die männlichen Blumen für die Frucht genommen und daraus eine Art *N. tetrasperma* gebildet. Willdenow stellte die weibliche Pflanze als *N. monosperma*, und die männliche als *N. tetrasperma* auf, aber eine wirkliche *N. tetrasperma* ist nie gefunden worden. Kunth glaubte sie bei Berlin gesehen zu haben, gestand aber später, dass er sich geirrt habe. — Staudinger (Oeconom zu Flottbeck) theilte seine Ansichten über einige Pflanzenkrankheiten mit, besonders über die Entstehung des Mutterkorns, des Rostes und des Brandes bei den Getreidearten. Prof. Lehmann zeigte eine vom Prof. Hoppe der Gesellschaft übersandte Sammlung von Alpenpflanzen aus Kärnthen vor. Derselbe theilte auch eine Preisfrage mit, welche von der Hamburger Gesellschaft zur Beförderung der Künste und nützlichen Gewerbe aufgestellt worden, über die Ausrottung der für die Elbwiesen so schädlichen *Equisetum*-Arten. Der Preis für eine befriedigende Antwort ist 100 Hamb. Dukaten und die Bewerbung bis zum 1. Aug. 1833 offen. Prof. Lehmann theilte an die Mitglieder ein lithographisches Bildniss seines verstorbenen Freundes, des Prof. Friedr. Weber in Kiel, aus. — Prof. Mertens schloss nun diese Versammlungen mit einer kurzen Rede und dankte dabei dem Prof. Lehmann für die Freundschaft, welche er der Gesellschaft während des Besuches daselbst erwiesen hat.

Ueber diese Versammlung und die Arbeiten aller Sectionen ist ein Bericht von Dr. Fricke erschienen. — Auch ist durch Loos in Berlin eine Denkmünze darauf geprägt worden. — Schon bei der Ankunft hatte man unten genannte interessante Schrift geschenkt erhalten [3]).

Der botanische Garten in Hamburg gehört zu den pflanzenreichsten und am besten eingerichteten in Europa. Er wurde 1821 angelegt und ist im Verhältnisse zur kurzen Zeit seines Bestehens in vortrefflichem Zustande. Er wird von der Stadt unterhalten. Die Gewächse sind auf gesonderte kleine Vierecke gepflanzt, was zwar mehr Raum erfordert, aber mehr Ordnung gewährt und die Pflege und Vermehrung der Pflanzen erleichtert. Der Garten hat 5 kleinere, nach den neuesten und zweckmässig-

---

3) Hamburg in naturhistorischer und medicinischer Beziehung. Zum Andenken an die im September 1830 in Hamburg stattgefundene Versammlung der deutschen Naturforscher und Aerzte. Hamb. 1830. 8vo. VI. u. 207 S. (mit Ansichten und 2 Karten von der Stadt und der Umgegend).

sten Verbesserungen ihrer Bauart eingerichtete Gewächshäuser. Die Direction des Gartens besteht aus dem Prof. Lehmann, 3 Senatoren und einem Bürger. Am Garten hat der Professor ein grösseres Zimmer für sein Herbarium und eine Bibliothek, worin man alle neueren botanischen Prachtwerke mit illuminirten Abbildungen findet. Es ist bemerkenswerth, mit welcher Achtung und Vorsicht die Einwohner hier Alles besehen ohne etwas anzurühren, so dass man hier nie so wie anderwärts nöthig hat, über Alles Wache zu halten.

Die Hrn. Booth, Handelsgärtner zu Flottbeck bei Altona, besitzen einen grossen und pflanzenreichen Garten. Ihre Sammlung ausländischer Gewächse in den Häusern ist grösser, als in irgend einem andern Garten in Hamburg, und da sie nicht Anstand nehmen, in London Gewächse zu kaufen, wovon eins 20—30 Pf. Sterl. kostet, so besitzen sie auch fast Alles, was man in Deutschland in einem Garten haben kann. Bei ihnen sieht man ein eigenes Haus für Haidearten (*Ericae*), wovon sie 350 Species haben; *Pelargonium*-Arten besitzen sie über 400, u. s. f. — Uebrigens findet man um Hamburg mehrere botanische Gärten, wie z. B. bei den Senatoren Merk und Schröder, bei den Hrn. Parish, Bauer, Böckmann u. A.

Unter den in Hamburg befindlichen Natur- und Kunstsammlungen ist Röding's Museum die grösste und merkwürdigste. Sie besteht aus einer Thier- und Kunstsammlung. Der Besitzer, schon bejahrt, hat in 57 Jahren auf eigene Kosten diese Gegenstände gesammelt. Vor Kurzem hat der Rath der Stadt 2 grössere Säle, jeden von 100 Fuss Länge und 27 F. Breite, für dieselben überlassen. — Die Thiersammlung, welche den einen Saal einnimmt, besteht aus 230 Säugethieren, 1800 Exemplaren von Vögeln mit einer Sammlung von 400 Vögeleiern, 228 Amphibien, worunter 88 Schlangen und 48 Schildkröten, 300 Fischen, theils in Weingeist, theils getrocknet oder ausgestopft. Die Conchylien-Sammlung ist eine der grössten in Europa. Auch eine Insecten-Sammlung findet man hier. Im andern Saale befindet sich die Kunstsammlung und eine ausgewählte naturhistorische Bibliothek. Die Sammlung von Kupferstichen, besonders von alten Meistern, ist gross. Hier findet man auch eine grosse Menge Hausgeräth-Sachen, Waffen und Kleidertrachten, vorzüglich von wilden Völkern und aus dem Mittelalter, chinesisches und ostindisches Hausgeräth und Zierathen, Bildhauer-Arbeit und Kunstsachen aller Art und aus mannichfaltigen Materien, von Holz, Elfenbein, Stein, Bernstein, Silber, Porzellan, Glas, Wachs u. s. w.

Drei grössere ornithologische Sammlungen findet man in Hamburg bei den Hrn. Amsing, v. Essen und Spangenberg. — Insecten-Sammlungen sind mehrere daselbst; die grösste davon gehört Hrn. Winthem; andere den Hrn. Lehmann, Steetz und Thorey; Hr. Sommer in Altona besitzt auch eine reichhaltige. — Conchylien-Sammlungen findet man bei Hrn. de Dobbeler, Hönert, Bachmann, und Thorey; auch hat man hier Gelegenheit, Naturproducte einzuhandeln. Ein Naturalienhändler, Hr. Bescke, besitzt grosse Vorräthe aus allen Klassen des Thierreichs, z. B. über 400 Arten Säugethiere. — Unter den Mineralien-Sammlungen sind vorzüglich 2 zu nennen: die des Russischen Ministers Hrn. v. Struve und die des Pastor Müller.

Nekrolog. Im J. 1830 verlor die Wissenschaft folgende von ihren Bearbeitern:

Der Professor Dr. medic. H. F. Thyssen starb zu Amsterdam am 8. Jan. 1830, 42 Jahre alt.

Der Prof. der Naturgeschichte an der Universität Würzburg Dr. Ambr. Rau starb daselbst d. 26. Jan. 1830, 45 Jahre alt.

Der Prof. der Naturgeschichte zu Charlestown in Nordamerica Dr. med. Stephen Elliott starb das. im April 1830.

Pastor Samuel Wyttenbach starb zu Bern d. 22. Mai 1830, 82 Jahre alt.

Der Hofrath, Prof., Ritter des K. Würtemb. Civilverdienstordens, Dr. Joh. Simon v. Kerner starb zu Stuttgart d. 13. Juni 1830.

Der Adjunct der Kaiserl. Akademie der Wissensch. zu Petersburg Dr. med. Heinr. Mertens starb das. d. 30. Sept. 1830.

Der Prof. der Botanik in Mexico Vincente Cervantes starb zu Mexico d. 26. Juli 1829, 70 Jahre alt.

Graf Carl v. Harrach starb zu Wien d. 19. Oct. 1829.

Uebersicht der schwedischen botanischen Arbeiten und Entdeckungen vom Jahre 1830.

I. PHYTOGRAPHIE.

Jussieu's natürliches System.

Acotyledoneae.

Fungi. — Prof. Fries hat eine für die Wissenschaft wichtige, Beschreibungen neuer Pilzarten enthaltende, Abhandlung gegeben. In der Einleitung theilt der Verf. Bemerkungen über die Pilze im Allgemeinen und ihre Fortpflanzungsart mit, dann folgen Beschreibungen von Pilzen aus verschiedenen Ländern mehrerer Welttheile; so sind z. B. die von Beyrich und Lund in Brasilien gesammelten Pilze, die aus Surinam von Weigelt, u. s. w. beschrieben, auch mehrere schwedische und africanische Arten; einige neue sind auf 2 beigegebenen Tafeln abgebildet [6].

Fries theilte auch eine Abhandlung mit, welche Erläuterungen über die Synonymie der von Persoon beschriebenen Arten von *Agaricus* (in *Mycologia europaea* III.) enthält. Der Vf. bringt diese Arten zu den von ihm selbst im *Systema mycologicum* bestimmten Arten der Gattung. Hierdurch kommen viele von Persoon für neu beschriebenen zu schon früher bekannten [7].

Fries hat auch die Herausgabe eines Werkes, welches in Form von Dissertationen unter dem Titel *Synopsis Agaricorum*

---

6) v. Schlechtendal's Linnaea, Vr Bd. 4s H., S. 497—533: Eclogae Fungorum, praecipue ex Herbariis Germanorum descriptorum ab Elia Fries (c. tab. Xa & XIma.).

7) Linnaea. Vr Bd. 5s H., S. 6, 8, 9—731: Agaricos synonymos in Persoonii Mycologia europaea III. et Systemate suo mycologico reconciliat Elias Fries.

europaeorum herauskommt und also eine Uebersicht der europäischen Arten der Gattung *Agaricus* darstellt, begonnen. Der erste Theil oder Bogen ist erschienen. Der Verf. giebt bei jeder Art ihren Charakter, führt ein und das andere Synonym an, auch eine Abbildung, dazu kurze Angabe des Wohnortes [8]).

ALGAE AQUATICAE. — Prof. Agardh hat angefangen, eine Monographie der Algen-Abtheilung, welche er *Diatomeae* nennt, herauszugeben. Sie erscheint in Form von Dissertationen; 2 Theile (2 Bogen) sind davon erschienen [9]). Die hierzu gerechneten Algen gehören unter die am schwersten bestimmbaren, und man ist mitunter unschlüssig gewesen, ob nicht mehrere Arten eher zum Thierreiche als zum Pflanzenreiche zu rechnen sind. [Ehrenberg zählt sie zu den Infusionsthieren; s. Verhandl. d. Berl. Akad. 1832. u. Isis 1834. H. 1.; Gaillon hat sie mit vielen andern Algen unter seinen *Nemazoaires* (fadigen Pflanzenthieren) s. *Ann. d. Sc. nat.* Sect. II: Bot. 1834, Janv.] — Der Vf. giebt zuerst für jede Gattung ihre Verwandschaft mit andern, die Form ihrer Arten im Allgemeinen, ihre Bewegungsart und die verschiedenen Meinungen der Autoren über ihre Stellung im Systeme an. Dann werden die Arten abgehandelt, bei jeder ihr Charakter, Wohnort, kurze Beschreibung und kritische Bemerkungen. Diese vortrefflich gearbeitete Schrift bildet einen wichtigen Beitrag zur Algologie. [S. a. Kützing's *Synopsis Diatomearum*, Halle, 1834. 92 S. 8vo. m. 7 Kpft. Abgedr. aus Linnaea 1833.]

Dicotyledoneae.

HYPERICINAE. — Magister Huss hat unter dem Präsidium des Prof. Sillén eine Inaugural-Abhandlung über die schwedischen Arten von *Hypericum* herausgegeben. In der Einleitung berichtet der Verf. Geschichtliches über die Erweiterung der Gattung in Betreff ihrer Arten und über ihre Stellung in den Systemen bei verschiedenen Autoren; dann folgt Character naturalis und essentialis, und endlich werden die 7 schwedischen Arten abgehandelt nach ihren Charakteren, mit Citaten der wichtigsten schwed. bot. Schriften, Angabe der Standörter und kurzen Beschreibungen.

8) Synopsis Agaricorum europaeorum, quam &c. Praeside Elia Fries, p. p. Joh. Ulr. Runstedt. P. I. Lundae, 1830. Litteris Berling. 8vo. pp. 16.

9) Conspectus criticus Diatomacearum, quem &c. Praeside Carol. Ad. Agardh, pro exercitio publice defendet C. P. Liljenborg. P. I. Lundae, 1830. 8vo. pp. 16. — P. II. Pro Laurea publice defendet Fred. Wahlgren. Lundae, 1830. 8vo. pp. 17—32.

Die schwedischen Arten sind *H. hirsutum, montanum, pulchrum, perforatum, quadrangulum* L., *quadrialatum* Wbg. (*H. tetrapterum* Fr.) und *humifusum* L. [10]).

Floren.

Prof. Wahlenberg hat die Herausgabe der *Svensk Botanik* fortgesetzt. Die Hefte Nr. 121 — 123 (XIr Band, 1—3.) sind erschienen [1]); sie enthalten Abbildungen und Beschreibungen folgender Pflanzen: Tab. 721. *Veronica alpina* L. T. 722. *Avena subspicata* Lk. (*Aira subsp.* L.). Der Verf. erwähnt hier, man habe lange angenommen, dass Getreidearten von andern Grasern sich nur durch ihre grössern Samen unterschieden, dass man aber später gefunden, wie die Getreide-Gattungen sich allenfalls durch behaarten Fruchtknoten von den meisten übrigen Gräsern, welche glatten Fruchtknoten haben, unterscheiden. Verf. beweiset die Richtigkeit davon, dass die hier abgebildete Art zu *Avena* gebracht worden. T. 723. *Plantago Coronopus* L. T. 724. *Tillaea aquatica* L. Verf. sagt, dass wenn diese Art auf trocknerem Boden wächst, sie mehr niederfällt, krumm, kurz und röthlich wird, welche Form den Namen *T. prostrata* erhalten. T. 725. *Gentiana nivalis* L. 726. *Gentiana glacialis* Villars. (Hier lässt sich bemerken, dass diese Art auf den Gebirgen von Luleå schon vom Probst Holstén, welcher Bergius Exemplare davon mitgetheilt hat, gefunden worden ist.) T. 727. *Juncus trifidus*. 728. *Saxifraga nivalis*. 729. *S. rivularis*. 730. *S. cernua* L. Der Verf. sagt, dass diese Art auf Hochgebirgsfelsen am Eismeere gelbliche Blumen bekommt, hingegen weiter im Süden des Gebirges weisse Blumen hat und dann *S. palmata* Sm., *S. villosa* W. u. s. w. ist. Er glaubt aber, dass *S. decipiens* Ehrh. eine von *S. caespitosa* verschiedene Art sei. Er sei ungewiss, ob *S. caespitosa* sich auf den Alpen befindet; in England kommt sie vor. [Vgl. Jahresber. über 1831, S. 51.] T. 732. *Iberis nudicaulis* L. 733. *Coronopus depressus*. 734. *Astragalus arena-*

---

10) De Hypericis Sueciae indigenis Dissertatio botan., quam &c. Praeside Mag. Nicolao Jacobo Sillén, Oecon. pract. Prof., pro Gradu philosophico p. p. Auctor Magnus Huss. Upsaliae, 1830, excud. Reg. Acad. Typogr. 4to. pp. 10 (§. 2).

1) Svensk Botanik utgifven af Kongl. Wetenskaps-Academien i Stockholm. Elfte Bandet. 1—3 Haftena 121, 122, 123. Texten tryckt hos Palmblad & C. 1830. 8vo maj.

rius L. 735. *Crepis biennis.* 736. *Senecio paludosus.* 737. *Cineraria palustris.* 738. *Inula Pulicaria* L. — Der Text enthält bei jeder Art eine Angabe der Charaktere der Gattung und ihres Zusammenhanges mit den angränzenden Gattungen, auch eine Uebersicht der verschiedenen Formen der Art, ihrer geographischen Verbreitung und ihres Verhältnisses zum Boden. — Die meisten von diesen Abbildungen sind vom Prediger Lästadius gezeichnet; *Tillaea aquatica* vom Prof. Wahlberg.

Der akademische Docent Magister A. E. Lindblom hat eine interessante Abhandlung verfasst, betitelt: Beitrag zur Flora von Bleking [2]). In der Einleitung giebt der Verf. ein Vegetations-Gemälde von Bleking und theilt die Provinz in 4 Districte nach der Verschiedenheit ihrer Vegetation: in den westlichen Theil, die Sandgegenden, den Strand und die Waldgegend; er sagt aber, dass diese nicht scharf abgegränzt sind, sondern überall in einander übergehen. — 1. Der westlichste Theil ist der ausgezeichnetste; er erstreckt sich vom Flüsschen Norje bis zur schonischen Gränze bei Sissebäck und enthält so die Kirchspiele Mjellby und Sölvesborg und den grössern Theil derer von Ysane und Gammaltorp oder das ehemalige Lister. Das Ansehen des Landes bezeugt, dass es früher unter Wasser gestanden. Nach der Vegetation und Gebirgs-Formation stimmt es mehr mit Schonen als dem übrigen Bleking überein. In Mjellby entdeckte Aspegrén an den Sandzügen eine jüngere Formation, aus Kalktuff bestehend, der Muschelreste enthält. — In diesem westlichen Theile von Bleking kommen Pflanzen vor, welche in den übrigen Theilen entweder fehlen oder nur sparsam gefunden wurden, aber im nordöstlichen Schonen gemein sind, z. B. *Veronica Anagallis*, *Avena flavescens*, *Kolerin glauca*, *Scabiosa Columbaria*, *Androsace septentrionalis*, *Ribes alpinum*, *Daucus*, *Sium angustifolium*, *Laserpitium latifolium*, *Dianthus arenarius*, *Anemone pratensis*, *Galeobdolon luteum*, *Orchis militaris*, *Gnaphalium arenarium* und *luteoalbum*, *Cineraria palustris*, *Antirrhinum Orontium* u. m. a.; aber eben so findet man hier auch einige wenige Pflanzen, welche kaum anderwärts in Schonen, als zunächst der blekingischen Gränze vorkommen, z. B. *Spergula pentandra* und *Sedum annuum*.

2. Sandgegenden findet man fast überall in der Provinz;

---

2) Kongl. Wetenskaps-Academiens Handlingar för år 1830. S. 227 — 251: Bidrag till Blekings Flora af Al. Ed. Lindblom. — Anm. Von dieser Abhandlung giebt es besondere Abdrücke:

Bidrag till Bleking's Flora af A. Ed. Lindblom. Stockh., tryckt hos P. A. Norstedt & S. 1831. 8vo. S. 28.

die in den Kirchspielen Thorhamn und Christianopel liegenden besitzen *Aira canescens*, *Juncus capitatus* und *Hyoseris minima*, welche auch den östlichen und westlichen Sandfeldern gemein sind.

3. Die Strandvegetation gehört zu den bedeutendsten Bestandtheilen der blekingischen Flora. Hier finden sich viele von den Pflanzen, die gewöhnlich in den Ostsee-Gegenden von Schweden vorkommen, und auch mehrere, die bisher nur in Bleking gefunden wurden, wie *Juncus maritimus*, *Sonchus palustris*, *Carex Schreberi* (?); aber es fehlen hier die meisten Saftpflanzen, die an den westlichen Küsten Schwedens vorkommen. — Die äusseren Schären und Holme (Inseln) bestehen meistens aus kahlen Felsen mit wenigen Pflanzen, z. B. *Chenopodium maritimum*, *Cucubalus viscosus*, *Lepidium latifolium*, *Artemisia maritima*, *Cakile maritima* u. a. Die innern Inseln sind wie die Küste grasreich, mit Wald versehen, der sich oft bis an das Meerufer erstreckt. Hier kommen die meisten Strandpflanzen vor, z. B. *Sagina stricta*, *Samolus Valerandi*, *Erythraea*, *Allium Schoenoprasum*, *Geum hispidum*, *Scutellaria hastifolia*. *Isatis tinctoria*, *Lotus maritimus*, *Carex extensa*. — Die gewöhnlich sumpfigen Ufer der tiefen Meeresbuchten beherbergen *Salicornia herbacea*, *Scirpus Baeothryon*, *lacustris β.*, *Alopecurus pratensis β. nigricans*, *Potamogeton marinus*, *Carex norvegica*, *Zannichellia palustris*, *Charae* u. a. — Im Meere selbst, besonders am Ausflusse der Gewässer, finden sich: *Lemna trisulca*, *Najas marina*, *Ranunculus fluviatilis*. — Das Innere der Inseln besitzt *Convolvulus sepium*, *Lonicera Periclymenum*, *Hedera Helix*, *Rubus corylifolius*, *Draba muralis*, *Taxus baccata* u. a. — Die Laubwälder in der Nähe der Küste haben eine freudige Vegetation und mehrere seltene Pflanzen, wie: *Bromus giganteus*, *Holcus mollis*, *Milium effusum*, *Poa sudetica*, *Circaea lutetiana*, *Pulmonaria officinalis*, *Thalictrum aquilegifolium*, *Orobus niger*, *Vicia cassubica*, *Lathyrus sylvestris* u. a. — Die Anhöhen und Berge sind bewachsen mit *Aira praecox*, *Poa bulbosa*, *Myosotis versicolor*, *Lychnis alpina*, *Spergula pentandra*, *Potentilla incana*, *procumbens* [Sibth., *s. nemoralis*], *Iberis nudicaulis*, *Vicia lathyroides*, *angustifolia*, *Trifolium striatum* u. a.

4. Die Waldgegend liegt in den an Småland und Schonen gränzenden Theilen von Bleking; sie besteht meistens aus Nadelholzwaldung und ist noch wenig untersucht. Unter den bisher gefundenen Waldpflanzen werden genannt: *Monotropa Hypopitys*, *Pyrola chlorantha*, *uniflora*, *rotundifolia*, *Lathraea Squamaria*, *Linnaea borealis*, *Satyrium albidum* und *viride*, *Blechnum Spicant*. — Die Sümpfe zwischen den Bergen besitzen *Circaea*

alpina, *Schoenus fuscus* und *albus*, *Sison inundatus*, *Acorus Calamus*, *Calla palustris*, *Scheuchzeria palustris*, *Ledum palustre*, *Andromeda polifolia*, *Erica Tetralix*, *Rubus Chamaemorus*, *Malaxis paludosa*, *Listera cordata*, *Carices*, *Lycopodium inundatum*, *Equisetum hyemale* u. a. — Die Flüsse und Bäche ernähren an ihren Ufern: *Glyceria aquatica*, *Symphytum officinale*, *Cicuta virosa*, *Asparagus officinalis*, *Rumex Hydrolapathum*; *Osmunda regalis*, *Pilularia globulifera* u. a. — Auf den Aeckern findet man minder gewöhnliche Unkräuter, z. B. *Veronica triphyllos*, *Panicum viride* u. *P. Crus galli*, *Avena strigosa*, *Sherardia arvensis* u. a. — Die Leinäcker beherbergen ihre eigenen Unkräuter: *Lolium arvense*, *Galium spurium*, *Cuscuta Epilinum*, *Spergula arvensis* γ. u. a.

Die Anzahl der Phanerogamen von Bleking geht auf 788 Arten. Betrachtet man diese Pflanzen nach ihren natürlichen Familien so findet man die *Compositae* am zahlreichsten, nämlich 80 Arten, ihnen zunächst die *Gramineae* mit 71, *Cyperaceae* 55, *Cruciferae* 42, *Rosaceae* 42, *Caryophylleae* 39, *Leguminosae* 35, *Labiatae* 28 &c.

Hierauf folgt ein Supplement zu Aspegrén's *Blekingsk Flora* (Carlskrona, 1823. 8vo.). Dieses besteht aus 2 Abtheilungen. Die erste enthält ein Verzeichniss der Pflanzen, die seit dem Erscheinen von Aspegréns Flora gefunden worden sind; sie machen 132 Arten aus, worunter 71 Phanerogamen und 61 Cryptogamen, z. B. *Poa sudetica* Hänk. β. *remota*, *Cuscuta Epilinum* Weihe, *Potamogeton oblongus* Viv., *Verbascum phlomoides* (gefunden bei Carlshamn von Dr. Drackenberg und Hrn. Hanssén), *Juncus maritimus* Lam. (bei Sölvesborg 1824 von Aspegrén entdeckt), *Rumex cristatus* Wallr., *Cucubalus viscosus* an Meeresklippen im Pastorat Thorhamn, *Sonchus palustris*, *Senecio erucifolius*, *Orchis militaris*, *Bryum alpinum*, *Splachnum ampullaceum*. — Die andere Abtheilung enthält nachträgliche Standörter von Arten in Aspegrén's Flora [2b]). — Die ganze Abhandlung bildet einen wichtigen Beitrag zur Kenntniss der Vegetation des südlichen Schwedens.

[2b) Ueber Aspegrén's „Försök till en Blekingsk Flora" s. den Jahresb. über 1823, der J. Muller'schen Uebers. 1sten Jahrg. S. 160. Er enthält 760 Phanerogamen, 924 Cryptogamen; darunter Avena strigosa, Triticum pungens, Lychnis alpina, Potentilla sordida Fr., Carex norvegica W. u. aquatilis Wbg.; und als für Schweden damals neu: Avena hirsuta Roth, Myosotis lingulata Schrad., Narcissus Pseudonarcissus, Potentilla collina (Wib.?) Fr., Carex Schreberi, Chara crinita Wallr.]

Der Districts-Richter (Häradshöfding) Kröningssvärd in Fahlun hat angefangen, ein Verzeichniss der phanerogamischen Gewächse von Dalekarlien [60 — 62° n. Br.; vgl. Jahresber. über 1831. S. 157 u. 161.] herauszugeben [3]). — Die Pflanzen sind nach Linné's Systeme geordnet. Zuerst wird Classe und Ordnung genannt, dabei in Parenthese Angaben über die Classe nach dem natürlichen Systeme in De Candolle's Werken; dann der Gattungsname mit Citation von Linné's Genera Plantarum und den Ordines naturales nach Linné, Jussieu und De Candolle. Darauf folgen die Namen der Arten (ohne Charaktere und Beschreibungen) mit Citaten aus Linné's Fl. Suec., Wahlenb. Fl. Suec., Svensk Botanik und Ugla's Dissert. de praefectura Näsgardensi; zuletzt kurze Angaben über die Standörter der Arten, wobei der Vf. zu viele Abkürzungen für die Namen der Orte braucht, weshalb er genöthigt gewesen ist, eine weitläufige Erklärung der Abkürzungen auf 2½ Seiten vorauszuschicken. — Unter den in Dalarne vorkommenden Pflanzen nennen wir hier: *Schoenus fuscus* im Kirchspiele Svärdsjö, *Scirpus compressus* und *Eriophorum latifolium* im südlichen Dalarne, *E. gracile* allgemein auf sumpfigen Brüchen, *E. capitatum* im nordwestl. D., *Phleum alpinum*, *Arundo Pseudo-Phragmites* Schrad. im südl. D.; *Ar. varia* Schrad. auf der Uebergangsformation in Rättvik, Ore und Orssa-Kirchsp. &c.; *Poa caesia* Sm. auf hohen Gebirgsfelsen, z. B. Hykjeberg im Elfdal gegen 1600 par. Fuss ü. M. Von der Gattung *Bromus* sind bisher nur 2 Arten: *secalinus* und *mollis* gefunden. *Cornus suecica*. *Lonicera coerulea* auf der Uebergangsformation im nordöstl. Dalarne, Boda Capells-lag: Osmundberg; Kirchsp. Ore: an Ufern des Ore-See &c. *Gentiana nivalis*, *campestris* und *amarella*, *Angelica Archangelica*. — Die hier abgehandelten 5 ersten Classen enthalten 156 Arten. Gewiss dürften noch mehr zu diesen Classen gehörige aufgefunden werden.

Botanische Lehrbücher.

Im Jahre 1830 gab Prof. Agardh den ersten Theil seines lehrreichen, schon allgemein bekannten und beliebten Lehrbuches der Botanik heraus [4]). — Die höchst lesenswerthe Vorrede dieses

3) Afhandlingar rörande Natur-Vetenskaperne. Första Haftet. S. 142—187: Uppsatts på de i Provinsen Dalarne vildtväxande Phanerogamer och Filices, af C. G. Kröningssvärd.

4) Lärobok i Botanik, af C. A. Agardh. Första af Delningen:

lehrreichen, schon allgemein bekannten und beliebten Werkes ist in Schweden zum grössten Theile in mehreren Zeitungen abgedruckt (z. B. Nya Argus 1830, Aug. No. 65.). Sie enthält eine Uebersicht des Zustandes der Literatur im Allgemeinen in Schweden, Bemerkungen über die Forderungen des Staates an die Thätigkeit der Universitäten, über die Mittel zur Förderung der Literatur, welche darin zu suchen sind, dass man einem verbesserten Erziehungsplane für die heranwachsende Jugend der höheren Mitbürger-Classen folge, wobei der Verf. seine Ansichten über die Kenntnisse darlegt, welche jede Beamten-Classe besitzen muss, um dem Vaterlande genügend nützen zu können.

In der Einleitung giebt der Vf. eine Uebersicht der Erscheinungen des organischen Lebens, insbesondere des Pflanzenlebens, und hat mit vielem Erfolge die mannigfaltigen Bildungen des Pflanzenreichs auf seine Grundformen zurückzuführen versucht. Er erwähnt, wie man das Wort Natur in dreierlei Sinne nimmt: als ein Ding, eine Eigenschaft, oder eine Kraft. Als Ding bedeutet sie dasselbe wie Welt; als Eigenschaft so viel, wie das Wesen eines Dinges; als Kraft die schaffende Kraft. Hier wird Natur im ersten Sinne gemeint sein. „Wir nennen Natur den Inbegriff aller Dinge als in einer unaufhörlichen Thätigkeit, Bewegung und Leben befindlich, oder den Inbegriff von Allem als in einer unaufhörlichen Entwickelung begriffen." „Die Natur setzt zweierlei voraus: Materie und Kräfte." — „Ohnerachtet die Natur selbst ein Ganzes ausmacht, so besteht sie dennoch aus Theilen, welche jeder für sich ein Ganzes bilden, und dies in mehreren Stufen . . ." „Für eine jede dieser Stufen existirt eine Grundkraft, welche sie zu einem Ganzen, zu Systemen, ordnet und deren Theile zusammenhält. Die Natur scheint durch eine Schwungkraft, welche die Himmelskörper in Bewegung um einander herumführt, in ihrer Totalität erhalten zu werden; die Planetensysteme scheinen von der Gravitation gegen einen gemeinschaftlichen Centralkörper abzuhangen; die Weltkörper von einer geradlinigen Schwerkraft, die alles gegen ihr Centrum treibt; die Natur-

---

Organographie. Malmö, 1829—30. På C. W. K. Gleerups Förlag. 8vo. Ss. 416 et XVI. m. 4 Pl. — auch mit besonderem Titel: Växternas Organographi, af C. A. Agardh. Malmö etc. [Verdeutscht durch L. Meyer. Kopenh. 1831. — Der IIte Theil erschien übersetzt von Creplin i. J. 1833. Greifswald, Koch. 479 S. m. 1 Kpf.; auch m. d. Titel: Allg. Biologie der Pflanzen. — Vergleichende Rec. des I. Th. s. in Eschweiler's Annalen d. Gewächsk. IVtem Bd., S. 48—58.]

körper von einer Hauptkraft, die für jeden verschieden ist: die Kraft, welche die Mineralien zusammenhält, wird Cohäsion genannt; die, welche die Gewächse zusammenhält, ist ausser Cohäsion auch Saftbewegung oder das Pflanzenleben; die Thiere besitzen ausser der Cohäsion und der Bewegung der Flüssigkeiten zugleich ein sensuelles Leben. . .“ Die Naturkörper sind organische und unorganische. — Der Verf. nimmt 4 Naturreiche an, 2 unorganische und 2 organische. I. Unorganische: 1) Reich der Flüssigkeiten: Fluida mit sphärischen Molecülen; 2) Reich der Mineralien: mit eckigen oder spitzigen Molecülen. Die Aggregationsform macht den Unterschied zwischen diesen Reichen. — II. Organische Reiche: 1) Gewächsreich; 2) Thierreich.

Was die Gränzen der Naturreiche betrifft, so scheint der Vf. zu meinen, dass solche wirklich bestehen, obgleich Viele annehmen, dass es zwischen den niedrigsten Thieren und den niedrigsten Pflanzen keine bestimmbaren Gränzen gebe. Verf. sagt, dass „von den organischen Naturreichen jedes eine fortlaufende Kette von Formen, von den einfachsten bis zu den höchsten bilde; wenn sich nun bei einem Naturkörper eine Eigenschaft des andern Reiches findet, so gehört er dennoch nicht dorthin, weil sich kein Glied daselbst findet, wohin er passt. Das, was die Natur eines Naturkörpers bestimmt, ist sein Platz in der Naturkette. Die *Oscillatori*en kommen den *Conferv*en am nächsten. Diese letzteren sind Pflanzen, daher muss man die *Oscillatori*en, ungeachtet ihrer Bewegungen, als Pflanzen und nicht als Thiere betrachten.“ — „Doch giebt es unter den Algen Naturkörper, welche in gewissen Punkten ihres Lebens Thiere, in andern Pflanzen sind.“ Der Verf. bemerkt hierbei, dass, so lange man alles unter Definitionen bringen wolle, man diese doppelten Wesen in einem Zustande für Thiere, in einem andern für Pflanzen erklären müsse. — Was die sogenannte Kette der Naturwesen betrifft, so meint der Verf., dass die Natur, bei der Ausbildung ihrer Formen, aus gegebenen Elementen und mit gegebenen Kräften die grösste Mannichfaltigkeit in Formen darsustellen bezweckt habe. Er sagt, dass es zwischen den Naturwesen unendliche Abstufungen von den zusammengesetztesten Formen bis zu den einfachsten giebt. Diese Abstufung kann nicht eine einfache Reihe oder eine Kette ausmachen, sondern muss ein anastomosirendes Netz bilden, an dessen beiden Enden sich die einfachsten und die höchsten befinden. Vf. glaubt, dass man sich am besten „die Natur als 3 oder 4 auf demselben Stiele sitzende Blätter mit ihren netzförmigen Adern und ihren Zähnen und Spitze“ vorstellen könne.

Hierauf handelt der Vf. von den Unterschieden zwischen den

organischen und unorganischen Körpern. Er sagt, dass man im gewöhnlichen Sprachgebrauche Leben das innere von mechanischen und chemischen Kräften unabhängige Thätigkeitsvermögen eines Körpers verstehe. Dieses hat 3 Grade: 1. Organisches Leben, welches sowohl Thieren als Pflanzen zukommt. Man nimmt gewöhnlich an, dass es in Bewegung von Flüssigkeiten bestehe; diese Definition kann aber zu Irrthum Anlass geben. Der Verf. versteht unter organischem Leben: eine Wechselwirkung zwischen den Organen und den sie erfüllenden Flüssigkeiten; diese Wechselwirkung kann ohne merkbare Bewegung stattfinden; obgleich damit dennoch oft deutliche Bewegung der Flüssigkeiten verbunden ist. 2. Sensitives Leben, welchem das Empfinden und Wahrnehmen äusserer Eindrücke zukommt. 3. Actives Leben, welches im Begehren oder Ausdrucke von Vorstellungen durch Handeln oder Bewegung besteht. Beide letzteren Grade des Lebens gehören nur den Thieren an und machen zusammen das animalische Leben aus. Das organische Leben wirkt unaufhörlich; das animalische in Zwischenräumen. — „Die Organe für das organische Leben bei den Thieren sind alle die, durch welche die Assimilation geschieht; für das sensitive das Nervensystem; für das active Leben das Muskelsystem. Alle Organe, die dem animalischen Leben gehören, sind doppelt oder wenigstens symmetrisch; aber die dem organischen angehörenden sind es nicht. Den Pflanzen fehlt diese Symmetrie, diese Doppelheit. Die Ursache der Erscheinungen, die dem Leben angehören, wird Lebenskraft genannt; ihr Wesen ist unbekannt, wie das der andern Kräfte in der Natur; man sieht nur ihre Wirkungen, begreift aber nicht, wie sie hervorgehen können.“ — Der Verf. definirt den Organismus so: „ein lebender und mittelst Saftbewegung in dazu eingerichteten Organen sich entwickelnder Naturkörper.“ Solche Organismen sind entweder Thiere oder Pflanzen.“ Verf. sagt, dass es unmöglich sei, eine besondere Definition für die Pflanzen zu geben, weil man keine Merkmale kennt, die ausschliesslich allen Pflanzen zukommen; dass im Allgemeinen die organische Natur solche Definitionen nicht zulasse, und dass das, was das Wesen solcher Körper ausmacht, sich bei ihnen weder in allen ihren Zuständen, noch in allen ihren Formen finde.

Das Wesentliche der Pflanzen liegt in ihrem Wachsen, oder ihrem Vermögen, durch äussere Theile zuzunehmen, dagegen ein Thier schon vom Anfange an alle seine Theile bestimmt hat und nicht mit neuen vermehren kann. „Die Pflanze treibt beständig neue Theile und verlängert sich bis zu unbestimmtem Grade; in jedem Blattwinkel ist Stoff zu einer Knospe oder einem Zweige;

diese Knospe wächst in neue Blätter aus, und in deren Winkeln finden sich wieder neue Knospen, und so in's Unbestimmte fort." Es giebt hier Ausnahmen. Manche Pflanzen haben keine Knospen oder Zweige, andere haben Knospen, welche sich in Blumen und Samen verwandeln, mit denen sich die Verlängerung der Pflanze auf diesen Stellen schliesst. — Der Vf. handelt darauf die Eigenschaften ab, durch welche sich Pflanzen von Thieren unterscheiden, nämlich: das Knospen, Entwickelungsgränzen, Theilbarkeit, Abhängigkeit von Jahreszeiten, Circulationssystem, Nahrung, Ernährungs- und Respirations-Organe, Metamorphosen, Mangel an Empfindungsvermögen und Nerven, Mangel an willkührlicher Bewegung, an Muskeln und Contractilität, Vergänglichkeit der Theile, Stellung des Körpers, Hermaphroditismus, Mangel an Duplicität Bau der Organe, chemische Beschaffenheit . . . Die Thiere haben innere Respirations-Organe: Lungen; die Pflanzen äussere, nämlich Blätter. — „Ein bloss lebender Körper ist eine Pflanze." „Inneres Leben durch äussere Wechselwirkung kommt durch 2 Organe zu Stande: ein Unterhaltungsorgan: die Wurzel, und ein Athmungsorgan, das Btatt. Diese 2 sind die allgemeinen äussern Organe der Pflanze. Durch die Wurzel saugt die Pflanze Nahrung ein, diese durchläuft ihren Körper, wird von der Lebenskraft verarbeitet, in den Blättern wieder in Berührung mit der äusseren Natur gesetzt, wo sie in der Atmosphäre neue Theile aufnimmt, die den circulirenden Saft so erst assimilirbar machen." „Der Körper der Pflanze hat also ein System von Organen, wodurch die Nahrung eingesogen und zu Lymphe verarbeitet wird. Man nennt es das lymphatische System. Seine beiden Pole sind. Wurzel und Blatt. Die Nahrung aus der Erde ist Dammerde (Modererde) oder vermoderte Organismen, deren Extract von der Wurzel eingesogen wird." — Die übrigen Organe der Pflanze, die nicht zwischen Blatt und Wurzel liegen, bezwecken nur die Fortdauer dieser Pflanzenform auf der Erde. Sie sind die Blume und die Frucht. „Die Thiere verderben durch Ausathmen von Kohlensäuregas die Atmosphäre; die Pflanzen verbessern dieselbe und zerlegen die Kohlensäure; bei Nacht aber dünsten sie Kohlensäure aus, weil ihre Blätter dann im Dunkeln sind, wie die Lungen der Thiere es immer sind."

Der Gegenstand der Botanik ist zweifach: Entwickelung des Pflanzenreichs, und Entwickelung der einzelnen Pflanze. Der erstere Theil der Botanik heisst Pflanzen-Systematik, der andere Pflanzen-Physiologie. . . Die *Philosophia botanica* Linné's (*Taxonomie* De Cand.) giebt die Regeln für die Construction des Systemes an, und dieser Theil der Wissenschaft sollte nach dem Vf. naturhistorische Logik heissen. Die Terminologie (*Glossologie* De Cand.) rechnet der Vf. wegen ihrer Verknüpfung mit der Organographie und Anatomie zur Physiologie; ebendahin die Biologie oder Lehre vom Leben. Pflanzen-Chemie, Pflanzengeographie, Geschichte der Pflanzen, sind nach dem Vf. Theile der beiden obengenannten. — Nach der Eintheilung folgt das 1ste Cap.: über die Elementarorgane der Pflanzen. Voran eine Vergleichung zwischen der Organisation der Thiere und Pflanzen. Die Thiere haben ein doppeltes System von Organen, das vegetabilische und das animalische; beide haben einen nach innen gehenden oder receptiven und einen nach aussen gehenden oder activen Zweig, und jedes hat sein Centrum. Das uach innen gehende vegetabilische System ist das lymphatische, nach dem Vf. mit Einschlusse des Venensystems; es führt Ernährungstheilchen zum gemeinschaftlichen Centrum, der Lunge; das nach aussen gehende sind die Pulsadern, welche Nahrung nach allen Theilen des Körpers führen. Der nach innen gehende Zweig des animalischen ist das Nervensystem, sein Centrum das Gehirn; der nach aussen gehende Zweig das Muskelsystem . . . Die Pflanzen haben nur das vegetabilische System. Mit den Wurzeln saugen sie den Humusauszug auf. Dieser durchläuft den Körper, um zu den Blättern zu steigen, wie „der Chylus des Thieres zu den Lungen geht;" in den Blättern empfängt er Zusatz einer Luftart, wie in den Lungen des Thieres.

Der Verf. sagt, dass wenn man die organisch-chemische Natur der verschiedenen Substanzen untersuche, woraus der Organismus der Pflanzen besteht, man 3 Substanzen finde: den organischen Schleim, die Membran und den körnigen Stoff („Körnerstoff"). — Der Schleim ist das Organ, worin alle Theile der Pflanze sich bilden; er saugt Wasser ein, erhärtet durch Verlust von Wasser, besitzt grosse Elasticität. Die organische Membran ist einförmig; sie macht ein geschlossenes Ganze aus; ist geschlossen in Form eines kleinen Schlauches, welchen man Zelle, Röhre oder Gefäss genannt hat; sie saugt Wasser ein; die Einsaugung ist aber anders als bei dem Schleime, welcher dadurch räumlich vermehrt wird, während die Membran es nur hindurch lässt: sie ist nicht elastisch. Das organische körnige Wesen (sogen. Chlorophyll) ist der grüne Stoff in den Pflanzen; er besteht aus sehr kleinen, sphärischen, nur unter dem Mikroskope sichtbaren Körnchen. Die Chemiker haben sie für eine Art Wachs gehalten; sie finden sich auch im Innern der Pflanzen, sind dort aber weniger grün. Sie befinden sich in den vollkommneren Organen in einer bestimmten Ordnung. Sie scheinen aus einer dünnen Membran und einer eingeschlossenen Materie, welche Wasser nicht anzunehmen scheint, zu bestehen. — Der Verf. bemerkt, dass man bei Vergleichung der Elementarorgane der Pflanzen mit denen der Thiere finde, dass die Schläuche der Pflanzen (Zellgewebe und Gefässe), als permeabel, dem Adersysteme, und der Schleim, der bei den vollkommneren. Pflanzen eine bestimmte Form annimmt, dem Zellgewebe der Thiere (*tela cellulosa*) entsprechen. Dutrochet glaubt, dass die Körnersubstanz ein anfangendes Nervensystem sei. — Die 3 Elementarorgane zeigen sich am besten bei den Algen.

„Die Schläuche bilden die Masse des Gewächses. Die Körnchen sind ein Bekleidungsmittel und der Schleim ein Bindemittel. — Die Schläuche machen das Formbestimmende bei den Pflanzen aus.“ Ihre ursprüngliche Form ist „ein Ellipsoid in allen Graden von der Kugel bis zum ausgezogensten Cylinder mit abgerundeten Enden.“ Sie entstehen im Schleime, welcher nach den Schläuchen Form annimmt. Anfänglich sind sie klein, punkt- oder linienförmig, wo der Schleim das Meiste der Masse ausmacht. Das Wachsen der Pflanzen besteht im Auswachsen der Schläuche [vgl. hiergegen Mirbel's neuere Untersuchungen an *Marchantia polymorpha* und über Entstehung neuer Zellen: in *Mém. du Mus. d'hist. nat.*, *Annal. des Sc. nat.* 1832.]; sie drängen sich dadurch an einander, werden kantig und verdrängen den Schleim zwischen sich. Wenn die Schläuche ausgewachsen sind, so ist der Schleim im Zwischenraume auch erhärtet und ein besonderes Organ geworden, welches eine fadenartige zusammenhängende Substanz ausmacht, die durch die ganze Pflanze geht und Communication zwischen Theilen der Pflanze erhält, wie das Schleimgewebe (tela cellulosa) bei den Thieren, welche beiden Organe analog zu sein scheinen. Die Schläuche sind im ausgewachsenen Zustande mit diesem Organe, welches der Verf. Zwischensubstanz nennt, zusammengewachsen.“ — „Die Pflanzen sind also aus kleinen, freien, aber zusammengedrängten oder verwachsenen Schläuchen verschiedener Formen zusammengesetzt, inwendig mit einer körnigen Materie, auch von verschiedenen Formen, versehen, wodurch in den besondern Organen der Pflanzen verschiedene Functionen verrichtet werden.“ — Der Verf. erwähnt, dass man viele Arten von Schläuchen (*utriculi*) bei den Pflanzen unterschieden habe; er selbst betrachtet sie nur als verschiedene Entwickelungsgrade eines einzigen Grundorganes, der ellipsoidischen Membran. Die Schläuche streben indess, sich zu gewissen bestimmten Formen auszubilden, deren hauptsächlich 3 sind: Zellen, Baströhren und Gefässe. Verf. erinnert dabei, dass es keine Gränze zwischen ihnen giebt. Diese Formen werden nun ausführlich beschrieben. Die Zellen unterscheiden sich durch ihre der Kugel oder dem Ellipsoide sich nähernde Figur, also dadurch, dass die Länge die Breite wenig übersteigt. Der Vf. nimmt 4 Arten Zellgewebe an: 1) longitudinales-Zellgewebe, 2) transversales Z., 3) unbestimmtes und 4) zusammengedrängtes Zellgewebe. — Die Zellen enthalten im lebenden Zustande gewiss eine Flüssigkeit; sie ist im Allgemeinen klar und durchsichtig. Sie darf nicht mit dem eigenthümlichen Safte, der sich in gewissen Organen findet, verwechselt werden. Der Zellensaft ist von verschiedener Consistenz, wässeriger in der Nähe der Wurzel, dicker weiter davon. Im Frühjahre ist er häufig und am wässerigsten. Der Zellensaft enthält auch folgende festen Körper: 1) Ungefärbte Körper, welche *fecula* genannt werden, wenn sie in Menge und abgesondert vorhanden sind; sie sind für chemischen Niederschlag angesehen worden, weil man sie meistens aus Stärkemehl bestehend fand, seltener aus Schleim und holzartiger Substanz. Sie sind am häufigsten in Samen und in Wurzelknollen, minder häufig im Stamme. 2) Die grünen Körnchen (grünes Satzmehl, Chlorophyll, *chromule* De Cand., harziger Farbestoff Link's); sie finden sich in den grünen Zellen der Pflanzen und verursachen ihre grüne Farbe; in gewissen Theilen findet man sie unregelmässig. Berzelius hält ihn für wachsartig, Link, Sprengel und De Candolle für harzig. Er findet sich am meisten entwickelt bei den Algen. Der Verf. glaubt gefunden zu haben, dass sie nicht Niederschläge, sondern wirkliche Organe sind, deren Stellung wichtig ist; wenn sie bei den *Charae*, den *Vaucheriae* und *Zygnemata* verschoben werden, so stirbt die Membran sogleich. Diese Stellung ist auch Bedingung für die Saftbewegung bei den *Char*en, denn die Flüssigkeit bewegt sich in der schiefen Richtung, wonach die Körner gestellt sind [vgl. dagegen Varley und Slack in Botan. Zeit. 1834, I: Beiblätt.; daraus auch in *Annal. des Scienc. nat.* 1834: II. *Bot.*: *Juill.*]. Sie bestehen aus einer Membran, die eine grüne Feuchtigkeit einschliesst. Je grösser die Körner werden, desto mehr wird die eingeschlossene grüne Flüssigkeit verdünnt, und desto ähnlicher werden sie den Zellen. Der Verf. zeigt, dass der einfachste Inhalt der Zellen Saft ist, dass dieser Inhalt in ungefärbte Körner übergeht, dass diese wieder sich in grüne Körner verwandeln können, welche in niedrigeren Formen ohne Ordnung zerstreut sind, in höheren aber eine bestimmte Stellung erhalten und nothwendige Organe werden. 3) Krystallinische Körper (*raphides* De Cand.). Der Verf. hat sie nur in den Zellen und den Milchzellen gefunden.

Milchzellen. „Milchartige Säfte der Pflanzen wurden seit den ältesten Zeiten bemerkt." Malpighi glaubte entdeckt zu haben, dass sie in Gefässen eingeschlossen wären, die er eigenthümliche Gefässe (*vasa propria*) nannte. Grew hielt sie für Gänge oder Canäle (*lymphaeductus*). Link, Treviranus und Sprengel läugneten die Existenz solcher Gefässe, sie hielten die Milchgänge oder Milchröhren für gleicher Classe mit den Gängen der übrigen Säfte (z. B. für Harz, Gummi u. s. w.) und glaubten also, dass der Saft theils in freien Räumen (*lacunae*), deren Wände aus Zellen bestehen, theils in Intercellulargängen fortgeführt werde; bis Moldenhawer d. j. zeigte, dass man zweierlei Organe vermengt habe: Saftzellen oder Schläuche mit eigener Membran, die milchartige Säfte führen, und Saftgänge oder Aushöhlungen im Zellgewebe, welche andere z. B. harzige Säfte enthalten. C. H. Schultz glaubte in den ersteren eine eigene Circulation, nach Art der des Blutes im Thierkörper, entdeckt zu haben.

Die Zellensysteme machen zusammenhängende Massen aus; sie sind von zweierlei Art: die grösseren Zellensysteme, welche Schichten in den Pflanzen ausmachen, bestehen in den beiden inneren Zellenschichten der Blätter, der Oberhaut, der äussern Rinde, dem Marke und den Markstrahlen; die kleineren Zellensysteme liegen in den grossen Schichten eingebettet, und sind Saftgänge, Drüsen, Haare, Einsaugungswärzchen, Luftgänge, Rindenöffnungen und Hautöffnungen. — Saftgänge unterscheiden sich von den Saftzellen dadurch, dass sie nicht von einer eigenen untheilbaren Membran, sondern von einem verdichteten Zellgewebe umgeben sind. Von den Drüsen unterscheiden sie sich durch den grösseren zusammenhängenden Raum. — Drüsen, *glandulae*, werden solche Zusammenhäufungen von Zellen genannt, die da Säfte absondern, ohne darum eine grössere Höhlung zu enthalten: Sie befinden sich besonders an der Oberfläche der Pflanzen. — Haare sind faden- oder kegelförmige Auswüchse; sie enden oft mit einer Drüse an der Spitze, oder gehen zuweilen von einer Drüse aus; sie bestehen aus Zellen. Die zusammengesetzteren Formen der Haare entstehen aus mehreren Reihen von Zellen, sie heissen dann Borsten, Stacheln und Schuppen. Ihr Zweck dürfte nach den Pflanzentheilen verschieden sein; die der Wurzel dienen gewiss zur Einsaugung; zuweilen sind es Absonderungsorgane, z. B. die drüsentragenden. — Einsaugungswärzchen (*spongiolae* De Cand., *papillae* Link) finden sich nur auf der Wurzel, auf Samen, aufdem Pistill und bilden dessen Narbe oder stigma; sie saugen Säfte ein; die des Pistills empfangen die befruchtende Feuchtigkeit, schwitzen aber auch eine Feuchtigkeit aus. — **Luftlacunen** nennt man von Zellen eingeschlossene mit Luft erfüllte Räume; sie sind normale Bildungen. — **Rindenöffnungen** finden sich an den jüngeren Zweigen der meisten Bäume; es sind kleine ablange, punktähnliche, auf der Rinde zerstreute Flecken (*glandes lenticulaires* Guettard, *pores corticaux* Du Petit-Thouars, *lenticelles* DC.). Der Vf. hält sie für eine Art Luftlacunen oder eine blosse Modification der Hautöffnungen. Sie finden sich auch im Innern der Rinde. **Hautöffnungen** (*spiracula* Hedw., *stomata epidermidis* Lk.), sind ablange, organisehe Oeffnungen in der Oberhaut, umgeben von 2 halbelliptischen oder mondförmigen Zellen, wodurch sie sich schliessen oder öffnen. Sie finden sich gewöhnlich auf der Oberhaut der Blätter, besonders der Unterseite, und an Theilen, die mehr oder minder Modificationen der Blätter sind, wie Cotyledonen, Kelchblätter, Blumenblätter und Fruchtklappen.

Die Zellensysteme bilden sonach 2 Classen: eine, die Saftzellen („Saftlacunen") oder Drüsen und ihre Modificationen enthält; die andere Luftlacunen und ihre Abänderungen enthaltend.

Baströhren. An mehreren Stellen in der Pflanze, am sichersten in den innern Lagen der Rinde oder dem Baste, der zu Fäden und Flechtwerk benutzt wird, findet sich eine andere Art Elementarorgane: die Baströhren (*fistulae ligneae* Malpighi, langgestreckte Zellen Rudolphi's, Fasergefässe Lk., Fasern Trevir., *petits tubes* Mirbel). Es sind die Schläuche, deren Länge ihre Breite weit übertrifft, mit schiefem oder spitzigem Grunde, und in deren Membran sich nicht körniger Stoff zum bestimmten Organe entwickelt. Sie sind zweierlei Art: die kürzeren und die viel längeren. Die **kurzen** sind zweierlei: 1) ellipsoidische, 2) spindelförmige Baströhren (*tubi fusiformes*, *clostres* Dutrochet). Der sehr **langen** sind auch zweierlei: 3) die faserartigen, 4) die fadenartigen Baströhren. „Die Baströhren bilden im Stamme theils die ganze Bastschicht oder die innere Rinde; theils den grössten Theil des Holzes mit Ausnahme der Gefässe, deren Bündel sie umgeben, und in den blattartigen Theilen begleiten sie die Gefässe überall."

Gefässe (*vasa*) „sind die höchste Ausbildung der geschlossenen Membran der Pflanzen; sie sind cylindrische, röhrenförmige Schläuche, deren Membranen inwendig mit Configurationen des körnigen Wesens versehen sind. Sie unterscheiden sich von den Baströhren durch weiteren Durchmesser und die bestimmte Configuration des körnigen Stoffes, die entweder in Form von Punkten oder parallelen oder spiralförmigen Queerstreifen erscheint. Sie sind an den Enden immer geschlossen mehrentheils abgerundet, und von verschiedener Länge; immer einfach; kommen in allen Theilen der Pflanze, Rinde und Mark ausgenommen, vor. Sie finden sich bei allen vollkommenen Pflanzen, auch bei einigen Moosen (z. B. *Sphagnum* [Vgl. aber Meyen: Phytotomie S. 160 f.]). Sie liegen gewöhnlich nur zu wenigen zusammen in jedem Bündel, welches von zahlreichen Baströhren umgeben wird. Bei den meisten *Cryptocotyledon*en und einigen wenigen *Dicotyledon*en liegen die Bündel zerstreut im Stengel; bei den meisten *Dicotyledon*en sind sie in concentrische Ringe gestellt. Die Bündel, nicht die Gefässe, verzweigen sich, um entweder Zweige der Pflanze, oder eine grössere Oberfläche, z. B. in den Blättern, zu bilden." — Hauptformen der Gefässe kann man 4 annehmen: 1) punktirte Gefässe, 2) Treppengefässe, 3) Spiralgefässe, 4) Ringgefässe. — 1) Punktirte Gefässe (*tubes poreux, t. criblés* Mirbel, *vaisseaux ponctués* DC., getüpfelte Gefässe Trev., poröse Gefässe Kieser's) zeichnen sich durch Punkte aus; die über die ganze Membran des Gefässes in dichten parallelen Linien stehen. Der Verf. hält dafür, dass diese Punkte Körnchen derselben Art sind, wie sie in den Zellen sich finden, hier aber mehr in einer gewissen Ordnung in den Membranen befestigt; er bemerkt, dass, da man Gefässe in Baströhren übergehen sieht, die Punkte in beiden gleicher Art sein müssen. Diese Gefässe sind die grössten von allen; sie finden sich nur im Holze des Stammes und der Wurzel. Verf. meint, dass punktirte Gefässe nur höhere Evolutionen von Baströhren sind. — 2) Treppengefässe (*fausses trachées* Mirb., *vaisseaux rayés* DC., Treppengefässe, *vasa scalaria*) sind Gefässe mit parallelen Queerstreifen in der Membran. Man sieht Zwischenformen von punktirten- und Treppen-Gefässen, daher Treppengefässe nur solche punktirte G. sind, in denen die Punkte zu Streifen zusammengeflossen sind. Der Queerstreifen ist sonach von gleicher Natur wie die Punkte, also eine modificirte Körnersubstanz. Sie finden sich im Holze des Stammes und der Wurzel. Der Vf. bemerkt, dass man wohl die punktirten G., die Treppen-Gefässe und die unabrollbaren Spiralgefässe zu einer Classe vereinigen könnte. — 3) Unabrollbare Spiralgefässe: sind Gefässe mit deutlicher Membran, in welcher ein Queerstreifen in der Spirale steht; in den Treppengefässen ist der Queerstreifen zirkelförmig; sie befinden sich besonders in der Wurzel und am öftersten in saftigen Wurzeln, dagegen die Treppengefässe öfter im Holze des Stammes sich finden. Link bildet daraus nur eine besondere Art, die geringelten Gefässe. — Abrollbare oder eigentliche Spiralgefässe (*trachea* Malp., *vasa spiralia* Auct., *vasa pneumatochymifera* Hedw.,) „sind Gefässe, die durch Windung von einer oder mehreren Fasern in Spirale, wodurch Ringe entstehen, die über einander liegend einen hohlen Cylinder darstellen, gebildet sind. Man. hat viel über die Natur dieser Gefässe gestritten. Die Hauptsache ist, zu wissen, ob nicht der Cylinder des Gefässes ausser der Windung der Spiralfaser durch eine Membran gebildet wird. Die meisten Autoren stimmen jetzt darin überein, dass es keine solche Membran gebe" (?). Nach Kieser ist die einzelne Faser rund, nach De Candolle flach, nach Grew und Hedwig ist sie hohl. „Sie ist elastisch, solid und saugt Wasser ein. Diese Gefässe sind an bestimmten Stellen, nämlich nur in dem Ringe zunächst dem Marke, oder im Markcylinder, nirgends anderswo im Stamme; im Blatte machen sie das Innerste der Nerven oder die Axe aus, und daher in allen den Theilen, die vom jungen Stengel oder den Blättern herstammen, z. B. im Kelche und Blumenblättern, in Staubfäden (ausser den Antheren und dem Pollen) und Pistillen, in Theilen der Frucht." „Die Spiralgefässe sind die feinsten oder kleinsten dem Durchmesser nach, nur bei einigen Cryptocotyledonen sind sie sehr gross, z. B. bei den Gattungen *Musa*, *Hedychium* u. a." — Der Vf. meint, „die abrollbaren Spiralgefässen seien eine solche Evolution der unabrollbaren, worin der Körnerstreifen zur Faser erhärtet und die Membran obliterirt sei." — 4) Ringgefässe unterscheiden sich von Spiralgefässen dadurch, dass die Ringe statt einer fortlaufenden Spirale hier geschlossene Zirkel sind. Die Membran fehlt ihnen, die Ringe liegen oft von einander entfernt. Der Vf. glaubt, dass sie kaum für normale Gefässe gelten können. Sie verhalten sich zu den Treppengefässen, wie sich die abrollbaren Spiralgefässe zu den unabrollbaren verhalten. - Die halsbandförmigen Gefässe (*vasa moniliformia* Lk.) sind nach des Verf. Meinung unbedeutende Abänderungen „von Treppengefässen oder punktirten Gefässen oder abrollbaren Gefässen." Sie finden sich vorzüglich in fleischigen Wurzeln.

Der Verf. spricht darauf von den Metamorphosen der Gefässe und bemerkt, dass die meisten Autoren die Gefässe nur für Verwandlungen von einander ansehen, auf die Art nämlich, dass sie immer anfänglich abrollbare Spiralgefässe seien, nachher zu unabrollbaren, dann zu Treppengefässen und endlich zu punktirten Gefässen werden. — Vf. ist der Meinung, dass eine höhere Form sich durch eine leichte Abänderung einer niedrigeren ausbildet, „dass die höhere Form die niedrigere durchläuft, nicht um als solche zu verharren und zu fungiren, sondern weil sie ein fast geometrisches Mittelglied zwischen der ursprünglichen und der, wohin sie strebt, ist. — Der Vf. nimmt an, dass es eigentlich nur

2 Classen von Gefässen gebe, nämlich die membranösen, in welchen die Membran immer bemerkbar und organisch ist, und die fasernbildenden, in denen die Membran obliterirt worden und der körnige Stoff sich dafür zur Festigkeit entwickelt habe und Faser geworden sei; Vf. habe nur die alte Eintheilung angenommen um seinen Vorgängern folgen und ihre Bestimmungen unterscheiden zu können. Zu den membranösen gehören: die punktirten, die Treppen- und die abrollbaren Spiral-Gefässe. Diese unterscheiden sich unter einander durch die Stellung des Körnerstoffs in der Membran; die Nüancen hierin seien so mannichfaltig, dass sich keine Gränze zwischen ihnen ziehen lasse. Sie finden sich nur „in der Wurzel und in den von ihr herstammenden Theilen," niemals in Blättern oder den damit gleichartigen Theilen. Die faserbildenden Gefässe bestehen aus den abrollbaren Spiralgefässen und den Ringgefässen. Sie finden sich nur „in den Blättern und den von Blättern herstammenden Theilen, aber nie in der Wurzel oder dem eigentlichen Holze," also niemals in denselben Theilen mit den 3 vorhergehenden Formen.

Hierauf wird von den Verrichtungen der Gefässe gehandelt. — Viele Autoren nehmen an, dass die Gefässe Flüssigkeit führen, noch mehrere haben angenommen, dass sie Luft führen. — Der Vf. erinnert, dass man hier zwischen 2 Classen von Gefässen unterscheiden müsse. Die eigentlichen Spiralgefässe, welche in solchen Theilen entstehen, die in naher Berührung mit Luft und Licht sind, können nicht dieselbe Function haben wie die membranösen, welche sich nur in der Wurzel oder im Holze, die immer feucht sind, finden." — Der Verf. meint, „dass die Baströhren auch in Betrachtung kommen müssen, dass in Nadelhölzern sich sehr wenig Gefässe befinden und dass die häufige Feuchtigkeit daher bei ihnen in den Baströhren aufsteigen müsse." „Das, was bei diesen die Verrichtung der Baströhren ist, muss es auch bei den übrigen Pflanzen sein. Die zwischen ihnen liegenden membranösen Gefasse, sind mehr organisch zusammengesetzt. Sie scheinen demnach beide dazu bestimmt, Säfte zu empfangen und zu verarbeiten." Von den Spiralgefässen glaubt der Verf. nicht, dass sie Flüssigkeiten führen; er nimmt an, dass in ihnen sich elastischere Stoffe befinden, weil sie nämlich sich nicht durch die ganze Pflanze in ihren von rohen Säften gefüllten Theilen finden, weil sie in den zur Athmung bestimmten Theilen, den Blättern, angehäuft sind, und wegen ihrer elastischen Spiralfasern. (Man hat auch geglaubt, dass die Spiralgefässe den übrigen Gefässen zur Stütze bestimmt wären.)

Der Verf. theilt seine Ansicht über die Zusammensetzung der

Pflanze mit: „die Pflanzenelemente sind ursprünglich, was sie nachher verbleiben: geschlossene Schläuche.“ „Sie entstehen nicht in einem Medium von Luft, sondern von Schleim, der anfänglich flüssig ist, in die offenen Zwischenräume gedrängt wird und zu einem festen Organe erhärtet, das die Schläuche verbindet.“ „Da sich überall Zwischenraum findet, so geht dieses Schleimorgan durch die ganze Pflanze und bildet das Cement und die Communication des Ganzen, nicht durch eine sich darin bewegende Flüssigkeit, sondern durch seine von keinen Scheidewänden unterbrochene hygrometrische (hygrophila) Substanz.“ „Die Schläuche sind jedoch Organe jedes für sich und haben also selbst Organe (Membranen und Körnchen). Sie haben 3 Entwickelungsstufen: Zellen, Röhren und Gefässe,“ welche in der Pflanze eine nothwendige und bestimmte Stellung annehmen, woraus auch eine nothwendige und bestimmte äussere Form hervorgeht. — Verf. sagt, „dass man also hieraus sieht, wie jede Pflanze in ihrem Innern eine Vegetation, eine kleine besondere Welt von Pflänzchen enthält, die sich jedes für sich entwickeln, aber durch uns unbekannte Gesetze gezwungen werden, zugleich zu wachsen und sich so zu stellen, dass das Ganze dadurch eine äussere unumgänglich bestimmte Form erhält.“ Der Vf. erinnert daran, dass es im Thierreiche entsprechende Erscheinungen gehe: ein Bienenschwarm besteht aus dreierlei Bienen derselben Grundform, aber in 3 Entwickelungsgraden, wie die Schläuche in der Pflanze; sie bilden jede für sich Individuen, sind aber gezwungen, für ein einziges künstlich zusammengesetztes Ganze zu arbeiten, und, so wenig einer der Schläuche der Pflanze einzeln für sich existiren kann, so wenig kann die Biene einzeln existiren, obgleich sie ein Thier für sich ist.“ Diese Zusammenhaltungskraft bei den Thieren wird Instinct genannt, und ist ein Phänomen „das wir nicht begreifen.“ Die Tendenz der Organe, ungeachtet ihres Für-sich-wachsens dennoch zur Bildung eines bestimmten Ganzen zusammenzuhalten, wird Polarität genannt, welche einige neuere Naturforscher nicht eigentlich als das Verhältniss eines Organs zum Ganzen, sondern als das Verhältniss eines Organs zum andern erklärt haben, — eine Kraft, die darin besteht, dass eine Bildung nothwendig eine andere Bildung in ihrer Nähe voraussetzt, oder darin, dass die eine Bildung die Stellung der angränzenden bestimmt.“ — Der Vf. führt Beweise für das Dasein einer solchen Kraft an und bemerkt, dass die Kraft, die man unter dem Namen der Polarität zur Erklärung organischer Bildungen angewandt hat, nicht mit der Polarität in der unorganischen Natur einerlei ist.

Im zweiten Cap. handelt der Verf. die ersten Entwickelungsgrade der Pflanzen ab. Er bemerkt, dass die Zoologie und die Botanik nicht auf einerlei Weise behandelt werden können. Linné gründete sein Thiersystem auf vergleichende Anatomie, sein Pflanzensystem aber auf Metamorphosen, gewiss mit Recht. Der Vf. gründet seine Behandlung der Physiologie auf die Entwickelung der Pflanze, genetisch, nicht descriptiv; vom Samen ausgehend, dem Wachsthume folgend, bis wieder Samen entsteht. — Er zählt 3 Lebensperioden der Pflanze: Entwickelung der Samenlappen (*cotyledones*), der Blätter und der Blume oder Frucht. Die Dauer der Cotyledonen wird in 3 Perioden getheilt, das Reifen, das Keimen und das Cotyledonen-Leben. Zum Keimen werden erfordert: Wasser, Sauerstoffgas, Wärme und Schatten. — Man hat die höheren Pflanzen in Dicotyledonen und Monocotyledonen getheilt. Der Vf. meint, dass die Monocotyledonen nur constante Variationen der Dicotyledonen-Form seien, wie aus Abweichungen erhelle. Die Samenlappen fehlen nämlich z. B. bei den dicotyl. Gattungen *Tropaeolum*, *Cuscuta*, *Lecythis* und *Orobanche*, und zwar, weil sie unentwickelt, nur in Form einer fleischigen Masse verwachsen sind. Bei *Trapa* ist ein Samenlappe grösser als der andere, nur ein einziger findet sich bei *Cyclamen* und bei *Bunium Bulbocastanum*. 4 Samenlappen finden sich bei *Ceratophyllum* und bei *Lepidium* ist jeder von beiden dreiblättrig [vgl. Bernhardi: über die merkwürdigsten Verschiedenheiten des entwickelten Pflanzen-Embryo &c. in: Linnaea, VII. 1832. H. 5. S. 561 ff. m. Kpft.]. — Syncotyledonen hat der Vf. die *Liliaceae*, die *Najades*, *Nymphaeaceae*, *Palmae*, *Aroideae* und *Scitamineae* genannt: sie haben ihre Samenlappen in eine einzige fleischige Masse verwachsen, die im Samen zurückbleibt, und Rostellum und Plumula oder wenigstens eins von beiden in dieser Masse eingeschlossen. — Wie es unter den Dicotyledonen Ausnahmen oder Syncotyledonen giebt, so giebt es unter den Syncotyledonen Pflanzen mit zweilappiger Cotyledo: die Gattungen *Nymphaea*, *Zostera*, die *Cycadeae*, und mit freier Plumula: *Zostera*, *Ruppia*, *Aroideae*, *Typhoideae*. — Die Gräser haben einen Samenlappen; der Mangel des andern ist nach des Verf. Meinung nur ein Fehlschlagen (abortus) desselben; bei einigen Arten unterscheidet man diesen andern: in den Gattungen *Lolium*, *Aegilops*, *Hordeum*, *Avena*. Vf. meint, dass nur Gräser die Pflanzen sind, die man *Monocotyledonen* nennen könne. Die Mono- und Syncotyledonen, oder die Gräser, Lilien, Palmen &c. nennt der Vf. *Cryptocotyledoneae* (*Endorrhizes* Richard, *Monocotyledoneae* Linn., Juss, *Endogenae* DC.). — Die *Dicotyledonen* (*Exorrhizes* Rich., *Exogenae* DC.) bedeuten nach Agardh nicht den Gegensatz der Cryptocotyledonen, sondern eine deutlichere und mehr entwickelte Form derselben. Es giebt bei den *Dicotyl.* auch einige normale Abweichungen: bei den Nadelhölzern kommen öfters mehr als zwei Samenlappen vor; bei den *Vicieae* sind 2 unentwickelte auch normal. — Die *Cryptogamae* nennt Jussieu *Acotyledoneae*, Beauvois *Aéthéogames* [ἀήθης, ungewohnt], Necker *Agamae*, Gärtner *Aphroditae*. Ihre in der Frucht eingeschlossenen sog. Samen haben nach der grossen Verschiedenheit ihrer inneren Bildung besondere Namen erhalten, als *propagula*, *gongyli*, *sporae*, *sporulae*, *sporidia*.

Die sogen. *generatio aequivoca*, *spontanea* oder *originaria* nimmt der Vf. als bei den unteren Organismen stattfindend an.

Der Verf. entwickelt darauf seine Meinung über die Metamorphose der Pflanzen, oder ihren Uebergang aus einer Pflanzenform in die andere, z. B. von Algen (Conferven) zu Moosen, von Nostochien, welche Algen sind, zu den *Collemata* unter den Flechten. Er nimmt sie aber nur bei den niederen Pflanzen an und erklärt sie so, dass der vorangehende Zustand nur ein Cotyledonar-Zustand der Pflanzen, zu welchen das Naturwesen übergehe, sei. — Göthe verstand unter „Metamorphose der Pflanzen" ihre Evolution, die Metamorphose ihrer Theile.

Im dritten Cap. handelt der Verf. von der zweiten Entwickelungsstufe der Pflanzen, von der Plumula (die das Resultat des ersten Vegetationsactes war,) an bis zur grossen Pflanze, mit den Knospen schliessend. Er geht die verschiedenen Theile dieser 2ten Stufe durch, als: Blätter, Stamm, Wurzel, Knospen mit ihren verschiedenen Abänderungen und Zuständen. — Das Blatt besteht aus 5 Schichten (Lagern): 1) dem Nervenlager, 2), 3) den beiden innern Zellenschichten, 4), 5) den beiden Blatthaut-Oberflächen. — 1) Das Nervenlager besteht aus einem oder mehreren einfachen oder ästigen Nerven, die in einem Stamme aus dem Innern zu kommen scheinen; „ihr unverzweigter Theil an einem Blatte, dessen Nerven sich nachher verzweiget, wird Blattstiel (*petiolus*) genannt, wenn er von Zellgewebe umkleidet ist." Die Nerven „bestehen aus Spiralgefässen, die in einem Bündel dicht beisammen liegen und gleichsam von einer Scheide von Baströhren umgeben werden. 2), 3) Das Zellenlager breitet sich horizontal auf beiden Seiten der Nervenäste aus und verbindet sie zu einem Blatte; es besteht aus zwei übereinander liegenden Schichten. 4), 5) Von der Blatthaut hat die obere Fläche weniger Hautöffnungen als die untere, oft keine. — Der Stamm „entsteht dadurch, dass die Plumula auswächst, wodurch seine Länge —, und dass jährlich sich eine neue Schicht innerhalb seiner Masse bildet, wodurch seine Dicke bestimmt wird. Er besteht in seiner höchsten

Entwickelung aus 6 concentrischen Lagen: der Oberhaut, der äusseren Rinde, der innern Rinde, dem Holze, dem Markcylinder und dem Marke. 1) Rindenhaut. Anfänglich findet man am Stamme keine Rindenhaut, nur Blatthaut; durch das Wachsen des Baumes in die Dicke zerspringt, vertrocknet und verschwindet die Blatthaut; die darunter befindliche Zellenschicht kommt dann in Berührung mit der Luft, wird grau und braun und bekommt das Ansehen der Rinde. Die Rindenhaut ist daher ein späteres Erzeugniss. „Diese Entstehung geht langsam vor sich, so dass mehrere Schichten allmählig in Rindenhaut übergehen können. An der Birke hat man bis 15 solche Häute gezählt.“ „Die Rindenöffnungen sind Modificationen der Luftlacunen der Rinde.“ — 2) Die Aussenrinde „besteht aus Zellgewebe, welches im jüngern Zustande der Rinde grün ist, im Alter derselben aber wird es braun.“ — 3) Die innere Rinde oder der Bast (*liber*) „ist die innere Schicht der Rinde, die sich jährlich vom Holze löset, indem sich eine neue Schicht innen anlegt; hierdurch nimmt die Dicke der Rinde zu.“ Sie besteht nur aus Baströhren, welche durch ihre Länge, Feinheit oder Stärke als Flachs etc. brauchbar werden. Ueber ihre Entstehungsweise ist viel gestritten worden. Der Vf. sagt, dass man in neuern Zeiten Tonge's Meinung angenommen, wonach aus dem Baste und Splinte eine klebriger Saft (*Cambium* Grew) ausschwitzt, aus welchem sowohl Bast als Holz entstehen. — 4) Das Holz (*lignum*), besteht meist aus Baströhren mit eingestreuten Bündeln membranöser Gefässe; man hat es in den Splint (*alburnum, l' aubier*), von lichterer Farbe und minderer Festigkeit, und den Kern (*lignum, duramen* Dutr.) getheilt. Dieser Unterschied sei unbedeutend und hange nur vom Alter ab. „Die concentrischen Lagen, Saftringe oder Jahresringe, deren jährlich eine entsteht, sollen jede aus 2 Schichten bestehn, einer härteren und einer weicheren, und diese durch das zweimalige Aufsteigen des Saftes im Jahre, im Frühjahre und im Juli oder August, verursacht werden.“ „Die Jahresringe sind desto deutlicher, je stärker der Gegensatz zwischen den Jahreszeiten ist.“ — 5) Der Markcylinder „ist die innerste Schicht um das Mark;“ sie ist anfänglich grün, enthält Spiralgefässe, die man in den übrigen Schichten nicht findet. 6) Das Mark besteht nur aus Zellen, die mit den Spiralgefässen parallel liegen, und ist anfänglich grün; wenn es älter wird, so wird es weiss oder braun, saftig, schwammig, mit grossen deutlichen Zellen. Sein Durchmesser bleibt unverändert, wenn auch seine Zellen verhärten und holzig werden. — 7) Die Markstrahlen (*radii medullares, vasa horizontalia* Leeuwenh., Spiegelfasern Medicus) „sind Reihen von

Zellen, die von der Aussenrinde horizontal bis in's Innere des Holzes gehen."

Hierauf wird von der Natur der Wurzeln und der Knospen gehandelt, von Stärke und Dauer des Stammes und der Wurzel, und vom Alter der Bäume. Im 4ten Cap. über Blumenbildung oder den dritten Entwickelungsgrad der Pflanzen. Im 5ten vom vierten Entwickelungsgrade oder der Bildung der Frucht, mit ihren verschiedenen Theilen und Verhältnissen.

Im 6ten Cap. folgt ein Ueberblick der Pflanzen-Metamorphose. Der Verf. nimmt sie als zweifach an: collateral und aufsteigend. „Die collaterale M. zeigt sich bei verschiedenen Organismen, wenn die nämlichen Organe eine veränderte oder modificirte Form und Function erhalten; z. B., die Beine der Säugethiere werden Flügel bei den Fischen." Diese Metamorphose hat 2 Stufen: nüancirte, wenn Form und Function bleiben aber modificirt werden, wie bei jeder Verschiedenheit zwischen 2 verwandten Species, z. B. in Blättern; und maskirte oder verborgene, wenn sowohl Form als Function bedeutend verändert werden, wie Beine, Flügel &c. im obigen Beispiele; die erstere existirt im Pflanzenreiche; beide im Thierreiche. „Die aufsteigende Metamorphose zeigt sich darin, dass Theile der nämlichen Art, die bei demselben Organismus in einer späteren Periode hervorkommen, eine veränderte Gestalt erhalten, z. B. die Blätter der Pflanzen werden anders als die Samenlappen, Blüthenhülle und Kelch anders als die Blätter, alle sind jedoch Blätter, die nur in verschiedenen Perioden des Lebens in der Pflanze erscheinen." Die Organismen, die auf der Erde einander nachfolgen, haben immer die Form der vergangenen. Den Grund dieser Uebereinstimmung leitet man von 2 Kräften her: die eine, bei jedem Organismus, in sich einen neuen Rudimentar-Organismus hervorzubringen: Propagationskraft; die andere, eine Kraft in diesem rudimentarischen Organismus, sich zur Gleichheit mit dem früheren auszubilden: normale Bildungskraft (*vis plastica normalis*). In den organischen Reichen besteht noch eine andere, die theilerzeugende Kraft (*vis generatrix*) „oder das Vermögen, wodurch, wenn ein Theil gebildet ist, dieser Theil ein Rudiment eines neuen Theiles bilden kann, und von dieser ist die Fortpflanzungskraft nur eine Modification." Der Vf. erklärt dieses weiter. — Die normale Bildungskraft zerfällt wieder in 2 Kräfte: 1) unbestimmte Bildungskraft (*vis plastica indefinita*), „die Kraft, einen Organismus, Thier oder Pflanze im allgemeinen, d. i. mit allen seinen Theilen zu bilden." 2) Bestimmte B. (*vis plastica definita*), die Kraft, jenen Theilen die bestimmte Form zu geben, oder dass dieser Organismus die oder die bestimmte Pflanze wird.

Zeitschriften.

Hrn. Kröningssvärd's unten genanntes Werk [5]) ist das erste naturhistorische Journal, welches in Schweden erschienen, und seine Fortsetzung ist zu wünschen. Das 1ste Heft enthält folgende 5 Abhandlungen, wovon 4 Uebersetzungen: I. Allgemeine Betrachtungen über die Vegetation, die die Erdoberfläche in ihren verschiedenen Bildungsperioden bedeckt hat; von Adolph Brongniart (S. 3—48.). II. Systematische Aufstellung der Conchylien der Vorwelt, nach De Lamarck, von H. G. Bronn (S. 49 — 88: Tab. I & II.). III. Schilderung der Schweizer Alpen nach ihrer Eintheilung, Ausdehnung und Hauptbestandtheilen &c.; hauptsächlich in Hinsicht auf ihre Flora. Von J. Hegetschweiler (S. 89 — 111). IV. Abhandlung über die Psarolithen; eine Gattung fossiler Bäume, von A. Sprengel. (S. 113 — 138. Tab. III.). V. Aufsatz über die in der Provinz Dalarne wild wachsenden Phanerogamen und Filices, von C. G. Kröningssvärd. (S. 139 — 187). Die hier übersetzten ausländischen botanischen Abhandlungen sind schon im vorigen bot. Jahresberichte, über d. J. 1829, recensirt; über die schwedische, Nr. V: s. oben S. 128. Die lithographirten Tafeln I. u. II. stellen fossile Conchylien dar und Taf. III. Psarolithen oder Staarsteine.

Einige Studirende zu Upsala haben einen botanischen Tauschverein gestiftet, welcher botanische Duplettensammlungen annimmt und dagegen andere Pflanzen nach eingeschickten Desideratenlisten austheilt. Der Verein hat zu diesem Zwecke die Iste Section eines Verzeichnisses der schwedischen Pflanzen herausgegeben [6]). — Dieses enthält Phanerogamen und Filices; bei jeder Pflanze ist ein Werth in Ziffern angesetzt, nach der verschiedenen Seltenheit derselben, z. B. 1, 20, 70 bis zu 100, womit wohl gemeint ist, dass der, welcher eine gewisse Anzahl Exemplare einer Pflanze

---

5) Afhandlingar rörande Natur - Vetenskaperne utgifne af C. G. Kröningssvärd. Första Häftet. Fahlun, 1830. Tryckte hos C. R. Roselli — 8vo. Ss. 187 et 3. Tab. III.

6) Enumeratio Plantarum Sueciae indigenarum secundum Cel. Wahlenbergii Floram Suecicam. Sect. I. (S. L. et A., Upsal. 1830.) 8vo. pp. 16.

einliefert, so viel von andern erhalten kann, dass der Werth gleichen Betrag ergiebt.

Neue schwedische Pflanzen. Im J. 1830 wurden in Schweden folgende entdeckt: *Carex nutans* Host (Gramin. Austr. I. t. 83.) wurde schon vor mehrern Jahren auf Oeland von Hrn. Ahlquist und Fries entdeckt, aber erst neulich genau untersucht und bestimmt; sie ist früher von Host in Oesterreich, wo sie selten ist, und von M. v. Bieberstein auf dem Caucasus, wo sie gemeiner ist, gefunden worden; ausserdem noch nirgends. *Polygonum mite* Schrank (*P. Braunii* Spenner), ist auch, nach durch Prof. Fries mitgetheilten Nachrichten, an mehreren Orten in Schonen gefunden worden.

Ueber *Trapa*. — Der erste Leibmedicus und Ritter af Pontin hat der Königl. Akademie d. W. Nachrichten über *Trapa natans* L. mitgetheilt. Diese einjährige Pflanze ist in Schweden nur in 3 Seen im östlichen Småland, nämlich dem Hökesjö, Aelmken und Sulegångs-Sjö, gefunden worden. Zuletzt hat sie Prof. Liljeblad und zwar im Sulegångs-Sjö, gesammelt; aber seit einigen und 30 Jahren ward sie nicht wieder gefunden. Hr. af Pontin erwähnt, dass der Lector Wallman 1829 eine Reise nach jenen Seen unternommen, die Pflanze aber nicht hat wiederfinden können. Hr. W. „suchte die *Trapa* nach erhaltenen Anweisungen. Er setzte am Orte eine Belohnung für den aus, der ihm die Wassernuss (Sjö-Nöt) wachsend zeigen könnte, doch vergeblich. Von einem alten Bauer begleitet, der da sagte, dass er sie vor 30 Jahren gesehen, überfuhr er mit vieler Aufmerksamkeit diese Seen, zwischen den Dörfern Sulegång und Baggetorp, nebst dem Mörtviken [der Plötzenbucht] im Fagersjö, ohne die geringste Spur der Pflanze selbst zu finden. Er unternahm es zuletzt, danach zu fischen, aber eben so fruchtlos. Dagegen konnte er mit einem Rechen eine Menge mehr oder weniger verweseter Nüsse der *Trapa* auffangen, die gerade auf blauem Thon am Grunde des Sees ausgebreitet lagen. Er zeigte auch die im Mörtvik so aufgenommenen Nüsse vor. In keiner einzigen waren Kerne zu finden, obgleich die Form der Schale gut erhalten war. — Gewiss ist diese Pflanze nach der Einführung einer vor ohngefähr 30 Jahren in Gebrauch gekommenen Art Netze (*Dämp-Not*, Dämpfungsnetz) ganz ausgerottet worden.

Uebersicht der norwegischen botanischen Arbeiten und Entdeckungen vom Jahre 1830.

PHYTOGRAPHIE NEBST PFLANZENGEOGRAPHIE.

Des Lector Blytt Bericht über seine botanische Reise im Christiansand's-Stift i. J. 1826 ist eine für die Kenntniss der südlichen Vegetation Norwegens wichtige Abhandlung. — Im botanischen Jahresberichte über d. J. 1826 (T. VII.) S. 283—286 hat Ref. schon nach Hrn. Blytt's schriftlichen Mittheilungen eine kurze vorläufige Nachricht gegeben; aber der neu erschienene ausführlichere Reisebericht verdient unsern Botanikern bekannt zu werden [7]). — Der Verf. hatte Unterstützung aus dem Fonds, den der Storthing i. J. 1824 zu Bestreitung naturhistorischer Reisen in Norwegen bestimmte. — Der Lector Blytt verliess Christiania d. 24. Juni, und reisete durch Drammen nach Holmestrand, botanisirte ein paar Tage in der Gegend zwischen Ravnsborg und Gjællebæk und am letzteren Orte [gegen 59° 40′ n. Br.].

Gjællebæck liegt nach v. Buch's Messung 800 rh. Fuss, nach Hisinger 739 F., über dem Meere. — In dieser Gegend hat die Vegetation im Ganzen denselben Charakter, wie um Christiania [59° 53′ n. Br.]. Hier kommen folgende Pflanzen vor, deren nördlichste Gränzen in Norwegen der Verf. auch angiebt: *Cynoglossum officinale*, welches auf der Ostseite des Hochgebirges seine Polargränze im untern Theile von Toten und Hedemarken [um 60⅔° Br.], kaum anderwärts in einer Höhe von 800 F. ü.

7) Magazin for Natur-Vdenskaberne. — Udgives af den physiographiske Forening i Christiania, redigeres af Christian Boeck, Lector i Veterinair-Videnskaben. — Niende Bind. Christiania. Chr. Gröndahl, 1829. 8vo. S. 241—283: Botaniske Optegnelser paa en Reise i Sommeren 1826. af M. Blytt. — [Dieses „Magazin" etc. ist nicht, wie es irgendwo hiess, jetzt ganz geschlossen, sondern geht in einer 2ten. Reihe („anden Räkke") fort, wovon schon 1832 wenigstens der 1ste Band oder sein Anfang gedruckt war; Berzelius citirt ihn.]

M. erreicht. *Anchusa officinalis*, welche bei Froen in Guldbrandsdalen [gegen $61\frac{1}{2}°$] bei 800—900 rh. Fuss Höhe verschwindet. *Lysimachia vulgaris* hat der Vf. in Aggerhuus-Stift nicht höher als (nördlicher) bei Hundorph in Guldbrandsdalen 733 F. ü. M. gefunden. *Campanula persicifolia*, die bei Fräng in Ringsager auf Hedemarken bei 500 F. Höhe angemerkt ist. *Campanula Trachelium* die auf niedrigen Stellen in Aggerhuus- und Christiansands-Stift wächst. *Lonicera Xylosteum*, welche unter Brandvold in Guldbrandsdalen gegen 800 F. h. vorkommt. *Alisma Plantago*, *Agrostemma Githago*, *Pyrus Malus*, welche wohl ihre Höhengränzen bei 800 bis 1000 Fuss ü. M. erreicht haben. *Chelidonium majus*, welches östlich vom Hochgebirge seine nördlichste Gränze bei Vang in Hedemarken, 500 F. ü. M., erreicht hat. *Aquilegia vulgaris*, die in Guldbrandsdalen erst auf Höhen von 800—900 Fuss verschwindet. *Thymus Serpyllum β. Chamaedrys*, welcher bis Hundorph in Guldbrandsdalen vorkommt. *Orobus vernus*, der auf dem Bokstadaas [Bergrücken von Bokstad] bei Christiania zu etwas über 1000 Fuss aufsteigt. *Astragalus glycyphyllus*, der schwerlich nördlicher als Näs in Hedemarken vorkommt, wo er an niedrigern Stellen an den Ufern des Mjösen-Sees wächst, dessen Wasserspiegel gegen 420 F. Höhe ü. M. hat. *Trifolium agrarium*, welches bei Froen in Guldbrandsdalen, in 700—800 F. Höhe verschwindet. *Lapsana communis*, die auch bis zum Fangberg im nördl. Hedemarken und in Oerkedalen bei Drontheim [gegen $63\frac{1}{2}°$ Breite] bemerkt wird. *Bidens tripartita*, welche bis Haug in Guldbrandsdalen, bei 738 F. Höhe ü. M., gemein ist. *Serapias latifolia*, die auf dem Bokstadaasen auf gleicher Höhe sparsam bemerkt worden ist, niedriger aber in Trondhjem's-(Drontheim's) Stift am Bergrücken („vid Bergsaasen") in der Nähe von Sneaasens Pfarrhofe, welcher 433 F. ü. M. liegt.

Zwischen Ravnsborg und Gjællebæk und um letztern Ort wurden folgende hier zu nennende Pflanzen bemerkt: *Poa sudetica: β. remota*, am Bache unter den Häusern bei G. (Blytt fand sie 1822 in Rommerige un später bei Dröbak). Gemein sind: *Fraxinus excelsior*, *Viola mirabilis*, *Verbascum nigrum*, *Viburnum Opulus*, *Convallaria verticillata*, *Acer platanoides*, *Stellaria nemorum*, *Actaea spicata*, *Trollius eur.*, *Dracocephalum Ruyschiana*, *Linnaea bor.*, *Anthyllis Vulneraria*, *Vicia sylvatica*, *Hieracium praemorsum*, *paludosum*, *Carduus heterophyllus*, *Arnica montana* u. a. — Bei Brändsrudkjärn, etwa $\frac{1}{2}$ Meile westlich von Ravnsborg, wuchsen: *Ophrys ovata*, *Eriophorum alpinum*, *Carex capillaris*, *Orchis conopsea*. Bei Asker's Pfarrhofe: *Orobus niger*, und bei Padderkjärn: *Myrica Gale*, *Scirpus Baeothryon*. Bei

Möllebäkken: [Möllebach] unter Gjællebæk: *Viola hirta β. umbrosa* Wbg.; diese für Norwegen's Flora neue Pflanze hat Hr. Blytt bei Christiania an mehreren Stellen, bei Baankjärn in Ullensager und im Jordfalddalen bei Laurvig [59° n. Br.] gefunden. Er giebt ihre Unterschiede von *V. hirta* an und bemerkt, dass sie immer auf feuchten Stellen an Bach- und Sumpf-Rändern wächst und bei Christiania früher als *V. hirta* zu blühen scheint. — Von Cryptogamen fanden sich in dieser Gegend folgende: *Asplenium viride* an Felsen und *Polypodium Thelypteris* am Moore südlich von Gjællebæk. *Bryum squarrosum, Hypnum molluscum,* bei Gjællebæk, *H. Halleri* bei Asker's Pfarrhofe. — Der Verf. erwähnt, dass man noch kein Verzeichniss der Pflanzen am Drammen besitzt, obgleich Prof. Christ. Smith, Probst Deinboll und Frau Cappelen dort botanisirt haben.

Bei Holmestrand [am Drammen], und besonders auf der kleinen Insel Langöe, ½ Meile östlich von der Stadt, botanisirte Verf. 2 Tage und bemerkte 389 Phanerogamen, wovon 350 auf der nördlichen Hälfte von Langöe gefunden wurden. Er hat diese Pflanzen nach natürl. Familien aufgezählt; hier mögen die merkwürdigsten genannt werden.

Cyperaceae 31 [= 1 : 12,6]: *Carex pulicaris*, *elongata* (beide auf Langöe), *remota* (sparsam an schattigen Stellen zwischen Botne Sogn und Holmestrand), sie ist ziemlich selten in Norwegen; *C. ericetorum*, *capillaris* (auf sumpfigen Wiesen, wie bei Christiania), *maritima*, *salina* Wbg., mit einer Abänderung, die einen Uebergang zur *C. maritima* zu bilden scheint, am Strande unter Sande Kyrka am Wege zwischen den Stationen Rævaae und Holmestrand; *Scirpus Bæothryon* u. a.

Gramineae 38 [$= \frac{1}{10}$]: *Holcus odoratus, Triodia decumbens, Poa distans, maritima, Triticum caninum, Fest. glauca.*

Junceae 10 [$\frac{1}{39}$]; die gemeinen.

Coniferae 4; *Taxus* sparsam auf Langöe.

Orchideae: *Orchis bifolia, latifolia, conopsea, maculata* und *mascula*, *Serapias latifolia*, *Ophrys myodes*, früher vom Prof. Smith auf der Westseite von Langöe bemerkt, wo Hr. Blytt sie auch auf einer sumpfigen Wiese unter dem Hofe gegen den Strand zu fand. Sie wuchs in grösserer Menge in einem Wäldchen südlich vom Hofe nebst *Orchis mascula* und *Ophrys ovata.*

Polygoneae 10, worunter *P. dumetorum* auf Langöe.

Chenopodieae 10: *Salicornia herbacea* am Strande zwischen Rævaae und der Stadt. — *Thymelaeae*: *Daphne Mezereum.*

Amentaceae 9: *Alnus glutinosa* & *incana*, *Betula alba; Po-*

pulus tremula, *Quercus pedunculata*, *Corylus*, *Ulmus campestris*, *Salix caprea*.

Plumbagineae: *Statice maritima*.

Asperifoliae 11: z. B. *Myosotis Lappula* und *deflexa* Wbg.; letztere besonders auf Langöe, und Hr. Blytt hat diese Pflanze nicht südlicher in Norwegen gesehen; *Lithospermum officinale* auf Langöe, wo es, wie bei Christiania, auf Kalkboden wächst; *Pulmonaria maritima* an den Meerufern nahe der Stadt.

Jasmineae: *Ligustrum vulgare* neu für Norwegens Flora; es findet sich auch auf den Sandklippen bei Björnevaag auf Krageröe bei Fredriksstad und auf Spjärland, einer der Hvalöer [Wallfischinseln], unweit des Hofes Spjärholmen.. Auf Langöe hat es gewiss seine nördlichste Gränze erreicht.

Gentianeae 10: *Gentiana campestris* & *Amarella*, *Erythraea litoralis* Fries.

Campanulaceae 5: *Camp. latifolia*, *Trachelium* und *Cervicaria*, letztere auf Langöe.

Compositae 40 [= 1 : 9,7], z. B. *Inula salicina*, *Aster Tripolium*, *Senecio Jacobaea*, *Arnica montana*, *Pyrethrum inodorum β. maritimum*, *Achillea Ptarmica*.

Rubiaceae 7, z. B. *Galium Mollugo*.

Umbelliferae 8: *Athamanta Libanotis*, *Ligusticum scoticum*.

Berberideae: *Berberis vulg.* sparsam auf Langöe.

Accra: *Acer platanoides*. — *Cruciferae* 13.

Ranunculaceae 12: die gemeineren und *Trollius europaeus*.

Leguminosae 18 [= 1 : 21,6]: z. B. *Ononis spinosa* & *arvensis*, *Astragalus glycyphyllus*.

Geranieae 6: z. B. *G. pratense*. — *Tiliaceae*: *T. europaea*.

Caryophylleae 20: [1 : 19,4] *Dianthus deltoides β. glaucus*, *Silene rupestris*, *Cucubalus maritimus*, *Stellaria nemorum* & *crassifolia*, *Arenaria marina*.

Rosaceae 23; z. B. *Pyrus Malus*, *Mespilus Cotoneaster*, *Crataegus monogyna*, *Fragaria collina* (auf Langöe).

Cryptogamae: *Polypodium Lonchitis* am Strande. — *Dicranum adiantoides*, *Barbula unguiculata* & *tortuosa*, *Neckera pennata* & *crispa*, *Anomodon curtipendulus* & *viticulosus*, alle 4 mit Frucht, *Hypnum alopecurum*, *Halleri*, *curvatum*, *striatum*, *praelongum* und *Bryum alpinum*; *Jungermannia furcata* mit Frucht.

Von Holmestrand reisete Hr. Blytt zur See zum Salzwerke Vallöe. — Auf Oesteröe bei Falkensteen wurden angemerkt: *Milium effusum*, *Sanicula eur.*, *Geranium lucidum*, *Sedum rupestre*, *Carex elongata* und *paradoxa* (?), *Allium vineale* (?), *Astragalus glycyphyllus*, *Aster Tripolium*; *Parmelia herbacea*, *glomulifera* und *plumbea*. — Bei Karlsvigen, ½ M. östlich von Vallöe wurden aufgezeichnet: *Chenopodium maritimum*, *Euphorbia palustris*, *Orobus vernus*, *Carex pulicaris*, *Mercurialis perennis*. — Bei Vallöe Salzwerk: *Salicornia herbacea* & *Scirpus maritimus*, *Festuca glauca*, *Myosotis Lappula*, *Herniaria glabra* (selten in Norwegen; Hr. Bl. sah sie nur bei Christiania); *Salsola Kali* caule foliisque hirsutis, *Dianthus deltoides β. glaucus*, *Arenaria marina*, *Cakile maritima*, *Carex teretiuscula* & *Pseudo-Cyperus*. — Bei Aaresund *Ononis spinosa* & *Holcus lanatus*, der hier gemeiner zu werden anfängt nebst *Lonicera Periclymenum* und *Rubus fruticosus*. Hier (auf Rasenplätzchen des Strandes) fand der Pharmaceut Kaalstad das in Norwegen seltene *Ophioglossum vulgatum*. Zwischen Bogen und Sandefjord zeigte sich die erste Buche (*Fagus sylvatica*).

Bei Laurvig und Fredriksværn [59° n. Br., an der SOKüste] spürte Hr. Blytt vorzüglich nach den *Algen*, deren vielerlei an den Schären um Fredriksværn und Tjölingsögn vorkommen; ausser den an Norwegens Küsten gewöhnlichen Arten, als: *Furcellaria lumbricalis* & *β. fastigiata* Lyngb., *Fucus vesiculosus*, *serratus*, *nodosus*, *Cystosira siliquosa*, *Laminaria saccharina*, *digitata*, *Scytosiphon Filum*, *Sporochnus aculeatus*, *viridis* Ag., finden sich hier auch *Lichina confinis*, *Zonaria plantaginea*, *Chordaria flagelliformis* Ag. Von *Floridae*: *Wormskioldia sanguinea*, *sinuosa* & *γ. ciliata*, *alata* Spr., *Plocamium coccineum*, *Halymenia palmata*, *Sphaerococcus laciniatus*, *rubens*, *membranifolius*, *Brodiaei*, *crispus*, *plicatus*, *Cladostephus plumosus* Ag., *Ectocarpus litoralis*, *siliculosus*, *Bangia Laminariae* Lyngb., u. a. — Diese Gegend ist cryptogamischer Vegetation besonders günstig. Auf den Strandklippen, an den steilen Bergen bei Farrisvand, in den schattigen Buchenwäldern, in den Fichten- und Kieferwäldern von Tjosesocken und Slemdal, kommen mannichfaltige Flechten- und Moosarten vor, wovon mehrere dieser Gegend deshalb eigen sind, weil die Buche hier wächst, z. B. *Verrucaria nitida*, *Porina fallax*, mehrere *Opegraphae*, *Cenomyce caespiticia* Ach., u. a. *Lecidea fumosa*, *elaeochroma*, *Gyrophora erosa*, *pellita* und *vellerea*, *Lecidea Ehrhartiana*, *Parmelia scopulorum*, *plumbea*, *aquila*, *recurva*, *glomulifera*, *conoplea*, *herbacea*, *Peltigera polaris* u. a. Von Moosen: *Gymnostomum lapponicum*, *Grimmia maritima*, *Weisia acuta*, *Tortula subulata*, *Polytrichum aloides*, *Orthotrichum Hutchinsiae*, *Bryum alpinum*, *Leskea norvegica*, *Hypnum undulatum* mit Frucht, *H. molluscum*, *loreum*, *striatum*; *Jungermannia pusilla*, *triloba* und *multifida*, *Marchantia conica*, u. a. — Von *Filices*, ausser den gewöhnlichen, *Asplenium alternifolium* auf Malmöen's Strandklippen, *Equisetum amphibolium* [*umbrosum* W. *sylvat.* β Wbg.], *hyemale* und *Isoëtes lacustris*, letzterer bei Frizöekilen.

Phanerogamen hat Hr. Blytt bei Laurvig und Fredriksværn 505 Arten aufgezeichnet; wobei er bemerkt, dass diese Anzahl zu erweitern sein dürfte, dass sie aber gewiss nicht die Zahl der bei Christiania befindlichen, nämlich 750, erreichen könne. Der geringere Reichthum dieser Flora ungeachtet der südlicheren Lage hat seinen Grund in geognostischen Verhältnissen. Hier mögen nur die merkwürdigeren Pflanzen genannt werden.

Aroideae 6: *Typha latifolia.*

Cyperaceae 41: *Caricinae* 28: *Carex pulicaris*, *incurva*, *chorderrhiza* (bei Frizöe-kilen), *arenaria* am Strande, östlich von Thorstranden; *praecox*, *stricta* und *filiformis* bei Frizöekilen. — *Scirpinae*: *Schoenus albus* & *fuscus* (letzteren sah Hr. Blytt nicht nördlicher); *Scirpus* 8: *caespitosa*, *Baeothryon*, *rufus*, *maritimus*.

Gramineae 43: *Agrostis vulgaris*, *stolonifera*, *canina*, *Phleum alpinum* auf einer feuchten Wiese unter Tinvig fast am Strande; *Panicum viride* an 2 Stellen; *Holcus avenaceus* auf Strandwiesen, *lanatus* und *odoratus*, *Festuca glauca*, *Poa compressa*, welche Hr. Blytt früher nur auf den Bergen bei Christiania und bei Holme-strand gesehen; *Triticum caninum*, *Elymus arenarius*.

Junceae 13: *Juncus* 7, die gewöhnlichen; *Luzulae* 3: *maxima* im Buchenwalde nördlich von Frizöe. *Scheuchzeria* bei Frizöekilen.

Sarmentaceae 6: *Convallaria verticillata* & *multiflora*, letztere in Norwegen selten, bei Agnæs. — *Coronariae* 3: *Ornithogalum luteum*, *Allium oleraceum* und *vineale*?

Orchideae 6: *Orchis bifolia*, *latifolia*, *maculata*, *conopsea*; *Ophrys ovata* auf einer feuchten Wiese bei Holen; *Satyrium repens* bei Salsaasen und im Walde auf Halvöe bei Frizöe-kilen.

Polygoneae 10: *Rumex* 4 Arten, z. B. *maritimus*.

Chenopodieae 12: *Atriplex patula*, *litoralis* und *hastata*, *Salsola Kali*, *Salicornia herbacea*.

Amentaceae 17: *Salix pentandra*, *aurita*, *caprea*, *repens* und *cinerea*; *Alnus incana*, *Quercus pedunculata*, *Fagus sylvatica*. Von der Buche sagt Hr. Blytt, dass sie gegen ½ Meile westlich von Laurvig am Wege nach Porsgrund aufhört; der höchste Punkt, wo er sie gesehen, ist Salsaasen auf Brunlaugnæs, welches sich kaum 600 Fuss ü. M. erhebt. Im J. 1821 sah Hr. Blytt einen, vermuthlich gepflanzten, kleinen Buchenwald beim Hofe Lia unweit Kongsberg; anderwärts hat er die Buche in Norwegen nicht gesehen. v. Buch berichtet zwar in seiner Reise, dass er sie am Topdalself bei Aabel in Christiansands Stift gesehen, aber die Einwohner von Aabel versicherten Hrn. Blytt, dass sie dort durchaus nicht zu finden sei. Indessen haben glaubwürdige Männer Hrn. Blytt erzählt, dass gegen 1 Meile südlich von Arendal [gegen $58\frac{1}{3}^{\circ}$ n. Br.] an der Stelle, die Espenæs heisst, sich ein kleiner Buchenwald, der einzige im Stifte, befindet. Die Einwohner von Laurvig sagen, dass die Buche nur jedes 7te Jahr blühe, Hr. Blytt widerlegt dieses aber; er bemerkte, dass die Buche dort i. J. 1823 u. 1825 blühte, aber 1824 und 1826 blühte dort keine Buche, was Hr. Bl. selbst untersucht hat; er sagt, sie blühe nicht jedes Jahr, die Ruhezeit daure aber nicht eine bestimmte Zahl von Jahren.

Tricoccae 4: *Euphorbia palustris* & *Peplus*.

Plantagineae 5: *P. major* β. foliis sublanceolatis sinuato-dentatis, an Strandrändern südlich von Fredriksvärn; *P. maritima*; *Litorella lacustris* bei Frizöekilen. — *Plumbagineae*: *Statice maritima*. — *Primula* 5: *Trientalis*, *Glaux*.

Lentibulariae 8: *Utricularia vulgaris* & *media*.

Personatae 17 (die gewöhnlichsten): *Pedicularis sylvatica*.

Labiatae 21 (die gewöhnlichsten): *Mentha hirsuta* var.

Asperifoliae 11 (die gewöhnlichsten): *Myosotis versicolor*, *Echium vulgare*; *Pulmonaria maritima* südl. von Fredriksværn.

Convolvuli: *Conv. sepium*; *Cuscuta halophila* Fries Mscr. als Parasit auf Strandpflanzen am Vigsfiord, kleiner als die gewöhnliche, sie hat dunkelrothe Blüthen.

Ericeae 12: *Arbutus alpina* auf dem Gipfel des Vättarkolden, 1600—1800 F. ü. M., dem höchsten Punkte dieser Gegend. — *Pyrola* 4, die gewöhnlichsten.

Campanuleae 6: *Camp. latifolia*, *Trachelium*; *Jasione montana* auf Salsaasen. — *Lobelieae*: *Lob. Dortmanna* bei Frizöekilen und anderwärts in Farrisvand gemein.

Compositae 50: *Aster Tripolium*, *Senecio Jacobaea*, *sylvaticus*, *Chrysanthemum segetum*, *Hieracium Auricula*, *Pilosella*, *murorum*, *paludosum*, *Sonchus alpinus* am Fusse des Vättarkolden, *Prenanthes*.

Umbelliferae 12: *Conium maculatum* auf den Strassen in Laurvig, der einzigen Stelle in Norwegen, wo Hr. Blytt es wild wachsen sah, *Ligusticum scoticum*, *Angelica Archangelica* bei Moholt.

Saxifrageae: *Chrysosplenium alternifolium*, *Adoxa*.

Rhamneae: *Rhamnus Frangula*. — *Acera*: *Acer platanoides*. — *Onagrae* 4: *Circaea alpina*.

Salicariae 2: *Peplis Portula*, bei Frizöe-kilen &c.

Cruciferae 24: *Cakile maritima*, *Raphanus Raphanistrum*, *Subularia aquatica* (bei Farrisvand), *Cardamine hirsuta*, *amara*,

Impatiens (in Jordfalddalen), *Dentaria bulbifera* (ebendas.); *Erysimum hieracifolium* auf einer kleinen Insel im Ausflusse des Laugen und am Vigsfjörd.

Fumarieae 2: *Corydalis fabacea*, gemein in Jordfalddalen, bei Oestrehalsen und auf Malmöe. — *Ranunculaceae* 15: (die gewöhnlichsten,) *Aconitum septentrionale*.

Leguminosae 17: *Ononis arvensis* u. *spinosa* auf dem alten Kirchhofe zu Langestrand, *Lathyrus sylvestris* auf Klippen bei dem Schmelzofen von Moholt, *Ervum tetraspermum*, *Astragalus glycyphyllus*.

Geranieae 7: *Geranium pratense*, *lucidum* (in Jordfalddalen hier und da und auf den Klippen zwischen Langestrand und der Ziegelbrennerei).

Violaceae 5: *V. hirta β. umbrosa* Wbg., *montana* Fl. D.

Caryophylleae 28: *Silene rupestris*, *Cucubalus maritimus*, *Stellaria nemorum*, *uliginosa*, *crassifolia*, *glauca*, *Arenaria peploides*, *Alsinella marina*, *Spergula nodosa*.

Cereae 3: *Ribes Grossularia*, *rubrum*, *nigrum* (im Strandwalde unter Agnæs, bei Fredriksværn, der einzigen Stelle in Norwegen, wo der Vf. es wild sah). — *Sedeae* 6: *Sedum annuum*, *rupestre* (auf dem Hägdalaas bei Barkevigen, auf einer kleinen Insel in Farris und bei Moholt's Schmelzofen). *Sempervivum tectorum* auf den Klippen im Kirchspiele Hedrum.

Rosaceae 25: *Rosa rubiginosa*, *canina*, *villosa*, *Potentilla norvegica*, *Rubus fruticosus*, *Chamaemorus*, *Pyrus Malus*, *Sorbus aucuparia*.

Von Laurvig ward die Reise bis zum Langesund fortgesetzt, auf dessen Kalk- und Thonschieferklippen sich eine von der von Laurvig verschiedene Vegetation zeigte. Der Verf. notirte 358 Phanerogamen, darunter: *Carex ericetorum*, *distans*, *Orchis mascula*, *Serapias latifolia*, *Chenopodium maritimum*, *Erythraea pulchella*, *Campanula Cervicaria*, *Hieracium dubium β. strigosum* Hartm., *Cornus sanguinea*, *Angelica Archangelica β. litoralis*, *Laserpitium latifolium*, welches hier wohl seine nördlichste Gränze erreicht hat. *Saxifraga tridactylites*, *Rhamnus catharticus*. *Glaucium luteum* am Meeresstrande südlich von der Stadt. *Spergula pentandra*, *Sorbus Aria* & *hybrida*, *Salsola Kali*, *Salicornia herbacea* α, *Euphorbia palustris*. *Convolvulus sepium* u. a. — Von Cryptogamen: *Asplenium Ruta muraria*, *Polypodium Lonchitis*: *Psoroma crassum* (früher nur auf Kongsvold auf dem Dovre gesehen).

Von Langesund reisete Hr. Blytt durch die Schären nach Jomfruland [Insel um 58° 50′ Br.]. Bei Valle, gegen 1 Meile nördlich von Krageröe, sah er *Sempervivum tectorum* auf den Strandklippen, *Statice Limonium* am Skatöesund zwischen Krageröe und Jomfruland. Die Klippen längs der Küste waren theils nackt, theils mit Laubwald bewachsen. — Jomfruland ist eine niedrige Bank, von etwa einer schw. Meile Länge, an der breitesten Stelle nicht $\frac{1}{8}$ M. breit. Die Vegetation auf grasbewachsenen Stellen ist freudig, die Bäume aber sind der Stürme wegen strauchförmig; Eiche, Esche und Linde kommen hier nur als Sträucher vor; besser gedeihen *Sorbus Aria*, *Pyrus Malus*, *Corylus* u. a. Auf der nördlicheu Hälfte der Insel wurden 300 Phanerogamen verzeichnet, worunter nur wenig seltene, z. B. *Alchemilla alpina*, *Festuca glauca*, *Pisum maritimum* im Strandsande auf der N. W.-Seite der Insel, *Carex arenaria*, *Convolvulus sepium*, *Lonicera Periclymenum*, *Arenaria peploides*, u. m. a. — Von Jomfruland segelte der Verf. durch den Rödsfjord nach der Station Röd. Auf den Klippen am Fjord wuchsen *Peltidea polaris*, *Jungermannia trilobata*, u. a.

Von Röd felgte Hr. Blytt dem gewöhnlichen Postwege nach Christiansand. — Zwischen Röd und der Station Angelstad: *Blechnum boreale*, *Campanula Cervicaria*, *Polytrichum hercynicum*: Bei Angelstad: *Sempervivum*, *Subularia*, *Litorella* u. a. Zwischen Angelstad und Brække: *Campanula latifolia*, *Astragalus glycyphyllus*, *Erica Tetralix*, *Aquilegia vulg.*, *Lycopodium inundatum*, u. a. — Bei Arendal [etwa 58° 25′ Br.]: *Coronopus Ruellii Bellis perennis*, u. a. Bei Läretsved südlich von Arendal: *Iberis nudicaulis*, welche mit *Jasione* auf trocknen Klippen zwischen Läretsved und Lillesand gemein wird, wie *Erica Tetralix* und *Juncus squarrosus* auf feuchten Wiesen. *Pedicularis sylvatica*. — Bei Lillesand [wenig über 58° Breite] wurden 350 Phanerogamen aufgezeichnet, worunter: *Holcus mollis*, *Sedum anglicum*, *Hypochoeris radicata*, *Salicornia*, *Schoenus fuscus*, *Juncus bulbosus β.*, *Iberis nudicaulis*. — Je näher man Arendal kommt, desto seltener wird die Fichte, und die Eiche nimmt in Menge zu; auch *Alnus incana* nimmt mit der Fichte (*Pinus Abies* L.) zugleich immer mehr ab. Zwischen Röd und Lillesand sind folgende Strauchgewächse gemein: *Rubus fruticosus*, *Rosa canina* & *villosa*, *Lonicera Periclymenum* u. a., auch *Pyrus Malus*, *Sorbus Aria* und *hybrida*. In diesen Gegenden scheint *Allium vineale?* gemeiner zu sein als *oleraceum*. Der Verf. giebt eine Schilderung dieser Gegend, welche mannichfaltige Sümpfe und kleine Seen besitzt, und demnach an Sumpfgewächsen reich ist, aber man sieht hier auch *Erica Tetralix*, *Narthecium ossifragum*, *Cornus suecica*, daneben auf den Hügeln *Arnica montana*. Auf den Aeckern ist *Chrysanthemum segetum* oft gemein.

Hr. Blytt nahm dann den Weg von Lillesand nach Christiansand [58° Breite], wo die Sommerhitze schon einen Theil der Vegetation zerstört hatte. Die Reise ward [nun am südlichsten Ende Norwegens, 58° oder fast 58° Breite, in westlicher Richtung] nach Mandal, Lyngdal und Listerland fortgesetzt. In diesen Gegenden botanisirte Hr. Blytt 3 Wochen hindurch, und bemerkte hier viele dem südwestlichen Norwegen eigene Gewächse; er erinnert aber, dass nirgends in diesem Stifte eine reiche Flora vorkommt. Die von Christiansand bis Listerland aufgezeichneten Phanerogamen machen 465 aus; diese Zahl erscheint klein in Betracht der südlichen Lage und des milden Klima's der Gegend, aber die sterile Beschaffenheit des Bodens ist hier wie anderwärts im Stifte Schuld daran. — Der Verf. führt die seltensten hier gefundenen Pflanzen nach ihren nat. Familien auf; sie bestehen grösstentheils aus den schon weiter oben genannten. Bei Mandal: *Carex arenaria* & *maritima*, *Hordeum murinum*, *Melica uniflora*, *Holcus mollis*, *Arundo arenaria*, *Luzula maxima* in Wäldern, *Convallaria verticillata* & *multiflora*, *Allium vineale*, *Orchis Morio*, *Satyrium albidum*, *Ophrys ovata*, *Serapias latifolia*, *Chenopodium Vulvaria*, *Euphorbia Peplus*, *Primula elatior*, *Anagallis arvensis*, *Centunculus minimus*, (*Antirrhinum arvense* auf Ballastplätzen), *Teucrium Scorodonia*, *Erica Tetralix*, *Centaurea phrygia*, *Senecio Jacobaea*, *Arnica montana*, *Hypochoeris radicata*, *Galium saxatile*, *Hedera Helix*, *Ilex Aquifolium*, *Iberis nudicaulis*, *Lepidium ruderale*, *Alyssum incanum*, *Cochlearia danica*, *Glaucium luteum*, *Ononis spinosa*, *Trifolium fragiferum*, *Hypericum pulchrum*, *Arenaria marina*, *Radiola Millegrana*, *Sedum anglicum* & *rupestre*, *Sempervivum tectorum*, *Tillaea prostrata*, *Rhodiola rosea* sparsam auf Strandklippen. *Sorbus Aria* & *hybrida*; *Parmelia plumbea*, *glomulifera*; *Orthotrichum crispum* β., *Hutchinsiae*, *Hypnum loreum*, u. a.

Bei Christiansand kommen vor: *Melica uniflora*, *Convallaria verticillata*, *Senecio viscosus*, *Cichorium Intybus*, *Fedia olitoria*, *Galium Mollugo*, *Hedera* (gemein), *Sanicula*, *Scandix Cerefolium*, *Ilex Aquifolium*, *Aquilegia vulgaris*, *Hypericum pulchrum*, *Sedum anglicum*, *Sorbus Aria* & *hybrida*. — Ausserdem hat Hr. Klyngeland, Lehrer an der Schule in Opsloe, während seines mehrjährigen Aufenthaltes in Christiansand mannichfaltige Gewächse um die Stadt und bei Grimstad entdeckt. Wir nennen darunter: *Salicornia herbacea*, *Circaea lutetiana*, *Schoenus rufus* (bei Koholm), *Holcus mollis*, *Bromus gracilis*, *Festuca sylvatica* bei Tjos, *Potamogeton pectinatus*, *Ruppia maritima*, *Androsace septentr.* (bei Grimstad), *Primula acaulis*, *Allium ursinum*, *Cerastium arvense*, *Euphorbia palustris*, *Ajuga reptans*, *Mentha hirsuta*, *Dentaria bulbifera*, *Geranium molle*, *Vicia angustifolia*, *lathyroides*, *Trifolium filiforme* (auf Haaöe bei Grimstad), *Hypericum montanum*, *Tussilago alba* (bei Tjos), *Petasites*, *Bellis perennis* (auf Flekeröe u. a. Inseln), *Orchis Morio*, *mascula*, *latifolia*, *Satyrium albidum* (auf Grim), *Malaxis paludosa* (auf Foss im Rirchsp. Tved), *Serapias latifolia* (auf Grim), *ensifolia* im Fiskaa-Walde, *Caulinia fragilis* (bei Strömme), *Carex paniculata*, *remota* (auf Oddernæs), *distans*, *Mercurialis perennis*; *Blechnum crispum* (in Aaserald); *Pilularia globulifera* bei Möllevand.

Zwischen Christiansand und Mandal: *Centaurea nigra*, *Trifolium filiforme*, *Hypericum pulchrum*. — Bei Fahröe unweit Fahrsund: *Holcus mollis*, *Cynosurus cristatus*, *Allium ursinum*, *Orobus sylvaticus*, *Alchemilla alpina*. — Bei Fahrsund: *Circaea lutetiana*. — Bei Lunde in Sögne: *Carex maritima*, *Cynosurus crist.*, *Iberis nudicaulis*, *Sedum anglicum*, *Ruppia maritima*.

In der Vogtei Lister kommen viele interessante Pflanzen vor: *Carex arenaria*, *Arundo arenaria*, *Festuca vivipara* (in Torfmooren), *Triticum junceum*, *Juncus balticus*, *Orchis latifolia*, *Salsola Kali*, *Primula acaulis*, die 3 *Utriculariae*, *Thalictrum minus* (auf dem gebundenen Flugsande in Menge), *Arenaria marina* u. *peploides*, *Sedum anglicum*, *Sanguisorba offic.* (in Vandsöe), *Sorbus Aria* & *hybrida*, *Teucrium Scorodonia*, *Gentiana Pneumonanthe* (in Torfmooren und auf feuchten Wiesen ziemlich gemein), *Campanula latifolia β. alba*, *Carduus heterophyllus*, *Centaurea nigra*, *Eryngium maritimum* (auf dem Haugestrand), *Hydrocotyle vulgaris* auf einer überschwemmten Wiese beim Hofe Quiljo, *Pisum maritimum* & *β. pubescens* auf den sandigen Meerufern, *Orobus sylvaticus* hier und da in grösster Menge bei dem Vandsöe-Pfarrhofe, *Spergula subulata*, *Radiola Millegrana*; *Lycopodium selaginoides* in Torfmooren. — In Lyngdal: *Convallaria verticillata*, *Circaea alpina*, die 3 *Utriculariae*; *Gentiana Pneumonanthe* bei dem Hofe Bersager; *Alchemilla alpina* auf Strandklippen am Lyngdalsfjord und in Menge in den niedrigern Theilen von Lyngdal. — Zwischen Mandal und Lyngdal: *Aster Tripolium* am Lenefjord, *Ilex Aquifolium*, *Hypericum pulchrum*, *Caucalis Anthriscus*.

Folgende südliche Pflanzen sind in diesen Gegenden gemein: *Aira praecox*, *Litorella lacustris*, *Pedicularis sylvatica*, *Digitalis purpurea* (ziemlich häufig), *Erica Tetralix*, *Senecio Jacobaea*,

Arnica montana, *Hypochoeris radicata*, *Lonicera Periclymenum*, *Blechnum boreale*. — Hier und da an Ufern der Seen und Rändern der Meere findet man *Lycopodium inundatum* und auch *Isoëtes lacustris*.

Neue norwegische Pflanzen. — Lector Blytt hat auch eine Alge beschrieben, die er auf *Batrachospermum vagum* von Svartkulptjærn auf der Baahushöjd bei Christiania wachsend gefunden hat. Er meint, sie dürfte zur Gattung *Mesogloea* gehören, so wie *M. vermicularis*, dass dann aber die übrigen *Mesogloea*-Arten eine eigene Gattung ausmachen dürften. Er hat der neuen Art keinen Namen gegeben, sie ist aber vom Lector Boeck abgezeichnet (auf Tab. 2. fig. 9—12) [8].

In des Prof. Agardh *Consp. crit. Diatomacear.* [9]) P. I & II. werden mehrere neue norwegische Algen beschrieben: *Gloeodictyon Blyttii* Ag., *Cymbelia acuta* Ag. *und Micromega Blyttii* Ag. (im Meerbusen „Ilsvigen" oder Oelsvigen bei Drontheim). Diese 3 Arten sind von Hrn. Blytt gefunden. — *Hydrurus Ducluzelii* Ag. und *Palmella vermicularis* Sommerf., von welcher letzteren Agardh glaubt, dass sie auch zur Gattung *Hydrurus* gehören dürfe.

Der Etats-Rath Hornemann hat im XXXIVsten Fascikel der *Flora Danica* eine von Mörck bestimmte Art *Jungermannia*, *J. Blyttii* genannt, welche Lector Blytt in Stördalen bei Drontheim gefunden, aufgenommen und auf Tab. MMIV abgebildet. Diese Art ist zunächst mit *Jung. Lyellii* und *epiphylla* verwandt; unten folgt ihre Charakteristik [10]).

---

8) Magazin for Naturvidenskaberne &c. Niende Bind. S. 328 — 330. Tab. 2. t. 9—12.

9) Conspectus criticus Diatomacearum I.: s. oben S. 123.

10) Jungermannia Blyttii Mörck.: fronde oblonga divisa submembranacea costata: margine sinuato crispato, superne fructifera, calyce duplici: exteriore perbrevi carnoso magine laciniato: laciniis obtusis, interiore multo breviore. Mörck Mscr., Hornemann. Flor. Dan. Fasc. XXXIV. p. 6. Tab. MMIV. — Speciem hanc novam in valle Stördalen ad Nidrosiam detexit amiciss. Blytt, Lector Botanices Universitatis Fredericianae et plantarum sagacissimus scrutator. — Obs. „Proxime accedit ad Jungerm. Lyellii et epiphyllam; a posteriori differt calyce duplici et capsula oblonga, a priori calyce interiore dentato minime fisso et calyptra calyce interiore multo breviore." — [Beschreibung s. in Lehmann's Novar. et minus cognit. stirpp. Pugill. IV. (Hamb. 1832.) p. 35.]

Nach den vom Prof. Fries gütigst mitgetheilten Nachrichten ist *Saxifraga stricta* Smith (in Hornemann's Plantelære, 3. Aufl.) einerlei Art mit *S. hieracifolia* Kit. & Waldst. Pl. rar. Hung. I. p. 17. tab. 18. Prof. Christ. Smith fand diese Art auf den höchsten Gebirgen in Guldbrandsdalen. Seringe zieht sie auch zu *S. hieracifolia* als *α. spicata* (DC. Prodr. Syst. nat. Regni veg. IV. p. 39.).

Hr. Blytt hat in Norwegen auch *Carex frigida* var. *fuliginosa* gefunden.

Hrr. Ahnfelt und Lindblom fanden, auf ihrer Reise in Norwegen i. J. 1826, auf dem Gebirge in Christiansands-Stift eine Art *Salix*, die mit *S. arctica* RBr. in der Append. zu Parry's *Voyage* (R. Brown's Vermischte botan. Schriften, I. S. 405) nahe verwandt zu sein scheint.

Hr. M. Winther (Militair-Chirurg auf Fyen) hat ein Handbuch der zoologischen und botanischen Literatur von Dänemark, Norwegen und Holstein herausgegeben [1]). Dieses Buch führt Bücher und Abhandlungen auf, welche die Zoologie und Botanik betreffen; es scheint jedoch nicht mit der nöthigen bibliographischen Genauigkeit verfasst zu sein, denn weder sind die Titel vollständig und immer richtig angegeben, noch die Zahl der Seiten und der Tafeln, auch nicht die Druckereien. Da der Verf. ein so vortreffliches Werk, wie R. Nyerup's und J. E. Kraft's Almindeligt Literatur.-Lexicon for Danmark, Norge og Island (Kjöbenhavn, 1820. 4to.) zu Rathe ziehen konnte, so hätte er gewiss ein sachreicheres Werk liefern können. Hätte Vf. dieses Werk zum Muster genommen, und nur wenig mehr gethan, als die naturhistorische Literatur richtig daraus abgeschrieben, so hätte er seinem Buche einen Werth verschafft, der ihm nun fehlt. — Es enthält zuerst Literatur der Naturgeschichte im Allgemeinen, darauf der Zoologie und dann der Botanik. Die Anordnung ist folgende: — I. Historia Scientiae naturalis. II. Literatura Scientiae nat. III. Acta. IV. Historia naturalis generalis. V. Zoologia quoad terras speciales: 1. generaliter; 2. specialiter (Dania, Norvegia, Holsatia); 3. aliae regiones; Musea. VI. Physiolo-

---

1) Literaturae Scientiae Rerum naturalium in Dania, Norvegia et Holsatia usque ad annum MDCCCXXIX Enchiridion in usum Physicorum et Medicorum scripsit M. Winther, Chir. turmalis Copiar. equ. Fionensium. — Hauniae, Wahl. 1829. 8vo. pp. XVI. 233 et 15.

gia et Zootomia. VII. Psychologia. VIII. Ars veterinaria. IX. Bibliothecae topographicae. X. Itinera. XI. Ars venandi. XII. Libri scholastici et populares. — *Animalia:* I. Masteologia. II. Ornithologia. III. Amphibiologia. IV. Ichthyologia. V. Entomologia. VI. Helminthologia. — Bei jeder dieser Classen werden die Scriptores generales, Anatomia, Physiologia und Monographiae aufgeführt. — *Vegetabilia:* I. Historia Rei herbariae. II. Scriptores generales. III. Geographia Plantarum: 1. generaliter, 2. specialiter. IV. Botanica quoad terras speciales: 1. Dania, Norvegia et Holsatia; 2. aliae regiones. V. Horti. VI. Anatomia et Physiologia Plantarum. VII. Botanice medicinalis. VIII. Bot. oeconomica. IX. Ars forestialis. X. Horticultura. XI. Monographiae (sec. Classes Linn.). XII. Libri botanici varii. — Hiernach fehlt es freilich an systematischer Ordnung und Einfachheit, indess giebt doch das Werk wahrscheinlich eine vollständige Uebersicht der besagten Literatur.

Register.

Bemerkungen sind zu finden unter andern über:

Druckfehler- und andere Verbesserungen.

S. 4 Z. 13 v. o. statt IV. l. V.

— 7 — 7 v. u. — feineren l. schöneren

— 35 — 4 — — und S. 36. statt Munna l. Muña

— 36 — 6 — — statt Chartagena l. Carthagena

— 40 — 16 — — *Brachyanthi* l. *Brachyantha*

— 48 — 20 v. o. — *Kasheiâ* l. *Kasheia*

— 49 Note 5) l. Novar. et minus cognit. Stirp. Pug. II. &c.

— 51 Z. 12 v. o. nach Form. II. schalte ein: *Palmaceae*:

— 52 — 3, 4 v. o. statt Gooden l. Gooden., (Goodenough)

— 62 — 7 v. o. statt nicht l. sind

— 64 — 10 — — — *Marsiliaceac* l. *Marsileaceae*

— 68 Noten: Z. 11 v. u. statt Capitain l. Captain

— 69 Note 7: [Vom Hort. brit. erschien 1832, die 2te mit Additional Supplement (S. 577 — 602, mit Spec. 28486 -- 29339.) vermehrte Auflage. Das Werk enthalt auch Cryptogamen aller Ordnungen.]

— 77. Z. 26 v. o. st. Navarea l. Narea (südwestl. v. Abyssinien)

— 87 Noten: Z. 8 v. u. statt natyrkundige l. naturkundige

— 113 Z. 11 v. o. statt *Aghardii* l. *Agardhii*

— 114 — 8 v. u. nach: 65000 schalte ein: Rubel. Der Kaiser bewilligte 5000

— — — 1 v. u. statt Länge ihrer l. Länge aller

— 123 — 14 v. o. statt 1852 l. 1832

— 128 Noten: letzte Z, statt af Deln., l. Afdelningen

— 132 Z. 13 v. o. nach „Duplicität" soll ein Komma stehen

— — — 19 — — statt Btatt l. Blatt

— 134 — 21 — — — *Mém.* l. *Nouv. Annales*

— — — 28, 29 v. o. statt *cellulosa* dürfte: *mucosa* stehen.

— 135 — 12 v. u. statt: daraus auch l. auch (oder: dann auch)

— 155 — 3 v. o. — Vigsfjörd l. Vigsfiord

— 159 — 3 — — — Meere l. Moore

Druckfehler &c. im Jahresberichte über 1831.

S. 33 Z. 2 v. o. statt: v. Schak l. Alb. v. Sack
— 43 Noten: Z. 1 v. u. statt Borr. l. Bor. (Boriwogus)
— 85 — 17 v. o. statt Rindern l. Kindern
— 91 — 22 v. u. Zusatz: [erschien erst 1832, ohne das Thierreich.]
— 95 — 17 v. o. statt Marcier l. Mercier.
— 96 Noten: Z. 7 v. o. statt versammeld l. verzameld
— 115 Z. 19 v. o. l. Der Wallnussbaum (*Juglans*, *le noyer*) [das französische Original hat: „*noyer*"]
— 105 Z. 15 v. o. statt Copiasis l. Copiapo

Gedruckt bei M. Friedländer in Breslau.

Lightning Source UK Ltd.
Milton Keynes UK
UKHW022223140219
337291UK00006B/338/P

9 780666 473188